面向 21 世纪 课 程 教 材

Textbook Series for 21st Century

U0652218

无机化学

第五版　上　册

北京师范大学

华中师范大学　编

南京师范大学

高等教育出版社·北京

内容提要

本书是教育部"高等教育面向 21 世纪教学内容和课程体系改革计划"的研究成果，是面向 21 世纪课程教材。

本书是在 2002 年出版的《无机化学》(第四版，上、下册)的基础上修订完成的；在体系结构和选材两方面保留了第四版的特色，增加了部分学科前沿内容，使本书更具时代特征；通过对书中部分内容的调整，使全书重点更突出，层次更分明。全书共六篇，分上、下两册。上册为化学原理，包括物质结构基础、化学热力学与化学动力学基础、水溶液化学原理；下册为元素化学。

本书可作为高等师范院校化学类专业教材，也可供其他院校化学类专业选作教材。

图书在版编目(CIP)数据

无机化学. 上册 / 北京师范大学, 华中师范大学, 南京师范大学编. --5 版. --北京:高等教育出版社, 2020.9(2024.12重印)

ISBN 978-7-04-054451-0

Ⅰ. ①无⋯　Ⅱ. ①北⋯　②华⋯　③南⋯　Ⅲ. ①无机化学-高等师范院校-教材　Ⅳ. ①O61

中国版本图书馆 CIP 数据核字(2020)第 160130 号

WUJI HUAXUE

策划编辑　曹　瑛　　　责任编辑　曹　瑛　　　封面设计　张　楠　　　版式设计　马　云
插图绘制　于　博　　　责任校对　刘丽娴　　　责任印制　刘思涵

出版发行	高等教育出版社	网　址	http://www.hep.edu.cn
社　址	北京市西城区德外大街 4 号		http://www.hep.com.cn
邮政编码	100120	网上订购	http://www.hepmall.com.cn
印　刷	高教社(天津)印务有限公司		http://www.hepmall.com
开　本	787mm×960mm　1/16		http://www.hepmall.cn
印　张	31.25		
字　数	560 千字	版　次	1981 年 12 月第 1 版
插　页	1		2020 年 9 月第 5 版
购书热线	010-58581118	印　次	2024 年 12 月第 7 次印刷
咨询电话	400-810-0598	定　价	55.00 元

物 料 号　54451-00

第五版前言

本书第四版于 2002 年出版，多次重印，被许多院校化学类及相关专业用作基本教材和参考书，是国内较有影响和广受师生欢迎的无机化学教材之一。鉴于近年来无机化学的飞速发展，时至今日，再次修订是必要的。为此，北京师范大学、华中师范大学和南京师范大学长期从事无机化学课程教学的部分教师多次召开研讨会，综合大家意见，确定本次修订原则如下：

（1）修订后继续保持第四版特点，保持原书内容丰富、概念清晰、重点突出、理解深入的风格；

（2）进行了部分章节调整和内容重组，修订部分内容和习题，适当增加了一些学科发展的新动向；

（3）按照最新国际标准，规范了全书的单位、符号和术语，更新了附录数据。

承担修订任务的有北京师范大学魏朔（第 1~12 章、第 14 章、第 30 章）、孙豪岭（第 22 章、第 25 章）、岳文博（第 17 章、第 26 章）、呼凤琴（第 25 章、第 26 章）；华中师范大学温丽丽（第 18 章、第 23 章）、王成刚（第 15 章、第 20 章）、李东风（第 27 章）、潘方方（第 29 章）；南京师范大学包建春（第 24 章）、吴勇（第 16 章、第 21 章）、李顺利（第 13 章）、赵文波（第 19 章）、刘红科（第 28 章）。全书上册由魏朔统稿，下册由孙豪岭统稿。本次修订得到了高等教育出版社的高度重视和大力支持，在此一并表示感谢。

由于水平有限，书中一定还有错误和纰漏，敬请广大读者给予批评指正。

编者
2020.1.15

第四版编者的话

　　自从本书第一版问世以来,被许多高校选作教材。第四版编者希望新版教材能使教师更愿选,学生更爱学,并成为在职中学教师朝夕相伴的良师益友。对原版作修订,出新版,是顺应学科发展和教学改革的需要。近年来,国内外高校教学改革十分火热,新版要充分体现当前教改的主流思想——教学时数要缩减;课程目标要更新;学习知识的同时要提高能力和素养——不但要学习知识与技能,还要形成方法与思想,更要培养精神与品质。本书的主要读者是大学一年级学生。新版编者认为,本书的原理内容应当成为大一学生今后学习所有其他化学课程的基础,冲破过去所谓"无机化学需要什么学什么"的狭隘性,还要不跟中学课程或后续课程在同一层次上重复;对于这本教材中的元素化合物知识,本版编者提出了"精选素材、更新角度、饶有兴趣、易于把握"的编写思想。本书编者认为,知识并非越多越好、越专越好,而是必须成为学生今后学习与发展的基础,但同时又认为,教科书里的知识面不能太狭窄,要适当拓宽,将许多知识编入本书,不是为了背诵和应付考试,是为了读者今后查阅。编者们为此作了种种努力,力求在不大量增加篇幅的前提下在体系与选材两个方面既保留原版好的特色,又呈现全新的面貌:推陈出新、层次分明、重点突出、富于弹性、留有余地、易教好学、适用面宽。为了充分体现信息时代的特征,本书的内容编排力求非线性化,添加网络资源,要使教师好选择,使学生容易学会查找、加工和理解。

　　我们具体的做法是:

　　(1)全书仍采取大小字体穿插的编排方式,小号字比以往几版有所增加。本书大小字功能不同。大字部分是本书的基本内容,小字体可供不同特点的教师、院校、地区,或者其他教学层次和教学目标选用,也可供在读本科生学习高年级的无机选论或中级无机化学,供报考研究生的考生复习提高,供在职中学教师或其他相关人员继续教育时学习参考。例如,多种配体配合物的命名、晶体场理论、软硬酸碱理论、超酸、稀有元素(砹、钔、锝等),金属负氧化态(如 Na^-)等,都在适当场合或相应章节编了一段相对独立的小字。把这些内容以小字体呈现,可使大字部分的内容更突出,教学层次更分明,教学基本要求更明确,而且可以扩大本书的读者面,使不属于基本内容的知识有处可查。

（2）全书分为六篇。第1、2、3篇是原理基础，第4、5篇是元素化学，第6篇是无机化学选论。这种体系可使全书层次更分明，主题更突出。各篇和各章具有相对独立性。教师不一定完全按章节顺序组织教学。例如，可以把原理知识和元素知识整章地互相穿插起来。又例如，也可以把原理部分中的化学动力学基础放在学生学完微积分知识后再讲。再如，配合物的内容也不一定"一步到位"，可在元素化学教学中不断充实提高。对于那些采纳缩减大一无机化学课程学时而又在高年级开设中级无机化学的新教学计划，也可以将本书元素化学中讨论重过渡元素以及 f 区元素的章节移入中级无机化学。对有的院校，本书第6篇的内容也可当作高年级无机选论之类的选修课的基本教学内容。

（3）根据编者长期教学经验适当调整了某些具体教学内容的目标和顺序。

例如，物质结构，由于中学化学中物质结构的知识水平早已降低，后续课程还要深入讨论，本书把它们设计为连接中学化学与后续课程的中间台阶。原子结构（大字部分）的水平比过去大大降低了，编者认为这一水平足以满足结构化学前各门课程的要求，更深入的理解，应当是结构化学课程的任务。但考虑到有的读者对较深入理解物质结构知识有浓厚兴趣，编者根据对低年级学生认知水平的常年考察，编写了许多不同于后续结构化学的内容，以小字形式呈现。新版的第2章以分子结构为标题，但只集中讨论共价分子，将原版稀有气体中的价层电子互斥模型并入其中，形成一个新的分子结构章节；原版中的离子键、金属键等则移入第3章，与离子晶体、金属晶体的讨论结合起来。鉴于我国基础课结晶化学知识向来比较薄弱，某些错误概念流传已久，本书第3章用相当篇幅纠正这些错误。

热力学的方法论对大一学生太生疏，以往将这部分教学内容设置在教材的第一部分显得过早，多数学生有困难，新版把它们移至第2篇，并且大大简化焓、熵、自由能等热力学基本概念的讨论，重点放在突出理解化学反应与化学平衡，基本上不涉及相平衡。新版的动力学基础引入了反应进度，突出了反应级数、温度、浓度等影响反应速率的因素，简化了不宜在大一学习的动力学理论、催化理论、动力学研究方法等。

第3篇集中讨论水溶液反应原理，将酸碱、沉淀、氧化-还原和配合四种平衡分列四章，并设计了逐章渐次深入讨论其相互关系的体系。编者认为，本篇某些教学内容可不在一年级无机化学课程中讨论，如稀溶液通性、强电解质溶液理论、活度和离子强度的概念等，但为照顾许多教师的习惯，新版仍然保留了这些内容。我们建议，在进行这些教学内容前，应跟后续课程（分析化学、物理化学等）协调，适当分工，不要在同一个层次上重复这些内容。

新版将元素化学分为非金属和金属（第4、5）两篇。跟原版相比，在体系上有较大改动。第 4 篇只讨论非金属,不讨论金属。许多教师很熟悉的砷分族被取消了;砷的知识大多变为小字;锑、铋则移入金属篇。第 5 篇是金属篇,原版的分族体系改编为新版的(s、ds、d、p 和 f)分区体系;d 区的轻、重金属又被分成两章。这些改动都是为体现编者"层次分明、重点突出、富于弹性、留有余地"的思想。突出常见元素及其重要化合物,并通过它们,获得讨论元素化学知识的基本思路和方法,而次要元素或常见元素的次要化合物都不必作为基本要求,不必强求用它们来体现"规律"。重过渡元素专列一章,以及特殊化合物移至第 6 篇专章讨论,都有助于使元素化学教学内容的层次更分明,更有弹性,不但有利于降低元素化学教学的难度,有利于学生掌握元素化学的最基本且必要的内容,而且也使本书能适应大一无机化学只有较少学时的教学计划。

新版仍然保留了非金属小结和金属通论两章,以帮助学习者学会如何对规律进行概括。编写《元素化学》一书的格林伍德和厄恩肖说过,化学事实是头等重要的东西,而对事实的解释容易过时。演绎开来,规律是对事实的概括,当然也是头等重要的,但对规律的解释则不应过分。解释规律无非是为了更好地把握事实的本质。在我国,理性思辨的历史传统悠久,人们常常过于纠缠于某些似是而非的解释而忽视对事实作新的概括。没有概括,创新无从谈起。进而言之,对规律本身也不能过分绝对化。在化学中,不规律比规律更普遍。偏爱规律,常常会为求突出规律而偏爱许多并不基本的事实,而不谈某些不规律的基本事实,既浪费时间,又失之偏颇。其实,不规律正是化学引人入胜之魅力所在。对化学复杂性认识之渴求是不应泯灭的,因为它永远是化学发展的内部动力。总之,我们要正确对待规律,正确对待对事实的解释。化学事实层出不穷,重要的是通过掌握基本事实学会获取更多事实的方法,以形成可持续发展的学习能力。

新版大大加强了元素化学的实用性知识。加强实用性知识,可以使读者兴趣倍增,拉近书本与读者的距离,使读者感到书本上的知识与自己是戚戚相关的。在新版中,尽可能地收集了年产量超过成千上万吨的无机物,尽量在适当场合用专段甚至专节来介绍。我们力求克服选材的主观随意性;反对介绍具体化学知识时眉毛胡子一把抓。以锂为例,力求使读者学过后知道,产量最大的锂化合物是碳酸锂,发展最快的锂的应用是锂电池,等等。事实是,以 Li 计,据估计从 1982 年到 2000 年电池用锂从 280 t/a 增加到 49 000 t/a,而同期其他用锂总共只从 5 000t/a 增加到 10 000t/a。诚然,读者能记住氢化锂、氢氧化锂、氘化锂、丁基锂、锂合金等重要的锂的应用自然更好,但碳酸锂和锂电池却是不可替代的,从实用的角度看是重点,必须突出。又例如,力求使读者学过铬后知道,最重要的铬资源是铬铁矿,最重要的商业铬化合物是 $Na_2Cr_2O_7 \cdot 2H_2O$,还得知为什么实验室里不用重铬酸钠而用重铬酸钾。介绍铬的氧化物,不仅像以前那样

介绍 CrO_3 和 Cr_2O_3，而且，从实用的角度，增加了 CrO_2，后者是现代生活日常接触到的磁性材料。

从激发、诱导读者形成开发能力的角度，对应用的讨论应当尽可能地说明之所以有这种应用的原因，说不清的也应开个窗口，激发读者注意未来的发展，诱导他们今后去参与探索，或者立即去探索。举例来说，1949 年有个叫 Cade 的澳大利亚医生发现一种极其简单的无机物——碳酸锂可以治疗狂躁型抑郁症。据估计，从 1970 年到 1980 年的十年间美国用碳酸锂治疗这种病节省了 10 亿美元！ 这样简单的化合物竟然有如此神奇的医学功能，我们应当谈到。然而，锂为什么有这种功能？ 近几十年有上千篇文献进行了探讨，仍然搞不清。我们不妨在书里开个窗口——从锂的性质考虑，锂离子似能影响体液中的钾-钠平衡和/或镁-钙平衡，若果真如此，那么，狂躁型抑郁症将与钾-钠平衡和/或镁-钙平衡的失调有关。这种处理能否使学习者兴趣更浓呢？ 当然，整个有关锂的医学功能的知识将以小字体夹在正文中出现，记不记住两可，不应选作考察学习达标率的考试题。

（4）大学教育不同于基础教育的特点之一是它的研究性。没有研究性，大学教学就从本质上失去其特征。研究性的特征不但要体现在教科书的正文里，更要体现在教科书的习题里。因此，新版编者们花了许多精力更新习题，力求充分发挥习题的思考功能、操作功能和讨论功能。有些新的习题是信息给予题。它们涉及的某些知识是正文里未曾讨论的。解这种习题，不但可以学习如何提取、加工信息，同时也学习了新知识。因此，本书有意将某些基本知识不写入正文而编进习题。例如，氮族元素从上到下从非金属变成金属，这是周期规律的重要例证，新版却没有编进正文，而设计成 p 区金属一章的一个习题。教师们还可以尝试用某些习题组织课堂讨论。编者们积极提倡课堂讨论，并身体力行。增加习题讨论课是缩减讲授、提高教学效果的重要途径。

（5）在新版中编者尝试性地引导读者从因特网上获取知识，以获得不断更新知识的新渠道，向读者提供了一些化学及相关学科的网站。另外，也向读者介绍了一些软件。这是以往的教材没有的新特点。

我们有把本教材改编为一本全新的教材的强烈愿望，但具体做起来，又觉得力不从心了，实际拿出来的与原来的设想有很大的差距，我们恳切希望本书读者不吝指出本书的错误和问题，以求今后继续修订时参考。

这本新版教材的各章编写人如下：北京师范大学吴国庆任主编，编写了编者的话、绪论、第 1、2、3、5、6、29 和 30 章以及附录、习题答案、外文人名对照表等；北京师范大学张永安，第 8、9、10 章；南京师范大学刘淑薇、包建春，第四篇诸章；华中师范大学祝心德等，第五篇诸章；华东师范大学王昭明，第 4、7、12、28 章；东北师范大学黄如丹,第 11 章。全书由吴国庆加工、修改、补充完稿。

　　本书的再版是我国长期从事无机化学基础课教学的教师的集体经验结晶。我们感谢原版编者们对本书的贡献,没有他们的工作基础,不会有陈置在大家面前的第四版教材,我们也感谢所有使用本书的教师和读者对本书宽爱和批评意见,没有大家的支持,新版将毫无生气。高等教育出版社耿承延同志为本版的编辑出版费了许多心血,也一并表示感谢。

吴国庆　识

2002.03

第三版编者的话

根据高等教育出版社的出版计划,我们受该社的委托于 1988 年 10 月着手《无机化学》(第三版)的编写工作。当时编者们议决了一些修订原则。主要是:

1. 修订过程中要保持原版教材的特色,修改第二版教材中的不妥和错误之处;使本教材在选材的深广度上与国内外同类教材大体相当。

2. 参照国家教委审定的《高等师范院校化学系本科各课基本要求》凡应在大学一年级无机化学课程中讲授的内容,本版教材应尽可能选入,以保证和全国相应院校的要求一致。

3. 适当调整教材中理论部分和元素叙述部分的比例,在不降低原版理论要求的前提下,酌情增加元素部分的内容。特别是有关元素的实用化学反应,近代无机化学中反映新技术、新材料、新知识的简明内容。

4. 在书写的方式上,注意便于自学、育人和能力的培养。更多地发挥史料的作用,除教会读者必要的无机知识外,且能在潜移默化中教会读者掌握正确的学习和思维方法。

5. 注意习题的多样性和难易程度,提高所选习题的质量,使所选习题既能复习、巩固化学知识,又能提高读者分析、解决问题及演算的能力。

6. 注意和中学化学课本内容的衔接,在内容选择上避免重复。必要重复的内容宜从不同角度予以讨论。

7. 将第二版教材的"化学热力学初步"一章后移。以利教学上的合理安排,并将 IUPAC 于 1970,1982 年推荐的热力学符号引入该章,以适应学科发展的需要和方便读者参阅其他资料。

8. "非金属元素小结"和"金属通论"两章仍予以保留,但在内容选择上注意在利于培养能力上下功夫,教会同学系统整理知识和科学抽象思维的能力,不宜选用更多新的教学内容。

9. 选入的内容仍以略多于教学时数的需求量为妥,便于授课教师和读者选用自己认为必须掌握的内容。

本书仍由前两版的编者:梅若兰、李静贞、王近勇、石巨恩、严振寰、阮德水、林平娣、刘鲁美、张启昆、陈伯涛等分章编写。由陈伯涛主编并负责最后的统稿和定稿工作。全书经东北师范大学化学系刘景福、王恩波等教授审阅，他们为本书提出不少中肯的意见和建议。编者们在此致以诚挚的感谢和由衷的敬意。最后诚挚地等待读者们的批评和建议。

编　者

1990.09

第一版编者的话

根据 1979 年 3 月教育部下达的高等师范院校教材编写计划,我们三院校无机化学教研室编写了这本教材。

根据无机化学课程的任务和目的的要求,我们确定了本教材的编写原则是:

1. 起点要适当,不宜过高,充分考虑与现行的全日制十年制学校高中化学教材的衔接。内容选材的水平,大体和当前国内外一般的无机化学教材的内容相当,叙述力求深入浅出、循序渐进、坡度不宜太大,力求符合思想性、先进性、科学性和实践性等四条原则。

2. 选用的内容既要适应高等师范院校培养目标的需要,也要适应当前学生的实际;既要适应当今无机化学学科发展的趋势,又要适应无机化学课程本身系统讲授的需要,在分量上应体现精选的原则。

针对高等师范院校的特点,在理论阐述方面,力求做到深度适当、讲解清楚;在化学元素和化合物的叙述方面,多选一些必要的无机化学反应、无机物的性质以及与无机化学有关的生产和生活知识,并注意运用所学的基本理论,去解释一些无机物质的变化规律。

3. 在编写过程中,我们努力运用理论联系实际这一原则。在理论部分的讲授上,采用了大集中、小分散的方法。开头几章集中讲述一些必要的理论,某些理论段落分散在有关的元素部分章节中讲授。既分散了难点,又可尽量地发挥理论的指导作用,引导学生将学到的知识系统化、理论化。我们还试图结合实际应用的例子来说明某些理论的发展过程,使用中的注意之点,优势和缺陷。在讲述元素、化合物的性质和用途时,也力求能联系当前的生产和生活实际。

4. 便于自学。除了注意图文并茂外,每章还列有内容提要、必要的小结、一些元素及其化合物转化的图解和必要的化学史料及参考资料。便于学生自学和进一步钻研。

本教材增写了有关化学热力学初步知识的一章。根据无机化学教学自身的需要,在写法上不使用数学推导而讲清有关化学热力学的某些内容。目的在于教会学生初步运用化学热力学知识解决和分析无机化学的问题。

本书所用数据的单位基本上采用的是国际单位制(SI),但有时也采用了一些允许和 SI 暂时并用的其它单位。

鉴于中学化学教师需要知识面略广一些,本教材所选内容略多于 150 学时的讲授分量,而带有 * 号部分系选用或阅读教材。各兄弟院校的任课教师可从实际出发选用自己认为适用的章节。本书的编排顺序只供参考,任课教师可自行安排。

本教材由北京师范大学无机化学教研室主编。参加编写单位有华中师范学院、南京师范学院的无机化学教研室。由东北师范大学无机化学教研室负责主审。参加执笔的有南京师院梅若兰、李静贞、王近勇,华中师院石巨恩、严振寰、阮德水,北京师大陈伯涛、林平娣、张启昆、刘鲁美等老师。根据 1979 年 12 月召开的审稿会上提出的意见,各编写单位又进行了修改。教材初稿完成后,由北京师大的执笔老师和阎于华老师又根据高等师范院校化学专业无机化学教学大纲进行了调整、校订,力求符合新大纲的要求。最后经东北师大 郑汝骊 教授、赵世良、刘景福、王恩波等老师审阅定稿。书中插图是由北京师大化学系臧威成老师参考有关资料绘制的。

由于编写时间仓促,我们的水平有限,谬误之处在所难免。我们诚恳地希望兄弟院校的老师和同学在试用此教材后能提出更多的宝贵意见和建议。

北京师范大学
华中师范学院　无机化学教研室
南京师范学院

1980 年 6 月

目　　录

第一篇　物质结构基础

绪　　论

1. 化学的研究对象

什么是化学？通常说：化学研究物质的组成、结构、性质与变化的规律。但这种说法太宽泛。首先，化学并不研究所有物质，如电磁波、电磁场、引力场、电子、中子、质子、原子核、夸克等都是物质，化学并不研究这些物质；其次，化学也不在所有层次上研究物质，宇观物质（宇宙、星云、星体、星际云）、宏观物质（地球、城市、亭台楼阁、红砖绿瓦等）、介观物质（光学显微镜尺度、微米尺度、纳米尺度的物质）和微观物质（分子、离子、原子、亚原子微粒……）属于不同的物质层次，并非都是化学的研究对象。可见，必须对上述说法中的"物质"和"物质的层次"做出必要的限制和说明，才能搞清什么是化学。

化学研究的是化学物质。《现代汉语词典》里没有这个复合词。这个术语的英文是"chemical substances"，更常见的是"chemicals"。过去，chemicals 指化学试剂或化工产品（化学品），现在，其词义早已扩大。水、空气、动植物、矿物等自然物质，都是"chemicals"，因此，按其内涵，这个词应译为"化学物质"。宏观地看，化学物质构成了物体（气体、液体、固体等），举例说，玻璃杯、玻璃板、玻璃纤维……是物体，而构成它们的玻璃是化学物质；微观地看，化学物质的最低层次是原子（包括原子发生电子得失形成的单原子离子）。比原子更低的物质层次，如电子、质子、中子及由质子和中子组成的原子核可总称亚原子微粒（subatomic particles），就不是化学研究的对象了。比原子高一个层次的化学物质是原子以强相互作用力（通称化学键）相互结合形成的原子聚集体。如果把所有单独存在的原子和所有原子聚集体都称为"分子"（molecules），就可以说，化学研究分子的组成、结构、性质与变化。这里的"分子"概念显然已不同于 160 年前建立的传统概念，即中学教科书里说的保持物质性质的"最小"微粒，它既包括各种单原子分子（如稀有气体原子）、各种气态原子或单核离子，也包括以共价键结合的传统意义的分子，还包括离子晶体（如食盐）、原子晶体（如金刚石）或者金属晶体（如铜）等的单晶（其晶粒可大可小）及各种聚合度不同的高分子。如今人们所说的"分子层次"（molecular scale）的"分子"就是这个意思，本质上是核-电子体系。恩格斯在《自然辩证法》里曾把化学定义为关于原子的科学——研究原子的化合与化分，实质上是指原子之间的强相互作用力的形成和破坏，或者说分子的形成和破坏，所以，本质上仍是指分子层次。

有时，人们把比分子低一个层次而比原子高一个层次的物质层次称为亚分子层次（submolecular scale）。亚分子（submolecule）是化学研究的对象，这容易理解，因为它们的变化正是原子的化合与分解，在这个意义上，亚分子层次不必另作一个层次来定义，可以归于分子层次；但也不能太绝对，如有的人专门研究分子的"碎片"，研究"分子片""分子瓣"等分子的结构单元，可以说，他们在研究亚分子层次。

比分子高一个层次，是超分子层次。什么是超分子（supermolecule）？它的内涵有二。其一似与很大的分子，即巨分子（macromolecule）同义，它们是单一的分子，它们的原子之间以强相互作用力结合，但它们是由许多小分子合成的，而且具有某种特殊的高级构型或结构。图 0-1 便是一例，它是一个巨大的十二面体，每条棱和每个顶角都分别是同一种小分子单元，它们通过缩合反应以共价键相互结合形成十二面体，缩合反应放出 -1 价的离子又与十二面体以离子键结合。其二是若干个分子以弱相互作用力（通常称为分子间作用力，包括范德华力和氢键等）相联系，并且通过所谓"自组装"（self-assembling）或"自组织"（self-organizing）构筑（tectonize①）成某种高级结构。通常人们所指的超分子是上述第二种含义。近年来，人们普遍认为，超分子这种分子以上的层次是 21 世纪化学的重要研究对象。长期以来，人们以为，只有活的生命体才具有将分子组装起来的能力。现已证实，自组装是超分子的普遍特性，不是生命的特有现象。

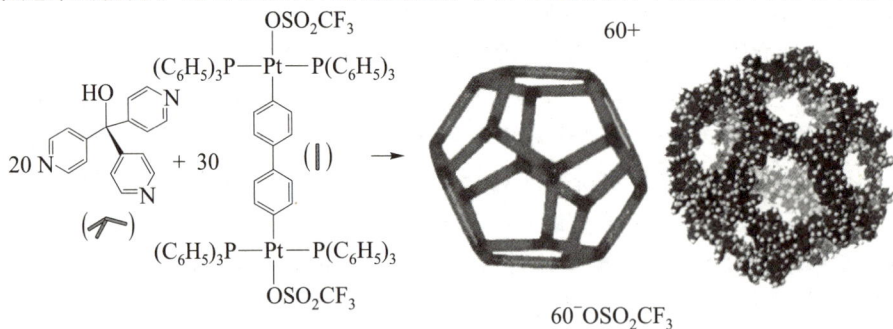

图 0-1　由小分子组装而成的具有一定高级结构的巨分子有时也称为"超分子"。图中的十二面体是 1999 年合成的迄今最大的非生物高分子，化学式（包括 60 个负离子在内）为 $C_{2000}H_{2300}N_{60}P_{120}S_{60}O_{200}F_{180}Pt_{60}$，相对分子质量达 61 955，直径达 7.5 nm，相当于小蛋白质分子的尺寸，右图是其原子堆积模型

① 以 tecto- 为词根的术语在地质学等较高层次的学科中是不少的，一般译为"构造"。用该词表述超分子构成高级结构，是近年来的事情，为与分子结构相区别，译为"构筑"［中国科学院与自然科学基金委.21 世纪化学展望.北京：化学工业出版社，2000.]。

图0-2给出了苯乙烯分子在晶体硅表面发生自组装的例子。生物体内的超分子具有许多特殊的功能。近年发现，许多人造的超分子也有某些特殊功能。但超分子是否都必定有某种特殊功能，还有待在21世纪合成更多的超分子后才能做出科学的概括。图0-3是生物体内超分子功能的一个例子，有兴趣的读者可读一读该图的说明文字。

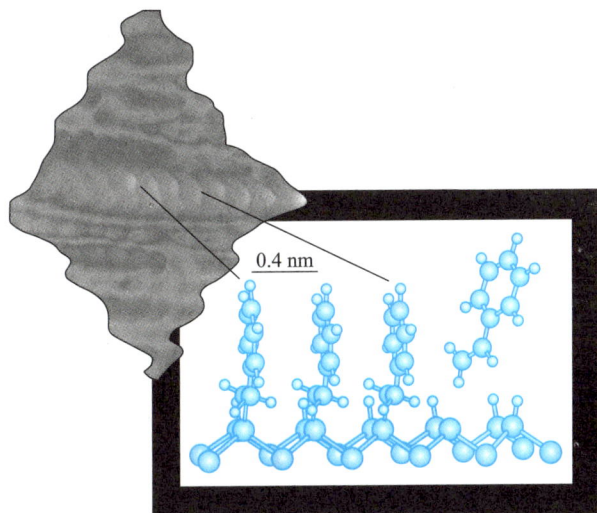

0.4 nm

图0-2　分子自组装

扫描隧道显微镜揭示苯乙烯分子吸附在晶体硅表面上发生自组装，分子的
苯环取向一致，将苯乙烯构筑成密堆积的"超分子"

综上所述，化学是研究分子层次及以超分子为代表的分子以上层次的物质的组成、结构、性质和变化的科学，这里把超分子作为分子以上层次的代表。就目前情况而言，再高的层次是其他科学的研究对象了，尽管它们在研究中不乏利用化学的思想和方法，却已不是化学。例如，细胞的组成、结构、性质和变化，是生物学的研究对象；硅制成的集成电路芯片的结构、性能，是物理学的研究对象。在21世纪，科学的综合将大大加强。例如，河流筑坝截流引起泥沙凝聚沉降，化学家只能参与多学科研究小组而不能独立地进行研究。至于较远的将来，究竟化学研究的分子以上层次还将如何向上扩展，以什么为代表，尚不能做出预言[①]。

---

　　① 参阅中国科学院院士王夔.化学研究的空白区和未来发展的前沿.载于书中2页注2。另外，中国科学院资深院士徐光宪提出，化学的研究对象是"泛分子"（pan-molecule）层次。他还认为泛分子有十个层次。见《中国化学会2000年学术会议论文集》和《化学通讯》2000年第6期。

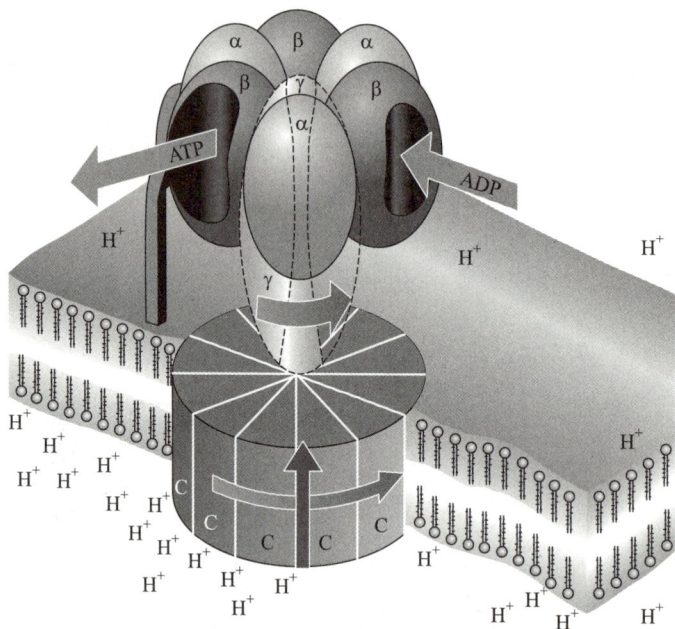

图 0-3　制造 ATP 的超分子工厂

　　自然界里有许多奇妙的分子器件。可以以生物细胞中制造 ATP 分子的微型工厂为例[①]。ATP(三磷酸腺苷)是生物体的储能分子,当某生物化学反应需要能量时,ATP 就参与反应变成 ADP 来释放能量。ADP(二磷酸腺苷)不断与磷酸反应合成 ATP,以供生命活动之需。一个葡萄糖分子代谢为 CO_2 和 H_2O 将用 36 个 ATP 分子来储存能量。一个成人平均每天要在体内生产相当于体重的 ATP 分子。一个马拉松赛程,一名运动员要制造 1 t ATP 分子。ATP 分子是在一种叫线粒体的细胞器的膜上的微型工厂里制造的(见图 0-3)。这个微型工厂叫作 ATP 合成酶(ATP-synthase),是若干个蛋白质单元(图中的 α、β、γ 及 C)排列成一个电动机转子似的超分子,这个电动机是由质子(H^+)推动的,每秒钟旋转 100 圈,每转一圈生产 3 个 ATP 分子。单就提出 ATP 合成酶的质子泵理论的 P. Mitchell 和解析出这个酶的蛋白质结构的 J. E. Walker 分别获得了 1978 年和 1997 年诺贝尔化学奖来看,已可理解超分子已是化学的研究对象。未来,化学必将有能力制造具有各种特异功能的人造分子器件,使化学的应用呈现一个全新的面貌。

　　在分子和超分子的微观层次上研究物质,是化学不同于其他物质科学的基本特征。近年来,"化学物种"(chemical species)一词用得越来越普遍。物种

　　① Nelson, Cox. Lehninger Principle of Biochemistry. 2nd ed. New York: YWH Freeman, 1993: 544. Chemistry in Britain, 2000, Sept, 34.

(species)一词本是生物学术语,化学界借用了它。每一种**核-电子体系**都是一种化学物种,如单个的原子(H、O、Fe)、单个的离子(O^{2-}、H^+、Fe^{2+})、简单分子(H_2O、NH_3)和简单离子(NH_4^+、SO_4^{2-})等,直至各种具有确定质量的人造的(如聚氯乙烯)和天然的(如胰岛素的蛋白质单元)高分子。在分析化学中,早就把水合离子称为化学物种,如水合的 $Na^+_{(aq)}$、$SO^{2-}_{4(aq)}$、$Cu(NH_3)^{2+}_{4(aq)}$、$Cu(NH_3)^{2+}_{3(aq)}$ 等。本质上,水合离子也是超分子。因而,扩大地看,每一种超分子也都可看作一种化学物种。例如,在乙酸的蒸气里有通过氢键结合的乙酸分子双聚体,它也有一定的结构和性质,也应认为是一种化学物种。图 0-3 的 ATP 合成酶、无数条纤维素分子整齐排列构成的纤维等,都可认为是化学物种。由此又可说:化学是一门研究分子和超分子层次的化学物种的组成、结构、性质和变化的自然科学[1]。

化学的核心是合成,这是化学区别于所有其他科学的**特色**。截至 2000 年 4 月,美国化学会《化学文摘》登录的化学物质总数超过 3 000 万[2]。20 世纪 90 年代末的每一年,在该文摘登录的新化学物质总数都超过 100 万,其中绝大多数是自然界没有的人造物质。化学创造了一个人造世界。化学是一门最富创造性和想象力的科学。但不应将"合成"误解为只制造自然界没有的新物质,自然界有的,化学家也合成,如柠檬酸是天然物质,广泛存在于水果和蔬菜中,但用来配制饮料和食品添加的柠檬酸大多是人造的。化学合成了许许多多天然物质[3],尤其是找到了自然界没有的合成方法,在这个意义上,这些由化学家合成的天然物质也是人造的。

近年来,先人造,而后发现自然界里也有的物质屡见不鲜。例如球碳 C_{60},偶然地合成于 1985 年,后来才发现自然界也有。其后合成的球碳不止 C_{60} 一种,是一个系列,有大有小(见图 0-4),有的还有多种异构体。例如,C_{80} 有 7 种不同对称性的异构体。C_{60} 的合成开辟了一个全新的化学研究领域,近年几乎每期国际化学杂志都有新的球碳衍生物报道。1991 年又发现了管状的碳,对应于球碳,可以称为管碳,是石墨的二维平面卷曲而成的管子,有单层的,也有多层的,一层套一层,像俄罗斯套娃。管碳的高级结构丰富多彩,有的像面包圈,有的是螺体,

---

① 化学的定义很多,本定义用化学物质和微观物种限制了化学的研究对象,排除了光子等物质,也排除了小至细胞大至宇宙的组成、结构、性质与变化,也没有后缀"规律"一词,因化学是一门科学,既然如此,研究"规律"已隐含其中,见《辞海》的条目科学。

② 化学物质总数是指美国化学会《化学文摘》杂志的登录号,包括单质在内,可从互联网上动态地查询。

③ 严格地说,人造的天然物质仍不同于自然界造就的天然物质,尽管人造的天然物质可能与天然物质的组成、结构完全相同,但世界上没有绝对纯净的物质,人造物质与天然物质含的杂质经常是不同的,只看主成分不顾杂质有时会出现意外后果。

有的像澳大利亚土著的飞镖（飞去来器），见图 0-4。最早发现球碳的 Smalley 等 3 人在获 1996 年诺贝尔化学奖时曾预言，管碳找到实际用途将比球碳更早。近来还发现，许多无机化合物也可以出现俄罗斯套娃结构，如 WS_2。这一系列由发现 C_{60} 发端的事件十分典型地显示了化学的特色和魅力[①]。

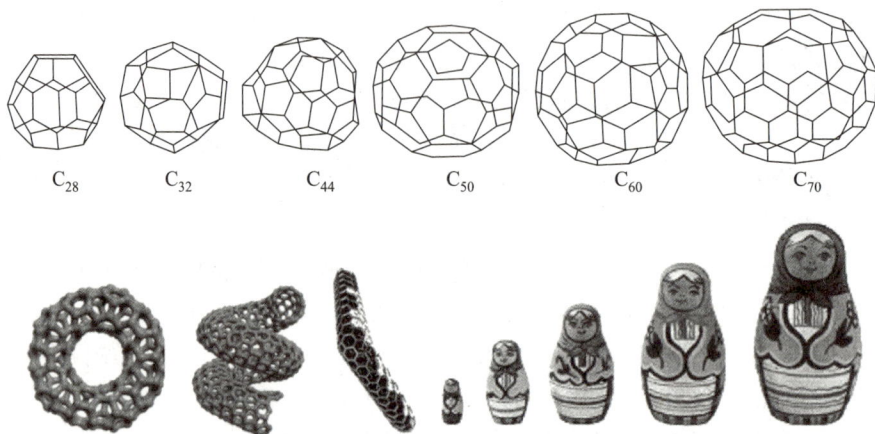

C_{28} C_{32} C_{44} C_{50} C_{60} C_{70}

图 0-4   球碳和管碳的分子模型和俄罗斯套娃

　　球碳的发现标志着合成化学的质变——新化合物已不是单纯数量增多，类型也花样翻新，目不暇接。近几十年来，化学新名词层出不穷，如分子树（dentrimer，见图 0-5）、团簇（cluster）、笼合物（clathlate）、离子液体（ionic liquid）等，不胜枚举。一种新化合物刚刚出现时，常引起人们的怀疑，真会有这样怪异的化合物？例如，早在 1933 年鲍林（L. Pauling）已经预言稀有气体能形成化合物，但没有人认真对待他的预言，到了 1962 年，在加拿大工作的英国人巴特列（N. Bartlett）预计 PtF_6 有可能把 Xe 氧化形成与 $O_2^+PtF_6^-$ 晶体相近的 $Xe^+PtF_6^-$，结果合成了稀有气体的第一个化合物，破除了 8 电子壳层稀有气体原子不能形成化合物的"理论"，几个月后，更简单的化合物 XeF_2、XeF_4、XeF_6 相继在三个不同实验室被合成，渐渐合成了上百种稀有气体化合物。甚至合成了如 HArF，

---

① 以 C_{60} 为代表的碳的新单质总称为 fullerenes（复数），包括球碳和管碳，我们曾建议将 fullerenes 汉译为"砆"，此字非新造，为古字新用，取"石"偏旁以纳入化学术语已形成的体系（"火"偏旁的烷、烯、炔等是脂肪烃，草字头的苯、蒽、萘是芳香烃，而碳、磷、硫等固态非金属以"石"为偏旁）。当用"砆"为词素构成复合词时，显然要比任何多音节词好，因"砆"的衍生物越来越多，IUPAC 已经建议了一套命名系统。以砆为主词，不仅可系统对应其衍生物的 IUPAC 系统命名，还可扩展，如含杂原子的球碳（如 $C_{59}N$）可类比含杂原子的芳香烃称为"某杂砆"（如氮杂砆），与砆的微观形貌类似的 WS_2 之类，可称为"类砆"（可创造英文新词 fullerenoid）。

［AuXe₄］²⁺等新型稀有气体化合物。又如1972年，大艾（J. L. Dye）合成了钠负离子化合物（阴离子是 Na⁻），及至1999年，在同一个实验室里合成了几十种碱金属负离子的盐，形成了一大类被命名为"碱化物"（alkalide）的新化合物类型，有的甚至在常温下也是稳定的。更有甚者，他的研究小组还合成了被称为"电子盐"（electride）的新化合物，它的阴离子不是原子或原子团而是电子，但仅只一例。

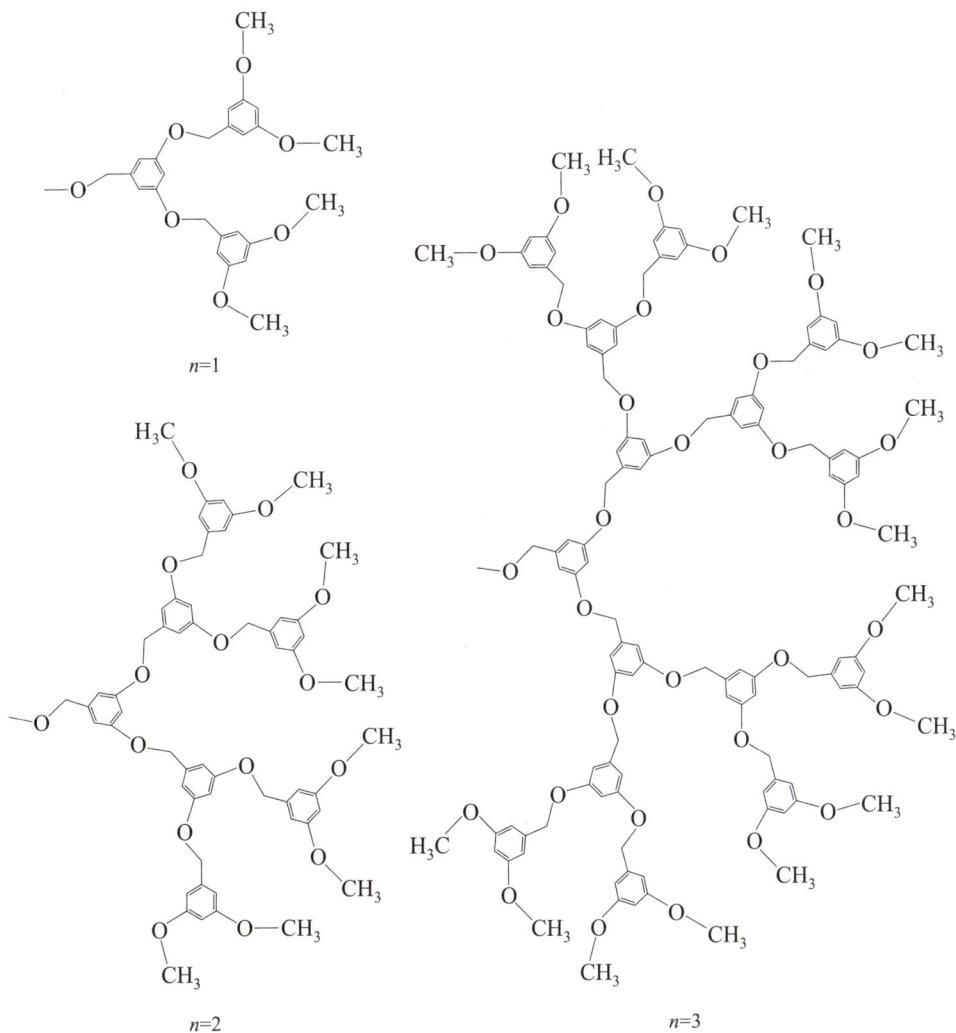

n=1

n=2

n=3

图 0-5　分子树一例
（逐级连接成树杈结构的高分子）

20世纪后半叶，化学合成的理论和方法有了长足的进步。例如，逆合成原理、绿色化学（green chemistry）、组合化学[①]（combinatorial chemistry）、分子设计[②]（molecular design）等，都是近几十年形成的新的合成原理和方法。合成方法的自动化、智能化、计算机化大大加速了合成新化合物的数量和复杂程度。目前，利用量子化学理论进行分子设计已初具规模。理论化学家预言了许多未知化合物。例如，有预言说，CLi_6 有可能合成，而且很稳定，这个分子里共有 10 个价电子，用于中心碳原子与 6 个锂原子键合。又有预言说，碳有可能呈现平面四边形的配位结构。图 0-6 是分子设计的一个成功例子。化学理论的现状说明，认为化学是一门实验科学的观念已经过时。诚然，化学跟任何其他科学一样，始终以科学观察和实验为基础。系统的观察和实验是科学不同于其他人类活动最本质的特征。21 世纪的化学是一门实验与理论互相推动、并驾齐驱的科学。美国 Georgia 大学量子化学计算中心主任 Schaefer 指出，1999 年计算化学已经占到化学研究的 10%。

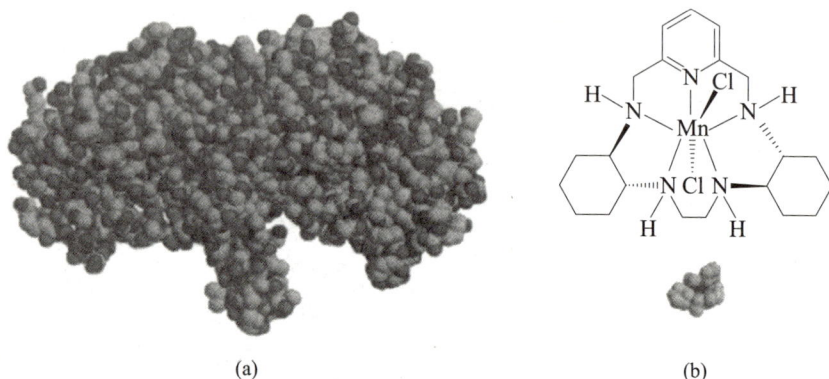

(a) (b)

图 0-6　（a）是广泛存在于生命体内的超氧化物歧化酶（SOD）的一个亚单元的原子堆积模型。（b）是先进行分子设计，然后由美国、意大利科学家合成的 SOD 模拟酶的结构和原子堆积模型，由结构和模型可见，它是一个组成十分简单的配位化合物，其相对分子质量只相当于 SOD 酶亚单元的 1/65，却具有 SOD 酶相同的生物活性，它在活体中稳定，只具有 SOD 酶使超氧离子自由基歧化的催化作用（$2O_2^- \rightarrow O_2 + O_2^{2-}$），不催化超氧离子与 H_2O_2、NO、OH、过氧亚硝酸根等的反应，可保护动物机体免受损伤和炎症

　　早在化学形成时期，分离和鉴定化学物质就已经是化学研究的主要内容之一。普遍认为，近代化学始于 1661 年爱尔兰人波义耳（R. Boyle）发表的《怀疑派化学家》一书。波义耳提出：化学元素是用分离手段获得的不可再分的物质。

---

① 　董安钢，唐颐.浅谈组合化学.大学化学，2000，10.

② 　欲较多了解分子设计的读者可读一读：俞庆森，朱龙观.分子设计导论.北京：高等教育出版社，2000.

元素的这一操作性定义大大推动了化学的发展。确定化学物种的经典方法是首先借助分离手段获得尽可能纯净的状态,然后鉴定它的组成和结构。现代化学的高速发展,很大程度上得益于使用各种物理方法与先进技术进行的快速的高度自动化的分离和表征(characterization,可大致看作鉴定的同义词)。例如,一家跨国化学公司的研究人员从 5 万种化合物中筛选出一种具有降糖活性的简单天然有机化合物,被我国两院院士选为 1999 年国际十大科技新闻之一。研究者采用的分离速度之快令人惊叹——每天分离 1 000 种化合物!现代化学表征化学物质的速度、用量、方法也日新月异,已呈现不分离、在线化、实时化、微量化、自动化等现代化特征。奥运会检测违禁药物就具有这种特征。在医院做过血液化验的人也会有切身体验,用几毫升血可同时检测出几十种极其微量的物质。又如,20 世纪 90 年代的惊人化学成就之一是,发现 NO 分子竟然有多种功能的生理活性。须知,在正常体液中,NO 的浓度是以 nmol·L^{-1}(纳摩尔每升)计的。这就不难理解,离开高度现代化的检测手段,发现并阐明 NO 这样小的分子的超低浓度变化及其生理活性是根本不可能的。

无论是合成还是分离与表征,以及研究化学物质的性质,都大量地涉及化学物质的化学反应(reaction)。对化学反应的研究,一方面是发现反应并将反应进行整理归类,另一方面是对反应的本质进行理论分析,包括对反应的可能性、方向与限度、速率与机理、反应最佳条件等的实验的和理论的分析,也包括对反应进行量子化学计算、预言和模拟。

概而言之,化学研究包括对化学物质的① 分类;② 合成;③ 反应;④ 分离;⑤ 表征;⑥ 设计;⑦ 性质;⑧ 结构;⑨ 应用,以及⑩它们的相互关系。

2. 化学的主要分支

无机化学、有机化学、分析化学和物理化学是经典化学的四大分支。无机化学研究所有元素及其化合物,几乎与元素化学同义,但无机化学一般不研究碳氢化合物及其衍生物,后者是有机化学的研究对象。然而,无机化学和有机化学之间并无截然的界限。例如,配位化学是无机化学的一个分支,配位化合物数量巨大,但它们之所以如此多,是由于进入配位化合物的有机化合物(配体)品种繁多。又如,金属有机化合物和有机金属化合物是无机化合物还是有机化合物?难说。再如,硅可与氢形成“硅烷”,它们跟碳氢化合物结构相似,性质却相去甚远,按结构,它们应归属有机化学,按性质,它们应归属无机化学,通常人们称它们“有机硅”。此外,有机合成的许多试剂是无机化合物。近年来有人主张在高校开设合成化学来合并无机化学和有机化学两门课程。分析化学主要研究化学物质的分离和表征(的实验现象、技术和理论)。但分析化学的重要分支——仪器分析的原理,基本上属于物理化学的范畴,或者说是物理化学原理的应用。物理化学,概括地说,是用物理方法研究化学。它研究化学反应的规律、化学物质的结构、结构的测定方法,化学物质和化学反应与电、声、光、磁、热等的相互关系等,有电化学、光化学、磁化学、热化学、化学热力学、化学动力学、胶体化学与界面化学、结构化学、结晶化学等分支。物理化学是大学本科教学中最重要的原理课程。

自20世纪50年代合成尼龙以来,小分子通过聚合或缩合形成的高分子(polymer,又叫聚合物)越来越多,终于从有机化学中分离出一门新的二级学科——高分子化学。另外,化学工程学研究化学实验室的化学合成与化学过程放大为生产规模后出现的各种新规律。该学科可认为是化学与工程学的交叉学科,不属于纯化学的二级学科。化学与各种学科交叉,在边缘地带形成了许多新的学科,如地球化学、环境化学、生物化学(包括植物生理等内容时也可称为生命化学)、农业化学、工业化学,乃至天体化学和宇宙化学,还有固体化学、药物化学、核化学(放射化学与辐射化学),以及化学信息学、化学商品学、化学教育学等。凡以化学为主词的这些交叉学科可看作纯化学与某一学科的交叉而扩大,学科的主体仍是化学,而以化学为修饰词的学科可认为以化学为主要对象的其他相应学科的二级学科。

应当指出,无机化学作为高等院校课程的名称,与无机化学作为化学的二级学科,内涵并不完全相同。高校无机化学课程中有许多化学基础原理的内容,本质上属于物理化学,只是由于无机化学通常是高校一年级的入门课程,学习这些物理化学基础,不仅为学习元素化学所必需,也有助于后续课程,包括物理化学的学习。本书的物理化学内容不同于物理化学课程的内容,一般不借助微积分等高等数学,因而,本书的前三篇也可以称为普通化学。

3. 怎样学习化学

(1) 动力　做任何事情都需要有动力。动力的源泉多种多样,有短暂的,也有久远的,有的有崇高的目的,也有的只是一种本能。好奇心、兴趣、爱好、责任感、敬业精神、献身精神……都有可能产生学习的动力。这不是本书讨论的课题,需读者们互相交流,相互激励,特别是要联系读者本人的实际心态。

(2) 实践　出生于英国的著名美国化学教育家阿姆斯特朗(H. Armstrong)曾对青少年说:I hear; I forget; I read; I remember; I do; I understand。他生动地表达了实践出真知的真理。许多科学知识,要想真正懂得,非亲自动手不可。不做,难似上青天;做,豁然开朗,奥妙尽在其中。做与不做,有天壤之别。中国核弹先驱、著名物理学家王淦昌先生说过,……首先要敢于大胆设想,只有这样,才能创出新路,但光有新思路还不够,最重要的是"干",要自己动手做实验,验证自己的想法。说的就是不要坐而论道,要做。学习化学必须重视实验。实践活动还包括做习题和作业、参加讨论与辩论、参观访问等现场教学、参与科学研究、进行文献调查并做专题报告,特别是毕业论文等。不要错过任何实践的机会!

（3）**方法**　讲究方法是学习效率的重要保证。学习方法既有通则,又无定则,应不断总结和交流学习方法,选择最适合自己的学习方法。

化学作为一门自然科学,不断经历假设到验证再由验证到假设的循环。学习概念和原理应把握形成概念和原理的基础和目的,否则容易钻牛角尖。尊重客观事实是第一位的,任何对客观事实的理论解释都是第二位的。尽管正确的理论解释可以揭示客观事实的本质,但不能用理论解释代替客观事实。客观事实总是随着人类的实践活动不断扩展的,由局部事实归纳的分类、概念、原理、理论都需要接受新的事实的考验,不符合事实时,就要发展形成新的分类、概念、原理和理论。在学习化学的过程中,应努力学习前人是如何进行观察和实验的,是如何形成分类法、归纳成概念、原理、理论的,并不断体会、理解创造的过程,形成创新的意识,努力去尝试创新。

我们应在学习过程中努力把握学科发展的最新进展,努力用所学的知识、概念、原理和理论理解新的事实,思索其中可能存在的矛盾和问题,设计并参与新的探索。

习　　题

课外读物

0-1　查阅《中国大百科全书》(化学卷),阅读条目"化学"的内容。

0-2　将绪论中关于化学的定义和化学的主要分支与《中国大百科全书》有关内容进行对比,并在课外进行讨论。

0-3　讨论学习化学的目的、态度和方法。

0-4　翻阅本书的附录,初步了解有哪些附录,特别要熟悉有关国际单位制(SI)的附录。

第一篇

物质结构基础

第 1 章

原子结构与元素周期系

内容提要

1. 本章第 1、2、3 节通过回顾历史和介绍元素起源与演化讨论原子、元素、核素、同位素、同位素丰度、相对原子质量(原子量)等基本概念。其中相对原子质量(原子量)是最重要的,除此以外都是阅读材料。

2. 本章第 4 节讨论氢原子的玻尔行星模型,基本要求是建立定态、激发态、量子数和电子跃迁 4 个概念,其他内容可不作为教学基本要求。

3. 第 5 节是本章第一个重点。基本要求:初步理解量子力学对核外电子运动状态的描述方法——处于定态的核外电子在核外空间的概率密度分布(即电子云);初步理解核外电子的运动状态——能层、能级、轨道和自旋及 4 个量子数;掌握核外电子可能状态数的推算。本节有一段小字,描述核外电子运动状态的波函数 Y 图像和 D 图像属于较高的教学要求,虽有助于更本质地理解原子核外电子的运动状态,但暂不掌握并不会影响对大学低年级课程基本教学内容的掌握。

4. 第 6 节是本章第二个重点。基本要求:掌握确定基态原子电子组态的构造原理,在给定原子序数时能写出基态原子的电子组态,特别是价电子层构型;泡利原理、洪特规则和能量最低原理是多电子原子核外电子状态的基本规律,特别是能量最低原理,要切实把握它的正确含义。本节小字内容可不作为基本教学要求。

5. 第 7、8 节是本章最后一个重点,要求建立元素周期律、周期系、周期表、周期性的基本概念。学过本节应能根据元素的电子组态确定它在元素周期表中的位置,反过来,也要能够根据元素在周期表中的位置写出原子的电子组态;此外,应重点掌握电离能、电子亲和能和电负性 3 个基本参数的物理意义及其周期性变化规律,穿插在正文间的小字内容可不作为基本教学要求。

1-1　道尔顿原子论①

面对丰富多彩的客观物质世界,古代的希腊、中国和印度的自然哲学家对物质之源提出许多臆测,它们的共同点是同时提出了物质的本原论(元素论)和微粒论(原子论)。本节介绍微粒论的基本内容。

通过对自然现象的观察,古希腊哲学家德谟克利特(Democritus)猜测,宇宙由虚空和原子构成;每一种物质由一种原子构成,如水由水原子构成,铁由铁原子构成……;原子是物质最小的、不可再分的、永存不变的微粒。他甚至臆想了原子的形状和大小——水原子是表面光滑的圆球因而水易于流动,油原子表面粗糙因而油流动缓慢,香气原子轻而易挥发,铁原子则重而稳固……"原子"一词源出希腊语,原义"不可再分的部分"(希腊文"atom"中的"tom"意"部分"而前缀"a_"意"非")。

文艺复兴以后的欧洲,资本主义生产关系开始建立,生产的发展推动了科学探索和技术发明,人们要求把积累的经验和知识加以总结,促进了人们对自然规律的认识。正像文艺复兴时代的巨匠列奥那多·达·芬奇(L. de Vince)说的那样:"爱好实验而没有科学知识的人,就像船上没有舵和指南针的舵手一样,他永远不知道船将驶向何处。实践永远应当建立在正确理论的基础上。"于是,古希腊原子论开始复活,并对后人产生深刻影响。17 至 18 世纪的许多著名科学家如笛卡儿(R. Descartes)、波义耳、罗蒙诺索夫(M. V. Lomonosov)、牛顿(I. Newton)、拉瓦锡(A. L. Lavoisier)等都在科学实践的基础上深信物质微粒的存在。其中与化学元素概念相联系的,就是化学原子论了。特别应当提到的是波义耳,他第一次给出了化学元素的操作性定义——化学元素是用物理方法不能再分解的最基本的物质组分,并进而指出,化学相互作用是通过最小微粒进行的,一切元素都是由这样的最小微粒组成的。1732 年,尤拉(L. Euler)更明确地提出,自然界存在多少种原子,就存在多少种元素。但是,当时的人们并没有能力确切无误地辨别什么是元素什么不是元素,因而也就不能确切地知道究竟有多少种原子。19 世纪初,英国人道尔顿(J. Dalton)才把元素和原子两个概念真正联系在一起,创立了化学原子论。

道尔顿原子论的实验基础是对化学物质的定量测定。18 世纪中叶,由于采

---

① 对本节的化学史实感兴趣的读者可以参阅:郭保章.世界化学史.南宁:广西教育出版社,1992.

用定量的研究手段,化学家们已经得出一个十分重要的结论:不论是热、光或其他类似因素都不能增加或减少物质的质量。例如,1748年罗蒙诺索夫在给尤拉的信中哲理性地写道:自然界所发生的一切变化都可以认为:如果某种东西有所增加,那么另一种东西就会减少;某种物体增加了多少物质,则另一物体就会失去同样多的物质。因为这是自然界的普遍规律,所以可以推广到一切运动之中。1785年,法国化学家拉瓦锡则明确指出,他用实验证明了,化学反应发生了物质组成的变化,但反应前后物质的总质量不变,这就是质量守恒定律。

1797年,里希特(J. B. Richter)发现了当量定律,认识到酸、碱、盐之间的反应存在被后人称为当量的确定的定量比例关系。

1799年,法国化学家普鲁斯特(J. L. Proust)发现定比定律:来源不同的同一种物质中元素的组成是不变的。例如,不管取自何处的水,其中氢和氧的质量比总是1:8。

从1787年开始,中学教员出身的道尔顿(见图1-1)持续不断地观测气象,为了解释"复杂的大气"为什么"竟是均匀的混合物",他于1801年引入原子的假说。1805年,道尔顿明确地提出了他的原子论,这个理论的要点:每一种化学元素有一种原子;同种原子质量相同,不同种原子质量不同;原子不可再分;一种原子不会转变为另一种原子;化学反应只是改变了原子的结合方式,使反应前的物质变成反应后的物质。道尔顿提出的原子量概念,实质

图1-1   道尔顿

上就是相对原子质量概念,并用大量实验测定了一些元素的相对原子质量。道尔顿原子论十分圆满地解释了当时已知的化学反应的定量关系。不久,道尔顿用自己的原子论导出了倍比定律——若两种元素化合得到不止一种化合物,这些化合物中的元素的质量比存在整数倍的比例关系——并用实验予以证实。例如,他用实验证实,碳和氧有2种化合物——一氧化碳和二氧化碳,其中碳与氧的质量比是3:4和3:8。

然而,尽管道尔顿提出了原子量的概念,却不能正确给出许多元素的原子量。这是因为,确定原子量不能单凭化合物的元素组成(质量比),还应当知道被道尔顿称为"复合原子"的"分子"中各种原子的个数。例如,设氢的原子量为1,作为相对原子质量的标准,已知水中氢和氧的质量比是1:8,若水分子是由1个氢原子和1个氧原子构成的,氧的原子量是8,若水分子是由2个氢原子和1

个氧原子构成的,氧的原子量便是 16。道尔顿武断地认为,可以从"思维经济原则"出发,认定水分子由 1 个氢原子和 1 个氧原子构成,因而就定错了氧的原子量。图 1-2 是道尔顿用来表示原子的符号,是最早的元素符号。图中道尔顿给出的许多分子组成是错误的。这给人以历史的教训——要揭示科学的真理不能光凭想象,更不能遵循所谓"思维经济原则",客观世界的复杂性不会因为人类或某个人主观意念的简单化而改变。

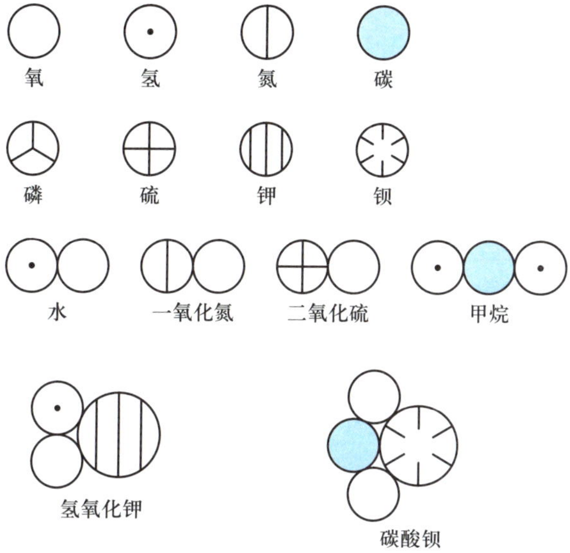

图 1-2　道尔顿的(简单)原子和复合原子(分子)
(某些化合物的错误组成是由于错误的原子量导致的)

瑕不掩瑜,道尔顿原子论极大地推动了化学的发展。特别是在 1818 年和 1826 年,瑞典化学家贝采里乌斯(J. J. Berzelius)通过大量实验正确地确定了当时已知化学元素的原子量,纠正了道尔顿原子量的错误,为化学发展奠定了坚实的实验基础(见表 1-1)。同时,贝采里乌斯还创造性地发展了一套表达物质化学组成和反应的符号体系,他用拉丁字母表达元素符号,一直沿用至今。

表 1-1　贝采里乌斯原子量

元素	道尔顿原子量 (1810 年)	贝采里乌斯原子量 (1818 年)	贝采里乌斯原子量 (1826 年)	当今的相对原子质量 (1997 年)
O	7	16	16.026	15.999 4
Cl		35.41	35.470	35.452 7

续表

元素	道尔顿原子量 （1810 年）	贝采里乌斯原子量 （1818 年）	贝采里乌斯原子量 （1826 年）	当今的相对原子质量 （1997 年）
F			18.734	18.998 403 2
N	5		14.186	14.006 74
S	13.0	32.2	32.239	32.066
P	9	62.7	31.436	30.973 761
C	5.4	12.5	12.25	12.010 7
H	1	0.99	1	1.007 94
As	42	150.52	75.329	74.921 60
Pt	100	194.4	194.753	195.078

1-2 相对原子质量（原子量）[①]

　　相对原子质量（原子量）是最基本的化学计量数据，是一切化学计量的基础，有必要专门讨论；围绕相对原子质量（原子量）的讨论，还可以学习到一些重要的化学基本概念。

　　19 世纪，道尔顿原子论只是一种假说。进入 20 世纪时，随着电子、质子、中子、放射性、同位素等一系列新发现，人们建立了生动而具体的原子模型，原子从假说变为实在。近年，人们发明了扫描隧道显微镜（STM），可以看到原子的影像（见图 1-3），原子的存在已是不容争辩的事实。人们对原子的认识已经大大深化了——原子并不像道尔顿等人想象的不可分，而是由更小的微粒构成的；原子由原子核和核外电子组成；原子核又由质子和中子组成；质子带正电荷，中子不

---

　　① “相对原子质量”比原来的“原子量”的内涵更宽阔，它不仅指“原子量”，而且还指任何一种特定核素的相对质量。换言之，“原子量”只是“元素的相对原子质量”，是元素的“稳定同位素”的相对原子质量的加权平均值（见正文）。其实，从确立概念的第一天起，“原子量”就是一个相对值，其标准在历史上曾几经变动，经历过 $A_r(H) = 1, A_r(O) = 16, A_r(^{16}O) = 16.000 0, A_r(^{12}C) = 12.000 0$ 等不同阶段。今后是否会出现新的标准，不可预料。考虑到“相对原子质量”一词的内涵比原来的“原子量”的内涵宽，从科技语需具简洁、约定俗成、科学性、系统性等特征，对是否用“相对原子质量”代替原先的“原子量”一词，学术界仍有一些保留意见。本节最重要的参考书是格林伍德，厄恩肖.元素化学.上册.曹庭礼，等，译.北京：高等教育出版社，1997.

带电荷;原子也不是像道尔顿等人想象的永远不变,有一些原子有放射性,其原子核不稳定,会自发释放某些亚原子微粒(α 粒子、β 粒子、γ 粒子、e⁺ 等)转变为另一种原子。到了 20 世纪下叶,人们更描绘了原子诞生的整个图景(见 1-3 节)。然而,不能忘记,原子不变性仍是化学的基石①。化学反应以一种原子不会变为另一种原子为基本出

图 1-3　硅原子的 STM 图像

发点。在通常条件下,无论如何操作,氧不会变成碳,水不会变成油。这是最基本的化学知识。忘记这个基本知识,会导致轻信水可变成油之类的谎言。

1-2-1　元素、原子序数和元素符号

具有一定核电荷数(等于核内质子数)的原子称为一种(化学)元素。按(化学)元素的核电荷数进行排序,所得序号叫作原子序数。例如,1 号元素是氢;8 号元素是氧。每一种元素有一个用拉丁字母表达的元素符号。在不同场合,元素符号可以代表一种元素,或者该元素的一个原子,也可代表该元素的 1 mol 原子。1997 年,国际纯粹与应用化学联合会(IUPAC)表决通过了 101~109 号元素的名称,次年,我国确定了这些新元素的中文名称。2016 年,IUPAC 将 113 号、115 号、117 号和 118 号合成元素提名为新元素,次年,我国确定了这四种元素的中文名称(见书后所附元素周期表)。

> 有些元素是古人就已认识的,其名称在世界各地互不相同,这是正常的文化现象。例如,英、德、法、俄等欧洲语言中的"金"互不相同。而所有已命名的元素都有一个单音节中文名称,却是基于中华文化的独特现象。为了国际交流、面向世界,熟悉元素的英文名称是必要的。但应注意,英语中有些元素的名称与元素符号的来源相去甚远。例如,lead(Pb)、gold(Au)、silver(Ag)、potassium(K)、sodium(Na)等。另外,个别国家至今仍采用某些非国际通用的元素符号,如碘(I),有些欧洲国家以 J 为其符号。

---

① 在自然界中,元素发生变化的现象也不少见。例如,大气中的少量氮原子不断受到高能宇宙射线的作用转变为 ^{14}C,后者又不断衰变为 ^{14}N。在通常的化学反应中,若涉及的都是稳定核素,由于没有足以使核素转化的能量条件存在,因此元素不会转化。

1-2-2 核素、同位素和同位素丰度

具有一定质子数和一定中子数的原子称为一种核素。已知的核素品种超过2 000 种。有两类核素：一类是稳定核素，它们的原子核是稳定的；另一类是放射性核素，它们的原子核不稳定，会自发释放某些亚原子微粒（α 粒子、β 粒子等）而转变为另一种核素。在自然界，有的元素只有一种稳定核素（不计人造放射性同位素），称为单核素元素；有的元素有几种稳定核素（半衰期特别长的天然放射性同位素也常认作稳定核素），称为多核素元素。通常用元素符号左上下角添加数字作为核素符号，如$^{16}_{8}O$。核素符号左下角的数字是该核素的原子核里的质子数，左上角的数字称为该核素的质量数，即核内质子数与中子数之和。

具有相同核电荷数、不同中子数的核素属于同一种元素，在元素周期表里占据同一个位置，互称同位素[①]。大多数同位素的符号借用核素符号，也可以省略核素符号左下角的质子数（从元素符号可推知质子数），如氧有 3 种稳定同位素——^{16}O、^{17}O 和 ^{18}O。由于历史原因，氢的 3 种同位素有时不用^{1}H、^{2}H、^{3}H 而用 H、D、T 表示，中文名为氢、氘、氚。

同位素有稳定同位素和放射性同位素之分；放射性同位素又有天然放射性同位素和人造放射性同位素之分。例如，在自然界里，单核素元素氟只有一种核素——^{19}F，用高能中子打击^{19}F原子，可以制造^{18}F，后者是一种人造放射性核素，它会从原子核里放出一个电子（β 射线）转化为^{18}O，半衰期为 109.8 min，即 1 mol ^{18}F 经过 109.8 min 就有 0.5 mol 转化为^{18}O，再经过 109.8 min，就只剩下 0.25 mol ^{18}F 了。

与元素、核素、同位素有关的概念还有同量异位素、同中素等概念，它们的区别如下：

（1）元素（element）——具有一定质子数的原子（的总称）；

（2）核素（nuclide）——具有一定质子数和一定中子数的原子（的总称）；

（3）同位素（isotope）——质子数相同中子数不同的原子（的总称）；

（4）同量异位素（isobar）——核子数相同而质子数和中子数不同的原子（的总称）；

（5）同中素（isotone）——具有一定中子数的原子（的总称）。

某元素的各种天然同位素的分数组成（原子百分数）称为同位素丰度。例如，氧的同位素丰度：$f(^{16}O) = 99.76\%$，$f(^{17}O) = 0.04\%$，$f(^{18}O) = 0.20\%$，而单核素元素，如氟，同位素丰度：$f(^{19}F) = 100\%$。有些元素的同位素丰度随取样样本不同而涨落，通常所说的同位素丰度是指从地壳（包括岩石、水和大气）为取样范围的多样本平均值。若取样范围扩大，需特别注明。

---

① 由于"核素"一词后于"同位素"一词，因此在许多书籍中"同位素"一词包容"核素"的内涵。

1-2-3 原子的质量

构成原子的质子、中子和电子的质量都很小（质子[静]质量为 $1.672\,623\,1 \times 10^{-27}$ kg，中子[静]质量为 $1.674\,928\,6 \times 10^{-27}$ kg，电子[静]质量为 $9.109\,389\,7 \times 10^{-31}$ kg），因而一个原子的质量很小。例如，1 克拉（0.200 0 g）金刚石有 10^{22} 个原子。对于大多数科学研究，原子质量的实用意义不大。况且，一个原子的质量不等于构成它的质子和中子的质量的简单加和（电子质量太小可忽略不计）。例如，1 mol 氘原子的质量比 1 mol 质子和 1 mol 中子的质量和小 0.004 312 25 g。这一差值被称为质量亏损，等于核子结合成原子核释放出来的能量——结合能。结合能通常用百万电子伏（MeV）为单位。核子结合成原子核释放出 1 MeV 结合能相当于 $1.782\,676 \times 10^{-27}$ g 质量亏损。不同数量的核子结合成原子核释放出来的结合能与核子的数量不成比例，因而产生了比结合能的概念。比结合能是某原子核的结合能除以其核子数，相当于平均分摊到该原子核每个核子的结合能。原子核质量数为 30~100 时，比结合能最大。比结合能越大，表明原子核越稳定。

以原子质量单位 u 为单位的某核素一个原子的质量称为该核素的原子质量，简称原子质量。1 u 等于核素 ^{12}C 的原子质量的 1/12。有的资料用 amu 或 mu 作为原子质量单位的符号，在高分子化学中则经常把原子质量的单位称为"道尔顿"（小写字首的 dalton）。1 u 等于多少克？这取决于对核素 ^{12}C 的一个原子的质量的测定。最近的数据：

$$1\ u = 1.660\,540\,2(10) \times 10^{-24}\ g$$

核素的质量与 ^{12}C 的原子质量的 1/12 之比称为核素的相对原子质量。核素的相对原子质量在数值上等于核素的原子质量，量纲为 1。

1-2-4 元素的相对原子质量（原子量）

元素的相对原子质量（长期以来称为原子量）。根据国际原子量与同位素丰度委员会 1979 年的定义，原子量是指一种元素的 1 摩尔质量对核素 ^{12}C 的 1 摩尔质量的 1/12 的比值。这个定义表明：

· 元素的相对原子质量（原子量）是纯数；

· 单核素元素的相对原子质量（原子量）等于该元素的核素的相对原子质量；

·多核素元素的相对原子质量(原子量)等于该元素的天然同位素相对原子质量的加权平均值。

加权平均值就是几个数值分别乘上一个权值再加和起来。对于元素的相对原子质量(原子量),这个权值就是同位素丰度。用 A_r 代表多核素元素的相对原子质量,则

$$A_r = \sum f_i M_{r,i}$$

式中,f_i——同位素丰度;$M_{r,i}$——同位素相对原子质量。例如,铼有两种天然同位素,^{185}Re 和 ^{187}Re,1977 年测定的相对原子质量和同位素丰度分别为 184.952 977,37.298% 和 186.955 765,62.602%,由此得到的铼的相对原子质量(原子量)为

184.952 977×0.372 98+186.955 765×0.626 02 = 186.02

1997 年国际原子量表中的铼的原子量为 186.207(1)。读者一定注意到了这个数据与上面给出的数据并不相同。作为最基本的化学数据,人们当然希望原子量测得越准越好。为此,国际原子量和同位素丰度委员会每两年公布一次最新的原子量。应当特别指出的是,事实上各种元素的原子量的确定性的高低是不同的。有的元素的相对原子质量(原子量)可以测得很准,有的则测不太准,这是因为元素的相对原子质量(原子量)的数据取决于两个因素:一是各种核素的相对原子质量的测量准确性,另一是某元素的同位素丰度的测量准确性。前一个因素与测量仪器的精度有关;后一个因素则与样品的来源、性质及取样方式方法等复杂因素有关。自从 1935 年开始利用质谱仪测定相对原子质量以来,人们已经能够用质谱仪极其准确地获得大多数核素的相对质量,但至今许多元素的相对原子质量(原子量)仍必须以化学测量方法为基础,测量元素的相对原子质量(原子量)仍不能离开化学家,当然,只需极少数化学家来从事这项工作,因此不必在这里讨论这些专家们测量原子量的细节。反过来说,本节的目的只是建立有关元素的相对原子质量(原子量)的正确概念。

单核素元素只有一种同位素,因而它们的相对原子质量(原子量)十分准确。它们是 Be,F,Na,Al,P,Sc,Mn,Co,As,Y,Nb,Rh,I,Cs,Pr,Tb,Ho,Tm,Au 和 Bi 共计 20 种元素。例如,在 1999 年公布的国际原子量中,氟的相对原子质量为 18.998 403 2(5),有效数字达到 9 位。对于那些只有一种同位素的丰度特别大(99%以上)的元素,同位素丰度的不确定性对它们的原子量的准确性的影响比较小。它们是 H,He,N,O,Ar,V,La,Ta 和 U 共计 9 种元素。例如,1997 年公布的氮的原子量为 14.006 74(7),达到 7 位有效数字。碳也接近这一类,因为 ^{13}C 的同位素丰度仅为 1.11%。而对于那些几个同位素的丰度都较大的元

素,原子量的不确定性就较高了。例如,1997 年公布的硼的原子量为 10.811 (7),只有 5 位有效数字,因为硼有两种丰度很大的同位素:^{10}B 和 ^{11}B,不同来源的样品中这两种同位素丰度是有明显涨落的,不可能取得更准确的数据。特别是那些不同来源的样品中同位素丰度涨落很大的元素,原子量的不确定性就更明显了,如 Li,Zn,Ge,Se,Sr,Mo,Pb 等。

还需指出,某些元素的商品的实际相对原子质量是反常的,不等于用标准样品测定的元素相对原子质量(原子量)。例如,商品锂的相对原子质量范围为 6.94~6.99,这是由于商品锂是天然锂的 ^6Li 大多已被提取(用作核材料)后的样品。同样,实验室里装在钢瓶里的氢气中氢的相对原子质量也与天然水中的氢的相对原子质量稍有不同,因为前者是电解水的产品,电解过程得到的氢气必然发生氘的贫化。还有两个常见元素,硫和钙,实验室的样品通常只来自一个矿藏,其相对原子质量也不会恰好跟标准原子量相同。

最后应该提到,除钍、镤、铀外的所有其他放射性元素都没有原子量。这是因为人们不知道它们的同位素丰度,既然原子量是以同位素丰度加权的某元素的各种同位素的相对原子质量的平均值,不知道同位素丰度当然也就得不到原子量,有时,人们在周期表中加括号给出这些元素半衰期最长的核素的相对原子质量,这些数值显然不是"元素的相对原子质量"(原子量),如果以为"元素的相对原子质量"(原子量)是"相对原子质量"的简称,会造成概念上的混乱。

元素的相对原子质量(原子量)的基准在历史上发生过多次变革(见表 1-2)

表 1-2 元素的相对原子质量(原子量)基准的变革

基　　准	建　议　人	采用年代
$A_r(H) = 1$	道尔顿(Dalton)	1803
$A_r(O) = 100$	贝采里乌斯(Berzelius)	1826
$A_r(O) = 16$	斯塔斯(Stas)	1860
$A_r(^{16}O) = 16$	阿斯通(Aston)	1927
$A_r(^{12}C) = 12$	马陶荷(Mattauch)	1961

元素的相对原子质量(原子量)的基准在历史上曾多次发生变动,以氧为基准用了整整一个世纪,从 1860 年起以氧的天然同位素的相对原子质量加权得到的"原子量"作为基准,这种"原子量"叫作"化学原子量",一直到 1929 年发现氧的同位素后出现了以 $A_r(^{16}O) = 16$

为基准的"原子量",叫"物理原子量"。从 1961 年开始,"原子量"改为以 $A_r(^{12}C) = 12$ 为基准,其原因主要是测量同位素相对原子质量的主要仪器——质谱仪中用碳-12 为基准测定各种核素的相对原子质量最可靠,可以测得更准。

我国化学家、中国科学院院士张青莲先生是测定相对原子质量的专家。至今,国际原子量与同位素丰度委员会先后采纳了 7 个由张青莲小组提供的相对原子质量数据。

1-3　原子的起源和演化①

1. 宇宙之初

现代宇宙学理论认为现今的宇宙起源于一次"大爆炸"。构成现今宇宙的所有物质在爆炸前聚集在一个密度极大、温度极高的原始核中。由于某种未明原因,宇宙的原始核发生了大爆炸,宇宙物质均匀地分布到整个宇宙空间。一开始,宇宙中只有中子。中子的半衰期是 678±30 s。一个中子发生衰变将同时得到一个质子、一个电子和一个反中微子:

$$n \longrightarrow p + e^- + \nu_e$$
$$t_{1/2} = 11.3 \text{ min}$$

这就是说,大爆炸后的第 11 min 左右,整个宇宙充满着几乎等量的中子(n)、质子(p)和电子(e^-),还有反中微子(ν_e)②。这时的温度在 500×10^6 K 左右。约经历 10 个中子半衰期,即 2 h 后,宇宙中的绝大部分物质便是氢原子了,尽管其间也合成了相当数量的氦原子。其后,氢原子和氦原子凝集成星团,其他原子之生从此开始。由现今观察到的宇宙直径可以推算出来,宇宙的年龄已有 170～200 亿年了。氢仍然是宇宙中最丰富的元素,约占所有原子总数的 88.6%,氦的丰度则约为氢的丰度的 1/8,它们加在一起占宇宙原子总数的 99.9% 以上。上述宇宙大爆炸理论描述的元素诞生的情景使人回想起,早在 1815 年普鲁特(W. Prout)就曾经预言过所有元素之母是氢,尽管他的预言因证

---

①　本节参考书:格林伍德,厄恩肖.元素化学.上册.曹庭礼,等,译.北京:高等教育出版社,1997.

②　按照现代粒子物理学标准模型,物质由 12 种基本粒子构成,它们是 6 种夸克(下夸克、上夸克、奇异夸克、粲夸克、底夸克和顶夸克)和 6 种轻子(电子、电子中微子、μ 子、μ 中微子、τ 子、τ 中微子)。2000 年 7 月 21 日,在美国费米国家实验室工作的国际小组 3 年时间从 600 多万个粒子的轨迹中鉴定出 4 个粒子是 τ 中微子,12 种基本粒子的存在已全部被实验证实。此外,还有一种存在暗物质的理论,但至今尚无任何实验证据证实暗物质的存在。

据不足,100 多年来一直遭人嘲笑。

2. 氢燃烧

宇宙大爆炸形成的氢和氦冷凝成星团,由于自身的引力收缩作用释放热能,温度稳步上升到约 10^7 K,引发了被称为"**氢燃烧**"的核反应:

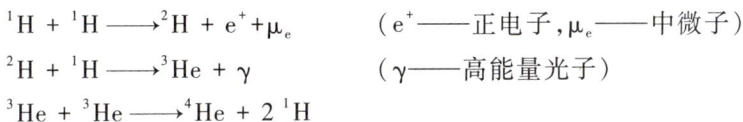

$$^1\text{H} + {}^1\text{H} \longrightarrow {}^2\text{H} + e^+ + \mu_e \qquad (e^+——正电子,\mu_e——中微子)$$

$$^2\text{H} + {}^1\text{H} \longrightarrow {}^3\text{He} + \gamma \qquad (\gamma——高能量光子)$$

$$^3\text{He} + {}^3\text{He} \longrightarrow {}^4\text{He} + 2\,{}^1\text{H}$$

这三个反应的半衰期差别很大。以太阳为例,第一个反应的半衰期为 1.4×10^{10} a,第二个反应短得只有 0.6 s,第三个反应则为 10^6 a。于是总的结果是

$$4\,{}^1\text{H} \longrightarrow {}^4\text{He} + 2e^+ + 2\,\mu_e$$

由于氢转变为氦的质量亏损,释放出巨大的能量。如果一个恒星的质量相当于太阳,每秒有 600×10^9 kg 氢经燃烧转变为 595.5×10^9 kg 氦,则有亏损的 4.5×10^9 kg 质量转化为能量,以光和热的形式释放。

3. 氦燃烧

氢燃烧使近 10% 的氢转变为氦时,若恒星的质量足够大,由于引力收缩,温度继续升高,发生"**氦燃烧**"得到 ^{12}C:

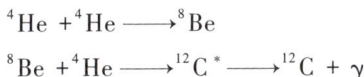

$$^4\text{He} + {}^4\text{He} \longrightarrow {}^8\text{Be}$$

$$^8\text{Be} + {}^4\text{He} \longrightarrow {}^{12}\text{C}^* \longrightarrow {}^{12}\text{C} + \gamma$$

反应得到的 ^{12}C 导致诞生 ^{16}O、^{20}Ne、^{24}Mg 等原子的新的氦燃烧反应:

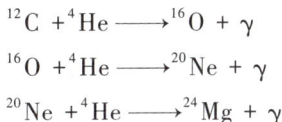

$$^{12}\text{C} + {}^4\text{He} \longrightarrow {}^{16}\text{O} + \gamma$$

$$^{16}\text{O} + {}^4\text{He} \longrightarrow {}^{20}\text{Ne} + \gamma$$

$$^{20}\text{Ne} + {}^4\text{He} \longrightarrow {}^{24}\text{Mg} + \gamma$$

4. 碳燃烧

由氦燃烧得到的足够大的红巨星的密度若达到 10^4 g/cm^3,会发生如下的"**碳燃烧**":

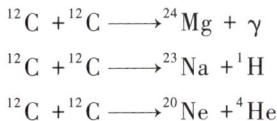

$$^{12}\text{C} + {}^{12}\text{C} \longrightarrow {}^{24}\text{Mg} + \gamma$$

$$^{12}\text{C} + {}^{12}\text{C} \longrightarrow {}^{23}\text{Na} + {}^1\text{H}$$

$$^{12}\text{C} + {}^{12}\text{C} \longrightarrow {}^{20}\text{Ne} + {}^4\text{He}$$

碳燃烧得到的元素的质量数为 20 左右,但还有氢和氦生成,使继续生成新元素

成为可能。

5. α 过程

质量大于 1.4 个太阳质量的红巨星在碳燃烧后再次收缩使温度上升到 10^9 K 左右,引发了一个吸收 γ 射线而放出 α 粒子的核反应:$^{20}Ne(\gamma,\alpha)^{16}O$,这是一个吸热反应(括号前是反应物,括号后是生成物,括号里逗号前的是反应吸收的微粒,逗号后是反应放出的微粒)。反应放出的氦核(即 α 粒子)熔入 ^{12}C 核产生更多的 ^{16}O,熔入 ^{20}Ne 核产生更多的 ^{24}Mg,熔入 ^{24}Mg 核产生 ^{28}Si,熔入 ^{28}Si 产生 ^{32}S,熔入 ^{32}S 核产生 ^{36}Ar,最后,反应停止在生成 ^{40}Ca。这个过程称为 **α 过程**。在 α 过程中还发生其他核反应得到钛、钪等元素。发生 α 过程后,红巨星演变成白矮星。

6. e 过程

对于质量处于 1.4~3.5 个太阳质量的恒星,氢燃烧的同时会发生氦燃烧,发生猛烈的爆炸,向星际喷发大量物质,称为"**超新星爆发**"。几秒钟或几分钟之内温度升至 3×10^9 K 以上,导致许多新的核反应,产生从钛到铜各种原子,其中 ^{56}Fe 的丰度最大。这个过程叫作 e 过程。

7. 重元素的诞生

更重的原子的诞生被认为是在红巨星中发生"**中子俘获**"和"**质子俘获**"的结果。中子俘获不仅诞生了质量数 $A=63\sim209$ 的核素,还得到更多的质量数 $A=23\sim46$ 的核素。质子俘获过程诞生了 36 种核素,从最轻的 ^{74}Se 到最重的 ^{196}Hg。寿命最长的重核素如 $^{232}Th(t_{1/2}=1.4\times10^{10}$ a)、$^{238}U(t_{1/2}=4.5\times10^9$ a)和 $^{235}U(t_{1/2}=7.0\times10^8$ a)的半衰期很长,钍的半衰期甚至与宇宙年龄(约 1.8×10^{10} a)相仿,因此,对于太阳系而言,它们肯定诞生在太阳系之前,因为太阳系的年龄为 $4.6\times10^9\sim5.0\times10^9$ a。

最后需要指出,太阳的质量不大,是一个年轻的恒星,尚未发生氦燃烧,不可能合成比氦重的原子,因此,太阳及太阳系各星体,包括地球的组成中的所有比氦重的原子都是在形成太阳系时从其他星体的喷发物质中俘获的。太阳中重元素的存在,特别是碳和氮的存在却大大催化了太阳的氢燃烧。这种催化反应被称为 **C-N 循环**。

8. 宇宙大爆炸理论的是非

有 3 个观察事实支持了宇宙大爆炸理论:整个宇宙的**元素丰度**、宇宙的**背景辐射**及恒星光谱的**红移现象**。早在 1925—1928 年,人们就用光谱技术得出了宇宙元素丰度。大爆炸理论很好地解释了元素丰度分布位于氢氦、碳氮氧、铁等处的峰值的存在。1965 年探测到,整个星际空间的温度不是 0 K 而是 2.7 K,相当于存在一个各向同性的黑体热辐射,称为宇宙的背景辐射。大爆炸理论认为这是大爆炸的残余。早在 1842 年,奥地利科学家多普勒(C. J. Doppler)就发现,声波的波长会因物体的运动而发生改变,这种现象被称为多普勒效应。观测发现,发自星体的光的波长都长于地球上同一种元素的光谱数据,称为"红移"。大爆炸理论用星体因大爆炸后的膨胀而背离我们运动来解释红移。迄今为止,除了大爆炸理论,尚没有另一种理论能够这样全面解释这 3 个基本观察事实。

大爆炸理论是不是宇宙起源的终极理论? 还有没有可能创造一种完全不同的理论来否定宇宙大爆炸理论,正像日心说否定了地心说一样? 这还不能定论。还有,即使认为宇宙大爆炸是客观事实,至今人们仍难以就涉及宇宙年龄、宇宙大小和宇宙膨胀速度 3 个宇宙学基本数据相关的所谓"哈勃常数"的取值达成一致意见,因为获得它的主要依据是来自远离地球的星体的光谱强度,而人们无法知道某一强度的光究竟是因为星体离地球的远近还是星体发光的强弱所致,也难以确切估计它达到地球之前被吸收了多少。我们相信,随着新事实的发现,如黑洞、暗物质或反物质、反引力等,在 21 世纪十分有可能产生一种新的宇宙学,当然也十分可能只是修正大爆炸理论。不过,即使大爆炸理论被推翻,在此节讨论到的及尚未涉及的诸多从氢燃烧开始的元素诞生理论似不会受到根本的影响。

1-4　原子结构的玻尔行星模型

1-4-1　氢原子光谱

在中学化学教科书里有焰色反应的彩色照片——锂、钠、钾、钙、锶、钡和铜的焰色分别呈紫红、黄、紫红、砖红、洋红、绿和黄绿色。焰火是我国古代劳动人民的创造发明。焰火是热致发光。把气体装进真空管,真空管两端施以高压电,气体也会发光,叫作电致发光。日常见到的霓虹灯、高压汞灯、高压钠灯就是气体的电致发光现象。例如,氢、氖发红光,氩、汞发蓝光。

其实,太阳光也是由许多颜色的光混合而成的。彩虹的颜色就是太阳光中各种有色光。最早用实验方法观察太阳光的组成光的是 17 世纪伟大物理学家牛顿。1672 年,牛顿在英国的自然科学会刊上发表一篇论文,做了如下描述:"……在 1666 年之初,……我物色到一块三角形的玻璃棱镜,……我把屋子遮黑,在窗户遮挡物上开个小孔,引入太阳光,并通过三棱镜把太阳光折射到对面的墙壁上。起先,我看到墙上出现的鲜艳而强烈的颜色,觉得是一种娱乐。后来,引起我的深思:根据折射定律,预计它应是环形的,可我看到的却是长方形的,我感到惊奇,……"牛顿创造了"光谱"(spectrum)一词来表达他见到的现象。附带可以提到,牛顿同时还类比音乐音阶,选定红、橙、黄、绿、青、蓝、紫为"七基色"。这种类比的"七基色"尽管并非绝对可靠,却一直沿用至今,说明"类比"不失为一种科学思维方法。

至1859年,德国海德堡大学的基尔霍夫(G. R. Kirchhoff)和本生(R. W. Bunsen)发明了光谱仪,奠定了光谱学的基础,使光谱分析成为认识物质和鉴定元素的重要手段。光谱仪可以测量物质发射或吸收的光的波长,拍摄各种光谱图。光谱图就像"指纹"辨人一样,可以辨别形成光谱的元素。人们用光谱分析发现了许多元素,如铯、铷、氦、镓、铟等十几种。

然而,最初人们只知道物质在高温或电激励下会发光,却不知道发光机理;人们知道每种元素有特定的光谱,却不知道为什么不同元素有不同光谱。

氢光谱是所有元素的光谱中最简单的光谱。在可见光区,它的光谱只由几根分立的线状谱线组成,其波长和代号如下所示:

谱线	H_α	H_β	H_γ	H_δ	H_ε	…
编号(n)	1	2	3	4	5	…
波长/nm	656.279	486.133	434.048	410.175	397.009	…

不难发现,从红到紫,谱线的波长间隔越来越小。$n>5$的谱线密得用肉眼几乎难以区分。1883年,巴耳末(J. J. Balmer)猜想这些谱线的波长之间存在某种数学关系,经过反复尝试,他发现,谱线波长(λ)与编号(n)之间存在如下经验方程:

$$\lambda = \frac{3\ 646.00 \times n^2}{n^2 - 4} \tag{1-1}$$

后来,里德伯(J. R. Rydberg)把巴耳末的经验方程改写成如下的形式:

$$\bar{\nu} = \frac{1}{\lambda} = R_H \left(\frac{1}{2^2} - \frac{1}{n^2} \right) \tag{1-2}$$

式(1-2)中的常数R_H被后人称为里德伯常量,其数值为$1.097\ 37 \times 10^7\,\mathrm{m}^{-1}$。不久,人们发现,氢的红外光谱和紫外光谱的谱线也同样符合里德伯方程,只需将$1/2^2$改为$1/n_1^2, n_1 = 1, 2, 3, 4, \cdots$;而把后一个$n$改写成$n_2 = n_1 + 1, n_1 + 2, \cdots$即可。当$n_1 = 2$时,所得到的是可见光谱的谱线,称为巴耳末系,当$n_1 = 3$,得到氢的红外光谱,称为帕邢(Paschen)系,当$n_1 = 1$,得到的是氢的紫外光谱,称为莱曼(Lyman)系。巴耳末的经验方程引发了一股研究各种元素的光谱的热潮,但人们发现,只有氢光谱(以及类氢原子[①]光谱)有这种简单的数学关系。

里德伯把巴耳末的方程做了改写大大促进了揭示隐藏在这一规律后面的本质,这是科学史上形式与内容的关系的一个典型例子。寻找表达客观规律的恰当形式是一种重要的科学思维方法。

1-4-2　玻尔理论

1913 年,年轻的丹麦物理学家玻尔(N. Bohr)在总结当时最新的物理学发现(普朗克黑体辐射和量子概念、爱因斯坦光子论、卢瑟福原子带核模型等)的基础上建立了氢原子核外电子运动模型,解释了氢原子光谱,后人称为玻尔理论。玻尔理论的要点如下:

(1)行星模型　玻尔假定,氢原子核外电子是处在一定的线性轨道上绕核运行的,正如太阳系的行星绕太阳运行一样。这是一种"类比"的科学思维方法。因此,玻尔的氢原子模型可以形象地称为"行星模型"。类比并不总能揭示不同事物的本质差异。后来的新量子论根据新的实验基础完全抛弃了玻尔行星模型的"外壳",而玻尔行星模型的合理"内核"却被保留了,并被赋予新的内容。

(2)定态假设　玻尔假定,氢原子的核外电子在轨道上运行时具有一定的、不变的能量,不会释放能量,这种状态被称为定态。能量最低的定态叫作基态;能量高于基态的定态叫作激发态。根据经典力学,电子在原子核的正电场里运行,应不断地释放能量,最后掉入原子核。如果这样,原子就会毁灭,客观世界就不复存在。因此,玻尔的定态假设为解释原子能够稳定存在所必需。玻尔从核外电子的能量的角度提出的定态、基态、激发态的概念至今仍然是说明核外电子运动状态的基础。

(3)量子化条件　玻尔假定,氢原子核外电子的轨道不是连续的,而是分立的,在轨道上运行的电子具有一定的角动量($L = mvr$,其中 m 为电子质量,v 为电子线速度,r 为电子线性轨道的半径),只能按下式取值:

$$L = n \frac{h}{2\pi} \quad (n = 1, 2, 3, 4, 5, \cdots) \tag{1-3}$$

这一要点称为"量子化条件"。这是玻尔为了解释氢原子光谱提出它的模型所做的革命性假设。如果氢原子核外电子不具有这样的量子化条件,就不可能有一定的能量。玻尔的量子化条件是违背经典力学的,是他受到普朗克量子论和

---

① 类氢原子是指 He^+、Li^{2+} 等原子核外只有一个电子的离子。它们的里德伯常量当然各不相同。

爱因斯坦光子论的启发提出来的。式(1-3)中的正整数 n 称为"量子数"(后来叫"主量子数")。在后来的新量子论中,玻尔创造的量子数一词被保留了,但其得出却不再像玻尔那样生造硬赋,而是确立核外电子运动状态的数学解的必然结果。

(4)跃迁规则　电子吸收光子就会跃迁到能量较高的激发态,反过来,激发态的电子会放出光子,返回基态或能量较低的激发态;光子的能量为跃迁前后两个能级的能量之差,这就是所谓"跃迁规则",可以用下式来计算任一跃迁相关的光子的能量和波长(见图1-4):

$$\Delta E = B\left(\frac{1}{n_1^2} - \frac{1}{n_2^2}\right); \quad \frac{1}{\lambda} = \frac{B}{hc}\left(\frac{1}{n_1^2} - \frac{1}{n_2^2}\right) \tag{1-4}$$

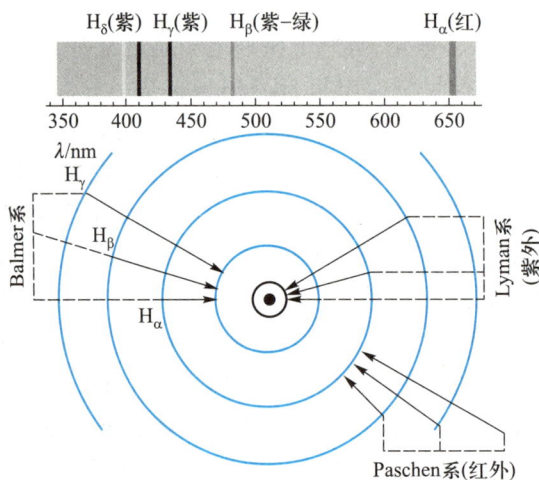

图 1-4　氢原子光谱与电子跃迁

玻尔用经典力学中的**离心力等于向心力**的基本原理,提出计算氢原子核外电子的速度、轨道半径及能量的基本公式:

$$离心力 = 向心力$$

$$\frac{mv^2}{r} = \frac{Ze^2}{4\pi\varepsilon_0 r^2} \tag{1-5}$$

式中,m, v, r, Z, e 和 ε_0 分别代表电子的质量、速度、轨道半径、原子序数、电子电荷和真空中的介电常数。将量子化条件式(1-3)代入式(1-5),经整理,便可以得到计算电子的速度、轨道半径、能量的相应公式[式(1-6)、式(1-7)和式(1-8)]。

$$v = \frac{e^2}{2\varepsilon_0 nh} \tag{1-6}$$

$$r = \frac{\varepsilon_0 n^2 h^2}{\pi m e^2} = 52.92 \times n^2 \, \text{pm} \approx 53 \times n^2 \, \text{pm} \tag{1-7}$$

$$E = -\left(\frac{me^4}{8\varepsilon_0^2 h^2}\right) \cdot \left(\frac{1}{n^2}\right) = -B\frac{1}{n^2} \quad (n = 1, 2, 3, \cdots) \tag{1-8}$$

[练习1] 计算氢原子核外电子离核最近的轨道的半径(答案:$r = 53$ pm)。

[评注]此值常用 a_0 表达,通称玻尔半径,常作为计算原子核外电子离核距离的基本单位。

[练习2] 计算铀原子核外电子离核最近的轨道的半径(以 a_0 为单位)。

[评注]用式(1-7)计算时未考虑爱因斯坦相对论的效应(电子的质量随其运行速度增大而增大),若考虑之,所得的半径将更小。

[练习3] 计算氢原子核外电子在轨道上运行时的能量。

$$E = -\left(\frac{me^4}{8\varepsilon_0^2 h^2}\right) \cdot \left(\frac{1}{n^2}\right) = -B\frac{1}{n^2} \quad (n = 1, 2, 3, \cdots)$$

$$B = 1\,312 \ \text{kJ} \cdot \text{mol}^{-1} = 13.6 \ \text{eV} \cdot \text{electron}^{-1}$$

[评注] 氢原子基态能量——13.6 eV 是一个基本数据,应当记住。

行星轨道和行星模型只是玻尔理论的"外壳"。玻尔理论的这一外壳是玻尔未彻底抛弃经典物理学的必然结果,用玻尔的离心力等于向心力的公式计算比氢原子稍复杂的氦原子的光谱便有难以容忍的误差,后来的新量子力学证明了电子在核外的所谓"行星轨道"是根本不存在的。玻尔理论的合理"内核"是,核外电子处于定态时有确定的能量;原子光谱源自核外电子的能量变化。这一真理为后来的量子力学所继承。玻尔理论的基本科学思想方法是,承认原子体系能够稳定而长期存在的客观事实,大胆地假定光谱的来源是核外电子的能量变化,用类比的科学方法,形成核外电子的行星模型,提出量子化条件和跃迁规则等革命性的概念。尽管玻尔理论已被新量子力学所代替,玻尔的科学思想却永远值得学习,而且,玻尔理论中的核心概念——定态、激发态、跃迁、能级等并没有被完全抛弃,而被新量子力学继承发展,甚至"轨道"的概念,量子力学赋予了新的内涵。最后,还应提到,玻尔及早把握了最新的科学成就信息是他获得成功的基本条件。单单这一点也值得我们学习——努力把握科技发展的最新成就——而这恰恰是许多人欠缺的。

1-5 氢原子结构(核外电子运动)的量子力学模型

1-5-1 波粒二象性

20 世纪初,有的物理学家持光的粒子说,认为光是粒子流,光的粒子称为光子。光子是光的能量的物质承担者。光的强度 I 等于光子的密度 ρ 和光子的能量 ε(等于 $h\nu$,其中 ν 是光的频率)的乘积:

$$\text{光的强度}\quad I=\rho h\nu \tag{1-9}$$

而有的物理学家持光的波动说,认为光是电磁波,光的强度 I 和光的电磁波的振幅 ψ 的平方成正比:

$$\text{光的强度}\quad I=\psi^2/(4\pi) \tag{1-10}$$

后来,物理学家们把光的粒子说和光的波动说统一起来,提出光的波粒二象性,认为光兼具粒子性和波动性两重性。因此有

$$\text{光的强度}\quad I=\rho h\nu=\psi^2/(4\pi) \tag{1-11}$$

式(1-11)等号的成立意味着:

(1)在光的频率 ν 一定时,光子的密度(ρ)与光的振幅的平方(ψ^2)成正比:

$$\rho \propto \psi^2 \tag{1-12}$$

这就是说,哪里光的强度大,就是光波的振幅大,意味着哪里光子的密度大。

(2)作为粒子的光子的动量($P=mc$,其中 m 是光子的质量,c 是光速)与作为波的光的波长(λ)成反比:

$$P=\frac{h}{\lambda} \tag{1-13}$$

这是意味深长的。动量是粒子的特性,波长是波的特性,因而式(1-13)就是光的波粒二象性的数学表达式,这表明,光既是连续的波又是不连续的粒子流。

1-5-2 德布罗意关系式

1927 年,年轻的法国博士生德布罗意(de Broglie)在他的博士论文中大胆地

假定所有的实物粒子都具有跟光一样的波粒二象性,引起科学界的轰动。这就是说,表明光的波粒二象性的关系式(1-13)不仅表示光的特性,而且表示所有像电子、质子、中子、原子等实物粒子的特性。这就赋予这个关系式以新的内涵,后人便称之为**德布罗意关系式**。表 1-3 给出了按德布罗意关系式计算的各种实物颗粒的波长 λ 和动量 $P = mv$(m 为实物颗粒的质量,v 为实物颗粒的运动速度),表中同时也给出了按德布罗意关系式计算的某些宏观物体的德布罗意波的波长,以加强为什么只有到了微观粒子的物质层次才会有波粒二象性的观念。

表 1-3　实物颗粒的质量、速度与波长的关系

实　　物	质量 m/kg	速度 v/(m·s^{-1})	波长 λ/pm
1 V 电压加速的电子	9.1×10^{-31}	5.9×10^{5}	1200
100 V 电压加速的电子	9.1×10^{-31}	5.9×10^{6}	120
1 000 V 电压加速的电子	9.1×10^{-31}	1.9×10^{7}	37
10 000 V 电压加速的电子	9.1×10^{-31}	5.9×10^{7}	12
He 原子(300 K)	6.6×10^{-27}	1.4×10^{3}	72
Xe 原子(300 K)	2.3×10^{-25}	2.4×10^{2}	12
垒球	2.0×10^{-1}	30	1.1×10^{-22}
枪弹	1.0×10^{-2}	1.0×10^{3}	6.6×10^{-23}

计算表明,宏观物体的波长太短,根本无法测量,也无法察觉,因此对宏观物体不必考察其波动性,而对高速运动着的质量很小的微观物体,如核外电子,就不能不考察其波动性。

1-5-3　海森堡不确定原理[①]

在波粒二象性的基础上,建立了新量子力学,电子、质子、中子等微观粒子的运动规律才得以深刻认识。量子力学论证了这些微观粒子的运动规律不同于宏观物体,不能用描述宏观物体运动的"轨迹"概念来描述。所谓"轨迹",就意味着运动中的物体在每一确定的时刻便有一确定的位置。微观粒子不同于宏观物体,它们的运动无轨迹可言,就意味着在一确定的时间没有一确定的位置。这一

[①]　海森堡不确定原理也叫"海森堡测不准原理"。多数物理学家认为,电子的动量和坐标不能同时确定是电子的本性所致,并非测量工具与精度受限,因而把这一原理称为"不确定原理"更好。

点可以用海森堡不确定原理来说明。海森堡(W. Heisenberg)论证道,对于一个物体的动量(mv)的测量的偏差(Δmv)和对该物体的运动坐标,也就是该物体的位置(x)的测量偏差(Δx)的乘积处于普朗克常量的数量级,即

$$\Delta x \cdot \Delta P \geqslant h/(4\pi) \qquad\qquad (1-14)$$

这个关系式被称为**海森堡不确定关系式**。用 mv 代替式(1-14)的动量 P,就得到

$$(\Delta x) \times (\Delta mv) \geqslant h/4\pi = 5.273 \times 10^{-35} \ \text{kg} \cdot \text{m}^2 \cdot \text{s}^{-1}$$

现在用这个结论考察一下氢原子的基态电子。玻尔理论得出结论是,氢原子核外电子基态轨道的半径(后称"**玻尔半径**")是 53 pm(记住!);它的运动速度为 2.18×10^7 m/s,相当于光速(3×10^8 m/s)的7%。已知电子的质量为 9.1×10^{-31} kg,假设对电子速度的测量偏差小到1%,即

$$\Delta mv = 0.01 \times 9.1 \times 10^{-31} \times 2.18 \times 10^7 \ \text{kg} \cdot \text{m/s} = 2 \times 10^{-25} \ \text{kg} \cdot \text{m/s}$$

这样,电子的运动坐标的测量偏差就会大到

$$\Delta x = 5.273 \times 10^{-35} \ \text{kg} \cdot \text{m}^2 \cdot \text{s}^{-1}/(2 \times 10^{-25} \ \text{kg} \cdot \text{m/s}) = 260 \times 10^{-12} \ \text{m} = 260 \ \text{pm}$$

这就是说,这个电子在相当于玻尔半径约 5 倍(260/53)的内外空间里都可以找到(包括在原子核上),这样,玻尔半径及线性轨道便成了无稽之谈。

对于不能同时确定其位置与时间的事物,并非无法对它的运动方式进行描述了,而是需要换一种描述方式,即用"**概率**"来描述。许多宏观事物也需要用概率才能描述。例如,一个技术稳定的射箭选手,并不能肯定他射出的第几根箭会射中靶心,但可以给出这根箭射中靶心的百分率,也就是概率。不可能得知他射出 100 根箭时每一根箭落在哪里,但是,若在他射完 100 根箭后,可以得到无须记录射箭时序的概率分布图。描述核外电子不用轨迹,也无法确定它的轨迹,但可以用概率,用电子出现在核外空间各点的概率分布图来描述,这是下一节要讨论的基本观念。

1-5-4   氢原子的量子力学模型

1. 电子云

量子力学认为,处于定态的核外电子绝不是如玻尔所假设的只在离核一定距离的线形轨道上运行,而是具有一定波长的德布罗意波。然而,让我们回忆光子的密度和振幅的平方的关系($\rho \propto \psi^2$),对于仅只一个电子,与它的振幅的平方

(ψ^2)成正比的密度(ρ)又是什么含义呢? 显然它与电子数量无关,因为德布罗意关系式是指"一个电子"的波粒二象性。量子力学明确指出,对于实物颗粒,ρ 的含义是该颗粒在空间任一微小区域(数学术语是"体积元")里出现的概率,即概率密度。换言之,实物波是概率波。具体到核外电子,核外定态电子的波意味着:定态电子在核外空间的概率密度分布规律可以用波的振幅方程(即波动方程)来描述。电子云是电子在原子核外空间概率密度分布的形象描述。电子云图像中每一个小黑点表示电子出现在核外空间中的一次概率(不表示一个电子!),概率密度越大,电子云图像中的小黑点越密。

处于不同定态的电子的电子云图像具有不同的特征,主要包括:

(1) 电子云在核外空间扩展程度　一般而言,扩展程度越大的电子云所对应的电子具有较高的能量状态;反之则电子的能量较低。这可以用能层(energy shell)的概念来概括。核外电子是按能量大小分层的。能量由低到高,分别称为 K、L、M、N、O、P、Q、…能层,或者叫第一能层、第二能层、第三能层……

(2) 电子云的形状　处在第一能层的电子的电子云只有一种形状:球形——1s 电子;处在第二能层的电子的电子云有 2 种形状:球形——2s 电子和"双纺锤形"——2p 电子;处在第三能层的电子的电子云有 3 种形状:球形——3s 电子、"双纺锤形"——3p 电子和"多纺锤形"——3d 电子;处在第四能层的电子的电子云有 4 种形状:球形——4s 电子、"双纺锤形"——4p 电子、"多纺锤形"——4d 电子及形状更为复杂的 4f 电子……

为方便起见,今后用"能级"(energy level)一词来表达处在一定能层(K、L、M、N、O、P、Q)而又具有一定形状电子云的电子,如 1s 能级、3d 能级、4f 能级等[1]。换句话说:第一能层(K)只有 1 个能级——1s;第二能层(L)有 2 个能级——2s 和 2p;第三能层(M)有 3 个能级——3s、3p 和 3d;第四能层(N)有 4 个能级……

(3) 电子云在空间的取向　s 电子是球形的,以原子核为中心的任何方向离核一定距离的微小空间里电子云的密度是相等的,也就是说,s 电子的电子云图像是球形对称的,不存在取向问题,无论 1s 电子、2s 电子、3s 电子……都只有一种空间取向。p、d、f 电子则与 s 电子不同,有取向问题。量子力学的结论是,p 电子有 3 种取向,它们相互垂直(正交),分别叫 p_x、p_y 和 p_z 电子;d 电子有 5 种取向,分别叫 d_{z^2}、$d_{x^2-y^2}$、d_{xy}、d_{xz} 和 d_{yz};f 电子有 7 种取向……见图1-5。

---

① 本书的"能层"一词在许多书籍中也称为"能级",本书的"能级"有的书籍叫"亚层"。本书作者认为,本书用的"能层"和"能级"是更妥帖的用词,其层次感正好比上楼梯,每个"楼层"有若干"梯级"。

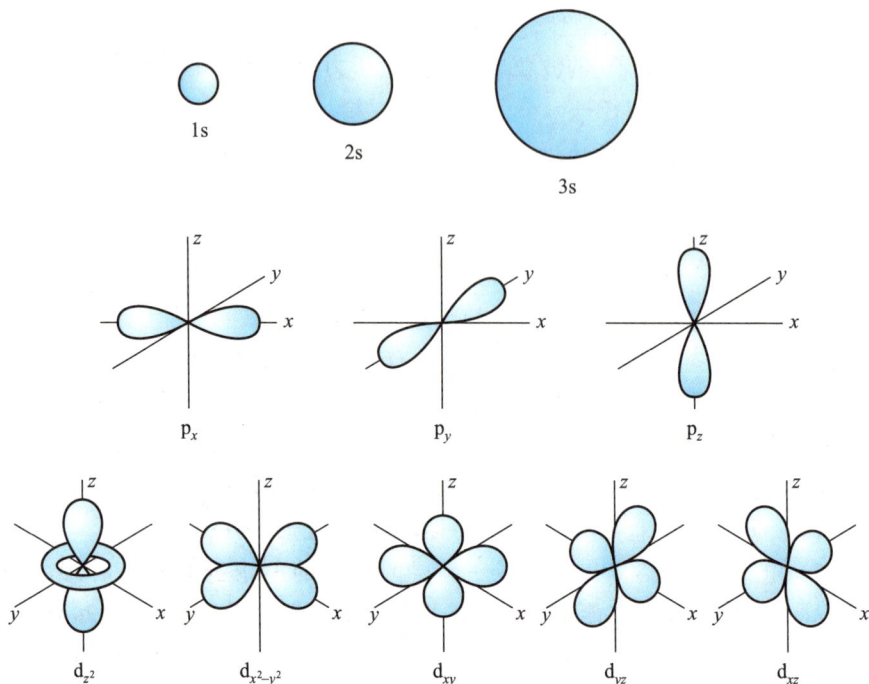

图 1-5   电子云图像

(注:为简单起见,这些图像只描述了电子云在三维坐标系不同取向的分布,
未涉及离核距离不同引起的电子云形状的变化)

为方便起见,今后用"轨道"一词(orbital,有的书译为"轨函",以与玻尔轨道——orbit 区别)来描述在一定能层和能级上又有一定取向的电子云。这里的"轨道"可以理解为电子在核外空间概率密度较大的区域。换句话说,第一能层只有 1 个"轨道"——1s 轨道;第二能层有 4 个"轨道"——2s 轨道、$2p_x$ 轨道、$2p_y$ 轨道、$2p_z$ 轨道;第三能层有 9 个"轨道"——3s、$3p_x$、$3p_y$、$3p_z$、$3d_{z^2}$、$3d_{x^2-y^2}$、$3d_{xy}$、$3d_{xz}$、$3d_{yz}$ 轨道;第四能层有 16 个轨道……第 n 能层有 n^2 个"轨道"。

2. 电子的自旋

核外电子除绕原子核高速运动外,还像地球一样绕自己的轴自旋。自旋只有 2 种相反的方向——顺时针方向和逆时针方向。

3. 核外电子的可能运动状态

把具有一定"轨道"的电子称为具有一定空间运动状态的电子;把既具有一定空间运动状态又具有一定自旋状态的电子称为具有一定运动状态的电子。

原子核外电子的可能运动状态总结如下:

能层	能级	轨道	可能空间运动状态数	可能运动状态数
第一能层(K)	1s	1s	1	2
第二能层(L)	2s	2s	1	2 ⎫
	2p	$2p_x, 2p_y, 2p_z$	3	6 ⎬ 8
第三能层(M)	3s	3s	1	2 ⎫
	3p	$3p_x, 3p_y, 3p_z$	3	6 ⎬ 18
	3d	$3d_{xy}, 3d_{yz}, 3d_{xz},$ $3d_{x^2-y^2}, 3d_{z^2}$	5	10 ⎭
第四能层(N)	4s	1 个轨道	1	2 ⎫
	4p	3 个轨道	3	6 ⎬ 32
	4d	5 个轨道	5	10
	4f	7 个轨道	7	14 ⎭
第五能层(O)	5s	1 个轨道	1	⎫
	5p	3 个轨道	3	⎬ 50
	……	……	……	……
第 n 能层	……	n^2 个轨道	n^2	$2n^2$

许多事实证明了电子波的存在。电子显微镜是其中一例。电子显微镜用电子波代替光学显微镜的光波来观察物体。通过磁场的作用,电子显微镜中的电子波像光学显微镜中的光波一样被聚焦,一级一级放大与之作用的物体的影像。电子衍射是另一种利用电子波的仪器。在电子衍射仪中,电子波像光波(如 X 射线)一样通过光栅发生衍射现象,这种光栅就是晶体中整齐排列成排的原子,于是,电子波发生衍射现象,人们根据衍射图,像利用光波一样解析了晶体中原子的排列方式(即晶体结构)。还可以用中子代替电子,制造出中子衍射仪,同样利用中子波的衍射测定晶体的结构。1981 年又发明了一种叫作扫描隧道显微镜的强有力的技术,用电子、离子、原子的波动性可以清晰地看到原子的影像。

4. 4 个量子数

核外电子的能层、能级、轨道和自旋是核外电子的 4 个基本特征。它们分别对应于 4 个量子数的可能取值。

与能层对应的量子数叫主量子数,符号 n,它的取值为自然数 $1, 2, 3, 4, 5, \cdots$

与能级对应的量子数叫角量子数,符号 l,制约于主量子数 n,取值为 $0, 1, 2, 3, \cdots, n-1$。$l=0$ 对应于 s 能级,$l=1$ 对应于 p 能级,$l=2$ 对应于 d 能级,$l=3$ 对应于 f 能级,更高的 l 取值对应的能级符号按英文字母 g, h, i, $\cdots$ 的顺序称呼,即

角量子数 l 的取值	0	1	2	3	4	5
能级符号	s	p	d	f	g	h

因此,当 $n=1$(K 能层)时,l 的取值只有一种,$l=0$,为 1s 能级;当 $n=2$ 时,l 的取值有两种——$l=0$(2s 能级)和 $l=1$(2p 能级),……,依此类推。

与**轨道**对应的量子数叫**磁量子数**,符号 m,取值受角量子数 l 制约,从 $0,\pm1$, $\pm2,\cdots$,直至 $\pm l$。因此,当 $l=0$ 时,m 只有 1 个取值——0;当 $l=1$ 时,m 有 3 个取值——$-1,0,+1$;当 $l=2$ 时,m 有 5 个取值—— $0,\pm1,\pm2,\cdots$,依此类推。因而,s,p,d,f,…能级的轨道数分别有 1,3,5,7,…个。

角量子数 l 的取值	0	1	2	3
磁量子数 m 的取值[①]	0	$0,-1,+1$	$0,-1,-2,+1,+2$	$0,-1,-2,-3,+1,+2,+3$
轨道数	1	3	5	7
轨道符号	ns	$n\mathrm{p}_z,n\mathrm{p}_x,n\mathrm{p}_y$	$n\mathrm{d}_{z^2},n\mathrm{d}_{x^2-y^2},n\mathrm{d}_{xy},n\mathrm{d}_{xz},n\mathrm{d}_{yz}$	$n\mathrm{f}_{z^3},\cdots$
(n 值 $\geqslant$	1	2	3	4)

与电子的**自旋状态**对应的量子数叫**自旋量子数**,符号 m_s,只有 $+\dfrac{1}{2}$ 和 $-\dfrac{1}{2}$ 两种取值,有时用 ↑ 和 ↓ 表示相反的自旋。

5. 描述核外电子空间运动状态的波函数及其图像[②]

上两节讨论的氢原子核外电子的运动状态和与此相关的 4 个量子数都是量子力学理论推导的结论。在量子力学处理氢原子核外电子的理论模型中,最基本的方程叫作**薛定谔方程**,是由奥地利科学家薛定谔(E. Schrödinger)在 1926 年提出来的。薛定谔方程是一个二阶偏微分方程,它的自变量是核外电子的坐标(直角坐标 x,y,z 或者极坐标 r,θ,ϕ),它的因变量是电子波的振幅(ψ)[③]。给定电子在符合原子核外稳定存在的必要、合理的条件时(如 ψ 的取值必须是连

---

① 轨道符号与磁量子数取值的对应关系对初学者并不重要,事实上,人们无法确定。例如,$n\mathrm{p}_x$ 和 $n\mathrm{p}_y$ 哪一个对应磁量子数值 -1,哪一个对应磁量子数取值 $+1$。在下一节二维波图像中涉及相似问题。

② 本节是为超过基本要求的一年级学生学习量子力学基础编写的,此节内容在高年级结构化学课程中将在较好的数理基础上展开,具有较好物理学基础知识的学生适当地阅读本节可以更好地理解量子力学是怎样处理氢原子核外电子的运动的,特别是可以对带正负号的波函数角度分布图像有更本质的认识。

③ 薛定谔方程:$\dfrac{\partial^2\psi}{\partial x^2}+\dfrac{\partial^2\psi}{\partial y^2}+\dfrac{\partial^2\psi}{\partial z^2}=-\dfrac{8\pi^2 m}{h^2}(E-V)\psi$,其中 E 是定态电子的总能量,V 为定态电子的势能,m 是电子的质量,ψ 是定态电子的振幅(方程表明,ψ 是坐标 x,y,z 的函数)。

续的、单值的,也就是坐标一定时电子波的振幅是唯一的单值,是连续的函数等),薛定谔方程得到的每一个解就是核外电子的一个定态,它有一定的能量(E),有一个电子波的振幅随坐标改变的函数关系式[$\psi = f(x, y, z)$ 或 $\psi = f(r, \theta, \phi)$],称为振幅方程或波动方程。换句话说,可以将薛定谔方程形象地比喻成一架生产核外电子的定态波函数的"工作母机",它按照一定规则制造出无穷无尽的波动方程,或者干脆更形象地比作"母鸡下蛋",这只"薛定谔母鸡"下的每一个"蛋"就是核外电子的一个定态(一个具有一定能量值的振幅方程)。

核外电子的定态所对应的波的振幅只是坐标的函数,与时间无关,即在核外某一个点上这个定态电子的波的振幅不会随时间改变而改变。这种振幅与时间无关的波在物理学上叫作驻波。物理学上最直观的驻波是琴弦振动产生的波,它是一维驻波(振幅是坐标 x 的函数)。二维驻波的例子是击鼓使鼓面振动产生的驻波(振幅是二维坐标——离鼓心的距离 r 和方位角 θ 的函数)。核外电子是一个三维驻波,它在三维空间中振动(振幅是三维坐标 x, y, z 或者离核距离 r、方位角 θ 和 ϕ 的函数)。驻波有一个重要性质:它的波长不是任意的,而是受空间制约的,如琴弦的长度、鼓面的直径、核外电子受原子核吸引力所及的球形空间大小等。这种限制,具体地说,就是一维驻波的半波长的整数倍必等于受限空间的长度 l——$\lambda n / 2 = l, n = 1, 2, 3, 4, \cdots$。这个 n 值对于核外电子来说,就是"主量子数"。一维驻波受 1 个"量子数"限定,二维驻波受 2 个"量子数"限定,核外电子作为三维驻波就受 3 个"量子数"限定。可见量子数的出现是薛定谔方程得到合理解的必然结果,不像玻尔理论那样是一种假设。

图 1-6 对比了一维和二维驻波的波函数图像。从图 1-6 中看到,一维驻波的振幅图像在垂直于 x 坐标轴的第二维上显示,二维驻波的振幅图像在垂直于二维(平面)的第三维上显示,核外电子是三维驻波;我们生活在三维世界,按显示一维驻波和二维驻波的振幅的方法是不可能在第四维上显示它的振幅图像的。解决这个难题的方法有好多种,其中之一是把作为三维坐标 x, y, z 的函数的振幅 ψ 首先转化为极坐标 r, θ, ϕ 的函数:$\psi = f(x, y, z)$ ▷ $\psi = f'(r, \theta, \phi)$,然后再把函数 ψ 分解成两个函数的乘积:$\psi = f'(r, \theta, \phi)$ ▷ $\psi = R(r) \cdot Y(\theta, \phi)$,其中 R 只是离核距离 r 的函数,而 Y 只是方位角 θ, ϕ 的函数①。R 叫作径向分布函数,Y 叫作角度分布函数。s,p_x,p_y,p_z,d_{z^2},$d_{x^2-y^2}$,d_{xy},d_{xz} 和 d_{yz} 的 Y 函数的图像如图 1-7 所示。由于 1s,2s,3s,$\cdots$ 的振幅在角度分布的差别并没有差别——它们

---

① 作为例子,可以给出 1s 电子的 R 和 Y 函数的方程如下:

$$R_{1s}(r) = 2\sqrt{\frac{1}{a_0^3}} \cdot e^{-Zr/a_0}; Y_{1s}(\theta, \phi) = \sqrt{\frac{1}{4\pi}}$$

的振幅不随方位角 θ, ϕ 的变动而变动,因而,一个 Y_s 图像就表达了所有不同能层的 s 轨道;同理,一个 Y_{p_x} 图像表达了所有不同能层的 p_x 轨道⋯⋯请注意:波函数的 Y 图像是带正负号的,"+"区的 Y 函数取正值,"−"区的 Y 函数取负值。它们的"波性"相反。其物理意义在 2 个波叠加时将充分显示:"+"与"+"叠加波的振幅将增大,"−"与"−"叠加波的振幅也增大,但"+"与"−"叠加波的振幅将减小。这一性质在今后讨论化学键时很有用。

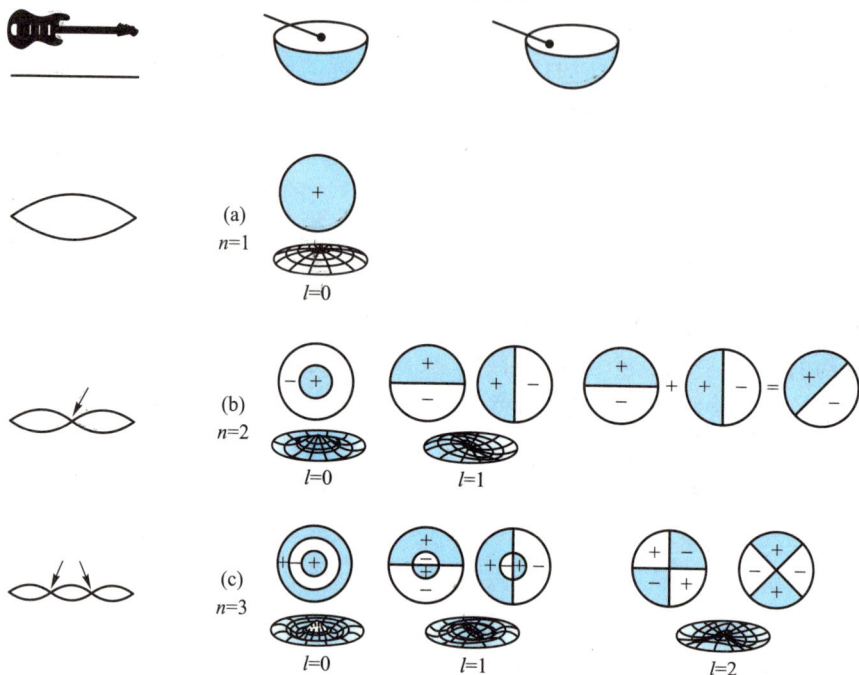

图 1-6   一维驻波和二维驻波的波函数图像

对初学者而言,R 函数的图像远不如以 R 函数为基础得到的 D 函数图像重要。$D = 4\pi r^2 R$,D 函数的物理意义是离核 r "无限薄球壳"里电子出现的概率(概率等于概率密度乘体积,这里的体积就是薄壳的体积)。D 值越大表明在这个球壳里电子出现的概率越大。因而 D 函数可以称为电子球面概率图像("球面"是"无限薄球壳"的形象语言)[1]。图 1-8 给出了氢原子的电子处于 1s,2s,2p,3s,3p,3d 等轨道的 D 函数图像。从图中看到,D 函数图像是峰形的,峰数恰等于相应能级的主量子数 n 和角量子数 l 之差 $(n-l)$。特别要指出的是,氢原子的 1s 电子的 D 函数图像表明,该电子在离核 53 pm 的球壳内

①   许多书上把这种函数称为电子的径向分布函数。

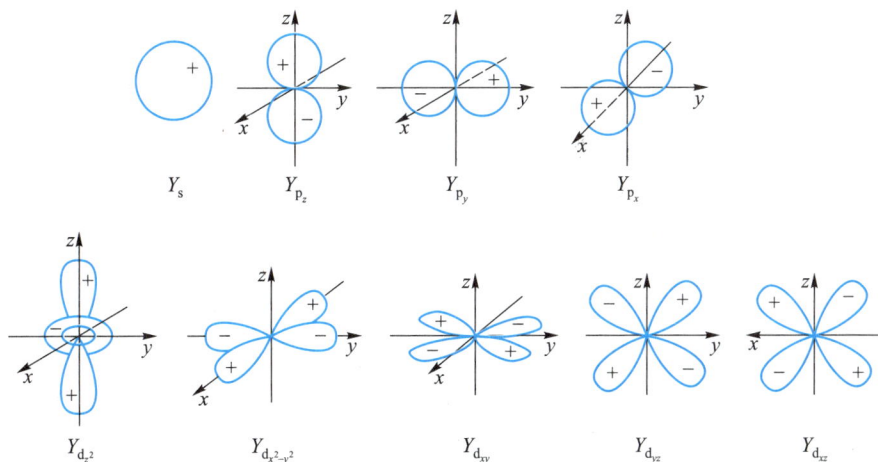

图 1-7 波函数的角度分布函数(Y)的图像

出现的概率是最大的。53 pm 正好是玻尔半径 a_0！这就表明,玻尔理论说 1s 电子在 53 pm 的圆形线性轨道上运行的结论是对氢原子核外基态电子运动的一种近似描述,而新量子力学则说,1s 电子在原子核外任何一个点上都可能出现,只是在离核 53 pm 的球壳内(不再是线性轨道)出现的概率最大。真可说是殊途同归了。

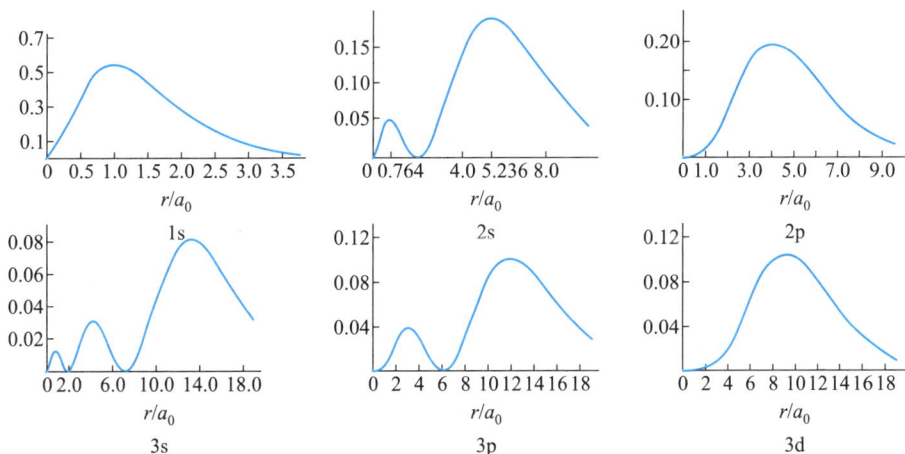

图 1-8 氢原子核外电子的 D 函数图像

(注意:以上六图的坐标尺度相差甚大)

1-6　基态原子电子组态(电子排布)

1-6-1　构造原理

除氢(及类氢原子)外的多电子原子中核外电子不止一个,不但存在电子与原子核之间的相互作用,而且还存在电子之间的相互作用,人们不禁要问:量子力学处理只有 1 个电子的氢原子得出的结论是否同样适用于多电子原子? 大量实验与理论研究表明,如果假定每个电子的运动是独立的,又假定所有电子的相互作用力可以集中到原子核上,如同在原子核上添加一份负电荷,那么,氢原子电子运动状态——能层、能级、轨道和自旋——的概念可以迁移到多电子原子上描述其电子运动状态,但对**基态原子**,必须遵循如下原理[①]:

(1)泡利原理[②]　基态多电子原子中不可能同时存在 4 个量子数完全相同的电子。换句话说,在一个轨道里最多只能容纳 2 个电子,它们的自旋方向相反。

(2)洪特规则[③]　基态多电子原子中同一能级的轨道能量相等,称为**简并轨道**;基态多电子原子的电子总是首先自旋平行地、单独地填入简并轨道。例如,2p 能级有 3 个简并轨道,如果只有 2 个电子,它们将分占 3 个 2p 轨道中的 2 个轨道而自旋平行,而不自旋相反地挤入其中一个轨道,如果 2p 能级上有 3 个电子,它们将分别处于 $2p_x$、$2p_y$ 和 $2p_z$ 轨道,而且自旋平行,如果 2p 能级有 4 个电子,其中一个轨道将有 1 对自旋相反的电子,这对电子处于哪一个 2p 轨道可认为没有差别。图 1-9 给出了氮原子的例子。

(3)能量最低原理　基态原子是处于最低能量状态的原子。能量最低原理

---

① 这里所有规则只对基态原子才有效,非基态的激发态原子并不遵从这些规则。

② 泡利(W. Pauli),奥地利人,因预言中微子的存在于 1945 年获诺贝尔物理学奖。泡利原理又叫泡利不相容原理(Pauli exclusion principle)。

③ 洪特(F. Hund)德国物理学家。在德文中,"Hund"的词义是"狗",德意志民族跟汉族一样常常用动物(如马、牛等)为姓。洪特规则(Hund's rule)是由原子光谱的事实总结出来的多条规则,本书只叙述了其中最基本的规则。从光谱实验事实看,如硼原子的 1 个 2p 电子填入 p 能级 3 个简并轨道中的哪个轨道,又如氧原子的 4 个 2p 电子在哪个 2p 轨道上配成对,在能量上是有微小差别的,硼的 1 个 2p 电子或氧的 1 对 2p 电子将首先占据磁量子数最大的轨道。因本课程不讨论原子光谱,所以忽略了这种差别。今后的课程中在讨论光谱项时将讨论这种差别。

N原子序数=7 中性原子的核外电子总数=7
按洪特规则的基态电子构型

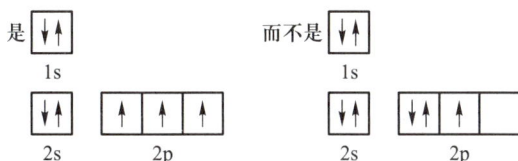

图 1-9 基态氮原子的电子构型

认为,基态原子核外电子的排布力求使整个原子的能量处于最低状态。请特别注意这里说的"整个原子"。作为一个体系,整个原子的能量不能机械地看作各电子所处轨道的能量之和,这是因为,某电子的"轨道能"不仅与核电荷数、主量子数、角量子数等参数有关,还动态地与电子的数目及其他电子各处在什么轨道上有关,其他电子的不同组合会导致对该电子的轨道能的不同影响。这正好与一个足球队是否处于最佳状态是由球队整体的动态决定的一样,不能单看一个队员的状态。因此,过去认为能量最低原理是电子首先填充到能量最低的轨道中去的说法应当予以修正。

随核电荷数递增,大多数元素的电中性基态原子的电子按如下顺序填入核外电子运动轨道,叫做构造原理(aufbau principle)[①]。

由构造原理图(见图 1-10)可见,随核电荷数递增,电子填入能级的顺序是由第一能层的 1s→第二能层的 2s→2p→第三能层的 3s→3p,接着空着第三能层的 3d 能级不填而填入第四能层的 4s,待 4s 能级充满后才回过头来填入次外层的 3d 能级,3d 能级填满电子后又填入最外层的 4p 能级,即 4s→3d→4p,接着,如法炮制,5s→4d→5p,随后在电子填完 6s 后填入倒数第三层的 4f 能级,再到次外层的 5d 能级、最外层的 6p 能级,即 6s→4f→5d→6p,…。电子先填最外层的 ns,后填次外层的 $(n-1)d$,甚至填入倒数第三层的 $(n-2)f$ 的规律叫作"能级交错"。

请注意:能级交错现象是电子随核电荷递增填充电子次序上的交错,并不意味着先填能级的能量一定比后填能级的能量低,这一点在下面还会谈到。

随核电荷数递增,电子每一次从填入 ns 能级开始到填满 np 能级,建立一个周期,于是有

[①] aufbau 是德文"构造"。所谓"随核电荷递增电子填入轨道",是一种形象的说法,是一种思维模式,事实上单独地考察某一个多电子原子的电子在原子核外排布时并没有先后填入的次序。

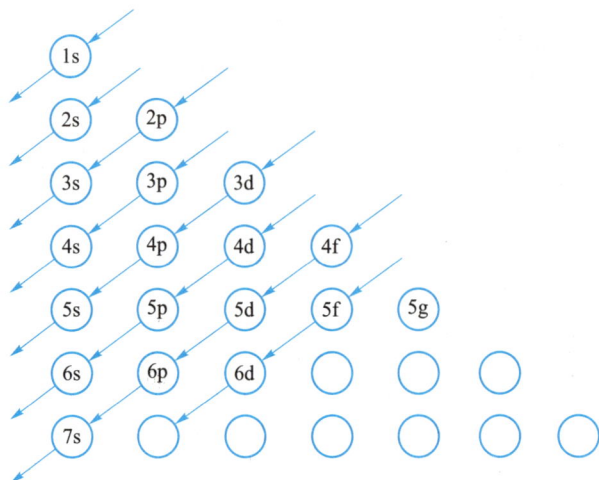

图 1-10 构造原理

周　　期	ns 开始→np 结束	同周期元素的数目
第一周期	1s	2
第二周期	2s,2p	8
第三周期	3s,3p	8
第四周期	4s,3d,4p	18
第五周期	5s,4d,5p	18
第六周期	6s,4f,5d,6p	32
第七周期	7s,5f,6d,7p	32

构造原理是实验与理论的综合结果,由此可得出大多数元素的电中性基态原子的核外电子组态(electron configuration,又叫构型或排布),解释了核外电子的行为,如电离能、成键能力、化合价等。注意:构造原理只是对大多数元素的电中性基态原子电子组态的总结。"大多数""电中性""基态"是总结出这个原理的必要条件。

周期系中有约 20 种元素的基态电中性原子的电子组态不符合构造原理,其中的常见元素是

元　素	按构造原理的组态	实测组态
铬（$_{24}$Cr）	$1s^2 2s^2 2p^6 3s^2 3p^6 3d^4 4s^2$	$1s^2 2s^2 2p^6 3s^2 3p^6 3d^5 4s^1$
钼（$_{42}$Mo）	$1s^2 2s^2 2p^6 3s^2 3p^6 3d^{10} 4s^2 4p^6 4d^4 5s^2$	$1s^2 2s^2 2p^6 3s^2 3p^6 3d^{10} 4s^2 4p^6 4d^5 5s^1$
铜（$_{29}$Cu）	$1s^2 2s^2 2p^6 3s^2 3p^6 3d^9 4s^2$	$1s^2 2s^2 2p^6 3s^2 3p^6 3d^{10} 4s^1$
银（$_{47}$Ag）	$1s^2 2s^2 2p^6 3s^2 3p^6 3d^{10} 4s^2 4p^6 4d^9 5s^2$	$1s^2 2s^2 2p^6 3s^2 3p^6 3d^{10} 4s^2 4p^6 4d^{10} 5s^1$
金（$_{79}$Au）	$1s^2 \cdots 4s^2 4p^6 4d^{10} 4f^{14} 5s^2 5p^6 5d^9 6s^2$	$1s^2 \cdots 4s^2 4p^6 4d^{10} 4f^{14} 5s^2 5p^6 5d^{10} 6s^1$

不难发现，这些元素的电子组态相对于构造原理的偏离只有一个电子——按构造原理它应处于最外层的 ns 轨道，而实测的却是处于$(n-1)d$ 轨道。其一，铬和钼的组态为$(n-1)d^5 ns^1$，而不是$(n-1)d^4 ns^2$，这被总结为"半满规则"——5个 d 轨道各有一个电子，且自旋平行。但同族的钨却符合构造原理，不符合"半满规则"。不过，某些镧系元素和锕系元素也符合"半满规则"——以 7 个 f 轨道填满一半的$(n-2)f^7$ 构型来代替$(n-2)f^8$。因此，总结更多实例，半满规则还是成立的。其二，铜银金基态原子电子组态为$(n-1)d^{10} ns^1$，而不是$(n-1)d^9 ns^2$，这被总结为"全满规则"——d 能级接近全满时倾向于全填满。

仔细考察元素周期表还可以发现，第 5 周期有较多副族元素的基态电中性原子的电子组态不符合构造原理，多数具有 $5s^1$ 的最外层构型，尤其是其中的钯（Pd），电子组态为 $4d^{10} 5s^0$，是最特殊的例子。这表明第 5 周期元素的电子组态比较复杂，难以用简单规则来概括。

请读者自己在图 1-11 中表示轨道的方块中填电子——用箭头↑或↓表示。

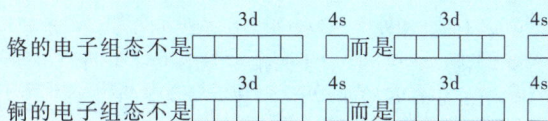

图 1-11　半满规则和全满规则支配下的铬和铜的电子组态

一般认为，第 5 周期过渡金属原子的 4d 能级和 5s 能级的轨道能差别较小，导致 $5s^1$ 构型比 $5s^2$ 构型的能量更低（其中 Tc 的价电子组态为 $4d^5 5s^2$ 可认为是半满规则起作用）。到第 6 周期，其过渡金属的电子组态多数遵循构造原理，可归为 6s 能级能量降低、稳定性增大，与这种现象相关的还有第 6 周期 p 区元素的所谓"$6s^2$ 惰性电子对效应"（见后）。

实验还表明，当电中性原子失去电子形成正离子时，总是首先失去最外层电子，因此，副族元素基态正离子的电子组态不符合构造原理。例如：

元　　素	电中性原子的价电子组态	正离子	价电子组态（最外层电子数）
Fe	$3d^6 4s^2$	Fe^{2+}	$3d^6 (14e^-)$
		Fe^{3+}	$3d^5 (13e^-)$
Cu	$3d^{10} 4s^1$	Cu^+	$3d^{10} (18e^-)$
		Cu^{2+}	$3d^9 (17e^-)$

我国著名化学家徐光宪将电中性原子和正离子的电子组态的差异总结为，基态电中性原子的电子组态符合 $(n+0.7l)$ 的顺序，基态正离子的电子组态符合 $(n+0.4l)$ 的顺序（n 和 l 分别是主量子数和角量子数）。读者可以自己进行验算。

　　无论是基态电中性原子还是正离子的电子组态，笼统地讲，仍然可以归结为能量最低原理，即保持整个原子的能量最低。稍具体地讲，整个原子的能量取决于两个因素——原子核对电子的吸引力和电子之间的排斥力，这是两个相反的因素，经常是其中一个居主导地位，另一个居次要地位。当原子核对电子的吸引力居主导地位时，电子填入主量子数较低的轨道会使整个原子的能量较低，如 Ca 和 Ti^{2+}，电子总数都等于 20，但 Ca 的价电子组态为 $4s^2$ 而 Ti^{2+} 的价电子组态为 $3d^2$，可理解为 Ti^{2+} 核电荷（+22）比 Ca 原子核电荷（+20）大，核对电子的吸引力占主导地位，电子填入主量子数较小的 3d 轨道，整个原子的能量较低。同样，Ni 和 Cu^+ 都有 28 个电子，但 Cu^+ 核电荷比 Ni 的核电荷大，所以 Cu^+ 的价电子全部填入 3d 轨道，组态为 $3d^{10}$，而 Ni 却有 2 个电子填入 4s 轨道，组态为 $3d^8 4s^2$。进一步讲，当核电荷对电子的吸引力居主导地位时，电子填入比较弥散的 3d 轨道可以使内层电子受原子核更大的吸引，从而引起整个原子的能量下降，若电子填入 4s 电子，因 4s 电子具有比 3d 电子较大的穿透内层电子而被核吸引的能力（钻穿效应），从而使内层电子更加扩展，结果整个原子的能量反而升高了。反之，当电子的排斥力居主导地位时，情况就相反了。例如，K 比 Ar 多一个核电荷，但也多了一个电子，最后填充的电子却处于 4s 轨道而不处于 3d 轨道，可理解为在这种情况下电子的排斥力起主导作用，其他电子对 4s 电子的排斥力小于对 3d 电子的排斥力，因此电子填入 4s 轨道。进一步讲，这也是由于 4s 电子比 3d 电子具有更大的穿透其他电子进入离核较近的区域而受其他电子较小的排斥，相反，3d 电子比较弥散，受到其他电子的排斥力较大（屏蔽效应）。总之，当核对电子的吸引居主导地位时，应主要考虑填入的电子对其他电子受核作用的影响，而当电子的排斥居主导地位时，应反过来主要考虑填入的电子受其他电子的排斥。近年，量子化学家已经能够无须任何经验参数的定量计算（从头算）来确定每增加一个电子引起整个原子能量的变化。由此可见，缺乏定量计算，做出判断是十分困难的。

　　$6s^2$ 惰性电子对效应可以用爱因斯坦相对论原理解释。随核电荷增大，根据相对论原理，电子的速度明显增大，这种效应对 6s 电子的影响尤为显著，这是由于 6s 电子相对于 5d 电子有更强的钻穿效应，受到原子核的有效吸引更大。这种效应致使核外电子向原子核紧缩，整个原子的能量下降。$6s^2$ 惰性电子对效应对第 6 周期元素许多性质也有明显影响，如原子半径、过渡后元素的低价稳定性、汞在常温下呈液态等，本书随后有多处将讨论这种效应。

1-6-2　基态原子电子组态

按原子序数递增排列,各元素的基态电中性原子的电子组态如表 1-4 所示:

表 1-4　基态电中性原子的电子组态

周期	原子序数	元素符号	电子组态	周期	原子序数	元素符号	电子组态
1	1	氢 H	$1s^1$		27	钴 Co	$[Ar]\ 3d^7\ 4s^2$
	2	氦 He	$1s^2$		28	镍 Ni	$[Ar]\ 3d^8\ 4s^2$
2	3	锂 Li	$[He]\ 2s^1$		29	铜 Cu*	$[Ar]\ 3d^{10}\ 4s^1$
	4	铍 Be	$[He]\ 2s^2$	4	30	锌 Zn	$[Ar]\ 3d^{10}\ 4s^2$
	5	硼 B	$[He]\ 2s^2 2p^1$		31	镓 Ga	$[Ar]\ 3d^{10}\ 4s^2 4p^1$
	6	碳 C	$[He]\ 2s^2 2p^2$		32	锗 Ge	$[Ar]\ 3d^{10}\ 4s^2 4p^2$
	7	氮 N	$[He]\ 2s^2 2p^3$		33	砷 As	$[Ar]\ 3d^{10}\ 4s^2 4p^3$
	8	氧 O	$[He]\ 2s^2 2p^4$		34	硒 Se	$[Ar]\ 3d^{10}\ 4s^2 4p^4$
	9	氟 F	$[He]\ 2s^2 2p^5$		35	溴 Br	$[Ar]\ 3d^{10}\ 4s^2 4p^5$
	10	氖 Ne	$1s^2\ 2s^2 2p^6$		36	氪 Kr	$1s^2 2s^2 2p^6 3s^2 3p^6 3d^{10}\ 4s^2 4p^6$
3	11	钠 Na	$[Ne]\ 3s^1$		37	铷 Rb	$[Kr]\ 5s^1$
	12	镁 Mg	$[Ne]\ 3s^2$		38	锶 Sr	$[Kr]\ 5s^2$
	13	铝 Al	$[Ne]\ 3s^2 3p^1$		39	钇 Y	$[Kr]\ 4d^1\ 5s^2$
	14	硅 Si	$[Ne]\ 3s^2 3p^2$		40	锆 Zr	$[Kr]\ 4d^2\ 5s^2$
	15	磷 P	$[Ne]\ 3s^2 3p^3$		41	铌 Nb*	$[Kr]\ 4d^4\ 5s^1$
	16	硫 S	$[Ne]\ 3s^2 3p^4$		42	钼 Mo*	$[Kr]\ 4d^5\ 5s^1$
	17	氯 Cl	$[Ne]\ 3s^2 3p^5$		43	锝 Tc	$[Kr]\ 4d^5\ 5s^2$
	18	氩 Ar	$1s^2 2s^2 2p^6\ 3s^2 3p^6$	5	44	钌 Ru*	$[Kr]\ 4d^7\ 5s^1$
4	19	钾 K	$[Ar]\ 4s^1$		45	铑 Rh*	$[Kr]\ 4d^8\ 5s^1$
	20	钙 Ca	$[Ar]\ 4s^2$		46	钯 Pd*	$[Kr]\ 4d^{10}$
	21	钪 Sc	$[Ar]\ 3d^1\ 4s^2$		47	银 Ag*	$[Kr]\ 4d^{10}\ 5s^1$
	22	钛 Ti	$[Ar]\ 3d^2\ 4s^2$		48	镉 Cd	$[Kr]\ 4d^{10}\ 5s^2$
	23	钒 V	$[Ar]\ 3d^3\ 4s^2$		49	铟 In	$[Kr]\ 4d^{10}\ 5s^2 5p^1$
	24	铬 Cr*	$[Ar]\ 3d^5\ 4s^1$		50	锡 Sn	$[Kr]\ 4d^{10}\ 5s^2 5p^2$
	25	锰 Mn	$[Ar]\ 3d^5\ 4s^2$		51	锑 Sb	$[Kr]\ 4d^{10}\ 5s^2 5p^3$
	26	铁 Fe	$[Ar]\ 3d^6\ 4s^2$		52	碲 Te	$[Kr]\ 4d^{10}\ 5s^2 5p^4$

续表

周期	原子序数	元素符号	电子组态	周期	原子序数	元素符号	电子组态
5	53	碘 I	$[Kr]4d^{10}\ 5s^2 5p^5$	6	86	氡 Rn	$[Xe]4f^{14}5d^{10}\ 6s^2 6p^6$
	54	氙 Xe	$[Kr]4d^{10}\ 5s^2 5p^6$	7	87	钫 Fr	$[Rn]\ 7s^1$
6	55	铯 Cs	$[Xe]\ 6s^1$		88	镭 Ra	$[Rn]\ 7s^2$
	56	钡 Ba	$[Xe]\ 6s^2$		89	锕 Ac*	$[Rn]\ 6d^1\ 7s^2$
	57	镧 La*	$[Xe]\ 5d^1\ 6s^2$		90	钍 Th*	$[Rn]\ 6d^2\ 7s^2$
	58	铈 Ce*	$[Xe]\ 4f^1 5d^1\ 6s^2$		91	镤 Pa*	$[Rn]\ 5f^2 6d^1\ 7s^2$
	59	镨 Pr	$[Xe]\ 4f^3\ 6s^2$		92	铀 U*	$[Rn]\ 5f^3 6d^1\ 7s^2$
	60	钕 Nd	$[Xe]\ 4f^4\ 6s^2$		93	镎 Np*	$[Rn]\ 5f^4 6d^1\ 7s^2$
	61	钷 Pm	$[Xe]\ 4f^5\ 6s^2$		94	钚 Pu	$[Rn]\ 5f^6\ 7s^2$
	62	钐 Sm	$[Xe]\ 4f^6\ 6s^2$		95	镅 Am	$[Rn]\ 5f^7\ 7s^2$
	63	铕 Eu	$[Xe]\ 4f^7\ 6s^2$		96	锔 Cm*	$[Rn]\ 5f^7 6d^1\ 7s^2$
	64	钆 Gd*	$[Xe]\ 4f^7\ 5d^1\ 6s^2$		97	锫 Bk	$[Rn]\ 5f^9\ 7s^2$
	65	铽 Tb	$[Xe]\ 4f^9\ 6s^2$		98	锎 Cf	$[Rn]\ 5f^{10}\ 7s^2$
	66	镝 Dy	$[Xe]\ 4f^{10}\ 6s^2$		99	锿 Es	$[Rn]\ 5f^{11}\ 7s^2$
	67	钬 Ho	$[Xe]\ 4f^{11}\ 6s^2$		100	镄 Fm	$[Rn]\ 5f^{12}\ 7s^2$
	68	铒 Er	$[Xe]\ 4f^{12}\ 6s^2$		101	钔 Md	$[Rn]\ (5f^{13}\ 7s^2)$
	69	铥 Tm	$[Xe]\ 4f^{13}\ 6s^2$		102	锘 No	$[Rn]\ (5f^{14}\ 7s^2)$
	70	镱 Yb	$[Xe]\ 4f^{14}\ 6s^2$		103	铹 Lw	$[Rn]\ (5f^{14}6d^1\ 7s^2)$
	71	镥 Lu	$[Xe]\ 4f^{14}\ 5d^1\ 6s^2$		104	铲 Lr	$[Rn]\ (5f^{14}6d^2\ 7s^2)$
	72	铪 Hf	$[Xe]\ 4f^{14}\ 5d^2\ 6s^2$		105	𬭊 Db	$[Rn]\ (5f^{14}6d^3\ 7s^2)$
	73	钽 Ta	$[Xe]\ 4f^{14}\ 5d^3\ 6s^2$		106	𬭳 Sg	$[Rn]\ (5f^{14}6d^4\ 7s^2)$
	74	钨 W	$[Xe]\ 4f^{14}\ 5d^4\ 6s^2$		107	𬭛 Bh	$[Rn]\ (5f^{14}6d^5\ 7s^2)$
	75	铼 Re	$[Xe]\ 4f^{14}\ 5d^5\ 6s^2$		108	𬭶 Hs	$[Rn]\ (5f^{14}6d^6\ 7s^2)$
	76	锇 Os	$[Xe]\ 4f^{14}\ 5d^6\ 6s^2$		109	鿏 Mt	$[Rn]\ (5f^{14}6d^7\ 7s^2)$
	77	铱 Ir	$[Xe]\ 4f^{14}\ 5d^7\ 6s^2$		110	𫟼 Ds	$[Rn]\ (5f^{14}6d^8\ 7s^2)$
	78	铂 Pt*	$[Xe]\ 4f^{14}\ 5d^9\ 6s^1$		111	𬬭 Rg	$[Rn]\ (5f^{14}6d^9\ 7s^2)$
	79	金 Au*	$[Xe]\ 4f^{14}\ 5d^{10} 6s^1$		112	鎶 Cn	$[Rn]\ (5f^{14}6d^{10}\ 7s^2)$
	80	汞 Hg	$[Xe]\ 4f^{14}5d^{10}\ 6s^2$		113	鉨 Nh	$[Rn]\ (5f^{14}6d^{10}\ 7s^2\ 7p^1)$
	81	铊 Tl	$[Xe]\ 4f^{14}5d^{10}\ 6s^2 6p^1$		114	𫓧 Fl	$[Rn]\ (5f^{14}6d^{10}\ 7s^2\ 7p^2)$
	82	铅 Pb	$[Xe]\ 4f^{14}5d^{10}\ 6s^2 6p^2$		115	镆 Mc	$[Rn]\ (5f^{14}6d^{10}\ 7s^2\ 7p^3)$
	83	铋 Bi	$[Xe]\ 4f^{14}5d^{10}\ 6s^2 6p^3$		116	𫟷 Lv	$[Rn]\ (5f^{14}6d^{10}\ 7s^2\ 7p^4)$
	84	钋 Po	$[Xe]\ 4f^{14}5d^{10}\ 6s^2 6p^4$		117	鿬 Ts	$[Rn]\ (5f^{14}6d^{10}\ 7s^2\ 7p^5)$
	85	砹 At	$[Xe]\ 4f^{14}5d^{10}\ 6s^2 6p^5$		118	鿫 Og	$[Rn]\ (5f^{14}6d^{10}\ 7s^2\ 7p^6)$

注：① 表中方括号[ ]括起的电子相应于稀有气体原子的电子组态,叫"电子仁"或"电子实";② 表中用方框框起的能级在化学反应中会发生变化,通称"价电子层",其中的电子通称"价层电子";③ 价电子层中非最外层电子蓝色表示,以突出最外层电子。④ 用圆括号括起的电子构型是有待进一步证实的构型。⑤ 标有 * 的组态不符合构造原理。⑥ 有的教科书或单张发行的元素周期表上,价电子层的写法与本书不同,如把 $3d^6 4s^2$ 写成 $4s^2 3d^6$,把 $4f^7 6s^2$ 写成 $6s^2 4f^7$,这种写法似乎对按构造原理顺序填充电子有利,但却容易混淆内层电子和外层电子。我们认为,还是把主量子数较小的能级写在左边为好,因为写这种符号是为了表达电子组态,而不是表达电子按构造原理的填充顺序。

1-7　元素周期系

1-7-1　元素周期律、元素周期系及元素周期表

1869年,俄国化学家门捷列夫(D. I. Mendeleev,见图1-12)在总结对比当时已知的60多种元素的性质时发现化学元素之间的本质联系:按原子量递增把化学元素排成序列,元素的性质发生周期性的递变。这就是元素周期律的最早表述。1911年,年轻的英国人摩斯莱(H. G. J. Moseley)在分析元素的特征X射线时发现,门捷列夫化学元素周期系中的原子序数不是人们的主观赋值,而是原子核内的质子数。随后的原子核外电子排布理论则揭示了核外电子的周期性分层结构。因而,元素周期律就是,随核内质子数递增,核外电子呈现周期性排布,元素性质呈现周期性递变。

图 1-12　门捷列夫

　　元素周期性的内涵极其丰富,具体内容不可穷尽,其中最基本的是,随原子序数递增,元素周期性地从金属渐变成非金属,以稀有气体结束,又从金属渐变成非金属,以稀有气体结束,如此循环反复。

　　不要以为事物发展呈现的周期性总是单调地、整齐划一地一次又一次地重复,元素周期性就不是如此,是螺旋地发展着的,好比螺壳,又好比生物发展史和社会发展史,不是周而复始地单调重复,而是螺旋地向前发展(见图1-13)。

　　随着周期序号增大,元素数目增多,金属元素也随之增多,非金属元素则减少,只有第1周期例外,它只有两种元素(氢和氦),而且它也不像其他周期那样从金属到非金属。但近来证实,氢在低温高压下呈金属态。考虑到氢是宇宙中最丰富的元素,而绝大多数氢原子并非存在于地表环境中,第1周期的"例外"看来只缘我们是地球人,以地表环境看待元素,否则第1周期与其他周期一样也是从金属到非金属(氢一身二职,既是金属又是非金属)。

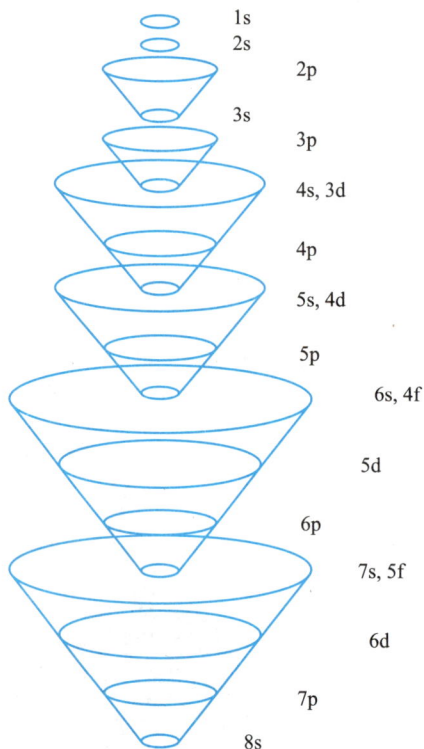

1s
2s
2p
3s
3p
4s, 3d
4p
5s, 4d
5p
6s, 4f
5d
6p
7s, 5f
6d
7p
8s

图 1-13   螺旋发展的元素周期系

1-7-2   元素周期表

自从 1869 年门捷列夫给出第一张元素周期表的 100 多年以来,至少已经出现 700 多种不同形式的周期表。人们制作周期表的目的是研究周期性的方便。研究对象不同,周期表的形式不同。

图 1-14 是门捷列夫短式周期表。短式周期表是最原始的周期表。门捷列夫制作周期表时,稀有气体尚未发现,镧系元素没有几个,锕系元素还没有发现,因此在短式周期表里没有它们的位置。图 1-14 是添加了许多现代知识的短式周期表,已经不是门捷列夫的原始周期表,但仍保留了短式周期表某些最基本的特征:表中第 1、2、3 周期各占一个横排,而第 4、5、6 周期各占 2 个横排,这样,就在后 3 个周期中出现每个纵列 2 种元素的现象,为此门捷列夫创造了"主族"和"副族"的术语,应用至今。在短式周期表的最右端,铁钴镍、钌铑钯、锇铱铂 3 个"三素组"被门捷列夫看成从主族元素向副族元素的过渡,因而称为"过渡元

素"。现今,"过渡元素"这个术语仍然存活,但内涵早已扩大,不再只指 9 种元素而是指除主族元素外的所有副族元素。

H							
Li	Be	B	C	N	O	F	
Na	Mg	Al	Si	P	S	Cl	
K	Ca	Sc	Ti	V	Cr	Mn	Fe Co Ni
Cu	Zn	Ga	Ge	As	Se	Br	
Rb	Sr	Y	Zr	Nb	Mo	Tc	Ru Rh Pd
Ag	Cd	In	Sn	Sb	Te	I	
Cs	Ba	La	Hf	Ta	W	Re	Os Ir Pt
Au	Hg	Tl	Pb	Bi			

图 1-14　门捷列夫短式周期表

(第 4、5、6 周期被分成 2 个横排,每个纵列被分成主族和副族,而表右的三素组被称为"过渡元素")

(此表按部分现代知识对门捷列夫短式周期表做了补充,但稀有气体仍未列入)

图 1-15 是真正意义的"长式"周期表——每个周期占一个横排。这种三角形周期表能直观地看到元素的周期发展,但不易考察纵列元素(从上到下)的相互关系,而且由于太长,排版和印刷有困难。

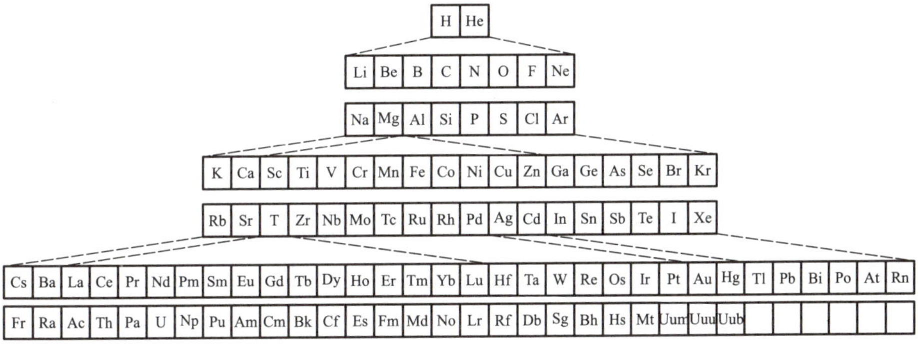

图 1-15　三角形周期表

(一个周期一个横排,能直观地看到周期的发展,但不易考察纵列元素的相互关系)

图 1-16 是二维化的图 1-13,可叫做宝塔式(或滴水钟式)周期表。这种周期表的优点是能够十分清楚地看到元素周期系是如何由于核外电子能级的增多而螺旋发展的,缺点是每个横列不是一个周期,纵列元素的相互关系不容易看清。

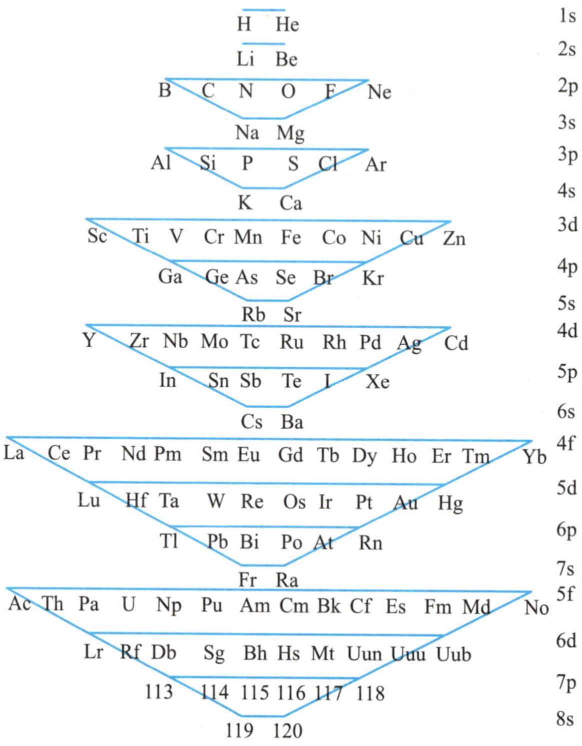

图 1-16   宝塔式周期表

（一个能级一个横排，能较好地看出周期的发展与能级增多的关系）

图 1-17 是**维尔纳长式周期表**，是由诺贝尔化学奖得主维尔纳（A. Werner）首先倡导的，长式周期表是目前最通用的元素周期表。它的结构如下：

（1）周期   维尔纳长式周期表分主表和副表。主表中的第 1、2、3、4、5 行分别是完整的第 1、2、3、4、5 周期，但是，第 6、7 行不是完整的第 6、7 周期，其中的镧系元素和锕系元素被分离出来，形成主表下方的副表。第一周期只有 2 个元素，叫特短周期，它的原子只有 s 电子；第 2、3 周期有 8 个元素，叫短周期，它们的原子有 s 电子和 p 电子；第 4、5 周期有 18 个元素，叫长周期，它们的原子除钾和钙外有 s、p 电子还有 d 电子；第 6、7 周期有 32 个元素，叫特长周期，它的原子除铯和钡外有 s、d、p 电子还有 f 电子。

（2）列   维尔纳长式周期表有 18 列（纵列）。例如，第 1 列为氢锂钠钾铷铯钫，第 2 列为铍镁钙锶钡镭……第 6 列为铬钼钨𬭳，第 7 列为锰锝铼𬭛，等等。"列"这个术语是近年由国际纯粹与应用化学联合会（IUPAC）建议的，尚未被化学界普遍接受。

IA	IIA	IIIB	IVB	VB	VIB	VIIB	VIIIB			IB	IIB	IIIA	IVA	VA	VIA	VIIA	0
1 H 氢																	2 He 氦
3 Li 锂	4 Be 铍											5 B 硼	6 C 碳	7 N 氮	8 O 氧	9 F 氟	10 Ne 氖
11 Na 钠	12 Mg 镁											13 Al 铝	14 Si 硅	15 P 磷	16 S 硫	17 Cl 氯	18 Ar 氩
19 K 钾	20 Ca 钙	21 Sc 钪	22 Ti 钛	23 V 钒	24 Cr 铬	25 Mn 锰	26 Fe 铁	27 Co 钴	28 Ni 镍	29 Cu 铜	30 Zn 锌	31 Ga 镓	32 Ge 锗	33 As 砷	34 Se 硒	35 Br 溴	36 Kr 氪
37 Rb 铷	38 Sr 锶	39 Y 钇	40 Zr 锆	41 Nb 铌	42 Mo 钼	43 Tc 锝	44 Ru 钌	45 Rh 铑	46 Pd 钯	47 Ag 银	48 Cd 镉	49 In 铟	50 Sn 锡	51 Sb 锑	52 Te 碲	53 I 碘	54 Xe 氙
55 Cs 铯	56 Ba 钡	57 Lu La-Lu 镥	72 Hf 铪	73 Ta 钽	74 W 钨	75 Re 铼	76 Os 锇	77 Ir 铱	78 Pt 铂	79 Au 金	80 Hg 汞	81 Tl 铊	82 Pb 铅	83 Bi 铋	84 Po 钋	85 At 砹	86 Rn 氡
87 Fr 钫	88 Ra 镭	89 103 Ac-Lr	104 Rf 鑪	105 Db 𬭊	106 Sg 𬭳	107 Bh 𬭛	108 Hs 𬭶	109 Mt 鿏	110 Ds 𫟼	111 Rg 𬬭	112 Cn 鿔	113 Nh 鿭	114 Fl 𫓧	115 Mc 镆	116 Lv 𫟷	117 Ts 鿬	118 Og 鿫

镧系	57 La 镧	58 Ce 铈	59 Pr 镨	60 Nd 钕	61 Pm 钷	62 Sm 钐	63 Eu 铕	64 Gd 钆	65 Tb 铽	66 Dy 镝	67 Ho 钬	68 Er 铒	69 Tm 铥	70 Yb 镱	71 Lu 镥
锕系	89 Ac 锕	90 Th 钍	91 Pa 镤	92 U 铀	93 Np 镎	94 Pu 钚	95 Am 镅	96 Cm 锔	97 Bk 锫	98 Cf 锎	99 Es 锿	100 Fm 镄	101 Md 钔	102 No 锘	103 Lr 铹

图 1-17　维尔纳长式周期表

（3）族①　包括主族（A 族）和副族（B 族）。

① 主族（A 族）。周期表最左边的两个纵列是 IA 和 IIA 主族;周期表最右边的 6 个纵列从左到右分别是ⅢA,ⅣA,ⅤA,ⅥA,ⅦA 主族和 0（零）族。主族元素的原子在形成化学键时从来只使用最外层电子（ns 和/或 np），不使用结构封闭的次外层电子。从这个特征看,零族元素也属于主族元素。IA、IIA 和ⅦA族元素分称碱金属、碱土金属和卤素,这些术语在发现周期系以前已使用。零族元素的确认在发现周期系之后,曾长期叫惰性气体（inert gases）,直到 20 世纪 60 年代才发现它也能形成传统化合物,改称稀有气体（noble gases 或 rare gases）。主族常用相应第 2 周期元素命名,如硼族、碳族、氮族、氧族等。此外,还常见到源自门捷列夫周期表的镓分族（镓铟铊）、锗分族（锗锡铅）、砷分族（砷锑铋）、硫分族（硫硒碲）等术语。

② 副族（B 族）。从周期表左边第 3 纵列开始有 10 个纵列,每个纵列 3 个元素（包括第 7 周期元素应是 4 个元素,但因后者均系人工合成,寿命很短,一般不讨论）,从左到右的顺序是ⅢB,ⅣB,ⅤB,ⅥB,ⅦB,Ⅷ,ⅠB,ⅡB。族序数与该

① A 族与 B 族,本书采纳的是美国的系统。在许多欧洲国家,A 族是第 1～10 列,第 8、9、10 三个列叫 8A,B 族是第 11～18 列,第 18 列叫 8B。我国采用美国系统,但习惯上不用 1A、2A、3B、…、8B、1B、2B、3A、…、8A 等标记,而用罗马数码标记,如ⅠA、…、ⅦB 等,而且,第 8～10 列叫第Ⅷ族,不叫ⅧB 族,第 18 列叫 0 族,但"0"不是自然数,不是罗马数码（公元无零年源于此）。

族元素最高氧化态对应(少数例外,如铜银金);Ⅷ族是 3 个纵列 9 个元素,是狭义"过渡元素"。副族常以相应第 4 周期元素命名,分称钪副族、钛副族、钒副族等;但Ⅷ族中的铁钴镍(第 4 周期元素)又称铁系元素,钌铑钯锇铱铂(第 5、6 周期元素)则总称铂系元素。广义的过渡元素是指除主族元素外的所有其他元素。

(4)区   长式周期表的主表从左到右可分为 s 区、d 区、ds 区、p 区 4 个区,有的教科书把 ds 区归入 d 区;副表(镧系和锕系)是 f 区元素(见图 1-18)。

(5)非金属三角区   周期系已知 118 种元素中只有 23 种非金属(包括稀有气体),它们集中在长式周期表 p 区右上角三角区内(见图 1-18)。它们的中文名称有"石""气"或"氵"的偏旁。处于非金属三角区边界上的元素兼具金属和非金属的特性,也称"半金属"或"准金属"。例如,硅

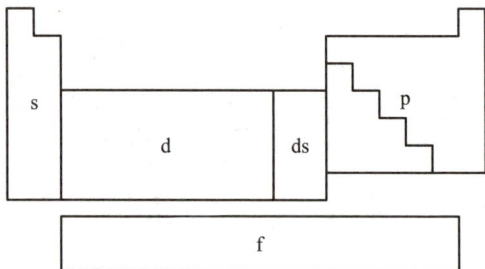

图 1-18   长式周期表的分区与
非金属三角区

是非金属,但其单质晶体为具蓝灰色金属光泽的半导体,锗是金属,却跟硅一样具金刚石型结构,也是半导体;又如,砷是非金属,气态分子为类磷的 As_4,但有金属型的同素异形体,锑是金属,却很脆,电阻率很高(41.7 $\mu\Omega \cdot cm$,对比:Ag 1.59 $\mu\Omega \cdot cm$,Al 2.82 $\mu\Omega \cdot cm$)等。半金属的这类两面性不胜枚举。

门捷列夫发现元素周期律是对元素之间存在本质联系,即"元素是一个大家族"的信念的推动。这种信念本质上是发展论、进化论、系统论的观念,比起前人发现某些元素可以归为一族(如碱金属、卤素等),是质的飞跃。正因为有这种信念,门捷列夫从当时认识到的元素之间最本质的或者说最基础的差别——原子量的差别,把已知元素按原子量的递增排列起来,并以原子量递变必引起元素性质发生周期性递变的思想为出发点,当发现某些元素的位置跟信念中的周期性矛盾时,敢于怀疑某些元素的原子量测错了,敢于改正某些元素的化合价,敢于为某些没有发现的元素留下空位,也敢于不顾违背原子量递增的少数个例。为了证明元素周期律,门捷列夫设计并进行了许多实验,重新测定并纠正了某些原子量。相比之下,与门捷列夫同时发现元素(单质)的密度(原子体积)是原子量的函数的德国人迈耶尔(J. L. Meyer)却没有这样足够的胆量。他曾说:"我没有足够的勇气去做出像门捷列夫那样深信不疑地做出的预言。"因为,他认为,"在差不多每天都有许多新事物出现的领域里任何概括性的新学说随时都会碰到一些事实,它们把这一学说加以否定。这种危险的确是存在的……

因此我们必须特别小心"。[1] 可见,正确的世界观对于发现和发明有多么深刻的指导性的意义。后来的历史证实了门捷列夫在他的周期表中留下空格所预言的几种元素(如锗、镓)的存在,补充了门捷列夫没有预言的稀有气体、镧系及第 7 周期元素,并揭示了原子核外电子组态的周期发展是周期律的原因。元素周期律是 20 世纪科学技术发展的重要理论依据之一,它对元素及其化合物的性质有预测性,为寻找并设计具特殊性质的新化合物有很大指导意义,极大地推动了现代科学技术的发展。元素周期系与周期律是量变引起质变,事物(包括历史)发展呈螺旋周期性进化而不是单调重复,客观世界内在矛盾对立统一等辩证唯物论哲学观最基本的客观事实之一。门捷列夫周期律是人类认识史和科学史上划时代的伟大发现。

1-8　元素周期性

下面讨论元素周期系诸元素在性质上是如何相互联系的。这一节讨论的原子半径、离子半径、电离能、电子亲和能、电负性等概念被总称"原子参数",广泛用于说明元素的性质。

1-8-1　原子半径

原子的大小可以用"原子半径"来描述。原子半径的标度很多,各种不同的标度,原子半径的定义不同,差别可能很大。

建立原子半径的标度有三种基本思路:

① 从宏观物性——固态单质的密度着手,换算成 1 mol 原子的体积,除以阿伏加德罗数,得到 1 个原子在固态单质中的平均占有体积,再假设原子是球体,并假设所有"原子球"在固态中紧密接触,不留空隙(即使有空隙,也假设各种单质里留的空隙跟原子体积成正比,没有百分数上的差别),就可得到原子半径。门捷列夫时代的德国化学家迈耶尔几乎与门捷列夫同时独立地发现元素性质是原子量的函数。在他发表的论文中首次以曲线的形式画出了一条原子体积(随原子量递增发生周期性变化的)曲线图。迈耶尔的这种原子体积就是由固态单质密度计算出来的。图 1-19 是迈耶尔曲线图的现代形式(已用现代知识修正、

---

[1]　参见:郭保章.世界化学史.南宁:广西教育出版社,1992:363.

补充、完善)。你双手抱书,再在你书桌前方立一面镜子,就可以看到图 1-19 的镜像,镜像中的曲线相当于固态单质的密度(随原子序数递增的)曲线。

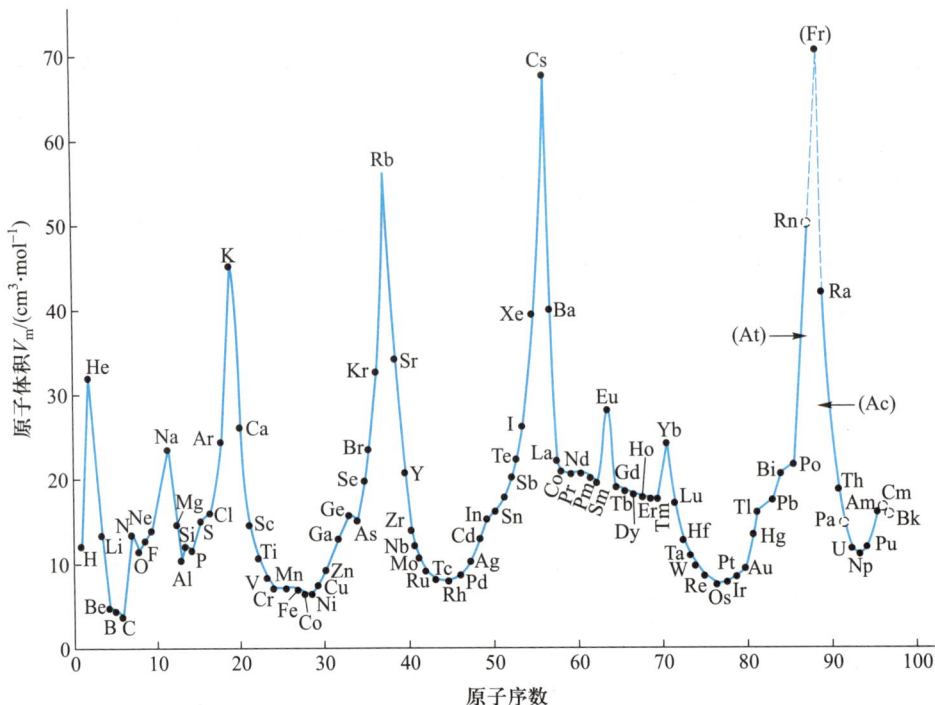

图 1-19   原子体积的周期性

从图 1-19 中看到,元素的原子体积随原子序数递增呈现多峰型的周期性曲线,大体上,峰尖元素是碱金属,谷底元素则是每一周期处于中段的元素,仅个别例外。

其实,固态单质的结构是多种多样的,决定不同结构固态的密度的因素很多,密度并不可能完全真实地反映原子体积的大小。概括地说,固体中的原子并不能占有所有的空间,有的固体中原子排得密些,原子间的空隙小些,有的排得松些,空隙就大些;有的固体里原子抱成团,形成"分子",其中原子的核间距因形成共价键而短些,而分子间的核间距比分子内长,其长短又跟分子的形状和堆积取向有关;典型金属晶体中的原子大致是均匀分布的,但以一个原子为中心,最临近的原子个数(即"配位数")不尽相同,原子间空隙大小也会互不相同,金属原子之间又是靠所谓金属键相互联系的,金属键强度也导致原子间距不同,会影响固体的密度;再说,同种元素的固态同素异形体的密度也互不相同(如金刚石与石墨),温度不同密度也不同,因此,迈耶尔原子体积是一个很粗糙的概念,经不起仔细推敲,但对许多事实的粗糙认识并不等于不科学,有时甚至是必要的,不可忽视的,迈耶尔原子体积确实大致地反映了元素性质的周期性递变。后来,人们发现,元素及其化合物的许多性质随原子序数递增的变化跟迈耶尔曲线的变化趋势相近,可用来预言未知单质的某些性质,如熔点高低,因而,迈耶尔原子体积曲线图仍十分有意义,很耐人寻味。

　　② 根据量子力学理论,由原子核电荷数、电子数、电子运动状态等理论概念出发,给出原子半径的定义,并进行计算,由此也可以得到纯理论计算的气态的、游离的、基态原子的半径。1965 年,瓦伯(J. T. Waber)和克罗默(D. T. Cromer)定义原子最外层原子轨道电荷密度(即 D 函数)最大值所在球面为原子半径,用量子力学方法计算得出一套所谓"轨道半径"的理论原子半径。图 1-20 给出了这种轨道半径的周期性变化曲线图。从图中可看出,轨道半径曲线跟迈耶尔原子体积曲线有一点是相似的:每个周期的第一个元素——锂、钠、钾、铷、铯、钫处于曲线的各个峰尖;但曲线的谷底却是每个周期的最后一个元素——氦、氖、氩、氪、氙、氡,而不是每个周期的中段元素了,曲线中的小峰则基本上是由于建立新的能级(d、f、p)引起的[1]。

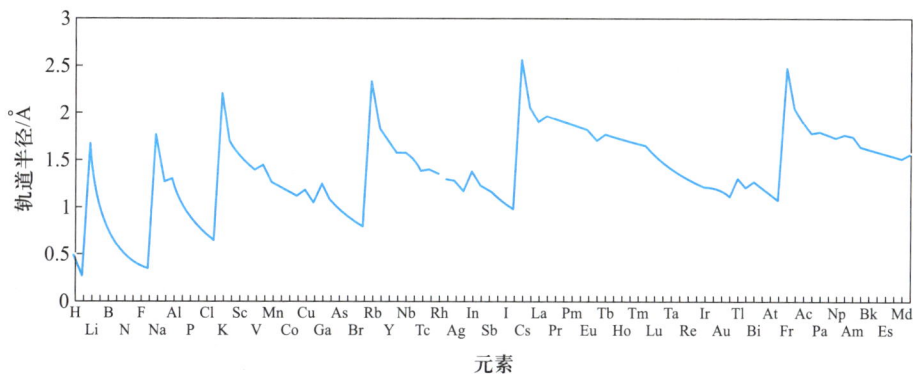

图 1-20　轨道半径图

　　③ 通过测定结构的实验方法进行计算。测定原子形成各种分子或固体后的核间距,对于同种原子,测得的核间距除以 2,就得到该原子的半径,对于异种原子(设为 AB),只要已知其中一种元素(如 A)的原子半径,就可用核间距(如A—B)求取另一种元素(如 B)的原子半径。对大量数据进行统计并做基于某些

---

　　[1]　轨道半径的数据:卡普路斯,波特.原子与分子.北京:科学出版社,1986:210。图中删去了钯的轨道半径,因为钯是第 5 周期元素,但它的 5s 轨道却没有电子,按照轨道半径的定义只能计算它的 4d 原子轨道电子密度(D 值)最大值的半径,这样得到的轨道半径特别小(0.056 7 nm),比氢的轨道半径大不了多少,显然,钯的这种"轨道半径"毫无实际意义,因为钯的宏观物性一定不会与钯的这种反常的"轨道半径"相关。

理论思考的适当修饰,就可得到一套原子半径数据。通常书籍上记载的原子半径就是用这种思路获得的。主要有 3 种:一是"共价半径",由共价分子或原子晶体中原子的核间距计算而得;二是"范德华半径",由共价分子之间的最短距离计算而得;三是"金属半径",由金属晶体中原子的最短核间距计算而得。具体计算方法及其数据将在下面两章介绍。一般说来,共价半径较小,金属半径居中,范德华半径最大。显然,把三种不同概念的原子半径混在一起是毫无意义的。换言之,欲比较不同原子的相对大小,取用的数据来源必须一致。

1-8-2 电离能

气态电中性基态原子失去一个电子转化为气态基态正离子所需要的能量叫作第一电离能。简言之,第一电离能是原子失去电子所需的最低能量。"气态、基态、电中性、失去一个电子"等都是保证获得最低能量的条件。一般用 I_n 作为电离能的符号,$n = 1, 2, 3, \cdots$ 分别叫第一电离能、第二电离能、第三电离能……实质上,电离能是原子或离子的能量与它失去电子得到的产物的能量之差,如

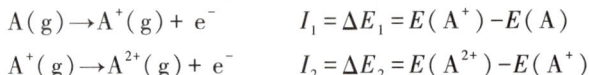

$$A(g) \rightarrow A^+(g) + e^- \qquad I_1 = \Delta E_1 = E(A^+) - E(A)$$

$$A^+(g) \rightarrow A^{2+}(g) + e^- \qquad I_2 = \Delta E_2 = E(A^{2+}) - E(A^+)$$

除氢原子和类氢原子外,所有多电子原子(或离子)的电离能跟"离去电子"的"轨道能"并不恰好相等。例如,当 K 原子失去最外层的 4s 电子形成 K^+ 后,不仅仅少了一个 4s 电子,而且所有内层电子由于少了 4s 电子对它们的排斥,电离前后内层电子的能量不会相同。K 原子第一电离能必然包含从 K 到 K^+ 导致的内层电子能量的变化,并不恰恰等于 K 原子中 4s 电子的轨道能。由此可见,"电离能"与"轨道能"是两个概念,不容相互混淆。不过话要说回来,比较不同原子的电离能仍然可以主要地考察离去电子的轨道能大小,因为电离能主要取决于离去电子的轨道能大小。

图 1-21 给出了周期系各元素第一的电离能的周期性变化,图中的第一电离能的单位是 eV。从图中可见:

(1) 每个周期的第一个元素(氢和碱金属)第一电离能最小,最后一个元素(稀有气体)第一电离能最大。

每个周期从左到右能层没有增加,核对外层电子的有效吸引力依次增大,第一个元素原子半径最大,最后一个元素的原子半径最小。每个周期第一个元素失去的是最外层仅有 1 个的 ns^1 电子,这个电子的轨道能是最小的,而每个周期的最后一个元素(稀有气体)失去的是最外层全充满的 np 能级中的一个电子,这个电子的轨道能是最大的。

(2) 从第 1 周期到第 6 周期,元素的第一电离能在总体上呈现从小到大的

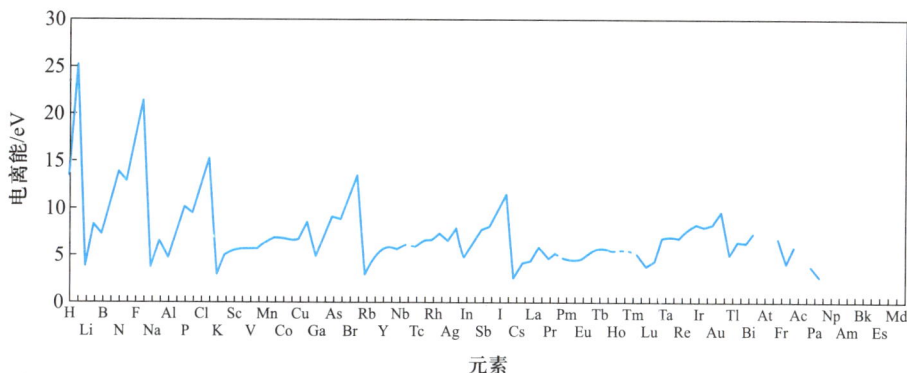

图 1-21 第一电离能的周期性

周期性变化,而且,随周期序数增大,在大体上呈现第一电离能变小的趋势(图 1-21 中的 He、Ne、Ar、Kr、Xe、Rn 第一电离能逐个降低,H、Li、Na、K、Rb、Cs 的第一电离能也逐个降低,尽管后几个碱金属的电离能相差不大——K: $418.8 \text{ kJ} \cdot \text{mol}^{-1}$;Rb: $403.0 \text{ kJ} \cdot \text{mol}^{-1}$;Cs: $375.7 \text{ kJ} \cdot \text{mol}^{-1}$;Fr:约 $393 \text{ kJ} \cdot \text{mol}^{-1}$)。第一电离能大小是碱金属最活泼而稀有气体最不活泼的最主要原因。

(3) 短周期从左到右第一电离能并非单调地增大。例如,第 2 周期硼的第一电离能比铍的小,出现一个锯齿形变化;随后的氧的第一电离能比氮小,又出现一个锯齿形。第 3 周期铝和镁、硫和磷之间也同样出现 2 个锯齿。

　　同周期的前一锯齿是由于 Be、Mg 的离去电子是相对稳定的已充满的 ns 电子,需要提供额外的能量,又由于 B 和 Al 失去的是 np 电子,np 电子轨道能比 ns 电子轨道能大,两者相加,导致锯齿;同周期的后一锯齿是由于 N、P 的离去电子是相对稳定的半充满的 np^3 能级,需要提供额外的能量,而 O 和 S 的离去电子来自 np^4 构型,相对于 np^3 构型而言稳定性较差,两者相加,导致第二个锯齿。

(4) 长周期从左到右第一电离能的变化情况比较复杂,但总的看来,其中过渡金属(d 区和 ds 区)的第一电离能差别较小,而过渡后(p 区元素)电离能差别较大。

　　前者主要是由于过渡金属半径差别不大,后一元素多一个 d 电子和前一元素少一个 d 电子对最外层的 s 电子的轨道能的影响不很大。后者主要是由于离去电子为 p 电子,p 电子构型变化时能量差别较大。

(5) 第 6 周期从左到右第一电离能的变化分四个阶段:第一阶段 Cs→Ba→La 电离能增大,这跟前几个周期没有差别;第二阶段从 La→Lu,是镧系元素(f 区元素)随核电荷递增电子填充在倒数第三层的 4f 能级,原子半径减小得很慢,最外层电子的轨道能变化很小,因此它们的第一电离能尽管也随原子序数增大逐渐增大但幅度相对于 d 区元素来说彼此差别很小,在图上难以表达;第三阶段是 d 区,从左到右第一电离能的增大比前两个周期显著得多,这主要是由于镧系收缩引起原子半径相对收缩而有效核电荷增大,其中汞的第一电离能明显地高,很好地解释了汞的不活泼性;第四阶段(p 区)第一电离能的变化幅度也因此而相对变小。

1-8-3   电子亲和能

气态电中性基态原子获得一个电子变为气态一价负离子放出的能量叫作电子亲和能。负离子再得到一个电子的能量变化叫作第二电子亲和能。电子亲和能常以 E 为符号,单位为 $kJ \cdot mol^{-1}$(或电子伏 eV)。例如,F 的电子亲和能为 328.16 $kJ \cdot mol^{-1}$,即 3.399 eV;H 的电子亲和能为 72.77 $kJ \cdot mol^{-1}$,即 0.754 eV;O 的电子亲和能为 140.98 $kJ \cdot mol^{-1}$,而 O 的第二电子亲和能为 -780 $kJ \cdot mol^{-1}$。由于历史原因,电子亲和能和电离能的数符(正负号)的取值规则是不同的,取正值的电子亲和能是体系放出能量,而取负值的电离能却是体系吸收能量,在应用时要特别注意[①]。还需指出,电子亲和能在数值上比电离能要小一个数量级,测定与计算方法的可靠性也较差,数据又很不完整,重要性不如电离能。

表 1-5   主族元素的第一电子亲和能   (单位:$kJ \cdot mol^{-1}$)

H							
72.8							
Li	Be	B	C	N	O	F	Ne
59.6	—	27	122	—	141	328	—
Na	Mg	Al	Si	P	S	Cl	Ar
52.9	—	42	134	72	200	349	—
K	Ca	Ga	Ge	As	Se	Br	Kr
48.4	2.37	42	119	78	195	325	—
Rb	Sr	In	Sn	Sb	Te	I	Xe
46.9	4.63	29	107	101	190	295	—
Cs	Ba	Tl	Pb	Bi	Po	At	Rn
45.5	13.95	36	35	91	—	—	—

---

① 按照热力学的能量数符规定,体系放出的能量应取负值,而体系得到的能量应取正值,但是,习惯上电子亲和能的数符跟热力学的规定正相反,因而在热力学计算中应用电子亲和能时不要忘记改变它的数符,加一个负号,如在做热力学计算时,应将氧的电子亲和能改为 -141 $kJ \cdot mol^{-1}$,第二电子亲和能改为 780 $kJ \cdot mol^{-1}$。

从表 1-5 可见,随核电荷递增或同族元素从上到下,电子亲和能的变化情况并不单调,比较复杂。例如,从左到右,B→C→N→O 和 Al→Si→P→S,电子亲和能的变化都呈波浪形发展。从上到下地看,第 2 周期元素的电子亲和能竟出乎意料地小。氯的电子亲和能反而是诸元素中电子亲和能最大的。氮的电子亲和能是负值也很难理解,难道氮原子没有获得电子变成负离子的能力?碱金属的电子亲和能比许多非金属的电子亲和能大,难道碱金属形成负离子的能力高于这些非金属?由此可见,电子亲和能的大小并不能直接反映元素的非金属性的大小,只能说,电子亲和能的物理意义仅反映了气态电中性原子得到电子变成气态负离子的能力,而非金属性的大小除电子亲和能外还取决于其他因素。

电子亲和能的大小,笼统地讲,取决于原子核对电子的有效吸引力和核外电子的排斥力两个相反的因素。电中性原子获得一个电子后原子半径都要变大,上述两种力都要随之变小。欲对比地解释两种元素的电子亲和能大小的不同,既要考虑哪种原子获得一个电子后半径增大的倍率更多,又要考虑半径增大会导致两种相反的力中的哪一种变得更小,情况就相当复杂,要想预言很难,判断也不容易。例如,氧的电子亲和能较小,可能是氧原子的半径过小,尽管加进一个电子后半径变大相对倍率较高,但绝对值变化不大,导致新增电子后电子间排斥力仍较大,因而整个体系能量降低而放出能量不多。这种解释并不一定合适,但第 2 周期非金属元素电子亲和能较小却是事实。首先要尊重事实,对事实的解释固然有助于理解事实,但解释多种多样,随认识加深又不断变化,不要迷醉于解释而忽略事实本身,更不能因得不到令人信服的解释而否认事实,重要的倒是把事实放到更多场合下做进一步的检验,以弄清其本质。

1-8-4　电负性

1932 年,鲍林(L. Pauling)提出 电负性 的概念,用来确定化合物中的原子对电子吸引能力的相对大小。通常以希腊字母 χ 为电负性的符号。例如,在 HF 分子中有一对共用电子对——H∶F——事实表明,HF 分子是极性分子,氢原子带正电荷($\delta+$),氟原子带负电荷($\delta-$),表明氟原子吸引电子的能力大于氢原子,即氟的电负性比氢的电负性大。

一个物理概念,确立概念和建立标度常常是两回事。同一个物理量,标度不同,数值不同。电负性可以通过多种实验的和理论的方法来建立标度。

最经典的电负性标度是鲍林标度。这种电负性标度是通过热化学的方法建立的,并将氟的电负性作为确定其他元素电负性的相对标准,由此确定的数值如表 1-6 所示。

表 1-6   鲍林电负性的周期性

H																	
2.20																	
Li	Be											B	C	N	O	F	
0.98	1.57											2.04	2.55	3.04	3.44	3.98	
Na	Mg											Al	Si	P	S	Cl	
0.93	1.31											1.61	1.90	2.19	2.58	3.16	
K	Ca	Sc	Ti	V	Cr	Mn	Fe	Co	Ni	Cu	Zn	Ga	Ge	As	Se	Br	
0.82	1.00	1.36	1.54	1.63	1.66	1.55	1.83	1.88	1.91	1.90	1.65	1.81	2.01	2.01	2.55	2.96	
Rb	Sr	Y	Zr	Nb	Mo	Tc	Ru	Rh	Pd	Ag	Cd	In	Sn	Sb	Te	I	
0.82	0.95	1.22	1.33	1.6	2.16	2.10	2.2	2.28	2.20	1.93	1.69	1.78	1.96	2.05	2.10	2.66	
Cs	Ba	La	Hf	Ta	W	Re	Os	Ir	Pt	Au	Hg	Tl	Pb	Bi	Po	At	
0.79	0.89	1.10	1.3	1.5	1.7	1.9	2.2	2.2	2.2	2.4	1.9	1.8	1.8	1.9	2.0	2.2	
Fr	Ra	Ac	Th	Pa	U	Np	Pu										
0.7	0.9	1.1	1.3	1.5	1.7	1.3	1.3										

由表 1-6 可见，氟的电负性最大；铯（和钫）的电负性最小；氢的电负性为 2.1；非金属的电负性大多 >2.0；s 区金属电负性大多小于 1.2；而 d、ds 和 p 区金属的电负性在 1.7 左右。

1934 年，马利肯（R. S. Mulliken）建议把元素的第一电离能和电子亲和能的平均值 $\left[\dfrac{1}{2}(I_1+E)/\text{eV}=\chi\right]$ 作为电负性的标度。尽管由于电子亲和能数值不齐全，马利肯电负性数值不多，但马利肯电负性（$^M\chi$）与鲍林电负性（$^P\chi$）呈现很好的线性关系 $[^P\chi=(0.336\,^M\chi-0.207)]$，可见马利肯对电负性的思考对理解电负性跟电离能与电子亲和能的关系及电负性的物理意义很有帮助。

1957 年，阿莱（A. L. Allred）和罗周（E. Rochow）又从另一个角度建立了一套电负性的新标度。他们认为，电负性可以由原子核对电子的有效作用力求出：$\chi=(0.359Z^*/r^2)+0.744$，其中 Z^* 为原子核有效电荷，r 为原子半径。阿莱-罗周电负性与鲍林电负性也吻合得很好，而且，还可以求得不同价态的原子的电负性，如 Fe^{2+}：1.8，Fe^{3+}：1.9，Cu^+：1.9，Cu^{2+}：2.0 等，又一次加深了对电负性的理解。有的书取阿莱-罗周电负性标度，或采用经过修正的鲍林电负性数值（F 不等于 4.0）。考虑到电负性的应用主要是定性地判断化学键的性质，本书仍取经典的、尽管较粗略但数据却相对好记忆的鲍林标度。

分子的许多性质可以通过鲍林电负性进行理论估算,如键的偶极矩相当于两个原子的电负性之差,用电负性还可以估算共价键的离子性百分数、共价-离子共振能等[1],将在有关章节分别讨论。

1-8-5 氧化态[2]

1. 正氧化态

绝大多数元素的最高正氧化态等于它所在族的序数。但也有到不了族序数的,如氧和氟(后者没有正氧化态!),又如Ⅷ族元素只有左下角的锇和钌已知有+8价,其余7个元素都未见+8价的化合物。ⅠB族铜银金的最高氧化态则全超过+1,已知的最高价分别为+4、+3和+5。如20世纪80年代出现的钇钡铜氧高临界温度超导体中的铜呈+2和+3两种氧化态。AgO中的银则呈+1和+3两种氧化态。铜银金呈现超过族序数的高氧化态的事实可以看作它们在周期表中的左邻(铁系和铂系)表现高价的性质向右的拖尾式延续或者说残余影响,位于铜银金右面的锌镉汞就一点也找不到这种影响了。非金属表现正氧化态形成真正意义的正离子存在的寿命极短,大多数场合它们表现的正氧化态只是将共价键里的电子对偏离到另一元素原子一方。稀有气体中的氙可以形成如 XeO_4 这样的化合物,其中氙的氧化态是+8。

总的说来,同族元素从上到下表现正氧化态的趋势增强,但这种总的趋势并不意味着从上到下正氧化态越来越稳定或者从上到下越来越容易表现最高正氧化态。例如,第5周期非金属最高正氧化态很不稳定,氯下方的溴,在1968年前的近200年制取其+7氧化态化合物的努力均告失败,甚至有人认为它根本不可能有+7氧化态化合物。第6周期汞(Hg)—铊(Tl)—铅(Pb)—铋(Bi)最稳定的氧化态不是族序数,而分别是0、+1、+2、+3,这时它们的原子正好呈 $6s^2$ 构型,这被归结为"$6s^2$ 惰性电子对效应"。再如Ⅷ族,从上到下呈最高正氧化态的能力升高,从左到右呈高价的能力下降,以致左下角的锇(Os)才表现稳定+8氧化态(OsO_4,其蒸气有恶臭)。副族元素从上到下最高正氧化态稳定性似乎也有增大的趋势。例如,第4副族钛在水溶液里会呈现低于+4的正氧化态,尽管并不稳定,而与它同族的锆和铪低于+4的氧化态只在极少数固体中才有,通常只表现+4氧化态。又如第6副族铬钼钨,铬的+6氧化态化合物是强氧化剂(如重

---

[1] 参见:Allred A L.J Inorg Nucl Chem,1961,17:215.

[2] "氧化态",又叫"氧化数",详见第11章;粗浅地讲,中学化学中的"正负化合价"的实质就是"氧化态"。为照顾读者习惯,本书有时用+3价、-2价等代替+3氧化态(氧化数)、-2氧化态(氧化数)。

铬酸钾和 CrO_3），在自然界里铬的主要矿物是低氧化态的铬铁矿（$CrFe_2O_4$），而钼在自然界主要矿物是较高氧化态的 MoS_2（辉钼矿），尽管也有 +6 氧化态的钼酸盐矿物，但相对罕见，到了第 6 周期的钨，主要矿物是白钨矿和黑钨矿，其中的钨全是 +6 氧化态，低价钨在自然界不存在。

2. 负氧化态

非金属元素普遍可呈现负氧化态。它们的最低负氧化态等于族序数减 8。过去认为金属不可能呈现负氧化态，但在金属羰基化合物的衍生物中，负氧化态金属不是个别的例子。例如，可认为在 $Mn_2(CO)_{10}$ 中锰的氧化态为零（其中 CO 可看成电中性分子），则在羰基化合物衍生物 $[Mn(CO)_5]^-$ 中，可认为锰呈 -1 氧化态。更惊人的是，在 1974 年有一个叫 Dye 的美国人合成了一种晶体，并令人确信无疑地证实其中半数钠原子呈 -1 氧化态，且是切切实实的互相独立的 Na^-（该化合物中另一半钠原子则逐个地被封闭在一种叫作穴醚的笼状分子中，为 Na^+）。

部分主族元素和过渡金属元素的氧化态的周期性列于图 1-22 中。

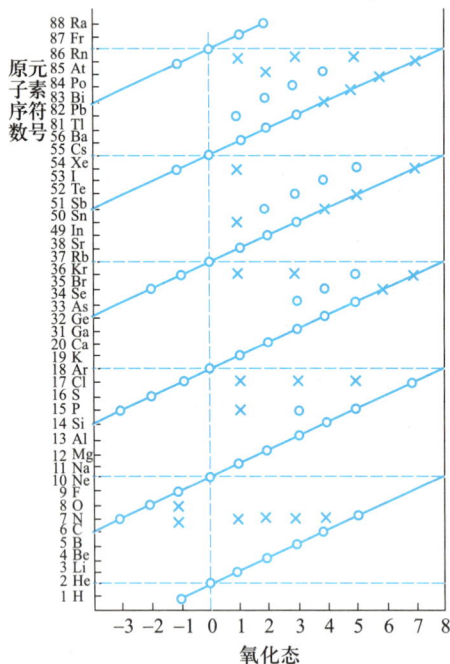

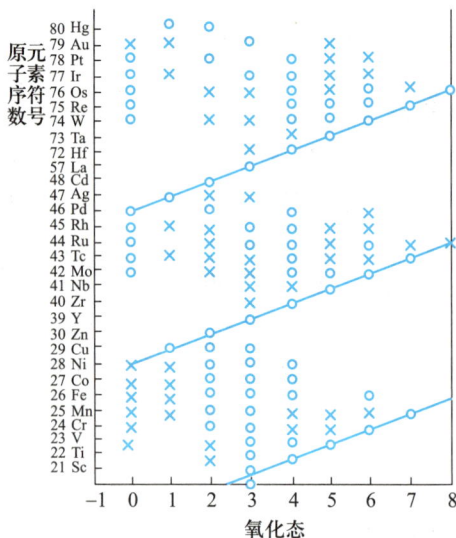

(a) 主族元素的氧化态(○常见, ×不常见)   (b) 过渡金属元素的氧化态(○常见, ×不常见)

图 1-22   元素氧化态的周期性

习　　题①

*1-1　在自然界中氢有三种同位素,氧也有三种同位素,总共有多少种含不同核素的水分子?由于^3H太少,可以忽略不计,不计^3H时天然水中共有多少种同位素异构水分子?

*1-2　天然氟是单核素(^{19}F)元素,而天然碳有两种稳定同位素(^{12}C和^{13}C),在质谱仪中,每一质量数的微粒出现一个峰,请预言在质谱仪中能出现几个相应于CF_4^+的峰。

1-3　用质谱仪测得溴的两种天然同位素的相对原子质量和同位素丰度分别为^{79}Br 78.9183占50.54%,^{81}Br 80.9163占49.46%,求溴的相对原子质量(原子量)。

1-4　铊的天然同位素^{203}Tl和^{205}Tl的核素质量分别为202.97 u和204.97 u,已知铊的相对原子质量(原子量)为204.39,求铊的同位素丰度。

1-5　等质量的银制成氯化银和碘化银,测得质量比$m(AgCl):m(AgI)=1:1.638\ 10$,又测得银和氯的相对原子质量(原子量)分别为107.868和35.453,求碘的相对原子质量(原子量)。

*1-6　表1-1中贝采里乌斯1826年测得的铂原子量与现代测定的铂的相对原子质量(原子量)相比,有多大差别?

*1-7　设全球有50亿人,设每人每秒数2个金原子,需要多少年全球的人才数完1 mol金原子(1年按365天计)?

1-8　试讨论,为什么有的元素的相对原子质量(原子量)的有效数字的位数多达9位,而有的元素的相对原子质量(原子量)的有效数字的位数却少至3~4位。

*1-9　太阳系,如地球,存在周期表所有稳定元素,而太阳却只开始发生氢燃烧,该核反应的产物只是氦,应怎样理解这个事实?

*1-10　中国古代哲学家认为,宇宙万物起源于一种叫"元气"的物质,"元气生阴阳,阴阳生万物",请对比元素诞生说与这种古代哲学。

*1-11　"金木水火土"是中国古代的元素论,至今仍有许多人对它们的"相生相克"深信不疑。与化学元素论相比,它出发点最致命的错误是什么?

*1-12　请用计算机编一个小程序,按式(1-3)计算氢光谱各谱系的谱线的波长(本练习为开放式习题,并不需要所有学生都会做)。

---

① 标注"*"的习题是选做题。未标注"*"的习题也不一定都作为书面作业。本书习题也可用作课堂讨论题。

n_1		n_2		
1（莱曼谱系）	1	2	3	4
波长				
2（巴耳末谱系）	1	2	3	4
波长				
3（帕邢谱系）	1	2	3	4
波长				
4（布来凯特谱系）	1	2	3	4
波长				
5（冯特谱系）	1	2	3	4
波长				

*1-13   计算下列辐射的频率并给出其颜色:(1)氦-氖激光波长 633 nm;(2)高压汞灯辐射之一 435.8 nm;(3)锂的最强辐射 670.8 nm。

1-14 Br_2 分子分解为 Br 原子需要的最低解离能为 190 kJ·mol^{-1},求引起溴分子解离需要吸收的最低能量子的波长与频率。

*1-15   高压钠灯辐射 589.6 nm 和 589.0 nm 的双线,它们的能量差为多少 kJ·mol^{-1}?

*1-16   当频率为 $1.30×10^{15}$ Hz 的辐射照射到金属铯的表面,发生光电子效应,释放出的光量子的动能为 $5.2×10^{-19}$ J,求金属铯释放电子所需能量。

*1-17   变色眼镜因光照引起玻璃中的氯化银发生分解反应:$AgCl \longrightarrow Ag + Cl$,析出的银微粒导致玻璃变暗,到暗处该反应逆转。已知该反应的能量变化为 310 kJ·mol^{-1},引起变色镜变暗的最大波长为多少?

*1-18   光化学毒雾的重要组分之一——NO_2 解离为 NO 和 O_2 需要的能量为 305 kJ·mol^{-1},引起这种变化的光的最大波长多大?这种光属于哪一种辐射范围(可见、紫外、X 光等)?已知射到地面的阳光的最短波长为 320 nm,NO_2 气体在近地大气里会不会解离?

1-19   氢原子核外电子光谱中的莱曼光谱中有一条谱线的波长为 103 nm,它相应于氢原子核外电子的哪一个跃迁?

*1-20   氦首先发现于日冕。1868 年后 30 年间,太阳是研究氦的物理、化学性质的唯一源泉。

（1）观察到太阳可见光谱中有波长为 4 338Å,4 540Å,4 858Å,5 410Å,6 558Å 的吸收（1Å = 10^{-10} m）,请用现代量子力学来分析,这些吸收是由哪一种类氢原子激发造成的?是 He、He^+ 还是 He^{2+}?

（2）以上跃迁都是由 $n_i = 4$ 向较高能级（n_f）的跃迁。试确定 n_f 值,求里德伯常量 R_{He^+}。

（3）求上述跃迁所涉及的粒子的电离能 $I(He^{j+})$,用 eV 为单位。

（4）已知 $I(He^+)/I(He) = 2.180$。这两个电离能的和是表观能 $A(He^{2+})$,即从 He 得到 He^{2+} 的能量。$A(He^{2+})$ 是最小的能量子。试计算能够引起 He 电离成 He^{2+} 所需的最低能量子。在太阳光中,在地球上,有没有这种能量子的有效源泉?

（$c = 2.997\ 925×10^8$ m·s^{-1};$h = 6.626\ 08×10^{-34}$ J·s;1 eV = 96.486 kJ·mol^{-1} = 2.4180×

10^{14} Hz)

1-21 当电子的速度达到光速的 20.0% 时,该电子的德布罗意波长多大? 当锂原子(质量 7.02 u)以相同速度飞行时,其德布罗意波长多大?

*1-22 垒球手投掷出速度达 153 km·h^{-1} 质量为 142 g 的垒球,求其德布罗意波长。

1-23 处于 K、L、M 层的电子最大可能数目各为多少?

1-24 以下哪些符号是错误的? (1) 6s (2) 1p (3) 4d (4) 2d (5) 3p (6) 3f

1-25 描述核外电子空间运动状态的下列哪一套量子数是不可能存在的?

n	l	m	n	l	m	n	l	m	n	l	m
2	0	0	1	1	0	2	1	-1	6	5	5

1-26 以下能级的角量子数多大? (1) 1s (2) 4p (3) 5d (4) 6s (5) 5f (6) 5g

1-27 4s、5p、6d、7f、5g 能级各有几个轨道?

1-28 根据原子序数给出下列元素的基态原子的核外电子组态:

(1) K (2) Al (3) Cl (4) Ti(Z = 22) (5) Zn(Z = 30) (6) As(Z = 33)

*1-29 若构造原理对新合成的及未合成的人造元素仍有效,请预言第 118 号和第 166 号元素在周期表中的位置。

1-30 给出下列基态原子或离子的价电子层电子组态,并用方框图表示轨道,填入轨道的电子则用箭头表示。(1) Be (2) N (3) F (4) Cl$^-$ (5) Ne$^+$ (6) Fe^{3+} (7) As^{3+}

1-31 以下哪些组态符合洪特规则?

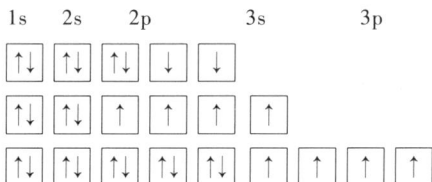

1-32 以下哪些原子或离子的电子组态是基态、激发态还是不可能的组态?

(1) $1s^2 2s^2$ (2) $1s^2 3s^1$ (3) $1s^2 3d^3$ (4) [Ne]$3s^2 3d^1$ (5) [Ar]$3d^2 4s^2$

(6) $1s^2 2s^2 2p^6 3s^1$ (7) [Ne]$3s^2 3d^{12}$ (8) [Xe]$4f^7$ (9) [Ar]$3d^6$

1-33 Li$^+$、Na$^+$、K$^+$、Rb$^+$、Cs$^+$ 的基态的最外层电子组态与次外层电子组态分别如何?

1-34 以下 +3 价离子哪些具有 8 电子外壳? Al^{3+}、Ga^{3+}、Bi^{3+}、Mn^{3+}、Sc^{3+}

1-35 已知电中性的基态原子的价电子层电子组态分别为

(1) $3s^2 3p^5$ (2) $3d^6 4s^2$ (3) $5s^2$ (4) $4f^9 6s^2$ (5) $5d^{10} 6s^1$

试根据这个信息确定它们在周期表中属于哪个区? 哪个族? 哪个周期?

1-36 根据 Ti、Ge、Ag、Rb、Ne 在周期表中的位置,推出它们的基态原子的电子组态。

*1-37 第 8 周期的最后一个元素的原子序数多大? 请写出它的基态原子的电子组态。

*1-38 若我们所在的世界不是三维的而是二维的,元素周期系将变成什么样子?

*1-39 1869 年,门捷列夫发现元素周期律时预言了一些当时尚未发现的元素的存在,"类铝"就是其中之一。1879 年,门氏预言的"类铝"被发现。当时已知:Ca 与 Ti 的熔点分别为 1 110 K、1 941 K,沸点分别为 1 757 K、3 560 K,密度分别为 1. 55 g/cm³、4. 50 g/cm³,试预言在周期表中处于钙、钛之间的"类铝"熔沸点和密度,并与现代数据对比。

*1-40   若核外电子的每个空间运动状态只能容纳一个电子,试问仍按构造原理的 41 号元素的最高氧化态和最低氧化态?

1-41   某元素基态原子的价电子层电子组态为 $5d^2 6s^2$,请给出比该元素的原子序数小 4 的元素的基态原子电子组态。

1-42   某元素基态原子的价电子层电子组态为 $4s^2 4p^4$,请给出它的最外层、次外层的电子数;它的可能氧化态,它在周期表中的位置(周期、族、区),它的基态原子的未成对电子数,它的氢化物的立体结构。

1-43   某元素基态原子的最外层电子组态为 $5s^2$,最高氧化态为+4,它位于周期表哪个区? 是第几周期第几族元素? 写出它的+4 氧化态离子的电子构型。若用 A 代替它的元素符号,写出相应氧化物的化学式。

*1-44 Na^+,Mg^{2+},Al^{3+} 的半径为什么越来越小? Na,K,Rb,Cs 的半径为什么越来越大?

*1-45   周期系从上到下、从左到右原子半径呈现什么变化规律。主族元素与副族元素的变化规律是否相同? 为什么?

1-46   周期系中哪一个元素的电负性最大? 哪一个元素的电负性最小? 周期系从左到右和从上到下元素的电负性变化呈现什么规律? 为什么?

*1-47   马立肯电负性的计算式表明电负性的物理意义是什么?

*1-48   试计算 F、O、N、H 的阿莱-罗周电负性,并与鲍林电负性对照。

1-49   哪些元素的最高氧化态比它在周期表内的族序数高?

*1-50   金属是否有负氧化态?

1-51   周期系从上到下、从左到右元素的氧化态稳定性有什么规律?

*1-52   什么叫惰性电子对效应? 它对元素的性质有何影响?

第 2 章

分 子 结 构

内容提要

1. 本章围绕共价键讨论共价分子的各种理论模型及分子的性质。其他化学键理论将安排在后续章节,结合晶体结构及配位化合物结构加以讨论。

2. 路易斯结构式是讨论共价键理论的基础。路易斯结构式给出了分子的总价电子数,用"电子对"的概念解释了经典结构式中表达弗兰克兰化合价的短横,并标出了未键合的孤对电子。但路易斯结构式不能很好地表达分子的立体结构,也不能表达比传统的单键、双键、三键更复杂的化学键。至今各国普通化学原理教材中仍普遍涉及路易斯结构的形式电荷和共振论的讨论不属于基本教学内容。

3. 本章详尽地讨论了价层电子对互斥模型(VSEPR)。在一定范围内,它预言分子的立体结构简单而有效。

4. 本章详尽地讨论了建立在量子化学基础上的价键理论,给出了 σ 键、π 键及杂化轨道的概念。

5. 本章简介了分子轨道理论。

6. 本章还介绍了不能用路易斯结构式表达的大 π 键概念及等电子体的概念。

7. 本章讨论了共价键的性质,包括键长、键角、键能、键和分子的极性等。

8. 本章讨论了分子间作用力,包括范德华力及其构成因素(色散力、诱导力、定向力)和氢键。

9. 本章增加了分子对称性的专节,有条件时可以选学。掌握分子对称性有助于学会系统考察分子立体结构,也有助于发展读者的空间想象力。

2-1 路易斯结构式

19 世纪的化学家们创造了用元素符号加划短棍"—"的形式表明原子之间按"化合价"相互结合的结构式,原子间用"—"相连表示互相用了"1 价",如水的结构式为 H—O—H;用"═"相连表示互相用了"2 价",如二氧化碳的结构式为 O═C═O,用"≡"相连则表示互相用了"3 价",如氰化氢 H—C≡N 中的 C≡N。当时已经知道,在绝大多数情况下,氢总是呈 1 价,氧总是呈 2 价,氮呈 3 或 5 价,卤素则在有机化合物中大多呈 1 价,在无机物中除呈 1 价,还呈 3、5、7 价等。这种"化合价"概念是由英国化学家弗兰克兰(E. Frankland)在 1850 年左右提出的。它总结了化合物中原子个数比的规律,并为元素周期性的发现做了铺垫——元素最高化合价等于元素在周期系里的族序数。注意:弗兰克兰化合价并无正负之分,同种原子的分子,如 H₂ 中的氢也呈 1 价,故氢分子的结构式为 H—H[①]。本书姑且把这种经典结构式称为弗兰克兰结构式。

半个多世纪后的 20 世纪初,美国化学家路易斯(G. N. Lewis)把弗兰克兰结构式中的"短棍"解释为两个原子各取出一个电子配成对,即"—"是 1 对共用电子,"═"是 2 对共用电子,"≡"是 3 对共用电子。换句话说,经典的弗兰克兰化合价被解释为原子能够提供来形成共用电子对的电子数。路易斯还认为,稀有气体最外层电子构型(8e⁻)是一种稳定构型,其他原子倾向于共用电子而使它们的最外层转化为稀有气体的 8 电子稳定构型——八隅律。路易斯又把用"共用电子对"维系的化学作用力称为共价键。后人称这种观念为路易斯共价键理论。

分子中除了用于形成共价键的键合电子[②]外,还经常存在未用于形成共价键的非键合电子,又称孤对电子,在写结构式时常用小黑点表示孤对电子。例如:

---

① 所谓"正负化合价"是后来由瑞典化学家贝采里乌斯(J. J. Berzelius)提出来的,跟弗兰克兰化合价不是一个概念。到 20 世纪中叶,人们又提出"氧化数"的概念,该概念的基本内容可认为与正负化合价并无二致。贝采里乌斯化合价与弗兰克兰提出的经典化合价不同,如单质中元素的贝采里乌斯化合价为零。

② 本书的"键合电子"一词在许多书中用"成键电子"表达。本书考虑到分子轨道理论中有成键、反键和非键的概念,不如将过去大家叫惯的不属于分子轨道理论的形成共价键的电子称为"键合电子"。读者需理解:本书的"键合电子"是相对于"非键合电子"(即孤电子或孤对电子)而言的。

 后人把这类(用短棍表示共价键,同时用小黑点表示非键合的"孤对电子"的)添加了孤对电子的结构式叫作**路易斯结构式**(Lewis structure,见图 2-1),也叫**电子结构式**(electronic structure)[①]。路易斯结构式给出了分子的价电子总数及电子在分子中的分配,至今对理解分子结构仍有重要意义,因此,书写路易斯结构式仍是各国普通化学原理教材中的重要内容,尽管有些比较复杂的共价键不可能用路易斯结构式合理地表达出来。

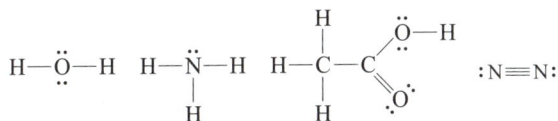

图 2-1　水、氨、乙酸和氮气的路易斯结构式

 [**例 1**] 画出 SO_2Cl_2、HNO_3、H_2SO_3、CO_3^{2-}、SO_4^{2-} 的路易斯结构式。

 [**解**] 图 2-2 中各路易斯结构式中的短棍数与分子中的键合原子的化合价相符,价电子总数等于分子中所有原子的价电子数之和,但中心原子周围的电子总数(共用电子+孤对电子)并不总等于 8,有多电子中心或缺电子中心(见图 2-3)。

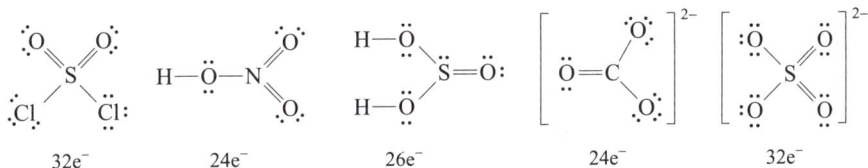

图 2-2　SO_2Cl_2、HNO_3、H_2SO_3、CO_3^{2-} 和 SO_4^{2-} 的路易斯结构式

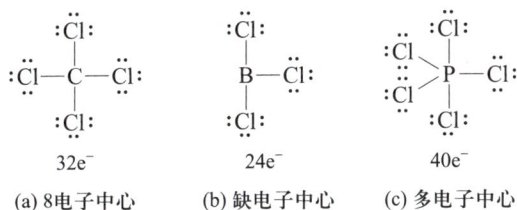

(a) 8电子中心　　(b) 缺电子中心　　(c) 多电子中心

图 2-3　8电子中心、缺电子中心、多电子中心结构

 现代原子结构知识告诉我们,第 2 周期元素最外层是 L 层,它的 2s 和 2p 两个能级总共只有 4 个轨道,最多只能容纳 8 个电子,因此,对于第 2 周期元素来说,多电子中心的路易斯结构式明显**不合理**。为避免这种不合理性,可以在不改变原子顺序的前提下,把某些

---

 ① 有的书上,路易斯结构式中共用电子用小黑点表示,并称之为"黑点图",又有把路易斯结构式中的孤对电子对画成一条短线的。然而,不管怎样表示,路易斯结构式要标出孤对电子,这是与弗兰克兰结构式的不同之处。

键合电子改为孤对电子,但这样做,键合电子数就与经典化合价不同了,如 N_2O,分子价电子总数为 16,可以画出如下两种路易斯结构式(见图 2-4):

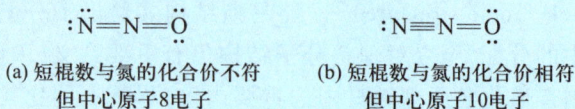

$$:\ddot{N}=N=\ddot{O} \qquad\qquad :N\equiv N=\ddot{O}$$

(a) 短棍数与氮的化合价不符　　　(b) 短棍数与氮的化合价相符
　　但中心原子8电子　　　　　　　　　但中心原子10电子

图 2-4 N_2O 的两种路易斯结构式

类似情况在无机化合物中绝非凤毛麟角。后来,鲍林(L. Pauling)提出"形式电荷"的概念,似可用来判断哪种路易斯结构式更合理。将键合电子的半数分别归属各键合原子,再加上各原子的孤对电子数,如果两者之和等于该原子(呈游离态电中性时)的价层电子数,形式电荷计为零,否则,少了电子,形式电荷计"+"数,多了电子计为"-"数。当结构式中所有原子的形式电荷均为零,或者形式电荷为"+"的原子比形式电荷为"-"的原子的电负性小,可认为是合理的路易斯结构式。这种书写正确路易斯结构式的方法对许多分子是合适的(读者可以自己举例验算)。例如,图 2-4(a)中,中心氮原子与端位氮原子的形式电荷分别为+1 和-1,(b)中所有原子的形式电荷均为零,(b)似更合理,但有时仍勉为其难。

对于可以写出几个相对合理的路易斯结构式的分子,鲍林提出了共振论,认为分子的真实结构是这些合理路易斯结构式的共振杂化体,互称为共振结构(resonance structure),鲍林还创造了一种用来表达共振的符号"⟷",把分子的共振结构联系起来。例如:

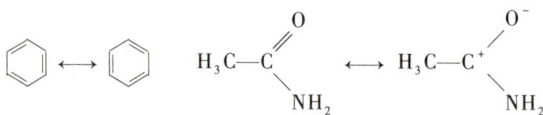

图 2-5   苯和乙酰胺的"共振结构"

苯分子实测 C—C 键长是没有区别的,但路易斯结构式却可以写出两种(注意:不改变分子中原子的位置是前提),按共振论的观点,苯分子中的 C—C 键既不是双键,也不是单键,而是单键与双键的"共振混合体"(见图 2-5)。图 2-5 中的乙酰胺是另一个例子,它的 2 个共振结构分别表述了这种分子的键合电子的 2 种极端状态,因而也叫极限结构式,将在有机化学课程中继续进行讨论。

至今,共振论在有机化学中仍有广泛应用。它有助于理解路易斯结构式的局限性。

2-2　单键、双键和三键—— σ 键和 π 键
——价键理论（一）

路易斯结构式中的单键、双键和三键一直到量子化学建立后才得到合理解释。"价键理论"（VB 法）的量子化学模型认为,共价键是由不同原子的原子轨道重叠形成的。如果只讨论 s 电子和 p 电子,可以有两种基本的成键方式:

第一种成键方式如图 2-6 所示,原子轨道顺着原子核的连线重叠,得到轴对称的原子轨道图像,这种共价键叫 σ 键。

图 2-7 是第二种成键方式,原子轨道重叠后得到的波函数图像呈镜像对称,这种共价键叫 π 键[1]。

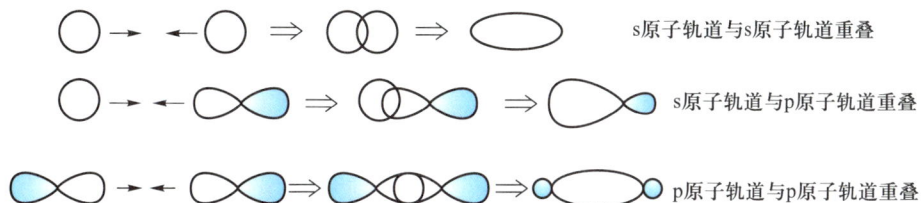

s原子轨道与s原子轨道重叠

s原子轨道与p原子轨道重叠

p原子轨道与p原子轨道重叠

图 2-6　σ 键[2]

（以上三种成键方式是轴向重叠,重叠后的轨道图像具有轴对称性,这类共价键称为 σ 键）

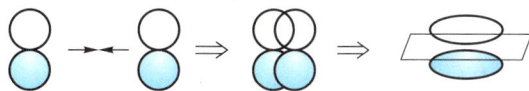

图 2-7　π 键

（两个 p 原子轨道肩并肩重叠得到的分子轨道的图像是以通过成键
核的平面呈镜像对称的这种共价键称为 π 键）

用形象的言语来描述,σ 键是两个原子轨道"头碰头"重叠形成的;π 键是两

---

① 镜面对称是将图像看作电子云而言的,鉴于本书以原子轨道图像为基本要求,书中相关图像均在正文中被称为镜面对称,如果将图像看作 Y 函数图像,π 键是镜面反对称的,"反"之意为:通过镜面反映波函数正负号反转了。本书后面还有一些图形也是这样的,若将图像看作 Y 函数,当通过镜面反映改变了波函数符号时应视为反对称,不再声明。

② 对学习了 1-5-4 节的读者,可将图像看成波函数的角度分布图像（Y）,图中带阴影的部分是该函数带负号的部分,不带阴影的部分是该函数带正号的部分。本书随后的相关图像都做了相同处理,不再一一指出。

个原子轨道"肩并肩"重叠形成的。一般而言,如果原子之间只有 1 对电子,形成的共价键是单键,通常总是 σ 键;如果原子间的共价键是双键,由一个 σ 键一个 π 键组成;如果是三键,则由一个 σ 键和两个 π 键组成。σ 键可以由 s 原子轨道和 s 原子轨道重叠形成(s-sσ 键),也可以由 s 和 p 原子轨道重叠形成(s-pσ 键)或 p 原子轨道和 p 原子轨道重叠形成(p-pσ 键),而 π 键可由 p 原子轨道和 p 原子轨道重叠形成(p-pπ 键),它是在两个键合原子形成 p-pσ 键后由另一对 p 原子轨道形成的。

> 后来的大量化学事实表明,上述 σ 键和 π 键只是共价键中最简单的模型,此外还存在十分多样的共价键类型,如苯环的 p-p 大 π 键,硫酸根中的 d-p 大 π 键、硼烷中的多电子中心键、π 酸配合物中的反馈键、$Re_2Cl_8^{2-}$ 中的 δ 键等,留待以后补充。

2-3　价层电子互斥模型(VSEPR)

分子的立体结构决定了分子许多重要性质,如分子中化学键的类型、分子的极性、分子之间的作用力大小和分子在晶体里的排列方式等,而在前面讨论的路易斯结构式未能描述分子的立体结构。分子的立体结构是指其原子在空间的排布,可以用现代实验手段测定。

> 分子或离子的振动光谱(红外或拉曼光谱)可确定分子或离子的振动模式,进而确定分子的立体结构;通过 X 射线衍射、电子衍射、中子衍射和核磁共振等技术也可测定分子的立体结构。

实验证实,属于同一通式的分子或离子,其结构可能相似,也可能完全不同。例如,H_2S 和 H_2O 属同一通式 H_2A,结构很相似,都是角形分子,仅夹角度数稍有差别;而 CO_3^{2-} 和 SO_3^{2-} 虽属同一通式 AO_3^{2-},结构却不同:前者是平面形,后者是三角锥形;前者有 p-pπ 键而后者有 d-pπ 键。

早在 1940 年,西奇维克(Sidgwick)和鲍维尔(Powell)在总结实验事实的基础上提出了一种简单的理论模型,用以预测简单分子或离子的立体结构。这种理论模型后经吉列斯比(R. J. Gillespie)和尼霍尔姆(Nyholm)在 20 世纪 50 年代加以发展,定名为价层电子对互斥模型,简称 VSEPR(valence shell electron pair repulsion)模型。不难学会用这种模型来预测分子或离子的立体结构。当然,不应忘记,这一模型绝不可能代替实验测定,也不可能没有例外。不过,统计表明,对于经常遇到的分子或离子,特别是以非金属原子为中心的单核(即单中心）分子或离子,用这一理论模型预言的立体结构很少与事实不符。作为一种无须定量计算的简单模型,它应当说是很有价值的了。

VSEPR 模型的要点:

（1）用通式 AX_nE_m 来表示所有只含一个中心原子的分子或离子的组成,式中 A 表示中心原子,X 表示端位原子（也叫配位原子）,下标 n 表示端位原子的个数,E 表示中心原子上的孤对电子,下标 m 是孤对电子数。已知分子或离子的组成和原子的排列顺序时,m 值可用下式确定:

$$m = (A\ 的族价-X\ 的化合价 \cdot X\ 的个数+/-离子电荷相应的电子数)/2$$

例如:

分子	SO_2	SO_3	SO_3^{2-}	SO_4^{2-}	NO_2^+
m	1	0	1	0	0

可以这样理解这个通式:中心原子的族价等于它的价电子总数,中心原子与端位原子键合用去的电子数取决于端位原子的个数和端位原子的化合价,如果是离子,正离子的电荷相当于中心原子失去的电子,负离子的电荷相当于中心原子得到的电子,因此,用上式计算得到的数值 m 就是中心原子未用于键合的孤对电子数[1]。

（2）通式 AX_nE_m 里的（$n+m$）的数目称为价层电子对数,令 $n+m=z$,则可将通式 AX_nE_m 改写成另一种通式 AY_z;VSEPR 模型认为,分子中的价层电子对总是尽可能地互斥,均匀地分布在分子中,因此,z 的数目决定了一个分子或离子中的价层电子对在空间的分布,由此可以画出 **VSEPR 理想模型**（见图 2-8）:

z	2	3	4	5	6
模型	直线形	平面三角形	正四面体	三角双锥体	正八面体

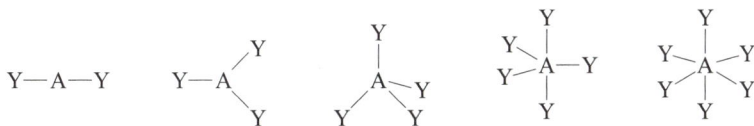

图 2-8 VSEPR 理想模型

① 有时,计算出来的 m 值不是整数,如 NO_2,$m=0.5$,这时应当作 $m=1$ 来对待,因为,单电子也要占据一个孤对电子轨道。

由此可见,VSEPR 模型的"价层电子对"指孤对电子和 σ 电子对,不包括 π 电子对,考虑到孤对电子和键合的 σ 电子对的电子云图像具有相同的对称性,不妨把它们合称为 σ 轨道,那么,价层电子对互斥模型就是分子中 σ 轨道的电子在三维空间中互相排斥,达到尽可能对称的图像。

(3) 通常所说的"分子立体构型"是指分子中的原子在空间的排布,不包括孤对电子,因此,在获得 VSEPR 理想模型后,需根据 AX_n 写出分子立体构型,只有当 AX_nE_m 中的 $m = 0$ 时,即 $AY_z = AX_n$ 时,VSEPR 模型才是分子立体构型,否则,得到 VSEPR 模型后要略去孤对电子,才得到分子立体构型。例如,H_2O、NH_3、CH_4 都是 AY_4,它们的分子立体构型见图 2-9。

分子	H_2O	NH_3	CH_4
构型	角形	三角锥体	正四面体

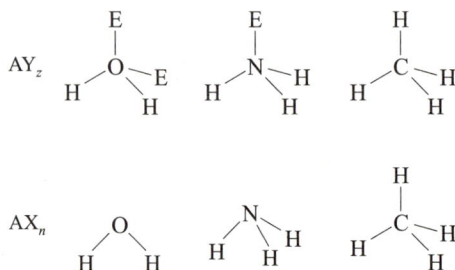

图 2-9　VSEPR 理想模型与分子立体结构的关系(举例)

可见,对于 AX_n 而言,分子的立体结构就不一定越对称越好了,否则会以为水分子应为直线分子,氨应为平面三角形分子,换句话说,只有把孤对电子考虑在内才能得出正确的分子立体模型,这正是 VSEPR 模型的成功之处。

(4) AY_z 中的 z 个价层电子对之间的斥力的大小有如下顺序[①]:

① l-l >> l-b > b-b (l 为孤对电子,b 为键合电子对);

这一斥力顺序是经常要考虑的。可以这样来理解这一斥力顺序:键合电子对受到左右两端带正电的原子核的吸引,而孤对电子只受到一端原子核吸引,相比之下,孤对电子较"胖",占据较大的空间,而键合电子较"瘦",占据较小的空间。

———————————

① 其中 l 代表 lone electron pair,b 代表 bonding electron pair,t 代表 triple bond,d 代表 double bond,s 代表 single bond,w 代表 weak,s 代表 strong。

② t-t > t-d > d-d > d-s > s-s （t 代表三键,d 代表双键,s 代表单键）;

③ $\chi_w - \chi_w > \chi_w - \chi_s > \chi_s - \chi_s$ （χ 代表配位原子的电负性,下标 w 为弱,s 为强）;

④ 处于中心原子的全充满价层里的键合电子之间的斥力大于处在中心原子的未充满价层里键合电子之间的斥力。

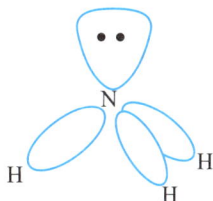

图 2-10 孤对电子与键合电子对的斥力不同使理想模型发生畸变

价层电子对之间的以上"斥力顺序"使分子或离子的立体构型偏离由 AY_z 确立的理想模型而适当畸变(见图 2-10);当理想模型不止一个时,还决定了哪种构型更为稳定。这些顺序规则中,最经常要考虑的和最重要的,是第一种斥力顺序。

[**例2**] 试用 VESPR 模型预测 H_2O 分子的立体构型。

[**解**] （1）H_2O 分子属 $AX_2E_2 = AY_4$;

（2）VSEPR 理想模型为正四面体,价层电子对间夹角均为 $109°28'$;

（3）分子立体构型(指 H_2O 而不是 H_2OE_2)为角形(非线形分子);

（4）根据斥力顺序①,应有

$$\angle l\text{-}O\text{-}l > \angle l\text{-}O\text{-}H > \angle H\text{-}O\text{-}H$$

结论:水分子的立体结构为角形,$\angle H\text{-}O\text{-}H$ 小于 $109°28'$。

[**例3**] 用 VESPR 模型预测 SO_2Cl_2 分子的立体构型。

[**解**] SO_2Cl_2 分子属 $AX_4E_0 = AY_4$,VSEPR 理想模型为正四面体,因 S=O 键是双键,S—Cl键是单键,根据斥力顺序②,分子立体模型应为

$$\angle O\text{-}S\text{-}O > 109°28' \quad \angle Cl\text{-}S\text{-}Cl < \angle O\text{-}S\text{-}Cl < 109°28'$$

结论:SO_2Cl_2 分子的立体结构为正四面体畸变形——四面体形。

[**例4**] 实测值:SO_2F_2 $\angle F\text{-}S\text{-}F$ 为 $98°$,SO_2Cl_2 $\angle Cl\text{-}S\text{-}Cl$ 为 $102°$,为什么后者角度较大?

[**解**] 这种差别可以用斥力顺序③来解释。

[**例5**] NH_3 和 PH_3 都是 $AX_3E = AY_4$,故分子(AX_3)均为三角锥形。实测:氨分子 $\angle H\text{-}N\text{-}H$ 为 $106.7°$,膦分子 $\angle H\text{-}P\text{-}H$ 为 $93.5°$,为什么这两种分子的角度有这种差别?

[**解**] 这种差别可以用斥力顺序④来解释。

[**例6**] SF_4 属 $AX_4E_1 = AY_5$,其 VSEPR 理想模型为三角双锥体,排除孤对电子的分子立体结构由于孤对电子的位置不同有两种可能的模型:(a) 为类似金字塔的三角锥体(孤对电子占据 AY_5 的三角双锥的一个锥顶(又叫极顶位置);(b) 为跷跷板形(孤对电子占据三角双锥的"赤道平面位置")(见图 2-11)。哪一种结构更合理呢?

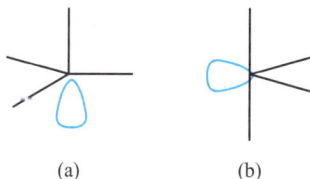

(a)   (b)

图 2-11 SF_4 分子的可能立体结构

[解]   在(a)中有 3 个呈 90° 的 ∠l-S-F 和 3 个呈 90° 的 ∠F-S-F,而在(b)中只有两个呈 90° 的 ∠l-S-F 和 4 个呈 90° 的 ∠F-S-F,由于孤对电子的斥力较大,因而(b)比(a)稳定。需要指出的:该分子中 120° 夹角的电子对间的斥力与 90° 夹角的电子对间的斥力相比小得可以忽略不计,故无须加以考虑。实测 SF_4 分子立体结构为(b)。

2-4   杂化轨道理论——价键理论(二)

2-4-1   杂化轨道理论要点

为了解释分子或离子的立体结构,鲍林以量子力学为基础提出了杂化轨道理论。

不妨先以甲烷为例说明杂化轨道理论的出发点:甲烷分子实测的和 VSEPR 模型预测的立体结构都是正四面体。若认为 CH_4 分子里的中心原子碳的 4 个价电子层原子轨道——2s 和 $2p_x$,$2p_y$,$2p_z$ 分别跟 4 个氢原子的 1s 原子轨道重叠形成 σ 键,无法解释甲烷的 4 个 C—H 键是等同的,因为碳原子的 3 个 2p 轨道是相互正交的(90° 夹角),而 2s 轨道是球形的。鲍林假设,甲烷的中心原子——碳原子——在形成化学键时,4 个价电子层原子轨道并不维持原来的形状,而是发生所谓“杂化”,得到 4 个等同的轨道,总称 sp^3 杂化轨道。

除 sp^3 杂化,还有两种由 s 轨道和 p 轨道杂化的类型,一种是 1 个 s 轨道和 2 个 p 轨道杂化,杂化后得到平面三角形分布的 3 个轨道,总称 **sp^2** 杂化轨道;另一种是 1 个 s 轨道和 1 个 p 轨道杂化,杂化后得到呈直线分布的 2 个轨道,总称 **sp** 杂化轨道。

图 2-12 画出了 sp^3、sp^2 和 sp 三种杂化轨道在空间的排布。图 2-12 最右边画出了未参与 sp^2 杂化和 sp 杂化的剩余 p 轨道与杂化轨道的空间关系——未参与 sp^2 杂化的 1 个 p 轨道垂直于(用横线表达的)杂化轨道形成的 σ 轨道平

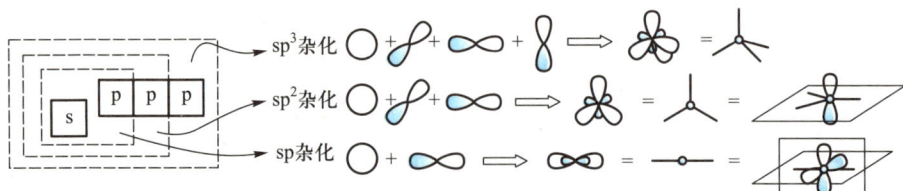

图 2-12   s 轨道和 p 轨道的三种杂化类型——sp^3、sp^2 和 sp

面;未参与 sp 杂化的 2 个 p 轨道与 sp 杂化轨道形成的直线呈正交关系(即相互垂直)。注意:杂化轨道总是用于构建分子的 σ 轨道,未参与杂化的 p 轨道才能用于构建 π 键,在学习杂化轨道理论时既要清楚杂化轨道的空间分布,也要明确未杂化的 p 轨道与杂化轨道的空间关系,否则难以全面掌握分子的化学键结构。

讨论分子中的中心原子的杂化轨道类型的基础是预先知道它的立体结构。如果没有实验数据,可以借助 VSEPR 模型对分子的立体结构做出预言。这是为什么在讨论杂化轨道理论之前先讨论 VSEPR 的原因。特别要注意的是,如果分子的中心原子上有采取 σ 轨道的孤对电子存在,确定中心原子的杂化轨道类型必须考虑包括孤对电子在内的整个分子的 σ 轨道骨架,不应单从分子的 σ 键骨架空间构型来确定。杂化轨道类型与 VSEPR 模型的关系如下所示:

杂化轨道类型	sp^3	sp^2	sp	sp^3d 或 dsp^3	sp^3d^2 或 d^2sp^3
立体构型	正四面体	正三角形	直线形	三角双锥体	正八面体
VSEPR 模型	AY_4	AY_3	AY_2	AY_5	AY_6

有 d 轨道参与的杂化轨道将在配位化合物章节里介绍。以金属原子或重元素原子为中心原子的分子或离子的立体结构也将在有关配位化合物章节里补充。正四面体、正三角形和直线形杂化类型也还有用 d 轨道杂化的,将在后续章节提及。

2-4-2 sp^3 杂化

凡属于 VSEPR 模型 AY_4 的分子的中心原子 A 都采取 sp^3 杂化类型。例如,CH_4、CCl_4、NH_4^+、CH_3Cl、NH_3、H_2O 等。

前 3 个例子与中心原子键合的是同一种原子,因此分子呈高度对称的正四面体构型,其中的 4 个 sp^3 杂化轨道自然没有差别,这种杂化类型叫作等性杂化。

后 3 个例子的中心原子的 4 个 sp^3 杂化轨道用于构建不同的 σ 轨道,如 CH_3Cl 中 C—H 键和 C—Cl 键的键长、键能都不相同,显然有差别,4 个 σ 键的键角也有差别;又如 NH_3 和 H_2O 的中心原子的 4 个杂化轨道分别用于 σ 键和孤对电子,这样的 4 个杂化轨道显然有差别,叫做不等性杂化。

p 能级总共只有 3 个 p 轨道,当这些 p 轨道全部以 sp^3 杂化轨道去构建 σ 轨道,中心原子就没有多余的 p 轨道去与键合原子之间形成 p-pπ 键了。因此,像 SO_4^{2-}、SO_2Cl_2、PO_4^{3-} 等中心原子取 sp^3 杂化轨道的"物种",其路易斯结构式中的双键中的 π 键是由中心原子的 d 轨道和端位原子的 p 轨道形成的,叫 d-p 反馈 π 键,留待后续章节补充说明。

可以假设所有烷烃都是 CH_4 失去氢原子使碳原子相连形成的。由此,烷烃中的所有碳原子均取 sp^3 杂化轨道形成分子的 σ 骨架,其中所有 C—C 键和 C—H 键的夹角都近似相等,金刚石则可以看成甲烷完全失去氢的 sp^3 杂化碳原子相连,所以金刚石中所有 C—C—C 键角等于 109°28′。

最近,我国化学家在高压、700 ℃ 和 Fe-Co-Mn 催化作用下实施 $CCl_4 + 4Na \longrightarrow C + 4NaCl$ 的反应,结果发现产物中存在金刚石。这个实验是从 sp^3 杂化概念出发设计的,其成功不仅说明从简单概念出发也能指导化学实践,而且也说明化学已成为名副其实的科学,极富美学特征。

sp^3 杂化的非平面性难以用画在平面上的路易斯结构表达,最好画立体结构图,常见的分子立体结构图许多种,侧重点互不相同,如图 2-13 所示。

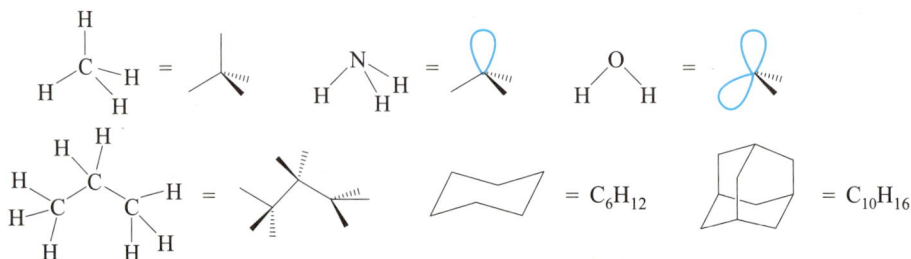

图 2-13   某些含 sp^3 杂化轨道的分子的立体结构

2-4-3 sp^2 杂化

凡符合 VSEPR 模型 AY_3 通式的分子或离子中心原子大多数采取 sp^2 杂化轨道。例如,BCl_3、CO_3^{2-}、NO_3^-、$H_2C \!=\! O$、SO_3 等。烯烃 $\diagup C\!=\!C\diagdown$ 结构中跟 3 个原子键合的碳原子也是以 sp^2 杂化轨道为其 σ 骨架的。

以 sp^2 杂化轨道构建 σ 轨道的中心原子必有一个垂直于 sp^2σ 骨架的未参与杂化的 p 轨道,如果这个轨道跟邻近原子上的平行 p 轨道重叠,并填入电子,就会形成 π 键。例如,乙烯 $H_2C \!=\! CH_2$、甲醛 $H_2C \!=\! O$ 的结构如图 2-14 所示:

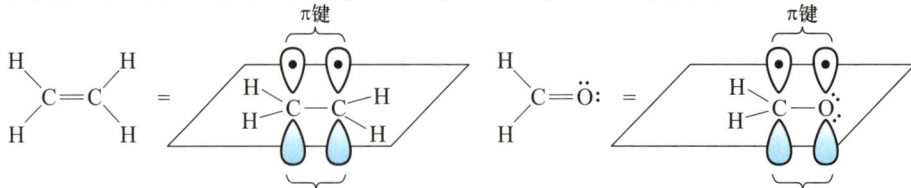

图 2-14   乙烯和甲醛分子中的化学键

对比它们的路易斯结构式,可以清楚看到,乙烯和甲醛的路易斯结构式里除双键中的一根横线外,其他横线均代表由中心原子 sp^2 杂化轨道构建的 σ 键(图 2-14 中仍用横线代表 σ 键,用小黑点表示孤对电子),而双键中的另一根横线则是中心原子上未杂化的 p 轨道与端位原子的 p 轨道肩并肩重叠形成的 π 键(图 2-14 中用未键合的 p 电子云图像表示)。借助路易斯结构式和分子的价电子总数,不难算出电子在分子中的分配。例如,甲醛总共有 12 个价电子(2 个氢贡献 2 个电子,碳贡献 4 个电子,氧贡献 6 个电子,共计 $12e^-$),碳用 sp^2 杂化轨道构建的分子 σ 骨架共用去 6 个电子(形成 3 个 σ 键),氧原子上有两对孤对电子未参与形成化学键,两项加起来已经用去 10 个电子,因此,垂直于分子平面的"肩并肩"的 2 个 p 轨道形成的 π 键里共有 2 个电子,正相当于路易斯结构式中的 C≡O 双键中的一根横线。用同样的方法不难搞清乙烯的分子结构。读者可以自己计算。

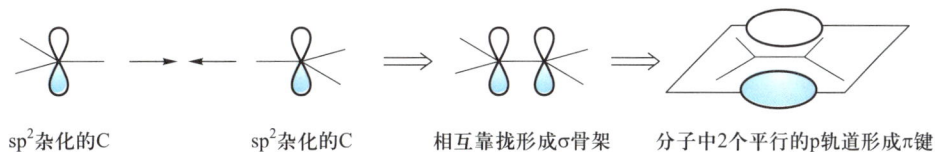

sp² 杂化的C　　　　sp² 杂化的C　　　相互靠拢形成σ骨架　　　分子中2个平行的p轨道形成π键

图 2-15 乙烯分子中的 C≡C 键是如何构建的

也可以用另一种方式来思考。例如,乙烯分子的 C≡C 键可按图 2-15 所示的方式构建。可以这样理解:碳原子有 4 个价电子,在形成分子前,sp^2 杂化的碳原子的 4 个电子分配在 4 个轨道里(3 个在 sp^2 杂化轨道里,1 个在未参与杂化的 p 轨道里),3 个 sp^2 杂化轨道分别与氢原子和碳原子的 1 个电子形成分子的 σ 骨架(总共形成 5 个 σ 键用去 10 个电子),因此在肩并肩靠拢的 2 个 p 轨道里总共有 2 个电子,形成一个 π 键。无论上述哪一种思路,得出的结论相同。

　　烯烃基里的 C≡C 键的平面结构对生物膜的通透性具有重要意义。这是因为,生物的细胞膜或细胞器膜都可以简单地看作由大量有很长的疏水性"烃基尾巴"和一个亲水性磷酸酯基"头"的磷脂分子并排起来形成单分子层,2 个单分子层中大量磷脂分子以尾对尾、头朝外排列,构成双分子膜。如果磷脂分子的烃基"长尾巴"全由 sp^3 杂化的 C—C 链构成,"尾巴"排列得太整齐、太紧凑,双分子膜就没有通透性,生物体内的分子就不能透过膜进行物质交换,当磷脂的烃基尾巴里有 sp^2 杂化的 C≡C 结构,尾巴的排列就不很整齐、不很紧凑,镶嵌在膜内的蛋白质分子就可以像开关一样旋转,小分子或离子就可以透过生物膜。

　　有一个石墨转化为金刚石的模型也有助于强化碳原子杂化轨道的认识。在石墨晶体中,碳原子形成的 σ 骨架是向二维平面无限延伸的六元并环, 这是由于碳原子取 sp^2 杂化形式彼此相连;每一个碳原子均有一个未参与杂化的 p 轨道垂直于二维 σ 骨架平面;当这个平面向金属镍的(111)晶面靠拢时,由于(111)面上的镍原子的间距(249 pm)恰好跟垂直于石墨平面的 p 轨道的间距(246 pm)相近,p 轨道上的电子受到镍原子吸引,带动第二层的二维六元并环上碳原子相间地向平面的上下方移动,使相邻层的 p 轨道头碰头地重叠,形成新的 σ 键,碳的 sp^2 杂化轨道转化为 sp^3 杂化轨道,石墨就转化为金刚石了。当然,没有足够的压力和温度,这个转化不会发生。这是由我国固体科学家苟清泉提出的模型①,十分生动形象地解释了人工合成金刚石加入镍的催化机理,巧妙地思考了碳的 sp^2 和 sp^3 杂化轨道的区别和联系。当然,模型的建立还要靠定量计算的键长、键能等结构化学、热力学和动力学的理论依据,单靠上述描述远远不行,但上述描述却是建立这一模型的基本思想,不以理论为基础,就缺乏诸如此类的想象力,不可能建立新的概念或模型。

新近发现的石墨转化为球碳分子的事实也可看作 sp^2 杂化碳原子的转化过程,球碳分子(如 C_{60}、C_{70} 等)中的碳原子近似 sp^2 杂化,但构建的 σ 骨架不是平面而是多面体,其未参与杂化的 p 轨道不平行而指向多面体中心。

2-4-4   sp 杂化

具有 VSEPR 模型 AY_2 通式的分子中的中心原子采取 sp 杂化轨道构建分子的 σ 骨架,如 CO_2 中的碳原子、H—C≡N:中的碳原子、$BeCl_2$ 分子中的铍原子等。炔烃中—C≡C—的 σ 骨架也是由 sp 杂化轨道构建的。

从图 2-12 已经得知,当中心原子取 sp 杂化轨道形成直线形的 σ 骨架时,中心原子上有一对垂直于分子 σ 骨架的未参与杂化的 p 轨道。例如乙炔分子:乙炔的路易斯结构式为 H—C≡C—H,总共有 10 个价电子,2 个碳原子均取 sp 杂化,由此形成的直线形的"H—C—C—H"σ 骨架,总共用去 6 个电子,剩下的 4 个电子填入 2 套相互垂直的 π 键中。这 2 套 π 键的形成过程:每个碳原子有 2 个未参与 sp 杂化的 p 轨道,当碳原子相互靠拢用各自一个 sp 杂化轨道"头碰头"重叠,形成 σ 键的同时,未杂化的 p 轨道经旋转相互平行,采用"肩并肩"重叠,形成 2 套 π 键,如图 2-16 所示。

图 2-16   乙炔分子中有 2 个 π 键

(图中垂直于 H—C—C—H σ 骨架的上下取向和前后取向的方框表示的是 2 个 π 键的空间取向)

① 参见:苟清泉.固体物理学简明教程.北京:人民教育出版社,1978:206.

光谱研究证实,在广袤的星际空间中存在许多稀薄的星际云,在星际云中存在多种分子,其中一种是聚乙炔,即全部由碳原子以$\cdots$C$\equiv$C$-$C$\equiv$C$-$C$\equiv$C$-$C$\equiv$C$-$$\cdots$直线长链方式构建的高分子。为用实验证实该分子的存在,导致了1985年碳的新型同素异形体——球碳分子C_{60}等的发现。科学的许多重大发现是偶然的,不是预先设计好的,球碳的发现是一典型例子。然而,它之所以迟至1985年才发现,则是与实验技术、测试手段及理论发展的水平相联系的,这表明,偶然寓于必然之中。

还可以讨论一种叫作丙二烯的分子结构。丙二烯的路易斯结构式为 $H_2C$$=C=CH_2$,试问它的4个氢原子是否在一个平面上?

解决这个问题的关键:不但要确定该分子中3个碳原子的杂化轨道类型,而且要掌握未杂化的p轨道取向。从路易斯结构式可见,丙二烯的2个端位碳原子分别有3个σ轨道,所以它们取sp^2杂化形式,而中心的碳原子只有2个σ轨道,因而取sp杂化形式,换句话说,丙二烯分子的端位碳原子以烯碳方式在平面上展开3个互成120°夹角的σ轨道,而中心碳原子以炔碳方式在直线上展开2个σ轨道,当碳原子靠近时,它们的σ轨道互相重叠,形成了分子的σ骨架（ C—C—C ）;再来考虑未参与杂化的p轨道:中心碳原子取sp杂化轨道,有2个互相垂直且垂直于C—C—Cσ骨架的未杂化的p轨道,只有当左侧碳原子旋转到其 C— 的σ骨架平面与右侧碳原子的 —C 的σ骨架平面互相垂直时,它们的未参与杂化的p轨道才能分别与中心碳原子未杂化的p轨道"肩并肩"地重叠,形成π键,由此可见,丙二烯中左边2个氢原子所处的平面是与右边2个氢原子所处的平面互相垂直的。可见,借助杂化轨道模型,很好地解决了丙二烯的立体结构问题,揭示了该分子4个氢原子不在一个平面上的原因,如果只用VSEPR模型,最多只能得出分子中三个碳原子周围的原子形成的键角,不能判断分子中4个氢原子是否在一个平面上。这个例子告诉我们,建立在量子化学基础上的杂化轨道理论达到了比VSEPR模型更深层次的对分子立体结构的认识。请读者自己画出丙二烯的立体结构图。

最后应该指出,在这个小节里只讨论了中心原子的杂化轨道,因为它们与分子的立体结构关系密切。读者可能会问:在形成分子时,端位原子是否也会发生杂化?回答是肯定的。不过,一般而言,端位原子的杂化轨道与分子的立体构型关系不大,只涉及端位原子上的孤对电子的电子云形状,而杂化轨道模型主要是为了解释分子的立体构型。

2-5   共轭大 π 键

上节讨论了分子中出现 2 个平行 p 轨道形成 π 键的图像,即只要邻位的原子有 2 个相互平行的 p 轨道,能量接近,若容纳 2 个电子,就可以形成 π 键。有时,分子中数个邻近原子上都有平行的 p 轨道,这时,就要形成比简单的双轨道双电子 π 键复杂的多轨道多电子大 π 键。举例讨论如下:

1. 苯分子中的 p-p 大 π 键

苯的路易斯结构式里的碳-碳键有单键和双键之分,这种结构满足了碳的四价,然而,事实上,在中学化学里就学过,苯分子里所有碳-碳键的键长和键能并没有区别,这个矛盾可用苯环的碳原子形成 p-p 大 π 键的概念得以解决——苯分子中的碳原子取 sp^2 杂化,3 个杂化轨道分别用于形成 3 个 σ 键,故苯分子有键角为 120° 的平面结构的 σ 骨架;苯分子的每个碳原子尚余一个未参与杂化的 p 轨道,垂直于分子平面而相互平行。显然,每个碳原子左右相邻的碳原子没有区别,认为某个碳原子未参与杂化的 p 轨道中的电子只与左邻碳原子的平行 p 轨道中的一个电子形成 σ 键而不与右邻碳原子的平行 p 轨道形成 π 键或者相反显然是不符合逻辑的,不如认为所有 6 个“肩并肩”的平行 p 轨道上总共 6 个电子在一起形成了弥散在整个苯环的 p-p 大 π 键(见图 2-17)。

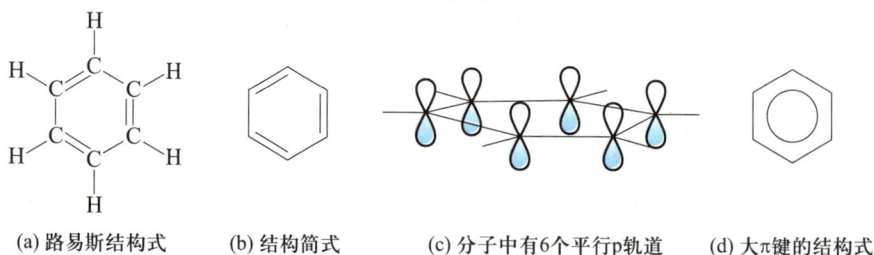

(a) 路易斯结构式   (b) 结构简式   (c) 分子中有6个平行p轨道   (d) 大π键的结构式

图 2-17   苯分子的大 π 键

2. 丁二烯分子中的 p-p 大 π 键

丁二烯分子式为 $H_2C = CH - CH = CH_2$。4 个碳原子均与 3 个原子相邻,故均取 sp^2 杂化。这些杂化轨道互相重叠,形成分子的 σ 骨架,使所有原子处于同一个平面。每个碳原子还有一个未参与杂化的 p 轨道,垂直于分子平面,每个 p 轨道里有一个电子。按照上面分析苯分子结构的模式,丁二烯分子里存在一个“4 轨道 4 电子”的 p-p 大 π 键(见图 2-18)。

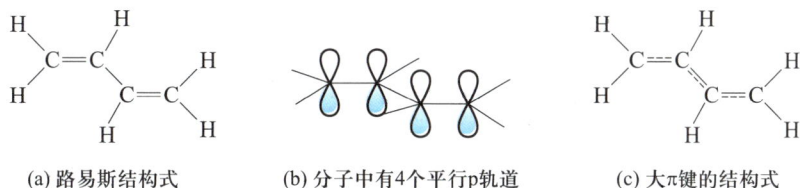

(a) 路易斯结构式　　(b) 分子中有4个平行p轨道　　(c) 大π键的结构式

图 2-18　丁二烯分子中的 p-p 大 π 键

通常采用 Π_a^b 为大 π 键的符号,其中 a 表示平行 p 轨道的数目,b 表示在平行 p 轨道里的电子数。理论计算证明,形成大 π 键的必要条件是 $b<2a$,若 $b=2a$ 便不能形成大 π 键。上面两个例子都是 $b=a$,苯分子的大 π 键的符号为 Π_6^6,丁二烯分子的大 π 键的符号为 Π_4^4,但有的大 π 键中的电子数不等于轨道数,举例如下。

3. CO₂ 分子里的大 π 键

根据 VSEPR 模型,CO_2 属于 AX_2E_0 型分子,是直线形的,在中心原子碳原子上没有孤对电子。根据杂化轨道理论,CO_2 的碳原子取 sp 杂化轨道。如前所述,当某原子取 sp 杂化轨道时,它的两个未参加杂化的 p 轨道在空间的取向是跟 sp 杂化轨道的轴呈正交关系的,即相互垂直,因而 CO_2 分子有两套相互平行的 p 轨道,每套 3 个 p 轨道,每套是 3 轨道 4 电子,换言之,CO_2 分子里有两套 3 原子 4 电子符号为 Π_3^4 的 p-p 大 π 键(见图 2-19)。

(a) 路易斯结构式　　(b) 分子中有2套平行p轨道　　(c) 大π键的结构式

图 2-19　CO₂ 中的大 π 键

计算大 π 键里的电子数的方法很多,一种方法的步骤:① 确定分子中总价电子数;② 画出分子中的 σ 键及不与 π 键 p 轨道平行的孤对电子轨道;③ 总电子数减去这些 σ 键电子和孤对电子,剩余的就是填入大 π 键的电子。如上所述,二氧化碳分子有 16 个价电子,每个氧原子上有 1 个容纳孤对电子的轨道不与 π 键 p 轨道平行,这些轨道总共容纳 8 个电子,因此 2 套平行 p 轨道里总共有 8 个电子,平均每套 p 轨道里有 4 个电子。

另一种计算大 π 键中电子数的方法:把大 π 键看成路易斯结构式中的 π 键与邻近原子的平行 p 轨道中的孤对电子"共轭",参加"共轭的"电子就是大 π 键中的电子。例如,二氧化碳的每一个 π 键与邻近的一个氧原子的平行 p 轨道上的 1 对孤对电子共轭,所以每一套平行的 3 个 p 轨道上有 4 个电子,符号为 Π_3^4。

CO_2 分子中有两个 Π_3^4。

有的教科书先画出原子的价电子层结构,把其中成对的电子激发为不成对电子,然后再讨论形成共价键(包括形成大 π 键)的电子分布,上面两种方法避开了这种烦琐的方法。事实上,在形成化学键时,很难分清电子来自何处,不如直接考察分子中总共有多少个价电子,它们先进入哪些轨道,后填入哪些轨道更直截了当。

4. CO_3^{2-} 中的大 π 键

根据 VSEPR 模型,碳酸根离子属于 $AX_3E = AY_3$ 型分子,它的 VSEPR 理想模型是平面三角形,分子中的 3 个 C—O σ 键呈平面三角形;按杂化轨道模型,中心碳原子有 3 个 σ 轨道,取 sp^2 杂化形式,碳原子上还有一个垂直于分子平面的 p 轨道;端位的 3 个氧原子也各有 1 个垂直于分子平面的 p 轨道;分子的总价电子数等于 24,3 个 C—O σ 键有 6 个电子,每个氧原子上有 2 对不与分子平面垂直的孤对电子,因此 4 个平行 p 轨道中共有 $24-6-3\times4 = 6$ 个电子,所以 CO_3^{2-} 中有 1 个 4 轨道 6 电子 p-p 大 π 键,符号为 Π_4^6(见图 2-20)。

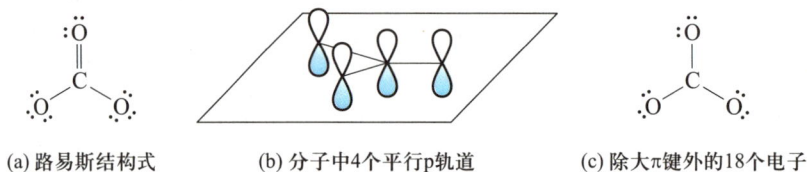

(a) 路易斯结构式   (b) 分子中4个平行p轨道   (c) 除大π键外的18个电子

图 2-20　CO_3^{2-} 的结构

5. O_3 分子中的大 π 键

根据 VSEPR 模型臭氧分子属于 AX_2E 型分子,它的 VSEPR 理想模型是平面三角形(包括氧原子上的孤对电子)。根据杂化轨道理论,臭氧分子的中心氧原子有 3 个 σ 轨道(2 个 σ 键和 1 个占据 σ 轨道的孤对电子),取 sp^2 杂化形式,中心氧原子还有一个垂直于分子平面的 p 轨道,端位的每个氧原子只可能有一个垂直于分子平面的 p 轨道,另外 2 对孤对电子占据的轨道在分子平面上,因此,3 个平行 p 轨道中的电子数为 $18-2\times3-2\times4 = 4$,臭氧分子里有一个 Π_3^4(见图 2-21)。

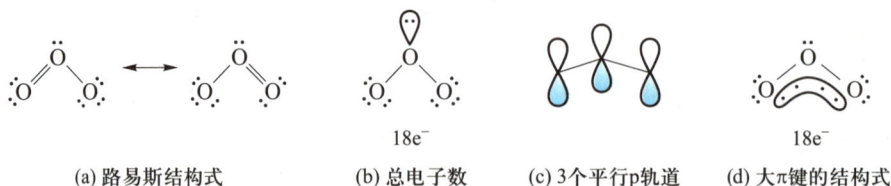

(a) 路易斯结构式   (b) 总电子数   (c) 3个平行p轨道   (d) 大π键的结构式

图 2-21　臭氧的分子结构

2-6　等电子体原理

具有相同的通式——AX_m，而且价电子总数相等的分子或离子具有相同的结构特征，这个原理称为等电子体原理。这里"结构特征"的概念既包括分子的立体结构，又包括化学键的类型，但键角并不一定相等，除非键角为 180° 或 90° 等特定的角度。

（1）CO_2、CNS^-、NO_2^+、N_3^- 具有相同的通式——AX_2，价电子总数 16，具有相同的结构——直线形，中心原子上没有孤对电子而取 sp 杂化轨道，形成直线形 σ 骨架，键角为 180°，分子有两套 p-p 大 π 键 Π_3^4。

（2）CO_3^{2-}、NO_3^-、SO_3 等离子或分子具有相同的通式——AX_3，价电子总数 24，有相同的结构——平面三角形，中心原子上没有孤对电子而取 sp^2 杂化轨道形成分子的 σ 骨架，有一套 p-p 大 π 键 Π_4^6。

（3）SO_2、O_3、NO_2^- 等离子或分子具有相同的通式——AX_2，价电子总数 18，中心原子取 sp^2 杂化形式，VSEPR 理想模型为平面三角形，中心原子上有 1 对孤对电子（处于分子平面上），分子立体结构为 V 形（或角形、折线形），有一套符号为 Π_3^4 的 p-p 大 π 键。注意：ClO_2^- 尽管也符合通式 AX_2，但有 $20e^-$，结构就不同于 NO_2^-。其 VSEPR 理想模型为 AY_4，中心原子上有 2 对孤对电子，故取 sp^3 杂化形式，它的所有 3p 轨道都参与了杂化，用于形成 σ 轨道（2 个 σ 键和 2 对孤对电子对占据的 σ 轨道），中心原子已经没有未参与杂化的 p 轨道，因而该离子中不可能有中心原子与配位原子平行的 p 轨道，不可能有 p-p 大 π 键，尽管分子立体结构也为 V 形，但 ∠OClO<109°，比 $18e^-$ 的 AX_2 的 σ 骨架夹角小得多，这表明，具有相同通式的分子或离子必须同时具有相同的价电子总数才有相同的结构特征。

（4）ClO_4^-、SO_4^{2-}、PO_4^{3-} 等离子具有 AX_4 的通式，价电子总数为 32，中心原子有 4 个 σ 键，故取 sp^3 杂化形式，呈正四面体立体结构。注意：这些离子的中心原子的所有 3p 轨道都参与杂化了，都已用于形成 σ 键，因此，分子里已经不可能存在中心原子 p 轨道参与的 p-pπ 键，它们的路易斯结构式里的重键是 d-p 大 π 键，不同于 p-pπ 键，是由中心原子的 d 轨道和配位原子的 p 轨道形成的大 π 键，详见元素化学有关章节。

（5）PO_3^{3-}、SO_3^{2-}、ClO_3^- 等离子具有 AX_3 的通式，价电子总数为 26，中心原子

有 4 个 σ 轨道(3 个 σ 键和 1 对占据 σ 轨道的孤对电子),VSEPR 理想模型为四面体,(不计孤对电子的)分子立体结构为三角锥体,跟(4)的离子一样,中心原子取 sp^3 杂化形式,没有 p-pπ 键或 p-p 大 π 键,它们的路易斯结构式里的重键是 d-p 大 π 键。请注意对比:SO_3 和 SO_3^{2-} 尽管通式相同,但前者有 $24e^-$,后者有 $26e^-$,故结构特征不同。

2-7　分子轨道理论

1927 年,薛定谔提出量子化学最基本的方程——薛定谔方程。1929 年,量子力学奠基人之一的狄拉克曾感叹:"我们已经找到了从数学上处理大部分物理问题和全部化学问题所需要的基本定律,但从这些基本定律所推导出的数学方程是如此复杂,以至于它们无法求解。"为求解多电子分子的薛定谔方程,需进行各种近似处理,在众多方法中,由洪特和马利肯[①]奠基的分子轨道法(MO)极具生命力,发展成量子化学的主流。分子轨道法的基本要点:

(1)分子中的电子围绕整个分子运动,其波函数称为分子轨道。分子轨道由原子轨道线性组合而成,组合前后轨道总数不变。例如,H_2 分子中 2 个氢原子各贡献 1 个 1s 轨道组合,得到 2 个分子轨道。又如,苯分子中 6 个碳原子各贡献 1 个与分子平面垂直的 p 轨道组合,得到 6 个分子轨道,等等。这种组合叫做"线性组合"。例如,2 个原子轨道(ψ_1、ψ_2)线性组合得到 2 个分子轨道(Ψ、Ψ')可简单表述为

$$\Psi = c_1\psi_1 + c_2\psi_2$$
$$\Psi' = c_1\psi_1 - c_2\psi_2$$

可见所谓"线性组合"就是原子轨道波函数(ψ)各乘以某一系数相加或相减,得到分子轨道波函数(Ψ)。组合时原子轨道对分子轨道的贡献体现在系数 c_i 上,该值可由量子化学计算确定,留待高年级课程讨论。

(2)若组合得到的分子轨道的能量比组合前的原子轨道能量之和低,所得分子轨道叫作成键轨道;若组合得到的分子轨道的能量比组合前的原子轨道能量之和高,所得分子轨道叫作反键轨道;若组合得到的分子轨道的能量跟组合前

---

① 　马利肯(R. S. Mulliken)美国化学家,二战期间曾参与制造原子弹。1966 年因分子轨道理论获诺贝尔化学奖。请注意不要与密立根相混。密立根(R. A. Millikan)也是美国人,因 1910 年测定电子的电荷而获 1923 年诺贝尔物理学奖。

的原子轨道能量没有明显差别,所得分子轨道叫作非键轨道。

　　例如,氟化氢中能量最低的几个分子轨道可简单地看做以如下方式组成:氢的 1s 轨道和氟的 $2p_z$ 轨道相加和相减,相加得到成键轨道,相减得到反键轨道;氟的其余原子轨道(包括内层 1s)基本维持原来的能量,为非键轨道;HF 的分子轨道能级图如图 2-22 所示(氟的内层 1s 轨道能量太低,没有画出来),图中 AO 为原子轨道,MO 为分子轨道,虚线表示组合:

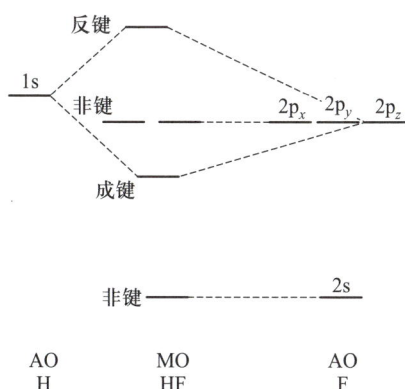

图 2-22　HF 分子轨道能级图　　　　图 2-23　HF 分子轨道波函数图像

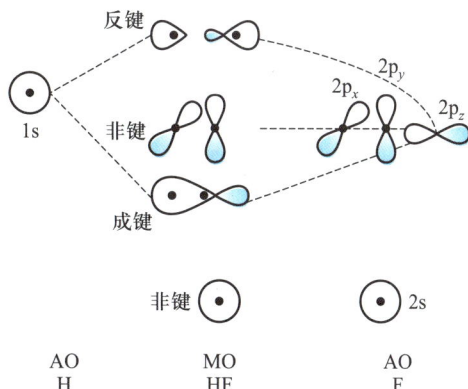

图 2-23 画出了与图 2-22 相应的 HF 分子轨道波函数图像。由图像可体会到,成键轨道由于波函数叠加,原子核间电子云密度增大,即电子出现在核间的概率增大,能量降低了(不要忘记电子带负电,原子核带正电,核间电子云密度增大如同在带正电的核间"架起一座"带负电的"桥梁"而把原子核拉紧,所以体系能量下降了);反之,反键轨道由于波函数相减,原子核间电子云密度下降,故而能量升高了。

　　(3)能量相近的原子轨道才组合成分子轨道,这叫能量相近原理。例如,HF 分子中氢的 1s 轨道和氟的 2p 轨道能量相近,才发生组合(氟的电子受到 9 个核电荷作用,故与氢相比轨道能普遍降低,其 2p 与氢 1s 能量相近)。原子轨道组合成分子轨道力求原子轨道的波函数图像最大限度地重叠,这叫最大重叠原理。如 HF 分子中氟的 $2p_z$ 轨道顺着分子中原子核的连线向氢的 1s 轨道"头碰头"地靠拢而达到最大重叠。原子轨道必须具有相同的对称性才能组合成分子轨道,这叫作对称匹配原理。深刻认识对称匹配原理已超出本课程基本要求,这里仅需指出,如 HF 分子中氢的 1s 轨道跟氟的 $2p_z$ 轨道是对称匹配的而跟氟的 $2p_x$、$2p_y$ 是对称不匹配的,因而氢的 1s 轨道与氟的 $2p_z$ 轨道组合而不与其

$2p_x$、$2p_y$ 组合[①]。下面所有例子中相互组合的原子轨道都是对称匹配的,尤其当进行组合的是各原子完全等同的原子轨道,肯定对称匹配,只要承认这一点,就可暂时不必深究什么叫对称匹配。

（4）电子在分子轨道中填充跟在原子轨道里填充一样,要符合能量最低原理、泡利原理和洪特规则。如 HF 分子共有 10 个电子,不计氟的内层（1s 的 2 个电子）时,叫"价电子",共计 8 个,先后填入图 2-22 的分子轨道,共占据 4 个分子轨道,最低未占有轨道是图中能量最高的反键轨道,读者请按上述三原理（或规则）自己将电子填入图 2-22 的各分子轨道。

（5）分子中成键轨道电子总数减去反键轨道电子总数再除以 2 得到的纯数叫作**键级**（bond order,常简写为 B O）。键级越大,分子越稳定。如 HF 的键级等于 1,凑巧跟古老的氟呈 1 价的概念相合。不过键级不一定总是整数,有时也可以是分数,只要键级大于零,就可以得到不同稳定程度的分子。

（6）分子轨道的能级顺序可由分子轨道能级顺序图表示,图 2-22 是 HF 分子轨道能级图。能级图中的分子轨道有排列顺序和能量间隔大小两个定性的要素,本课程只要求了解前一要素,因为分子轨道的轨道能大小必须用量子化学方法计算才能获得,显然超出本课程基本要求了。分子轨道按电子云图像的形状也像价键理论一样分为 σ 轨道和 π 轨道,σ 轨道是轴对称轨道,π 轨道是镜面对称轨道[②]。反键轨道的符号上常添加"＊"标记,以与成键轨道区别。由图2-23可见,HF 分子的成键轨道和反键轨道都是 σ 轨道。非键轨道常用 n（nonbonding）表示,大致相当于分子中的原子原有的孤对电子轨道,其图像亦然（尽管不可能完全相同,但对初学者可以简化为"相同"）,图 2-22 中的非键轨道均相当于氟原子原来的孤对电子图像（为清晰起见,该图中在同一个原子（氟）上的 $2p_x$ 和 $2p_y$ 得到的非键轨道被分开画了,它们中的黑点是分子中同一个氟原子核）[③]。

下面用举例的方式把这些要点综合在一起考察分子轨道。

1. 氢分子

氢分子是最简单的双原子分子。当 2 个氢原子各贡献 1 个 1s 轨道相加和

---

① 此处氢的 1s 轨道与氟的哪一个 2p 轨道对称匹配跟直角坐标取向有关,各书并不都一致,本书取直线分子中核的连线为 z 轴,故 1s 与 $2p_z$ 对称匹配。

② 只有将图像看作电子云时,才能说 π 轨道是镜面对称的,而把图像看作波函数的角度分布图像时,无论 π 成键轨道还是 π 反键轨道都是反对称的（应将图中有无阴影对应于正负号相反）。

③ 分子轨道的符号体系有好多种,此处是最切近前面学过的价键理论的符号体系。有一种相似体系却只按能量高低的顺序分别在 s 轨道和 p 轨道下加注下标（1,2,…）,另一种体系是采用"马利肯符号",这是一种考虑分子轨道对称性的符号,如 a_1、b_2、t_{2g} 等,这种符号体系在晶体场理论里将稍有涉及,要深刻理解它,需要在高年级课程中学习对称性理论后才能达到。

相减,就形成 2 个分子轨道,相加得到的分子轨道能量较低叫 σ 成键轨道(电子云在核间更密集,表明电子在核间出现的概率升高,使两个氢原子核拉得更紧了,因而体系能量降低),能量较高的叫 σ* 反键轨道(电子云因波函数相减在核间的密度下降,电子云密度较大的区域反而在氢分子的外侧,因而能量升高了)。(基态)氢分子的 2 个电子填入 σ 成键轨道,而 σ* 反键轨道是能量最低的未占有轨道,跟形成分子前的 2 个 1s 轨道相比,体系能量下降了,因而形成了稳定的分子。H_2 分子的键级等于 1,见图 2-24 和图 2-25。

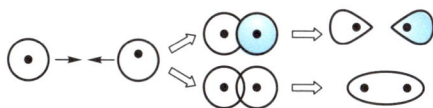

图 2-24　氢分子的氢原子 1s 轨道
相加和相减形成 2 个分子轨道

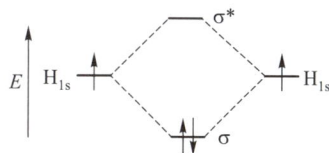

图 2-25　氢分子轨道能级图

当然,氢分子的分子轨道并不只是如图 2-25 的 2 个轨道,氢原子的 2s、2p、3s、3p、3d、…也都能组合成分子轨道,它们是能量较高的未占有轨道,未在图 2-25 的能级图里画出。

分子轨道理论很好地解释了 H_2^+ 的存在。这个离子分子的 σ 成键轨道里只有 1 个电子,键级等于 0.5,仍可存在。这说明,量子化学的化学键理论并不受路易斯电子配对说的束缚,只要形成分子体系能量降低,就可形成分子,并非必须电子"配对"。

2. O_2 的分子轨道

实验事实指出,O_2 分子具有顺磁性。顺磁性是一种微弱的磁性,当存在外加磁场时,有顺磁性的物质将力求更多的磁力线通过它。有顺磁性的物质靠近外加磁场,就会向磁场方向移动。表现 O_2 的顺磁性的实验很多。例如,把一块磁铁伸向液态氧,液态氧会被磁铁吸起(见图 2-26)。研究证明,顺磁性是由于分子中存在未成对电子引起的。这就是说,O_2 分子里有未成对电子!

O_2 的分子轨道模型能很好地说明 O_2 分子里存在未成对电子。图 2-27 给出了 O_2 分子由氧原子的价层轨道组合得到的分子轨道。由图可见,2个氧的一对 2s 原子轨道相加和相减得到氧分子的 σ_{2s} 成键轨道和 σ_{2s}^* 反键轨道。2 个氧的一对 $2p_z$ 原子轨道"头碰头"相加和相减得到氧分子的 σ_{2p} 成键轨道和 σ_{2p}^* 反键轨道。O_2 分子的 σ_{2s} 成键轨道和

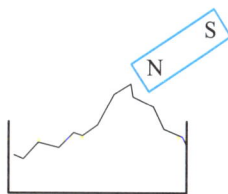

图 2-26　液态氧被磁铁
吸起的示意图

σ_2p 成键轨道的图像表明,核间电子云密度增大,因而能量下降,相反,σ_{2s}^* 反键轨道和 σ_{2p}^* 反键轨道的图像表明,核间电子云密度减小,因而能量上升。2 个氧的 $2p_x$ 和 $2p_y$ 轨道分别相加和相减,得到 2 个简并的 π_{2p} 成键轨道和 2 个简并的 π_{2p}^* 反键轨道。每个 π 成键轨道的电子云图像由 2 块组成,分别通过分子轴线的镜面两侧。该图无法确切表达的是,简并的 π 成键轨道之一以纸面为镜面,另一以垂直于纸面的面为镜面;每个 π^* 反键轨道由 4 块组成,2 个简并的 π^* 反键轨道的镜面也分别以纸面和垂直于纸面的面为镜面。π_{2p} 成键轨道的图像表明核间电子云密度增大,因而能量下降;相反,π_{2p}^* 反键轨道的图像则表明,核间电子云密度减小,因而能量上升。

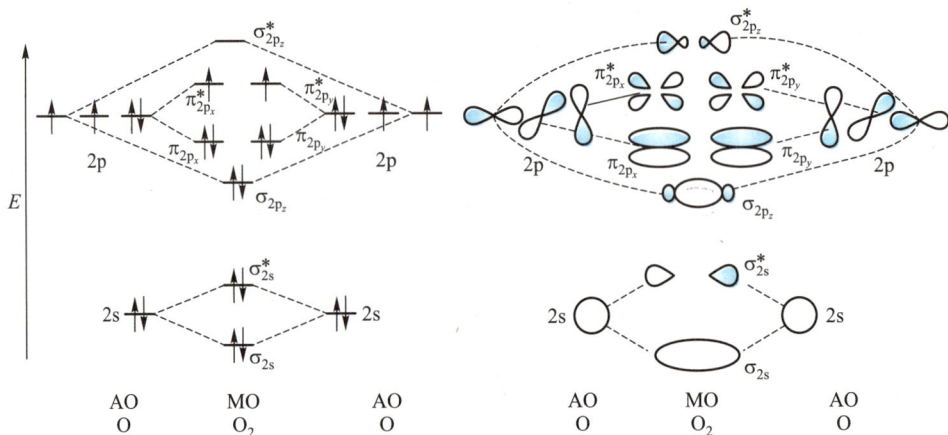

图 2-27　O_2 分子轨道能级图与分子轨道电子云图像

　　从 O_2 分子轨道能级图可以看到,O_2 分子总共有 16 个电子,未计内层 4 个电子时,剩下的价层电子共 12 个,从能量最低的 σ_{2s} 轨道开始填充,直至要填入一对简并的 π^* 反键轨道时只剩下 2 个电子了,为遵循洪特规则,这一对电子将自旋平行地分别填入 2 个 π^* 反键轨道中,这就表明,O_2 分子有 2 个未成对电子! 分子轨道理论就这样解释了氧的顺磁性。

　　有一个令人印象深刻的实验可以证明氧的分子轨道理论是正确的。向过氧化氢的氢氧化钠水(或乙醇)溶液通入氯气,可以清楚地看到,氯气一遇到溶液,就会发出鲜红色的光。这个实验现象的机理:氯气遇到 H_2O_2 强碱溶液中的过氧离子(O_2^{2-})会发生氧化还原反应:过氧离子(O_2^{2-})失去 1 个电子得到超氧离子(O_2^-),超氧离子再失去 1 个电子可以有 3 种可能性,其中 2 种得到激发态氧分子(O_2^*),另一种直接得到基态氧分子(O_2),由于激发态氧分子的能量比基态氧分子高,不稳定,放出一个光子转化为基态氧分子,其中之一的光子能量相当于可见光谱中的红光①。用分子轨道理论来解释这个历程：由 $O_2^{2-} \rightarrow O_2^- \rightarrow O_2^*$ 逐一失去的电子是它们的分子轨道中最高占有电子的 π^* 反键轨道中的电子，如图2-28所示。

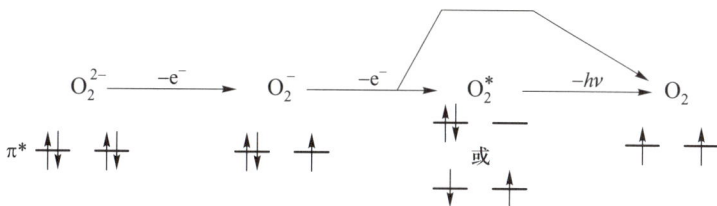

$$O_2^{2-} \xrightarrow{-e^-} O_2^- \xrightarrow{-e^-} O_2^* \xrightarrow{-h\nu} O_2$$

图 2-28   过氧离子被氯气氧化逐一失去电子得到激发态氧放出红光变成基态氧

　　氧分子的分子轨道模型表明，氧分子的键级为 2（8 个成键电子减去 4 个反键电子后再除以 2 等于 2），正好跟经典的氧的化合价为 2 相符合。但氧的分子轨道模型跟路易斯结构式表达的氧-氧键的 2 个电子对构建的双键（没有未成对电子）的价键模型完全不同。氧的分子轨道模型还启示我们，正因为氧的 π^* 反键轨道还有一半是空的，所以氧分子具有很高的氧化活性。

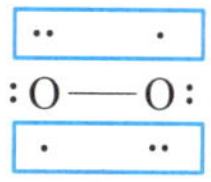

图 2-29   氧分子中的三电子键

　　人们常用一种类似路易斯结构式的新结构式来表述氧分子的结构，如图 2-29 所示，这种结构式表述的氧分子有 2 个所谓"三电子键"，它们把方向相同的或者说在同一空间里出现的 π 成键轨道的 2 个电子和 π^* 反键轨道的 1 个电子加在一起计算，这个结构式里的短横相当于氧分子的 σ_{2p} 成键轨道的一对电子（相当于路易斯结构式里的 σ 键），氧原子外侧的 2 对电子是 2 个氧原子的一对 2s 轨道构建的 σ_{2s} 成键轨道和 σ_{2s}^* 反键轨道中的电子，相当于路易斯结构式里的 2 对孤对电子，方框内的是如上所述的两个"三电子键"。

　　3. 第 2 周期同核双原子分子的分子轨道模型

　　在上面讨论氧的分子轨道的基础上还可以扩展开来，讨论第 2 周期元素形成的同核双原子分子的分子轨道模型。

　　所谓第 2 周期同核双原子分子，就是指 Li_2、Be_2、B_2、C_2、N_2、O_2 和 F_2（Ne_2 肯定不存在，没有包括在内）。其中有的分子很生疏，它们究竟能否稳定存在？通过考察它们的分子轨道模型可以回答这个问题。图 2-30 是这些分子的分子轨

　　① 液态和固态的氧都是蓝色的，这由于其中的氧分子可以吸收光子而激发成激发态的氧分子吸收了黄光和红光而显示其补色。液态和固态氧吸收光子变为激发态的机理是复杂的，空气中的氧气分子不能吸收可见光子变为激发态，大气呈蓝色的起因则不同。参见：格林伍德，厄恩肖.元素化学.曹庭礼，等，译.北京：高等教育出版社，1997:313.

道能级图(其中各种符号的意义请参考刚刚讨论过的氧分子)。

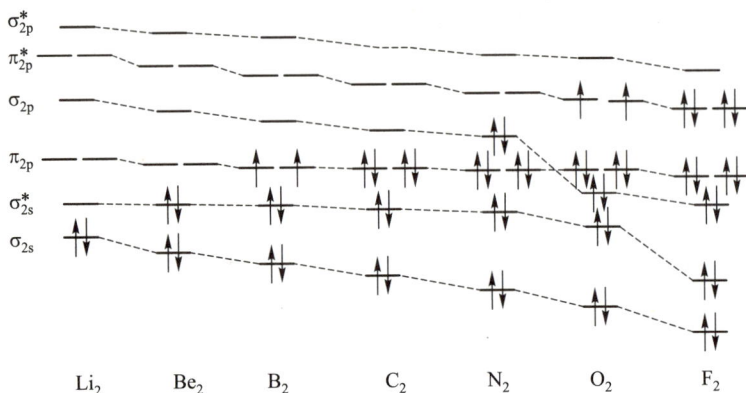

图 2-30　第 2 周期同核双原子分子的分子轨道能级图①

考察图 2-30 可以发现：从 Li_2 到 F_2，除 π_{2p} 轨道的能量从 Li_2 到 F_2 一直降低很少外，其他分子轨道的能量明显下降，从而使从 Li_2 到 N_2 的分子轨道能级顺序与 O_2 和 F_2 的分子能级顺序不同——前者 σ_{2p} 成键轨道高于 π_{2p} 成键轨道，后者则正相反。从 Li_2 到 F_2，核电荷增大，核对电子引力增大，核间距减小，各条分子轨道能量必然从左到右下降，仅幅度不同而已，但不知道为什么 π_{2p} 轨道降低是个倾角很小的缓坡②。

图 2-30 还画出了第 2 周期同核双原子分子的电子占据分子轨道的情形，由此可计算这些分子的键级，再根据键级大小预言分子的稳定性。

表 2-1　第 2 周期同核双原子分子的分子轨道组态与基本性质

分子	基态分子的分子轨道组态	键级	未成对电子数	键能/eV	键长/pm
Li_2	$[He_2]\sigma_{2s}^2$	1	0	1.05	267
Be_2	$[He_2]\sigma_{2s}^2\sigma_{2s}^{*2}$	0	0	0.07	—
B_2	$[He_2]\sigma_{2s}^2\sigma_{2s}^{*2}\pi_{2p_x}^1\pi_{2p_y}^1$	1	2	≈ 3	159

①　此图是根据 Cotton F A. Basic Inorganic Chemistry.1976 复制的。

②　许多教材指出，第 2 周期同核双原子分子从 Li_2 到 N_2 的 σ_{2p} 成键轨道的能量高于 π_{2p} 成键轨道的能量是由于它们的 2p 轨道与 2s 轨道的能量差别较小，发生相互作用，使 σ_{2p} 轨道的能量抬升。但从图 2-30第 2 周期同核双原子分子能级对比看，却不如说 O_2 和 F_2 的 π_{2p} 成键轨道的能量高于 σ_{2p} 成键轨道的能量是由于从 Li_2 到 F_2 π_{2p} 成键轨道的能量基本不变，而其他分子轨道的能量明显下降的结果，除非图 2-30不可靠，这种解释才应推翻。

续表

分子	基态分子的分子轨道组态	键级	未成对电子数	键能 eV	键长 pm
C_2	$[He_2]\sigma_{2s}^2\sigma_{2s}^{*2}\pi_{2p_x}^2\pi_{2p_y}^2$	2	0	6.36	124
N_2	$[He_2]\sigma_{2s}^2\sigma_{2s}^{*2}\pi_{2p_x}^2\pi_{2p_y}^2\sigma_{2p}^2$	3	0	9.90	110
O_2	$[He_2]\sigma_{2s}^2\sigma_{2s}^{*2}\sigma_{2p}^2\pi_{2p_x}^2\pi_{2p_y}^2\pi_{2p_x}^{*1}\pi_{2p_y}^{*1}$	2	2	5.21	121
F_2	$[He_2]\sigma_{2s}^2\sigma_{2s}^{*2}\sigma_{2p}^2\pi_{2p_x}^2\pi_{2p_y}^2\pi_{2p_x}^{*2}\pi_{2p_y}^{*2}$	1	0	1.65	142

表 2-1 给出了这些分子的键级、未成对电子数、键能和键长的数据。键能和键长是用实验测定的。对比图 2-30 和表 2-1 可见，键级为零的 Be_2 键能最小，最不稳定，事实上不存在。Li_2、B_2、C_2 键级大于零，可以存在，随核间距减小，键长减小，键能增大，但事实上这些分子只能在气态中存在，常温下将转化为固态，不再以双原子分子存在。N_2 分子的键级为 3，恰好与经典化合价（3）相符合，键长最短，键能最大，而且没有未成对电子，是第 2 周期同核双原子分子中最稳定的。O_2 的键级为 2，与经典化合价（2）恰好相符合，但在 2 个简并的 π_{2p}^* 反键轨道里各有一个未成对电子，有较高的化学活性，而且，尽管跟氮核相比氧核的正电荷数增大了，O_2 的键长却比 N_2 的长了，键能也小了。F_2 的键级为 1，恰与经典化合价（1）相符合，能稳定存在，但因较高轨道能的简并的 $\pi_{2p_x}^{*2}$ 和 $\pi_{2p_y}^{*2}$ 均填满了电子，键能很小，键长也较长，故 F_2 有很高的化学活性。

4. 苯的 πMO

在 2-5 节里谈到，苯分子里有 1 个大 π 键，符号为 Π_6^6，这本是一种叫作休克尔分子轨道理论的处理结果[①]。休克尔分子轨道理论简称 HMO 法。简单说来，HMO 法就是只讨论分子中的 πMO，不讨论分子中的 σMO。在图 2-17 中只画出了苯分子 6 个碳原子的 6 个平行的 pAO，没有画出这 6 个 pAO 组合成的分子轨道。如前所述，AO 组合成 MO，轨道总数不变，因此，苯的 6 个 pAO 组合应得到 6 个 πMO。用 HMO 法得到的苯分子中 6 个 πMO 按能量由低到高的顺序是 1 个 π 成键 MO（可标为 π_1），2 个简并的 π 成键 MO（π_2 和 π_3），2 个简并的 π 反键 MO（π_2^* 和 π_3^*）和 1 个 π 反键 MO（π_1^*）。苯分子的 6 个 p 电子填入 3 个 π 成键轨道，π^* 反键轨道全无电子。由此可见，所谓 Π_6^6，并非在 1 个共轭大 π 轨道中填充 6 个电子，而是在所有 6 个 πMO 中总共有 6 个电子。其他大 π 键符号的意义也一样。由此补充说明了，如果填充在所有 πMO 中的电子数达到轨道数的 2 倍，成键电子数等于反键电子数，键级等于零，整个 πMO 就会崩溃。

***

① E. Hückel 于 1930 年提出了用于处理共轭 π 键的 HMO 法。

5. 多原子分子 H_2O 的 MO①

标准的分子轨道理论认为所有 MO 都是离域的,分子中的每个电子都围绕分子中所有原子运动,不存在定域的分子轨道。这样得到的分子轨道跟大家熟悉的定域化学键的图像完全不同,若死守定域化学键的概念就很难理解,然而,这种离域 MO 的能级图却能够很好地跟分子的电子跃迁光谱实验数据吻合。建立离域分子轨道需要充分利用对称匹配原理,可以定性地简述分子轨道对称匹配原理,并以此为基础建立 H_2O 分子的 MO。要声明的是,对称匹配原理涉及的逻辑比较复杂,读者在阅读此小节时若感到太困难,可以不读,读了也可只知个大概,不深究,留待高年级课程再讨论。

要点一:分子轨道对称匹配原理的基础是分子对称性。分子对称性是指分子在某种操作(对称操作)前后无法分辨是否操作过。水分子有 4 种对称操作:① 恒等操作 E——分子取任意轴旋转 $360°$(包括它的任意整数倍,下同);② C_2 操作——以穿过氧原子和氢氧氢夹角的平分线为旋转轴旋转 $180°$;③ σ 操作——以分子平面为镜面使镜像互换;④ σ' 操作——以穿过氧和氢氧氢角平分线的平面为镜面使镜像互换。画出水分子路易斯结构式,就可以进行操作,体会分子的对称性的含义。

要点二:对称匹配理论认为,所有分子轨道波函数在对称操作下发生的变换必属某种变换模式;而对称变换模式的数目和类型取决于分子对称性。水分子中分子轨道只可能有 4 种对称变换模式:a_1 模式(全对称模式)——在 4 种操作下波函数不变;a_2 模式(镜像反对称模式)——在 E 和 C_2 操作下,波函数不变,而在 σ 和 σ' 操作下,波函数改变数符(即正负号);b_1 和 b_2 模式(旋转反对称模式)——在 E 操作和某一 σ 操作下波函数不变,在 C_2 操作和另一 σ 操作下波函数改变数符。a_1、a_2、b_1、b_2 叫作马利肯符号。用带有 +、- 号的波函数图像可以形象地通过操作确认某分子轨道属于哪一对称轨道。例如,已知水分子里能量最低 MO 的波函数图像像澳大利亚土著的飞去来器,氧原子处在中央,2 个氢分子处在两端,这个 MO 是 a_1 分子轨道;另一 MO 波函数图像像两根蒂连的香蕉,蒂连点是氧原子,蕉尖处为 2 个氢原子,两根香蕉波性相反,一带 + 号,另一带 - 号,这个 MO 是 b_2 分子轨道(注:马利肯符号 b 的下标 1 和 2 跟分子的坐标系有关,通常将分子平面定为 yz 平面)。

要点三:分子中的原子只有坐落在所有对称元素上,其原子轨道才属于某种对称变换模式,如水的氧原子的 $2s$ 和 $2p_z$ 都是 a_1 对称轨道,$2p_y$ 是 b_2 对称轨道,$2p_x$ 是 b_1 对称轨道,$3d_{xy}\cdots$(注:分子平面为 yz 面,二重轴为 z 轴);其他没有坐落在所有对称元素上的原子是对称相关原子,如水分子的 2 个氢原子坐落在同一镜面(yz 面)上,对称相关,它们的相同原子轨道波函数合起来可分解成某些对称轨道,如 2 个氢原子共 2 个 $1s$ 轨道合起来可以分解为 a_1 和 b_2 两个对称轨道,a_1 相当于两个 $1s$ 轨道(各乘某系数)相加,b_2 相当于两个 $1s$ 轨道(各乘某系数)相减,这样得到的 $(s_1+s_2=)a_1$ 和 $(s_1-s_2=)b_2$ 又称"群轨道"。

要点四:属于相同对称变换模式的原子轨道或群轨道是对称匹配的,可以组合成分子

---

① 可参考第 30 届国际化学奥林匹克理论竞赛试题第 4 题(墨尔本·澳大利亚·1998 年)。

轨道,如水分子中的氧原子的 2s 轨道(a_1)和 2 个氢的 1s 轨道分解得到的 a_1 群轨道对称匹配,组合成 2 个分子轨道——a_1(能量低,是成键轨道,即上述飞去来器状 MO)和 a_1^*(能量高,是反键轨道)。同样,水分中氧的 $2p_y$ 轨道(b_2)和 2 个氢的群轨道 b_2 组合,得到 b_2 和 b_2^* 两个分子轨道(b_2 即上述蒂连双香蕉状 MO)。若对称不匹配,或能量不相近,不能组合,为非键轨道,如水中氧的 $2p_z$ 和 $2p_x$ 为 2 个非键轨道(注意:更精确的组合方式是氧的 a_1 对称模式的 2s 和 $2p_z$ 跟 2 个氢的 a_1 群轨道(即 s_1+s_2)3 个轨道一起组合成 3 个 a_1 分子轨道,其中 1 个是成键轨道,1 个是反键轨道,还有 1 个是非键轨道。)。

2-8　共价分子的性质

2-8-1　键长

分子内的核间距称为键长。事实上,分子内的原子在不断振动之中,所谓键长,是指处于平衡点的核间距。键长可用实验方法测定,也可进行量子化学理论计算,但复杂分子中键长的计算很困难,主要由实验测定。同一种键长,如羰基 C=O 键的键长,随分子不同而异,通常的数据是一种统计平均值。键长的大小与原子的大小、原子核电荷及化学键的性质(单键、双键、三键、键级、共轭)等因素有关。例如,毫无疑问,$d(C—C)>d(C=C)>d(C\equiv C)$;$d(H—F)<d(H—Cl)<d(H—Br)<d(H—I)$;CO 分子中的 C=O 键介于碳-碳双键和碳-碳三键之间;O_2^+、O_2、O_2^-、O_2^{2-} 中的氧-氧键依次增长等。

2-8-2　共价半径

共价键的键长可以分解成键合原子的共价半径之和。用同核共价键之半可以求出许多元素的共价半径,已知 r_A 求 r_B 还可以借差减法由 $d(A—B)$ 的测定值估算。当然,共价半径的通用数据总是经过经验或理论校正的平均值,不同方法得到的数据并不一定相等。为比较不同原子的共价半径,共价键的性质必须相同,为此建立了单键共价半径的概念。经常呈重键而不呈单键的元素的单键共价半径需经理论计算获得。表 2-2 和图 2-31 给出了经计算得到的主族元素的单键共价半径。对比图表可见,主族元素的共价半径显示很好的周期性——从上到下半径增大,从左到右半径减小。图表中 He、Ne、Ar 无数据,因尚未合成其共价化合物。

表 2-2   主族元素的单键共价半径（单位:pm）

H							He
37							–
Li	Be	B	C	N	O	F	Ne
152	111	88	77	70	66	64	–
Na	Mg	Al	Si	P	S	Cl	Ar
186	160	143	117	110	104	99	–
K	Ca	Ga	Ge	As	Se	Br	Kr
231	197	122	122	121	117	114	111
Rb	Sr	In	Sn	Sb	Te	I	Xe
244	215	162	140	141	135	133	130

同周期元素的单键共价半径从左到右缩小,可认为主要是由于原子核对电子的引力增大的缘故。用有效核电荷数(Z^*)的概念可估算这一因素。斯莱特(Slater)定义 $Z^* = Z - \sigma_i$,σ_i 称为电子 i 的屏蔽常数,用于估计共价半径的电子 i 是外加到中性原子上的外来电子,该电子受原电中性电子所有电子的排斥,而使它受核电荷 Z 的引力减小到 Z^*,屏蔽常数 σ_i 是原电中性原子的所有电子使核对外来电子引力减小的总效应的度量。斯莱特给出了计算不同组态的中性原子对外来电子 i 的屏蔽常数 σ_i 的经验方法:① 把电子分组如下:1s|2s,2p|3s,3p|3d|4s,4p|4d|4f|5s,5p|⋯(注意:不是按能层分的组);② 电子 i 的同组电子对 σ_i 的贡献分别计为 0.35(特例:若该组恰好为 1s 则计为 0.30);③ 电子 i 的内组为 s 电子或 p 电子时(注意:不一定是内层)对 σ_i 的贡献分别计为 0.85,但若内组电子为 d 电子或 f 电子则对 σ_i 的贡献分别计为 1.00;④ 电子 i 的更内组电子对 σ_i 的贡献各计为 1.00;⑤ σ_i 为电中性原子所有电子的上述贡献之和。例如,$Z^*(\text{Li}) = 3 - (2 \times 0.85 + 1 \times 0.35) = 0.95$;$Z^*(\text{F}) = 9 - (2 \times 0.85 + 7 \times 0.35) = 4.85$;以此类推。图 2-32 是第 2 周期元素的单键共价半径与有效核电荷倒数的线性关系的图解,该图的横坐标同图 2-31,是按核电荷递增从左到右排列的第 2 周期元素,纵坐标则为单键共价半径(单位:pm)和 $(1/Z^*) \times 100$ 的数据,结果发现 r-Z 曲线与 $1/Z^*$-Z 曲线的平行性甚佳,可见单键共价半径的大小确与原子的有效核电荷的倒数呈线性相关。

利用共价半径的数据可以估算键长。例如,C—Cl 键长为 77 pm + 99 pm = 176 pm,实验测定 CF_3Cl 分子中的 C—Cl 键长为 175.5 pm,估算值与实验值吻合得很好。

如果借助经验规律做些修正,用共价半径估算出的键长会跟实测值吻合得

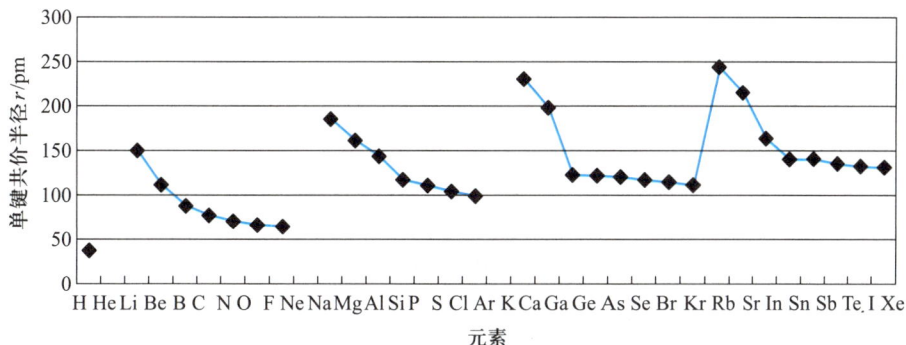

图 2-31　主族元素的单键共价半径

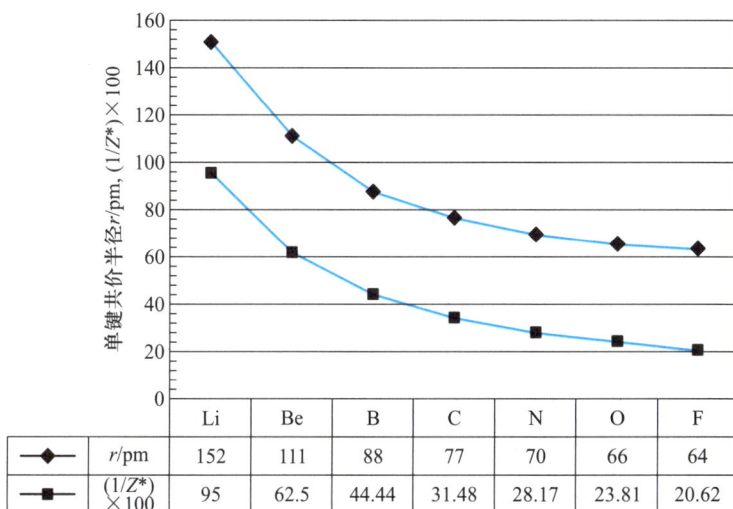

		Li	Be	B	C	N	O	F
◆	r/pm	152	111	88	77	70	66	64
■	$(1/Z^*)\times 100$	95	62.5	44.44	31.48	28.17	23.81	20.62

图 2-32　第 2 周期元素的单键共价半径与有效核电荷 Z^* 的倒数的线性关系

更好。例如,经验告诉我们,异核键的键长会由于不同原子的电负性不同而比共价半径加和值小,有人得出一个经验公式:$d(A—B)_{修正值}=(r_A+r_B)-(9\times|X_A-X_B|)$,$r$——共价半径,$X$——电负性,按这个经验公式估算的键长与实验值吻合得更好[①]。

2-8-3　键能

键能的概念是为对比键的强度提出来的。可以定义键能为在常温(298 K)

―――――――――

① 参见:周公度.结构和物性.北京:高等教育出版社,1993:73.

下基态化学键分解成气态基态原子所需要的能量[①]。对于双原子分子,键能就是键解离能。对于多原子分子,断开其中一个键并不得到气态自由原子,如 H_2O,断开第一个键得到的是 H·和·OH,它断开第一个 H—O 键和断开第二个 H—O 键,能量不会相等。同是 C—C 单键,在不同的化学环境下,如在 C—C—C、C—C=C 和 C—C≡C 中,邻键不同,键能也不相同。所以,对于多原子分子,所谓键能,只是一种统计平均值,或者说是近似值。键能的数据通常是通过热化学方法得到的[②]。表 2-3 给出了一些常见共价键的键能数据。

表 2-3   一些常见共价键的键能

共价键	键能/$(kJ \cdot mol^{-1})$	共价键	键能/$(kJ \cdot mol^{-1})$
H—H	436.4	C—S	255
H—N	393	C=S	477
H—O	460	N—N	193
H—S	368	N=N	418
H—P	326	N≡N	941
H—F	568	N—O	176
H—Cl	432	N—P	209
H—Br	366	O—O	142
H—I	298	O=O	499
C—H	414	O—P	502
C—C	347	O=S	469
C=C	620	P—P	197
C≡C	812	P=P	489
C—N	276	S—S	268
C=N	615	S=S	352
C≡N	891	F—F	157
C—O	351	Cl—Cl	243
C=O	745	Br—Br	196
C—P	263	I—I	151

[①]   在这个定义里已经意味着这里所说的断键是均裂,是断开成原子。断键的另一种方式是异裂,断开键得到的产物是离子而不是电中性的原子。严格地说,键能应为 0 K 下的数据,考虑到实用性,本书通融地改为常温。

[②]   热化学计算键能的方法见热力学章节。在该章还会讲到键能与键焓是有区别的,热力学的标准态与非标准态也是有区别的,尽管它们的差别并不太显著。考虑到实用性,表 2-3 给出的键能数据实质上已经是标准态下的键焓的数据,只是由于不得已姑且暂叫它键能。

键能的大小体现了共价键的强弱。例如,从表 2-3 不难发现,一般而言,单键、双键、三键(如 C—C、C＝C、C≡C)对比,键能越来越大。同族元素的同类键(如 H—F、H—Cl、H—Br、H—I)的键能从上到下减小。但也有例外,如 F—F 键能明显反常,竟然比 Cl—Cl 甚至 Br—Br 的键能还小。有人认为,这主要是由于氟原子过小,一个原子的电子对另一原子的电子会因形成分子而互相排斥。键能作为一种平均值,也可用来发现个别化合物中某些键的特殊性。例如,有机醛、酮分子中的羰基双键 C＝O 的键能平均值为 745 kJ/mol,而 CO_2 中的 C＝O 键能实测值为 799 kJ/mol,比平均值大了近 7%,由此可推测 CO_2 分子中的 C＝O 键比一般的 C＝O 双键更结实,前面讲到过,这是由于 CO_2 分子中存在共轭大 π 键,不是简单的 σ 键加 π 键的 C＝O 双键,从 CO_2 的实测键长比 C＝O 平均键长短也可得到旁证。

键能对估算化学反应中的能量变化还很有实用价值,将在本书稍后的章节里谈到。

2-8-4 键角

键角是指多原子分子中原子核的连线的夹角。它也是描述共价键的重要参数。然而,键角不像键长和键能,一个分子一个样儿,不可能形成通用数据。利用分子的振动光谱可以获得键角的实验值,将在高年级课程中讨论。键角的大小严重影响分子的许多性质,如分子的极性,从而影响其溶解性、熔沸点等。

已经用 VSEPR 模型和杂化轨道模型讨论过由于键角不同造成的不同分子构型,这里可以补充说明的是,分子轨道模型能很精确地计算键角。有一种叫作沃尔施(Walsh)图的分子轨道能随键角变化的曲线图能十分形象地告诉我们,为什么某分子会取某角度而不取其他角度——因为,经过计算,它只有取该角度,各占有电子的分子轨道的能量加和,即分子体系的总能量,是最低的。图 2-33 是一个例子。图中的曲线是 AX_2 型分子的各条分子轨道的能量随横坐标——AX_2 分子的键角 ∠XAX 从 90° 变到 180° 的变化情况。例如,对于 $16e^-$ 的 AX_2 分子,充满电子的分子轨道是能量最低的 8 个分子轨道,由于这 8 个轨道中多数轨道,尤其是其中第 5、6、7、8 四个轨道,随键角增大能量降低,因此,当分子的键角为 180° 时,分子轨道体系的总能量最低,所以该分子是直线形的,如 CO_2、NO_2^+、N_3^-、CS_2 等分子或离子。对于 $17e^-$ 的 NO_2 分子,最后一个电子填入从下到上的第 9 个轨道,这个轨道是 π^* 反键轨道[1],轨道的能

---

    [1] 用 VSEPR 模型预测,NO_2 分子的单电子应占据分子平面上的 σ 轨道,如若这样,NO_2 分子的大 π 键电子数应为 4,但从 Walsh 图得出的结论是只有 3 个电子,意味着 NO_2 分子的 N 原子的 σ 轨道有 1 对孤对电子。不过,需要指出的是 Walsh 图的分子轨道都是离域轨道,跟 VSEPR 模型或杂化轨道模型的定域轨道是不同的。有的教材里用杂化轨道组合成分子轨道,得出定域的 NO_2 分子轨道,结果相反,参见:勒耐·蒂蒂埃.普通化学题解.陈学让,译.北京:高等教育出版社,1980:246.

量随键角增大而降低,综合所有占有电子轨道,显然,键角处在横坐标的中心区域时整个体系的能量是最低的,这与 NO_2 分子实测键角 130° 左右吻合得很好。再增加一个电子,如 18e^- 的 NO_2^-,第 9 个轨道上有 1 对电子,对体系总能量的贡献份额增大,分子的键角更小一些更有利于体系能量降低,因此键角比 NO_2 分子更小些,实测值为 115°。若分子有 22e^-,如 I_3^-,最后 2 个电子填入第 11 个轨道,这条分子轨道随键角增大而能量降低,因此分子又呈直线形了。

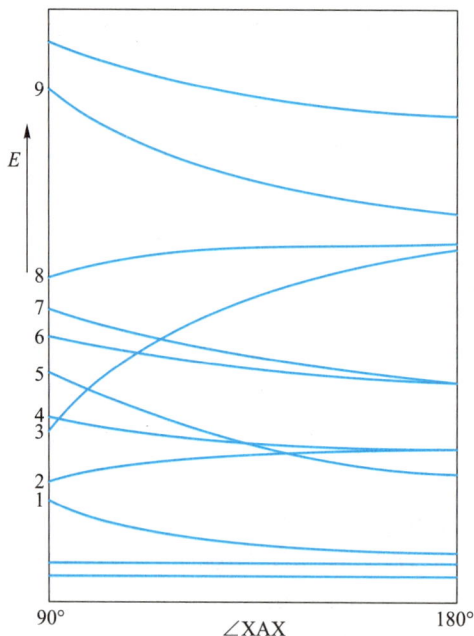

图 2-33 AX_2 型分子的分子轨道

2-8-5   键的极性与分子的极性

共价键有非极性键与极性键之分。由共价键构建的分子有非极性分子与极性分子之分。

$$\mu = q \times l$$

"极性"是一个电学概念。度量极性的物理量叫作偶极矩(μ)。偶极矩是偶极子两极(带相同电荷量的正电端和负电端)的电荷量,即电偶极子的电荷量 q,和偶极子两极的距离——偶极长 l——的乘积($\mu = q \times l$),如图 2-34 所示。

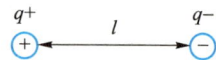

图 2-34   偶极子与偶极矩

电荷量的 SI 单位为 C(库仑),长度的 SI 单位是 m(米),偶极矩的 SI 单位是 C·m(库仑·米)。但传统上用于度量化学键的偶极矩的单位是德拜[①],符号 D。这是由于电子电荷量 $e = 1.602\,2 \times 10^{-19}$ C,而键偶极矩的电荷量 q 的数量级为 10^{-10} esu,esu 是静电单位的符号,1 esu $= 3.335 \times 10^{-10}$ C,键偶极矩的长度 l 的数量级为 10^{-8} cm,两者相乘的数量级为 10^{-18} esu·cm,因而得到化学键的偶极矩单位——德拜,1 D $= 10^{-18}$ esu·cm $= 3.34 \times 10^{-30}$ C·m。

偶极矩 $\mu = 0$ 的共价键叫作非极性共价键;偶极矩 $\mu \neq 0$ 的共价键叫作极性共价键。偶极矩 $\mu = 0$ 的分子叫作非极性分子;偶极矩 $\mu \neq 0$ 的分子叫做极性分子。

键偶极矩和分子偶极矩都可以通过实验测定,也可以用量子化学方法计算获得。表 2-4 给出了一些分子的偶极矩实测值。

表 2-4　一些分子的偶极矩实测值

分子	偶极矩 μ/D	分子	偶极矩 μ/D
H_2	0	HI	0.38
F_2	0	H_2O	1.85
P_4	0	H_2S	1.10
S_8	0	NH_3	1.48
O_2	0	SO_2	1.60
O_3	0.54	CH_4	0
HF	1.92	HCN	2.98
HCl	1.08	NF_3	0.24
HBr	0.78	LiH	5.88

表 2-4 告诉我们,同核双原子分子的实测偶极矩都等于零,是非极性分子,因为它只有一根非极性共价键,它是带相等的正电荷的同种原子核之间的键,核的正电荷取一个中心(q^+),正好落在核间中点上,围绕原子核运动的电子的负电荷分散在整个分子间,但由于两个原子核完全等同,核间的电子分布和核外侧的电子分布全无差别,因而所有电子取一个中心(q^-),也一定在核间中点上,所以,偶极子的偶极长 $l = 0$,偶极矩自然等于零($\mu = q \times 0$)。

从表 2-4 可见,异核双原子分子 HF、HCl、HBr、HI 的极性依次减小。这与卤化氢分子从上到下核间距依次增大是否矛盾? 须知:键偶极长不是核间距! 如前

①　德拜(P. J. W. Debye),丹麦出生的美国物理学家和化学家,1936 年获诺贝尔化学奖,研究领域宽广,涉及分子结构、高分子化学、X 射线分析和电解质溶液等。

所述,偶极长是偶极子的正电荷中心和负电荷中心的距离,绝不等于核间距。异核键的偶极长跟两个原子的电负性差值的大小有关——电负性大的原子对键合电子的吸引或偏移能力强,负电核中心就向它偏移,与正电核中心不重合。异核键的两原子电负性差值越大,键偶极长就越大。已知氟、氯、溴、碘的电负性依次减小,故 H—F、H—Cl、H—Br 和 H—I 键偶极长依次减小,分子偶极矩依次减小。

　　单质分子是否都是非极性分子? 如前所述,双原子单质分子如 H_2、N_2、O_2、F_2 等是非极性分子。从表 2-4 可见,多原子单质分子如 P_4、S_8 等也是非极性分子,但是,臭氧的实测偶极矩 $\mu = 0.54$ D,不等于零! 为什么? 这是因为,偶极矩是一种矢量[1],分子偶极矩是分子中各键偶极矩和分子中占据 σ 轨道的各孤对电子偶极矩的矢量和[2]。如果这个矢量和等于零,分子才是非极性的。按图 2-35 给出的 P_4 和 O_3 的分子结构图,读者不难借助矢量法自己做出说明,为什么 P_4 没有极性而 O_3 有极性。臭氧的例子还启发我们,只有同核键两端的原子核的化学环境完全相同(从而使核上的孤对电子也完全相同),同核键的偶极矩才等于零,否则不等于零。

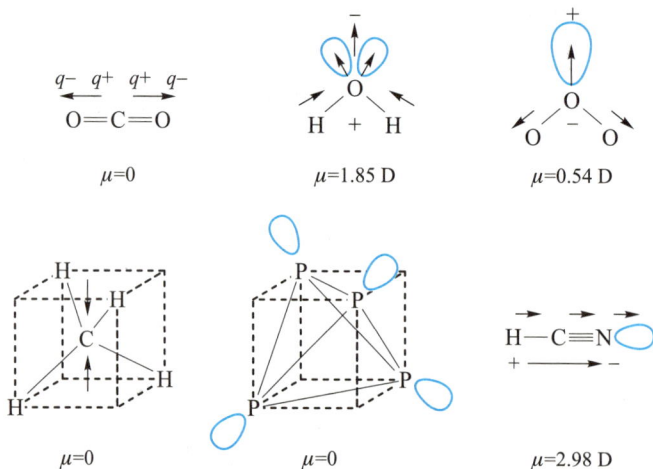

图 2-35　判断分子偶极矩的矢量法举例

图 2-35 还举例说明了,所有异核双原子分子都是极性分子,但异核多原子

---

　　① 矢量又叫向量。在物理学中电偶极矩这个矢量的方向是偶极子的负电核中心指向正电核中心,但在化学上,习惯上把电偶极矩的方向定为正电核中心指向负电核中心,跟物理学的偶极矩方向正好相反。本书遵从化学的习惯。
　　② 有的教材在讨论分子中各偶极子的偶极矩矢量和时忽视了占据 σ 轨道的孤对电子形成的偶极子,只说分子偶极矩是分子中各极性键的偶极矩的矢量和,又说所有同核键都是非极性键,这解释不了臭氧为什么有极性。

分子有没有极性,仍要借矢量加和法考察分子中所有偶极子的偶极矩矢量和是否等于零。

讨论偶极矩不能不提到的一个特例是 CO 分子。如果单从碳和氧的电负性对比,CO 分子的负电荷中心应偏在氧原子一侧。但实验事实是 CO 的负电荷中心在碳原子一侧。正是因为如此,当 CO 分子与金属原子形成羰基化合物,如 $Fe(CO)_5$,还有 CO 与血红蛋白中的携氧原子争夺 Fe^{2+} 结合时,与金属原子结合的是碳原子而不是氧原子。这个奇特事实的解释:CO 分子中的碳原子有一个空的 2p 轨道,它接受了氧原子的一对电子(配位键),从而使分子的负电荷中心移向碳原子。

多原子分子的几何构型决定了分子的偶极矩是否等于零,因此,测定偶极矩可用来判别分子的几何构型,本章的习题里有一些例子供读者研究。分子的极性对物质的熔点、沸点、溶解性、折射率等许多物理性质有显著影响,留待后续章节讨论。测定折射率是测定分子偶极矩的重要实验方法,在高年级课程中会学到并自己动手做实验测定分子偶极矩。

2-9　分 子 间 力

除化学键(共价键、离子键、金属键)外,分子与分子之间,某些较大分子的基团之间,或小分子与大分子内的基团之间,还存在着各种各样的作用力,总称分子间力。相对于化学键,分子间力是一类弱作用力。化学键的键能数量级达 $10^2 \text{ kJ} \cdot \text{mol}^{-1}$,甚至 $10^3 \text{ kJ} \cdot \text{mol}^{-1}$,而分子间力的能量只达每摩尔几到几十千焦的数量级,比化学键弱得多。相对于化学键,大多数分子间力又是短程作用力,只有当分子或基团(为简捷起见下面统称"分子")距离很近时才显现出来。范德华力和氢键是两类最常见的分子间力,分别介绍如下。

2-9-1　范德华力

范德华力最早是由范德华[①]研究实际气体对理想气体状态方程的偏差提出来的,大家知道,理想气体是假设分子没有体积也没有任何作用力为基础确立的

---

① 范德华(J. D. van der Waals),丹麦物理学家,1910 年诺贝尔物理学奖得主。因确立实际气体状态方程(范德华方程)和分子间的范德华力而闻名于世。

概念,当气体密度很小(体积很大、压力很小)、温度不低时,实际气体的行为相当于理想气体,其状态可由理想气体状态方程($pV = nRT$)来描述。事实上,实际气体分子既有体积又有相互作用力。基于此,范德华得出了描述实际气体行为的范德华方程:

$$\left(p + n^2 \frac{a}{V^2}\right)(V - nb) = nRT$$

其中,常数项 a/V^2 就是考虑到气体分子间存在的作用力对理想气体状态方程的压力项的修正。这种分子间的作用力就被后人称为范德华力。范德华力普遍存在于固、液、气态任何微粒之间。不过,范德华力是一种作用能与距离的六次方呈反比($E \propto 1/r^6$)的短程力,其作用范围在 300~500 pm,微粒距离稍远,就可忽略;范德华力没有方向性和饱和性,不受微粒之间的方向与个数的限制。后来又有三人将范德华力分解为三种不同来源的作用力——色散力、取向力和诱导力,分述如下。

1. 色散力

所有单一原子或多个原子键合而成的分子、离子或者分子中的基团(统称分子),若不考虑它们在坐标系里的平移,其原子核和电子也并非固定不动,相反,时时刻刻在运动之中。相对于电子,分子中原子的位置相对固定,一般可看作在原位振动(包括伸缩、摇摆、张合等相对运动),而分子中的电子却围绕整个分子快速运动着。于是,分子的正电荷中心与负电荷中心时时刻刻不重合,产生**瞬时偶极**,整个分子时时刻刻可看成一个瞬时偶极子。可用氦原子作最简单例子。氦原子只有 2 个电子,当 2 个电子在某一瞬间同时到球状的氦原子的某一个方向运动时,它们和氦原子核间就产生了瞬时偶极矩。分子相互靠拢时,它们的瞬时偶极矩之间会产生电性引力,这就是**色散力**[①]。色散力不仅是所有分子都有的最普遍存在的范德华力,而且经常是范德华力的主要构成。

色散力没有方向,分子的瞬时偶极矩的矢量方向时刻在变动之中,瞬时偶极矩的大小也始终在变动之中,然而,可以想象,分子越大、分子内电子越多,分子刚性越差,分子里的电子云越松散,越容易变形,色散力就越大。衡量分子变形性的物理量叫作极化率(符号 α)。分子极化率越大,变形性越大,色散力就越大。例如,HCl、HBr、HI 的色散力依次增大,分别为 16.83 kJ · mol^{-1}、21.94 kJ · mol^{-1}、

[①] 这种力之所以称为色散力是由于 1930 年德国物理学家伦敦(F. London)在用量子力学推导色散力的计算公式时发现推出的公式在数学形式上跟计算光的散射(dispersion)的公式很相似。色散力因而又叫伦敦力。在伦敦推出的公式中,AB 两个分子间的色散力与分子极化率 α_A 和 α_B 呈正比,还与分子的电离能 I_A 和 I_B 呈正比,而与分子间距 r^6 呈反比。

$25.87\ kJ\cdot mol^{-1}$,而 Ar、CO、H_2O 的色散力只有 $8.50\ kJ\cdot mol^{-1}$、$8.75\ kJ\cdot mol^{-1}$、$9.00\ kJ\cdot mol^{-1}$(见表 2-5)。

2. 取向力

取向力,又叫定向力,是极性分子与极性分子之间的固有偶极与固有偶极之间的静电引力。之所以定名为取向力,是因为这种固有偶极-固有偶极之间的作用力会使极性分子尽可能地依分子固有偶极矩的方向整齐排列。当然,气体分子动能很大,只有在十分靠拢的瞬间才会出现这种取向现象,分子的激烈平移运动很快破坏了分子的取向[①]。

表 2-5　某些分子的范德华力构成对比

分子	分子偶极矩 μ/D	分子极化率 $\alpha/(10^{-24}cm^3)$	取向力 $kJ\cdot mol^{-1}$	诱导力 $kJ\cdot mol^{-1}$	色散力 $kJ\cdot mol^{-1}$	范德华力 $kJ\cdot mol^{-1}$
Ar	0	1.63	0	0	8.50	8.50
CO	0.10	1.99	0.003	0.008	8.75	8.75
HI	0.38	5.40	0.025	0.113	25.87	26.00
HBr	0.78	3.58	0.69	0.502	21.94	23.11
HCl	1.03	2.65	3.31	1.00	16.83	21.14
NH_3	1.47	2.24	13.31	1.55	14.95	29.60
H_2O	1.94	1.48	36.39	1.93	9.00	47.31

取向力只在极性分子与极性分子之间才存在。分子偶极矩越大,取向力越大。如前所述,HCl、HBr、HI 的偶极矩依次减小,因而其取向力分别为 $3.31\ kJ\cdot mol^{-1}$、$0.69\ kJ\cdot mol^{-1}$、$0.025\ kJ\cdot mol^{-1}$,依次减小。对大多数极性分子,取向力仅占其范德华力构成中的很小份额,只有少数强极性分子例外(见表 2-5)。

3. 诱导力

在极性分子的固有偶极诱导下,临近它的分子会产生诱导偶极,分子间的诱导偶极与固有偶极之间的电性引力称为诱导力。显然,诱导偶极矩的大小由两方面决定——固有偶极的偶极矩(μ)大小和分子变形性的大小。分子变形性的大小可以用"极化率"来衡量。极化率可用实验方法测定。极化率越大,分子越容易变形,在同一固有偶极作用下产生的诱导偶极矩就越大。如稀有气体在水

---

① 温度不高时固体里所有分子或分子内的基团都有一定的取向,除非那些可看作球体的(不以共价键相连的)单一的原子(包括单原子离子);液体则介乎气体和固体之间,但温度越高越与气体分子行为相近,直至超临界状态,即那种既非气态又非液态的物理状态。液晶中的分子则更接近固体分子的行为。

中的溶解度随气体原子序数增大而增大。放射性稀有气体氡(致癌物)在 20 ℃ 水中溶解度为 230 cm³·L⁻¹,是一个不容忽视的数据。深层地下水或矿泉水用作饮水不能不检测其中氡的含量。而氦在同样条件下的溶解度却只有 8.61 cm³·L⁻¹。又如,水中溶解的氧气(20 ℃ 溶解 30.8 cm³·L⁻¹)比氮气多得多,跟空气里氮氧比正相反,也可归结为 O_2 的极化率比 N_2 的大得多。同理,极化率相同的分子在偶极矩较大的分子作用下产生的诱导力也较大。

4. 范德华力构成对比

图 2-36 是构成范德华力的取向力、诱导力和色散力的作用机理示意图对比。

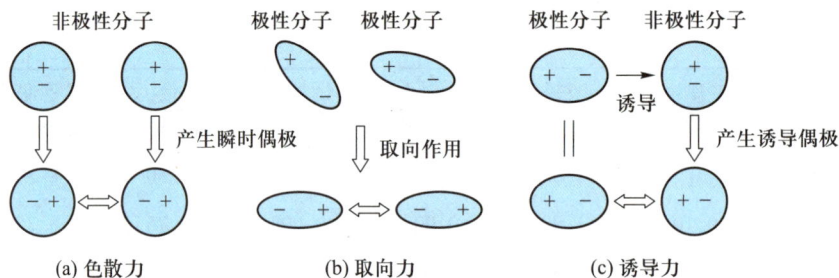

图 2-36   色散力、取向力和诱导力

2-9-2   氢键

1. 什么是氢键

氢键这个术语不能望文生义地误解为氢原子形成的化学键。氢键是已经以共价键与其他原子键合的氢原子与另一个原子之间产生的分子间力,是除范德华力外的另一种常见分子间力。通常,发生氢键作用的氢原子两边的原子必须是强电负性原子,如图 2-37 所示。换句话说,传统意义的氢键只有图 2-37 的 9 种可能。尽管 S 和 Cl 也能产生弱氢键;甚至,在某些特定化学环境下,如氯仿分子与丙酮分子之间也会产生氢键 $\left[\text{Cl}_3\text{C—H}\cdots\text{O=C} \begin{array}{c} \text{CH}_3 \\ \text{CH}_3 \end{array} \right]$,但在一般化学

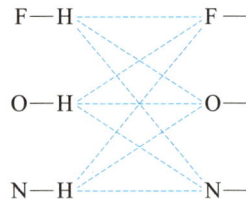

图 2-37   与哪些原子键合的
氢能形成氢键
(图中用···表示氢键)

环境中的 C—H···O"氢键"可忽略不计。氢键的键能介乎范德华力与共价键能之间,最高不超过 40 kJ·mol⁻¹(见表 2-6)。

氢键的研究最早源于对冰的熔、沸点出奇地高的解释。只要把 H_2O 与氧族

其他氢化物一对比,就看得很清楚(见图2-38、图2-39)[①]。如果按H_2S、H_2Se、H_2Te的熔沸点变化趋势向水外推,推测的H_2O熔沸点应在-120℃至-100℃左右! 按水分子的实测极性和极化率计算上节讨论的取向力、诱导力和色散力,求得冰中水分子间的范德华力跟用冰的其他物理性质计算的分子间力小得太多[②]。这表明,H_2O分子之间存在一种未知的力。冰晶体中水分子的取向也启示人们(见图2-40),这种力发生在水中键合的氢原子与另一水分子的氧原子上的孤对电子之间(请复习杂化轨道模型水分子中氧原子上的孤对电子取向)。由此,人们设计了各种模型,总结出氢键的概念。

表2-6　一些氢键的键能和键长[*]

氢键 X—H···Y	键能/($kJ \cdot mol^{-1}$)	键长/pm	代表性分子
F—H···F	28.1	255	$(HF)_n$
O—H···O	18.8	276	冰
O—H···O	25.9	266	甲醇、乙醇
N—H···F	20.9	268	NH_4F
N—H···O	20.9	286	CH_3CONH_2
N—H···N	5.4	338	NH_3

[*] 氢键键长一般定义为X—H···Y的长度,而不定义为H···Y的长度。

如表2-6所示,氢键X—H···Y中的X和Y是电负性很强、半径很小的F、O、N。氢键模型认为,这是由于:一方面,X的电负性越强,将使X—H的键合电子强烈偏向X原子,氢原子核就相对地从键合电子云中"裸露"出来;另一方面,Y电负性越强,半径越小,其孤对电子的负电场就越集中而强烈,已键合的氢原子正电性的裸露原子核就有余力吸引Y原子的孤对电子,形成氢键。除氢外的其他所有原子,核外包裹着电子,原子核不会"裸露",不能代替形成氢键的氢原子角色。

2. 氢键解释了水的特殊物理性质

水的物理性质十分特异。与同周期氢化物相比,冰的密度小、4℃时水的密度最大、水的熔沸点高、水的比热容大、水的蒸气压小等。事实上,水的密度随温

---

① 图2-37和表2-6是用格林伍德,厄恩肖.元素化学. 曹庭礼,等,译.北京:高等教育出版社,1997的数据制作的,其中CH_4的熔点数据与旧数据明显不同。

② 计算表明,氢键的键能要占水分子之间的分子间力总量的六分之五,参见:Levine.物理化学.下册.李芝芬,等译.北京:北京大学出版社,1987;615.

度变化的现象是所有氢化物中的唯一特例;液态水是相对分子质量相近的所有液态中熔沸点最高、比热容最大、蒸气压最小的。

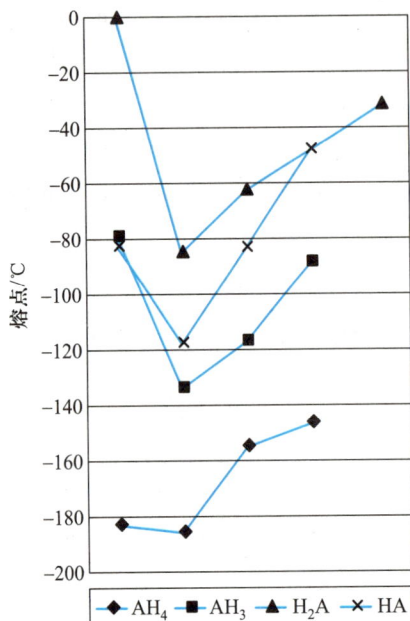

图 2-38   主族元素氢化物熔点对比

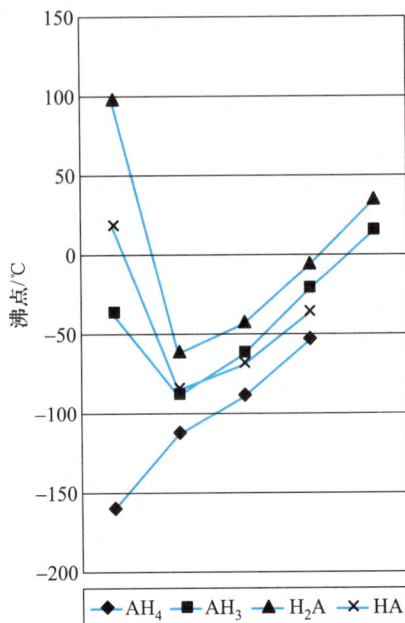

图 2-39   主族元素氢化物沸点对比

水的这些特异物理性质对于生命的存在有着决定性的意义。如若水的熔沸点相当于后三个周期同族氢化物熔沸点变化趋势向前外推的估算值,地表温度下的水就不会呈液态,如今的地貌不可能呈现,生命体不会出现。如若冰的密度比液态水的密度大,如若液态水从 0 ℃升至 4 ℃密度不增大,地球上的所有水体在冬天结冰时,所有水生生物都会冻死。

冰的密度低是由于构成冰的水分子在冰的晶体里空间占有率较低的缘故。换句话说,冰的微观空间里存在很大空隙[①](见图 2-40)。这是由于,每个水分子周围最邻近的水分子只有 4 个(在晶体结构 章里将会讲到,如果把形状相同的接近球或椭球的分子堆积在一起,每个分子周围最近邻的分子数最多可达 12)!冰中水分子有特定取向:水分子的 O—H 键轴正好与近邻水分子氧原子上的孤对电子 σ 轨道的轴重合。这就表明其间的作用力——氢键 O—H⋯O 是有方向性的。氢键有方向性的性质不同于范德华力,而与共价键相同。这又表明,

---

① 冰的已知晶型有 9 种,所有各种冰的晶体的结构都与 SiO_2 的各种晶体结构相似。常见的冰的密度为 $0.92 \text{ g} \cdot \text{cm}^{-3}$,约为最密堆积结构的密度的一半。

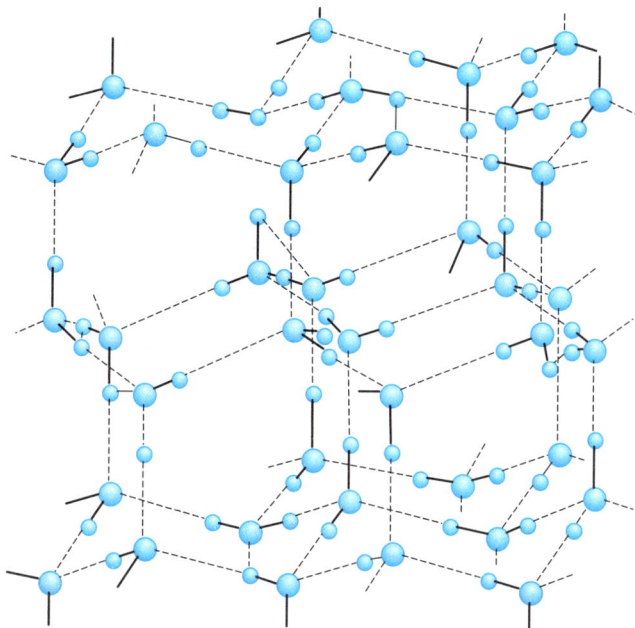

图 2-40　冰的晶体结构

（小球代表氢原子,大球代表氧原子,实线代表 H—O 键,虚线代表氢键）

氢键有饱和性,每摩尔冰里只有 $2N_A$ 个氢键(N_A ——阿伏加德罗常数)。冰的熔化热为 $5.0 \text{ kJ} \cdot \text{mol}^{-1}$,而冰中氢键键能为 $18.8 \text{ kJ} \cdot \text{mol}^{-1}$,假设冰的熔化热完全用于打破冰的氢键而无他用,冰融化为液态水,至多只能打破冰中全部氢键的约 13% [等于 $5/(18.8 \times 2)$]。这就意味着,刚刚熔化的水中仍分布着大量近程有序的冰晶结构微小基团(有人称之为"冰山结构"iceberg)。随温度升高,同时发生两种相反的过程:一是冰晶结构小基团受热不断崩溃;另一是水分子间距因热运动不断增大。0~4 ℃,前者占优势;4 ℃以上,后者占优势;4 ℃时,两者互不相让,导致水的密度最大。水的比热容大,也是由于水升温过程需要打破除范德华力外的额外氢键。水的蒸发热高,原因相同。

3. 氢键对氟化氢是弱酸的解释

氟化氢是卤化氢(HX)里的唯一弱酸。如果从对比 H—X 键的极性和分子变形性出发[①],水分子夺取 HX 中的质子而使 HX 发生酸式解离为 H_3O^+ 和 X^- 的趋势从上到下依次加强应当是无疑的,但单这样考虑 HX 分子的结构因素,氟化氢分子在水中发生酸式解离的强度不会像实测值那样低。用氢键的知识,可按

――――――――――――――――

① HX 的键能从上到下减小似乎也可以解释 HF 更难解离,但 HX 的键能涉及的是键的均裂成原子而不是异裂成离子。

如下所述解释氟化氢是弱酸:其他卤化氢分子在水溶液表现酸性只是它们与水分子反应生成的"游离的"H_3O^+和X^-的能力的反映,但对于 HF,由于反应产物H_3O^+可与另一反应产物F^-以氢键缔合为$[^+H_2OH\cdots F^-]$,酸式解离产物F^-还会与未解离的 HF 分子以氢键缔合为$[F—H\cdots F]^-$,大大降低了 HF 酸式解离生成"游离"H_3O^+和F^-的能力;加之,同浓度的 HX 水溶液相互比较,HF 分子因氢键缔合成相对不自由的分子(见图 2-41),比起其他 HX,"游离"的分子要少得多,这种效应相当于 HX 的有效浓度降低了,自然也使 HF 发生酸式解离的能力降低。

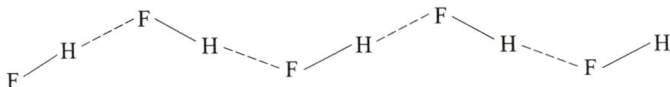

图 2-41   氟化氢分子因氢键缔合形成锯齿状分子链

4. 氢键对某些物质的熔沸点差异的解释

氢键不仅出现在分子间,也可出现在分子内。例如,邻硝基苯酚中羟基上的氢原子可与硝基上的氧原子形成如图 2-42 所示的分子内氢键;图 2-42 中的间硝基苯酚和对硝基苯酚则没有这种分子内氢键,只有分子间氢键。这解释了为什么邻硝基苯酚的熔点比间硝基苯酚和对硝基苯酚的熔点低。

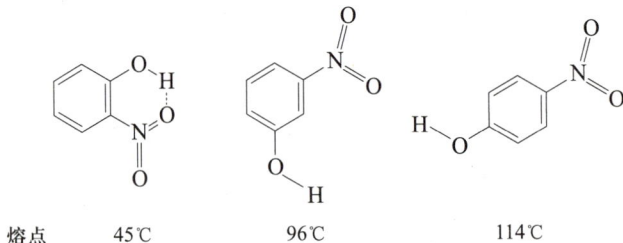

| 熔点 | 45℃ | 96℃ | 114℃ |

图 2-42   邻硝基苯酚的分子内氢键

5. 氢键对生物高分子高级结构的影响

氢键对生物高分子的高级结构有重要意义。例如,生物的遗传基因本质上是就是 DNA(脱氧核糖核酸)分子中的碱基(A、T、C、G)顺序,而 DNA 的双螺旋是由两条 DNA 大分子的碱基通过氢键配对形成的,氢键的方向性和饱和性使双螺旋的碱基配对具有专一性——A 和 T 配对而 C 与 G 配对,即$A\cdots T$由 2 个氢键配对而$C\cdots G$由 3 个氢键配对(见图 2-43),是遗传密码(基因)复制机理的化学基础之一。又如,具有方向性和饱和性的氢键则是蛋白质高级结构(蜷曲、折叠等)构建的原因之一(见图 2-44)[①]。水甚至还成团地以氢键缔合,聚集在一些生物高分子蜷曲、折叠后形成的亲水空腔内,这些缔合水微团不但影响着亲水空腔

---

① 蛋白质高级结构构建的其他原因是双硫键(—S—S—)、疏水性的烃基因分子间力接近而聚集成疏水基团、亲水性的极性基团也因分子间力相近靠拢等。

的形状,进而还影响着生物高分子的高级结构与功能,而且无疑地可容纳如某些离子或小分子等亲水物种,这些的缔合水微团的空间结构及生物功能等属尚未透彻研究的课题。

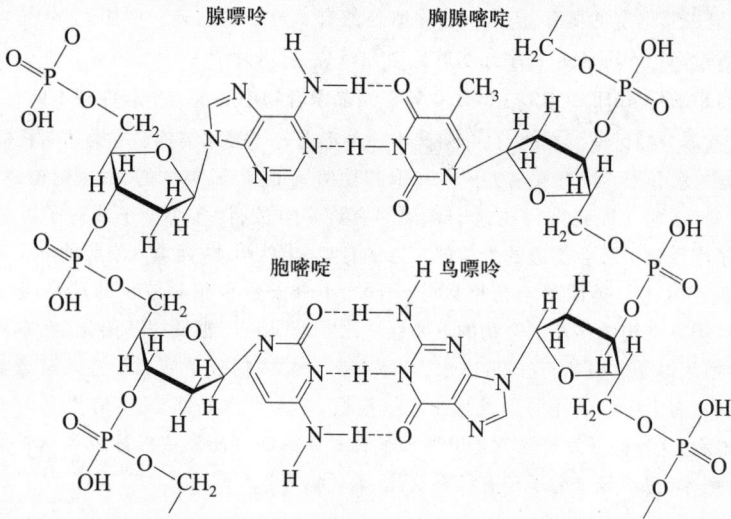

图 2-43　DNA 双螺旋是由氢键使碱基(A⋯T 和 C⋯G)配对形成的

(图中 N—H⋯O,N—H⋯N,O⋯H—N,N⋯H—N,N—H⋯O 是氢键)

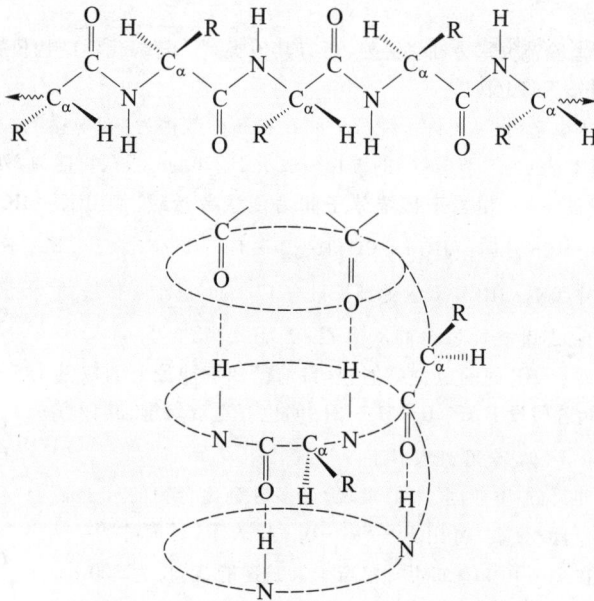

图 2-44　氢键使蛋白质形成 α 螺旋

(图中的短虚线为氢键)

6. 结晶水合物中的类冰结构

水分子间的氢键不仅出现在纯净水或冰中,还经常出现在结晶水合物中。结晶水合物是一个内涵极其丰富的概念,泛指一切除冰外的有水分子的晶体。例如,含结晶水的盐类(如芒硝 $Na_2SO_4 \cdot 10H_2O$)、含结晶水的酸类和碱类、以水分子为"笼"装有各种小分子的水笼合物,如 $8CH_4 \cdot 46H_2O$、$4Cl_2 \cdot 29H_2O$ 等。结晶水合物中的水分子有许多不同存在形态,将在后续章节分散讨论。在此,只介绍其中一种形态——类冰结构。有类冰结构的结晶水合物晶体中,水分子之间存在具方向性和饱和性的氢键,形成类冰的、由氢键构建的、三维的类冰骨架(或叫三维网络),在这个骨架间有许多空腔,许多小分子或离子可装入其中(若水分子间用氢键缔合构建的骨架就是冰的骨架,当然叫冰,而填入空腔的分子则是冰的"杂质",但有时冰与类冰很难严格区分,不过,小分子数量相对较少的还是叫冰更合情理)。具有类冰结构的结晶水合物的重要性质之一是"熔点"很低,其"熔化"在本质上就是类冰结构中氢键受热破坏,变成液态水,类冰骨架空腔内的分子或离子进入液态水形成水溶液,或从液态水中以气体的形式逸出。据报道,在太平洋底部,蕴藏着丰富的天然气资源,微观地看,这种待开发资源就是甲烷分子躲藏在海底高压形成的冰或类冰骨架空腔内形成的可燃冰(海底笼合分子还有稀有气体、硫化氢等)。

2-9-3 分子间作用力的其他类型

分子间作用力除范德华力和氢键外,还有其他类型。随着化学结构研究的深入发展,近年不断有新型分子间力报道。

例如,1995 年以来,报道了许多种分子间存在一种被称为"双氢键"的新型分子间力,可用通式 AH⋯HB 表示。"双氢键"的键长一般小于 220 pm,极限可能为 270 pm,键能从每摩尔几到几十千焦不等,相当于传统分子间力能量数量级,如 $BH_4^- \cdots HCN$、$BH_4^- \cdots CH_4$、$LiH \cdots NH_4^+$、$LiH \cdots HCN$、$LiH \cdots HC \equiv CH$、$H—Be—H \cdots H—NH_3^+$、$H—Be—H \cdots HCN$、$CH_4 \cdots H—NH_3^+$ 等。其中 $BH_4^- \cdots HCN$ 双氢键键长只有 171 pm,远小于传统的氢键键长,是目前已知键长最短的双氢键,键能竟高达 75.44 kJ·mol^{-1},大大超过水和 HF 间的氢键键能,是目前已知键能最大的双氢键。但计算表明,若假设 $H_3C—H \cdots H—CH_3$ 间也存在双氢键,其计算键能小于 1 kJ·mol^{-1},完全可忽略不计。

又如,1960 年后的 40 年间,人们发现,许多含金化合物的分子晶体中,在分子间有金-金键,可用 R—Au⋯Au—R 表示,可简称为"金键"。金键键能在 20~40 kJ·mol^{-1},相当于氢键键能,键长为 300 pm左右(注意:金原子本身半径较大),是分子间力的又一新类型。有的分子间金键使金原子在晶体中几乎处于一个平面,形成"金原子面";有的分子间金键使晶

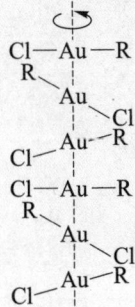

图 2-45 金键

体中的金原子形成一维的"金原子链";有的则使含金分子通过形成金键(R—Au⋯Au—R)发生双分子缔合;还见到过大环状分子的分子内金键的报道。一个具体例子是$(H_3C)_3PAuCl$分子在晶体中沿一螺旋轴螺旋上升(分子轴线则垂直于轴),金原子则在轴上形成⋯Au⋯Au⋯Au⋯链(见图2-45)。含金键的晶体有许多令人振奋的特殊性质,如荧光性质,还在潜影技术和医药等方面有潜在应用价值,深入的研究与功能开发正在进行之中。

2-9-4　范德华半径

范德华半径是指以范德华力作用而相邻的原子半径。例如,碘分子之间因范德华力相互作用($I—I⋯I—I$,其中的虚线表示范德华力),碘分子间相邻碘原子相互靠拢,直至排斥力等于范德华力时,碘原子核之间的平衡距离之半,即为范德华半径[①](如图2-46中的r_v)。范德华半径可以通过实验方法测定。表2-7是一些原子的范德华半径。这套数据是由一个叫邦迪的人给出的[②]。由表2-7可见,周期系从上到下,主族

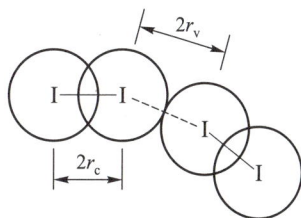

图2-46　范德华半径
(r_c是共价半径,r_v是范德华半径)

非金属元素的范德华半径依次增大(p区和d区金属元素则不尽然,表中的Ge、Sn、Pb;Cu、Ag、Au)。必须指出,范德华半径的数据与共价半径的数据一样,也是一种统计平均值,因为,同一种原子,在分子中表现不同的价态(如O^-和O^{2-}),分子的取向等(如I_2晶体中有的分子间距较小有的分子间距较大)等因素都会影响具体的范德华半径。

范德华半径是考察分子结构的一种重要参考数据。例如,当发现两原子的核间距明显小于范德华半径之和时,可以预言,这两个原子之间一定存在某种比范德华力更强的作用力,如存在氢键或其他分子间力,或者存在共价键或其他化学键。

利用范德华半径和共价半径的数据可以通过几何学计算分子的大小。例如,经计算,Cl_2分子的体积为42.5×10^{-3} nm^3,$H_2C\!=\!CH_2$分子的柱体长度为490 nm,汽油的重要组分正辛烷的体积为150 pm^{3}等。若联系宏观密度数据,还

---

① 除原子外,把分子中的多原子基团看作一个(球状)整体,也可有范德华半径,如甲基(—CH_3)的范德华半径为200 pm。

② 参见:周公度.结构和物性.北京:高等教育出版社,1993:195~198.

可以算出分子间的空隙,如计算结果表明,液态中分子间的空隙占液体总体积的40%~50%,分子则占液体总体积的50%~60%。

表 2-7 一些原子的范德华半径   单位:pm

原子	范德华半径	原子	范德华半径	原子	范德华半径
H	120	Pb	202	He	140
Li	182	N	155	Ne	154
Na	227	P	180	Ar	188
K	275	As	185	Ke	202
Mg	173	Sb	190	Xe	216
B	213	Bi	187	Cu	143
Al	251	O	152	Ag	172
Ga	251	S	180	Au	166
In	255	Se	190	Zn	139
Tl	196	Te	206	Cd	162
C	170	F	147	Hg	170
Si	210	Cl	175	Ni	163
Ge	219	Br	185	Pd	163
Sn	227	I	198	Pt	175

有一种叫作"分子筛"的铝硅酸盐固体,结构中存在很大的笼状空腔,空腔之间又以空洞相通。当由不同大小分子组成的气体通过分子筛时,小分子可穿越分子筛,而大分子则不能,这就好比日常生活里用筛子过筛一样,因而利用分子筛可以分离气体中的不同组分。分子筛也可分离溶液中不同大小的离子。此外,分子筛还可当作"模板",使在分子筛内合成的分子的大小和立体结构受分子筛空腔大小和形状的控制,得到人们预先根据实际需要设计的分子。

2-10 分子对称性(选学材料)

2-10-1 对称性

分子对称性是分子能够被等分为等同部分的性质。分子可被分割的对称等同部分的最高数目叫作分子对称性的阶。阶越高,分子的对称性越高。例如,水、甲醛、二氯甲烷分子均有 4 个等同部分(见图 2-47),它们是 4 阶分子,而图 2-47中的乙醛分子①却只能等分为 2 个等同部分,是 2 阶分子;H_2O、$HCHO$、CH_2Cl_2 比 CH_3CHO 对称性高。宏观物体对称性的含义相同。例如,人体按外形(不计五脏六腑)是 2 阶的;电风扇是 3 阶的;四翼风车是 4 阶的,而照相机却不能等分,它的等同部分就是它自身,是 1 阶的。1 阶物体是真正意义的不对称物体;1 阶分子是真正意义的不对称分子②。

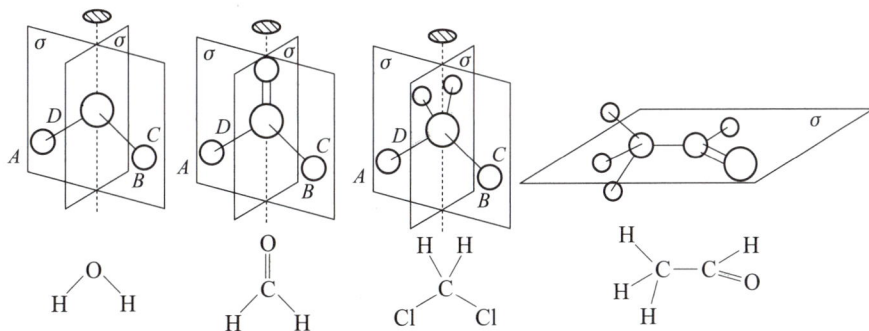

图 2-47 分子对称性的阶

(H₂O、H₂CO、CH₂Cl₂ 都是 4 阶的,乙醛是 2 阶的)

对称性是客观世界恒定性(不变性)的客观反映。客观世界具有不变性,才保持了秩序,保持了物种,客观世界又具有可变性,才有了发展,有了新事物。对称性是客观事物最普遍的性质,学习对称性有助于把握客观世界发展的普遍规律。讨论分子对称性有助于我

① 强调图 2-47中的乙醛分子是因为乙醛分子的单键可自由转动,若其甲基因转动使其氢原子均不在醛基平面上,分子将失去镜面而只有 1 阶。

② 在日常生活中人们说的"不对称"并不一定指 1 阶物体。学习科学概念不要被日常生活中形成的一般观念干扰才好。但由于先入为主,有时容易用不科学的概念来代替科学概念,造成混乱。例如,有的书上说:"水分子不对称,所以有极性。"这句话里的"不对称",从上述对称性的定义看是"用词不当"。

们系统地、逻辑地考察分子的几何构型,加强分子立体结构的认识,提高逻辑思维能力和空间想象能力,获得左脑与右脑并用的训练,从根本上说,有助于提高创造能力。

对称性是一个数学概念,是数学抽象。我们说的对称"等同",必须忽略微小差异,否则,任何宏观物体都是不对称物体(如你的左眼可能比右眼略大等)。当然,忽略对称等同的微小差别也要有个"度",过分忽略不行。例如,请问:自行车几阶?你说 2 阶?可是,自行车左半部与右半部等同吗?自行车没有 2 根链条也没有 2 个飞轮!可见自行车是 1 阶物体,除非你把自行车所有零件都拆除,只剩下主架。那么,自行车两侧的"大腿和脚蹬"不拆行不行?它们等同吗?你可能说等同。错了。为了明辨是非,必须引入对称操作的概念。物体的对称等同部分必能相互变换。使物体对称等同部分变换的操作叫作对称操作。对称操作所依据的几何元素叫作对称元素。

2-10-2　对称操作与对称元素

1. 反映与镜面

作为数学概念的"对称",内容极其丰富,而日常生活里的"对称"概念,通常只是指左右对称。人虫鸟兽的外形,都呈左右对称,而且对称性的阶相同——2阶;而蜗牛、田螺、比目鱼……的外形不能分成左右两半,是 1 阶物体,而且,它们的实物与镜像不同,对于一特定物种而言,自然界又只有其中之一。若考察人虫鸟兽的体内结构,也是不对称的。例如,你是左心人,世上右心人也有,却十分罕见。

左右对称物体的左右两半因存在镜面(对称元素)而互呈镜像关系。任取其左半或右半的任一点,向镜面作垂线,延长垂线至等线段的终点,就得其镜像之对称点,这种操作叫作反映。反映是对称操作,镜面是反映操作所依据的对称元素。通俗地讲,反映就是照镜子,反映操作使实物变镜像,镜像变实物。左右两半因镜面反映而相互变换。自行车左右大腿和脚蹬互为镜像关系吗?它们总是一上一下或一前一后,不能通过穿过整个自行车大梁的面互相反映,所以它们不具有对称等同关系。可见,找到对称元素,实施对称操作,是考察物体对称性的重要方法。因而,对称性也可以定义为,对称性是物体所具有的,实施对称操作之前后不可分辨的性质。

镜面对称是狭义的"对称"概念,也是"对称"一词的起源。镜面对称到处可见,司空见惯。可是,你是否就对它把握得很好?不一定。请你照照镜子,再找出一张你的照片对比一下,镜像里的你和照片上的你一样吗?如果一样,你的照片印反了。镜像里的你是虚幻的你，不是真实的你。镜面反映是只能想象不可能真正实现的对称操作。你的左右两半身互为镜像，通过镜面反映操作而互相变换，这只能想象，永远不可能真正实现。

上面列举的人虫鸟兽是只具有 1 个镜面的物体，是一种对称类型，用符号 C_s 来代表它。有的对称物体存在的镜面不止一个。如图 2-47 中的 H_2O、CH_2O、CH_2Cl_2，都有 2 个相互垂直的镜面。将水分子的 4 个等同部分编了号（A、B、C、D）。不难发现，若依据镜面实施反映操作，图 2-47 中的 A 与 B、C 与 D，或者 A 与 D，B 与 C 可相互变换，这表明它们分别呈镜像关系。然而，A 与 C 或者 B 与 D 却不能借反映操作相互变换，即不存在镜像关系。它们是不是分子中的等同部分？是。可见，水分子除镜面外还存在其他对称元素及其操作。

2. 旋转与旋转轴

如何使图 2-47 中水分子的 A 与 C，B 与 D 相互变换？仔细考察，你会发现图中两个垂直镜面的交线是一根旋转轴。借它旋转 180°，就实现了这种变换。旋转是对称操作。旋转依据的对称元素叫**旋转轴**。水分子里的旋转轴只能旋转 180° 及其任何整数倍而使水分子的等同部分相互变换。这种旋转轴叫作 2 重旋转轴。按旋转轴使物体等同部分发生变换的最小旋转角——360°/n 中的 n 值，可将旋转轴分为 1 重轴、2 重轴、3 重轴……∞ 重轴。前面提到的海螺、比目鱼等都是只有 1 重轴的不对称物体，模型飞机的螺旋桨是只有 2 重轴的物体，三翼电风扇是只有 3 重轴的物体，你小时候折叠的四翼纸风车是只有 4 重轴的物体，球体、椭球体、圆柱体、圆锥体、蛋体……是有 ∞ 重轴的几何体。依据 ∞ 重轴的旋转操作是旋转任意角度都能使物体的等同部分变换。具有 ∞ 重轴的物体叫作无限阶物体，反之为有限阶物体。球体、椭球体、圆柱体、圆锥体、蛋体等都是无限阶物体。

只能找到一根旋转轴的对称类型叫**单轴群**，可用符号 C_n 代表。田螺、螺旋桨、风扇、叠纸风车都属于单轴群，分别只有一根 1、2、3、4 重轴，对称类型的符号分别为 C_1、C_2、C_3 和 C_4。有的物体有两套轴——主轴与副轴——主轴只有 1 根（2、3、4 或任何 $n>2$ 的旋转轴，任何物体都有 1 重轴，不计在内），而副轴是 2 重轴，垂直于主轴，其数量则等于主轴的轴次（2 重主轴有 2 根 2 重副轴，3 重主轴有 3 根 2 重副轴，4 重主轴有 4 根 2 重副轴……），若除旋转轴外无其他对称元素，这些对称类型叫**双轴群**，符号为 D_n。

有更多套旋转轴（不止一根 3 重轴或更高重旋转轴）的对称类型叫作**多轴群**，有 T、O、I 之分，由于很少见，见 2-10-3 节[①]。

---

① 历史上，晶体宏观对称性是最早被研究的，人们由此通称双轴群为"两面群"，多轴群为"立方群"。本节的双轴群和多轴群为非通用术语，是本书编者为便于读者理解创造的术语。

对称等同部分依据旋转轴作旋转操作而变换的关系叫轴对称关系。

试试你的眼力。请判断一下图 2-48 里的分子有什么旋转轴?

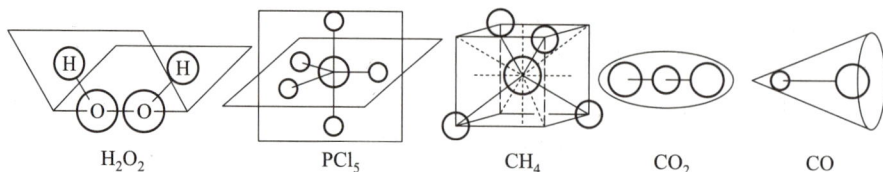

H_2O_2 PCl_5 CH_4 CO_2 CO

图 2-48   分子里的对称轴

依据旋转轴的旋转操作和依据镜面的反映操作属于两类不同性质的操作。旋转操作叫作第一类操作,是可实施的操作。反映操作属于第二类操作,是不可真正实施而只能想象的操作。第一类操作只有旋转,但分为 2 重旋转、3 重旋转、4 重旋转……∞ 重旋转。而第二类操作,除反映外,还有依据对称中心的反演操作、依据旋转-反映轴的旋转-反映操作及依据旋转-反演轴的旋转-反演操作,分别介绍如下。

3. 反演与对称中心

你打过太极拳吗?太极拳里有一个过渡性姿势是双手"抱球"—— 一手在上(手掌向下),一手在下(手掌向上),左手向右,右手向左,方向相反地抱住一只想象中的球。请你摆好这个姿势,想一想:若把这种姿势的两手算作一个物体从你的身体里孤立出来,这个物体是几阶的? 当然是 2 阶(因为单独一只手是不可再分割的不对称物体),这个物体的两手是等同部分。再问:如何实现两手的对称变换? 请想象:以球心为对称元素,从一手的任何一点向球心作连线,延长相同的线段,就得到另一手上的对称等同点。这里的球心是一种对称元素,叫对称中心,依据对称中心的对称操作叫反演。通过反演操作相互变换的对称等同部分呈现中心对称关系。所有物体按有无对称中心可分为两类——中心对称物体和非中心对称物体。

请考察图 2-48 里哪些分子是中心对称分子,哪些分子是非中心对称分子?

反演操作属于第二类对称操作,只可想象,不可能真正实施。

只存在对称中心而无其他对称元素的对称类型的符号是 C_i。

4. 旋转-反映轴(映轴)及其对称操作

再次用双手作教具,学习其他对称元素和对称操作。请将双手取合掌作揖的姿势。这时的双手存在什么对称关系? 镜面对称关系。由此姿势出发,把左手顺时针旋转 180°,或者把右手逆时针旋转 180°,反转也可以。经旋转,双手变成什么对称关系? 中心对称关系。这就是说:右手先经想象中的镜面反映,接着以想象中的垂直于镜面的 2 重轴旋转 180°,就变成了它的等同部分——左手。

请再读一遍这句话里的蓝字——右手经**反映–旋转**变左手！**反映–旋转**,或顺序相反,**旋转–反映**,是一种对称操作,它使物体里的等同部分发生变换。把这种旋转与反映的复合操作称为旋转–反映操作,并把这种复合操作所依据的旋转轴与镜面相结合的对称元素称为旋转–反映轴,简称映轴。

旋转–反映轴跟旋转轴一样,按使对称等同部分发生变换所需要旋转的最低度数($360°/n,n=1,2,3,4,5,\cdots,\infty$)分为1重旋转–反映轴、2重旋转–反映轴……通常用 S_n 作为旋转–反映轴的符号。下面研究一下:

(1) S_1:仍用你的双手作教具:取双手合掌作揖姿势,想象一下,左手旋转360°,紧接着依据垂直于旋转轴的镜面反映,左手变右手。旋转与不旋转不能区别。这就是说:1重旋转–反映轴 = 镜面。所以,若某物体除这种对称元素外无其他对称元素,符号为 S_1,但一般仍用 C_s 为其符号。对于 S_1,镜面是确确实实存在的[见图 2-49(a)]。

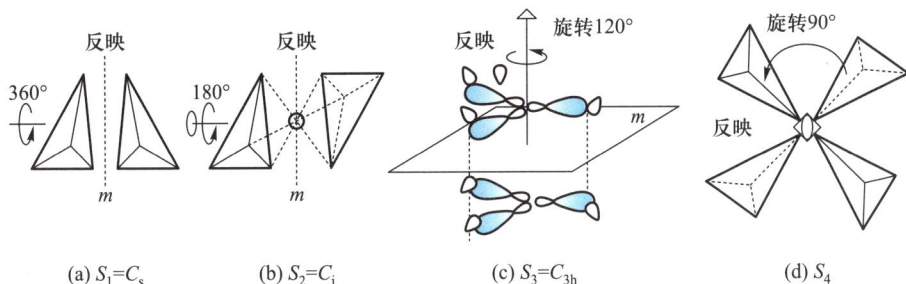

(a) $S_1=C_s$　　　(b) $S_2=C_i$　　　(c) $S_3=C_{3h}$　　　(d) S_4

图 2-49　只有 S_n 对称元素的物体里的对称等同部分的对称关系图解

(2) S_2:前面刚刚分析过了,2重旋转反映轴=对称中心,即 $S_2=C_i$,若无其他对称元素,S_2 或 C_i 就是它所属对称类型的符号,但常用 C_i。对于 S_2,镜面并不确实存在,而代之以存在对称中心[见图 2-49(b)]!

(3) S_3:依据这个对称元素,每旋转120°就要立即反映一次,总共可以有6个操作:旋转120°+反映、再旋转120°+反映……完成所有6个操作,总共出现3只左手和3只右手。这时,你的双手不够用了。请看图 2-49(c)。这是只具有 S_3 对称元素的物体的6个等同部分的图像。只具有 S_3 对称元素的物体是几阶的?6阶。对于这种对称类型,确实存在的是镜面还是对称中心?镜面(σ)。除此之外,还存在什么对称元素?3重旋转轴[3个左手存在3重旋转关系,同时,三只右手也存在3重旋转关系,请看图 2-49(c)]。若无其他对称元素,用 C_{3h} 为符号表示这既存在3重轴又存在与旋转轴垂直的镜面的对称类型。换言之,$S_3=C_{3h}$。

(4) S_4:请看图 2-49(d),依据这种4重旋转–反映轴的对称操作:每旋转90°立即反映一次,每一次操作使物体中存在的4个对称等同部分变换一次。只

有 S_4 对称元素的物体是 4 阶的。这个物体实际存在镜面吗？没有！实际存在对称中心吗？也没有。存在旋转轴吗？存在,但只有 2 重轴。要注意:$S_4 \neq C_2$,因为只有 2 重轴的物体是 2 阶的,如模型飞机螺旋桨;而只有 S_4 的物体是 4 阶的,它不止有 2 重轴,而且有一根与 2 重旋转轴同轴的 4 重旋转-反映轴。

用同样的思路可以继续分析 S_5、S_6、$\cdots$ 旋转-反映操作包含反映,因此,它与单纯的反映操作一样,是只能想象,不可能真正实施的操作,属于第二类操作。

5. 旋转-反演轴与旋转-反演操作

使你的双手呈中心对称关系。左手经反演,得到右手,紧接着将右手旋转 180°,这时,双手呈现什么关系？镜面对称关系！反过来做也一样:使双手呈镜面反映关系,将左手先旋转 180°,紧接着反演,得到右手。总之,反演+180° 旋转或者 180° 旋转+反演复合的操作等于镜面反映操作。按旋转-反演使对称等同部分发生变换的最低旋转度数,360°/n,$n =$ 1,2,3,4,$\cdots$,∞,可将旋转-反演轴分为 1 重、2 重、3 重$\cdots\cdots\infty$ 重旋转反演轴,并用符号 I_1、I_2,I_3,$\cdots$,I_∞ 表示。旋转-反演轴与旋转-反映轴具有相互替代的关系。只需要用一套就可以了。习惯上,研究分子对称性,使用旋转-反映轴,而研究晶体对称性却使用旋转-反演轴。

2-10-3　分子的对称类型

人们用"点群符号"来表达物体的对称类型。例如,前面已经讲到的 C_s、C_i、C_1、C_2、S_1、S_2、$S_3(C_{3h})$、S_4、$\cdots$ 就是点群符号。点群符号表明了该对称类型存在哪些基本对称元素。常见分子以及常见宏观物体、常见几何体的对称类型[①]:

单轴群(C_n)　C_1、C_2、C_3、C_4、$\cdots$（只有 1 根旋转轴的对称类型）分子的阶 = n

例子:C_1：　CHFClBr、海螺、比目鱼、一只手

C_2：H_2O_2（非平面结构）、模型飞机螺旋桨

C_3：$BO(CH_3)_3$（非平面结构）、电风扇

C_4：纸叠风车

C_5：牵牛花（旋复花）

双轴群　（D_n）D_2、D_3、$\cdots$（有 C_n 主轴与 n 根与主轴垂直的 C_2 轴,所有旋转轴相交一点）$2n$ 阶

例子:D_2：联苯（苯平面夹角呈不等于 90° 或 180° 的任意角时）

D_3：乙烷（前后甲基的氢原子不在一个平面上,也不呈 60° 的面夹角时）

---

①　为使读者重视操作,本节不像其他教材那样给出了所有实例的图解,读者应自己动手制作图解,更有必要的是制作立体模型。只有亲自操作,才能学会判断分子对称性。

C_{nh}群　　$C_s(= C_{1h})$、C_{2h}、C_{3h}、…(有 n 重旋转轴和与之垂直相交一点的镜面①)$2n$ 阶

例子:C_s:HNO_3(所有原子在一个平面上,∠HON 夹角稍大于 90°;人兽鸟虫的外形等)

　　　　C_{2h}:反式 ClHC=CHCl

　　　　C_{3h}:H_3BO_3(所有原子在一个平面上,但∠HOB≠180°)

C_{nv}群　　C_{2v}、C_{3v}、…、$C_{\infty v}$(有 n 个等角相交的镜面,而镜面的交线是 n 重旋转轴)$2n$ 阶

例子:C_{2v}:H_2O、CH_2Cl_2、CH_2O、顺式 ClHC=CHCl、长板凳

　　　　C_{3v}:NH_3、CH_3Cl、$POCl_3$、三角锥体

　　　　C_{4v}:四角锥体

　　　　C_{5v}:五角锥体、五角星(帽徽)

　　　　$C_{\infty v}$:HCN、CO、HCNS、HC≡C—C≡C—Cl、圆锥体、圆台体、蛋体

D_{nh}群　　D_{2h}、D_{3h}、D_{4h}、…、$D_{\infty h}$(有 D_n 的对称元素外加与主轴垂直相交一点的镜面)$4n$ 阶

例子:D_{2h}:对二氯苯、$H_2C=CH_2$、长方体(火柴盒等)

　　　　D_{3h}:CO_3^{2-}、NO_3^-、BCl_3、SO_3、PCl_5、三棱柱体、三角双锥体

　　　　D_{4h}:$PtCl_4$(平面四边形)、四棱柱体、四角双锥体

　　　　D_{5h}:五棱柱体、五角双锥体

　　　　$D_{\infty h}$:H_2、O=C=O、椭球体、圆柱体、朝鲜族腰鼓、汉族腰鼓、大鼓等

D_{nd}群　　D_{2d}、D_{3d}、D_{4d}、…(有 D_n 的对称元素外加包含 2 重轴角平分线的 n 个镜面,这些镜面的交线是主轴)$4n$ 阶

例子:D_{2d}:丙二烯

　　　　D_{3d}:椅式环己烷

　　　　D_{4d}:S_8

　　　　D_{5d}:二茂铁

立方群(都有 4 根相交 1 点的 4 重旋转轴,相应于立方体的体对角线方向)

T_d:CH_4、P_4、金刚烷、正四面体(4 根 3 重轴+6 根 2 重轴+包含 2 重轴的镜面)24 阶

O_h:SF_6、立方烷、立方体、正八面体及它们相叠组合的(阿基米德)多面体(具有 4 根 3 重轴+3 根 4 重轴+垂直 4 重轴的镜面等)48 阶

I_d:C_{60}、二十面体、十二面体及它们相叠组合的(阿基米德)多面体(……+5 重轴等)120 阶

S_n(n=偶数)(罕见)

例子:$S_2=C_i$只有对称中心,如 ClBrHC—CHBrCl(有对称中心时)2 阶

……

无限阶群　　K——球;$C_{\infty v}$(见 C_{nv} 部分);$D_{\infty h}$(见 D_{nh} 部分)无穷大阶

———————————

① 除 C_n、D_n 群外的其他群此处只给出了最基本的对称元素,而没有把其中所有对称元素全给出。

2-10-4　分子的性质与对称性的关系

1. 极性

只有一根旋转轴的分子(符号 C_n)及只有 1 根旋转轴和包含这根旋转轴的镜面的分子(符号 C_{nv},包括 $C_s = C_{1v}$)才可能是有极性的。这些分子中的旋转轴是首尾不可翻转的,分子的偶极矩矢量正在其旋转轴上,对分子实施对称操作不会改变分子的偶极矩。相反,所有具有多根旋转轴的或者有垂直于旋转轴的镜面的或者有对称中心的分子都不可能有极性。例如,若分子有对称中心,分子的正电荷中心和负电荷中心正好落在对称中心上。又如,垂直于旋转轴的镜面或垂直于主轴的 2 重轴将使主轴的首尾翻转,如若分子有极性,依据这些对称元素的操作将使偶极矩矢量发生逆转,这就反证了分子不可能有极性。

2. 手性

凡与其镜像不可能在三维空间中完全重合的分子或物体均具有如同一只手一样的构型特征,这种特征被称为手性(chirality,又叫手征性)。异手性物体不能在三维空间里重合,可以比作右手套戴不到左手上。所有手性分子内部均无任何第二类对称元素(对称中心、镜面及任何旋转-反映轴或旋转-反演轴)。可以这样思考:如果分子内有第二类元素,必成对地出现手性相反的最小等同部分(镜面反映或对称中心反演均会改变等同部分的手性,由它们变换的等同部分的手性相反),当这些分子"照镜子",实物中的左手性部分变为右手性部分,反之,右手性部分变为左手性部分,故而实物与其镜像不可区分,可以在三维空间中完全重合。简言之:只有全轴群(C_n——包括 C_1、D_n、T、O、I)的物体或分子有手性。手性分子的重要物理性质是具有旋光性(当一束偏振光通过分子时,偏振光的电磁振动波的平面将发生旋转,这种现象叫做旋光性),因而手性也叫旋光性。手性是旋光性的原因,旋光性是手性的表征。

习　　题

2-1　画出 O_2、H_2O_2、CO、CO_2、NCl_3、SF_4 的路易斯结构式。不要忘记标出孤对电子和分子的总电子数!

2-2　画出硫酸根各共振结构。

2-3　σ 键可由 s-s、s-p 和 p-p 原子轨道"头碰头"重叠构建而成,试讨论 LiH(气态分子)、HCl、Cl$_2$ 分子里的 σ 键分别属于哪一种?

2-4 N$_2$ 分子里有几个 π 键?它们的电子云在取向上存在什么关系?用图形描述之。

2-5 用 VSEPR 模型讨论 CO$_2$、H$_2$O、NH$_3$、CO$_3^{2-}$、PO$_4^{3-}$、PO$_3^-$、PO$_4^{3-}$ 的分子模型,画出它们的立体结构,用短棍代表分子的 σ 键骨架,标明分子构型的几何图形名称。

2-6 讨论上题列举的分子(或离子)的中心原子的杂化类型。

2-7 图 2-13 中丙烷分子中所有化学键都是单键(σ 键),因而可以自由旋转,试问:丙烷分子处在同一个平面上的原子最多可以达几个?若你不能在纸面上讨论,或不敢确认自己的结论,请用立体分子模型来讨论(搭模型有助于更好地掌握立体结构知识;但用模型讨论完后仍要在纸面上画图描述)。

2-8 图 2-13 中的 C$_{10}$H$_{16}$ 叫金刚烷,它的衍生物——金刚胺是抗病毒药物。请问:金刚烷分子里有几个六元环?这些六元环都相同吗?试设想,把金刚烷分子装进一个空的立方体里,分子的次甲基(—CH$_2$—)上的碳原子位于立方体面心位置,分子中的—CH—基团的碳原子,将处在什么立方体的什么位置?金刚烷中的氢原子各取什么方向?在解题或搭模型时不要忘记借用杂化轨道的概念。

2-9 借助 VSEPR 模型、杂化轨道模型、π 键与 σ 键、大 π 键及等电子体等概念,讨论 OF$_2$、ClF$_3$、SOCl$_2$、XeF$_2$、SF$_6$、PCl$_5$ 的分子结构。

2-10 有一种叫作丁三烯的平面分子,请根据其名称画出路易斯结构式,标明分子的价电子总数,再讨论分子中碳原子的杂化轨道、碳-碳键的键角、π 键或大 π 键的取向,用图形来答题。

2-11 实验证明,臭氧离子 O$_3^-$ 的键角为 100°,试用 VSEPR 模型解释之,并推测其中心氧原子的杂化轨道类型。

2-12 第 2 周期同核双原子分子中哪些不能稳定存在?哪些有顺磁性?试用分子轨道理论解释之。

2-13 O$_2^+$、O$_2$、O$_2^-$ 和 O$_2^{2-}$ 的实测键长越来越长,试用分子轨道理论解释之。其中哪几种有顺磁性?为什么?

2-14 试用分子轨道理论做出预言,O$_2^+$ 的键长与 O$_2$ 的键长哪个较短,N$_2^+$ 的键长与 N$_2$ 的键长哪个较短?为什么?

2-15 计算表明,CO、NO 的分子轨道能级图中的 σ$_{2p}$ 轨道和 π$_{2p}$ 轨道的顺序跟 N$_2$ 分子轨道里的顺序相同。它们有没有顺磁性?计算它们的键级,并推测它们的键长顺序。

2-16 为什么大 π 键中的电子数达到轨道数的 2 倍,整个大 π 键就会崩溃?

2-17 NF$_3$ 和 NH$_3$ 的偶极矩(见表 2-4)相差很大,试从它们的组成和结构的差异分析原因。

2-18 C$_2$H$_2$ 的偶极矩等于零,而通式相同的 H$_2$O$_2$ 的偶极矩等于 2.1 D,大于 H$_2$O 的偶极矩(1.85 D),试根据偶极矩的实测结果推测 C$_2$H$_2$ 和 H$_2$O$_2$ 的分子立体结构。

2-19 二氯乙烯有 3 种同分异构体,其中一种偶极矩等于零,另两种偶极矩不等于零。试推测它们的分子结构,做出必要的解释,并在结构式下标示偶极矩大小的顺序。

2-20 图 2-50 所示分子的实测偶极矩为 1.5 D,已知 C—S 键的键矩为 0.9 D,试推测该分子的可能立体结构。

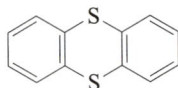

图 2-50 习题 2-20 附图

2-21 水的实测偶极矩为 1.85 D,已知 H—O 键的键矩为 1.51 D,H_2O 的实测键角为 104.5°,借助矢量加和法由 H—O 键矩计算水分子偶极矩。

2-22 一氧化碳分子与醛酮的羰基($\diagdown C{=}O$)相比,键能较大,键长较小,偶极矩则小得多,且方向相反,试从结构角度做出解释。

2-23 极性分子-极性分子、极性分子-非极性分子、非极性分子-非极性分子,其分子间的范德华力各如何构成?为什么?

2-24 考察表 2-5 中 HCl、HBr、HI 的色散力、取向力、诱导力及它们构成的范德华力的顺序,并做出解释。

2-25 元素的范德华半径随周期系从上到下、从左到右有何变化规律?

2-26 从表 2-6 可见,氟化氢分子之间的氢键键能比水分子之间的键能强,为什么水的熔、沸点反而比氟化氢的熔、沸点高?

2-27 为什么邻羟基苯甲酸的熔点比间羟基苯甲酸或对羟基苯甲酸的熔点低?

2-28 温度接近沸点时,乙酸蒸气的实测相对分子质量明显高于用相对原子质量和乙酸化学式计算出来的相对分子质量。为什么?乙醛会不会也有这种现象?

*2-29 根据对称性的概念,以下哪些分子有手性,哪些分子有极性? S_8、N_4S_4、$CH_3—CH_3$、H_2O_2 (非平面结构)、CHCl≡CHCl、C_6H_6、HNO_3、H_2SO_4、SO_3、HOCl。

*2-30 阅读 Linus Pauling & Peter Pauling. Chemistry. W. H. Freeman and Company,1975,180~181,6~13 节。回答如下问题:什么叫电中性原理?怎样用电中性原理解释 HCN 和 N_2O 分子中原子的排列形式?

*2-31 阅读 Linus Pauling & Peter Pauling,Chemistry. W. H. Freeman and Company,1975,174~178,6~12 节。回答如下问题:怎样用 A 和 B 的电负性差估算 A—B 键的离子性百分数?怎样用电负性差估算反应热?

*2-32 在计算机上使用 Chemdraw 等程序画甲烷、乙烷、丙烷、乙烯、乙炔、立方烷、金刚烷、C_{60} 等分子的立体结构图(棍棒式、球棍式、球式等),并使其旋转。

*2-33 分别用程序画联萘和 2,2′-二甲基-1,1′-联萘的立体结构图,使其旋转,观察这两个分子的碳原子是否都在一个平面上,对观察的结果做适当的理论解释。这两种分子是否有手性?为什么?

第 3 章

晶 体 结 构

内容提要

1. 本章第 1~3 节讨论晶体学基本概念,重点是建立晶胞的概念,建立立方、四方、正交、单斜、三斜、六方和菱方七种布拉维晶胞的概念,晶胞参数的定义,以及体心、面心和底心晶胞的概念。本节对晶胞的讨论不涉及较难懂的点阵概念,却增加了有实用价值的原子坐标及体心平移、面心平移和底心平移的概念,与现有教材的讨论方法完全不同,请读者注意。本节第 1,2 两个小节介绍的一些晶体学基本概念在过去的化学教材中涉及很少,尽管它们不是本章的重点,却可扩大视野,增加对晶体学的全面认识,若欲深入了解需学习晶体学教材。本节的最后两小节属于选学材料,也不属本教材的基本内容,但鉴于化学教学界的点阵概念和晶系概念的长期混乱局面,本书特意编制了这两个小节,供有兴趣的读者研读。

2. 本章第 4 节讨论了与金属晶体相关的金属键、金属晶体的堆积模型等,与许多教材的讨论方法也是不相同的,本节的金属键等内容在以往的教科书中放在化学键中讨论,本书将这些内容移入本节,是考虑金属键在金属晶体里讨论更恰当。

3. 本章第 5 节讨论了与离子晶体相关的离子的特征、离子键、晶格能、离子晶体的基本类型及离子晶体结构模型;结构模型重点为堆积-填隙模型和多面体模型。在以往教材中离子键等概念也是在化学键的专章里讨论的。

4. 本章第 6 节讨论了分子晶体和原子晶体。

3-1 晶 体

3-1-1 晶体的宏观特征

通常人们说的"固体"可分为晶态和非晶态两大类。晶态物质,即晶体,是真正意义的固体。在宏观上,晶体有别于橡胶、玻璃、琥珀、树脂等非晶态的最普遍的本质特征是它的"自范性",即晶体能够自发地呈现封闭的规则凸多面体的外形。非晶态物质则没有自范性①。

单一的晶体多面体叫做单晶。有时两个体积大致相当的单晶按一定规则生长在一起,叫作双晶;许多单晶以不同取向连在一起,叫作晶簇。有的晶态物质(如用于雕塑的大块"汉白玉"),看不到规则外形,是多晶,是许多肉眼看不到的微小晶体的集合体。有的多晶压成粉末,放到光学显微镜或电子显微镜下观察,仍可看到整齐规则的晶体外形(见图 3-1)。

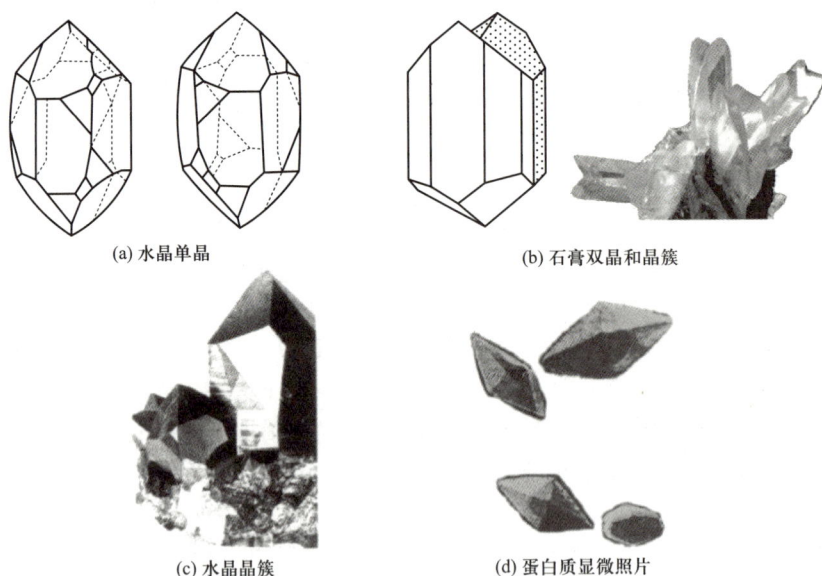

(a) 水晶单晶

(b) 石膏双晶和晶簇

(c) 水晶晶簇

(d) 蛋白质显微照片

图 3-1   晶体自发呈现规则凸多面体外形举例

① 固体物质除晶体和称为玻璃态的非晶态外,还有液晶、类晶等介乎晶态与非晶态之间的状态。液晶和类晶也有某种整齐排列的特性,但在宏观外形和微观结构上却与理想晶体不完全相同。

配制明矾饱和溶液,在容器中央挂一条线,浸入溶液的线端悬一小块明矾晶体(晶种),尽量保持恒温令溶液慢慢挥发,数天后,会发现线端的晶种长大了,呈现八面体外形。再把得到的明矾晶体放进饱和铬钾矾溶液,不久,会发现呈八面体外形的铬钾矾晶体在明矾晶体上生长。这个实验不仅说明晶体会自发呈现规则凸多面体外形,还告诉我们,明矾和铬钾矾是**类质同晶**——$KAl(SO_4)_2 \cdot 12H_2O$ 和 $KCr(SO_4)_2 \cdot 12H_2O$ 组成和结构类同,有相同的外形。

早在 1669 年,丹麦科学家斯丹诺(N.Steno)就发现晶体,如水晶(SiO_2),在自然条件下形成的单晶形状丰富多样,然而,借助几何学知识,却可找到相同的晶面(如图 3-2 中用 R、r、m、… 标记的晶面),而且,确定的晶面之间的二面角——"晶面夹角"是不变的,这叫做晶面夹角不变定律。

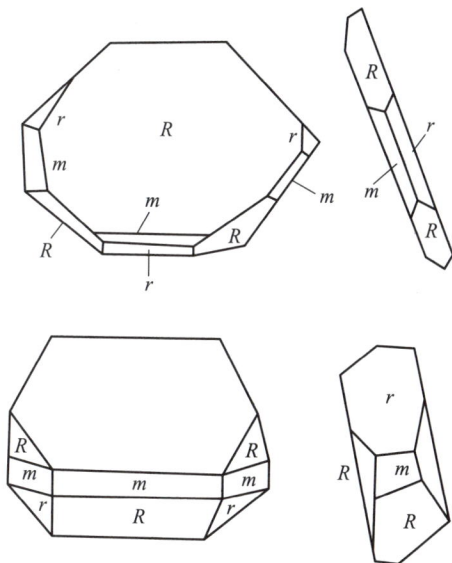

图 3-2   自然生长的水晶晶体

(不同外形的同一种晶体的晶面夹角不变,如图
中的 R 面和 m_1 面夹角恒为 $38°12'40''$)

19 世纪的晶体学家们利用晶面夹角不变的原理,通过几何学作图术,得出许多晶体的**理想外形**。发现晶体理想外形中常常呈现形状和大小相同的等同晶面,具有对称性,如轴对称、镜面对称、中心对称等,借助**对称操作**——**旋转轴**的旋转、**镜面**的反映、**对称中心**的反演及**旋转反演轴**的旋转-反演等,对称等同的晶面相互变换。这种观察经系统化,形成了晶体的宏观对称性理论,发现晶体的**宏观对称性**只有 32 种可能组合,称为 32 **晶类**,也叫 32 点群。对称性是晶体的重要特征。

　　一种晶体经常呈现的外形称为它的**习性**。晶体习性主要取决于晶体本性,但有时也与生长条件有关。同一种晶体在不同条件下有可能呈现不同的外形。例如,若氯化钠从含10%尿素的食盐饱和溶液里结晶,晶体的外形不是立方体而是八面体。这并不意味着晶体的微观结构变了,只是由于晶体生长环境的改变使晶体的不同晶面的生长速率改变了。图3-3是一个例子。这个例子也暗示了,立方体和八面体或由两者组合而成的削角立方体等晶体外形,在晶体学对称性上是相同的。有的晶体呈针状,有的呈片状,有的则呈块状,这也是晶体的习性。例如,三种晶体都有呈现六角柱体外形的习性,却可能分别是块状、针状或片状的(见图 3-4)。

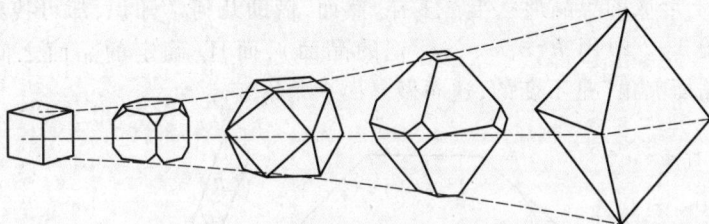

图 3-3　由于在一定条件下生长速率最快的某晶面(图中为立方体的晶面)
在晶体生长过程中逐渐消失引起晶体外形的变化

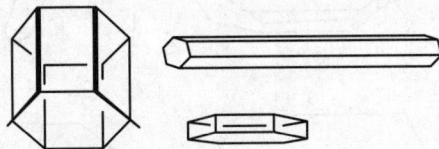

图 3-4　六角柱体的块状、针状和片状晶体

　　除了自范性和对称性,晶体的宏观特征还有均一性、各向异性等。晶体的质地均匀,在一定压力下具有确定的熔点;晶体的导热、导电、光的透射、折射、偏振、压电性、硬度等物理性质常因晶体取向不同而异,叫作**各向异性**。晶体导热的各向异性的实验验证方法之一如下:在水晶的柱面上涂一层蜡,用红热的针接触蜡面中央,蜡熔化呈椭圆形而不呈圆形,这是由于水晶柱面长轴方向与短轴方向传热速率不同。又如,从不同方向观察红宝石或蓝宝石,会发现宝石的颜色不同,这是由于方向不同,晶体对光的吸收性质不同。再如,把画有图案的纸放在一块透明的方解石(碳酸钙的一种天然矿物)下面,透过方解石观察,可以看到这个图案有两个影像,这是由于方解石晶体对光线有双折射性等。晶体的这些性质属于晶体物理学的研究范畴。

3-1-2　晶体的微观特征——平移对称性

　　在晶体的微观空间中,原子呈现周期性的整齐排列。对于理想的完美晶体,这种周期性是单调的,不变的。图3-5是一个例子。在图中两个箭头方向上,相隔一定的距离,总有完全相同的原子排列出现。若向其他任何方向画一箭头,结果一样。这是晶体的普遍特征,叫做平移对称性。

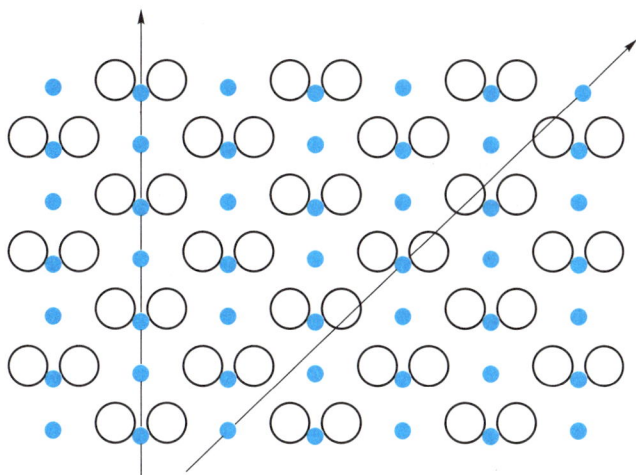

图 3-5 晶体微观特征——平移对称性

(图中斜上箭头方向的一个平移量约相当于向上箭头方向一个平移量的5倍)

宏观晶体的规则外形正是晶体的平移对称性这种微观特征的表象。例如,图 3-6 以氯化钠为例描绘了晶体微观对称性与宏观外形的联系。图中标 2、3、4 的轴叫做旋转轴,依据它们旋转 180°、120°、90°,晶体的结构和外形不会改变。图 3-6 通过对比微观和宏观的旋转轴的方位,以表明晶体宏观特征是它的微观特征的体现。

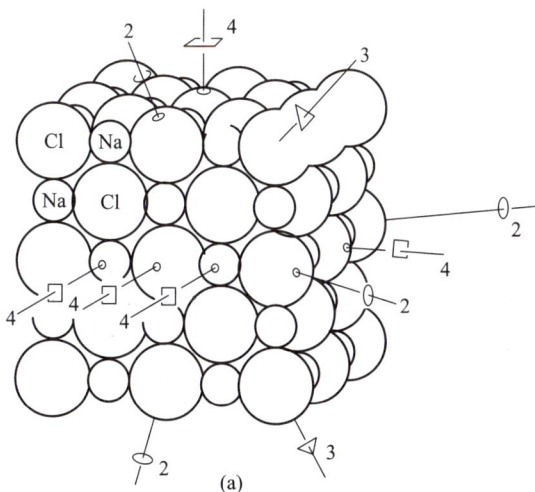

(a)

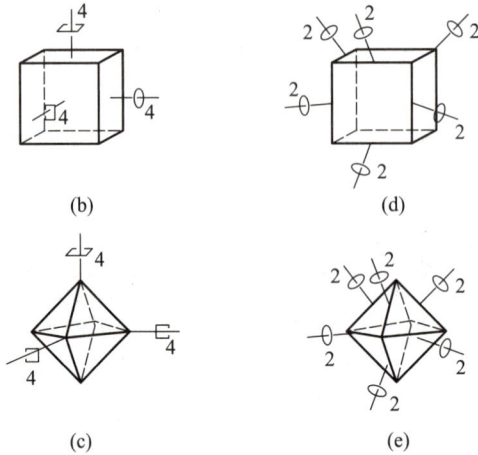

图 3-6   晶体的微观对称性（a）与它的宏观外形（b，c，d，e）的联系

相反，非晶态不具有晶体微观结构的平移对称性。图 3-7 对比了晶态和非晶态的微观结构，可以看出，晶体微观空间里的原子排列，无论近程还是远程，都是周期性有序结构，而非晶态只在近距有序而远距则无序，无周期性规律。

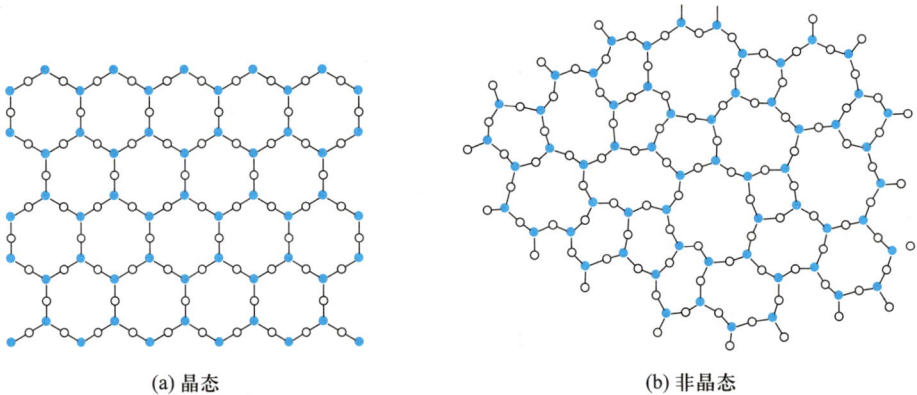

(a) 晶态   (b) 非晶态

图 3-7   晶态与非晶态微观结构的对比

19 世纪后半叶，俄国人费多罗夫（E. S. Fedorov）、德国人熊富利斯（A. M. Schönflies）和英国人巴罗（W. Barlow）先后独立地得出结论，晶体微观空间中的原子图案，总共有 230 种可能的对称组合，称为 230 空间群，而对 230 空间群进行不同的归类，还可得出 32 晶类、14 空间点阵型式、6 晶族和 7 晶系等。20 世纪初，德国人劳埃（M. von Laue）开创了晶体的 X 射线衍射技术，随后许多人测定了大量晶体结构，证实了这一庞大复杂而完美无缺的几何晶体学理论，构成人类认识史上一个美丽动人的篇章。

3-2 晶　　胞

3-2-1 晶胞的基本特征

　　用锤子轻轻敲击具有整齐外形的晶体(如方解石),会发现晶体劈裂出现的新晶面与某一原晶面是平行的,这种现象叫作晶体的解理性。古人由晶体解理性猜测,晶体是由无数肉眼看不见的,形状、大小、取向相同的微小几何体堆积而成的,后来,这种观念发展成晶胞的概念——整块晶体是由完全等同的晶胞无隙并置地堆积而成的。"完全等同"可从"化学上等同"和"几何上等同"两个方面来理解。"化学上等同"指晶胞里原子的数目和种类完全等同;"几何上等同"既指所有晶胞的形状、取向、大小等同,又指晶胞里原子的排列(包括空间取向)完全等同。"无隙并置"即一个晶胞与它的比邻晶胞是完全共顶角、共面、共棱的,取向一致,无间隙,从一个晶胞到另一个晶胞只需平移,不需转动,进行或不进行平移操作,整个晶体的微观结构不可区别。晶胞的这种本质属性可归纳为晶胞具有平移性。

　　[例1]　图3-8中的晶胞是指实线小立方体呢还是指虚线大立方体? 为什么?

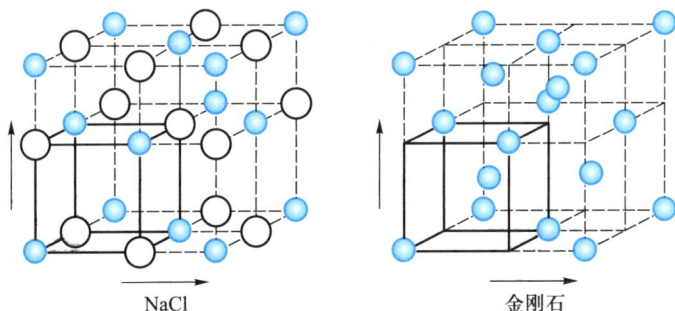

NaCl　　　　　　　　　金刚石

图 3-8　哪个是氯化钠晶胞? 哪个是金刚石晶胞?

　　[答]　图3-8中的小立方体不具有平移性,因为它与相邻的小立方体并非等同。相反,大立方体才具有平移性,在它的上下左右前后都有无隙并置的完全等同的立方体,只是没有画出来而已,因此大立方体才是晶胞,小立方体不是晶胞。

　　注意:永远不要把晶胞看成孤立的多面体,而应视为晶体微观空间里的一个单元,看见它,就要想象它的上下左右前后有完全相同的晶胞。

　　晶胞具有等同的顶角、等同的平行面和等同的平行棱是晶胞平移性这一本质特征的必然推论。这里的所谓"等同",包括"化学上等同"(原子或分子等同)和"几何上等同"(原子的排列与取向),不具有平移性就不是晶胞。

可以选为晶胞的多面体很多,只要它们可无隙并置地充满整个微观空间,即具有平移性,都可以选取,如图 3-9 所示的五种①。但应强调指出,若不指明,三维的"习用晶胞"都是平行六面体,即图 3-9(a)的一种(二维平面上的晶胞则是平行四边形),叫做布拉维晶胞,即通常所指的晶胞。

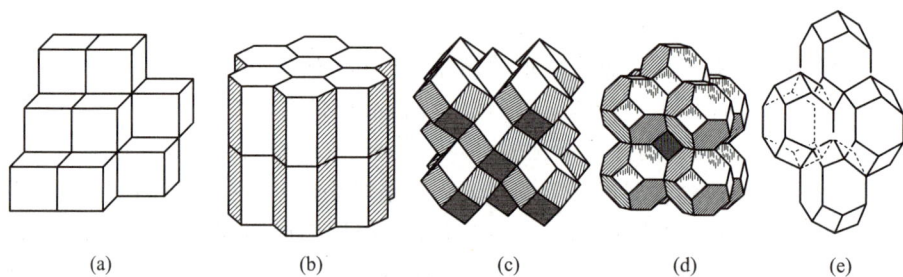

图 3-9   多面体只要可无隙并置地充满整个微观空间,
都可被选为晶胞用,但习用晶胞是平行六面体(a)

[例 2]   某些晶体,如金属镁,在历史上曾用六方柱体作为它的晶胞。图 3-10 用实线画出了这种过时的晶胞。有人说,一个六方柱体晶胞包含三个布拉维晶胞(图 3-10 中用实线画出了 3 个平行六面体)。这种说法对吗?

[答]   不对。只能选取其中任何一个平行六面体为布拉维晶胞而不能同时选三个。因为在同一个六方柱体里的三个平行六面体尽管无隙却不并置,从一个平行六面体到另一个平行六面体需要转动,并非平移关系。图 3-10 用虚线画出了选取六方柱体前右平行六面体为晶胞时的相邻晶胞之一(请读者用虚线自行画出更多的相邻晶胞)。

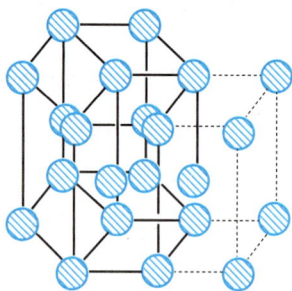

图 3-10   六方柱体晶胞
和习用晶胞的关系

警告:习惯使用的晶胞是布拉维晶胞,必为平行六面体;所有晶胞在晶体中取向相同。

---

①   图 3-9 的五种可无隙并置地填满整个空间的多面体是费多罗夫证明的,可称为费多罗夫体。需补充说明的是,费多罗夫体是拓扑型,只要保持平行面和平行棱的特征,每一种费多罗夫体的面间角是可任意改变的。例如,图中的六方柱体的底面上三对平行棱的边长不等而成不正的平行六角形,或者柱面与底面的夹角不是 90° 而以其他角度呈斜柱体,都仍可以无隙并置。其他费多罗夫体具有相同的性质。除费多罗夫体外,还有所谓布里渊体,不必是凸多面体,也可被选为描述晶体结构的晶胞,其形状更为复杂多样。

3-2-2　布拉维系

平行六面体的几何特征可用边长关系和夹角关系确定。布拉维晶胞的边长与夹角叫作**晶胞参数**,其定义如图 3-11 所示(注意:不要弄错夹角与边的相互关系)。共有 7 种不同几何特征的(三维)晶胞,称为**布拉维系**(Bravais system)[①](见图 3-12),它们的名称、英文名称、符号及几何特征如下:

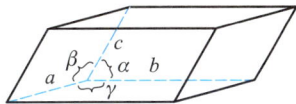

图 3-11　晶胞参数的定义

(1) 立方,cubic (c) $a = b = c$,$\alpha = \beta = \gamma = 90°$(只有 1 个晶胞参数 a 是可变动的);

(2) 四方,tetragonal (t) $a = b \neq c$,$\alpha = \beta = \gamma = 90°$(有 2 个晶胞参数 a 和 c);

(3) 正交,orthorhomic (o) $a \neq b \neq c$,$\alpha = \beta = \gamma = 90°$(有 3 个晶胞参数 a、b 和 c);

(4) 单斜,monoclinic (m) $a \neq b \neq c$,$\alpha = \gamma = 90°$,$\beta \neq 90°$(有 4 个晶胞参数 a、b、c 和 β)[②];

(5) 三斜,anorthic (a) $a \neq b \neq c$,$\alpha \neq \beta \neq \gamma$(有 6 个晶胞参数 a、b、c、α、β 和 γ)[③];

(6) 六方,hexagonal (h) $a = b \neq c$,$\alpha = \beta = 90°$,$\gamma = 120°$(有 2 个晶胞参数 a 和 c);

(7) 菱方,rhombohedral (R) $a = b = c$,$\alpha = \beta = \gamma$(有 2 个晶胞参数 a 和 α)。[④]

---

① 布拉维系(Bravais system)是晶体学权威著作《晶体学国际表》(1983)建议的名称。二维布拉维系有 4 种几何形状不同的晶胞(正方形、矩形、菱形和无边长与夹角不定的平行四边形);三维布拉维系有 7 种几何形状不同的晶胞。法国人至今把布拉维系称为“晶系”。但国际表规定的国际通用的晶系(crystal system)却不同于布拉维系,它是按晶体的对称轴系定义的,它也是 7 系,但其中一种叫三方(trigonal)不叫菱方(rhombohedral)。晶系划分与布拉维晶胞划分并不一一对应,其复杂性为,三方晶系取用的晶胞可能是布拉维菱方晶胞,也可能是布拉维六方晶胞;而布拉维六方晶胞对应的晶系可能是六方晶系也可能是三方晶系。许多教材至今将这两种不同的体系混为一谈,并在表述三方、六方和菱方的概念时造成混乱。

② 单斜点阵单位有 2 种不同的系统,$a \neq b \neq c$,$\alpha = \gamma = 90°$,$\beta \neq 90°$,或者 $a \neq b \neq c$,$\alpha = \beta = 90°$,$\gamma \neq 90°$,化学家习惯上取前者,而前者用计算机处理时更方便。本书沿用化学家的习惯。

③ 三斜的英文过去一直用 triclinic,因其第一个字母与四方相重合,不便取缩写符号,近年改为 anorthic。

④ 菱方,本书编者建议的 rhombohedral 中文译名,过去长期译为菱面体,改译为菱方的好处是与布拉维系其他几种晶胞的双音节词相匹配。有的教科书不恰当地称菱方为“三方”(trigonal)。另外,有的晶体学家宁愿用一种带心的六方晶胞来代替菱方晶胞而取消菱方晶胞,但未被晶体学国际表接受。

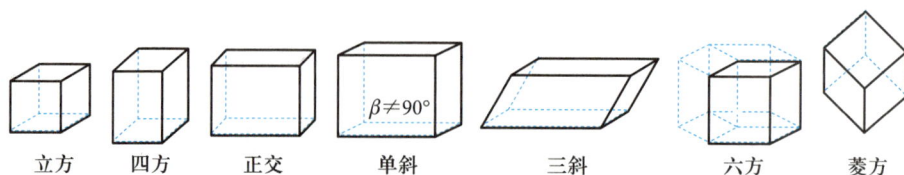

图 3-12   晶胞按平行六面体几何特征的分类——布拉维系

3-2-3   晶胞中原子的坐标与计数

通常用矢量 $xa+yb+zc$ 中的 x,y,z 组成的三数组来表达晶胞中原子的位置，称为原子坐标。例如，位于晶胞原点（顶角）的原子的坐标为 0,0,0；位于晶胞体心的原子的坐标为 1/2,1/2,1/2；位于 ab 面心的原子坐标为 1/2,1/2,0；位于 ac 面心的原子坐标为 1/2,0,1/2 等（见图 3-13）。原子坐标绝对值的取值区间为 $1>|x(y,z)|\geqslant 0$。若取值为 1，相当于平移到另一个晶胞，与取值为零毫无差别（简言之："1 即是 0"）。例如，位于晶胞顶角的 8 个原子的坐标都是 0,0,0。不要忘记：只要晶胞的一个顶角有原子，其他 7 个顶角也一定有相同的原子，否则这个平行六面体就失去了平移性，就不是晶胞了。同理，两个平行的 ab 面的面心原子的坐标都是 1/2,1/2,0，而且有其一必有其二，否则也不再是晶胞了。反之，坐标不同的原子即使是同种原子，也不能视为等同原子[①]，如坐标为 1/2,1/2,0 的原子与坐标为 0,1/2,1/2 的原子不是等同的。如图 3-13 画了 15 个原子，然而，若考察原子坐标，却只有 4 种原子坐标，可见图中的晶胞只有 4 个原子！

	原子坐标	平均每个晶胞中的原子个数
	0, 0, 0	$8\times\frac{1}{8}=1$
	$\frac{1}{2},\frac{1}{2},\frac{1}{2}$	1
	$\frac{1}{2},0,\frac{1}{2}$	$2\times\frac{1}{2}=1$
	$\frac{1}{2},0,0$	$4\times\frac{1}{4}=1$

图 3-13   晶胞中的原子坐标与计数举例

[①]   这里"等同"的英文是 identical。等同原子（identical atoms）是指通过 x,y,z 为整数值的平移能够重复的原子。在晶体学里还常使用 equivalent 一词来讨论晶胞中原子的相关性，后者不应译为等同，而应译为等效或等价。等效原子（equivalent atoms）是指通过镜面反映、旋转轴旋转等对称操作相互变换的原子。

3-2-4　素晶胞与复晶胞——体心晶胞、面心晶胞和底心晶胞

晶胞是描述晶体微观结构的基本单元,但不一定是最小单元。晶胞有**素晶胞**和**复晶胞**之分。素晶胞,符号 **P**,是晶体微观空间中的最小基本单元,不可能再小。素晶胞中的原子集合相当于晶体微观空间中的原子作周期性平移的最小集合,叫作**结构基元**。复晶胞是素晶胞的多倍体,分**体心晶胞**(2 倍体),符号 **I**;**面心晶胞**(4 倍体),符号 **F**;以及**底心晶胞**(2 倍体)三种。

(1) 体心晶胞的特征是晶胞内的任一原子作体心平移[原子坐标 +(1/2, 1/2,1/2)]必得到与它完全相同的原子。例如,若晶胞内有一个坐标为 0,0,0 的原子(即处于晶胞的顶角),必同时有一个坐标为 1/2,1/2,1/2 的相同原子(处于晶胞体心)。

检验某晶胞是否体心晶胞的方法很多。① 如果晶胞中的原子很少,可直接考察它们的原子坐标。例如,若在一个晶胞里只有 2 个原子,一个原子的坐标为 0,0,0,另一个原子的坐标为 1/2,1/2,1/2,而且它们是同种原子,这个晶胞是体心晶胞。若它们不是同种原子,表明不能作体心平移,是素晶胞。② 将晶胞的框架移至体心,得到的新晶胞与原晶胞毫无差别时,是体心晶胞(为此要在图中按原子的固有排列方式画出更多的原子,而且在移动晶胞框架时不要移动图中的原子)。③ 考察处于晶胞顶角的原子本身及其周围环境与处于体心的原子及周围环境是否相同,如果相同,这种晶胞就是体心晶胞。

[**例 3**]　图 3-14 中哪种晶胞(实线的立方体)是体心晶胞?

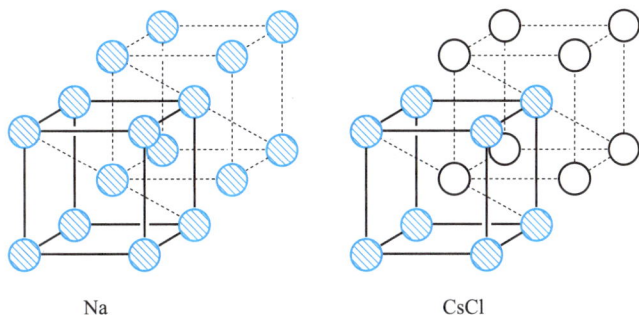

Na　　　　　　　　　　　CsCl

图 3-14　体心晶胞与非体心晶胞的例子

[**答**]　金属钠的晶胞是体心晶胞而氯化铯是素晶胞。金属钠晶胞中只有 2 个原子,它们的原子坐标分别为 0,0,0 和 1/2,1/2,1/2,而且它们是同种原子,说明晶胞具有体心平移的特征,故为体心晶胞。氯化铯晶胞虽也有 2 个与金属钠晶胞原子坐标相同的原子,但一个是氯,

另一个是铯,不具有平移关系(注意:平移关系是平移前后结构不可区分),因此是素晶胞。

[**例 4**]   图 3-15 的赤铜矿晶胞($a = 426$ pm),是否是体心立方晶胞?

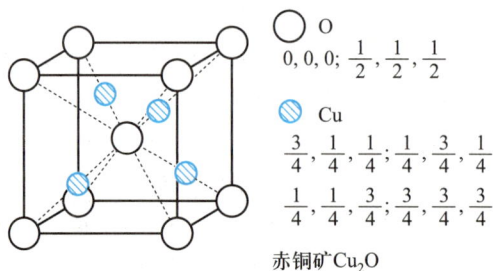

O
$0, 0, 0; \dfrac{1}{2}, \dfrac{1}{2}, \dfrac{1}{2}$

Cu
$\dfrac{3}{4}, \dfrac{1}{4}, \dfrac{1}{4}; \dfrac{1}{4}, \dfrac{3}{4}, \dfrac{1}{4}$
$\dfrac{1}{4}, \dfrac{1}{4}, \dfrac{3}{4}; \dfrac{3}{4}, \dfrac{3}{4}, \dfrac{3}{4}$

赤铜矿 Cu_2O

图 3-15   赤铜矿晶胞

[**答**]   不是体心立方晶胞。请考察图 3-16:该图画出了一个顶角氧原子周围的铜原子分布。其中 3 个铜原子在晶胞外边。请考察晶胞的其他 3 个顶角氧原子周围的铜原子,就可明白新添加的 3 个铜原子是怎么画出来的。例如,图中左前下角氧原子的右上后方有一个铜原子(坐标:3/4,1/4,1/4),既然晶胞的 8 个顶角是毫无区别的(坐标都是 0,0,0),因此该图右上后角的氧原子的周围也应有这样一个铜原子,余者推。于是,可以看出,赤铜矿顶角原子与体心原子的周围环境(它们周围的 4 个铜原子的取向)是不同的,可见赤铜矿晶胞顶角氧原子和体心氧原子不存在体心平移关系。图 3-16 右图则是将原晶胞框架移至原体心原子,明显可见,所得新晶胞不同于原晶胞。

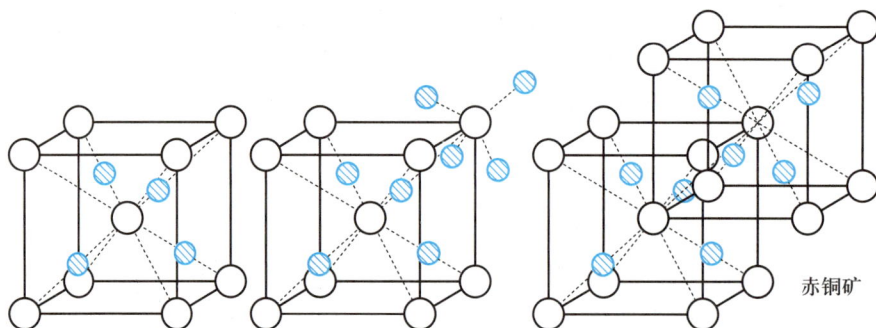

赤铜矿

图 3-16   赤铜矿晶胞不是体心立方晶胞而是素立方晶胞

(2)面心晶胞的特征是可作**面心平移**,即所有原子均可在其原子坐标上作 +(1/2,1/2,0;0,1/2,1/2;1/2,0,1/2)的平移而得到周围环境完全相同的原子。如晶胞顶角有一个原子,在晶胞三对平行面的中心必有完全相同的原子(周围环境也相同)。

[**例 5**]   图 3-17 中哪个晶胞是面心晶胞?

[**答**]   (a)金属铜是面心晶胞;(b)Cu_3Au 是素晶胞。

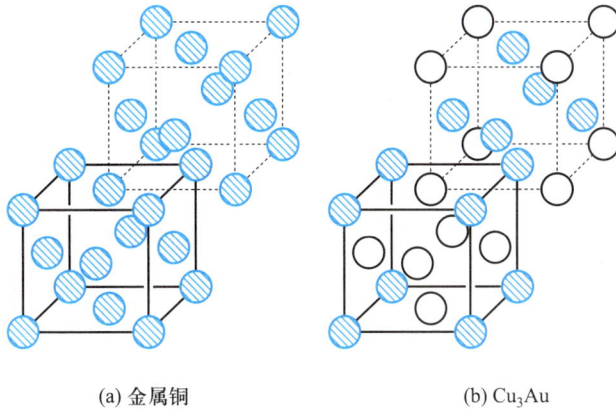

(a) 金属铜　　　　　　　　　(b) Cu₃Au

图 3-17　面心晶胞与非面心晶胞举例

[例 6]　金刚石、干冰晶胞(见图 3-18)是不是面心晶胞?

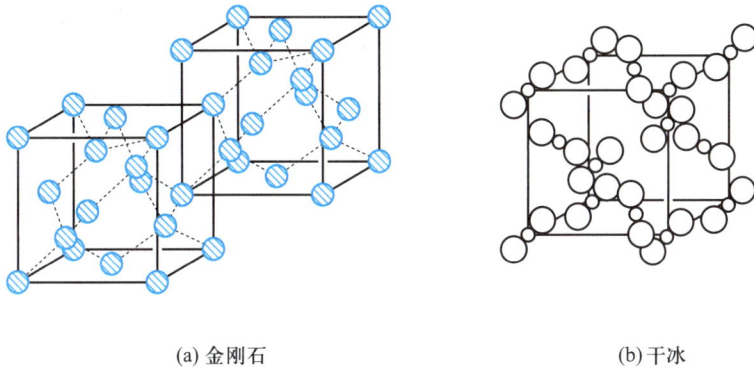

(a) 金刚石　　　　　　　　　(b) 干冰

图 3-18　金刚石晶胞和干冰晶胞

[答]　金刚石晶胞中有 8 个原子,它们的原子坐标分别是 0,0,0(顶角原子);1/2,1/2,0;1/2,0,1/2;0,1/2,1/2(3 个面心原子);3/4,1/4,1/4;1/4,3/4,1/4;1/4,1/4,3/4 和 3/4,3/4,3/4(4 个分处晶胞 4 条体对角线上的原子);前 4 个原子无疑是面心平移关系。后 4 个原子也是面心平移关系,如对坐标为 3/4,1/4,1/4 的原子的坐标上分别加面心平移坐标:

$$
\begin{array}{r}
\frac{3}{4}\quad\frac{1}{4}\quad\frac{1}{4} \\
+)\ \frac{1}{2}\quad\frac{1}{2}\quad0 \\
\hline
\frac{1}{4}\quad\frac{3}{4}\quad\frac{1}{4}
\end{array}
\qquad
\begin{array}{r}
\frac{3}{4}\quad\frac{1}{4}\quad\frac{1}{4} \\
\frac{1}{2}\quad0\quad\frac{1}{2} \\
\hline
\frac{1}{4}\quad\frac{1}{4}\quad\frac{3}{4}
\end{array}
\qquad
\begin{array}{r}
\frac{3}{4}\quad\frac{1}{4}\quad\frac{1}{4} \\
0\quad\frac{1}{2}\quad\frac{1}{2} \\
\hline
\frac{3}{4}\quad\frac{3}{4}\quad\frac{3}{4}
\end{array}
$$

结果得到另外 3 个原子的坐标,可见,这 4 个原子也具有面心平移关系,换言之,金刚石晶胞的结构基元为 2 个原子(0,0,0 和 3/4,1/4,1/4)的集合,这 2 个原子分别作面心平移,得到 8 个原子,结论:金刚石晶胞具有面心平移的特征,是面心晶胞。

干冰晶胞无疑不是面心晶胞。因为该晶胞中有 4 个取向不同的二氧化碳分子,它们是不可能进行面心平移的。例如,顶角二氧化碳分子是一种取向(为什么 8 个顶角二氧化碳分子的取向必定相同?),3 对面心的二氧化碳分子的取向与顶角二氧化碳分子的取向都不同,而且它们也互不相同。

(3)底心晶胞的特征是可作<u>底心平移</u>,即晶胞中的原子能发生如下平移: $+(1/2,1/2,0)$,称为 C 底心;$+(0,1/2,1/2)$,称为 A 底心;$+(1/2,0,1/2)$,称为 B 底心。底心平移是指只能发生其中一种平移。

[例 7]   图 3-19 中的实线给出了碘的晶胞(正交晶胞),请问:它是什么底心晶胞?

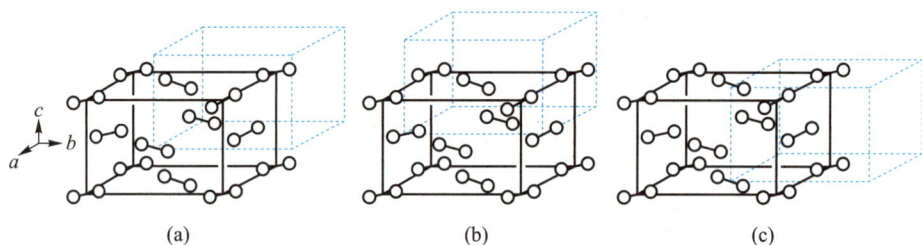

图 3-19   底心晶胞举例(I_2)

[答]   将晶胞原点移至 bc 面心(a)和 ab 面心(c)均不能使所有原子坐标不变,只有将晶胞原点移至 ac 面心(b)才得到所有原子坐标不变的新晶胞,可见碘的晶胞是 B 底心(正交)晶胞[①]。

3-2-5   14 种布拉维点阵型式

布拉维系有 7 种不同几何特征的晶胞(3-2-2 节);晶胞又有素晶胞、体心晶胞、面心晶胞和底心晶胞之分(3-2-4 节)。那么,布拉维系的 7 种晶胞是否都既有素晶胞又有复晶胞呢? 19 世纪中叶,法国晶体学家布拉维(Bravais)严密地论证了这个问题,得出结论如下:布拉维系 7 系和晶胞的素、复结合,总共只有 14 种晶胞,如表 3-1 和图 3-20 所示,在晶体学中,称为<u>布拉维点阵型式</u>[②]。表

---

① 注意:这里的 B 底心是按图 3-19 而言的,晶胞矢量 a、b、c 长度不同,存在取向问题,若其他书取不同轴向,底心符号不同。

② 图 3-20 中的每个小黑点是晶胞中的一个结构基元的抽象,叫作点阵点。点阵点的系列叫作点阵。所以图 3-20 叫作点阵型式。晶胞的形状与大小与点阵单位的形状与大小完全相等。但晶胞图给出具体的原子而点阵单位图只给出点阵点。注意:晶胞(crystal cell)和点阵单位(lattice unit)在许多文献中是不加区分地混用的。

3-1给出了这 14 种晶胞的符号。其中小写字母 c、t、o、m、a、h 是所谓"晶族"（crystal family）的代号，大写字母 P、I、F 分别代表素晶胞、体心晶胞和面心晶胞，A、B、C 代表底心晶胞，R 则只代表布拉维系的菱方晶胞。小写字母和大写字母结合，是一种既涉及布拉维系又涉及素、复的晶胞代号。例如，cP 是素立方晶胞，cI 是体心立方晶胞等。

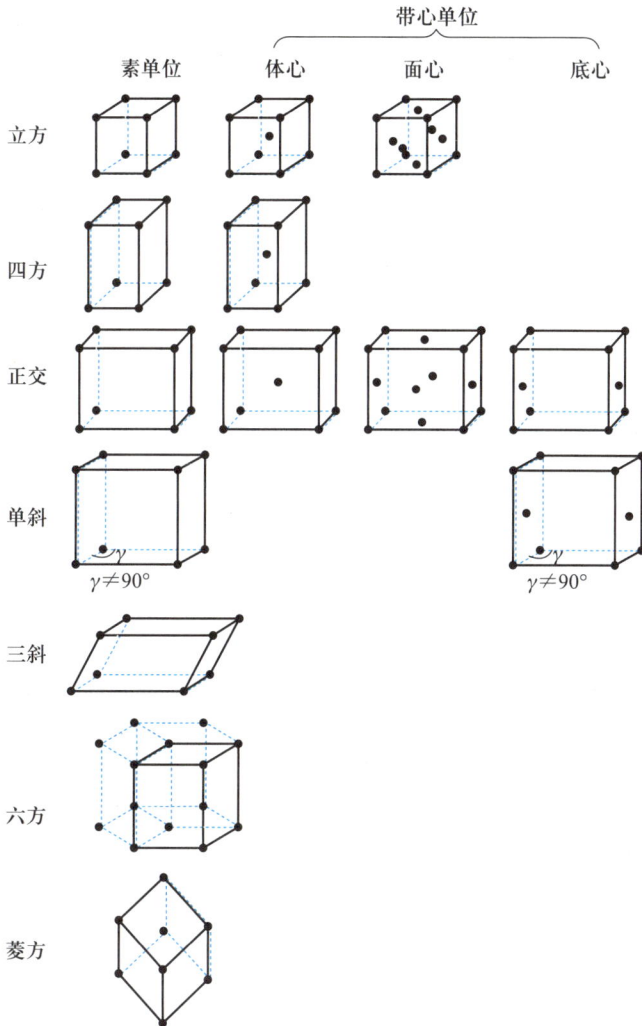

图 3-20　三维点阵的 14 种布拉维点阵型式

表 3-1   14 种布拉维点阵型式①

布拉维系	14 种布拉维点阵型式				
	P	I	F	A（B、C）	R
立方	cP	cI	cF	—	—
四方	tP	tI	—	—	—
正交	oP	oI	oF	oA（oB、oC）	—
单斜	mP	（mI）	—	mC（…）	—
三斜	aP	—	—	—	—
六方	hP	—	—	—	—
菱方	—	—	—	—	hR

3-3   点阵·晶系（选学材料）

3-3-1   点阵与阵点

晶体微观图案里周期性平移的最小原子集合叫作结构基元（motif）。结构基元在晶体微观空间中向任何方向都可以单调地平移，周而复始地重复出现。把每个"结构基元"抽象成几何学上的一个"点"（它没有体积、没有大小，也没有形状），于是，晶体中的原子看不见了，见到的只是一系列点，叫作晶体的点阵（lattice），构成点阵的点叫作点阵点，简称阵点（lattice points）。

点阵是晶体学最基本的概念。它本来并不难懂，但由于我国大、中学教学界长期以来流传着错误的点阵概念，为建立正确的点阵概念制造了障碍，本书不得不用较大篇幅来讨论这个概念。建立点阵概念的最好方法是自己动手操作，把晶体的平移图案抽象成点阵。晶体的平移图案是三维的，它的点阵当然也是三

---

① 对于一种具体的正交晶体，oA、oB 和 oC 是等价的，因晶轴选向不同而引起名称不同。对于具体的单斜晶体，底心晶胞的名称也与轴向选择有关。例如，当 γ≠90°时，底心的符号可能是 mA 或 mB，却不可能是 mC，而且 mA 或 mB 还等价于 mI，表中将 mI 用括号括起，是因为有时人们选用体心单斜晶胞而不选用底心单斜晶胞。欲彻底搞清这些符号之间的复杂关系，以及搞清楚为什么只有 14 种布拉维晶胞等问题，需深入学习晶体学国际表等有关著作。

维的,初学者不易把握。不妨只观察二维平移图案,并把它们抽象成二维点阵。把握了二维平移图案抽象成点阵的方法,对三维图案也同样适用。

下面来练习把图 3-21 的二维图案抽象成点阵。

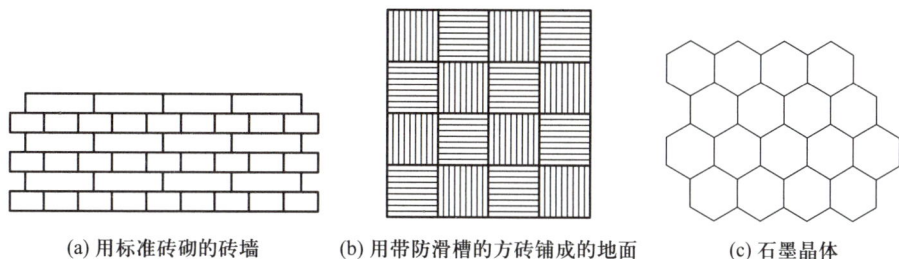

(a) 用标准砖砌的砖墙 (b) 用带防滑槽的方砖铺成的地面 (c) 石墨晶体

图 3-21 二维平面

例如,图 3-21(a)的结构基元是相邻的一长两短 3 块砖;结构基元内几何尺寸上相同的组分(如 2 块短砖)因与长砖的相对位置不同而不同,因此,图 3-22 中取的阵点不可能再密。由结构基元抽象而得的阵点是没有形状,没有体积的纯几何意义上的点。阵点的位置是可以随意放置的,但每个阵点必须落在每个结构基元的周围环境完全相同的位置上。将结构基元抽象成点阵后,看不见结构基元的原子或分子了,只看见抽象的点(见图 3-22 右图)。换言之,阵点绝不是原子或分子本身,只是它们或它们的集合的抽象。

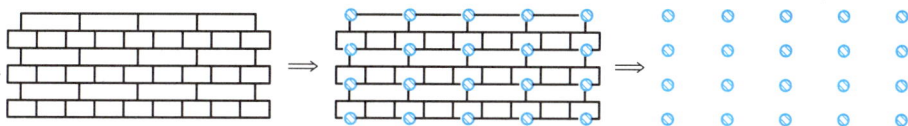

图 3-22 把砖墙的结构基元抽象成点阵的图解

读者可以照此办理自己动手把图 3-21(b)和图 3-21(c)的图案抽象成点阵。

以上练习告诉我们,一种具体晶体的阵点所代表的具体内容(包括化学内容和几何内容 2 个方面,即它代表哪些原子,这些原子在空间呈现什么几何关系)需要具体分析,它是特定的,不是任意的。在最简单的情况下,阵点所代表的只是一个原子或者一个分子,但对于绝大多数具体晶体,阵点并不只代表一个原子或一个分子,而是若干原子或分子的集合。许多教材在这一点上搞错了。为强化阵点并不总是一个原子或一个分子,表 3-2 给出了某些晶体的一个阵点的化学内容。

表 3-2   某些晶体的一个阵点的化学内容

晶　　体	一个阵点的化学内容	晶　　体	一个阵点的化学内容
铜	1 Cu	石墨	4 C
钨	1 W	冰（常见结构）	4 H_2O
镁	2 Mg	干冰	4 CO_2
金刚石	2 C	氧（一种晶体）	8 O_2
砷（一种晶体）	6 As	单斜硫	4 S_8
硒（一种晶体）	3 Se	正交硫（斜方硫）	16 S_8
镓	4 Ga	食盐	1 Na^++1Cl^-
锰（一种晶体）	29 Mn	白磷（一种结构）	28 P_4

注：有多种结构的晶体只指其中某一种。

3-3-2   点阵单位

把二维点阵的所有阵点用平行的直线连接起来，可以把点阵分割成许许多多无隙并置的平行四边形构成的格子或者网络，得到的格子的每一个平行四边形平均只含一个阵点，称为素（点阵）单位（primitive unit），或叫做简单（点阵）单位。素单位里的内容物就是一个阵点所代表的一个结构基元的内容（尽管各人划分的结构基元的形状可能不同，结构基元抽象得到的阵点的位置也可能不同，但结构基元的内容——如相当于几块长砖几块短砖或者几块不同防滑槽的砖等——总是相同的），用这个结论考察三维的晶体，只要取出一个素单位，就很容易倒过来搞清一个阵点所代表的结构基元是什么。当然，有的点阵单位是复单位，一个单位里有 2 个或 4 个阵点，这时，它的内容物就相应为 2 个或 4 个结构基元。

3-3-3   点阵型式

法国晶体学家布拉维（Bravais）发现，三维点阵有 14 种型式，后人称之为布拉维点阵型式（Bravais lattice types，见图 3-20）。14 种点阵型式中有 7 种素单位（primitive unit）和 7 种带心点阵型式（centred lattice types，又叫复单位），带心单位分体心 I（inner）、面心 F（face）和底心 C，B，或 A（one face centred C-，B- or A-centred）三类。7 种带心单位是立方体心、立方面心、四方体心、正交体心、正交面心、正交底心和单斜底心。每个体心单位（I）或底心单位（A、B 或 C）含 2

个阵点,每个面心单位(F)含 4 个阵点。

为什么三维点阵只有 7 种素单位和 7 种复单位而没有更多的点阵型式?完整地说明这个问题已经超出本书要求。不过,如果只考察二维点阵就简单得多,读者或可从中体会确立点阵型式的思想方法。首先,不难确定,若单考察平行四边形的几何特征,见图 3-23,就只有 5 种素单位:正方形($a = b,\gamma = 90°$)、矩形($a \neq b,\gamma = 90°$)、(一般的)菱形($a = b,\gamma \neq 90° \neq 60° \neq 120°$)、六方(特殊的菱形,$a = b,\gamma = 120°$)和(一般的)平行四边形($a \neq b,\gamma \neq 90°$)。然而,布拉维点阵型式的确立,除考察点阵的几何特征外,还考察了点阵的对称特征。从对称性的角度,上述 5 种素单位中的一般菱形和矩形的对称特征相同——在它们的面心位置上都有垂直于平面的二重轴,依据二重轴旋转 180° 或其整数倍,不能区分是否发生过旋转;它们还有两个相互垂直的镜面,通过镜面反映,矩形或菱形之半与另一半互为镜像——为此,布拉维用带心矩形(除顶角外,这种矩形的中心也有一个阵点)来代替(一般的)菱形,于是,二维点阵型式总共有 4 种素单位(正方形、矩形、六方、平行四边形)和一种带心(复)单位(带心矩形)。推演到三维,如果只考虑平行六面体的几何特征,总共有 14 种素单位,再考虑对称性,这 14 种素单位中的 7 种与其他 7 种素单位的对称性是相同的,把它们转化为 7 种带心(复)单位,因而,三维点阵的布拉维点阵型式共有 7 种素单位和 7 种复单位,见图 3-24。

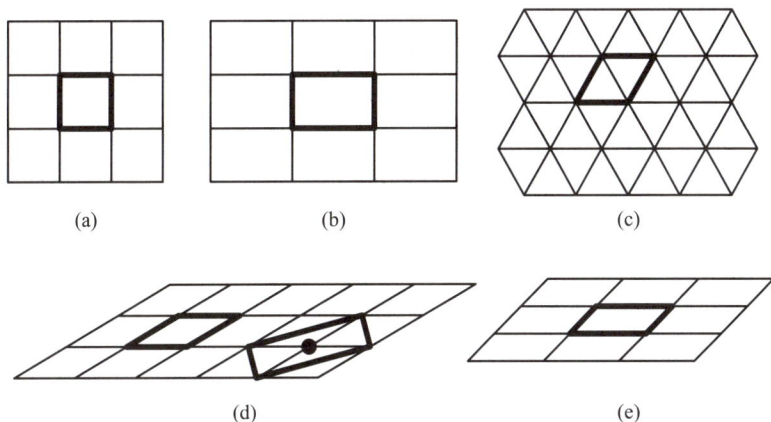

(a)   (b)   (c)

(d)   (e)

图 3-23 二维点阵型式的 5 种素单位[(a) 正方,(b) 矩形,(c) 六方,(d) 菱形,(e) 平行四边形]或者 4 种素单位[(a) 正方,(b) 矩形,(c) 六方,(e) 平行四边形]和一种带心单位[(d) 带心矩形]

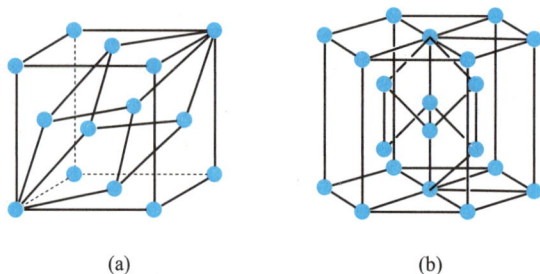

图 3-24   三维素单位与带心单位关系举例——（a）$\alpha = \beta = \gamma = 60°$的菱方素单位因跟立方素单位具有相同的对称性而被转化为面心立方点阵型式；（b）（一般的）菱方素单位与"六方带心单位"的关系。因（一般的）菱方素单位与六方素单位对称性不同,在布拉维系中没有被转化为"六方带心单位"

归根到底,一种具体的晶体究竟属于哪一种布拉维点阵型式,是由它的微观对称性(230 空间群)决定的。晶体学家把这样确定的点阵型式称为晶体的"正当点阵型式"。然而,一个具体晶体结构的测定步骤是倒过来的,首先确定晶体的点阵型式,然后确定它的阵点的(化学和几何)内容。

3-3-4   晶系

根据晶体的对称性,又可把晶体归纳成"七晶系"——立方、四方、正交、单斜、三斜、三方和六方。但是,事实上国内外现行教科书和科研文献里晶系的概念并不一致。除七晶系外,还有一种较早形成的六晶系概念。至今许多教科书(以美国和俄罗斯为主)仍采纳六晶系概念。"六晶系"是指立方、四方、正交、单斜、三斜和六方,它的六方晶系是七晶系的三方和六方的合并。《国际晶体学表》已经把这种六晶系正名为晶族（crystal family）。而有的教科书(以法国为主),却常把本书正文给出的布拉维系称为"晶系"。《国际晶体学表》推荐的七晶系（crystal system）与布拉维系的关系如下:七晶系中的立方晶系、四方晶系、正交晶系、单斜晶系和三斜晶系与布拉维系中的立方、四方、正交、单斜和三斜是一一对应的,然而,七晶系中的六方晶系（hexagonal）与三方晶系（trigonal）与布拉维系中的六方（hexagonal）点阵型式和与菱方（rhombohedral）点阵型式却并不一一对应,复杂交错。七晶系中的六方晶系只取六方布拉维点阵型式,三方晶系有的取菱方点阵型式,有的却取六方点阵型式,反过来,布拉维系中的六方点阵型式所对应的七晶系之一可能是六方晶系,也可能是三方晶系。相当多的教科书将这三种不同来源、不同定义的"晶系"混杂起来,造成了概念的混乱。鉴于布拉维系形象直观,而建立晶系概念的基础是对称性,需在后续课中深入讨论,本书只要求掌握布拉维系。表 3-3 列出了晶族、晶系、布拉维系和 14 种布拉维点阵型式的关系。

表 3-3　晶族、晶系、布拉维系和 14 种布拉维点阵型式的关系

晶族	晶系	布拉维系	十四种布拉维点阵型式				
			P	I	F	A(B、C)	R
立方(c)	立方	立方	cP	cI	cF	—	—
四方(t)	四方	四方	tP	tI	—	—	—
正交(o)	正交	正交	oP	oI	oF	oA(oB、oC)	—
单斜(m)	单斜	单斜	mP	(mI)	—	mC(……)	—
三斜(a)	三斜	三斜	aP	—	—	—	—
六方(h){六方 三方{	六方 菱方		hP	—	—	—	— hR

3-4　金 属 晶 体

3-4-1　金属键

金属晶体中原子之间的化学作用力叫作**金属键**。金属键是一种遍布整个晶体的离域化学键。金属晶体是以金属键为基本作用力的晶体。

1. 原子化热与金属键

可以用**原子化热**来衡量**金属键**的**强度**。**原子化热**是指 1 mol 金属完全汽化成互相远离的气态原子吸收的能量。例如:

金　属	钠	铯	铜	锌
原子化热/(kJ·mol^{-1})	109	79	339	131

在元素周期表里铜和锌是相邻的,而它们在金属活动序中的位置却相差很远,这可以用铜的原子化热远大于锌的原子化热加以解释,因为固态金属失去电子氧化为水合阳离子的能量变化可以分解为固态金属的原子化热+气态原子的电离能+气态金属正离子的水化热三项,而铜与锌的第一电离能与第二电离能之和(铜:2 603 kJ·mol^{-1},锌:2 639 kJ·mol^{-1})及 Cu^{2+} 与 Zn^{2+} 的水化热(铜:2 100 kJ·mol^{-1},锌:2 046 kJ·mol^{-1})几乎相等,只有原子化热相差特别大(铜:339 kJ·mol^{-1},锌:131 kJ·mol^{-1})。进一步问:为什么铜的原子化热远大于锌的原子化热?这可以归咎为金属铜中的铜原子不但用最外层电子(4s)而且还用次外层电子(3d)形成金属键,而锌却只用最外层电子(4s)形成金属键。换言之,在金属晶体中,铜的 3d 和 4s 都是价电子层,都有成键能力,而锌却只有 4s 电子是价电子层。

2. 电子气理论

经典的金属键理论叫作"**电子气理论**"。它把金属键形象地描绘成从金属原子上"脱落"下来的大量自由电子形成可与气体相比拟的带负电的"电子气",金属原子则"浸泡"在"电子气"的"海洋"之中。电子气理论简单而形象,可以定性地解释金属的性质。例如,受外力作用金属原子移位滑动并不影响带负电的电子气对带正电的金属原子的维系,使金属具有延展性和可塑性(见图3-25);电子气在外电场作用下定向地向正极移动使金属有良好的导电性;金属受热加速自由电子与金属原子之间的能量交换将热能从一端传递到另一端而使金属有良好的导热性;自由电子能量差异很大,所以金属能够吸收几乎所有的可见光并在金属表面把不同能量的光子重新释放出来而使金属具有闪烁多彩的金属光泽等。电子气理论的缺点是定量关系差。

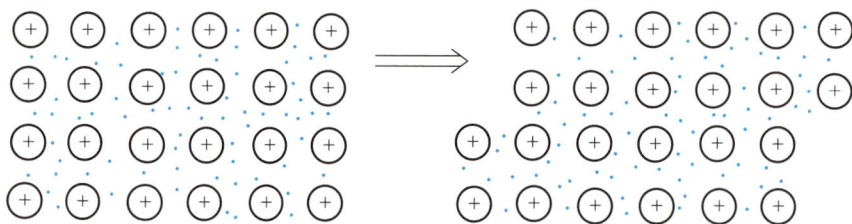

图3-25　电子气理论对金属延展性的解释

(受外力作用金属原子移位滑动不影响电子气对金属原子的维系作用)

3. 能带理论

金属键的另一种理论是**能带理论**。能带理论是分子轨道理论的扩展,要点如下:

(1)原子单独存在时的能级(1s、2s、2p、…)在 n 个原子构成的一块金属中形成相应的**能带**(1s、2s、2p、…);一个能带就是一组能量十分接近的分子轨道,其总数等于构成能带的相应原子轨道的总和。例如,金属钠的 3s 能带是由 n 个钠原子的 n 个 3s 轨道构成的 n 个分子轨道。通常 n 是一个很大的数值(不难由金属块的体积、密度和相对原子质量估算出来),而能带宽度一般不大于 2 eV,将能带宽度除以 n,就得出能带中分子轨道的能量差,这当然是一个很小的数值,因此可认为能带中的分子轨道在能量上是连续的(见图 3-26)。

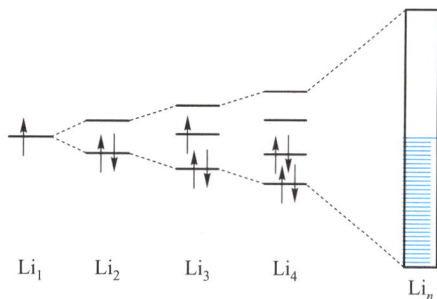

图 3-26 金属晶体中的能带模型

图 3-26 表明:1 个锂原子有 1 个 2s 轨道,2 个锂原子有 2 个 2s 轨道建造的 2 个分子轨道,3 个锂原子有 3 个 2s 轨道建立的 3 个分子轨道……n 个锂原子有 n 个 2s 轨道建立的 n 个连续的分子轨道构成的 2s 能带。

> 能带宽度与许多因素有关。它与原子之间的距离有关,也与构成能带的原子轨道的轨道能大小有关。随原子距离渐近,能带变宽,当金属中的原子处于平衡位置,各能带具有一定宽度;原子轨道能大(即外层轨道),能带宽度大;原子轨道能小(即内层轨道),能带宽度小。另外,温度也影响能带宽度。

(2)按能带填充电子的情况不同,可把能带分为满带(又叫价带)、空带和导带三类——满带中的所有分子轨道全部充满电子;空带中的分子轨道全都没有电子;导带中的分子轨道部分地充满电子。例如,金属钠中的 1s、2s、2p 能带是满带,3s 能带是导带,3p 能带是空带。换言之,金属键在本质上是一种离域键,形成金属键的电子遍布整个金属,但其能量不是任意的,因而它们并非完全自由,而是处在具有一定能量宽度的能带中。

(3)能带与能带之间存在能量的间隙,简称带隙,又叫"禁带宽度"。有 3 类不同的带隙:带隙很大、带隙不大、没有带隙(即相邻两能带在能量上是重叠的)。

(4)能带理论对金属导电的解释:第一种情况,金属具有部分充满电子的能带,即导带,在外电场作用下,导带中的电子受激发,能量升高,进入同一能带的空轨道,沿电场的正极方向移动,同时,导带中原先充满电子的分子轨道因失去电子形成带正电的空穴,沿电场的负极方向移动,引起导电。例如,金属钠的导电便属于此情况,因为它的 3s 能带是半充满的导带。第二种情况,金属的满带与空带或者满带与导带之间没有带隙,是重叠的,电子受激发可以从满带进入重叠着的空带或者导带,引起导电。例如,金属镁的最高能量的满带是 3s 能带,最低能量的空带是 3p 能带,它们是重叠的,没有间隔,3s 能带(满带)的电子受激发,可以进入 3p 能带(空带),向正极方向移动,同时满带因失去电子形成带正电的空穴,向负极方向移动,引起导电。又如,铜、银、金的导电性特别强,是由于它们的充满电子的 $(n-1)$d 能带(满带)与半充满的 ns 能带(导带)是重叠的,其间没有间隙,$(n-1)$d 满带的电子受激发可以进入 ns 导带而导电。

(5)能带理论是一种既能解释 **导体**(常为金属与合金),又能解释 **半导体**(常为半金属及其互化物)和 **绝缘体**(大多数典型非金属单质和典型化合物)性质的理论,还可定量地计算引入杂质引起的固体能带结构的变化而导致固体性质的变化。简单地说,按照能带理论,绝缘体满带与空带之间有很大带隙,电子不可逾越,因而不能导电;典型的半导体(本征半导体)的满带与空带之间的带隙较小,受激发电子可以跃过,当电子跃过满带与空带之间的带隙进入空带后,空带的电子向正极移动,同时,满带因失去电子形成带正电的空穴向负极移动,引起导电。有的半导体需要添加杂质才会导电。杂质的添入,本质上是在禁带之间形成了一个杂质能带(满带或空带),使电子能够以杂质能带为桥梁逾越原先的禁带而导电,见图 3-27。

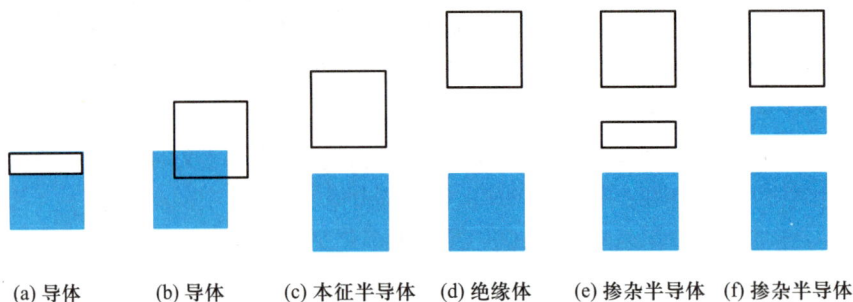

(a) 导体　　(b) 导体　　(c) 本征半导体　(d) 绝缘体　(e) 掺杂半导体　(f) 掺杂半导体

图 3-27　能带的带隙示意图
(图中涂黑的部分充满电子)

(6)由此可见,按照能带理论,带隙的大小对固体物质的性质至关重要。

能带理论还可以解释固体的许多物理性质和化学性质。例如,金刚石的满带与空带之间的带隙宽度为 5.4 eV,很宽,可见光的能量大大低于 5.4 eV,不能使满带的电子激发到空带上去,因而当一束可见光透过金刚石时不发生任何吸收,纯净的金刚石呈无色透明等[①]。

---

① 例如,能带理论对固体颜色的解释,参见:拿骚 K.颜色的物理与化学:颜色的 15 种起源.李士杰,张志三,译.北京:科学出版社,1991.

3-4-2 金属晶体的堆积模型

把金属晶体看成由直径相等的圆球状金属原子在三维空间堆积构建而成的模型叫做金属晶体的堆积模型。金属晶体堆积模型有三种基本形式——体心立方堆积、六方最密堆积和面心立方最密堆积。

1. 体心立方堆积

体心立方堆积的晶胞如图 3-28 所示。金属原子分别占据立方晶胞的顶点位置和体心位置。每个金属原子周围第一层（距离最近的）原子数（ 配位数 ）是 8,第二层（次近的）是 6……

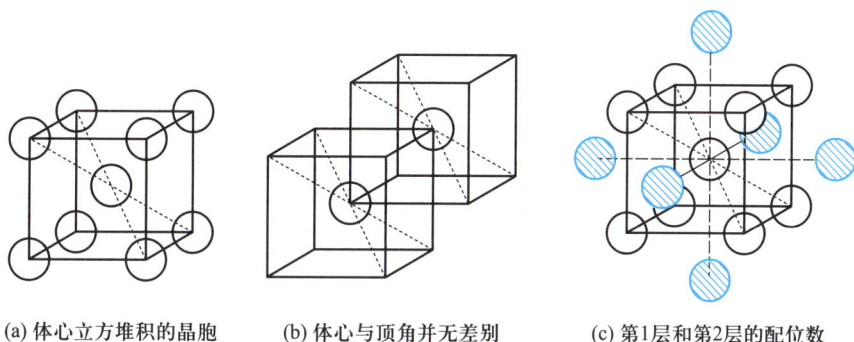

(a) 体心立方堆积的晶胞   (b) 体心与顶角并无差别   (c) 第1层和第2层的配位数

图 3-28 金属晶体的体心立方堆积

体心立方堆积的原子的空间利用率并不高,有近三分之一的空间没有被球占据。计算如下:

计算的关键是先要确定金属原子采取体心立方堆积时,在立方体的哪个部位金属原子（球）是互相接触的? 答案可借助模型直接感知,也可通过立体几何学论证。结论:在立方体的体对角线上,球是相互接触的。然后,设立方体的边长为 a,球的半径为 r,得到立方体边长 a 与球的半径 r 的关系式:$\sqrt{3}a=4r$。最后,知道体心立方晶胞中的金属原子数为 2（一个在体心位置,另一个在顶角位置）;立方体的体积为 a^3,由此可得出求算空间利用率的方程如下:

$$\text{体心立方堆积空间利用率} = \frac{2 \times \frac{4}{3}\pi r^3}{a^3} \times 100\% = \frac{2 \times \frac{4}{3}\pi r^3}{\left(\frac{4}{\sqrt{3}}r\right)^3} \times 100\% = \frac{\sqrt{3}\,\pi}{8} \times 100\% = 68.02\%$$

(3-1)

元素周期表中有约 20 种金属采取这种堆积方式（见图 3-33）。

2. 简单立方堆积

如果把体心立方堆积的晶胞中的体心球抽走,将会出现什么结果? 这时,立方体里就只剩下一个球,得到简单立方堆积。问简单立方堆积的晶胞如何? 配位数是多少? 空间利用率是多少? 读者可以自己思考并解答这些问题。前 2 个问题的结论见图 3-29。

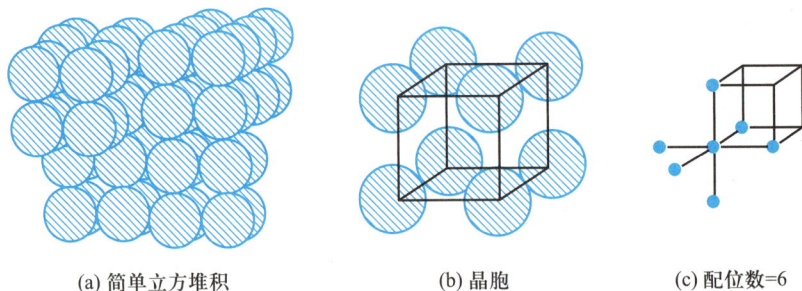

(a) 简单立方堆积　　　　　(b) 晶胞　　　　　(c) 配位数=6

图 3-29　简单立方堆积

计算空间利用率的关键——晶胞中球的相切点在哪里? 请想象:当体心立方晶胞的体心球被抽走,顶角球会彼此靠拢而接触。结论:金属原子(球)的接触点在立方体的棱的中心。由此得出计算方程:

$$简单立方堆积空间利用率=\frac{\frac{4}{3}\pi\left(\frac{a}{2}\right)^3}{a^3}\times100\%=\frac{\pi}{6}\times100\%=52.36\% \qquad (3-2)$$

计算结果表明,简单立方堆积空间利用率太低,近一半空间没有得到利用,因此这种堆积方式是很不稳定的,几乎不可能被采纳。

据文献记载,元素周期表中第 84 号元素钋的单质采取了这种堆积方式,但有人对此表示怀疑,认为很可能不是纯钋而是钋的一种非金属化合物,即在晶胞体心位置上填充了一个半径相对较小的非金属原子。孰是孰非? 用一般实验技术是较难证实的,因为钋的原子量很大而填充原子的原子量相对的小,测定组成易认作纯钋,X 射线衍射测定晶体结构时也容易忽略电子数少的非金属原子,近年未见到更精确的实验证据。

3. 六方最密堆积

简单立方堆积的配位数为 6,空间利用率为 52.36%;体心立方堆积的配位数为 8,空间利用率为 68.02%。能不能提高配位数,增加金属原子在晶体微观空间中的利用率呢? 结论是肯定的。下面借助模型来思考:

先令等径圆球在二维平面上尽可能地靠拢,可以得到二维密置层,在这种二维密置层中,每个球的配位数为 6,每个球周围有 6 个凹穴,为方便起见,定名穿过球心的法线为 A,穿过球周围的相邻凹穴的法线分别为 B 和 C[见图 3-30(a)]。

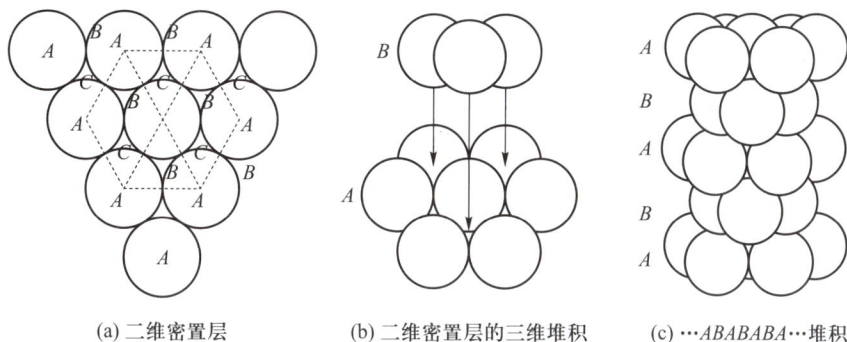

(a) 二维密置层　　　　(b) 二维密置层的三维堆积　　　　(c) …ABABABA…堆积

图 3-30　等球最密堆积之一——两层为一周期的堆积

　　试设想将另一层二维密置层的球心串入假想的法线,试问:为取得最密的堆积,球心应当串在哪种法线上? 显然,不应串在标号为 A 的法线上,因为这样的话,第一层和第二层之间的空隙太大,而应串入标号为 B 或 C 的凹穴的法线,但两者只能取其一,因为法线 B 和 C 在二维平面上的距离等于球的半径。设第二层球串入 B 法线(不妨将第一层球称为 A 球,第二层球称为 B 球)。再将第三层堆积到第二层上。这时,由于 B 球周围的凹穴是 A 和 C,第三层球可取 A 或 C。若取 A,并使第四层球又取 B,继续往上堆积的二维密置层遵循同一规则,就得到 ABABAB…的堆积。这是两层为一个周期的堆积〔见图 3-30(c)〕。

　　将这种堆积的 A 球用直线连接起来,可以得到如图 3-31 所示的晶胞,这个晶胞的晶胞参数为 $a=b\neq c,\alpha=\beta=90°,\gamma=120°$,即六方晶胞,因此这种堆积叫做**六方最密堆积**(hcp)。在每个晶胞中有两个球(A 和 B,见图 3-31)。必须注意的是,A 和 B,虽然化学上是相同的(是同一种金属原子),但是在几何上却是不同的。例如,在图 3-31 中,从 A 到 B 用矢量 AB 将它们连接起来,从 B 向上延长相等的矢量,却没有见到另一个球的存

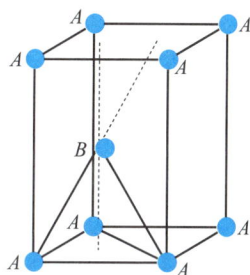

图 3-31　六方最密堆积的晶胞里有 2 个球

在,可见 A 和 B 在几何上是不相同的,所以,图 3-31 是一个素晶胞。

　　下面我们来计算六方最密堆积的空间利用率。

　　设两个球心之间的距离为 a,六方晶胞底面上的晶胞参数就等于 a。问六方晶胞的 c 多长? 从图 3-31 可见,c 等于以 a 为边长的正四面体的高(h)的 2 倍。用立体几何不难求证:$c=1.633a$。晶胞体积为 $V=abc\sin120°$,每个晶胞平均有 2 个球,因此:

$$球的空间利用率 = \frac{2 \times \dfrac{4}{3}\pi \left(\dfrac{a}{2}\right)^3}{a^2 \times 1.633a \times \sin 120°} \times 100\% = 74.05\% \tag{3-3}$$

4. 面心立方最密堆积

如果上述三维堆积取⋯$ABCABCABCABC$⋯三层为一周期的堆积方式[见图 3-32(a)],若将堆积方向定为 c 轴,得到一个 $c = 2.449a$ 的六方晶胞,在这个六方晶胞里有 3 个球(A、B 和 C),然而,发现,A、B、C 球在几何上并没有差别。例如,从 A 向 B 作连线,延长相同线段得 C,再延长相同线段得 A,这说明,这种堆积的结构基元是 1 个球,因此所得晶胞不是素晶胞,是素晶胞的 3 倍体。可以把它转化为一个素单位[见图 3-32(c)],后者是一个菱方单位,可以证明,它的 $\alpha = 60°$,还可以证明,这种堆积具有立方对称性,为反映晶体的这种对称性,需要用立方晶胞作为晶体的基本单位[见图 3-32(d)]。从图中可以倒过来理解"立方对称性":面心立方晶胞的体对角线是完全等价的,而在四个体对角线方向上的菱方晶胞的形状是完全相同的,这既说明 A、B、C 球没有差别,也说明这种堆积呈现的晶体微观结构的立方对称性,所以,这种三层为一周期的最密堆积被称为**面心立方最密堆积**(ccp)。

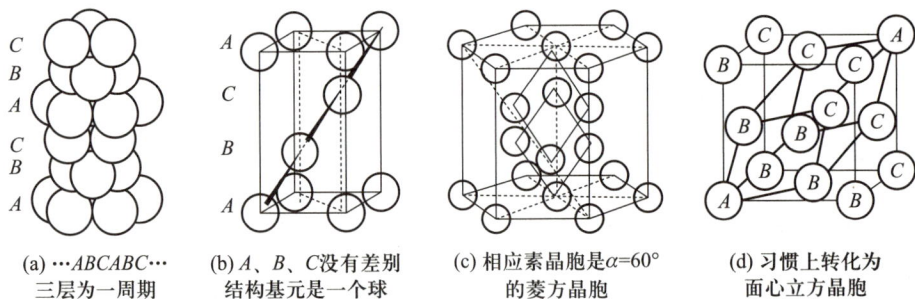

(a) ⋯$ABCABC$⋯
三层为一周期

(b) A、B、C没有差别
结构基元是一个球

(c) 相应素晶胞是$\alpha=60°$
的菱方晶胞

(d) 习惯上转化为
面心立方晶胞

图 3-32　最密堆积的三层堆积方式得到面心立方晶胞

面心立方最密堆积的空间利用率跟六方最密堆积是相等的,也是 74.05%,读者可以自己用立体几何证明。其实,不计算也可从这两种堆积的配位数都等于 12 来推论,两种密堆积的空间利用率是相等的。

5. 金属堆积方式小结

图 3-33 给出了元素周期表中的金属晶体采取的堆积方式的总况。从中可以看到,体心立方堆积、面心立方最密堆积和六方最密堆积三种堆积方式所占的比例差别不大,都为许多金属所采纳。

体心立方堆积不是最密堆积,为什么仍有许多金属采纳它呢? 这是因为,它

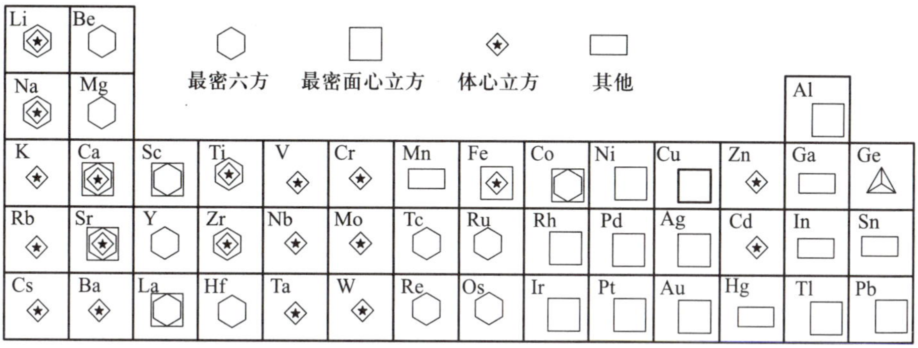

图 3-33 元素周期表金属晶体的堆积方式

的空间利用率仅比最密堆积低约 6%，而且第一层球的配位数为 8，比第一层球远约 15% 的第二层球还有 6 个，两层加在一起算是 6+8＝14，因而也是一种相当稳定的结构。

从图 3-33 中还可以发现，有的金属的堆积方式不止一种，这是由于它们受热会改变堆积方式的缘故。

另外，还有一些金属，不采取以上任一种堆积方式。例如，锰的一种晶体的一个晶胞里有 29 个锰原子，不必细说就可想象，它的堆积方式是十分复杂的。又如锗，常见的晶体采取的是金刚石型。元素周期表第四主族的锡有两种晶体，其中 1 种晶体中有 2 种不同的原子核间距。还有一些金属，如镧系金属钐，采取的是六方最密堆积和面心立方最密堆积的混合型等。这些例外表明金属晶体中的堆积方式的多样性，需要在今后的学习中不断扩充知识面。

3-5　离子晶体

典型的离子晶体是指由带电的原子——正离子和负离子通过离子键相互作用形成的晶体。例如，KCl 晶体中存在 K^+ 和 Cl^-，K^+ 与 Cl^- 之间的相互作用力是离子键。在像 KCl 这样的典型离子晶体中没有分子，只有离子，没有其他化学键，只有离子键（尽管离子之间也存在范德华力，但范德华力与离子键相比能量很小，不做定量计算可不提及）。但是，完全由单原子离子构成的离子晶体在总量上并不多，大量离子晶体并非只有离子或只有离子键。例如，尽管 KNO_3 只有离子——K^+ 和 NO_3^-，它们之间的化学键是离子键，然而在 NO_3^- 内的化学作用力却是共价键。又如，水合离子晶体，以 $CuSO_4 \cdot 5H_2O$ 为例，不但存在 Cu^{2+} 和 SO_4^{2-}，而且还存在 H_2O 分子，很自然，在 SO_4^{2-} 内和 H_2O 分子内还存在共价键，而且，在这种晶体里还存在水分子与水分子之间的范德华力与氢键。像 NO_3^-、SO_4^{2-} 这样的由多个原子通过共价键形成的离子叫作**多原子离子**或**复杂离子**。复杂离子内部的化学键属于共价键；复杂离子种类繁多。在自然界还有许多十分复杂的离子，由许许多多原子组成，如云母、石棉等矿物中存在巨大的、贯通整个晶体的片状、纤维状的铝硅酸根负离子，正离子则为 Li^+、Na^+、K^+、Mg^{2+}、Ca^{2+} 等金属离子，填充在层状或带状负离子之间，显然，在它们的巨大铝硅酸根离子内部的原子是以共价键相互结合的。在离子晶体中还经常存在配离子（络离子）。例如，在 $CuSO_4 \cdot 5H_2O$ 中实际上存在 $Cu(H_2O)_4^{2+}$，其中 Cu^{2+} 与 H_2O 之间的化学作用力叫作配位键。因此，广义地说，**所有存在大量正、负离子的晶体都是离子晶体**。

下面主要讨论单原子离子形成的典型离子晶体。

3-5-1　离子

简单离子可以看成带电的球体，它的特征主要有离子电荷、离子构型和离子半径 3 个方面。对于复杂离子，还要讨论其空间构型（复杂离子内的原子在空间的排列方式）及极性取向等问题[①]。

1. 离子电荷

离子电荷是简单离子的核电荷（正电荷）与它的核外电子的负电荷的代数和，在化学式中标记在右上角，如 Na^+、Mg^{2+}、Al^{3+}、Ce^{4+}、Cl^-、O^{2-}、N^{3-} 等。简单正离子的电荷多为 +1 或 +2，少数呈 +3 或 +4，简单负离子的电荷未见超过 −3 的。

问：Na^+ 和 Ag^+ 的离子电荷都是 +1，在它们周围呈现的正电场的强弱是否相等？肯定不相等，否则难以理解 NaCl 与 AgCl 在性质上为何有如此巨大的差别。由此可见，所谓离子电荷，在本质上只是离子的**形式电荷**。Na^+ 和 Ag^+ 的形式电荷（常用 Z 表示）都等于 +1，**有效电荷**（常用 Z^* 表示）却并不相等。不难理解，Ag^+ 的有效电荷大大高于 Na^+。这是由于它们的电子层构型不同，讨论如下。

2. 离子构型

通常把处于基态的离子电子层构型简称为**离子构型**。负离子的构型十分简单，大多数呈稀有气体构型，即最外层电子数等于 8。正离子则较复杂，可分如下 5 种情况：

（1）$2e^-$ 构型　第 2 周期的正离子的电子层构型为 $2e^-$ 构型，如 Li^+、Be^{2+} 等。

---

① 在常温下，大多数复杂离子在离子晶体中有一定的取向，只能以有限角度振动而不能自由旋转。

（2）8e⁻构型　从第 3 周期开始的 s 区主族元素的族价正离子的最外层电子层为 8e⁻,简称 8e⁻构型,如 Na⁺、Mg²⁺等;p 区的第 3 周期第三主族的 Al³⁺也是 8e⁻构型;d 区第三至七副族元素在表现族价时,恰相当于电中性原子丢失所有最外层 s 电子和次外层的 d 电子,也具有 8e⁻构型;不过电荷高于+4 的 d 区元素的带电原子[如 Mn(Ⅶ)]事实上并不会真的以正离子的方式存在于晶体之中;此外,稀土元素(包括镧系元素)的+3 价原子也具有 8e⁻构型($5s^25p^6$),但其倒数第 3 层的 4f 电子数不同;锕系元素情况类似。

（3）18e⁻构型　ds 区的第一、二副族元素表现族价时,如 Cu⁺、Ag⁺、Zn²⁺、Hg²⁺等,具有 18e⁻构型;p 区过渡后元素表现族价时,如 Ga³⁺、Tl³⁺、Sn⁴⁺、Pb⁴⁺等也具有 18e⁻构型。

（4）（9~17）e⁻构型　d 区元素表现非族价时最外层有 9~17 个电子,如 Ti³⁺、V²⁺、Cr³⁺、Mn²⁺、Fe²⁺、Fe³⁺、Co²⁺、Ni²⁺等,种类繁多。

（5）（18+2）e⁻构型　p 区的金属元素常表现低于族价的正价,如 Tl⁺、Sn²⁺、Pb²⁺、Bi³⁺等,它们的最外层为 2e⁻,次外层为 18e⁻,称为（18+2）e⁻构型。

在离子电荷和离子半径相同的条件下,离子构型不同,正离子的有效正电荷的强弱不同,顺序如下:

$$8e^- < (9\sim17)e^- < 18e^- \text{ 或 } (18+2)e^-$$

这是由于,d 电子在核外空间的概率分布比较松散,对核电荷的屏蔽作用较小,所以 d 电子越多,离子的有效正电荷越大。

3. 离子半径

离子半径是根据实验测定离子晶体中正、负离子平衡核间距估算得出的,有广泛的用途。离子晶体的核间距不难用 X 射线衍射的实验方法十分精确地测定出来,问题在于,单有核间距不行,必须先给定其中一种离子的半径,才能算出另一种离子的半径,并以此为基础得出大量离子的半径。最先给定的离子半径的方法不同,得出的离子半径数据就不会相同。目前仍广泛应用的离子半径主要有四种。它们各有优缺点,分别广泛应用在不同要求的不同场合,很难说哪一种最好,简单介绍如下,欲深入研究,需阅读有关专著。

1926 年,地球化学创始人哥希密特（V. M. Goldschmidt）用实验方法测定了大量含氟离子和氧离子的离子晶体,得出氟离子（F⁻）和氧离子（O²⁻）的平均半径分别为 133 pm 和 132 pm,以此为基础,用实验方法测定各种离子晶体的核间距,推算出 80 多种离子的半径。例如,测得 MgO 和 NaF 晶体的核间距分别为 210 pm 和 231 pm,故 Mg²⁺和 Na⁺半径分别为 78 pm 和 98 pm。由此得出的一套离子半径数据通称哥希密特半径。

哥希密特得出离子半径的思想简捷而直观,简单地说可叫"负离子接触法",即假定某些氟化物和氧化物离子晶体中的负离子彼此接触,测得这些晶体中负离子间的平衡核间距,除以2,就得到氧离子或氟离子的半径。

1927年,鲍林认为哥希密特标度的基础数据之一 ——氧离子的半径为132 pm,小于氟离子半径(133 pm),不合理,另外提出一套推算离子半径的理论方法,最终将氧离子的半径定为140 pm,氟离子半径定为136 pm,以此为基础,得出另一套离子半径数据,通称**鲍林(离子)半径**。

鲍林半径的思想大致有如下三个要点:① 具有相同电子层构型的离子半径随核电荷数增大成比例地缩小。例如,鲍林认为,Na^+和F^-的电子层构型都是$1s^2 2s^2 2p^6$,核电荷数分别为+11和+9,前者比后者大30%,因而前者的半径也应该相应比后者缩小30%。经测定NaF晶体中正、负离子的平衡核间距为231 pm,按这种假设,F^-和Na^+的半径应分别为136 pm和95 pm(读者可自己验算)。② 然而,虽测得KCl晶体中正、负离子核间距为314 pm,但与K^+和Cl^-同构型的Ar的主量子数为3,大于与Na、F同构型的Ne的主量子数,K^+与Cl^-半径比应跟Na^+与F^-的半径比有所不同,要做适当修正,鲍林修正的结果为133 pm和181 pm。以此为基准,鲍林根据实验测得的晶胞参数推出大量$8e^-$构型离子的半径。③ 接着,鲍林又对非$8e^-$构型离子的半径做适当修正,得出非$8e^-$构型离子的半径。这是因为非$8e^-$构型的离子比起$8e^-$构型的离子有较大的有效核电荷数,将使核间距相应缩小些。

鲍林通过一个经验方程来表达他的思想:$r = c_n / (Z - \sigma)$,式中r为离子半径,c_n为取决于主量子数n的参数,Z为核电荷数,σ叫屏蔽常数,$Z - \sigma$为有效核电荷数。

本书采纳鲍林离子半径(见表3-4)。

表3-4　鲍林离子半径

离子	半径/pm	离子	半径/pm	离子	半径/pm	离子	半径/pm
H^-	208	Al^{3+}	50	Ti^{3+}	69	Cu^+	96
Li^+	60	Si^{4-}	271	Ti^{4+}	68	Zn^{2+}	74
Be^{2+}	31	Si^{4+}	41	V^{2+}	66	Ga^{3+}	62
B^{3+}	20	P^{3-}	212	V^{5+}	59	Ge^{4+}	53
C^{4-}	260	P^{5+}	34	Cr^{3+}	64	As^{3-}	222
C^{4+}	15	S^{2-}	184	Cr^{6+}	52	Br^-	195
N^{3-}	171	S^{6+}	29	Mn^{2+}	80	Rb^+	148
N^{5+}	11	Cl^-	181	Mn^{7+}	46	Sr^{2+}	113
O^{2-}	140	Cl^{7+}	26	Fe^{2+}	75	Ag^+	126
F^-	133	K^+	133	Fe^{3+}	60	Sn^{4+}	71
Na^+	95	Ca^{2+}	99	Co^{2+}	72	I^-	216
Mg^{2+}	65	Sc^{3+}	81	Ni^{2+}	70	Ba^{2+}	135

至 1976 年,经过几十年的积累,人们已经精确地测定了大量离子晶体的晶胞参数,形成了测定更精确的离子半径数据的实验基础,物理学家夏农(R. D. Shannon)等为此对上千个实验数据进行大量统计,结合所谓"拟合法"的理论处理,给出了一套迄今为止最为丰富的离子半径数据,人称**夏农半径**。夏农半径又叫**有效离子半径**,这种半径标度所考虑的因素比较复杂,不仅要考虑离子的"表观配位数",还要考虑离子的"有效配位数",考虑离子中的电子的"自旋构型"及离子晶体的"几何构型"等,适用于专门的结晶化学讨论,不适合初学者,本书从略。

除此而外,雅茨米尔斯基(Yatsmirskii)提出一套用热化学方法计算得出的多原子离子半径数据,人称**热化学半径**,读者或许可以从中获得多原子离子的大小的印象(尽管不应与鲍林半径比较),列于表 3-5 中。

表 3-5 某些多原子离子的热化学半径[①]

离子	半径/pm	离子	半径/pm	离子	半径/pm	离子	半径/pm
NH_4^+	151	CO_3^{2-}	164	ClO_3^-	157	NO_3^-	165
PH_4^+	171	HCO_3^-	142	ClO_4^-	226	NO_2^-	176
$AlCl_4^-$	281	BH_4^-	179	SO_4^{2-}	244	HS^-	193
BCl_4^-	296	BF_4^-	218	MnO_4^-	215	O_2^{2-}	159
CN^-	177	CNS^-	199	MnF_6^{2-}	242	O_2^-	144

3-5-2 离子键

正、负离子之间用库仑力相互作用形成的化学键叫作离子键。参照共价键的定义,离子键的强度应当用拆开(均裂)1 mol 气态"离子键分子"(如 Na^+Cl^-)得到气态中性原子(Na 和 Cl)所需要的能量,这样计算得到的 NaCl 的键能为 450 kJ/mol。这说明,离子键的能量数量级与共价键相同,是一种强相互作用力。不过这种离子键的键能定义并无多大实用价值,因为气态离子型分子通常遇不到。

离子键虽在能量数量级上与共价键相同,但其特性与共价键明显不同——既没有方向性,又没有饱和性。这是因为,(点电荷的)静电引力或斥力是无方向的,向周围空间的任何一个方向均可显现,因而离子键没有方向性;一个离子与周围多少个异电性离子相互作用并不像共价键那样受到原子轨道数的限制,因而没有饱和性。

一个离子周围异电性离子的个数受离子半径比等因素制约,离子半径越大,

---

① 参见:陈慧兰,余宝源.理论无机化学.北京:高等教育出版社,1989:267.

周围可容纳的异电性离子就越多。人们习惯上常考察正离子周围与正离子直接接触的负离子数,并称之为正离子的配位数,并将周围的负离子原子核的连线形成的多面体称之为配位多面体。在理论上,只有当正、负离子半径比处在一定范围内,才能在离子晶体中呈现某种稳定的配位多面体,情况如表 3-6 所示:

表 3-6   离子晶体中的稳定配位多面体的理论半径比

配位多面体	配位数	半径比(r_+/r_-)范围
平面三角形	3	$0.155 \sim 0.225$
四面体	4	$0.225 \sim 0.414$
八面体	6	$0.414 \sim 0.732$
立方体	8	$0.732 \sim 1.000$
立方八面体	12	1.000

这里所谓的“理论上”,是指上述离子键是 100% 理想离子键,正、负离子的电子完全归己所有,完全不共用。从相反的角度看,非极性共价键中的共用电子对是不偏不倚地被两个原子共用的。当形成共价键的原子的电负性不同时,共用电子对就要偏向电负性较大的原子一侧,使共价键呈现极性。形成共价键的两原子电负性相差越大,共价键的极性越大。电负性相差过大,共用电子对因偏移而完全不能共用了,就变成离子键。因此,离子键可以看作极性共价键的极限。鲍林用共价键的离子性百分数的概念把这种思想具体化,提出用电负性差值大小来衡量共价键的离子性百分数,如表 3-7 和图 3-34 所示:

表 3-7   共价键的键合原子的电负性差与共价键的离子性百分数的关系[①]

键合原子的电负性差	离子性百分数/%	键合原子的电负性差	离子性百分数/%
0.2	1	1.8	55
0.4	4	2.0	63
0.6	9	2.2	70
0.8	15	2.4	76
1.0	22	2.6	82
1.2	30	2.8	86
1.4	39	3.0	89
1.6	47	3.2	92

注:表中的电负性为鲍林标度[$x(F) = 4.0, x(H) = 2.1$]。

---

① 参见:Pauling L,Pauling P.Chemistry.W. H. Freeman and Company,1975:176.

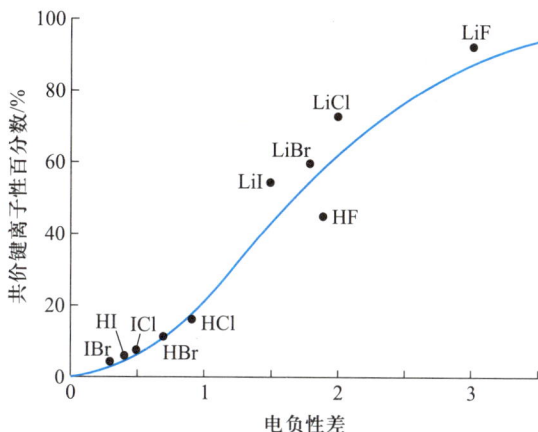

图 3-34   共价键的键合原子的电负性差与共价键离子性百分数的关系[①]

对共价键的离子性百分数概念作逆向推理,形成离子键的正、负离子的电负性差小到一定程度,它们之间就可以发生一定程度的电子对共用,从 100% 理想离子键转变到具有一定共价键成分的离子键,离子键的共价性成分越明显,离子键就越要从无方向性和无饱和性转化为有方向性和有饱和性,这种转化将使正离子的配位数下降。

3-5-3   晶格能

离子晶体中离子间的化学作用力并不限于一对正、负离子之间,而是遍及所有离子之间。以氯化钠晶体为例,设钠离子与氯离子的最短核间距为 d,以 1 个钠离子为中心,它与周围相离 d 的 6 个氯离子相互吸引,与相离 $\sqrt{2}\,d$ 的 12 个钠离子相互排斥,又与相距 $\sqrt{3}\,d$ 的 8 个氯离子相互吸引……见图 3-35,整个离子晶体中离子之间的静电作用力是所有这些离子的静电吸引力和排斥力的总和,由此形成 **晶格能**(lattice energy,又称“**点阵能**”)的概念。晶格能(U)是指将 1 mol 离子晶体里的正、负离子(克服晶体中的静电引力)完全汽化而远离所需要吸收的能量(数符为+)[②]。例如:

①   参见:Pauling L,Pauling P.Chemistry.New York:W. H. Freeman and Company,1975:176.

②   在早期的教科书上,晶格能的定义为互相远离的气态正离子与气态负离子结合成 1 mol 离子晶体释放的能量。鉴于热力学规定体系释放能量的数符为“−”,而晶格能的实际取值为“+”,本书的晶格能定义是为使晶格能的取值与热力学能量数符规定一致。另外,严格地说,晶格能是指 0 K 与热力学标准压力下的能量变化,但实用的晶格能数据是 298 K(即所谓常温或者热力学环境温度)下的数据,好在两者相差不大,定性讨论时可作近似处理。还有,晶格能属于热力学能(又叫内能),是等温等容条件下的能量变化,它与等温等压条件下的能量变化(焓变)也不完全相等,但相差也不大,粗浅讨论时也可作近似处理。

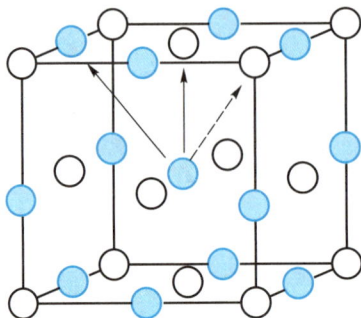

图 3-35   Na⁺与相距 *d* 的 6 个 Cl⁻相吸引,与相距$\sqrt{2}d$的
12 个 Na⁺相排斥,又与相距$\sqrt{3}d$的 8 个 Cl⁻相吸引……

$$NaCl(s)\longrightarrow Na^+(g)+Cl^-(g)\qquad U=786\text{ kJ}\cdot\text{mol}^{-1}$$

表 3-8 给出了某些离子晶体的晶格能。从表中的数据可见,晶格能的大小与离子晶体中离子电荷、离子间核间距等因素有关。此外,表 3-8 未讨论的还有,晶格能也与离子晶体中离子的排列方式(结构类型)有关,(如 CsCl 与 NaCl、CaO 与 Na_2O 的结构类型不同),将影响其晶格能的大小。

晶格能越大,表明离子晶体中的离子键越稳定。一般而言,晶格能越高,离子晶体的熔点越高、硬度越大。晶格能大小还影响着离子晶体在水中的溶解度、溶解热等性质。不过,需要提醒注意的是,离子晶体在水中的溶解度与溶解热不但与晶体中离子克服晶格能进入水中吸收的能量有关,还与进入水中的离子发生水化放出的能量(水化热)有关。

表 3-8   某些离子晶体的晶格能及晶体中的离子电荷、最短核间距、晶体的熔点、摩氏硬度

AB 型 离子晶体	离子电荷	最短核间距 r_0/pm	晶格能 $U/(\text{kJ}\cdot\text{mol}^{-1})$	熔点 t/℃	摩氏硬度①
NaF	1	231	923	993	3.2
NaCl	1	282	786	801	2.5
NaBr	1	298	747	747	>2.5
NaI	1	323	704	661	>2.5

① 摩氏硬度,1822 年奥地利矿物学家 F.Mohs 建立的固体硬度的标度,分为 10 级,等级越高,硬度越大,以常见矿物的硬度划分:滑石(1)、石膏(2)、方解石(3)、萤石(4)、磷灰石(5)、正长石(6)、石英(7)、黄晶(8)、刚玉(9)、金刚石(10),硬度大的固体可以在硬度小的固体表面划出刻痕。

续表

AB 型 离子晶体	离子电荷	最短核间距 r_0/pm	晶格能 $U/(kJ \cdot mol^{-1})$	熔点 t/℃	摩氏硬度
MgO	2	210	3 791	2 852	6.5
CaO	2	240	3 401	2 614	4.5
SrO	2	257	3 223	2 430	3.5
BaO	2	256	3 054	1 918	3.3

晶格能不能直接测定,需用实验方法或理论方法估算,计算晶格能的方法很多,常见的方法:

(1) 玻恩-哈伯循环(Born-Haber cycle) 把离子晶体中的离子变成气态离子的过程分解为若干过程之和。例如:

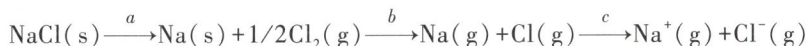

$$NaCl(s) \xrightarrow{a} Na(s) + 1/2Cl_2(g) \xrightarrow{b} Na(g) + Cl(g) \xrightarrow{c} Na^+(g) + Cl^-(g)$$

过程 a 的能量变化 $E(a)$ 等于由单质化合成离子晶体的生成热的负值;过程 b 的能量变化 $E(b)$ 为 1 mol 金属钠汽化吸收的能量(升华热)与 0.5 mol 氯分子的解离能之和;过程 c 的能量变化 $E(c)$ 为金属钠的电离能与氯原子的电子亲和能之和;晶格能是这些能量项的加和:$U = |E(a) + E(b) + E(c)|$。由于以上各能项均可用实验方法测定,故这种由玻恩和哈伯设计的热化学循环可以估算出许多离子晶体的晶格能。值得指出的是,在这些能项中,只有氯原子获得电子变为负离子(电子亲和能)是放热的(数符为-),其他各项均是吸热的(数符为+),所以加和得到的晶格能的数符为+。若经计算得出某离子晶体的晶格能为负值,意味着这种离子晶体不可能生成。

(2) 玻恩-朗德方程(Born-Lande equation):

$$U = \frac{N_A A z_1 z_2 e^2}{4\pi \varepsilon_0 r_0}\left(1 - \frac{1}{m}\right) \tag{3-4}$$

式中,N_A 为阿伏加德罗数,A 为马德隆常数(Madelung constant),z_1 和 z_2 是正、负离子的电荷数,e 是电子电荷量,ε_0 为真空介电常数,r_0 为平衡态离子最短核间距,m 为玻恩指数。马德隆常数取决于离子晶体中离子在空间的排列方式(结构类型),如 NaCl 型、CsCl 型、闪锌矿型、纤维锌矿型,马德隆常数分别为 1.747 6、1.762 7、1.638 1、1.641 3。玻恩指数是可用实验测定的参数,与离子晶体中离子间的库仑排斥力大小有关,一般取值为 5~9,如 NaCl 的 m 为 7.9,ZnS 的 m 为 5.4。

3-5-4　离子晶体结构模型

1. 概述

CsCl（氯化铯）、NaCl（氯化钠）、ZnS（闪锌矿）、CaF$_2$（萤石）和 CaTiO$_3$（钙钛矿）是最具有代表性的离子晶体结构类型，许多离子晶体或与它们结构相同，或是它们的变形，或以它们为基础加减原子，掌握这些典型离子晶体结构有举一反三的意义。请读者首先对照图 3-36（最好利用模型）对它们的晶胞有一个感性认识。

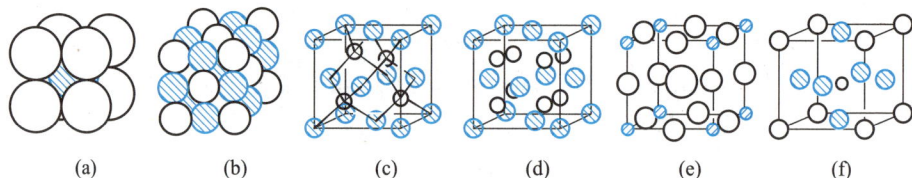

图 3-36　**CsCl、NaCl、ZnS、CaF$_2$、CaTiO$_3$ 晶胞**

[（f）为钙钛矿的另一种晶胞]

"离子晶体结构"是一个内涵丰富的概念，其基本内涵是各种离子的空间关系，至少可以通过如下 5 个角度来分析：① 晶胞类型（点阵型式）；② 离子坐标；③ 堆积-填隙模型；④ 配位多面体模型；⑤ 对称性（本书不讨论）。

离子晶体通常具有很高的对称性，如图 3-36 中的氯化铯和钙钛矿为简单立方晶胞，氯化钠、闪锌矿、萤石为面心立方晶胞。但非立方晶胞的重要离子晶体也大量存在。特别是六方晶胞，也是具有高对称性的晶胞，如纤维锌矿（ZnS）、红镍矿（NiAs）等。TiO$_2$ 天然矿物之一 ——金红石则取四方晶胞。事实上，取立方晶胞只是钙钛矿结构的理想晶胞，具有该结构的许多重要晶体的晶胞对称性却低于立方对称性，为六方、四方、正交，甚至单斜晶胞。表 3-9 汇集了 5 种常见的离子晶体化合物。

表 3-9　**5 种常见的离子晶体化合物**

晶体结构	实　　例
氯化铯型	CsCl，CsBr，CsI，TlCl，TlBr，NH$_4$Cl
氯化钠型	锂钠钾铷的卤化物，氟化银，镁钙锶钡的氧化物，硫化物，硒化物
闪锌矿型	铍的氧化物、硫化物、硒化物、碲化物
萤石型	钙、铅、汞（Ⅱ）的氟化物，钍、铀、铈的二氧化物，锶和钡的氯化物，硫化钾
金红石型	钛、锡、铅、锰的二氧化物，铁、镁、锌的二氟化物

在 3-2-3 节里已经讨论过如何表达原子在晶胞里的位置。从图 3-36 可见,离子在晶胞中常占据很特殊的位置,如顶角、体心、面心、棱心、1/8 小立方体的体心等,坐标十分易记。但需记住:离子在晶体里的坐标不是绝对的,与怎样取用晶胞有关。例如氯化铯晶体,可取氯离子为顶角$(0,0,0)$,铯离子为体心$(1/2,1/2,1/2)$的晶胞,也可取铯离子为顶角$(0,0,0)$,氯离子为体心$(1/2,1/2,1/2)$的晶胞。又如钙钛矿晶胞,可以 Ca^{2+} 也可以 Ti^{4+} 为顶角[见图 3-36(e) 和 (f)],原子坐标不同。更应明确:取不同晶胞并不会改变晶体结构,即离子的空间关系。例如,钙钛矿晶体中 Ca^{2+}、Ti^{4+} 和 O^{2-} 的空间关系是氧离子构成顶角相连的八面体,钛离子处于八面体体心,而钙离子处在 8 个八面体间的 14 面体空隙的体心位置,这种空间关系才是钙钛矿结构类型的特征,即使该结构型因某些原因而畸变,只要这种特征不变,仍可叫"钙钛矿结构类型",或钙钛矿结构相关型。

　　许多晶体结构可以看作某种典型结构的**相关型**。例如,黄铁矿结构可以看作氯化钠结构相关型,把氯化钠晶体的 Na^+ 换成 Fe^{2+},Cl^- 换成 S_2^{2-},就得到黄铁矿晶体,但它比氯化钠结构复杂,S_2^{2-} 是一个双原子离子,存在取向问题,图3-37 给出了黄铁矿中 S_2^{2-} 的取向。又如,方解石($CaCO_3$)晶体则可看作 Ca^{2+} 取代氯化钠晶体中的 Na^+,CO_3^{2-} 取代 Cl^- 得到的氯化钠结构相关型,当然,平面碳酸根离子将出现取向问题,方解石中 CO_3^{2-} 的面是平行的,而且 CO_3^{2-} 三角形在平面上还有 2 种不同的取向,见图 3-38。要注意的是,典型结构的相关型不一定能够保持原结构型的对称性,如黄铁矿因 S_2^{2-} 有 4 种不同取向,无面心平移,故非面心立方而降为简单立方。又如,方解石可以理解成"顺着碳酸根平面的法线方向压扁了的氯化钠结构型",已不再是立方晶胞,而且,画成如图 3-38 的"大晶胞"($Z=4$)是为与氯化钠晶胞对照,其正当晶胞其实是一种更小的(用虚线框起的)菱方晶胞($Z=2$)[①]。

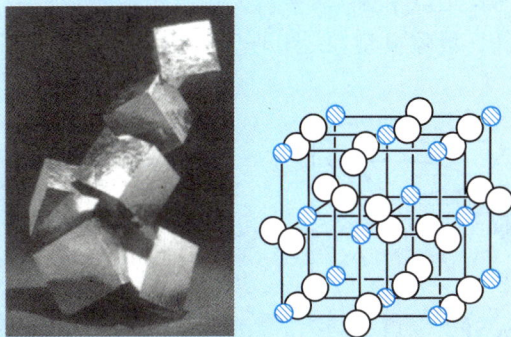

图 3-37　黄铁矿形貌与类氯化钠晶胞

---

　　① Z 代表晶胞中的原子相当于化学式的倍数,是晶体学通用符号。方解石矿物多呈现这种"大晶胞"的宏观外形,而如图 3-38 的外形是少见的。

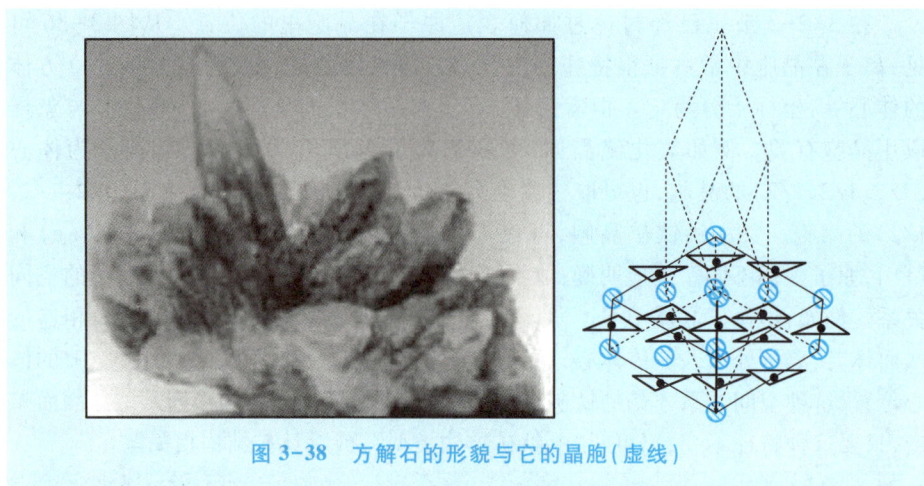

图3-38   方解石的形貌与它的晶胞(虚线)

2. 离子晶体的堆积-填隙模型

离子在晶体微观空间里有尽可能高的空间利用率是离子晶体结构重要制约因素之一。为了得到较高的空间利用率,离子晶体中的大离子(经常是负离子)会在空间尽可能密地堆积起来,然后,小离子(经常是正离子)填入堆积球之间的空隙中去,这种具有先后逻辑顺序的晶体结构分析思想被称为**堆积-填隙模型**。在金属晶体一节里已经学过金属原子的在空间堆积的方式。若把金属原子换成大离子,就得到离子晶体的堆积模型,然后再把电性相反的小离子填入堆积球的空隙中去,就得到离子晶体的堆积-填隙模型。

简单立方堆积只存在一种空隙——立方体空隙(CN=8)。如果所有立方体空隙都被小离子填满(填隙率为100%),大小离子的个数比就为 1∶1。这就是氯化铯结构型的堆积-填隙模型,见图3-39(a)。如果填隙率为50%,正、负离

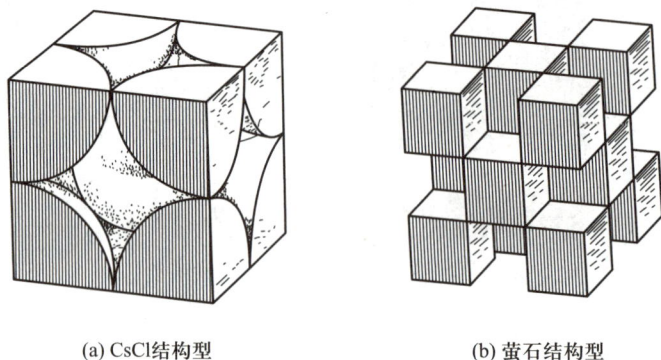

(a) CsCl结构型   (b) 萤石结构型

图3-39   简单立方堆积-填隙模型

子的个数比就为 2 : 1。例如,若把萤石结构看作负离子(F⁻)作简单立方堆积时,只有半数立方体空隙里填充了正离子(Ca²⁺),另一半是空的,见图 3-39(b),图中立方体的顶角是氟离子,实线的立方体体心有钙离子①。

这种堆积-填隙模型的堆积球与填隙球的几何制约关系可计算如下:设堆积球相互接触,填隙球与堆积球也相互接触,于是有 $a = 2r_-$;$\sqrt{3}\,a = 2r_+ + 2r_-$;$r_+/r_- = 0.732$。如果填隙球半径更小,堆积球与堆积球仍相互接触,堆积球与填隙球就不会相互接触,反之,若填隙球较大,堆积球间就会被"涨开",不再相互接触。这些情况在一定程度上仍可以存在。还应指出:以上计算只是大小离子的几何关系,是以 100% 离子键为前提的,若离子键带有共价键的成分,正、负离子在接触点处将被"挤扁"。由以上关系式还可以计算离子的空间利用率,读者可自行思考。

面心立方堆积存在两种不同的空隙——八面体空隙(CN = 6)和四面体空隙(CN = 4),见图 3-40,堆积球占据立方体顶角与面心时,八面体空隙的中心处在立方体的体心与棱心位置,四面体空隙的中心处在 8 个小立方体的体心。堆积球与八面体空隙、四面体空隙之比是 1 : 1 : 2。

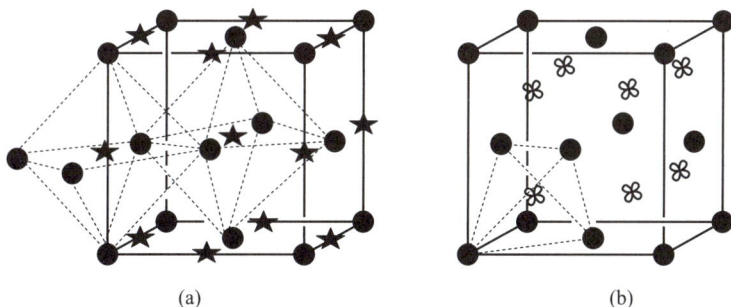

(a)   (b)

图 3-40　面心立方堆积呈现的八面体空隙(a)与四面体空隙(b)

氯化钠结构的堆积-填隙模型是氯离子作面心立方堆积,钠离子作八面体填隙,填隙率 100%;闪锌矿结构的堆积-填隙模型是硫离子作面心立方堆积,锌离子作四面体填隙,填隙率 50%;萤石结构的(面心立方)堆积-填隙模型是钙离子作面心立方堆积,氟离子作四面体填隙,填隙率 100%;钙钛矿结构则为氧离子与钙离子混合作面心立方堆积,较小的钛离子作八面体填隙,填隙率仅 25%,因钙离子只能填入完全由氧离子构成的八面体中,见图 3-36(f)。表 3-10 列出了典型离子晶体结构类型堆积-填隙类型。

①　从图 3-39(b)可见,由这种堆积-填隙模型得到的萤石晶胞仍然是一个面心立方晶胞,但比通常以钙为顶角的面心晶胞大。

若单考虑几何关系,面心立方堆积-填隙模型中填入八面体空隙的离子半径应为堆积球半径的 0.414~0.732,填入四面体空隙的离子半径应为堆积球半径的 0.414~0.225。读者可自行推算。

六方最密堆积跟面心立方堆积一样,也产生八面体和四面体两种空隙,堆积球与空隙的个数比及堆积球与填隙球的大小关系也与面心立方一样,如堆积球为硫离子,填隙球为锌离子,得到纤维锌矿结构型。有兴趣的读者可对照晶体结构模型自行研究,或查阅参考书。

表 3-10　典型离子晶体结构类型的堆积-填隙模型

结构类型	堆积球	堆积方式	堆积产生的空隙类型	填隙离子	填隙多面体	填隙率
CsCl	Cl^-	简单立方	立方体	Cs^+	立方体	100%
萤石	F^-	简单立方	立方体	Ca^{2+}	立方体	50%
NaCl	Cl^-	面心立方	八面体和四面体	Na^+	八面体	100%
闪锌矿	S^{2-}	面心立方	八面体和四面体	Zn^{2+}	四面体	50%
萤石	Ca^{2+}	面心立方	八面体和四面体	F^-	四面体	100%
钙钛矿	$O^{2-}+Ca^{2+}$	面心立方	八面体和四面体	Ti^{4+}	八面体	25%

3. 离子晶体配位多面体模型(选学)

离子晶体中的配位多面体通常指正离子周围的负离子的原子核连接而成的多面体,广义地说,也包括多原子离子(如 CO_3^{2-}、SiO_4^{4-} 等)多面体(包括二维多边形)及负离子周围的正离子构成的多面体。配位多面体种类繁多,图 3-41 是其中一些举例。配位多面体的连接方式是该模型的另一个要点,图 3-42 是离子晶体中的配位八面体连接方式举例。

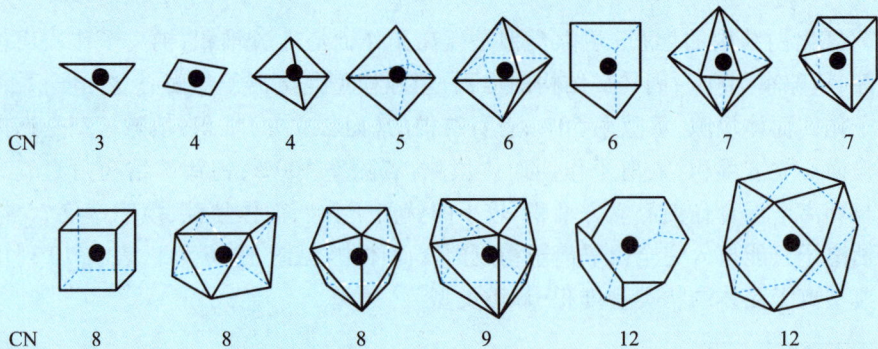

CN	3	4	4	5	6	6	7	7

CN	8	8	8	9	12	12

图 3-41　配位多面体举例

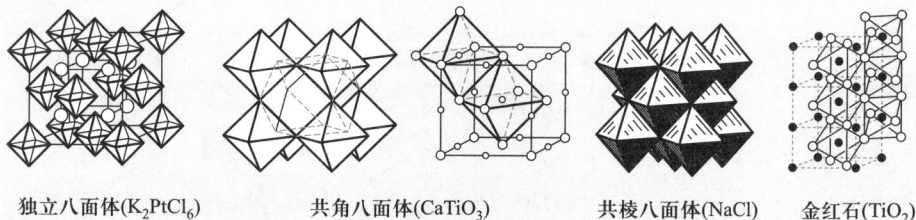

独立八面体(K_2PtCl_6)　　　共角八面体($CaTiO_3$)　　　共棱八面体($NaCl$)　　　金红石(TiO_2)

图 3-42　离子晶体中的配位八面体连接方式举例

配位多面体模型对分析离子晶体结构,特别是分析如离子在晶体中穿越多面体的面发生运动(所谓快离子导体)等晶体特性,具有重要价值。

用配位多面体模型对几种典型离子晶体的描述如下:

(1) 氯化铯结构　氯离子和铯离子的配位数都等于 8,氯和铯的配位多面体都是立方体。对于[$CsCl_8$]而言,是完全无隙并置的连接方式(所有多面体的面、棱、顶角都是被其他配位多面体共用)。因而,用这样一种多面体就可以占满整个空间,无须在结构中存在其他类型的多面体。

(2) 氯化钠结构　氯原子和钠原子的配位数都等于 6,都形成正八面体配位多面体。对于[$NaCl_6$]而言,是完全共棱、共顶角但不共面的连接方式。这样的多面体不可能占满整个空间。用结构模型很容易观察到,在氯化钠结构中还存在一种由 4 个氯原子围拢的四面体,这种四面体的中心是空的,它们是[$NaCl_6$]八面体的总数的 2 倍,并具有共顶角、共面和共棱的关系。

(3) 闪锌矿结构可看成由四种方向不同的正四面体[ZnS_4]配位多面体通过共顶角相连,图 3-43 中画出其中三个,即图中的左上前、右上后、右下前三个四面体。萤石结构则可看作 8 个方向不同的四面体[FCa_4]为配位多面体以共棱形式相连,其中 3 个如图 3-43 的左上前、左下前和右下前三个四面体。由此可见,闪锌矿结构不仅仅四面体的数目比萤石结构少了一半,而且四面体的连接方式上也不同。

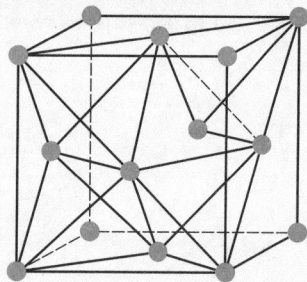

图 3-43　正四面体配位的面体

(4) 钙钛矿结构中,存在 2 种配位多面体:[TiO_6] 和[CaO_{12}]。[TiO_6]八面体是完全共顶角但不共面也不共棱。[CaO_{12}]十四面体则正好是正八面体连接形成的空穴,十四面体之间则共面相连的。

(5) 金红石结构里有两种方向不同的八面体,同向的八面体共棱相连,不同向八面体则共角相连。

表 3-11 分别给出了某些典型离子晶体中正离子配位多面体和负离子配位多面体的类型。若正、负离子配位多面体相同,说明它们在几何上可以互相更换,即在几何上是"等价"的,否则正、负离子是不等价的。

表 3-11   某些典型离子晶体中的配位多面体

结构类型	阳离子配位数	配位多面体	阴离子配位数	配位多面体	阴阳离子的等价性
CsCl	8	$[CsCl_8]$立方体	8	$[ClCs_8]$立方体	等价
NaCl	6	$[NaCl_6]$八面体	6	$[ClNa_6]$八面体	等价
闪锌矿	4	$[ZnS_4]$四面体	4	$[SZn_4]$四面体	等价
萤石	8	$[CaF_8]$立方体	4	$[FCa_4]$四面体	不等价
钙钛矿	Ca^{2+} 12 Ti^{4+} 6	$[CaO_{12}]$十四面体 $[TiO_6]$八面体	6	$[OTi_2Ca_4]$八面体	不等价

表 3-12 则给出了某些典型离子晶体中由负离子构成的配位多面体的连接方式。

表 3-12   某些典型离子晶体中由负离子构成的配位多面体的连接方式

结构类型	配位多面体	连 接 方 式
CsCl	立方体	无隙并置(完全地共面、共棱、共顶角),所有立方体取向相同
NaCl	八面体	完全共棱,不共面,所有八面体取向相同
闪锌矿	四面体	完全共棱,不共面,有 2 种取向不同的四面体,锌原子填入其中一种多面体中,另一种取向不同的四面体是空的
萤石	四面体	完全共棱,不共面

对离子晶体结构的上述分析方法也适用于对典型原子晶体(如 SiO_2)的分析。

3-6   分子晶体与原子晶体(选学材料)

3-6-1   分子晶体

典型的分子晶体是指有限数量的原子构成的电中性分子为结构基元,以分子间力相互作用在微观空间里呈现具有平移性的重复图案得到的晶体。

"有限分子"的主要品种是有机化合物,已知的 3 000 多万种化合物中多数是以有限原子构成的有机分子,无机"有限分子"则在数量上很少,如部分非金属单质(O_2、S_8)、部分非金属化合物(如 CO_2、H_2O)等。

在分子晶体中,分子之间的作用力是分子间力(范德华力和氢键)。分子间力相比于金属键、离子键和共价键等化学键是一种很弱的作用力,因而分子晶体的熔点很低。但分子晶体的熔点并不完全取决于分子间力的大小,还与分子在晶体里堆积的紧密程度有关。分子堆积紧密,空间利用率高,也会使熔点升高。例如,近球状的金刚烷(见图3-44)的熔点高达269 ℃,是已知烷烃中熔点最高的[①]。

分子间力比较弱,导致分子在晶体的微观空间里堆积时会尽可能地利用空间,但分子的形状、分子间是否存在具有方向性的氢键及其强弱,以及分子的极性强弱导致分子定向排列的程度高低等因素均会影响分子的堆积方式和空间利用率。当分子晶体达到最密堆积时,每个分子周围也会达到12个分子,如图3-18和图3-45所示的干冰晶体和图3-19所示的碘晶体都是如此。又如,近似球体的C_{60}呈面心立方晶胞[②],与金刚烷相似的近似球体的乌洛托品$C_6H_{12}N_4$呈体心立方晶胞(最近两层的配位数=8+6)等。冰则为堆积不紧密的分子晶体的典型代表。通常的冰具六方晶胞,由于分子间存在作用力较大而方向性很强的氢键,每个水分子周围只有4个水分子,类似金刚石中碳的配位情形,空间利用率很低,以致冰融化后密度反而升高。

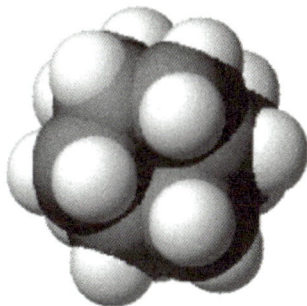

图 3-44　金刚烷($C_{10}H_{16}$)

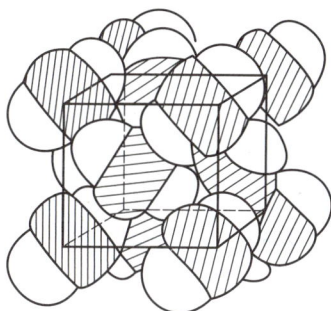

图 3-45　干冰实球模型

3-6-2　原子晶体

原子晶体是以具有方向性、饱和性的共价键为骨架形成的晶体。金刚石和石英(SiO_2)是最典型的原子晶体,其中的共价键形成三维骨架网络结构(见图3-46),后者可以看成前者的C—C键改为Si—Si键而又在其间插入一个氧原

[①]　在常压下有熔点的烷烃其相对分子质量都不大,高碳烷烃分子加热未及熔化就已经分解了,在常压下无熔点。

[②]　这里的面心立方晶胞是指C_{60}分子的空间取向随机分布而言的,分子取向不同时该晶胞为素晶胞。

子,构成以氧桥连接的硅氧四面体共价键骨架①。由图 3-46 可见,由于共价键的方向性与饱和性,原子晶体中的原子的空间利用率很低。例如,在金属最密堆积的讨论中得知,半径相等的球的最高配位数可达 12,而在金刚石中碳的配位数却只达到 4,由此可见一斑。

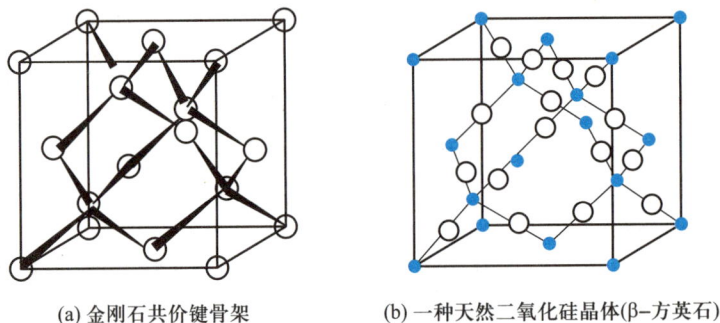

(a) 金刚石共价键骨架   (b) 一种天然二氧化硅晶体(β–方英石)

图 3-46   金刚石和石英

如果定义原子晶体为晶体中存在无限伸展的共价键骨架,那么,除了金刚石和石英这样的三维共价键骨架结构外,存在二维无限伸展共价键骨架和一维无限伸展共价键骨架的晶体也应当归属于原子晶体,二维的如氮化硼(BN),晶体中存在并合的 B_3N_3 六元环的无限平面结构,一维的如硒(Se),晶体中存在向同一个方向无限延伸、螺旋盘升的硒原子链。在这些晶体中,平面间、链间是分子间力(范德华力)。如果无限伸展的三维、二维或一维共价键骨架除分子间力(包括氢键)外还存在离子键,通常就归为离子晶体,如含各种不同一维(链)、二维(面)、三维(骨架)无限伸展的硅酸根离子的硅酸盐(闪石、石棉、云母、沸石等)。而像石墨,无限伸展的二维平面碳原子间除定域的 σ 共价键外还有离域的大 π 键,通常被归为混合晶体。

相对于一维、二维、三维无限伸展的共价键骨架,分子晶体的分子的和离子晶体的多原子离子的有限共价结构可以称为"零维共价骨架结构"。这种说法把分子晶体和原子晶体统一在一起了,甚至把所有具有共价键骨架的晶体都统一到一起了,不失为一种符合逻辑的系统。

[阅读材料]
拟晶

---

① 天然二氧化硅有许多种不同的晶体,图 3-46 是具有立方对称性的一种天然二氧化硅晶体,叫作 β–方英石,而通常见到的透明的"水晶"是"低温石英",具六方晶胞,对称性很低,在微观空间里只存在 3 重螺旋轴,属于三方晶系,各种不同的二氧化硅晶体都存在以氧桥连接的硅氧四面体,但因连接时的不同扭曲方式而致出现不同对称性。

习　题

3-1　给出金刚石晶胞中各原子的坐标。

3-2　给出黄铜矿晶胞(见图 3-47)中各种原子(离子)的坐标。

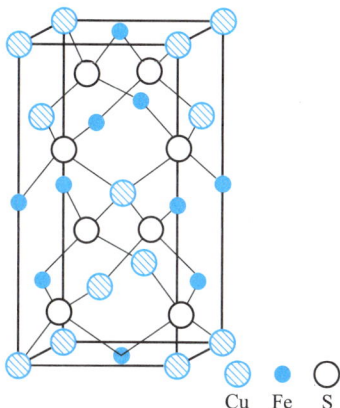

Cu　Fe　S

图 3-47　黄铜矿晶胞

3-3　亚硝酸钠和金红石(TiO_2)哪个是体心晶胞(见图 3-48)？为什么？

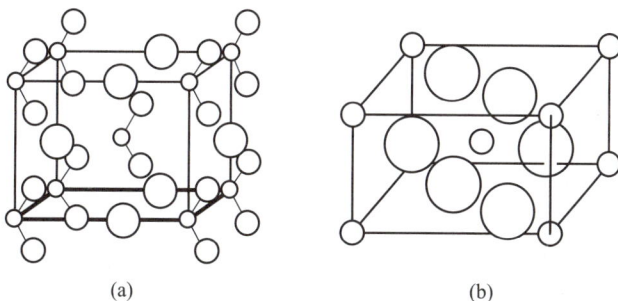

(a)　　　　　　　　　　　　　　(b)

图 3-48　$NaNO_2$(a)和 TiO_2(b)晶胞

3-4　黄铜矿晶胞(见图 3-47)是不是体心晶胞？

3-5　白钨矿晶体(见图 3-49)是素晶胞还是体心晶胞？说明理由。

3-6　碳酸氢钠晶胞的投影如图 3-50 所示,请问:平均每个晶胞含几个相当于化学式 $NaHCO_3$ 的原子集合(符号:Z)？

*3-7　推算典型离子晶体的各种堆积-填隙模型的堆积球和填隙球的半径比。

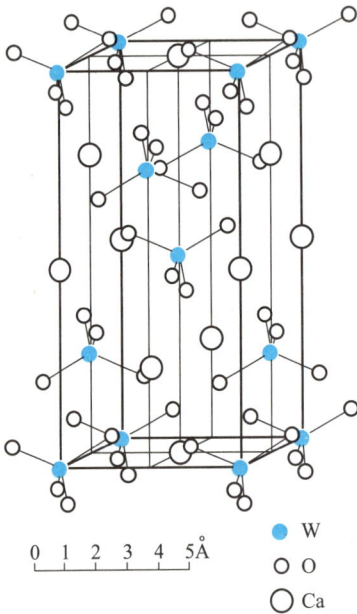

图 3-49   白钨矿晶胞

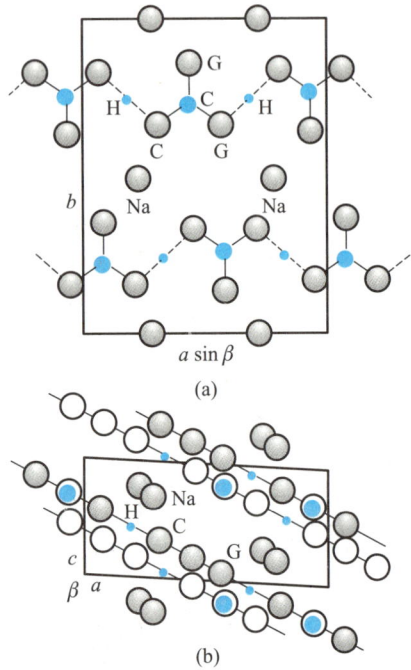

图 3-50   NaHCO$_3$ 晶胞的投影

*3-8   在闪锌矿和萤石的四面体配位多面体模型中除存在四面体外还存在什么多面体?在后者的中心是否有原子?

*3-9   图 3-51 由黑白两色甲壳虫构成。如果黑白两色没有区别,每个阵点代表几个甲壳虫? 如果黑白两色有区别,每个阵点代表几个甲壳虫? 前者得到什么布拉维点阵型式,后者又得到什么布拉维点阵型式?

*3-10   图 3-52 是一种分子晶体的二维结构,问每个阵点所代表的结构基元由几个分子组成? 图中给出的点阵单位(每个平均)含几个阵点? 含几个分子?

图 3-51

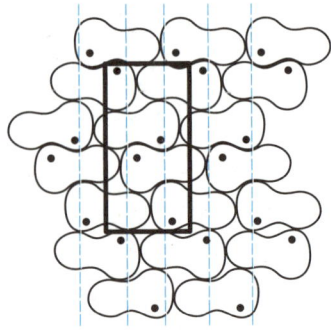

图 3-52

*3-11　晶体学中的点阵单位并非只有布拉维单位一种。例如,有一个叫 Volonoi 的人给出了另一种点阵单位,获得这种点阵单位的方法:以一个阵点为原点向它周围所有相邻的点作一连线,通过每个连线的中点作一个垂直于该连线的面,这些面相交得到一个封闭的多面体,就是 Volonoi 点阵单位。请通过操作给出下列三维布拉维点阵单位的相应 Volonoi 点阵单位:(1) 立方素单位;(2) 立方体心单位。

*3-12　你想知道能带理论如何解释固体的颜色吗?例如,为什么金、银、铜、铁、锡的颜色各不相同?为什么愚人金有金的光泽?为什么 ZnS(闪锌矿)呈白色、HgS(朱砂)呈红色而 PbS(方铅矿)呈黑色?天然的金刚石为什么有蓝、红、黄、绿色而并非全呈无色?请阅读:拿骚 K.颜色的物理与化学:颜色的 15 种起源.李士杰,张志三,译.北京:科学出版社,1991:168～182(注:"费密能"的定义在 166 页中)。请通过阅读测试一下自己的知识与能力,以调整自己的学习方法、预定目标与学习计划安排。最好阅读后写一篇小论文(主题任选)。

*3-13　二层、三层为一周期的金属原子二维密置层的三维堆积模型只是最简单的当然也就是最基本的金属堆积模型。利用以下符号体系可以判断四层、五层为一周期的密置层堆积模型是二层堆积和三层堆积的混合:当指定层上下层的符号(A、B、C)相同时,该指定层用 h 表示,当指定层上下层的符号不同时,该指定层用 c 表示。用此符号体系考察二层堆积,得到…hhhhhh…,可称为 h 堆积,用以考察三层堆积时,得到…ccccccc…,可称为 c 堆积。请问:四层、五层为一周期的堆积属于什么堆积型?为什么说它们是二层堆积和三层堆积的混合?(注:h 是六方——hexagonal——的第一个字母;c 是立方——cubic——的第一个字母。)

3-14　温度足够高时,某些合金晶体中的不同原子将变得不可区分,Cu_3Au 晶体中各原子坐标上铜原子和金原子可以随机地出现。问:此时,该合金晶胞是一种什么晶胞?

3-15　温度升得足够高时,会使某些分子晶体中原有一定取向的分子或者分子中的某些基团发生自由旋转。假设干冰晶体中的二氧化碳分子能够无限制地以碳原子为中心自由旋转,问:原先的素立方晶胞将转化为什么晶胞?

3-16　试在金属密堆积的面心立方晶胞的透视图上画出一个二维密置层,数一数,在该密置层上每个原子的周围有几个原子,在该原子的上下层又分别有几个原子?(参考图 3-53)。

*3-17　找一找,在六方最密堆积的晶胞里,四面体空隙和八面体空隙在哪里?已知纤维锌矿(ZnS)的堆积-填隙模型为硫离子作六方最密堆积,锌离子作四面体填隙,请根据以上信息画出其晶胞。

*3-18　有一种典型离子晶体结构叫作 ReO_3 型,立方晶胞,Re^{6+} 的坐标为 0,0,0;O^{2-} 的坐标为 0,1/2,0;1/2,0,0;0,0,1/2。请问:这种晶体结构中,铼的配位数为多少?氧离子构成什么多面体?如何连接?

*3-19　实验测得金属钛为六方最密堆积结构,晶胞参数为 $a=295.0$,$c=468.6$ pm,试求钛的原子半径和密度。

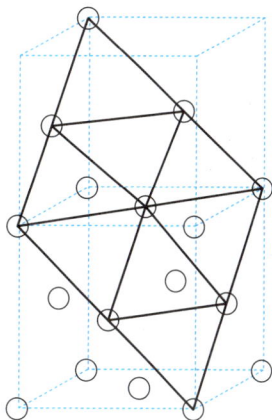

图 3-53　面心立方密置层

*3-20   实验测得金属铂的原子半径为 138.7 pm,密度为 21.45 g·cm^{-3},试问:假设铂取面心立方最密堆积晶体结构,将从 X 射线衍射谱图算出的晶胞参数多大?

*3-21   金属密堆积结构晶体学测定的实验数据是测定阿伏加德罗数的重要实验方法,试给出计算方程。

*3-22   Shannon 给出的 6 配位 Na$^+$ 的有效半径为 102 pm,假设 NaH 取 NaCl 结构型,H$^-$ 互切,Na$^+$ 与 H$^-$ 也正好互切,求 H$^-$ 的 6 配位半径。

*3-23   假设复合金属氟化物 M^{I}M^{II}F$_3$ 取钙钛矿结构,而且氟离子正好互切,已知氟离子的半径为 133 pm,问:填入空隙的 M^I 和 M^{II} 分别不超过多少 pm,才能维持氟离子的相切关系?将在 X 射线衍射谱中得到多大晶胞参数的立方晶胞?某研究工作实际得到 CsEuF$_3$ 晶胞参数为 477 pm,该实验数据意味着什么结构特征?

*3-24   根据表 3-4 的数据判断,若氧化镁晶体取氧原子面心立方堆积,镁离子将填入氧离子堆积形成的什么空隙中去?所得晶胞是素晶胞还是复晶胞?氧离子核间距因镁离子填隙将扩大多少?预计该晶体的晶胞参数多大?

3-25   根据卤化铜的半径数据,卤化铜应取 NaCl 晶体结构型,而事实上却取 ZnS 型,这表明卤离子与铜离子之间的化学键有什么特色?为什么?

3-26   据报道二氧化碳在 40 GPa 的高压下也能形成类似二氧化硅的原子晶体(Science,1999,283:1510),从第 3-2 节给出的干冰晶胞图如何理解二氧化碳晶体结构转化的压力条件?

3-27   图 3-38 中用虚线画的晶胞是方解石的正当晶胞,试考察,该晶胞里有几个碳酸根离子,几个钙离子?求一个晶胞的内容物相当于化学式的倍数(Z=?)。

*3-28   已知电石(CaC$_2$)的晶体结构是 NaCl 晶体结构的相关型,而且 C$_2^{2-}$ 的取向是一致的,晶胞的剖面图如图 3-54,试问:电石晶胞是 14 种布拉维晶胞中的哪一种?画出其晶胞图并做出说明。已知 NaCN 也是 NaCl 结构相关型,请问:其中的原子排列将出现什么新问题?

3-29   金刚石晶体中的碳原子为什么不是最密堆积?

*3-30   晶体结构中的"化学单元"与"结构基元"两个概念是否同一?举例说明它们的异同。在过去的教科书里常有"晶格结点"一词,你认为它是不是指晶体结构中的"结构基元"?为什么?

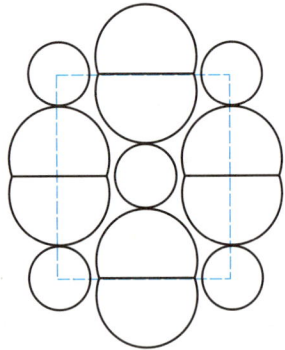

图 3-54   电石晶胞剖面图

3-31   有人说,晶体中的晶格网络骨架就是化学键骨架,你同意这种说法吗?

*3-32   有人说,点阵不必一定与网络或格子相联系,这种说法对吗?为什么?

*3-33   你认为晶胞概念和点阵单位概念有何异同?

*3-34   试研究:单斜晶系当 b 角不等于 90° 时,不应有 B 底心晶胞,因为它可以转化为素单斜晶胞。

*3-35   书中谈到,金刚烷熔点很高,文献又报道,金刚烷在常温常压下是一种易挥发的固体。请问:这两个事实是否矛盾?为什么?

第4章

配 合 物①

内容提要

1. 本章第1节通过具体实例归纳出配合物的定义,涉及的基本概念有中心原子、配体、配位原子、配位键、配位数、螯合物、配合物与复盐的区别等,还简要地讨论了配合物的命名。

2. 本章第2节讨论配合物的异构问题。应重点掌握几何异构和对映异构两个概念。

3. 本章第3节讨论配合物的价键理论。应重点掌握八面体、平行四边形和四面体3种立体结构的中心原子杂化类型、内轨与外轨的概念等,掌握磁性测量对判断配合物结构的意义。

4. 本章第4节为选学材料,讨论配合物的晶体场理论。初步讨论八面体场的分裂能、成对能、晶体场稳定化能三个概念,应重点掌握配合物颜色的原因之一——d-d跃迁及颜色与分裂能大小的关系;高自旋与低自旋及与磁矩的大小的关系。

---

① 本章设置在第4章是本书采取分篇体例的安排,教学顺序应根据教师的习惯和学生的水平调整,不一定按章节顺序讲。例如,若在一年级上学期设置普通化学课程者,本章可按第4章安排,若采取一个学年的无机化学多课时安排,可在课程进行到过渡元素时再讲解本章内容。有关配合物在水溶液中的解离平衡的内容,请见本书第12章。对于未将本书物质结构基础篇安排在第一教学单元而先安排水溶液体系的教学顺序,若认为未讨论配合物概念先讨论配合平衡有困难,也可将此章插到第12章前。但只要学生水平中上,按本书顺序教学是完全可行的。

4-1   配合物的基本概念

4-1-1   配合物的定义

配位化合物（coordination compound），简称**配合物**，又叫**络合物**（complex），是一大类化合物的总称，形成一门称为**配位化学**（coordination chemistry）的化学分支学科。配位化合物数量巨大，组成和结构形形色色，丰富多彩，这就为下个定义包容所有配位化合物带来困难，不妨先从简单到复杂讨论一些具体的配位化合物，然后再对它们的共同特点进行归纳，以形成对配位化合物的一般认识。

在中学阶段学过，若在 $CuSO_4$ 溶液里加入氨水，首先得到难溶物，继续加氨水，难溶物溶解，得到透明的深宝石蓝色的溶液。业已查明，该溶液中的蓝色物质是 Cu^{2+} 和 4 个氨分子结合形成的复杂离子——$[Cu(NH_3)_4]^{2+}$。蒸发浓缩该溶液，析出深蓝色的晶体，组成为 $Cu(NH_3)_4SO_4 \cdot H_2O$，晶体中仍存在这种深蓝色的 $[Cu(NH_3)_4]^{2+}$，相对于 Cu^{2+} 而言，$[Cu(NH_3)_4]^{2+}$ 组成复杂，可称为**络离子**（complex ion）或**配离子**[①]。凡在结构中存在络离子的物质都属于**配位化合物**，当讨论问题时不涉及与络离子配对的外界离子（如上例中的 SO_4^{2-}）时，可直呼络离子为配合物。例如，在配合物 $[Cu(NH_3)_4]^{2+}$ 中，铜离子处于中心，称为**中心原子**，或配合物形成体，简称**形成体**，与配合物形成体 Cu^{2+} 结合的 NH_3 分子则称为**配体**（ligand）。

其实，所有金属正离子在水溶液中都是以水分子为配体的配合物形式存在的，只是它们的配体——水分子的个数不尽相同而已。例如，$[Fe(H_2O)_6]^{3+}$、$[Fe(H_2O)_6]^{2+}$、$[Cu(H_2O)_4]^{2+}$ 等，简称水络离子。

配合物的中心原子不一定是正离子，也可是电中性的原子。例如，早在 1890 年，L. Mond 就在冶炼镍的研究中发现，金属镍在常压下会与一氧化碳形成组成为 $Ni(CO)_4$ 的低沸点配合物，称为四羰基镍。这个配合物是电中性的镍原子和电中性的一氧化碳分子结合而成的，用经典化学键理论无法理解。由于其他金属在常压下不形成羰基化合物，故可用 Ni 与 CO 的反应提纯镍。后来发

---

① 英文似应为 coordination ion，但英文书里并没有这个术语，翻译成英文，仍宜尊重英语习惯，译作 complex ion。在现代化学文献中，coordination compound 和 complex compound 或 complex ion，简称 complex，始终并用着。

现,许多金属可以形成羰基化合物,已知品种已达数千。

　　配合物中的配体也可能不是电中性分子而是负离子。例如,粗盐酸的黄色是其中的杂质$[FeCl_4]^-$络离子的颜色[①]。在这个配合物中,配体是负离子——Cl^-。由于它的中心原子铁是+3价离子,4个Cl^-总电荷为−4,因而配合物的总电荷为−1。又如,向含$[Fe(H_2O)_6]^{3+}$的水溶液滴入1滴硫氰酸钾(KSCN)溶液,立即见到溶液呈现深红色,后者是络离子$[Fe(H_2O)_5SCN]^{2+}$的颜色,其中5个配体是水分子,另一配体是负离子——硫氰酸根(SCN^-),因而络离子总电荷为2+。这个络离子的颜色太像血液,不仅可用于检出Fe^{3+},而且被广泛用作电影特技、魔术表演乃至法术骗局。

　　配合物的总电荷等于中心离子的电荷与配体电荷的代数和,因而,配合物的总电荷也可以等于零。例如,最原始的含铂抗癌药"顺铂"的组成为$[Pt(NH_3)_2Cl_2]$,其中心离子是Pt^{2+},2个配体是Cl^-,因而总电荷为零。前述用于提纯镍的$Ni(CO)_4$也是电中性的配合物。

　　配合物中的配体是怎样与中心原子结合的呢? 现代化学理论认为,配合物中的配体主要是具有能提供孤对电子的原子,如F、Cl、Br、I、O、N、S、H^-(氢化物)、P(膦)等,称为 **配位原子**,配位原子与中心原子结合,形成称为 **配位键**(coordinate bond)的化学键。揭示配位键本质的理论将在4-3、4-4节讨论。

　　有的配体只含一个配位原子,只能提供一对孤对电子与中心原子形成配位键,被称为 **单齿配体**(monodentate ligand),如H_2O、Cl^-。能提供2个配位原子与中心原子形成配位键的叫做 **双齿配体**(bidentate ligand)。以此类推。

　　配合物中心原子周围的配位原子的个数称为 **配位数**(coordination number)。注意:配位数不一定等于配体的数目,除非配体是单齿的。配合物的配位数既与中心原子有关,也与配体有关,还取决于中心原子与配体的匹配关系。虽学习配位键理论后可较好地理解具体中心原子与具体配体之间的配位数,但例外的仍极多,尚无一包容一切的简单理论,仍需逐一考察。然而,大多数金属原子的配位数等于它的电荷的2倍,却是比较普遍的规律,尽管不乏例外。例如,大多数情况下,Cu^+、Ag^+、Au^+的配位数为2,Cu^{2+}、Zn^{2+}的配位数为4,Al^{3+}、Fe^{3+}、Cr^{3+}的配位数为6,但前面已经提到$FeCl_4^-$是四配位的,$[Ni(NH_3)_6]^{2+}$为6配位却是例外。

　　Cu^{2+}的常见配位数为4,如$[Cu(NH_3)_4]^{2+}$,若用双齿配体氨基丙酸根离子

---

　　① 有的人误认为粗盐酸的黄色是水合铁离子的颜色,其实,$[Fe(H_2O)_6]^{3+}$呈浅紫色,这是不难证明的。若认为粗盐酸的颜色是碱式铁离子的颜色则更是错的,在pH小于1的强酸性溶液中不可能存在$[Fe(OH)]^{2+}$、$[Fe(OH)_2]^+$等离子。

NH_2—CH_2—CH_2—COO^- 代替氨分子,配位数不变,将得到电中性的配合物 $[Cu(NH_2CH_2CH_2COO)_2]$,其配体像螃蟹的大钳把中心原子围在中间(见图 4-1),因而人们又把含多齿配体的配合物又叫**螯合物**(chelate),"螯"即螃蟹的大钳。相应地,这种提供螯合物配体的试剂被称为**螯合剂**。

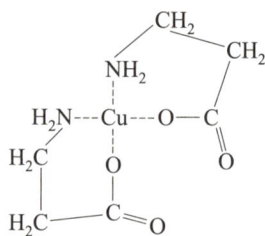

图 4-1   螯合物一例——
二(氨基丙酸)合铜

有机化合物被用作配体是配位化合物数量巨大的主要原因。含有机配体的配合物既可属有机化学,也可属无机化学,正是有机化学与无机化学的交叉生长点。有机配体中的配位原子以 O、N 为主,O 的来源主要是羧基、醇羟基、酚羟基、酮基等,N 的来源主要是有机胺和氮杂环。望读者今后在学习有机化学时经常考察所学到的有机化合物能否作配体。下面的几个例子都是十分重要的有机配体配合物。

六齿配体螯合剂 EDTA 是容量分析(即滴定分析)之一的络合滴定法最常用的试剂,EDTA 是乙二胺四乙酸英文字首缩写,可看作乙二胺(H_2N—CH_2—CH_2—NH_2)氨基的四个氢原子被乙酸基(—CH_2COOH)取代的产物,结构如图 4-2(a),带 4 个负电荷的 EDTA 负离子与金属离子形成的六配位螯合物如图 4-2(b),为简洁起见,除配位原子外的其他原子用 5 条弧线代替了。

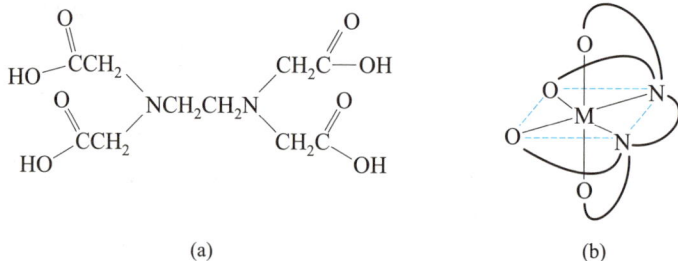

(a)

(b)

图 4-2   螯合剂 EDTA 的结构及它与金属离子形成的六配位螯合物

令人惊讶的是叶绿素和血红素具有十分相似的结构,它们的结构中都存在一个环,叫作卟啉,中间是一种金属原子,卟啉是图 4-3(a)的二维环状有机化合物——卟吩的衍生物,其 4 个氮原子(失去 2 个质子后)可与金属离子形成配位键而将金属离子圈于环心,图 4-3 还画出一种叶绿素的基本结构,各种卟啉配合物的差别仅环上的侧链不同而已,(c)则是血红蛋白示意图,将卟啉画成一个圆饼,与之结合的蛋白质被简单地用一条弧线表示。

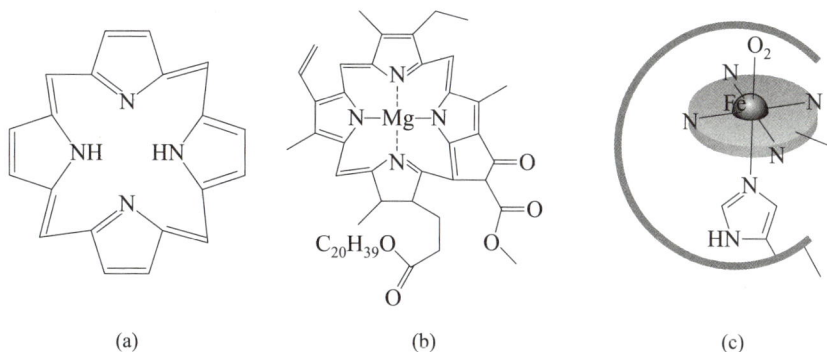

图 4-3 卟吩与卟啉配合物叶绿素、血红蛋白的基本结构[1]

有的有机化合物并不具有可提供孤对电子的原子,如乙烯($H_2C = CH_2$)和苯(C_6H_6),也能作为配体与金属原子形成配合物。这些配合物中的配位键的性质与孤对电子的配位键不同,不是 σ 键而是 π 键,可称为 π 配合物,详见 4-3 节。

有的配合物的中心原子不止一个,最典型的是 $[Fe(H_2O)_6]^{3+}$ 的水解,在形成最终产物 $Fe(OH)_3$ 的 过 程 中,除 存 在 $[Fe(OH)(H_2O)_5]^{2+}$、$[Fe(OH)_2(H_2O)_4]^+$ 外,还产生包含 2、3、4、… 多个铁原子的中间产物,见图 4-4。

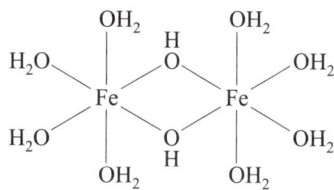

图 4-4 多核配合物一例

这些含有多个中心原子的配合物被称为多核配合物。图 4-4 中搭桥的氢氧根被称为羟桥。正是由于这些多核羟络离子的不断成长,才最后得到 $Fe(OH)_3$ 沉淀。还可举出的例子是 $AlCl_3$,结构中存在氯桥键。

综上所述,配合物是由一定数量的可以提供孤对电子或 π 电子的离子或分子(统称配体)与接受孤对电子或 π 电子的原子或离子(统称中心原子)以配位键结合形成的化合物。尽管此定义仍不能包容许多特殊配合物,但已相当概括了。

4-1-2 复盐与配合物

在配合物的概念确立以前,人们把所有由两种或两种以上的盐组成的盐都

---

[1] 卟吩、卟啉的"卟"字音"补"。

称为复盐(double salt),如 $KMgCl_3 \cdot 3H_2O$(光卤石)、$KAl(SO_4)_2 \cdot 12H_2O$(明矾)、Na_3AlF_6(冰晶石)、$Ca_5(PO_4)_3F$(磷灰石)、$Al_2(SiO_4)F_2$(黄玉)等。普遍认为,若一种复盐在其晶体中和在水溶液中都有络离子存在,属于配合物,应称为络盐(complex salt)。例如,冰晶石在晶体和水溶液中都存在 AlF_6^{3-},是络盐。又如,有一种铑的红色复盐,组成为 $CsRh(SO_4)_2 \cdot 4H_2O$,易溶于水,向其水溶液加入 $BaCl_2$ 短时间内并无 $BaSO_4$ 沉淀产生,可见它是一种络盐,其水溶液中主要组分为 Cs^+ 和 $[Rh(H_2O)_4(SO_4)_2]^-$,后者也存在于晶体中。

4-1-3 配合物的命名

通过对比很容易掌握配合物命名的主要规则。例如:

配合物	$[Cu(NH_3)_4]Cl_2$ 氯化四氨合铜(II)		$[Cu(NH_3)_4]SO_4$ 硫酸四氨合铜(II)	
对比	$CuCl_2$ 氯化铜		$CuSO_4$ 硫酸铜	
配合物	Na_3AlF_6 简称 氟铝酸钠	系统命名	六氟合铝(III)酸钠	
	H_2SiF_6 氟硅酸		六氟合硅(IV)酸	
	SiF_6^{2-} 氟硅酸根		六氟合硅(IV)酸根	
对比	Na_2SO_4 硫酸钠	H_2SO_4 硫酸	SO_4^{2-} 硫酸根	

总结以上命名规律:系统命名时,配体与中心原子名称间要加"合"字,简称时,"合"可以省略;中心原子名称后加括号(括号内用罗马数字表示氧化数);系统命名时,要给出配体的个数,简称时可省略;配合物为负离子时,需加"酸"结尾,若单独存在,称"酸根",若与之配对的正离子为 H^+,就称"酸"。

应当注意,许多配体的名称是与游离态的名称不同的。例如:

分子或离子	游离态	作配体
CO	一氧化碳	羰基
OH^-	氢氧根	羟(基)
F^-	氟离子	氟
PH_3	磷化氢	膦
NO_2^-	亚硝酸根	硝基(氮为配位原子时),亚硝酸根(氧为配位原子时)
N_2	氮	双氮
H^-	负氢离子	氢

当配合物形成体与多种配体配合时,命名时配体的顺序有一定的规则,称为**顺序规则**。主要有如下两条:

(1)先无机后有机 例如,[Pt(en)Cl₂]二氯一(乙二胺)合铂(Ⅱ);[Co(en)₂Cl₂]Cl 氯化二氯二(乙二胺)合钴(Ⅲ);K[Co(en)Cl₄]四氯一(乙二胺)合钴(Ⅲ)酸钾。

(2)先负离子后中性分子 例如,[Pt(NH₃)₂Cl₂]二氯二氨合铂(Ⅱ);K[Pt(NH₃)Cl₃]三氯一氨合铂(Ⅱ)酸钾;[Pt(NH₃)₃Cl]Cl 氯化一氯三氨合铂(Ⅱ)。

还有更多的顺序规则,而且不乏例外,有兴趣的读者可研读《英汉·汉英化学化工词汇》的附录。从实际出发,其实复杂配合物不一定都按复杂的规则给出名称,完全可直接给出化学式,既简单又明了。

4-2 配合物的异构现象与立体结构

配合物的组成极其繁杂多样,导致丰富多彩的异构现象。配合物异构现象,首先可分为结构异构和立体异构两大类;立体异构可分为几何异构和对映异构两大类。本节主要讨论立体异构。

4-2-1 结构异构

所有组成相同而配合物(包括络离子)结构不同的异构现象都可统称为结构异构。下例是最典型的结构异构现象之一:有三种组成相同的水合氯化铬晶体,都可用 $CrCl_3 \cdot 6H_2O$ 表示其组成,它们的颜色不同,大量实验证明,这是由于它们所含离子是不同的,分别为[Cr(H₂O)₆]Cl₃(紫色)、[CrCl(H₂O)₅]Cl₂(灰绿色)、[CrCl₂(H₂O)₄]Cl(深绿色)。它们的组成相同,是异构体。用还原剂还原重铬酸钾($K_2Cr_2O_7$)大多得到绿色的产物,导致许多人误认为绿色是水合 Cr^{3+} 的特征颜色,其实,Cr^{3+} 的绿色离子除水外都含其他配体。有趣的是,当水溶液中存在 Cl^-、SO_4^{2-} 等离子时,从上述紫色离子转化为绿色离子很容易,将其水溶液稍加热即得,而从绿色离子转化为紫色离子却很慢,需在室温下放置数月。这个例子说明,配合物有两种属于不同范畴的稳定性——热力学稳定性和动力学稳定性。在热力学上,室温下紫色铬(Ⅲ)的配合物比绿色铬(Ⅲ)的稳定,绿色的有转化为紫色的自发趋势;动力学上,绿色的是十分稳定的,是"介稳"的,并不容易很快地转化为紫色。若能自发转化的一定就很快转化,获得异构体就不合逻辑。

另一类结构异构是由于同一种配体以两种不同配位原子配位引起的,被称为键合异构。例如,硫氰酸根离子 SCN^- 的硫原子和氮原子都可作为配位原子,因此,逻辑上,上述像血一样红的离子既可能是 $FeSCN^{2+}$,也可能是 $FeNCS^{2+}$[①],配位原子不同,名称也不同。事实上血红色的离子是后者不是前者,但通常仍简称硫氰酸铁。在研究工作中,常用红外光谱确认金属离子与配体的哪一种原子键合,因为不同配体与中心原子形成的配位键的振动频率不同,导致吸收光的频率不同,从红外光谱可测出吸收频率,通过理论计算,便可确定哪一种配位原子被键合了。

NO_2^- 是另一可能出现键合异构的配体,以氮原子配位时称"硝基",以氧原子配位时称"亚硝酸根"。例如,用来定量测定钠离子的 $[Co(NO_2)_6]^{3-}$ 被红外光谱证实是六亚硝酸合钴(Ⅲ)酸根而不是六硝基合钴(Ⅲ)酸根离子。

4-2-2　几何异构

几何异构是立体异构之一,是组成相同的配合物的不同配体在空间几何排列不同而致的异构现象。几何异构最典型的例子是配位化学开创人维尔纳(A. Werner)的工作。简述如下:

在氯化钴($CoCl_2$)溶液中加入氨和氯化铵的混合溶液,用氧化剂把 Co^{2+} 氧化成 Co^{3+} 后在加入盐酸,在不同反应条件下可得到4种化合物,颜色和组成分别为

黄色　$CoCl_3 \cdot 6NH_3$　　　　紫红色　$CoCl_3 \cdot 5NH_3$

绿色　$CoCl_3 \cdot 4NH_3$　　　　紫　色　$CoCl_3 \cdot 4NH_3$

通过一系列实验,维尔纳证明了,组成不同的黄、紫红两种配合物分别存在 $[Co(NH_3)_6]^{3+}$ 和 $[Co(NH_3)_5Cl]^{2+}$ 两种组成不同的络离子;但组成相同的绿、紫两种配合物中的络离子都是 $[Co(NH_3)_4Cl_2]^+$,组成是相同的!为解开这一令人困惑的谜团,维尔纳提出了配合物立体结构理论,认为这4种络离子都具有八面体结构,后两种尽管组成相同,但在几何上,配体氨分子和氯离子的空间关系却是不同的,如图4-5所示。

由图4-5可见,紫色配合物中,两个氯离子处于邻位,在绿色配合物中,两

---

① 在明确配位数的前提下,为简洁起见,水溶液中的配离子的配位水分子可略去不写,这是被普遍认可的可普遍应用的表达式,不是配位数下降了,对此例,应记得另5个配体是水分子。若见到 FeF_5^{2-},应认作就是 $[FeF_5(H_2O)]^{2-}$。同理,水溶液中的紫色铬离子可写成 Cr^{3+},而深绿色铬离子可写成 $CrCl_2^+$。

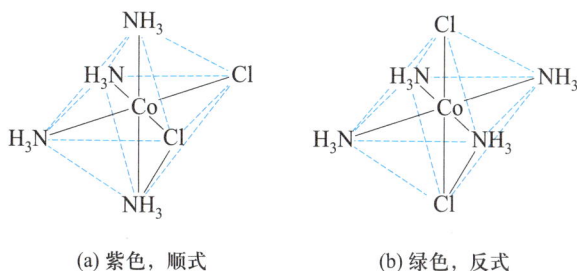

(a) 紫色，顺式　　　　　(b) 绿色，反式

图 4-5　MA$_4$B$_2$ 型配合物的几何异构

个氯离子处于对位，这是它们最醒目的不同，于是，人们就按氯原子在空间排列的区别，分称为顺式（代号 *cis*-）和反式（代号 *trans*-），是一种常见的几何异构现象，特称顺反异构。

图 4-5 是 MA$_4$B$_2$ 型八面体配合物的几何异构现象，做简单逻辑推论，MA$_3$B$_3$ 型八面体配合物也应该有两种几何异构体，如图 4-6 所示。

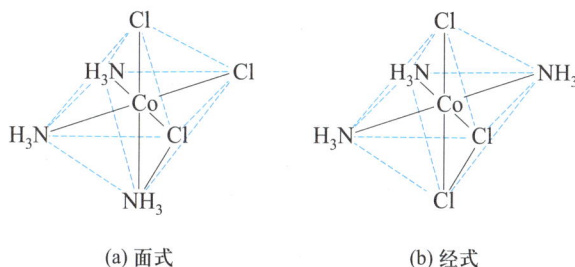

(a) 面式　　　　　　　(b) 经式

图 4-6　MA$_3$B$_3$ 型八面体配合物的几何异构

其中一种，同种配体形成八面体的一个面，故有"面式"之称；另一种，同种配体处在同一"经度"上，故称"经式"。这两种异构体都已经被合成，性质明显不同。

如果八面体配合物的配体种类更多，如 MA$_2$B$_2$C$_2$，出现的立体异构现象就更复杂了，读者可自己推论。

对于四配位配合物，首先，有两种可能的立体结构——四面体结构和平面四边形结构，如图 4-7 所示。这两种立体结构之间的异构现象是罕见的，从理论思维的角度，可假定一种四配位配合物是上述两种立体结构之一，借助现代结构分析方法可证实它的结构，但逻辑推论仍是必要的。例如，组成为 PtCl$_2$(NH$_3$)$_2$ 的四配位配合物采取哪种立体结构呢？可推论如下：若取四面体结构，只可能有一种结构；若取平面四边形结构，就应有一对几何异构体——顺式和反式，即出

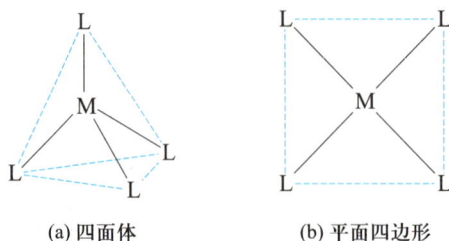

(a) 四面体   (b) 平面四边形

图 4-7   四配位配合物的两种立体结构

现顺反异构现象,如图 4-8 所示。

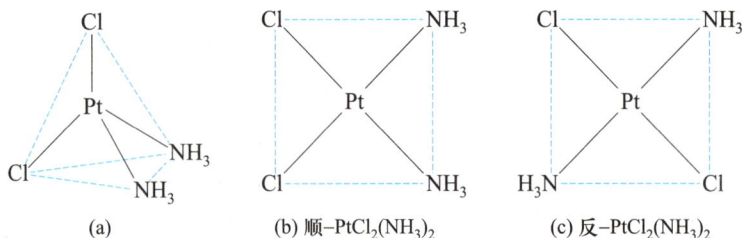

(a)   (b) 顺-PtCl$_2$(NH$_3$)$_2$ (c) 反-PtCl$_2$(NH$_3$)$_2$

图 4-8   PtCl$_2$(NH$_3$)$_2$ 属于哪种立体结构?

实验证明,PtCl$_2$(NH$_3$)$_2$ 有两种:一种呈棕黄色,有极性,有抗癌活性,在水中的溶解度为 0.257 7 g/(100 g H$_2$O),水解后能与草酸反应形成 Pt(C$_2$O$_4$)(NH$_3$)$_2$;另一种呈淡黄色,无极性,在水中的溶解度为 0.036 6 g/(100 g H$_2$O),水解后不能与草酸反应,无抗癌活性。前者加热到 170 ℃转化为后者。这些事实足以断定该四配位配合物取平面四边形空间结构。这种铂抗癌药被简称"顺铂",是结构最简单且药理明确的抗癌药。图 4-9 解释了为什么只有棕黄色的异构体能形成草酸衍生物。

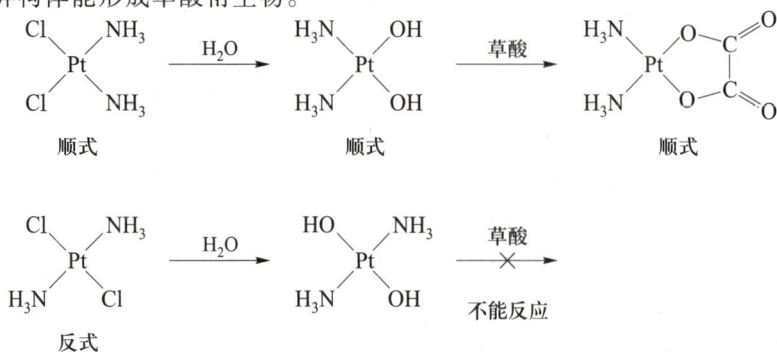

图 4-9   两种不同的二氨二氯合铂异构体的不同化学性质

显然,这是由于双齿配体草酸根离子($C_2O_4^{2-}$)的"胳膊不够长",不能形成反式配合物。

有的中心原子形成的四配位配合物主要呈平面四边形,如 Pt^{2+} 和 Au^{3+};但多数中心原子的四配位配合物为四面体结构,如 Zn^{2+}、Fe^{3+}、Hg^{2+}、Al^{3+}、MnO_4^-、CrO_4^{2-} 等可看作以 O^{2-} 为配体的四配位配合物,也是四面体。有的中心原子四面体和平面四边形配合物都是常见的,最典型的是 Ni^{2+},其 $NiCl_4^{2-}$ 是四面体,而 $[Ni(CN)_4]^{2-}$ 呈平面四边形。附带应提到,本章一开始提到的深宝石蓝色的 $[Cu(NH_3)_4]^{2+}$ 其实是 $[Cu(NH_3)_4(H_2O)_2]^{2+}$,并非四配位络离子[①],因而尽管该离子经常出现在基础化学里,其立体结构却总被回避。Cu^{2+} 的四配位配合物的结构常由八面体发生畸变而致(见后文 Jahn-Teller 效应),这种奇特现象推动了配合物理论的发展。

4-2-3   对映异构

对映异构,又称手性异构或旋光异构、光学异构,是不同于几何异构的另一种立体异构现象,它指存在一对互为不可重合镜像的异构体,好比左右手一样,互为镜像却不能在三维空间中重合,图 4-10 是一个例子。

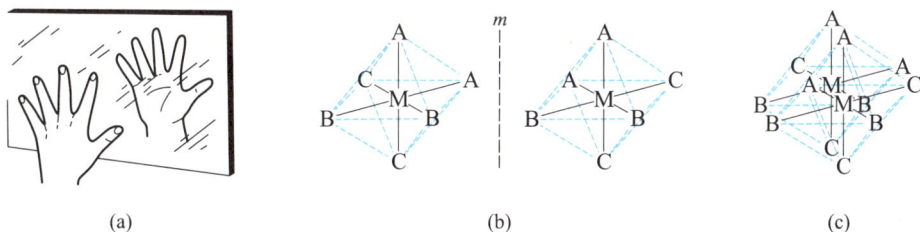

图 4-10   对映异构体像左右手不能重合

图 4-10 是一对互为镜像的 $MA_2B_2C_2$ 型六配位八面体结构配合物,它们在三维空间中是不能重合的[见图 4-10(c)]。必须注意,手性异构体成双成对互为镜像是必要条件,但不充分,还必须在三维空间不能重合,否则不是手性异构体。

原子完全在一个平面上的结构是不可能有手性异构的,因为分子平面本身就是使半个分子和另半个分子互呈镜像的镜面,即使半个分子是手性的,整个分子既

----

① 参见:Cotton F A, Wilkinson G. Advanced Inorganic Chemistry.5th ed. New York:Wiley Interscience, 1988:766.

有左半又有右半,合在一起就没有手性了,正好比你把两手在胸前合掌的情景。

除非四配位的平面四边形配合物的分子平面不再是镜面,分子内又没有其他镜面或对称中心等第2类对称元素,才有可能有手性异构现象,有人确实合成了这样的配合物,由于它太古怪,本书不再介绍。

四面体配位的配合物只有当4个配体完全不同时才会出现对映异构,否则不可能有异构体,图4-11是对此的图解。

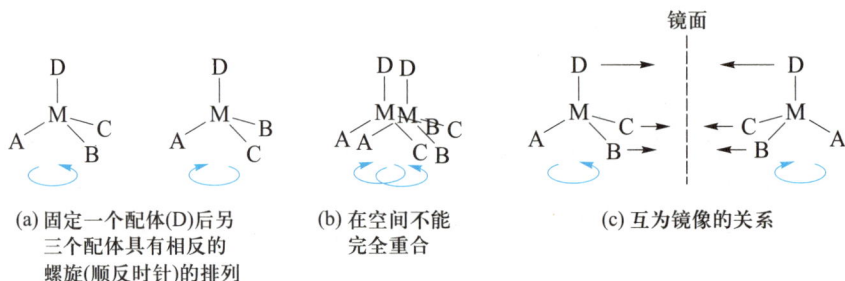

图 4-11   四面体配合物的4个配体不同时才会出现对映异构体

图4-11的(a)将一对异构体的一个配体(D)的位置固定(向上),便发现另三个配体具有相反的螺旋排列,一个是反时针方向,另一个为顺时针方向,就好比两个螺旋相反的螺丝钉。四面体的这对异构体又如同左右手一样在空间不能重合[如(b)所示,恰如你不能把左手套戴到右手上],一个是左手体,另一个则为右手体,互为镜像关系[如(c)所示]。

请注意:几何异构与此截然不同,属于非对映异构。例如,图4-12给出了$MA_2B_2C_2$型六配位配合物的所有异构体,其中只有一对对映异构体(三顺式),它们分别与其他4种异构体均称非对映异构体。

有一个简单的步骤可以判断六配位的配合物有无对映异构体——如果在配合物内部存在镜面或者对称中心,这种六配位配合物就不可能有对映异构体,换言之,它没有手性[1]。可以这样来理解其中的道理:既然配合物内部存在镜面或者对称中心,该配位体就必然可以被分割成两半,假设一半为左手体,另一半必为右手体(它们可以通过分子内部的镜面或对称中心相互变换),这样的配合物如果拿去照镜子,原物的左半部变成镜像体的右半部,原物的右半部分变成镜像体的左半部,因此镜像体与原配合物完全没有区别,是同一种没有手性的物体!

---

① 正文这种表述只适于讨论八面体结构是否有手性,不具有普遍性。手性的必要且充分条件是不存在任何第二类对称元素——对称中心、镜面、旋转-反映轴或旋转-反演轴。或者说,只存在第一类对称元素——旋转轴的物体都是有手性的。

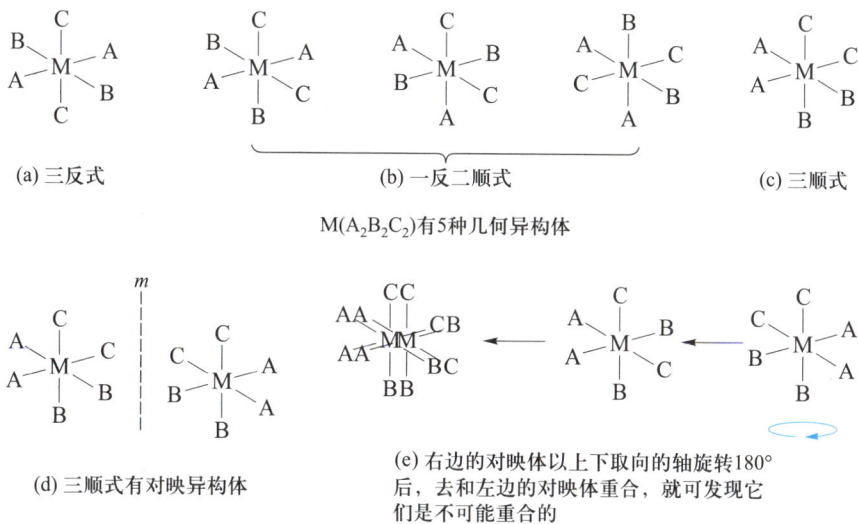

(a) 三反式

(b) 一反二顺式

(c) 三顺式

M(A₂B₂C₂)有5种几何异构体

(d) 三顺式有对映异构体

(e) 右边的对映体以上下取向的轴旋转180°后，去和左边的对映体重合，就可发现它们是不可能重合的

图 4-12　M(A₂B₂C₂) 的异构体

一对对映异构体的熔点、折射率、溶解度、热力学稳定性等都毫无差别，最大的差别是，它们使偏振光旋转的角度相同而方向正好相反，因而也叫 旋光异构。图 4-13 自左向右定性地描述了光源发射的光经偏振镜片得到的偏振光通过装有旋光物质的溶液，偏振光的偏振面发生旋转，将目视偏振镜旋转一个角度才能看到光束。

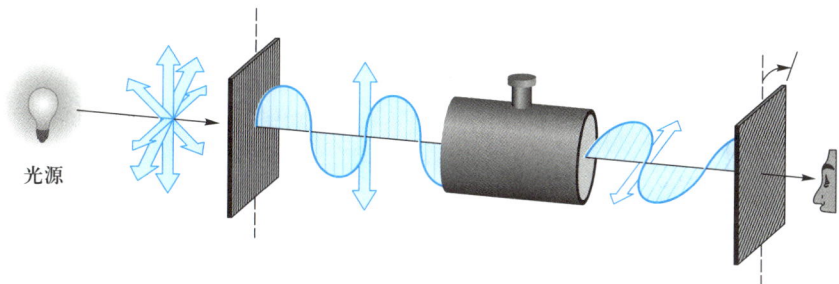

光源

图 4-13　旋光性实验装置示意图

在有机化学课程中还会讨论旋光异构。该课程将展示有机化合物丰富多彩的旋光异构现象。本课程的结论对有机化合物的旋光异构同样是有效的，尽管有机化学课程的视角和术语与本课程不一定一致。届时读者最好再次翻阅本书中有关手性的讨论。

4-3　配合物的价键理论

　　配合物价键理论认为,配体提供来形成配位键的电子是进入中心原子的原子轨道的,或者说,只有中心原子提供原子轨道来接受配体提供的电子对,才能形成配位键。跟第 2 章讨论的共价键一样,配位键也可以分为 σ 键和 π 键两类,下面先讨论 σ 键。

　　价键理论认为,形成 σ 配位键时,中心原子提供的原子轨道必发生杂化,主要类型:

配位数	杂化类型	实例	立体构型	模型
2	sp	$[Ag(NH_3)_2]^+$	直线	
3	sp^2	HgI_3^-	平面三角	
4	$\begin{cases} sp^3 \\ dsp^2 \end{cases}$	$FeCl_4^-$ $PtCl_4^{2-}$	四面体 平面四边形	
5	$\begin{cases} dsp^3 \\ d^2sp^2 \end{cases}$	$Fe(CO)_5$ SbF_5^{2-}	三角双锥 四角锥	
6	$\begin{cases} d^2sp^3 \\ sp^3d^2 \end{cases}$	$[Fe(CN)_6]^{3-}$ FeF_6^{3-}	八面体	

　　因此,配合物的配位数首先取决于中心原子是否有可以提供形成杂化轨道的原子轨道。按这种思想,四配位配合物之所以有两种,是由中心原子有没有可提供的 d 轨道决定的(对比:VSEPR 模型只有一种)。例如,自由的 Zn^{2+} 有 10 个

3d 电子(占满 5 个 3d 轨道),可提供来接受配体孤对电子的只有外层 4s 和 4p 空轨道,因此四配位的 $[Zn(NH_3)_4]^{2+}$ 呈四面体形;相反,自由的 Pt^{2+} 只有 8 个 5d 电子,当接受配体提供的 4 对孤对电子时,可以把原先分占 2 个 5d 轨道的自旋平行的 2 个 d 电子"挤进"一个 5d 轨道里去配对,"让出"一个 5d 轨道来容纳配体的 1 对孤对电子,因而可以形成 dsp^2 型平面四边形构型的四配位配合物。这种说法印证了 Pt^{2+}、Ni^{2+} 的四配位配合物绝大多数是平面形的,也可以解释少数 Ni^{2+} 四配位配合物可以呈四面体形(3d 轨道被 8 个电子分占了),获得很大成功。

用同样的说法似也可说明为什么五配位的配合物有两种构型(对比:VSEPR 模型只有一种构型)。实验证实,以过渡元素为中心原子的五配位配合物多数存在两种构型的互变异构现象,情况比较复杂,价键理论对此类配合物构型的解释并不很成功,鉴于五配位是比较罕见的,在基础化学课程里可以暂且不讨论,有兴趣的读者在专业选修课里再讨论,或阅读一些超过本课程水平的参考书[①]。

杂化轨道理论对六配位八面体构型的解释是最成功的。它认为,六配位的八面体构型都是由中心原子提供 2 个 d 轨道、1 个 s 轨道和 3 个 p 轨道形成的杂化轨道,但根据中心原子提供的 d 轨道是内层的还是外层的,可以分内轨型和外轨型两类,分别用 d^2sp^3 和 sp^3d^2 为代号。例如,$[Fe(CN)_6]^{3-}$ 或 $[Fe(CN)_6]^{4-}$ 都是内轨型的,而 $[FeF_6]^{3-}$ 和 $[Fe(H_2O)_6]^{3+}$ 是外轨型的,见图 4-14。

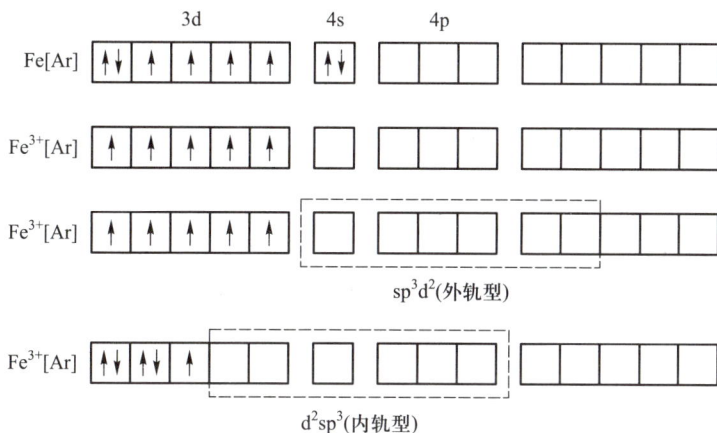

图 4-14　铁(Ⅲ)离子的内轨型和外轨型电子构型

鉴于内轨型配合物的配体提供的孤对电子深入到内层轨道,可以预见它们是比较稳定的。例如,在水溶液里它们不容易解离,如亚铁氰根离子和铁氰根离子在水中的解离是不可测量的,加入其他配体也很难置换出其配体 CN^-;而

$[Fe(H_2O)_6]^{3+}$、$[FeF_6]^{3-}$ 的配体容易被置换却是特征的。如果测定配位键的键能,也可以预言,内轨型配位键的键能比外轨型大。另一更重要的证据是测磁性。例如,对 Fe^{3+} 而言,内轨型配合物与外轨型配合物的未成对电子数分别为 1 和 5,差距甚大。这使得它们的**磁性**不同。因而用磁性可以判断 Fe^{3+} 的 6 配位配合物属于哪种杂化类型。例如:

络离子	计算磁矩/μ_B	实测磁矩/μ_B	杂化类型
$[Fe(CN)_6]^{3-}$	1.73	2.3	内轨型(低自旋)
$[Fe(H_2O)_6]^{3+}$	5.92	5.88	外轨型(高自旋)

这类配合物的磁矩可按下式计算:

$$磁矩 \ \mu = \sqrt{n(n+2)} \ \mu_B \qquad (4-1)$$

式中,n 是分子中未成对电子数;μ_B 叫"玻尔磁子",是磁矩的习惯使用单位。但上式不适用于计算第 4 周期后元素的磁矩[①]。

与价层电子互斥模型不同,配位键杂化理论的杂化轨道不考虑中心原子还可能存在的孤对电子也可能参与杂化。事实证明,对于三配位的 $SnCl_3^-$ 和四配位的 $SbCl_4^-$ 等主族金属中心原子配合物,用价层电子互斥模型得出的立体结构更符合实际。

π 配合物中 π 键可用定域分子轨道来解释。例如,早在 1825 年偶然地发现了组成为 KCl·$PtCl_2$·C_2H_4·H_2O 的黄色晶体,其中含乙烯,配位化学理论确立后,证明其中存在组成为 $[PtCl_3(C_2H_4)]^-$ 的配合物。结构实验证实这个配合物中原子的空间排列如图 4-15 左所示。

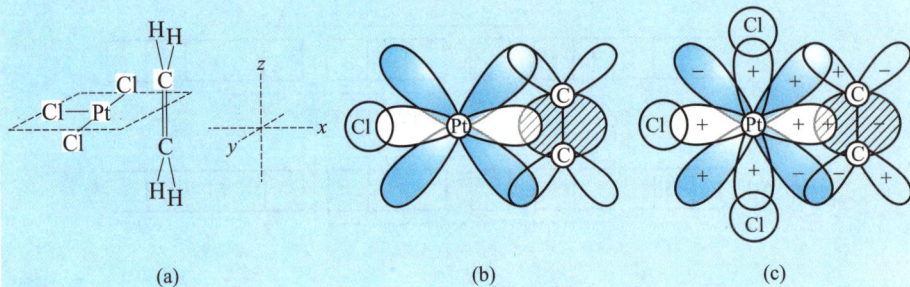

图 4-15 $[PtCl_3(C_2H_4)]^-$ 的空间结构(a)和价键理论描述(b)及波函数 Y 重叠图像(c)

---

① 式(4-1)为单电子磁矩计算式,较重元素的磁矩理论比较复杂,不仅要考虑有几个单电子,还要考虑电子绕核运动的因素(单电子磁矩与轨道磁矩的偶合),本书不再介绍。

定域分子轨道理论认为,乙烯与中心原子铂之间的化学键有两种,如图 4-15(b)所示,一是乙烯分子中处于 π 成键轨道的一对电子进入中心原子的四个 dsp^2 杂化轨道的一个空轨道(dsp^2 杂化轨道的其余 3 个分别用于接纳 3 个氯离子的各一对 3p 电子对,为明晰起见,处在 y 轴的 2 个轨道和 2 个氯原子都没有画出来),二是铂的一个充满电子的 d 轨道(设乙烯的 C=C 轴为 z,与乙烯 π 成键轨道重叠的那个杂化轨道处于 x 轴时,该 d 轨道为 d_{xz},图中划阴影线的轨道表示)的电子进入乙烯分子的空的 π 反键轨道,后者是中心原子提供电子对,配体接受电子,被称为反馈 π 键。若使用波函数的 Y 图像[1],需加正负号,从图 4-15(c)可见,波性相同的区域相互重叠,因此都是使能量下降的有效重叠。本书已不把波函数 Y 作为基本要求,此图像供较高要求的读者参考。品种繁多的 π 配合物已经发展为有机反应催化剂,为化学工业的发展做出重要贡献。

价键理论十分简单易懂,但却有许多缺点,除前面已经提到的外,它不能解释为什么具有 d^9 构型的 Cu^{2+} 会有平面四边形的配合物(如 $CuCl_4^{2-}$)。如果以为该配合物中心原子取 dsp^2 杂化,Cu^{2+} 必须有 1 个未成对电子从 3d 轨道跳到外层轨道中去让出了一个 3d 轨道来,这个电子的能量升高了,就应该使 Cu^{2+} 容易氧化为 Cu^{3+},可是这种预言完全违背客观事实。还有,许多过渡元素配合物有美丽的颜色,对此价键理论更一筹莫展。

理论的成功在于能够预言许多事实,能够用实验事实来检验,但任何具体的自然科学理论都不是万能的,都是有条件的。价键理论的成立是由于它能解释并预言部分事实,但应用范围有限,不能解释另一些事实。应这样认识:成功与失败是同等宝贵的,理论的失败才推动了理论的发展并孕育新理论的出现和建立[2]。

4-4　配合物的晶体场理论(选学材料)[3]

作为预备知识,先介绍一下我们看到的物体颜色与它对光的吸收的关系。

---

[1]　见 1-5-4 节小字部分。

[2]　普查国外普通化学或本科基础课教材可发现,只有少数教材保留了配合物的价键理论,这说明该理论已经完成历史使命。鉴于我国教学传统,本书保留了该理论。

[3]　以前的教学经验表明,本节内容已超过中等水平大一学生的接受能力,是否作为教学内容需根据学生实际水平做出抉择,也可移至过渡金属前讨论,或移至选修课或高年级结构化学课程再讨论。但编者已努力将难点分散,使本节基本内容较易教易学,有条件者不妨一试。

Ti^{3+}水合离子显紫色是由于该离子有一个宽吸收峰,从蓝到黄都存在强烈吸收,结果就看到了没有被吸收的红紫色。把这种没有吸收而显现的颜色叫作被吸收光的补色。图 4-16 是实用的圆形补色图,该圆中某种颜色被吸收了,圆中相对于它的颜色,即它的补色就会显现。

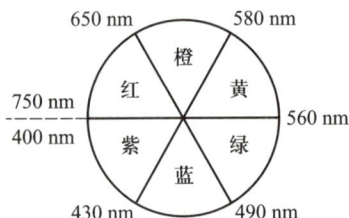

图 4-16   物体的颜色是被吸收的光的补色

扩展到其他离子,实测的离子吸收光谱与显现的颜色如图 4-17 所示。

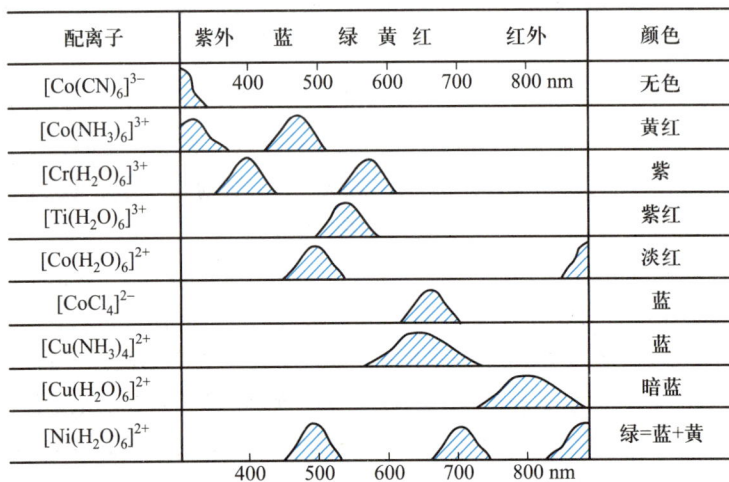

图 4-17   一些常见配离子的吸收光谱和呈现的颜色

离子显色的基本原因都是某些光被吸收而呈现被吸收光的补色,但吸收的原因不尽相同,其中一种原因叫作 d-d 跃迁,是因中心原子的电子从较低能量的 d 轨道跃迁到较高能量的 d 轨道上去所致。配合物的晶体场理论认为,在配体(配位场)的作用下,中心原子的 d 轨道会发生分裂,从而会引起 d-d 跃迁,由此解释了 d-d 跃迁导致的离子颜色获巨大成功而被推崇备至。

4-4-1   中心原子 d 轨道在配位场中的分裂·分裂能·光谱化学序列

下面从只有 1 个 d 电子的 $[Ti(H_2O)_6]^{3+}$ 讨论起,以阐明晶体场理论的第一个要点——d 轨道的分裂。

　　晶体场理论与价键理论不同,认为配体的孤对电子并没有进入中心原子的原子轨道,它们与中心原子的核产生静电引力的同时,还会对中心原子的 d 轨道产生斥力,使原来能量相同而简并的 5 个 d 轨道的能量不再相同,分裂成能量较低的或能量较高的 d 轨道组。对于八面体形配合物,六个配体与中心原子 d 轨道的空间关系如图 4-18 所示:

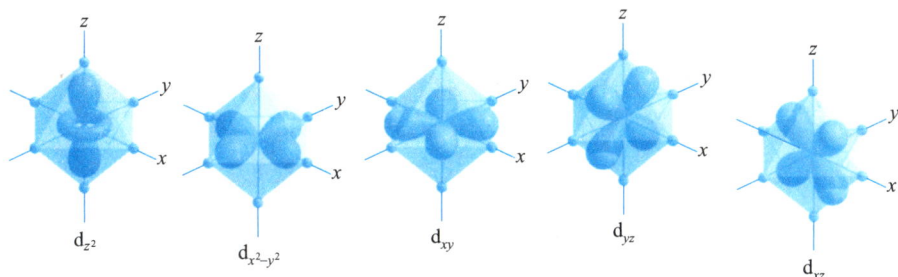

图 4-18　八面体的六个配体与中心原子 d 轨道的相对空间关系

　　由图 4-18 可见,中心原子的 d_{z^2} 轨道和 $d_{x^2-y^2}$ 轨道的电子云图像的轴正好与配体相碰,于是,这两个 d 轨道会受到配体带负电的孤对电子的排斥而能量升高;相反,d_{xy}、d_{yz} 和 d_{xz} 三个 d 轨道的电子云长轴没有对准配体,正好插在它们之间的空挡中,受到配体孤对电子负电的排斥小得多,结果,原来简并的 5 个 d 轨道按能量高低分成两组,晶体场理论将能量升高的 d 轨道称为 d_γ 轨道组,将能量降低的 d 轨道称为 d_ε 轨道组,如图 4-19 所示:

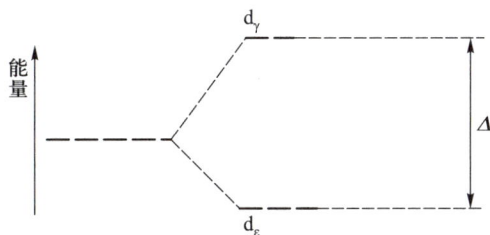

图 4-19　5 个 d 轨道在八面体场中按能量高低分成两组

　　Ti^{3+} 只有 1 个 d 电子,处于基态时理所应当地在较低能量的 3 个轨道之一,获得能量(受到光照射),就会吸收光子跃迁到能量较高的一组 d 轨道的 2 个轨道之一中去,这就是所谓 d-d 跃迁(见图 4-20)。计算表明,该跃迁吸收的光子能量为 510 nm, 与吸收光谱中的吸收峰最大值相符[①]。

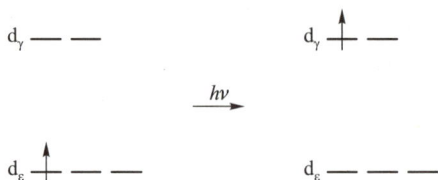

图 4-20   Ti^{3+} 八面体配合物的 d-d 跃迁

d-d 跃迁将吸收什么颜色的光子, 需做定量的计算, 具体怎样计算显然已超过本书水平, 下面只做定性讨论:

首先, 定义 1 个电子从较低能量的 d 轨道跃迁到较高能量的 d 轨道所需的能量为 d 轨道的**分裂能**, 用符号 Δ 表示。不难想见, 分裂能 Δ 的大小既与配体有关, 又与中心原子有关。晶体场理论中的配体对分裂能大小的影响是经验地由光谱学数据确定的, 由弱至强的顺序如下, 称为**光谱化学序列**:

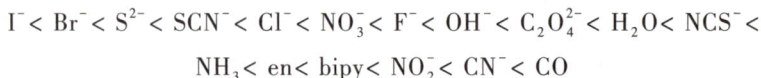

$$I^- < Br^- < S^{2-} < SCN^- < Cl^- < NO_3^- < F^- < OH^- < C_2O_4^{2-} < H_2O < NCS^- <$$
$$NH_3 < en < bipy < NO_2^- < CN^- < CO$$

通常把光谱化学序列中最左边的配体 I^-、Br^-、S^{2-} 等称为**弱场**, 最右边的 NO_2^-、CN^-、CO 等称为**强场**, 见表 4-1。

表 4-1   某些 Cr^{3+} 配合物的分裂能

Cr^{3+} 配合物	$[CrCl_6]^{3-}$	$[Cr(H_2O)_6]^{3+}$	$[Cr(NH_3)_6]^{3+}$	$[Cr(CN)_6]^{3-}$
分裂能/(kJ·mol^{-1})	163	208	258	315

中心原子对分裂能 Δ 的影响的顺序既与离子的电荷有关, 又与在周期表中的位置有关。同种原子, 电荷越高, 对分裂能的影响越大, 如 $[Fe(H_2O)_6]^{3+}$ 的 Δ 值大于 $[Fe(H_2O)_6]^{2+}$ 的 Δ 值; 周期系同族金属元素自上而下 Δ 值增大, 如同族同价第二过渡系金属离子比第一过渡系的 Δ 增大 40%~50%; 第三过渡系比第二过渡系又增加 20%~25%, 见表 4-2。

①   读者可能会问: 图 4-20 吸收的光子能量只是 510 nm, 只相当于吸收光谱吸收峰的最大值, 如何解释吸收应为吸收带呢? 此问题涉及的问题已经超过本书水平, 需在光谱学和量子化学的基础上作展开, 感兴趣者不妨读: 拿骚 K.颜色的物理与化学: 颜色的 15 种起源. 李士杰, 张志三, 译. 北京: 科学出版社, 1991.

表 4-2   某些水合离子的分裂能

配合物	$[Fe(H_2O)_6]^{2+}$	$[Fe(H_2O)_6]^{3+}$	$[Co(H_2O)_6]^{2+}$	$[Co(H_2O)_6]^{3+}$	$[Ni(H_2O)_6]^{2+}$
分裂能/$(kJ \cdot mol^{-1})$	124	164	111	223	102

各种金属离子配合物的分裂能不同是它们因 d-d 跃迁引起的颜色五颜六色的主要原因。一般而言,分裂能越大,吸收光子的能量越大,即频率越高,它的补色的频率就越低,如 $[Fe(H_2O)_6]^{3+}$ 呈紫色,$[Fe(H_2O)_6]^{2+}$ 呈绿色,$[Co(H_2O)_6]^{2+}$ 呈粉色,$[Co(H_2O)_6]^{3+}$ 呈红色。

有必要在此补充说明的是,d-d 跃迁只是离子显色的一种原因而不是全部原因。许多离子的颜色不是由于 d-d 跃迁引起的,如稀土离子的颜色多由 f 电子的跃迁(f-f 跃迁或 d-f 跃迁)引起,大体上与已经讨论过的 d-d 跃迁相似。又如,MnO_4^-、$[Fe(SCN)_n]^{3-n}$ 等离子的颜色是由于中心原子与配体之间发生**电荷迁移**引起的,简称**荷移色**。电荷迁移是配离子中的配位键中的电子由配位原子的定域轨道转移到中心原子的定域轨道引起的。电荷迁移引起的光的吸收通常是宽泛的吸收带,而且光的吸收强度较大,从而使离子呈现很深的颜色。配离子的中心原子越容易获得电子,同时与之结合的配位原子越容易失去电子,荷移光谱越向低波数的方向移动。如 VO_4^{3-}、CrO_4^{2-}、MnO_4^- 随中心原子电荷升高,半径减小,O^{2-} 的电荷向中心原子迁移越明显,吸收峰分别为 36 900 cm^{-1}、26 800 cm^{-1} 和 18 500 cm^{-1},依次变低,离子的颜色由黄色到橙红色到紫红色,波长越来越长。同样的道理,$[Fe(CN)_6]^{3-}$ 的颜色比 $[Fe(CN)_6]^{4-}$ 的颜色的波长更长。相比之下,$[FeNCS]^{2+}$ 呈深血红色,说明 NCS^- 失去电子比 CN^- 更容易。$[CuCl_3]^-$、$[CuBr_3]^-$ 颜色由黄至棕则可作为配体失去电子越来越容易的典型例子[这些离子的颜色可用固体 $CuCl_2$、$CuBr_2$ 溶于少量水配成的浓溶液里见到,或用 $Cu(NO_3)_2$ 溶液加入浓盐酸或浓 HBr 时观察到]。

4-4-2   高自旋与低自旋·成对能

其次,考察一下八面体场中第 4 周期过渡元素的 d 电子在分裂成两组 d 轨道中的分配情况,结果如表 4-3 所示。

该结果可以通过测量配合物磁性的实验方法得到验证。测得的磁矩代入式(4-1)计算未成对电子数。由于 d 轨道总数为 5,根据测得的磁矩计算未成对电子数即可获知这些 d 电子是如何排布的。表 4-3 表明,对于 d 电子数为 d^{1-3} 和 d^{8-10} 的 6 种情况,无论什么配体,d 电子的排布都只有 1 种,电子总是首先按洪特规则填入能量较低的轨道,然后再按洪特规则填入能量较高的 d 轨道;但对于 d^{4-7},却出现两种排布:配体为弱场时,电子并不首先填满能量较低的 d 轨道,而

表 4-3　八面体配合物的中心原子 d 电子的组态

电子组态	弱场		强场	
	d_ε	d_γ	d_ε	d_γ
d^1	↑		↑	
d^2	↑ ↑		↑ ↑	
d^3	↑ ↑ ↑		↑ ↑ ↑	
d^4	↑ ↑ ↑	↑	↑↓ ↑ ↑	
d^5	↑ ↑ ↑	↑ ↑	↑↓ ↑↓ ↑	
d^6	↑↓ ↑ ↑	↑ ↑	↑↓ ↑↓ ↑↓	
d^7	↑↓ ↑↓ ↑	↑ ↑	↑↓ ↑↓ ↑↓	↑
d^8	↑↓ ↑↓ ↑↓	↑ ↑	↑↓ ↑↓ ↑↓	↑ ↑
d^9	↑↓ ↑↓ ↑↓	↑↓ ↑	↑↓ ↑↓ ↑↓	↑↓ ↑
d^{10}	↑↓ ↑↓ ↑↓	↑↓ ↑↓	↑↓ ↑↓ ↑↓	↑↓ ↑↓

是尽可能保持更多的未成对电子,未成对电子数较多;而在强场中,d 电子却倾向于在较低能量的 d 轨道中配对后再将剩余的电子填入能量较高的 d 轨道,未成对电子数较少。人们把 $d^{4\sim7}$ 四种较多未成对电子的状态称为**高自旋**,较少未成对电子的为**低自旋**。

由 $d^{4\sim7}$ 四种电子数因配体强弱不同而有两种电子排布的事实可见,决定配合物中心原子分裂后的 d 轨道中 d 电子排布方式的能量因素绝不止分裂能一项。晶体场理论提出,电子配对也是消耗能量的,因为处于 1 个轨道里的 2 个电子都带负电,存在电性排斥力,这种能量项叫作**成对能**,代号 P。对于 $d^{4\sim7}$ 四种电子数的中心原子,电子在低能量 d 轨道里成对还是填入高能量 d 轨道而不成对,取决于成对能和分裂能孰大孰小。当 $P>\Delta$ 时,电子成对消耗的能量(P)超过电子从较低能量 d 轨道进入较高能量 d 轨道所需的能量(Δ),将不在低能量 d 轨道成对而进入能量高的 d 轨道的高自旋状态;当 $P<\Delta$ 时,电子宁愿在低能量 d 轨道里成对而不进入能量较高的 d 轨道。弱场配体导致中心原子分裂能较小,$P>\Delta$,因而取高自旋;强场配体导致中心原子分裂能较大,$P<\Delta$,因而取低自旋,见表 4-4。

表 4-4 某些金属离子(d^{4-7})的成对能

金属离子	Cr^{2+}	Mn^{2+}	Fe^{3+}	Fe^{2+}	Co^{3+}	Co^{2+}
d^n	d^4	d^5	d^5	d^6	d^6	d^7
$P/(kJ \cdot mol^{-1})$	244	285	357	229	283	250

4-4-3 晶体场稳定化能

晶体场理论认为,d 轨道分裂会引起配合物整体能量的下降。假想配体以"球形场"作用于中心原子 d 轨道不分裂时配合物的能量为计算标准(就像"海拔"高度的"海平面"),配位场引起 d 轨道分裂导致配合物能量的下降称为晶体场稳定化能(CFSE)。为方便起见,晶体场理论令八面体场分裂能 $\Delta = 10\,Dq$,又设球形场能量为 $0\,Dq$。晶体场理论的结论:对于不同配体和不同中心原子而言,d_ε 相对于球形场能量下降的程度及 d_γ 轨道组相对于球形场能量升高的程度是一致的,只要是八面体配位场,则 d_ε 轨道组的能量为 $-4Dq$,d_γ 轨道组的能量为 $6Dq$[①],如图 4-21 所示。

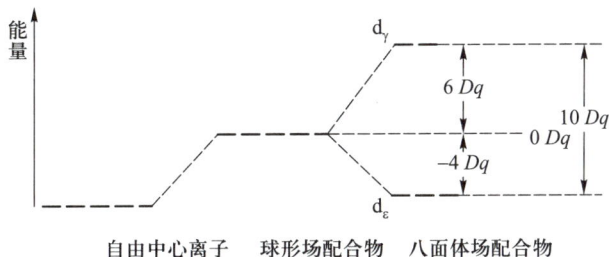

图 4-21 八面体配合物的 d_ε 轨道组相对于球形场能量下降了

现在逐一计算各种不同 d 电子构型的中心原子在八面体配位场中的晶体场稳定化能。

(1) d^1 1 个电子从球形场进入 d_ε 组 1 个轨道,能量下降为

$$CFSE = -4Dq$$

(2) d^2 2 个电子从球形场进入 d_ε 组 2 个轨道,能量下降为

$$CFSE = 2 \times (-4Dq) = -8Dq$$

————————————

① 该结论可由解联立方程:$E_{d_\gamma} - E_{d_\varepsilon} = 10Dq, 2E_{d_\gamma} + 3E_{d_\varepsilon} = 0Dq$ 算出,式中 2 和 3 是 d 轨道数。

（3）d^3　3 个电子从球形场进入 d_ε 组 3 个轨道，能量下降为

$$CFSE = 3 \times (-4Dq) = -12Dq$$

（4）d^4（低自旋）　4 个电子从球形场进入 d_ε 组 3 个轨道，其中 2 个电子从球形场的未成对电子变为成对电子要消耗 1 份成对能，总能量下降为

$$CFSE = 4 \times (-4Dq) + P = -16Dq + P$$

d^4（高自旋）　3 个电子从球形场进入 d_ε 组 3 个轨道，1 个电子从球形场进入 d_γ 的 1 个轨道，总能量下降为

$$CFSE = 3 \times (-4Dq) + 6Dq = -6Dq$$

（5）d^5（低自旋）　5 个电子从球形场进入 d_ε 组 3 个轨道，其中 4 个电子配成 2 对，要消耗 2 份成对能，总能量下降为

$$CFSE = 5 \times (-4Dq) + 2P = -20Dq + 2P$$

d^5（高自旋）　$CFSE = 3 \times (-4Dq) + 2 \times 6Dq = 0 \ Dq$

（6）d^6（低自旋）　$CFSE = 6 \times (-4Dq) + 2P = -24Dq + 2P$（注意：在球形场中只有 1 对成对电子）

d^6（高自旋）　$CFSE = 4 \times (-4Dq) + 2 \times 6Dq = -4Dq$

（7）d^7（低自旋）　$CFSE = -18Dq + P$

d^7（高自旋）　$CFSE = -8Dq$

（8）d^8　$CFSE = -12Dq$

（9）d^9　$CFSE = -6Dq$

（10）d^{10}　$CFSE = 0 \ Dq$

只要获得具体的八面体配合物的分裂能和成对能的数据（见表 4-1、表 4-2、表 4-3）[1]和 d 电子组态，就可得到它的 CFSE 了[2]。具体的计算只是简单数学运算，无须赘述，但需明确：尽管上面把所有八面体配合物的分裂能都设为 $10Dq$，如前述（见表 4-1、表 4-2），分裂能的具体数据是既与中心原子有关又与配体有关的，即不同配合物的 $10Dq$ 的能量大小是不同的，不能根据它们的 CFSE 是几个 Dq 直接进行对比。例如，某 Fe^{3+} 配合物的 CFSE 为 $-20Dq$，某 Co^{3+} 配合物的 CFSE 为 $-24Dq$，不能由此得出后一配合物比前一配合物稳定。但成对能的数据基本上只与中心原子有关而与配体无关，一种中心原子（包括价态）只有一个

---

[1]　有的书上的 CFSE 计算没有考虑成对能的消耗，是不合理的，但在理论逻辑上，球形场成对能与八面体场成对能不会完全相等，因此上面给出的这种计算式仍有粗糙之处，但更精确已无必要。本书的 CFSE 计算公式源自：张祥麟. 配合物化学. 北京：高等教育出版社，1991.

[2]　大多数教材用光谱学能量单位 cm^{-1}（波数）为分裂能、成对能、晶体场稳定化能的单位，考虑到本书读者尚不熟悉波数，本书改为以 $kJ \cdot mol^{-1}$ 为单位；这两种能量单位的换算式为 $1 \ kJ \cdot mol^{-1} = 83.59 \ cm^{-1}$。

成对能数据。更需注意的是,高自旋 Fe^{3+} 的稳定化能为零,不能理解为该离子形成的配合物没有稳定性。需知:配合物之所以能够形成是由于带负电的配体孤对电子与带正电的中心原子之间产生的相互作用力而致的能量下降(晶体场理论认为是静电引力,随后发展起来的配位场理论则证实还有共价作用力),晶体场理论考虑到配体对中心原子 d 轨道存在排斥力,排斥力当然跟吸引力相反,因而反而要使上述能量下降变得少些,然后考虑到配体与中心原子的 d 轨道取向问题,d 轨道发生分裂,就产生所谓 CFSE,又使排斥力产生的影响有时会减小点,这些能项的相互关系如图 4-22 所示,因此,高自旋 Fe^{3+} 配合物 CFSE 等于零不是意味着 Fe^{3+} 不能生成配合物,只是意味着考虑 d 轨道分裂与不考虑 d 轨道分裂引起的配体与中心原子 d 轨道之间的排斥力是没有区别的。

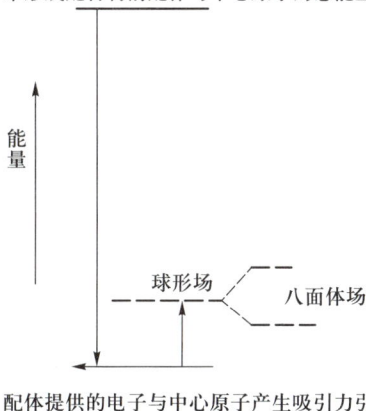

未形成配合物前配体与中心原子的总能量

球形场　八面体场

配体提供的电子与中心原子产生吸引力引起的能量下降

图 4-22　晶体场稳定化能究竟对配合物的稳定性起什么作用

　　晶体场理论的 CFSE 的概念可以解释许多实验事实,最典型的例子是,第 4 周期过渡元素相同价态离子的同种配合物的 CFSE 从左到右呈现双峰曲线,人们发现,第 4 周期同价离子同类配合物的晶格能、水合热从左到右的变化也呈现这种双峰曲线(限于篇幅,不再讨论)。这些事实有力地支持了晶体场理论。

　　晶体场理论不仅处理了八面体配合物,同样也处理了四面体配合物和平面四边形配合物,也得出了它们的 d 轨道分裂、分裂能和晶体场稳定化能,限于篇幅,本书不再讨论,感兴趣者不难在掌握本节基本概念后通过自学参考书来掌握它们。晶体场理论也有许多不足之处,如它无法解释光化学序列与配体极性等性质的矛盾。后来在晶体场的基础上又形成了配位场理论和分子轨道理论,才较好地解决了这些矛盾,有待后续课程继续讨论。

习　题

4-1　设计一些实验,证明粗盐酸的黄色是 Fe^{3+} 与 Cl^- 的络离子而不是铁的水合离子或者羟合离子的颜色。

4-2　FeF_6^{3-} 为 6 配位,而 $FeCl_4^-$ 为 4 配位,应如何理解?

4-3　MA_3B_3、MA_2B_4、$MABC_4$、$MA_2B_2C_2$、$MABCDEF$(M 代表中心原子,其他字母代表配体)各可能有几种立体异构体(包括几何异构与对映异构)?

4-4　六配位八面体配合物三(乙二胺)合铜有没有异构体?

4-5　为什么顺铂的水解产物 $Pt(OH)_2(NH_3)_2$ 能与草酸反应生成 $Pt(NH_3)_2C_2O_4$ 而其几何异构体却不能?哪一种异构体有极性?哪一种水溶性较大?

4-6　配位化学创始人维尔纳发现,将物质的量都是 1 mol 的黄色 $CoCl_3 \cdot 6NH_3$、紫红色 $CoCl_3 \cdot 5NH_3$、绿色 $CoCl_3 \cdot 4NH_3$ 和紫色 $CoCl_3 \cdot 4NH_3$ 四种配合物溶于水,加入硝酸银,立即沉淀的氯化银分别是 3 mol、2 mol、1 mol、1 mol,请根据实验事实推断它们所含的络离子的组成。用电导法可以测定电解质在溶液中解离出来的离子数,离子数与电导的大小呈正相关性。请预言,这四种配合物的电导之比呈什么定量关系?

4-7　实验测得 $[Fe(CN)_6]^{4-}$ 和 $[Co(NH_3)_6]^{3+}$ 均为反磁性物质(磁矩等于零),问它们的杂化轨道类型。

4-8　六配位八面体配合物 $[RuCl_2(H_2O)_4]^+$ 和 $RuCl_3(H_2O)_3$ 各有几种立体异构体?实验证实,后者的所有异构体经水解只转化成前者的某一种异构体 A。从上述实验事实进行逻辑推论,画出 A 的结构式,并从中总结配合物水解反应(更广的类型是取代反应)有什么规律(该规律的确认需查阅课外书籍,但回答前先不要查书,找出规律后再查书验证)。

4-9　给出下列配合物的名称和中心原子的氧化态:$[Co(NH_3)_6]Cl_3$、$K_2[Co(NCS)_4]$、$H_2[PtCl_6]$、$[CrCl(NH_3)_5]Cl_2$、$K_2[Zn(OH)_4]$、$[PtCl_2(NH_3)_2]$,并用化学式单独表示其中的络离子。

4-10　写出下列配合物的化学式:

(1) 氯化二氯一水三氨合钴(Ⅲ)

(2) 六氯合铂酸钾

(3) 二氯·四硫氰合铬酸铵

(4) 二(草酸根)二氨合钴(Ⅲ)酸钙

4-11　五种配合物的实验式相同——$K_2CoCl_2I_2(NH_3)_2$,电导实验还表明它们的等浓度水溶液里的离子数目与等浓度的 Na_2SO_4 水溶液相同。写出它们的化学式,给出中心原子的氧化态。

4-12　实验证实,$[Fe(H_2O)_6]^{3+}$ 和 $[Fe(CN)_6]^{3-}$ 的磁矩差别极大,如何用价键理论来理解?

4-13 上题的事实用晶体场理论又做何理解?

4-14 用晶体场理论定性地说明二价和三价铁的水合离子的颜色不同的原因。

4-15 利用表 4-1、表 4-2、表 4-4 的数据确定表中配合物的未成对电子数。

4-16 利用表 4-1、表 4-2 数据计算表 4-1、表 4-2 中的离子的稳定化能,并定性说明它们的晶体场稳定化能差别的原因。

4-17 以 d 电子数为横坐标,以晶体场稳定化能为纵坐标,利用表 4-2 的数据制作第 4 周期元素的水合离子 $M(H_2O)_6^{2+}$ 的晶体场稳定化能曲线。

4-18 总结本章课文里涉及的配合物的实用价值。

4-19 阅读课外报纸杂志或从网络获取信息做一个有关配合物在日常生活、工农业生产中的应用的读书报告。

4-20 查阅有关配位滴定的书籍后用一个或几个通式表示配位滴定达到滴定终点时发生什么化学反应? 为什么配位滴定的终点会发生溶液颜色的突变?

4-21 查阅第 18 届国际化学奥林匹克竞赛(莱顿荷兰 1986)的试题。你不看答案能不能解出该试卷中有关顺铂的抗癌机理的那道试题? 试一试。

4-22 利用棉花、橡皮泥、铁丝等原料动手制作晶体场理论对八面体配合物中心原子 d 轨道与配体的空间关系模型,以加强对晶体场理论关键内容——中心原子 d 轨道分裂的理解。

4-23 1986 年 Jensen 合成了一种配合物,化学式为 $Ni[P(C_2H_5)_3]_3Br_2$,该化合物呈顺磁性,有极性,但难溶于水而易溶于苯,其苯溶液不导电。试画出这种配合物的所有可能结构,若有对映异构体需标明对映关系。

4-24 以下说法对不对? 简述理由。

(1) 粗盐酸的黄色是 Fe^{3+} 的颜色

(2) 根据光化学序列可断言,$[Fe(NCS)_n]^{3-n}$ 的 n 越大,离子的颜色越深

(3) 配合物中配体的数目称为配位数

(4) 配位化合物的中心原子的氧化态不可能等于零,更不可能为负值

(5) 羰基化合物中的配体 CO 是用氧原子和中心原子结合的,因为氧的电负性比碳大

(6) 同一种金属元素的配合物的磁性决定于该元素的氧化态,氧化态越高,磁矩就越大

(7) $[Co(en)_3]^{3+}$ 没有立体异构体

(8) 根据晶体场理论可以预言,$[Ti(CN)_6]^{3-}$ 的颜色比 $TiCl_6^{3-}$ 的颜色深

(9) 根据晶体场理论,Ni^{2+} 的六配位八面体配合物按磁矩的大小可分为高自旋和低自旋两种

(10) 晶体场稳定化能为零的配合物是不稳定的

*4-25 用作图程序制作穴醚 $N(CH_2CH_2OCH_2CH_2OCH_2CH_2)_3N$ 的三维图,用该程序优化后计算该配体的内径的大小,再查出碱金属离子的半径,估计该穴醚能否容纳碱金属离子。

4-26 图 4-23 是晶体场理论中平面四配位(右)跟八面体配位(左)的 d 轨道分裂对比图。

(1) 设平面结构的四个配体是以 x 和 y 轴的方向向中心原子靠拢的,试定性地说明为什

么八面体结构中的 d_γ 轨道组在平面四配位结构中
会分成两组？并给出后者能量最高的 d 轨道的
符号。

（2）定性地说明八面体结构中的 d_ε 轨道组在
平面四边形结构中也会变成两组，并给出后者能量
最低的 d 轨道的符号。

（3）估计配合物 $[Ni(CN)_4]^{2-}$ 的磁矩，并与价
键轨道理论的估计相对比。

图 4-23   d 轨道分裂对比图

（4）实验证实镍的所有平面四边形配合物都
是低自旋的，从图 4-23 应如何理解该事实？

4-27   实验测得一些配合物的磁矩如下，由该实验事实预言这些配合物中心原子的未
成对电子数、杂化轨道类型、配合物的空间结构类型、属价键理论的内轨型还是外轨型、属晶
体场理论的高自旋还是低自旋？

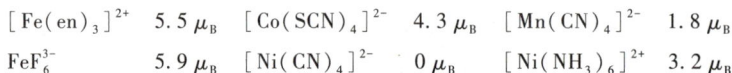

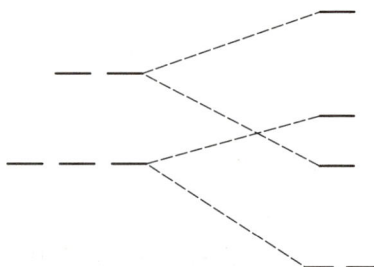

$[Fe(en)_3]^{2+}$ $5.5\,\mu_B$ $[Co(SCN)_4]^{2-}$ $4.3\,\mu_B$ $[Mn(CN)_4]^{2-}$ $1.8\,\mu_B$

FeF_6^{3-} $5.9\,\mu_B$ $[Ni(CN)_4]^{2-}$ $0\,\mu_B$ $[Ni(NH_3)_6]^{2+}$ $3.2\,\mu_B$

第二篇

化学热力学与化学动力学基础

第 5 章

化学热力学基础

内容提要

本章的教学内容是化学热力学基础,比物理化学课程中的化学热力学低一个认识层次,具体地说,只讨论理想气体和理想溶液,不讨论实际气体和实际溶液(不引入逸度和活度),只讨论化学反应的热力学,不讨论相平衡,所有计算均不使用高等数学知识。本章的讨论可以满足利用化学热力学原理讨论化学反应的一般需要,而对化学热力学的深入讨论有待后续课程来完成。有关物质状态(包括实际气体)、气体分子运动论、气体扩散定律、亨利定律及稀溶液通性等的内容不需要做两次讨论,建议由物理学和物理化学课程讨论,本书未涉及。热力学的内容还有化学平衡、水溶液化学平衡、电化学热力学分散在后续章节中。玻恩–哈伯循环也与热力学有关,在离子键一节已讨论过了。

1. 学习第一节应着重把握热力学的概况,对热力学三定律,只需初步的概括了解,不宜深追。

2. 本章第二节系统地建立了与化学热力学有关的 10 个基本概念。其中有的基本概念是中学有关概念的扩大加深。本节介绍的概念不仅对化学热力学有意义,也是全部化学原理的基础。

3. 本章第三节介绍了化学热力学四个最重要的状态函数——热力学能、焓、吉布斯自由能和熵,同时建立标准摩尔反应焓、标准摩尔反应自由能和标准熵,以及标准摩尔反应熵的概念,并对化学反应的方向和限度做初步讨论。

4. 本章第四节介绍了化学热力学的主要应用,包括利用盖斯定律计算反应焓、反应熵和反应自由能;建立生成焓和生成自由能的概念并用以计算反应焓和反应自由能;利用吉布斯–亥姆霍兹方程的计算,包括非常温下的反应自由能的估算、热力学分解温度或反应温度等;利用范特霍夫等温方程的计算,包括非标准态反应自由能的计算和反应温度的计算等。

5-1　化学热力学的研究对象

　　热力学研究宏观过程的能量变化、过程的方向与限度的规律。化学热力学是热力学在化学中的应用,涉及化学反应的热效应、化学反应的方向与限度、化学平衡、溶液与相平衡、电化学热力学、表面与界面化学热力学等内容。

　　1824 年,年轻的法国人卡诺(S. Carnot)发表了《热与动力的研究》一文,首先提出了"热力学"一词①。他设计了一种思维模型——循环热机——从理论上说明了燃料(在高温热源)燃烧产生的热不可能百分之百地转化为推动蒸汽机的机械功,总有一部分热得不到利用,向低温热源散发。1850 年前后,经许多科学家的努力,总结了大量宏观事实,归纳出热力学第一定律和第二定律,形成了完整的热力学理论体系。热力学第一定律就是能量守恒定律,即能量不可能无中生有,也不可能无影无踪地消失,只能从一种形式转化为另一种形式,如热转化为功等。热力学第二定律则讨论宏观过程的方向与限度。例如,第二定律论证了热从高温流向低温是自发的,倒过来(如电冰箱制冷)是不自发的。又如,高炉炼铁用一氧化碳还原氧化铁,无论采取什么措施(提高温度、加高炉体等),高炉尾气里一氧化碳的浓度不会等于零,因为该反应有一定限度,不可能百分之百地进行到底。再如,19 世纪末著名法国化学家莫瓦桑(H. Moissan)曾两次宣称已将石墨转化成金刚石,穷人为之振奋,富人为之沮丧,而半个世纪后的热力学计算却证明,他和他的学生们实施的转化反应压力太低,低得石墨不可能转化为金刚石;到 20 世纪 50 年代,在热力学理论指导下,人们才实现了石墨转化为金刚石。此外还有热力学第零定律和热力学第三定律。已知所有事实证明,任何宏观过程都必定遵从热力学定律,无一例外。有人形象地将第一定律比喻为"你永远不能取胜",而第二定律则是"你甚至不能打成平局"。违背热力学第一、第二定律的假想系统通称"永动机":第一类永动机违背热力学第一定律;第二类永动机违背热力学第二定律。无论"永动机"如何花样翻新,不是痴心妄想就是骗局。荷兰艺术大师艾舍尔(M. C. Escher)曾经画过一张版画:高位流水不断推动磨坊水轮机做功而全部返回高位槽,周而复始。画家讽刺性地将这台

---

　　① 热力学的英文是 thermodynamics,其中"therm"是热的意思,"-o-"是连接字母,"-s"是学问的意思,而"dynamic"有"推动力"的意思,请读下面的英文注解:"dynamic stresses the realization of the potential in something; it therefore often connotes release of great energy and consequent forcefulness;……"

第一类永动机设置在一个"不可能的空间"中（见图 5-1；请注意考察，此画面在三维空间中是不成立的）。

第二类永动机的典型例子是从单一热源（如大气或海洋）不断抽取热来做功。地球上有 $10^{18} \sim 10^{19}$ t 海水，如果把它冷却 $1℃$，就可提供 10^{21} kJ 的热，相当于燃烧 10^{14} t 煤，而全球可开发的煤储量才 $1.5×10^{12}$ t。但利用海水的热是不可能的，因为没有另一个比海洋温度低的大热源存在。但需注意，第二定律并没有说，"热不能全部转化为功"，只是说，"在不引起其他任何变化的条件下，热不能全部转化为功"。例如，理想气体吸热，若保持温度不变，体积要膨胀，可以把吸收的全部热变成功，但同时引起了其他变化——气体体积膨胀了。热力学第二定律把各种"其他变化"归结为"熵"的变化，热力学第二定律因而可表述为"熵增大原理"，将在本章第三节进行讨论。

图 5-1　艾舍尔描绘的第一类永动机

任何真正的科学都具有普遍性和预言性。学完本章，你将学会如何通过热力学来计算化学反应的热效应，如何在理论上预言在给定条件下一个化学反应能否发生，反应条件将如何影响反应转化率甚至使反应倒转等。在随后的章节里你还将学到用热力学原理讨论并计算化学平衡、水溶液化学平衡和电化学反应的电能利用率、电池的方向和限度等。

任何具体科学领域都有自己的局限性，热力学也不例外。热力学只能告诉你一个反应是否有可能发生，只阐明了发生化学反应的必要条件，却不充分，不能预测反应实际进行的速率快慢。例如，热力学预言了氢气和氧气即使在常温、常压下也会化合成水。但这只是可能性，却不是现实性。事实上，氢氧混合气体在常温常压下即使放置千百年，也看不到水的生成，除非使用合适的催化剂，如铂黑，反应才在顷刻间完成。反应速率和催化剂不是化学热力学问题，而是化学动力学问题。热力学预言了反应的可能性，其重要性毋庸置疑，因为，若经热力学计算预言某反应根本不可能发生，你还去寻找催化剂，岂不是在做违背热力学的不能成真的美梦？

热力学另一个局限性是只描述了大量原子、分子等微粒构成的宏观系统的行为，不能预言化学反应的微观机理。例如，通过热力学计算可以预言，汽车尾气里的氮氧化物和一氧化碳可以相互反应转化为氮气和二氧化碳，还能计算出不同温度不同组成的反应转化率，但这个反应在分子水平上的微观机理（反应机理)却是化学动力学的研究范畴,热力学无能为力。

5-2 基本概念

本节讨论化学热力学所必需的基本概念。经验证明,有些人感到学习热力学理论很困难,常常是由于没有搞清楚基本概念。本节讨论的某些基本概念不仅对热力学有意义,还是学习所有化学的基础。

5-2-1 系统与环境

被人为地划定的作为研究对象的物质叫系统(又叫体系或物系);除此以外的物质世界叫作环境[①]。系统与环境之间有时有明显的界限,如包括细胞壁在内的细胞是一个系统,它用细胞壁与环境隔开;有的则没有明显的界线,如研究的系统是一块雨云,它与环境的界限就很模糊;又如,烧杯里装着水溶液,水溶液里发生一个放热反应,你可以只划定水溶液为系统,也可以把水溶液上方的气体也包括在内,甚至把烧杯壁也算作系统的一部分,这要根据研究需要而定。

按照系统与环境之间的关系,可将系统分为孤立系统、封闭系统、开放系统(见表 5-1)。

表 5-1 热力学系统

系统	系统与环境之间的关系	实例
孤立系统	既无物质交换又无能量交换	理想模型,有的系统如太阳系可近似地按孤立系统处理
封闭系统	无物质交换而有能量交换	大多数化学反应,如在密闭容器里进行的化学反应
开放系统	既有物质交换又有能量交换	活生物体、活细胞,城市、连续反应器

通常的化学反应都是在封闭系统中发生的。若不声明,本书讨论的系统都

---

① 系统,system;环境,surroundings(复数形式);但环境温度和环境压力为 ambient temperature 和 ambient pressure;孤立系统又叫隔离系统;孤立,isolated;封闭,closed;开放,open。本章讨论的热力学属于经典热力学,系统中发生的过程都被假定为无限接近平衡态。经典热力学不适合讨论远离平衡态的开放系统。

是封闭系统。

在理论上讲,环境是除划定为研究系统以外的整个物质世界,因而它的温度和压力[1]可以认为是恒定不变的,通常规定 298.15 K 为环境温度;以标准大气压为环境压力。所谓标准大气压,源自地球底层大气最经常呈现的压力,其数值为 $p = 760\ mmHg$(毫米汞柱)= $760\ torr$(托)= $1\ atm$(大气压)= $1.01325 \times 10^5\ Pa$(帕斯卡)。在热力学中还有所谓热力学标准压力,符号 $p^{\ominus}$[2]。在过去 200 年间,热力学标准压力的数值一直等于环境压力,在采用 SI 单位后,考虑到 1.013 25 不是整数,IUPAC 建议采用新标准:$p^{\ominus} = 1\ bar$(巴)= 100 kPa(千帕)。将标准压力由 101 325 Pa 改为 1 bar 将引起原热力学数据近 1% 的变动,需修正所有老数据,任务艰巨。鉴于新标准与旧标准相差不大,当压力不小时,可近似地看作两者没有区别,无新数据时可暂用新压力标准–旧热力学数据过渡[3]。

5-2-2　物质的量

"物质的量"是英文 the amount of substance 的直译[4]。"物质的量"是一个基本物理量,符号为 n,单位为摩尔(简称摩),符号 mol。"物质的量"是计量物质的微观基本单元的物理量,被计量的物质微粒可以是分子、原子、离子、光子、电子等微观粒子,也可以是某些微观粒子的特定组合;当物质的微粒数或其特定组合数与 **0.012 kg ^{12}C** 的原子数相等时,其"物质的量"为 1 mol。0.012 kg ^{12}C 的原子数叫作阿伏加德罗数。阿伏加德罗数是个纯数,当阿伏加德罗数以 mol^{-1} 为单位时,称为阿伏加德罗常数,符号为 N_A 或 L[5]。也可以说,当物质的基本单元数为阿伏加德罗数[6]时,其"物质的量"为 1 mol。在使用"物质的量"时,明确其

---

① 本书的"压力"为化学热力学的通用术语,是物理学上的"压强"的同义词。

② 请注意:物理量符号为斜体,单位符号为正体,这是国际规定,这种规定可避免物理量与单位混淆,请努力遵循。凡是热力学物理量符号有上标"⊖"的都是指在热力学标准态(standard state)下的,有此上标的物理量均应冠以"标准"为修饰词。

③ 请注意:通常所说的标准状况仍是指 101 325 Pa,而不是指热力学标准态,如理想气体标准状况。水的沸点等液体沸点数据也是指 101 325 Pa 下的,不是 100 kPa 下的。

④ 在英语中,"the amount of substance"被用于具体物质时,"substance"一词被具体物质替代,如"the amount of iron is 3 mol"不说"the amount of substance of iron is 3 mol"。

⑤ L 是测定阿伏加德罗常数的第一人奥地利中学教师劳施密特(Josef Loschmidt)的姓的第一个字母,通用于欧洲大陆,被 IUPAC 所推荐。

⑥ 阿伏加德罗常数是一个需经实验方法测定的数值,最近测定值为 $6.022\ 136\ 7 \times 10^{23}\ mol^{-1}$,请注意阿伏加德罗常数是有单位的,即 mol^{-1}。

基本单元,是绝对必要的,否则容易造成混乱。例如,"1 mol 氢"的质量多大?这要看你所指的"氢"是氢气(H_2)还是氢原子(H),前者的质量比后者大一倍,因此,1 mol H_2 相当于 2 mol H。通常用化学式表示"物质的量"的基本单元。基本单元为微粒特定组合时,通常用"+"号连接。例如,4 mol(H_2 + 0.5 O_2)是 4 mol H_2 和 2 mol O_2 的特定组合。

1 mol 物质的体积称为"**摩尔体积**",符号为 V_m,单位 $m^3 \cdot mol^{-1}$ 或 $L \cdot mol^{-1}$。如标准状况(273.1 K,101.325 kPa)下理想气体的摩尔体积为 0.022 414 $m^3 \cdot mol^{-1}$ = 22.414 $L \cdot mol^{-1} \approx$ 22.4 $L \cdot mol^{-1}$。摩尔体积的概念不限于气体,固体和液体均可使用摩尔体积的概念。

1 mol 物质的质量称为该物质的"**摩尔质量**",符号为 M;单位 $kg \cdot mol^{-1}$。例如:

O_2 的相对分子质量　　$M_r(O_2)$ = 32

1 mol O_2 的质量　　　$m(O_2)$ = 0.032 kg

O_2 的摩尔质量　　　　$M = m(O_2)/n(O_2)$ = 0.032 kg / 1 mol

　　　　　　　　　　　= 32 $g \cdot mol^{-1}$

显然,摩尔质量的概念与化学式是一一对应的,不给定化学式,摩尔质量无从谈起。

为讨论化学热力学方便,可以借鉴摩尔质量与化学式的逻辑关系建立"**摩尔反应**"的概念。例如,氢与氧的反应,若其方程式写成 $2H_2(g) + O_2(g) \longrightarrow 2H_2O(l)$,当 2 mol 氢气和 1 mol 氧气反应生成 2 mol 液态水,可以说:发生了"1 mol 反应";若将方程式改写成 $H_2(g) + \frac{1}{2}O_2(g) \longrightarrow H_2O(l)$,"1 mol 反应"则指 1 mol H_2 与 0.5 mol O_2 反应生成 1 mol 液态水。这两个方程式里的系数不代表分子数而称为"化学计量数"($= n/mol$)[①],以希腊字母 ν 为符号。化学计量数 ν 为纯数,有正负之分:方程式左边(反应物)的化学计量数为负值,方程式右边(生成物)的化学计量数为正值;对于一个特定的化学方程式,反应物按方程式的化学计量数完全转化为生成物,就发生了 1 mol。简而言之,"摩尔反应"的具体内涵是与特定的化学方程式一一对应的。离开化学方程式,说"1 mol 反应"没有任何意义。方程式不同的同一反应,1 mol 反应的内涵不同。例如,按前一方程式发生"1 mol 反应"相当于后一方程式发生"2 mol 反

---

① 化学计量数过去长期称为"摩尔数",被认为是一种不恰当的表述。不过,若明确"摩尔数"是 $n/$ mol 的纯数,似也无碍大局,即只能说 0.012 kg ^{12}C 的"摩尔数为 1",不能说"摩尔数为 1 mol"。

应"。可见,在逻辑上,摩尔反应与方程式的一一对应关系可与摩尔质量与化学式的一一对应关系相类比。

附带可指出,化学热力学中的化学方程式里的物质以摩尔(由方程式系数表达)计,而且必须标注其物理状态。常用的有固态(solid)——"s"[或晶体(crystal)——"cr"];液态(liquid)——"l";气态(gas)——"g";水溶液(aqueous solution)——"aq";若某物质有几种不同的晶态,要具体标出指哪一种,如 $C_{石墨}$、$C_{金刚石}$等,这是因为,同一物质,物理状态不同时,热力学性质是不同的。

对于混合物,可以用组分的"物质的量"与混合物的"物质的量"之比来表述其组成,称为"物质的量分数"(又叫"摩尔分数"),符号为 x。例如,若 1 mol O_2 和 4 mol N_2 混合:O_2 的摩尔分数 $x(O_2) = n(O_2)/[n(O_2)+n(N_2)] = 1$ mol/$(1+4)$mol $= 0.2$;N_2 的摩尔分数 $x(N_2) = n(N_2)/[n(O_2)+n(N_2)] = 4$ mol/$(1+4)$mol $= 0.8$。显然,若混合物由 j 种物质组成,则各组分的摩尔分数 x_j 之和等于 1:

$$\sum x_j = 1 \tag{5-1}$$

5-2-3　浓度

广义的浓度概念是指一定量溶液或溶剂中溶质的量;这一笼统的浓度概念正像"量"的概念一样没有明确的含义;习惯上,浓度涉及的溶液的量取体积,溶剂的量则常取质量,而溶质的量则取"物质的量"、质量、体积不等,因此,在实际生活中遇到的浓度表示法是五花八门的[①]。

业已规定:狭义的浓度是"物质的量浓度"的简称,以前还称"体积摩尔浓度"(molarity),指每升溶液中溶质 B 的"物质的量",符号为 c,单位为 mol·L^{-1} 或 mol·dm^{-3},即

$$c_B \equiv n_B/V \tag{5-2}$$

例如,$c(NaCl) = 0.1$ mol·L^{-1},意即每升溶液含 0.1 mol $NaCl$[②]。

———————————————

①　在生产实际和生活实际中,人们使用的浓度五花八门,如烈性酒、啤酒、葡萄酒的浓度表示法互不相同,生理盐水、酒精、碘酒的浓度表达法常互不相同;大气组分气体的浓度与内燃机油气比的表达法也不同等。至今难以用一种浓度(如"物质的量浓度")来统一。

②　用英文小写字母 c 为物质的量浓度的符号为国际组织所推荐。需注意:在国际化学教学界仍流行着 M≡mol·L^{-1} 的表述,我国过去也流行这种表述,尽管近年已废弃,但在旧的教科书仍屡见不鲜。另外应注意,用方括号表述的浓度,如[CO_3^{2-}],是指"平衡浓度",即化学平衡状态下的浓度,不宜用于表达一般的浓度。

鉴于溶液的体积随温度而变,导致"物质的量浓度"也随温度而变,在严格的热力学计算中,为避免温度对数据的影响,常不使用"物质的量浓度"而使用质量摩尔浓度(molality),后者的定义是每 1 kg 溶剂(注意:不是溶液!)中溶质的"物质的量",符号为 b,单位为 mol·kg^{-1},即:

$$b_B \equiv n_B / m_A = n_B / (n_A M_A)$$

其中,B 是溶质,A 是溶剂。例如,$b(NaCl) = 0.1$ mol·kg^{-1},意即每 1 kg 溶剂中含 NaCl 0.1 mol。

不随温度而变的浓度表示法除质量摩尔浓度外还有"质量分数",以前称质量百分浓度,为溶质的质量与溶液的质量之比(用百分数表达则再乘以 100%)。

忽略温度影响时,可用物质的量浓度代替质量摩尔浓度,本书一般做这种近似处理。

[**例 1**] 在常温下取 NaCl 饱和溶液 10.00 cm^3,测得其质量为 12.003 g,将溶液蒸干,得 NaCl 固体 3.173 g。求(1)常温下 NaCl 的溶解度;(2)NaCl 饱和溶液的质量分数;(3)物质的量浓度;(4)质量摩尔浓度;(5)饱和溶液中 NaCl 和水的物质的量分数。

[**解**] (1)NaCl 的溶解度为

$$\frac{3.173 \text{ g}}{(12.003-3.173) \text{ g}} \times 100 \text{ g}/(100 \text{ g H}_2\text{O}) = 35.93 \text{ g}/(100 \text{ g H}_2\text{O})$$

(2)NaCl 饱和溶液的质量分数为

$$\frac{3.173 \text{ g}}{12.003 \text{ g}} \times 100\% = 26.44\%$$

(3)NaCl 饱和溶液的物质的量浓度为

$$c(NaCl) = \frac{3.173 \text{ g}/58.5 \text{ g·mol}^{-1}}{10.00 \times 10^{-3} \text{ dm}^3} = 5.42 \text{ mol·dm}^{-3}$$

(4)NaCl 饱和溶液的质量摩尔浓度为

$$b(NaCl) = \frac{3.173 \text{ g}/58.5 \text{ g·mol}^{-1}}{8.83 \times 10^{-3} \text{ kg}} = 6.14 \text{ mol·kg}^{-1}$$

(5)饱和溶液中 NaCl 的物质的量 $n(NaCl) = 3.173$ g$/58.5$ g·mol$^{-1} = 0.0542$ mol,饱和溶液中水的物质的量为 $n(H_2O) = 8.83$ g$/18$ g·mol$^{-1} = 0.491$ mol,因此,

$$x(NaCl) = \frac{0.0542 \text{ mol}}{0.0542 \text{ mol}+0.491 \text{ mol}} = 0.10$$

$$x(H_2O) = 1-0.10 = 0.90$$

[**例 2**] 在 288 K 下将 NH$_3$ 通入一盛水的玻璃球内,至 NH$_3$ 不再溶解为止,经称量得知玻璃球内的饱和溶液质量为 3.018 g,然后将玻璃球浸入 50.00 cm^3 0.5000 mol·dm^{-3} H$_2$SO$_4$ 溶液中,将球击破。溶液中剩余的酸用 1.000 mol·dm^{-3} NaOH 溶液滴定,耗去 NaOH 溶液 10.40 cm^3。求 288 K 下 NH$_3$ 在水中的溶解度。

[**解**] 与 NH$_3$ 反应的 H$_2$SO$_4$ 的物质的量为

$$50.00 \times 10^{-3} \text{dm}^3 \times 0.5000 \text{ mol·dm}^{-3}$$

$$-\frac{1}{2} \times 10.40 \times 10^{-3}\ \mathrm{dm^3} \times 1.000\ \mathrm{mol \cdot dm^{-3}} = 0.019\ 80\ \mathrm{mol}$$

饱和溶液中 NH_3 的物质的量为　　$2 \times 0.019\ 80\ \mathrm{mol} = 0.039\ 60\ \mathrm{mol}$

饱和溶液中 NH_3 的质量为　　　$0.039\ 60\ \mathrm{mol} \times 17.03\ \mathrm{g \cdot mol^{-1}} = 0.674\ 4\ \mathrm{g}$

饱和溶液中水的质量为　　　　$3.018\ \mathrm{g} - 0.674\ 4\ \mathrm{g} = 2.343\ 6\ \mathrm{g}$

288 K 下，NH_3 在水中的溶解度为

$$\frac{0.674\ 4\ \mathrm{g}}{2.343\ 6\ \mathrm{g}} \times 100\ \mathrm{g/(100\ g\ H_2O)} = 28.78\ \mathrm{g/(100\ g\ H_2O)}$$

[评论]　① 为什么不预先称量水的质量而要在通 NH_3 后再称量溶液的质量？显然，这是聪明的做法，因为通氨时不免带走水。② 计算时必须注意 1 mol H_2SO_4 含 2 mol H^+，它与 NaOH 及 NH_3 的中和反应的物质的量之比都是 1∶2，而不是 1∶1，不然就算错了。③ 注意运算时正确使用有效数字，否则得不到正确结果。

　　最后应提及，溶液的浓度是与溶液的取量无关的量，从一瓶浓度为 0.1 $\mathrm{mol \cdot L^{-1}}$ 的 NaCl 溶液里取出一滴，这一滴溶液的浓度仍为 0.1 $\mathrm{mol \cdot L^{-1}}$。这似乎是废话，其实不然。因为有两类物理量，第一类物理量具有加和性，如质量、物质的量、体积、长度……这类物理量称为"**广度量**"；另一类物理量则不具有加和性，这类物理量称为"**强度量**"。浓度是强度量。此外，压力（压强）、温度、密度等也是强度量。

5-2-4　气　体

　　气体有实际气体与理想气体之分。理想气体被假设为气体分子之间没有相互作用力，气体分子自身没有体积，当实际气体的压力不大，分子之间平均距离很大，气体分子本身的体积可以忽略不计，温度又不低，导致分子的平均动能较大，分子之间的吸引力相比之下可以忽略不计时，实际气体的行为就十分接近理想气体行为，可当作理想气体处理。本书只讨论理想气体，但应不忘记，实际气体与之有差别，用理想气体讨论得到的结论只适用于压力不高、温度不低的实际气体。实际气体将在物理学、物理化学等课程讨论。

　　1. 理想气体状态方程

$$pV = nRT \tag{5-3}$$

　　遵从理想气体状态方程是理想气体的基本特征。理想气体状态方程里有四个变量——气体的压力 p、气体的体积 V、气体物质的量 n 及温度 T 和一个常量（**摩尔气体常数** R），只要其中 3 个变量确定，理想气体就处于一个"状态"，因而该方程叫作**理想气体状态方程**。温度 T 和物质的量 n 的单位是固定不变的，分

别为 K 和 mol ,而气体的压力 p 和体积 V 的单位却有许多取法,这时,状态方程中的摩尔气体常数 R 的取值(包括单位)也就跟着变[①],在进行运算时,千万要注意正确取用 R 值:

p 的单位	V 的单位	R 的取值(包括单位)
atm	L	0.082 06 L·atm·mol^{-1}·K^{-1}
atm	cm^3	82.06 cm^3·atm·mol^{-1}·K^{-1}
Pa	L	0.008 314 L·Pa·mol^{-1}·K^{-1}
kPa	L	8.314 L·kPa·mol^{-1}·K^{-1}
Pa	m^3	8.314 m^3·Pa·mol^{-1}·K^{-1}

尽管大气压这种单位已经废弃,但查阅较老的书籍时仍会经常遇到,仍有必要了解。应在此一并指出的是,摩尔气体常数 R 还在许多计算能量的公式中出现,取值为 $R = 8.314$ J·mol^{-1}·K^{-1} = 0.008 314 kJ·mol^{-1}·K^{-1};在旧的文献里使用卡(cal)为热量单位,1 cal = 4.184 J,又有 $R = 1.987$ cal·mol^{-1}·K^{-1}。

还需指出,物理量的数值是纯数与单位的乘积,撇开单位谈论物理量的取值是毫无意义的,由于在许多计算中免不了进行单位换算,因而,在进行运算时,把每个物理量的单位写进去是十分必要的,我国许多大学、中学教材已经遵循这种运算规则。

[例 3]   计算 298.15 K 和热力学标准压力下 1 mol 理想气体的体积。

[解] $pV = nRT$

$V = nRT/p = 1$ mol×8.314 L·kPa·mol^{-1}·K^{-1}× 298.15 K/100 kPa = 24.79 L

[评论]   ① 表面上,这样做比大家已经习惯了的不带单位的运算要复杂得多,但优点是明显的:既不容易发生错误,也有助于熟悉各种物理量的单位和量纲。② 常温和热力学标准压力下理想气体的摩尔体积 24.79 L 是一个值得记忆的数据。

[例 4]   某气体在 293 K 和 9.97×10^4 Pa 时的体积为 0.19 dm^3,质量为 0.132 g。求该气体的摩尔质量。它可能是什么气体?

[解] $pV = nRT$;$n = m/M$;$pV = RTm/M$;$M = RTm/(pV)$

$$M = \frac{mRT}{pV} = \frac{0.132 \text{ g}×8.314 \text{ Pa·m}^3·\text{mol}^{-1}·\text{K}^{-1}×293 \text{ K}}{9.97×10^4 \text{ Pa}×0.19×10^{-3} \text{ m}^3} = 17 \text{ g·mol}^{-1}$$

该气体的摩尔质量为 17 g·mol^{-1},可能是 NH_3。

[例 5]   一个 280 K 的敞开广口瓶里的气体需加热到什么温度才能使三分之一的气体

---

① 1 atm = 101.325 kN/m^2;1 Pa ≡ 1 N·m^2;1 N·m = 1 J;当各种物理量均采用 SI 制单位时,R = 8.314 J·mol^{-1}·K^{-1}。

逸出瓶外?

　　[解]　$pV = nRT$;V、p 一定时,$n_1 T_1 = n_2 T_2$;T_2 时瓶内气体物质的量为 $n_2 = n_1 \times 2/3$

　　$T_2 = n_1 T_1 / n_2 = T_1 \times 3/2 = 280 \text{ K} \times 3/2 = 420 \text{ K}$

　　当温度到达 420 K 时,有三分之一的气体逸出瓶外。

　　[例6]　常温常压下充满气体的石英安瓿被整体加热到 800 K 时急速用火焰封闭,问封闭瓶内的气体在常温下的压力多大?

　　[解]　石英安瓿热膨胀系数很小,温度引起的体积变化可忽略不计。封闭前气体的压力等于环境压力。

　　$pV = nRT$;V、p 一定时,$n_1 T_1 = n_2 T_2$; $n_2 = n_1 T_1 / T_2$

　　封闭后气体的体积和质量(n_2)不变。达常温时与原气体比较,有

$$p_1/p_2 = n_1/n_2 ; p_2 = p_1 n_2 / n_1 = p_1 \cdot (n_1 T_1 / T_2)/n_1$$
$$= 1.013 \times 10^5 \text{ Pa} \times 298 \text{ K} / 800 \text{ K} = 3.77 \times 10^4 \text{ Pa}$$

　　800 K 下封闭的石英安瓿内的气体在常温下的压力为 3.77×10^4 Pa。

　　[评论]　① 加热驱除安瓿内的气体封闭后,冷至常温,安瓿内的气体压力因气体分子减少而降低,处于“负压”状态。所谓“负压”是指容器内的气体压力小于常压,绝非压力为负值。须知:压力永远不可能是负值。② 由计算可知,单靠加热封闭后安瓿内气体压力的降低是有限的。欲使安瓿内气体压力达到所谓“真空”状态(如 100 Pa、10 Pa 甚至 10^{-2} Pa 等),必须用真空泵抽取容器内的气体。③ 上述求算常温下安瓿内气体压力的算式 $p_1/p_2 = T_1/T_2$,相当于 $p_1 V = nRT_1$ 和 $p_2 V = nRT_2$ 两式之比,但加热前后安瓿内气体物质的量(n_1 和 n_2)并不相等,为什么会有上述结果? 请读者思考之。

　　由以上例题可见,理想气体状态方程形式简单,内涵却极其丰富,需在应用过程中不断加深理解。

　　读者可能会问:既然理想气体并不实际存在,任何实际气体的行为总对于理想气体状态方程有或多或少的偏差,实际测定获得的 $pV/(nT)$ 不会等于而只是近似等于常量 R,那么,理想摩尔气体常数 R 是如何得到的呢? 确定摩尔气体常数的方法是“外推法”,这种科学方法还被用于许多常量的测定。确定摩尔气体常数 R 的具体方法:在一定温度下,如在环境温度 $T = 298.15$ K 下测定一定质量的某种气体(如 He、CO_2 等)在各种压力下的体积,以 $pV/(RT)$ 对 p 作图,外推至 $p = 0$,就得到 R 值。

　　2. 分压定律

　　1810 年,道尔顿发现,混合气体的总压等于把各组分气体单独置于同一容器里所产生的压力之和,这个规律被称为道尔顿分压定律。其实,道尔顿分压定律只对理想气体才能成立,对于实际气体,由于分子间作用力的存在,道尔顿分压定律将有偏差。因此,能满足道尔顿分压定律的气体混合物应称为理想气体的理想混合物。

　　我国采纳 IUPAC 的推荐,规定混合气体中的气体 B 的分压 p_B 的定义为

$$p_B = x_B p \qquad (5-4)$$

式中，x_B 为气体 B 的摩尔分数，p 为混合气体在同温度下的总压。联系式(5-1)，可得到

$$p = p_1 + p_2 + p_3 + p_4 + \cdots + p_j = \sum p_j = \sum x_j p \qquad (5-5)$$

式(5-5)表明，混合气体的总压等于同温度下其组分气体的分压之和，此式可用于任何混合气体。

对于理想气体，将 $p_总 V = n_总 RT$ 与式(5-4)结合，可以得到

$$p_B = n_B RT/V \qquad (5-6)$$

可见分压 p_B 是理想气体 B 单独占有混合气体的体积 V 时显示的压力。

[例7]　混合气体中有 4.4 g CO_2，14 g N_2 和 12.8 g O_2，总压为 2.026×10^5 Pa，求各组分气体的分压。

[解]　先求得各组分气体的物质的量分数(摩尔分数)，代入式(5-4)即可得各组分气体的分压。

$$n(CO_2) = 4.4 \text{ g}/44 \text{ g} \cdot \text{mol}^{-1} = 0.10 \text{ mol}$$

$$n(N_2) = 14 \text{ g}/28 \text{ g} \cdot \text{mol}^{-1} = 0.50 \text{ mol}$$

$$n(O_2) = 12.8 \text{ g}/32 \text{ g} \cdot \text{mol}^{-1} = 0.40 \text{ mol}$$

$$x(CO_2) = \frac{n(CO_2)}{[n(CO_2) + n(N_2) + n(O_2)]} = 0.10$$

$$x(N_2) = \frac{n(N_2)}{[n(CO_2) + n(N_2) + n(O_2)]} = 0.50$$

$$x(O_2) = \frac{n(O_2)}{[n(CO_2) + n(N_2) + n(O_2)]} = 0.40$$

$$p(CO_2) = 0.10 \times 2.026 \times 10^5 \text{ Pa} = 2.0 \times 10^4 \text{ Pa}$$

$$p(N_2) = 0.50 \times 2.026 \times 10^5 \text{ Pa} = 1.0 \times 10^5 \text{ Pa}$$

$$p(O_2) = 0.40 \times 2.026 \times 10^5 \text{ Pa} = 8.1 \times 10^4 \text{ Pa}$$

[例8]　排水集气法得到的气体是饱和水蒸气与某种纯净气体的混合气体，若忽略水柱的压力，混合气体的总压等于环境压力。设该混合气体遵从理想气体方程，可以求得干燥气体的量。例如，在常温常压下用排水集气法收集到 H_2 2.500×10^{-1} L，已知 298.15 K 下水的饱和蒸气压为 3.167 kPa，问收集到的 H_2 的物质的量和干燥 H_2 的体积多大？

[解]　设 p 为总压，即常压。

$$p = p(H_2O) + p(H_2)$$

$$p(H_2) = p - p(H_2O) = (101.325 - 3.167) \text{ kPa} = 98.158 \text{ kPa}$$

$$p(H_2) = n(H_2)RT/V$$

$$n(H_2) = p(H_2)V/RT$$

$$= (98.158 \text{ kPa} \times 0.250\ 0 \text{ L})/(8.314 \text{ kPa} \cdot K^{-1} \cdot mol^{-1} \times 298.15 \text{ K})$$

$$= 9.900 \times 10^{-3} \text{ mol}$$

$$x(H_2) = p(H_2)/p = 98.158 \text{ kPa}/101.325 \text{ kPa} = 0.968\ 7$$

$$V(H_2) = x(H_2) \cdot V = 0.968\ 7 \times 0.250\ 0 \text{ L} = 0.242\ 2 \text{ L}$$

[评论]　① 排水集气法是一种常用的集气法,因此,掌握上述计算是有实际意义的。但不应忘记上述计算的假定是遵从理想气体方程。② 上述干燥氢气的体积 $V(H_2)$ 也被称为混合气体中的组分气体的"**分体积**","分体积"概念是分压定律的推论,相当于当混合气体的组分气体的压力为混合气体的总压时单独占据的体积,该关系也叫阿马格分体积定律(Amagat law of patial volume)。

[例9]　在 291 K 和 1.013×10^5 Pa 下将 2.70×10^{-3} m³ 被水蒸气饱和的空气通过装 $CaCl_2$ 的干燥管,测得干燥空气的质量为 3.21 g,求 291 K 下水的饱和蒸气压。

[解]　含饱和水蒸气的空气的物质的量:

$$n(总) = \frac{pV}{RT} = \frac{1.013 \times 10^5 \text{ Pa} \times 2.70 \times 10^{-3} \text{ m}^3}{8.314 \text{ Pa} \cdot m^3 \cdot mol^{-1} \cdot K^{-1} \times 291 \text{ K}} = 0.113 \text{ mol}$$

$$n(水蒸气) = 0.113 \text{ mol} - 3.21 \text{ g}/29.0 \text{ g} \cdot mol^{-1} = 2.31 \times 10^{-3} \text{ mol}$$

$$p(水蒸气) = p \cdot x(水蒸气) = 1.013 \times 10^5 \text{ Pa} \times 2.32 \times 10^{-3} \text{ mol}/0.113 \text{ mol}$$

$$= 2.07 \times 10^3 \text{ Pa}$$

[评论]　① 该实验也可测量干燥管的增重,直接得到水蒸气的质量。但干燥管的增重也可由 NH_3 等与 $CaCl_2$ 反应的气体造成(CO_2 不会与 $CaCl_2$ 反应),可能造成实验误差。② 用该法也可测出不饱和水蒸气压,即**绝对湿度**,而不饱和水蒸气压与饱和水蒸气压之比称为**相对湿度**(%)。湿度是随气象条件不断变化的,必须实际测定,它是气象学的重要数据,降水、霜冻不仅与温度下降的幅度有关,也与降温前的相对湿度有关。

5-2-5　相

　　系统中物理状态、物理性质与化学性质完全均匀的部分称为一个 相(phase)[①]。系统里的气体,无论是纯气体还是混合气体,总是 1 个相。系统中若只有一种液体,无论这种液体是纯物质还是(真)溶液,也总是 1 个相。若系统里有 2 种液体,如乙醚与水,中间以液-液界面隔开,为两相系统,考虑到乙醚里

---

　　① 热力学里讨论的"相"通常指处于平衡状态的物质系统。若为非平衡系统,相的概念将变得复杂。例如,把一滴高锰酸钾溶液滴入水中,在高锰酸钾扩散均匀之前,你能说只存在一个相吗? 又如,将一烧杯水放在酒精灯上加热,若底部水的温度与上部水的温度不同,你能说烧杯里的水是单相的吗? 本书不讨论非平衡系统。

溶有少量的水,水里也溶有少量的乙醚,同样只有两相。同样,不相溶的油和水在一起是两相系统,激烈振荡后油和水形成乳浊液,也仍然是两相(一相叫连续相,另一相叫分散相)。不同固体的混合物,是多相系统,如花岗石(由石英、云母、长石等矿物组成);又如,无色透明的金刚石中有少量黑色金刚石,都是多相系统。相和**组分**不是一个概念,如同时存在水蒸气、液态的水和冰的系统是三相系统,尽管这个系统里只有一个组分——水。一般而言,相与相之间存在光学界面,光由一相进入另一相会发生反射和折射,光在不同的相里行进的速度不同。混合气体或溶液是分子水平的混合物,分子(离子也一样)之间是不存在光学界面的,因而是单相的。不同相的界面不一定都一目了然。更确切地说,**相是系统里物理性质完全均匀的部分**[①]。

5-2-6　热力学温度

热力学温度,又叫热力学温标,符号为 T,单位为 K(开尔文,简称开)。应注意:用热力学温度的表达如 273 K 等,切不要写成 273 ˚K。还需注意,K 要大写,而单位量级的“千”用小写的 k,如 kJ、km 等,切不要写成 K。在我国,由于大家不使用拉丁字母来书写,大小写的意识不强烈,混淆字母大小写的现象极为普遍,学过科学课程的人不应该再出这种笑话。

> 早在 1787 年,法国物理学家查理(J. Charles)就发现,在压力一定时,温度每升高 1 ℃,一定量的气体的体积的增加值(膨胀率)是一个定值,体积膨胀与温度呈线性关系。起初的实验得出该定值为气体在 0 ℃ 时体积的 1/269,后来经许多人历经几十年的实验修正,其中特别是 1802 年法国人盖·吕萨克(J. L. Gay_Lussac)的工作,最后确定该值为 1/273.15[②]。将上述气体体积与温度的关系用公式来表示,形式如下:
>
> $$V = V_0(1 + t/273.15) = V_0(t + 273.15)/273.15$$
>
> 式中,V 是摄氏温度为 t 时的气体体积,V_0 是 $t = 0$ ℃ 时的体积。若定义 $t+273.15 \equiv T$(于是 0 ℃ $+273.15 = T_0$),上述关系就可用形式更简单的公式来表达:$V/T = V_0/T_0$,进一步看,$V_1/T_1 = V_0/T_0$,$V_2/T_2 = V_0/T_0$,…,自然有 $V_1/T_1 = V_2/T_2$,即在任何温度下一定量的气体,在压力一定时,气体的体积 V 与用 T 为温标表示的温度成反比,这叫作**查理-盖·吕萨克定律**。事实上这种关系只适用于理想气体。为此,人们起先把 T 称为理想气体温度(温标),

---

① 在材料科学中,相的概念有新的发展,单相的固体,还被分成“体相”与“表相”,前者指固体的内部,后者指固体的表面。表相与体相的性质明显不同。例如,纳米材料颗粒的大小为纳米级(0.1 ~ 100 nm),处于表相的原子占原子的总数很大,从而具有一般固体材料不具有的性质。

② 确定 273.15 也是用外推法。见物理学或物理化学教材。

又叫绝对温度(温标)。在热力学形成后,发现该温标有更深刻的物理意义,特别是克劳修斯(Clausius)和开尔文(Kelvin)论证了绝对零度不可达到(详见物理学和物理化学教材),便改称为**热力学温度**(或温标),并用 Kelvin 第一个字母 K 为其单位。

物体的温度是构成物体的大量微粒运动(热运动)的激烈程度的宏观表现。例如,由单原子分子构成的气体的大量分子的平均动能 $\bar{E}_k$ 与它的温度 T 的关系经统计热力学理论推导为

$$\bar{E}_k = \frac{3}{2}kT$$

其中,$k = 1.381 \times 10^{-23}\,\text{J} \cdot \text{K}^{-1}$,称为**玻耳兹曼**(Boltzmann)**常数**,等于摩尔气体常数 R 与阿伏加德罗常数 N_A 之比。

5-2-7   热与功

通常所说的"冷热"的"热"是指人体接触的物体温度较高,"热运动"则是指分子的无序运动,都不是热力学里说的"热"。热力学里的**"热"是系统与环境之间的温度差异引起的能量传递形式**[①]。换句话说,热不是物质,不是系统的性质,而是大量物质微粒做**无序运动**引起的能量传递形式。在历史上曾有过错误地把热认为是物质的所谓"热质论",尽管这种"理论"早就破产,但余毒尚存,有时常听到如下说法:"系统发生放热反应,系统的热增多,因此放出热……"其错在于,"热"不是系统的性质,不能说系统有多少"热"。

热是温度不同引起的能量传递形式,温度相等就没有热传递,称为"**热平衡**",温度不同引起的热传递的结果当然就是使温度相等,达到热平衡。这似乎是废话,却是热力学最基本的观念之一,因为它告诉我们,热并无除使温度相等而外的其他能量传递,反过来说,所有除温度不同引起的能量传递都不是热[②]。

除热而外的所有其他能量传递形式都叫作"**功**"。在热力学中,又把功分成两大类,一类叫作气体膨胀功,简称**膨胀功**,另一类则是除膨胀功而外的"**其他功**",或者叫作"**有用功**"。对功的这种分类完全是为了研究热力学时逻辑更清晰,不能咬文嚼字。例如,气体膨胀功是气体的体积变化引起做功,气体向外膨胀,克服环境的压力,就向环境做功,那么,气体被压缩,是环境向气体做功,似应叫"压缩功",但它与气体膨胀做功只是数符(正负号)不同,仍叫膨胀功。又如,

---

① 热也可以是一个未达到热平衡的系统中温度不同的两相(高温相与低温相)之间的能量传递。但传统的化学热力学通常只讨论平衡系统与环境之间的能量传递。

② 两个各自与第三个体系成热平衡的体系彼此也成热平衡,这被称为**热力学第零定律**。

既然定义除膨胀功外的做功都叫"有用功"，膨胀功当然就是"非有用功"。这只是一种称谓。你若反问：气体膨胀难道没有用处？你会说："有用功"一词不恰当，不如"其他功"。但说"其他功"总要有"非其他"之所指，仍然需要说明。总之，其他功、有用功、非膨胀功是同义词，是一个意思，是除气体膨胀做功而外的所有其他做功形式；同样，膨胀功、非有用功、压缩功，也是同义词，可以只取"膨胀功"一词。总之，要切记，讨论概念时永远不能忘记确立它的目的和背景，否则会"钻牛角尖"，做"无用功"。

必须牢记热与功的数符($+,-$)的规定：系统向环境传递能量，即系统放热或系统向环境做功，热和功的数符是负的；反之，环境向系统传递能量，即系统从环境吸热和环境向系统做功，热和功的数符是正的。数符的这种规定是把系统而不是把研究系统的人作为"主体"，当系统向环境释放能量，系统的能量一定下降，它的终态的能量一定低于始态的能量，终态和始态能量之差一定是负值，因此这时的热值和功值是负的。反之为正值[1]。

气体膨胀功对掌握热力学有重要意义，有必要预先讨论清楚。

假设在一带活塞的密闭容器(见图 5-2)里装有温度为 T，体积为 $V_{始态}$，压力为 $p_{始态}$，物质的量为 n 的气体，在如下不同的外压条件下发生等温膨胀，到达同一终态——体积为 $V_{终态}$、压力为 $p_{终态}$，温度与物质的量仍为 T 和 n，现在来考察系统向环境做功的情形(假设活塞自身无质量，活塞移动无摩擦力，不消耗能量)：

第一种情形：膨胀是在恒定的外压，即 $p = p_{始态} = p_{终态}$ 下进行的，通称<u>等压膨胀</u>，这时，气体做的膨胀功(W)应按下式进行计算：

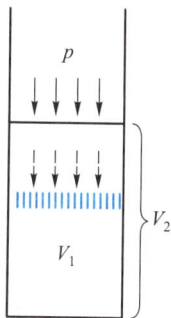

图 5-2

$$W = -p\Delta V \tag{5-7}$$

p 是系统(这里是活塞)承受的外压，ΔV 是系统内气体体积变化($\Delta V \equiv V_{终态} - V_{始态}$)；式中的负号"$-$"为符合热力学能量传递的数符规定所必须，因为，若 $\Delta V > 0$，气体向外膨胀，用式(5-7)计算得到的功小于零，$W < 0$，表明系统向环境做功。反之，$\Delta V < 0,\ W > 0$，是环境向系统做功[2]。

---

[1]　热与功的数符的这种规定是 1990 年 IUPAC 推荐的，也为我国国家标准采纳，但长期以来化学热力学采用的功的数符是与 IUPAC 的规定相反的，有的教材至今仍在沿用，但绝大多数物理学或热力学著作的数符却与本书相同。

[2]　不要忘记压力永远是正值，常见到所谓"负压"，不是说压力为负值，只是系统内的压力小于环境压力。

式(5-7)来源于物理学中的力学。在力学中,机械功(W)等于力(F)乘以力推进的距离(Δl)。前面已提到,压力(p)是物理学里的压强的同义词,是单位表面(S)上承受的力,即 $p = F/S$。设活塞面积为 S,气体膨胀向外推进的距离为 Δl,于是有 $W = -F\Delta l = -pS\Delta l = -p\Delta V$。

第二种情形:气体向真空膨胀,即自由膨胀(或自由扩散),活塞承受的外压 $p = 0$,按式(5-7),气体膨胀功 $W = 0$。

第三种情形:膨胀分次进行,如 j 次,外压一次比一次小,$p_1 > p_2 > p_3 > p_4 > \cdots > p_j$,到最后一次则等于终态的内压,可称为分次膨胀,做的总功当然是每次做功之和:

$$W = \left[-p_1(\Delta V)_1\right] + \left[-p_2(\Delta V)_2\right] + \left[-p_3(\Delta V)_3\right] + \cdots + \left[-p_j(\Delta V)_j\right]$$

$$= -\sum_{i=j} p_i(\Delta V)_i$$

第四种情形:膨胀分无限多次连续不断地进行,第一次膨胀时外压比 $p_{始态}$ 小一个无限小量,随后每次膨胀时的外压总比上一次小一个无限小量,直到最后一次,外压只比 $p_{终态}$ 大一个无限小量,这种膨胀方式叫作可逆膨胀(为什么冠以"可逆"不久就会谈到)。可逆膨胀总共做多少膨胀功呢? 只需把分次膨胀的次数无限地增多,然后求和,即可算出。在数学上这种求和叫作积分,在学过积分后就可轻而易举地得到如下结果(若读者尚未学过积分,请暂时认可它):

$$W = -nRT \ln(V_{终态}/V_{始态}) \tag{5-8}$$

综上所述,理想气体膨胀做功有 4 种不同情形:

外 压	膨胀方式	膨胀功
$p = p_终$	(一次)等压膨胀	$W = -p\Delta V$
$p = 0$	自由膨胀	$W = 0$
$p_1, p_2, \cdots, p_j = p_终$	分次膨胀	$W = -\sum_{i=j} p_i(\Delta V)_i$
由 $p = p_{始态}$ 连续减小至 $p = p_{终态}$	可逆膨胀	$W = -nRT\ln(V_{终态}/V_{始态})$

图 5-3 给出了这些不同膨胀方式的数学方程的曲线图,横坐标是气体的体积 V,纵坐标是系统的外压 p,带阴影区域的面积在数值上等于气体膨胀所做的功的绝对值。由此可见:在这些不同的膨胀方式中,功的绝对值最小的是自由膨胀,功的绝对值最大的是可逆膨胀,用积分学还可以证明,可逆膨胀的膨胀功的绝对值是做功的极大值。

有用功,即其他功或非膨胀功,种类繁多,其中最容易理解的是电功,它是化

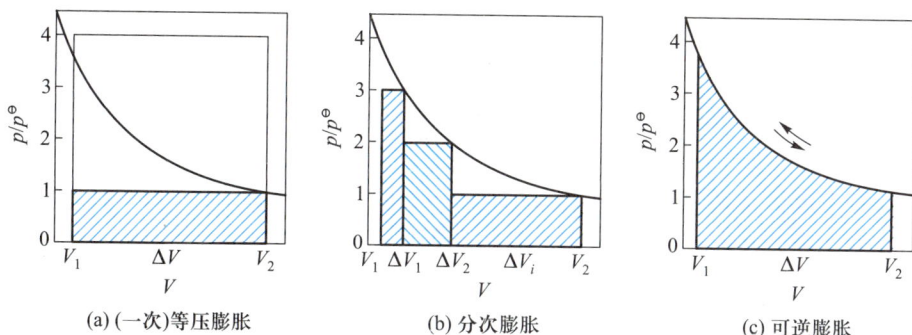

(a) (一次) 等压膨胀　(b) 分次膨胀　(c) 可逆膨胀

图 5-3　气体膨胀方式不同做功的大小不同

学反应做有用功的最重要形式。许多化学反应可设计成原电池,使化学反应提供的化学能以电能的方式释放出来。原电池的电能的计算如下:设原电池的**电动势**为 E,原电池释放的**电荷量**为 nF(n 是通过导线的电子的"物质的量", F 是**法拉第常数**,是每摩尔电子的电荷量,等于 96 485 C·mol^{-1},C 是电荷量单位**库仑**的国际通用符号,mol^{-1} 是**每摩电子**),则原电池向环境释放的**电能**等于 $-nFE$(负号"−"的存在同样是为符合热力学能量传递的数符规定)。这些电能可以做多少功呢? 这也要看电能在什么情况下释放。如果直接将原电池的正负极用很粗很粗的(电阻近乎零)的导线连接起来,这些电能就一点功也没有做,电功等于零(问:电能哪里去了? 答:以热的形式向环境释放了)。假设原电池的外电路上连接一个电动机,电动机转动起来毫无摩擦力("不产生热"),假设所有导线和原电池内阻也都等于零,原电池向导线一个一个电子地释放电流,电能就可以完全用来做有用功,即

$$W = -nFE \tag{5-9}$$

这当然是不可能的,但却很重要,是电功(绝对值)的**极大值**,不能再大了。这种原电池是理想原电池,热力学上叫作**可逆电池**,所得到的电功(的绝对值)叫**最大电功**。总之,电功这种有用功有两个极限,一个极小,等于零,一个极大($-nFE$ 的绝对值),实际的电功在数值上介乎两者之间。

5-2-8　状态与过程

当系统的温度、压力、体积、物态、物质的量、相、各种能量等一定时,就说系统处于一个**状态**(state)。

系统从一个状态(**始态**)变成另一个状态(**终态**),就说:发生了一个**过程**

(process)。始态和终态的温度相等的过程叫作等温过程;始态和终态的压力相等的过程叫作等压过程;始态与终态的体积相等的过程叫作等容过程。

理想化是一种重要科学方法。研究实际气体,可以借助理想气体。研究力学,也可以借助无摩擦的理想过程。热力学也假想了一种理想过程,称为可逆过程。可逆过程是无限接近平衡态的过程。这里说的"可逆",并非通常理解的同时存在正逆两向的过程,而是由始态到终态,再由终态到始态,一个循环,对系统也好,对环境也好,不遗留任何痕迹。什么叫"痕迹"? 这正是本章要搞清楚的,有待慢慢道来。在这里只是想说,这种热力学可逆过程是一个理想过程,正如同实际气体都不是理想气体,也正如同实际做机械功的过程都不会一点摩擦力也不存在,原电池的实际放电不可能一点电能也不转变为热等"理想化"一样。一切实际过程都是不可逆过程。理想的热力学可逆过程不存在,却是一种极限过程,对讨论热力学极有意义。在热与功一节已经讨论过两种理想过程,一种是理想气体的可逆膨胀,一种是原电池的可逆放电,它们都是理想过程,不可能真正存在,但它们所做的功分别是膨胀功和有用功的极限值,所有实际过程做功在数值上都不可能达到更不可能超过可逆过程所做的功。

热力学还把过程分为自发过程与非自发过程。自发过程是自然界自然而然发生的过程,顺其自然,就会发生;非自发过程则是不会自然发生的过程,举例如下:

自 发 过 程	非 自 发 过 程
热由高温流向低温	热由低温流向高温(电冰箱)
水由高山流向平原	水由平原流向高山(扬水机)
风由高气压流向低气压	气流由低压流向高压(压缩机)
电流由高电势(正极)流向低电势(负极)	电流由低电势流向高电势(电池充电)
常温常压下氢氧化合为水	常温常压下水分解为氢和氧(电解)

热力学证明了,在一个封闭系统内若发生自发过程,系统必具有向环境做有用功的可能性。反之,若必须向一个封闭系统做有用功,系统内才会发生一个过程,这个过程必定是一个非自发过程。但请不要弄错,这里说自发过程必具有向环境做有用功的可能,并不是说必定要做功。例如,电池放电时发生短路,或理想气体向真空膨胀,一点功也没有做,但这些系统内发生自发过程,系统都有向环境做有用功的可能。

5-2-9　热力学标准态

为研究的方便,定义了系统的**热力学标准态**,简称**标态**:当系统中各种气态物质的分压均为标准压力 $p^{\ominus}$,固态和液态物质表面承受的压力都等于标准压力 $p^{\ominus}$,溶液中各溶质的浓度均为 $1\ mol \cdot dm^{-3}$(严格地说是 $1\ mol \cdot kg^{-1}$)时,就说这个热力学系统处于热力学标准态①。请注意:热力学标准态并未对温度有限定,任何温度下都有热力学标准态。可见,热力学标准态不同于环境状态(298.15 K,101 325 Pa),也不同于理想气体标准状况(273 K,101 325 Pa),后两者都规定了温度。

5-2-10　状态函数

理想气体的状态方程为 $pV = nRT$。当这个方程里的气体的压力 p、气体的体积 V、气体物质的量 n 及气体的温度 T 中的任意 3 个物理量一定时,第 4 个物理量也就有一定的值,这时,就可以说:气体具有一定的**状态**。任意改变其中的一个物理量,如温度 T 或者压力 p,就说:气体就由一个状态变成另一个状态。反过来,也可以说:气体一定的状态决定了它的一定的温度、压力、体积及物质的量。气体的状态不同,这些物理量也就不同。因此,把这些由物质系统的状态决定的物理量称为**状态函数**(state functions)。还可以举出几种大家熟悉的状态函数,如处于运动状态中的物体的**动能**、处于一个引力场的一定位置上的物体的**势能**、膨胀得很大的橡皮气球的**表面能**等都是状态函数。物体或物质系统由一个状态(始态)变成另一个状态(终态),它的各种状态函数(设符号为 X)的变化量(ΔX)就一定是 $\Delta X \equiv X_{终态} - X_{始态}$,即状态函数的变化量只与终态和始态两种状态有关,与如何从始态变到终态的具体路径是无关的,因为它是状态函数,其数值的大小只是由状态决定的。可以分别设 X 是气体的体积、压力、温度等来掌握这一对初学者来说非常重要的基本概念。

热和功是不是状态函数?上几节的讨论已经回答了这个问题:热和功不是状态函数。可以用实际计算和测量数据的例子进一步巩固这一认识:设在 298.15 K 的等温条件和标准压力 $p^{\ominus}$ 的等压条件下,系统里发生了 1 mol 如下反应:$H_2(g) + \dfrac{1}{2} O_2(g) \longrightarrow H_2O(g)$,即 1 mol H_2 与 0.5 mol O_2 反应生成了 1 mol

---

① 热力学系统的标准态意味着各物质处于单独存在的标准态。

H₂O(气态),若这个反应以燃烧的方式表现,实测和理论计算(以后将学到),将释放-241.818 kJ·mol⁻¹ 的热;但如果发生的过程不是等温等压过程而是等温等容过程,实测和理论计算(以后将学到),产生的热等于-240.580 kJ·mol⁻¹;若将这个反应设计成一个燃料电池,并设电池放电过程是可逆过程,可以释放的电能最多可以做多少电功呢? 实测和热力学计算(以后将学到)为-228.572 kJ·mol⁻¹,为燃烧释放的热能的 94.52%,剩下的 5.48% 仍然以热的形式向环境释放。前面说过,若电池短路,将一点有用功也没做,全部变成了热。这个例子说明,尽管能量是状态函数,氢气与氧气反应释放出多少能量,是由始态与终态决定的,是一定的,但在各种不同的过程中发生的能量传递,放热或者做功,单独地看却不是一个定值,与发生什么过程有关,由此可见,热与功不是状态函数。

5-3   化学热力学的四个重要状态函数

5-3-1   热力学能(内能)

热力学能,过去长期叫**内能**,符号为 U[①],是系统内各种形式的能量的总和,如系统中分子的动能(分子运动包括平动、转动和振动三种形式)、分子内电子运动的能量、原子核内的能量、分子间作用能等,难以胜数,随认识的深化不断发现新的能量形式,但有一点是肯定无疑的,任何系统在一定状态下热力学能是一定的,因而热力学能是状态函数。热力学能的绝对值难以确定,也无确定的必要,我们关心的是热力学能的变化,定义 $\Delta U \equiv U_{终态} - U_{始态}$,只要终态和始态一定,热力学能的变化量 ΔU 是一定的。

设想向一个系统供热,系统的温度就要上升,这表明,系统的热力学能增加了,其增加量当然就等于系统吸收的热量:$\Delta U = Q$;再设想对一个系统做功,系统的热力学能也增加了,其增加量等于环境向它做的功:$\Delta U = W$;若既向系统供热,又向系统做功,系统热力学能的增加就等于吸收的热量与环境向系统做的功之和:

$$\Delta U = Q + W \tag{5-10}$$

---

① 热力学能的符号除"U"外,还经常用"E"。但化学热力学通常将"E"作为电动势的符号,故不用"E"为热力学能的符号。

系统与环境的能量交换的方向可以倒过来,系统放热、系统向环境做功或者系统既向环境放热又向环境做功,这个关系式是否成立? 或者系统向环境放热的同时环境向系统做功,或环境向系统供热的同时系统向环境做功呢? 这个关系式都同样成立。总之,这个关系式概括了一个客观事实:能量既不可能无缘无故地产生,也不会无缘无故地消失,只会从一种形式转变为另一种形式,这就是**热力学第一定律**,因而式(5-10)被称为热力学第一定律表达式。

以上分析表明,热力学定律是对客观事实进行**概括**得出的结论。

现在来讨论化学反应的热力学能变化。例如,在 298.15 K 下按方程式

$$H_2(g) + \frac{1}{2} O_2(g) \longrightarrow H_2O(g)$$发生 1 mol 反应,总共放出多少热?

无法回答。因为没有给定从始态(反应物)至终态(生成物)两个状态的温度、体积和压力等状态函数。如果给定终态温度仍为 298.15 K,即发生等温过程,还不能回答,还要看系统的体积或压力是否改变。如果再给定始态与终态系统的体积不变,即反应在一个刚性器壁的容器里进行,即发生等温等容过程,才能进行实际测定和理论计算。

可以通过实验来测定反应热效应。测定等温等容反应热效应使用的实验仪器叫作"**燃烧弹**"(见图 5-4,又叫"氧弹",因燃烧通常指物质与氧反应)。燃烧弹是一个封闭系统,当用电热丝触发反应发生(电热丝供给的能量因与发生的化学反应的能量相比变化太小,可以忽略不计),系统的温度迅速升高,设燃烧弹具刚性壁,容积一定,系统与环境之间没有发生功交换,若系统温度恢复到298.15 K,在等温等容下化学反应的热力学能变化就完全以热的形式传递给环境,即

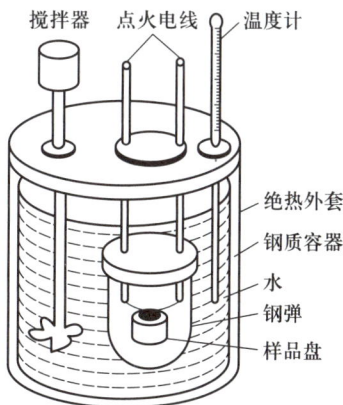

图 5-4 燃烧弹

$$\Delta U = Q_V \tag{5-11}$$

式中,Q 加下标"V"表明这种热效应是在系统发生等容过程时测定的,这种热效应称为**等容热效应**。式(5-11)表明:当化学反应在等温等容下发生,系统与环境没有功交换(包括膨胀功和有用功),反应热效应等于反应前后系统的热力学能(内能)的变化量。

经测定,发生上述 1 mol 反应,$Q_V = -240.580$ kJ·mol^{-1}(单位中加了 mol^{-1} 是表明按上述化学方程式发生 1 mol 反应释放的热)。为此,用下式来表示这个

反应的热力学能变化：

$$H_2(g) + \frac{1}{2}O_2(g) \longrightarrow H_2O(g) \quad \Delta_r U_m^{\ominus}(298.15\ K) = -240.580\ kJ \cdot mol^{-1}$$

符号 $\Delta_r U_m^{\ominus}(298.15\ K)$ 中的下标"r"是反应（reaction）的意思，"m"是发生 1 mol 反应（molar reaction）的意思，上标"$\ominus$"表明反应是在热力学标准态（thermodynamic standard state）下进行的，括号内给出了这个等温过程的温度，因而符号 $\Delta_r U_m^{\ominus}$ 的全名应是标准摩尔反应热力学能变，或反应内能变化。

需要注意的是，如果把上述反应写成如下形式，则

$$2H_2(g) + O_2(g) \longrightarrow 2H_2O(g) \quad \Delta_r U_m^{\ominus}(298.15\ K) = -481.160\ kJ \cdot mol^{-1}$$

因为这时 $\Delta_r U_m^{\ominus}$ 中的"m"所对应的 1 mol 反应是 2 mol H_2 与 1 mol O_2 反应得到 2 mol H_2O（气）。

若燃烧弹内发生一个吸热反应，式（5-11）同样成立，所不同的是 $\Delta_r U_m^{\ominus} > 0$。也就是说，当系统恢复到反应前的温度时，系统要从环境吸收相当于反应物变成生成物热力学能减少的热量。总之，化学反应的热力学能变（内能变化）$\Delta_r U_m^{\ominus}$ 的具体数值是与化学方程式一一对应的，所谓"对应"，不仅是指发生什么反应，而且指怎样书写化学方程式。

5-3-2 焓

现在设想在同一温度下发生同上的 1 mol 反应：$H_2(g) + \frac{1}{2}O_2(g) \longrightarrow H_2O(g)$，但不是在等温等容条件下而是在等温等压条件下，或者说发生的不是等温等容过程，而是等温等压过程，若反应发生时同样没有做其他功，反应的热效应多大？这种热效应的符号通常用 Q_p 表示，下标 p 表明等压，称为等压热效应。这个反应的等压热效应 Q_p 是否跟等容热效应 Q_V 一样等于热力学能的变化量 $\Delta_r U_m^{\ominus}(298.15\ K) = -240.580\ kJ \cdot mol^{-1}$ 呢？

当然也可以通过实验方法测定等压热效应，但不能用燃烧弹，因为这个反应前后分子的总量发生了变化，系统内气体的分子总数减少了，当反应后恢复到反应前的温度，系统的压力不能再维持原先的数值（反应产物水蒸气的压力要比反应前氢分压和氧分压之和低。为达到反应前的压力，必须减小系统的容积。可以设想这种测定等压热效应的"燃烧弹"是带活塞的，于是，活塞就要向内推进，系统就要接受环境给予的功。前面讲过：对于等压过程，$W = -p\Delta V$。这份功

具体多大? 当然可以通过测量系统的体积变化获得。其实不必。因为前面已经声明,为简单起见,假设系统里的气体都是理想气体,其行为符合理想气体状态方程 $pV = nRT$。在此等式两边加上符号 Δ,得 $\Delta pV = \Delta nRT$,将其中的 Δn 定义为反应前后气体的"物质的量"的变化量,再考虑到反应是在等温等压下进行的,p 和 T 不会改变,因此可以改写成 $p\Delta V = RT\Delta n$,就可由反应前后气体总物质的量的变化(Δn)求出等压膨胀功。例如,按上面的化学方程式在 298.15 K 下发生 1 mol 反应,系统接受环境给予的功为

$$-p\Delta V = -RT \sum \nu_B(g)^{①}$$

$T = 298.15$ K 时,反应前后气体分子总数的变化为 $\sum \nu_B(g)$,等压过程膨胀功 $-p\Delta V = -RT \sum \nu_B(g)$,对于

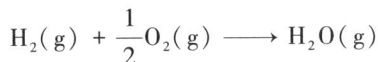

$$H_2(g) + \frac{1}{2}O_2(g) \longrightarrow H_2O(g)$$

$$\frac{1}{2} \times 0.008\ 314\ \text{kJ} \cdot \text{mol}^{-1} \cdot \text{K}^{-1} \times 298.15\ \text{K} = 1.239\ \text{kJ} \cdot \text{mol}^{-1}$$

即发生如上 1 mol 反应,系统要从环境接受 1.239 kJ 的功。

再问:系统接受的这份功的能量到哪里去了?

可以设想这份功的能量转变为系统内水蒸气分子的动能,使系统的温度提高了,但要求反应前后系统温度不变,反应后系统温度要恢复到反应前的温度,于是这份能量只能以热的形式向环境释放(-1.239 kJ · mol^{-1}),即 $\Delta U = Q + W$;$Q_p = \Delta U - W$;$Q_p = \Delta U + p\Delta V = -240.580$ kJ · mol^{-1} $- 1.239$ kJ · mol^{-1} $= -241.819$ kJ · mol^{-1}。

推而广之,化学反应的等压热效应:

$$Q_p = \Delta U + p\Delta V = \Delta U + RT \sum \nu_B(g) \tag{5-12}$$

式中,$\Delta U \equiv U_{终态} - U_{始态} \equiv U_{反应产物} - U_{反应物}$,式中 $\sum \nu_B(g) = \Delta n(g)/\text{mol}$,即发生 1 mol 反应,产物气体分子总数与反应物气体分子总数之差。由式(5-12)可见,对于一个具体的化学反应,等压热效应与等容热效应是否相等,取决于反应前后气体分子总数是否发生变化,若总数不变,系统与环境之间不会发生功交换,于是,$Q_p = Q_V$;若总数减小,对于放热反应,$|Q_p| > |Q_V|$,等压过程放出的热多于等容过程放出的热;若反应前后气体分子总数增加,对于放热反应,$|Q_p| < |Q_V|$,反

---

① $RT\Delta n$ 与 $RT \sum \nu_B$ 的差别是,前者的单位是 kJ 或 J,而后者的单位是 kJ · mol^{-1} 或 J · mol^{-1},这里把前者改为后者是因为讨论的是发生 1 mol 反应系统与环境之间的功交换。

应前后热力学能减少释放的一部分能量将以做功的形式向环境传递,放出的热少于等容热效应。对于吸热反应呢? 请读者自己类推。

把式(5-12)中的变化量符号按其定义进行展开,并整理,可得

$$Q_p = \Delta U + p\Delta V = (U_{终态} - U_{始态}) + p(V_{终态} - V_{始态})$$
$$= (U_{终态} + pV_{终态}) - (U_{始态} + pV_{始态})$$

由于 U、p、V 都是状态函数,因此 $U+pV$ 也是状态函数,为此,定义一个新的状态函数,称为焓[①],符号为 H,定义式为 $\boldsymbol{H \equiv U + pV}$,于是

$$\Delta H \equiv H_{终态} - H_{始态} = Q_p \tag{5-13}$$

式(5-13)表明,化学反应在等温等压下发生,不做其他功时,反应的热效应等于系统的状态函数焓的变化量。请特别关注上句中的“不做其他功时”,若做其他功(如电池放电做功),反应的热效应绝不会等于系统的状态函数 H 的变化量 ΔH。

之所以要定义焓这个状态函数,其原因是由于其变化量是可以测定的(等于等温等压过程不做其他功时的热效应),具有实际应用的价值。这样处理,包含着热力学的一个重要思想方法:在一定条件下发生一个热力学过程显现的物理量,可以用某个状态函数的变化量来度量。$Q_V = \Delta U$、$Q_p = \Delta H$,都是这种思想方法的具体体现。在随后的讨论中,这种思想方法还将体现。

通常的化学反应都是在等压下进行的,因此,反应焓变比反应热力学能变更重要。在中学阶段表达反应热的热化学方程式:$2H_2(g) + O_2(g) \longrightarrow 2H_2O(g) + Q$,今后改用如下形式表示:

$$2H_2(g) + O_2(g) \longrightarrow 2H_2O(g) \quad \Delta_r H_m^{\ominus}(298.15\ K) = -483.636\ kJ \cdot mol^{-1}$$

符号 $\Delta_r H_m^{\ominus}(298.15\ K)$ 中的下标“r”表示是(化学)反应的焓变,下标“m”表示发生 1 mol 反应的焓变[如 2 mol H_2 与 1 mol O_2 完全反应生成 2 mol H_2O(气)放出的热],括号内是反应的温度。换言之,$\Delta_r H_m^{\ominus}$ 的全称为标准摩尔反应焓变(为简洁起见,“变”字可省略),又简称反应焓。

显然,对于:

$$H_2(g) + \frac{1}{2}O_2(g) \longrightarrow H_2O(g) \quad \Delta_r H_m^{\ominus}(298.15\ K) = -241.818\ kJ \cdot mol^{-1}$$

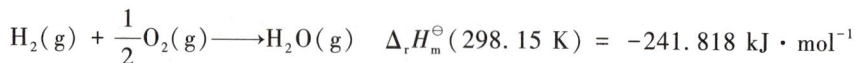

① “焓”,又叫“热函”,译自德文“enthalpie”(英文 enthalpy),原义为“热含量”,这一原义把热看成系统的性质,如今该词的原义已不复存在,术语却保存下来了。

因为,这时单位中的 mol^{-1} 是 1 mol H$_2$ 与 0.5 mol O$_2$ 反应生成 1 mol H$_2$O(气),反应焓在数值上相当于上一反应的焓变的一半。

应当指出,焓变在数值上相当于等温等压热效应,这只是焓变的度量方法,并不是说反应不在等压下发生,或者同一反应被做成燃料电池放出电能,焓变就不存在了,因为焓变是状态函数,只要发生反应,同样多的反应物在同一温度和压力下反应生成同样多的产物,用同一个化学方程式表达时,焓变的数值是不变的。

另外,在反应焓的符号后面加上反应的温度条件,是因为温度不同,焓变数值不同。但实验事实告诉我们,反应焓变随温度的变化并不太大,当温度相差不大时,可近似地看作反应焓不随温度变化,本书只做这种近似处理,不讨论焓变随温度的变化(不做近似处理的计算将在物理化学课程中学习)。再问:同一反应在不同压力下发生,焓变是否相等呢? 实验与热力学理论都可以证明,不相等。但当压力改变不大时,不做精确计算时,这种差异也可忽略,可借用标准态数据。本书做这种近似。

[**例 10**]　298.15 K 下水的蒸发热为 43.98 kJ·mol^{-1},求蒸发 1 mol 水的 Q_V、Q_p、ΔU,W 和 ΔH。

[**解**]　　H$_2$O(l) $\longrightarrow$ H$_2$O(g)

$$\Delta_r H_m^{\ominus}(298.15\ \text{K}) = Q_p = 43.98\ \text{kJ·mol}^{-1}$$

$$W = -p\Delta V = -RT\sum \nu_B(\text{g}) = -8.314 \times 10^{-3}\ \text{kJ·mol}^{-1}\cdot\text{K}^{-1} \times 298.15\ \text{K} \times (1-0)$$

$$= -2.48\ \text{kJ·mol}^{-1}$$

$$\Delta_r U_m^{\ominus}(298.15\ \text{K}) = Q_p + W = 43.98\ \text{kJ·mol}^{-1} + (-2.48\ \text{kJ·mol}^{-1})$$

$$= 41.5\ \text{kJ·mol}^{-1}$$

$$Q_V = \Delta_r U_m^{\ominus}(298.15\ \text{K}) = 41.5\ \text{kJ·mol}^{-1}$$

[**评论**]　① 本题得解是由于已经做了如下分析:该问题涉及的系统是什么系统? 该问题涉及的过程是一个什么过程? 答:该系统是包括液态水和水蒸气在内的封闭系统;发生的过程是一个等温等压过程。该系统的环境压力也应设为热力学标准压力。通常情况下,该过程没有做有用功。而且还假定水蒸气是理想气体。如果这些条件不存在,上述解是不成立的。这些条件通常不再说明,是因为通常的变化都可视为如此。但不能忘记这些条件。② 请思考:为什么此题算出的 Q_V 小于蒸发热? 答案是,等容过程不向外做功,水蒸发时环境向系统提供的热没有用来向环境做功。

[**例 11**]　用燃烧弹测出,氯气和氢气每合成 1 mol HCl 气体放出 92.307 kJ 的热。求反应焓。

[**解**]　　$\dfrac{1}{2}$ H$_2$(g) + $\dfrac{1}{2}$ Cl$_2$(g) $\longrightarrow$ HCl(g)

$$Q_V = -92.307\ \text{kJ·mol}^{-1}$$

$$\Delta_r U_m^\ominus = -92.307 \ kJ \cdot mol^{-1}$$

$$\Delta_r H_m^\ominus = \Delta_r U_m^\ominus + RT \sum \nu_B(g) \ ; \sum \nu_B(g) = 0$$

$$\Delta_r H_m^\ominus = -92.307 \ kJ \cdot mol^{-1}$$

[评论] ① 不应忘记,反应焓的数值是与方程式的书写方式有关的。若将方程式书写为 $H_2(g) + Cl_2(g) \longrightarrow 2HCl(g)$,反应焓的数值应该加倍。②"合成 1 mol HCl 放出 92.307 kJ 的热"与"-92.307 kJ·mol⁻¹"是同义的,即后者的负号表示"放出",而单位中的 mol⁻¹ 则表示每合成 1mol HCl 气体。但将"-92.307 kJ·mol⁻¹"写在方程式下面,式中的 mol⁻¹ 的意义已转化为"发生 1mol⁻¹ 反应"。不要忘记当书写"mol"时,"特定的微粒或其组合"指的是什么。

5-3-3   自由能

在本章一开始已经指出,化学热力学除了讨论化学反应的热效应外,还讨论化学反应的方向与限度。5-2-8 节又谈到,对于一个封闭系统,若其中发生自发过程,必具有向环境做有用功的可能性,反之,若需环境向系统做有用功,系统内才能发生的过程一定是一个非自发过程。5-3-2 节又指出:热力学的一个重要思想方法是,在一定条件下一个热力学过程显现的物理量可以用某个状态函数的变化量来度量,如等容等温条件下,不做有用功,化学反应的热效应 $Q_V = \Delta U$,在等温等压条件下,不做有用功,化学反应的热效应 $Q_p = \Delta H$,都是这种思想方法的具体体现。那么,能否用同样的思想找到等温等压条件下一个封闭系统向环境做有用功所对应的状态函数的变化量呢? 如果找到了这个状态函数,就可以用以判断在一个封闭系统内是否发生一个自发过程。吉布斯自由能就是这种状态函数之一,而且是最常用的一种①:封闭系统在等温等压条件下向环境可能做的最大有用功对应于状态函数——吉布斯自由能(有时简称自由能或吉布斯函数,符号为 G)的变化量。

$$\Delta G = W'_{max} \tag{5-14}$$

右上标加"′"的 W' 通指有用功,下标 max 则是指它的绝对值达到极大值。

对于化学反应,它的吉布斯自由能的变化量 ΔG 可以通过电化学方法测得,即

$$\Delta G = -nFE \tag{5-15}$$

通过电学仪器很容易测得一个原电池的电动势 E,式(5-15)表明,若在电动势

① 除吉布斯自由能(G)外还有一种自由能叫作亥姆霍兹自由能(A),后者适用于等温等容过程。由于亥姆霍兹自由能应用场合较少,故而吉布斯自由能常被简称为自由能。

为 E 时向外电路释放 n mol 电子,电池的吉布斯自由能的变化量 $\Delta G(\equiv G_{\text{终态}} - G_{\text{始态}})$ 就等于 $-nFE$。请对比式(5-14)和式(5-15),并体会吉布斯自由能 G 是一个状态函数。

你可能会问:若一个电池释放了 n mol 电子,它的电动势难道不会下降? 当然会下降。再大的电池,只要释放电子,电动势都会下降。所以,式(5-15)给出的吉布斯自由能变化量只是这个电池在电动势为 E 时做有用功的最大可能性,是电池做有用功的极限值,不可能更大了。事实上,随着电池放电,电动势将渐渐变小,它的 ΔG 的绝对值也就渐渐变小,电池内发生化学反应,反应物不断变成生成物,反应自发向右进行的能力越来越低,直至最后,达到化学平衡,此时,电池的电动势 $E = 0$,$\Delta G = 0$。

吉布斯自由能是过程自发性的判据,它的大小相当于系统向环境做最大可能的有用功,因此,也可以说,吉布斯自由能是系统做有用功的本领的度量,也就是系统过程自发性的度量。不过不要忘记,前面已经明确,吉布斯自由能用以度量系统做最大有用功的条件是系统内发生的过程是等温等压过程。若发生等温等容过程或其他过程,需要另当别论。好在绝大多数化学反应是在等温等压条件下发生的,因此,吉布斯自由能最具应用价值,掌握了它,也就不难掌握其他类似状态函数,因而,本书不再涉及其他过程的相当于吉布斯自由能的状态函数。

有人可能会问:为什么单单用等温等压过程系统向环境做最大有用功的能力而不用做包括气体膨胀功在内的总功来度量系统发生自发过程的可能性呢? 原因在于,系统发生自发过程,膨胀功是可正可负的。例如,若系统发生的化学反应是气体分子总数下降的反应,为使终态系统的气体压力等于始态,系统必须接受环境向它做膨胀功,数值大于零。可见单单考虑系统做有用功,排除了膨胀功,问题才更单纯、更明确。

总之,在等温等压条件下系统自发过程的判据是

$$\Delta G \begin{cases} <0 \\ =0 \\ >0 \end{cases} \tag{5-16}$$

即 $\Delta G < 0$,过程自发;$\Delta G > 0$,过程不自发(逆过程自发);$\Delta G = 0$,达到平衡态。一个自发过程,随着过程的发展,ΔG 的绝对值渐渐减小,过程的自发性渐渐减弱,直至最后,$\Delta G = 0$,达到平衡态。

对于一个化学反应,可以像给出它的标准摩尔反应焓 $\Delta_r H_m^{\ominus}$ 一样给出它的**标准摩尔反应自由能变化** $\Delta_r G_m^{\ominus}$(为简洁起见,常简称**反应自由能**)。例如:

$$H_2(g) + \frac{1}{2}O_2(g) \longrightarrow H_2O(g) \quad \Delta_r G_m^{\ominus}(298.15\ K) = -228.572\ kJ \cdot mol^{-1}$$

表明若 1 mol H_2 与 0.5 mol O_2 在 298.15 K 的标准态下发生等温等压反应,生成 1 mol H_2O(气),即发生 1 mol 反应,其吉布斯自由能的变化量为 −228.572 kJ。

同样的道理,若将氢气与氧气的反应写成:

$$2H_2(g) + O_2(g) \longrightarrow 2H_2O(g) \quad \Delta_r G_m^{\ominus}(298.15\ K) = -457.144\ kJ \cdot mol^{-1}$$

因为此时反应自由能的单位中的 mol^{-1}(每摩)是指 2 mol H_2 与 1 mol O_2 生成 2mol H_2O(气)。

跟热力学能变 ΔU、焓变 ΔH 随温度与压力的改变不会发生大的改变完全不同,反应自由能 $\Delta_r G_m$ 随温度与压力的改变将发生很大的改变。因此,从热力学数据表中直接查出或计算出来的 298.15 K,标准态下的 $\Delta_r G_m^{\ominus}(298.15\ K)$ 的数据,不能用于其他温度与压力条件下,必须进行修正。

用热力学理论可以推导出(将在物理化学中学到),求取 T 温度下的气体压力对 $\Delta_r G_m^{\ominus}$ 的影响的修正公式:

$$\Delta_r G_m(T) = \Delta_r G_m^{\ominus}(T) + RT\ln J \qquad (5\text{-}17)$$

这个方程式叫做范特霍夫等温方程,其中 $\Delta_r G_m(T)$ 是 T 温度下的非标准态反应自由能;$\Delta_r G_m^{\ominus}(T)$ 是 T 温度下的标准态反应自由能,J 的定义如下:

$$J = \prod (p_i/p^{\ominus})^{\nu_i} \qquad (5\text{-}18)$$

其中,$\prod$ 是算符,表示连乘积(例如,$a_1 \times a_2 \times a_3 = \prod a_i$;$i = 1,2,3$),$p^{\ominus}$ 为标准压力 = 100 kPa,p_i 为各种气体[与 $\Delta_r G_m(T)$ 对应]的非标准压力,ν_i 是化学方程式中各气态物质的化学计量数,故 J 是以化学计量数为幂的非标准态下各气体的分压与标准压力之比的连乘积。

但应指出,式(5-18)只适用于气相系统,而且所有气体均为理想气体[①]。若系统中还有溶液,式(5-18)改为下式:

$$J = \prod (p_i/p^{\ominus})^{\nu_i} \cdot \prod (c_i/c^{\ominus})^{\nu_i} \qquad (5\text{-}19)$$

若系统中只有溶液,则式(5-19)又应改为下式:

---

① 此定义只适用于理想气体组成的气相系统,同样,对式(5-19)和式(5-20),系统中的溶液也必须假定为理想溶液。若是非理想气体和非理想溶液,式(5-18)、式(5-19)和式(5-20)必须进行修正,将在物理化学课程中学习。在许多教材中,范特霍夫等温方程对数项内的真数以 Q 为符号,考虑到通常用 Q 作为热量的符号,为避免混淆起见,本书建议使用符号 J。

$$J = \prod (c_i/c^\ominus)^{\nu_i} \qquad (5-20)$$

[**例12**]　由标准态下 $2H_2(g)+O_2(g) \longrightarrow 2H_2O(g)$ 的反应自由能 $\Delta_r G_m^\ominus(298.15\ \mathrm{K})$ 求 $p(H_2) = 10\ p^\ominus$, $p(O_2) = 10^3\ p^\ominus$, $p(H_2O) = 6.00 \times 10^{-2}\ p^\ominus$ 下的反应自由能 $\Delta_r G_m(298.15\ \mathrm{K})$。

[**解**]　$\Delta_r G_m(T) = \Delta_r G_m^\ominus(T) + RT \ln J$

$$\Delta_r G_m(298.15\ \mathrm{K}) = \Delta_r G_m^\ominus(298.15\ \mathrm{K}) + R \cdot 298.15\ \mathrm{K} \cdot \ln\{[p(H_2O)/p^\ominus]^2/$$

$$[p(H_2)/p^\ominus]^2[p(O_2)/p^\ominus]\}$$

$$= -457.144\ \mathrm{kJ} \cdot \mathrm{mol}^{-1} + 0.008\ 314\ \mathrm{kJ} \cdot \mathrm{mol}^{-1} \cdot \mathrm{K}^{-1} \cdot 298.15\ \mathrm{K} \cdot$$

$$\ln\{36.00 \cdot 10^{-4}/10^5\}$$

$$= -457.144\ \mathrm{kJ} \cdot \mathrm{mol}^{-1} - 42.49\ \mathrm{kJ} \cdot \mathrm{mol}^{-1}$$

$$= -499.63\ \mathrm{kJ} \cdot \mathrm{mol}^{-1}$$

[**评论**]　计算结果表明,增大反应物氢气和氧气的压力,减小生成物水蒸气的压力,反应自由能的绝对值更大了,即与标准态相比,反应向右进行的自发性更强了(请回忆中学学的勒夏特列原理)。但也看到,该反应的自由能随反应中的气体物质的分压的影响并不太大,反应物氢气的压力比标准态加大了 1 个数量级,氧气的压力比标准态增大了 3 个数量级,生成物水蒸气的压力比标准态小了 2 个数量级,反应自由能并未发生数量级上的显著变化,这一方面是由于该反应的标准自由能的绝对值很大,另一方面显然是由于分压在范特霍夫等温方程中处于对数项内。若考虑到反应一开始水蒸气的分压极低,反应自由能的绝对值将变得更大,反应的自发性将更强,而随着反应的进行,氢气和氧气的分压渐渐下降,水蒸气的分压渐渐升高,反应自由能的绝对值将渐渐减小,最终等于零,达到化学平衡。

　　对大多数化学反应而言,温度对反应自由能的影响要大大超过反应物的分压(及浓度)对反应自由能的影响。通过实验或热力学理论计算,可以得出各种反应的自由能受温度影响的情形。若以反应的标准摩尔自由能 $\Delta_r G_m^\ominus$ 为纵坐标,以反应温度为横坐标,可以形象地看出温度怎样影响一个反应的标准摩尔自由能,如图 5-5 所示:

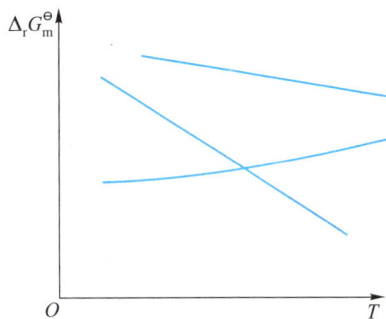

图 5-5　反应自由能与温度的关系

　　有的反应的自由能随温度升高增大,有的则减小,曲线的斜率也不尽相同,而且,实验与理论推导都证实,自由能随温度的变化十分接近线性关系,当温度区间不大时,做线性化近似处理不会发生太大偏差,相当于把图 5-5 中的曲线拉直[①]。借助这种近似处理可以得到温度对

---

① 例如,$CO_2(g)$ 的 $\Delta_f G_m^\ominus(CO_2, g) = \{63.626T/\mathrm{K} - 12.824(T/\mathrm{K})\lg(T/\mathrm{K}) + 14.046 \times 10^{-3}(T/\mathrm{K})^2 - 53.76 \times 10^{-7}(T/\mathrm{K})^3 - 394.21\}\mathrm{J} \cdot \mathrm{mol}^{-1}$,所谓"线性化"相当于将上式第 2、3、4 项忽略不计。

反应自由能影响的线性方程：

$$\Delta_r G_m^{\ominus} = a + bT$$

a 是直线在纵坐标上的截距，b 是直线的斜率。热力学理论推导了这个方程的截距和斜率，证实截距恰为反应焓 $\Delta_r H_m^{\ominus}$，斜率则为另一状态函数 S 的变化值 ΔS 的负值（$-\Delta_r S_m^{\ominus}$）：

$$\Delta_r G_m^{\ominus} = \Delta_r H_m^{\ominus} - T\Delta_r S_m^{\ominus} \tag{5-21}$$

式（5-21）叫作 吉布斯-亥姆霍兹方程。若把标准态符号"$\ominus$"、下标 r、m 都删去，该式照样成立。作为直线方程，该式的截距 $\Delta_r H_m^{\ominus}$ 和斜率 $-\Delta_r S_m^{\ominus}$ 均不随温度而变（事实上它们是随温度变化的，因而图 5-5 中的曲线并非直线）。这个方程里的 S 是另一个重要状态函数——熵，需要专门加以讨论，见下节。该方程是除范特霍夫方程外本章最重要的另一方程，其详尽讨论与应用将在下节建立熵的概念后进行。

5-3-4　熵

1. 热温商

从吉布斯-亥姆霍兹方程的一般式 $\Delta G = \Delta H - T\Delta S$，可初步地理解熵 S 的如下物理意义：① 当 $\Delta G = 0$ 时，$\Delta S = \Delta H / T$！$\Delta G = 0$ 是平衡态，热力学平衡态下发生的正过程与它的逆过程在热力学上都必定是一对方向相反的可逆过程（见5-2-8 节），此时可用其热效应 Q_R（下标 R 表示热力学可逆过程）来代替该式的 ΔH，即熵（S）是可逆过程热效应与温度之商——Q_R/T，简称 热温商，汉字"熵"字正是"热温商"的缩合字[1]；② 在吉布斯-亥姆霍兹方程中的 G、H 和 T 都是状态函数，因此 熵（S）是状态函数；③ 熵乘以温度才具有能量的量纲，所以 熵不是能量。

2. 熵的微观实质（统计意义）

熵的本质究竟是什么？自从 19 世纪中叶建立热力学后的相当长时期，令理论家们伤透了脑筋。后来发展了统计热力学，有一个名为玻耳兹曼（L. Boltzmann）的人从微观角度做了说明，指出熵是我们所考虑的系统的微观状态数的度量，并得出一个后人称为玻耳兹曼方程的关系式：

$$S = k \ln \Omega \tag{5-22}$$

---

① 熵译自德文 entropie（英文 entropy），源自希腊文"变化"，是 1850 年由物理学家克劳修斯（Clausius）引入的。

玻耳兹曼方程中的 k 被后人称为 **玻耳兹曼常数**，其值为 $k = R/N_A = 1.380\ 7 \times 10^{-23}$ J·K⁻¹。对数项内的 Ω 则为系统的 **微观状态数**。微观状态数越多表明系统中的微观粒子的 **混乱度** 越大，因此，从微观的角度看，**熵是微观状态的混乱度的度量**。熵越大，系统的微观粒子越混乱，或者说，熵越大，系统中的微观粒子的有序度越差。

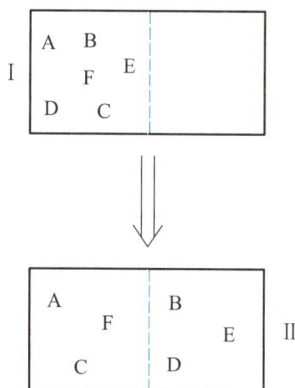

下面介绍一个理解微观状态数的变化与过程自发性的关系的思维模型，以加深对玻耳兹曼提出的熵的微观本质的理解。

图 5-6　思维模型

设有两个容积相同的容器（Ⅰ和Ⅱ）用一能够透过气体分子的假想的膜隔开，在容器Ⅰ中有 6 个分子，记为 A，B，C，D，E，F，试计算这些分子从容器Ⅰ向容器Ⅱ扩散出现的所有可能微观状态的数目（见图 5-6）。

容器Ⅱ的分子数	哪些分子在容器Ⅱ	微观状态数 Ω	相对概率
0	无	1	0.05
1	A B C D E F	6	0.30
2	AB BC CD DE EF AC BD CE DF AD BE CF AE BF AF $(6\times5)/(1\times2)=15$	15	0.75
3	ABC BCD CDE DEF ABD BCE CDF… $(6\times5\times4)/(1\times2\times3)=20$	20	1
4	…	15	0.75
5	…	6	0.30
6	…	1	0.05

上表中微观状态数与最高微观状态数之比可视为出现该组微观状态的相对概率。即对于 6 分子系统，容器Ⅰ与容器Ⅱ各为 3 个分子的状态的概率为 1（或 100%）时，容器Ⅰ或容器Ⅱ只有一个分子的概率只有 0.05（或 5%）。以系统内的总分子数的分数值为横坐标，以相对概率为纵坐标，可将概率分布画成一个曲线，如图 5-7 所示。

如果增加系统内的分子数，概率发生什么变化？图 5-7 中的概率曲线又发

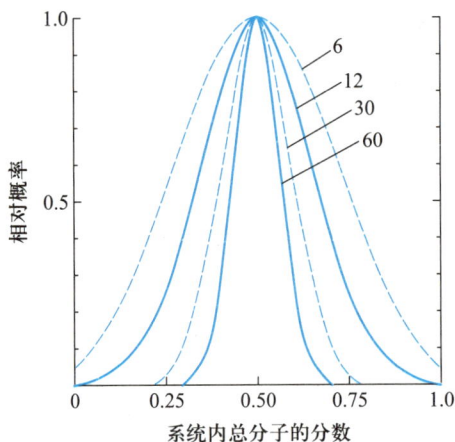

图 5-7   概率分布

生什么变化？例如,对于 8 个分子的体系,可能的微观状态数可统计如下:

容器 I 或容器 II 中的分子数	可能的微观状态数 Ω	相对概率
0	1	0.01
1	8	0.11
2	28	0.40
3	56	0.80
4	70	1.00
5	56	0.80
6	28	0.40
7	8	0.11
8	1	0.01

可以将模型中的分子数不断地增多,并考察概率分布图形中曲线的变化趋势。不难理解,随着分子数增多,曲线的峰坡会越来越陡峭,曲线的峰脚会越来越平坦。最后,曲线将变成一条与横坐标垂直的位于横坐标中点(即分子数相等——0.5)的直线(图 5-7 中未画出),即只剩下一种可能性:在容器 I 和容器 II 的分子数各占 50%！这时微观状态数最多！而其他使两容器分子数不等的微观状态的概率均趋于零！这就是说,存在大量气体分子的系统的真空膨胀的结果必定是系统内所有空间里气体分子的分布是均匀的,不可能不均匀,只有一种可能性,因为这时系统的微观状态数最多。

3. 熵增加原理

上述模型告诉我们:理想气体在真空中的扩散趋向于达到最大微观状态数

的状态！这时系统的混乱度最大,即熵最大。注意到上述思维模型采用的是一个孤立系统,因此可以推论:**孤立系统内自发过程的方向——熵增大**,这个结论被称为**熵增加原理**。

功是分子做有序运动的能量传递形式,热是分子做无序运动的能量传递形式,功转化为热是熵增大的过程;比起无序无结构的状态,有序有结构总是熵较小的状态,结构越复杂,熵越小;温度越高,物质的运动越激烈,物质的熵将随着温度上升而增大,因此,温度从高温热源传递给低温热源将引起整个系统的熵增大。

如果将系统与环境合起来考虑,这个"没有周围环境的系统"当然是一个孤立系统,被称为"宇宙",则将得出"宇宙的发展方向是熵增大"的结论——宇宙将向着功转化为热、结构越来越简单、温度分布越来越平均化的方向发展,宇宙将趋向死亡,宇宙会"热死",这就是著名的"**热寂论**"。从有限的客观世界得出的热力学结论向无限的宇宙推论,这种推论是否靠得住呢? 无法证明。但从实际观察到宇宙间不断有新星体和新星系(即新的结构)诞生,人们无法接受这个结论。即热寂论是不成立的。

然而,不可将熵增加原理推论到整个宇宙绝没有反过来否定有限的孤立系统中发生的自发过程必定伴随着熵增大的原理。任何自然过程必定是不可逆的和自发的过程,必然伴随着系统与环境的整体的熵增大,这就是不可逆的自发过程所余留的"痕迹"(见 5-2-9 节)。

熵不同于能量。热力学第一定律概括了能量守恒——能量不生不灭。热力学第二定律却发现了熵,并证明了熵随着自然的发展越来越大,并不像能量那样是守恒的。

另外,温度是系统内分子运动的激烈程度的宏观量度,熵是系统内分子运动的无序程度的宏观量度,由吉布斯-亥姆霍兹方程可见,温度和熵的乘积等于能量,这也是耐人寻味的。

> 笼统地讲,由 $G=H-ST$ 的关系式看,G 相当于"功",H 相当于"热",则 ST 这种能量正是"热"(H)不可能 100% 地转化为"功"(G)相对应的那一份能量,或者说是不能被利用来做功的"热能"。

应特别注意的是,在通常的**封闭系统**内发生自发反应,系统的熵变并非必定增大。如前所说,封闭系统等温等压过程自发性的判据是过程的吉布斯自由能变化量 ΔG;按吉布斯-亥姆霍兹方程 $\Delta G=\Delta H-T\Delta S$,自由能 ΔG 的大小和正负号是由两项决定的:一项是焓变项"ΔH",另一项才是包含着熵变的"$-T\Delta S$",可简称为"熵变项"。即使熵变项 $-T\Delta S>0$,即 $\Delta S<0$,只要焓变 $\Delta H<0$,而且绝对值

$|-T\Delta S|<|\Delta H|$，ΔG 仍为负值,过程仍自发[①]。

建立了熵的概念后,认识一个过程不能只考虑物质的变化和能量的变化,还要考虑熵的变化。

4. 反应熵

对于(在封闭系统内发生的)化学反应,应分别考察它的反应焓 $\Delta_r H_m^{\ominus}$、反应自由能 $\Delta_r G_m^{\ominus}$ 和**反应熵** $\Delta_r S_m^{\ominus}$(在标态下发生 1 mol 反应的熵变化量的简称)。由标准态下反应的吉布斯-亥姆霍兹方程 $\Delta_r G_m^{\ominus}=\Delta_r H_m^{\ominus}-T\Delta_r S_m^{\ominus}$ 可见,在一定温度的标准态下,反应自发进行的"推动力"($\Delta_r G_m^{\ominus}<0$)由焓变与熵变两项组成:一个"推动力"是反应放热(相当于不做非膨胀功时的反应焓 $\Delta_r H_m^{\ominus}<0$),另一个"推动力"是反应熵增大($\Delta_r S_m^{\ominus}>0$,则 $-T\Delta_r S_m^{\ominus}<0$)。只有当 $|\Delta_r H_m^{\ominus}|\gg|-T\Delta_r S_m^{\ominus}|$ 时,反应能否自发才只由反应焓决定,这时,放热反应自发,吸热反应不自发;若熵变项不可忽略,则单根据反应放热还是吸热就不足以判断反应的自发性。应该指出,在常温下,焓变项绝对值远大于熵变项绝对值的化学反应为数确实不少,这就是为什么 1867 年法国人贝特洛(M. Betholot)会片面地得出热效应是反应自发性的判据的原因。他以为系统能量的下降只通过热效应来体现,放热,系统的能量下降了,根据"能量最低原理",反应当然自发,殊不知封闭系统内的反应的自发性的唯一判据却是系统向环境做有用功的可能性,而有用功不仅与热交换有关,还与熵的变化有关。其实自发的吸热反应也不在少数,最明显的是水的蒸发,尤其在高温下,许多分解反应是吸热反应,却是自发的,显然它们的"推动力"是反应熵大于零,而且熵变项绝对值 $|-T\Delta_r S_m^{\ominus}|$ 超过了焓变项绝对值 $|\Delta_r H_m^{\ominus}|$。

化学反应的熵增大还是减小,有时很容易判断:**凡气体分子总数增多的反应,一定是熵增大反应**;反之,是熵减小反应;反应前后气体分子总数不变则熵变的数符难以判断,但其数值一定不大,接近零。例如,碳酸钙分解、氯化铵分解这样的产生气体的吸热反应,随着温度的升高,熵变项绝对值$|-T\Delta_r S_m^{\ominus}|$必将增大,熵增大的"推动力"就会压倒吸热的影响,由常温下的非自发反应转为高温下的自发反应,而不应错误地理解为"加热向系统提供了能量而使分解反应发生"。

反 应	$\sum \nu_B(g)$	$\dfrac{\Delta_r S_m^{\ominus}(298.15\ K)}{J\cdot mol^{-1}\cdot K^{-1}}$	$\dfrac{\Delta_r H_m^{\ominus}(298.15\ K)}{kJ\cdot mol^{-1}}$
$N_2(g)+3H_2(g)\Longrightarrow 2NH_3(g)$	-2	-198.76	-92.22

---

① 这里说的只是封闭系统自发过程"系统熵变"可以小于零,若将"系统熵变"与"环境熵变"加和起来,自发过程的熵变必将大于零,因为后者为孤立系统。

续表

反　　　应	$\sum \nu_B(g)$	$\dfrac{\Delta_r S_m^{\ominus}(298.15\ K)}{J \cdot mol^{-1} \cdot K^{-1}}$	$\dfrac{\Delta_r H_m^{\ominus}(298.15\ K)}{kJ \cdot mol^{-1}}$
$CaCO_3(s) \!=\!\!=\! CaO(s) + CO_2(g)$	+1	160.59	178.32
$H_2O(g) + C(s) \!=\!\!=\! H_2(g) + CO(g)$	+1	133.79	−151.69
$NH_4Cl(s) \!=\!\!=\! NH_3(g) + HCl(g)$	+2	284.76	176.013
$Fe_3O_4(s) + 4CO(g) \!=\!\!=\! 3Fe(l) + 4CO_2(g)$	0	−0.296	−13.536

5. 标准熵

化学反应的熵变可以借助标准熵的概念来计算。标准熵是热力学标准态下的熵值,符号为 $S_m^{\ominus}$,全称为标准摩尔熵。热力学第三定律指出,只有温度 $T = 0\ K$ 时,物质的熵值才等于零,在 298.15 K 下,所有物质的熵值一定是正值[①]。同一种物质在同一种物理状态下,温度越高,微观状态数越大,标准熵越大。温度相同的物质相互对比:同一种物质,气、液、固态相比(如水蒸气、液态水和冰相比),气态的微观状态数最大,固态的微观状态数最小,因此,气态熵最大,固态熵最小;同类物质,如氟、氯、溴、碘,相对分子质量越大熵越大;分子结构越复杂熵越大。各种戊烷,正戊烷的熵最大,新戊烷的熵最小,因为正戊烷是长链分子,碳链可以自由旋转而出现丰富的构象,而新戊烷分子中却只有甲基的旋转,中心碳原子与相连的 4 个碳原子的排列方式只有一种。分子构象越丰富熵越大。此外,同素异形体或同分异构体的标准熵也互不相同。例如,白磷的熵比红磷的熵大,因为白磷是分子晶体,红磷是原子晶体,同量白磷的微观状态数大于红磷。读者可从本书附录里查到一些常见物质的标准熵数据,以举例的形式考察上述标准熵的大小与物质的组成、结构的关系。

化学反应的熵变称为标准摩尔反应熵,简称反应熵,符号为 $\Delta_r S_m^{\ominus}$,它与反应相关物质的 $S_m^{\ominus}$ 的关系:

$$\Delta_r S_m^{\ominus} = \sum \left[\nu_B S_m^{\ominus}(B) \right] \tag{5-23}$$

请注意,式(5-23)等号右面的 $S_m^{\ominus}$ 是物质的标准熵,前面并无变化量符号 Δ。

[例 13] 用附录中的标准熵数据计算 298.15 K 下反应 $H_2(g) + \dfrac{1}{2} O_2(g) \longrightarrow H_2O(l)$ 的标准摩尔反应熵。

---

① 对于水溶液系统,其中的物质均是水合的,不是纯物质,其熵值不是这里所指的标准熵,而是水合物的熵,无法从标准熵进行计算得出,于是定义水合氢离子的标准摩尔熵等于零,由此得到一套相对于水合氢离子的标准摩尔熵的相对数值,许多水合物的熵因而小于零,详见电化学的有关章节。

[解]

物　　质	$H_2(g)$	$O_2(g)$	$H_2O(l)$
$S_m^{\ominus}(298.15\ K)/(J \cdot mol^{-1} \cdot K^{-1})$	130.7	205.2	70

对于方程式 $H_2(g) + \dfrac{1}{2} O_2(g) \longrightarrow H_2O(l)$

$$\Delta_r S_m^{\ominus} = \sum [\nu_B S_m^{\ominus}(B)] = [70 - 130.7 - 1/2 \times 205.2]\ J \cdot mol^{-1} \cdot K^{-1}$$
$$= -163.3\ J \cdot mol^{-1} \cdot K^{-1}$$

[评论] ① 用标准熵计算反应熵时不要忘记单质的标准熵不等于零;② 计算时不要忘记标准熵要乘以相应化学方程式中的化学计量数 ν_B 后才能相加;③ 计算表明,该反应是熵减小反应。如前所述,对于有气体参与而且反应前后气体分子总数发生改变的反应,通常无须计算就可判断反应熵是正值还是负值,因为气体的标准熵通常大大高于液体或固体的标准熵;对于气体分子总数不变的反应,则反应的熵变难以判断,需将反应中的物质的标准熵进行加和来确定,但可肯定,熵变在数值上不会太大(≈ 0)。

温度对化学反应的熵变肯定是有影响的,严格的计算不能忽略温度的影响,但鉴于温度对熵变的影响远远小于对自由能的影响,因此,若利用熵变和焓变计算自由能的变化,对于不甚严格的计算,可以忽略温度对熵变和焓变的影响,当作它们不受温度影响,本书通常均做这一近似。

熵的概念对生命的认识特别有意义。生命体既不是孤立系统,也不是封闭系统,而是一个开放系统。生命体与环境不断交换着物质(物质流)和能量(基本上是热流),而且还交换着熵(熵流)。单从机体摄入的食物是蛋白质、淀粉、核苷酸等高相对分子质量的结构复杂的熵很小的物质,排泄的却是小分子代谢产物,从它们的熵很大的角度看,设排泄总量等于摄入物总量时,摄入物来自环境,排泄物回到环境,机体的生命活动将使环境的熵增大。单从机体不断向环境释放生化反应产生的热的角度说,机体的生命活动也在使环境的熵增大。那么,与此同时,机体的熵发生什么变化? 单从机体产生新的复杂的结构(发育成长)看,是熵减小,而细胞的死亡及代谢过程不断将结构复杂的生化物质转化为简单小分子的角度则是熵增大,其总的熵变则取决于年龄的增长,从生长发身高增长的年轻人(熵减小)到发育成熟处于稳态的成年人(熵变近乎等于零)到细胞衰老的老年人(熵增大),最终老死则是熵增至极大。正如量子化学奠基人薛定谔(Schrödinger)在 1956 年出版的《生命是什么?》一书指出的那样:"一个生命有机体不断地……产生正的熵,……因此就势必接近具有极大熵值的危险状态,即死亡。……新陈代谢作用最基本的内容是有机体成功地使自身放出它活着时不得不产生的全部熵。"此话不但精辟地指出熵这一热力学概念对理解生命的意义,而且也启示了熵的概念对所有过程的重要意义。

5-4 化学热力学的应用

5-4-1 盖斯定律及其应用

1840 年,俄国科学家盖斯(G. H. Hess)[①]在测定中和热的实验中预见到,一个反应分步进行释放出来的热与一步进行释放出来的热是相等的,即化学反应热效应一定定律,后人称之为"盖斯定律"。盖斯定律的发现在热力学形成之前,而且盖斯发现这个定律只是一个预见,并未用大量实验来证明,可见需要勇气和远见卓识,是富于创造性的科学猜测。热力学形成后,人们理解到盖斯定律是热力学第一定律的必然结果。作为能量传递形式的热,在一定条件下可以相当于系统的状态函数——热力学能和焓的变化量,既然始态和终态确定了,过程分几步进行还是一步进行,自然不会改变一个状态函数的变化量。这就在理论上论证了盖斯定律的成立。

利用盖斯定律,可以借助一些已知的反应焓、反应自由能、反应熵来求取同一反应条件下的未知反应的焓、自由能和熵的变化量。举例如下:

[例 14] 在 298.15 K 的热力学标准态下,已知:

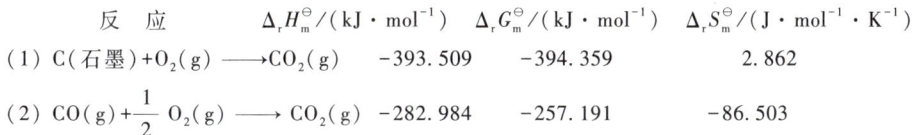

反 应	$\Delta_r H_m^{\ominus}/(kJ \cdot mol^{-1})$	$\Delta_r G_m^{\ominus}/(kJ \cdot mol^{-1})$	$\Delta_r S_m^{\ominus}/(J \cdot mol^{-1} \cdot K^{-1})$
(1) $C(石墨)+O_2(g) \longrightarrow CO_2(g)$	−393.509	−394.359	2.862
(2) $CO(g)+\frac{1}{2}O_2(g) \longrightarrow CO_2(g)$	−282.984	−257.191	−86.503

求反应(3) $C(石墨)+\frac{1}{2}O_2(g) \longrightarrow CO(g)$ 的反应焓、反应自由能和反应熵。

[解] 可以把反应(1)理解为反应(3)和反应(2)两个连续反应的总反应,因此有

$\Delta_r H_m^{\ominus}(3)+\Delta_r H_m^{\ominus}(2) = \Delta_r H_m^{\ominus}(1)$

$\Delta_r H_m^{\ominus}(3) = \Delta_r H_m^{\ominus}(1) - \Delta_r H_m^{\ominus}(2) = (-393.509 + 282.984) \ kJ \cdot mol^{-1}$

$= -110.525 \ kJ \cdot mol^{-1}$

$\Delta_r G_m^{\ominus}(3)+\Delta_r G_m^{\ominus}(2) = \Delta_r G_m^{\ominus}(1)$

$\Delta_r G_m^{\ominus}(3) = \Delta_r G_m^{\ominus}(1) - \Delta_r G_m^{\ominus}(2) = (-394.359+257.191) kJ \cdot mol^{-1}$

$= -137.168 \ kJ \cdot mol^{-1}$

---

① 盖斯是按俄文发音的汉译,若按盖斯的母语则可译为"黑斯",盖斯出生在现在瑞士境内的日内瓦,为日耳曼族,当时的日内瓦属法国,盖斯幼时随父母移居俄国,在俄国长大成人,英年早逝。

$$\Delta_r S_m^{\ominus}(3) + \Delta_r S_m^{\ominus}(2) = \Delta_r S_m^{\ominus}(1)$$

$$\Delta_r S_m^{\ominus}(3) = \Delta_r S_m^{\ominus}(1) - \Delta_r S_m^{\ominus}(2) = (2.862 + 86.503) \text{J} \cdot \text{mol}^{-1} \cdot \text{K}^{-1}$$

$$= 89.365 \text{ J} \cdot \text{mol}^{-1} \cdot \text{K}^{-1}$$

[评论]　利用盖斯定律可以求取任何与反应有关的状态函数变化量。用盖斯定律可由一些容易进行实验测定得到的热力学函数求取难以用实验测定的热力学函数。本例中反应(3)是碳与氧气反应只得到一氧化碳而不得到二氧化碳,显然难以实现,而反应(1)和反应(2)则容易实现。盖斯定律还可以用来预言当时未实现的某些反应。例如,在石墨转化为金刚石之前,可以先分别测定石墨和金刚石与氧气反应得到二氧化碳的反应焓、反应自由能、反应熵,然后通过盖斯定律,计算出石墨转化为金刚石的反应焓、反应自由能和反应熵。但是,化学反应无穷无尽,完全采用已知反应求未知反应的热力学函数的思路明显不敷实用。为此,需要做新的思考,于是就产生了生成焓和生成自由能及标准熵的概念,见下节。

作为盖斯定律的另一个直接结果:正逆反应(A→B 和 B→A)的焓变、自由能变和熵变的绝对值相等,符号相反;循环过程(A→B→A)的焓变、自由能变和熵变等于零。

还需指出,1 mol 燃料与氧气发生完全燃烧,放出的热称为燃烧热;在生理学、医学中还有所谓热值,是指 1g 蛋白质、糖类、脂肪等生化储能物质被氧气完全氧化为 CO_2、H_2O、N_2 等释放的热;还有所谓"键焓",是指由气态原子生成(气态分子中的)1 mol 某种化学键释放的热。这些"热"实质上都是指一定含义的焓变,应用它们和计算它们,只需准确把握其定义,跟应用和计算反应焓相仿,读者可自行查阅数据练习,不再赘述。

5-4-2　生成焓与生成自由能及其应用

任何反应物与生成物都涉及化合物的化学反应可以设想成反应物中所有化合物先分解成单质,后者再化合成生成物中的化合物,如图 5-8 所示。

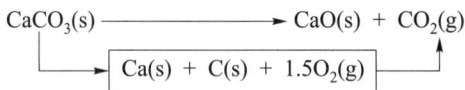

$$CaCO_3(s) \longrightarrow CaO(s) + CO_2(g)$$
$$Ca(s) + C(s) + 1.5O_2(g)$$

图 5-8　化学反应

这样,千变万化的化学反应便可归为同一类总数十分有限的反应——单质化合成化合物的反应(及其逆反应)的组合。为此,可以定义:在热力学标准态下由指定单质生成 1 mol 化合物(或物质)的反应焓变称为该化合物(或物质)的标准摩尔生成焓,简称生成焓,符号为 $\Delta_f H_m^{\ominus}$(下标"f"是 formation 的第一个字母),过去长期称为生成热。在这个定义里实质上已经包含着生成化合物(或物质)的原料——

指定单质的生成焓为零。说"指定单质",是因为许多元素的单质不止一种,只能指定其中一种的生成焓等于零,这种生成焓为零的单质大多是稳定单质,有时则取比较常见的单质,如取 O_2 而不取 O_3 的生成焓等于零(于是由 O_2 转化为 O_3 的焓变叫臭氧的生成焓),又如取石墨的生成焓为零而不取金刚石的生成焓为零,因为石墨不仅比金刚石更常见,而且,在热力学上,金刚石是常温常压下的介稳态,石墨才是稳定态[①]。但有少数元素,指定为生成焓为零的指定单质并非热力学上最稳定的单质。例如,人们指定白磷的生成焓等于零而不指定比白磷更稳定的红磷的生成焓等于零(白磷转化为红磷在常温常压下有实现的可能性)!这主要是由于白磷的结构简单,容易得到纯净物,而红磷的结构复杂,存在许多结构上的亚型,简单说是难以得到纯净物为基准物质。

通常将 298.15 K 下的标准摩尔生成焓制成热力学数据表供人们应用,见本书的附录。由标准摩尔生成焓计算同温度下的标准摩尔反应焓的关系式为

$$\Delta_r H_m^\ominus = \sum \left[\nu_B \Delta_f H_m^\ominus (B) \right] \tag{5-24}$$

[例15] 查阅标准摩尔生成焓数据计算火箭燃料肼 $N_2H_4(l)$ 和氧化剂过氧化氢 $H_2O_2(l)$ 反应生成气态氮和水蒸气推动火箭的标准摩尔反应焓(298.15 K):

$$N_2H_4(l) + 2H_2O_2(l) \longrightarrow N_2(g) + 4H_2O(g)$$

$$\Delta_r H_m^\ominus = \sum \left[\nu_B \Delta_f H_m^\ominus (B) \right] = 0 + 4 \times \Delta_f H_m^\ominus \left[H_2O(g) \right] - \Delta_f H_m^\ominus \left[N_2H_4(l) \right] - 2 \times \Delta_f H_m^\ominus \left[H_2O_2(l) \right]$$

$$= \{ 4 \times (-241.8) - (50.6) - 2 \times (-187.8) \} \ kJ \cdot mol^{-1}$$

$$= -642.2 \ kJ \cdot mol^{-1}$$

[评论] ① 该反应属燃烧反应,但其反应焓不应称为"肼的燃烧热",参见燃烧热的定义。② 该反应中的肼的生成焓是正值,习惯上称为"吸热化合物",反之,如过氧化氢和水则为"放热化合物",这种称谓是对应于由单质"生成"它们的反应而言的,不能就此认为吸热化合物都不稳定而放热化合物都稳定,如过氧化氢是放热化合物却很不稳定。③ 该反应强烈放热,引起产物气体温度急剧上升,体积膨胀,可作为推动火箭的推进剂,向后喷出,产生反作用力推动火箭前进。氧化剂也可改用液态 N_2O_4,读者可自己编个习题来计算其反应焓。

你可能已经发现,许多物质的上述与生成焓相对应的"生成反应"是根本不可能实现的,那么,这些物质的生成焓数据又是如何得到的呢?得到的方法仍是利用讨论过的盖斯定律,下面是一个例子:

[例16] 请编个题来求算生成焓。例如,乙酸(l)的生成焓可由下法计算:

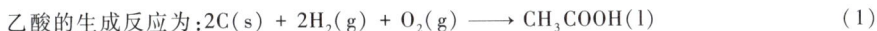

乙酸的生成反应为:$2C(s) + 2H_2(g) + O_2(g) \longrightarrow CH_3COOH(l)$ (1)

---

① 可以计算证明,在常温常压下金刚石转化为石墨的自由能变化小于零,这说明,在常温常压下金刚石是热力学上不稳定的,它应自发转化为石墨,但事实上不会发生这一转化,因为这种转化在动力学上有障碍,速率慢得事实上不发生,所以金刚石在常温下可以存在,叫作介稳态。

显然是一个不现实的反应。但如下几个反应是实际可以测量的：

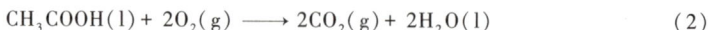

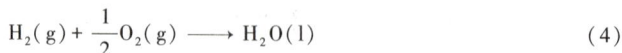

$$CH_3COOH(l) + 2O_2(g) \longrightarrow 2CO_2(g) + 2H_2O(l) \qquad (2)$$

$$C(s) + O_2(g) \longrightarrow CO_2(g) \qquad (3)$$

$$H_2(g) + \frac{1}{2}O_2(g) \longrightarrow H_2O(l) \qquad (4)$$

$$\because \qquad \{(3)+(4)\} \times 2 - (2) = (1)$$

$$\therefore \quad \Delta_f H_m^{\ominus}[CH_3COOH(l)] = 2\Delta_f H_m^{\ominus}[CO_2(g)] + 2\Delta_f H_m^{\ominus}[H_2O(l)] - \Delta_c H_m^{\ominus}[CH_3COOH(l)]$$

[**评论**]   由此例可见,定义生成热的目的是用于热力学计算,并非都可直接测定。此例的反应(2)是 1 mol 乙酸完全燃烧,其焓变正好是乙酸的燃烧热(其符号的下标"c"是 combustion 的第一个字母)。反应(3)(4)的焓变则正好对应二氧化碳和水的生成焓。

还需指出,生成焓本身就隐含着所指定的"生成反应"的反应物的生成焓为零这样一种思想方法具有十分普遍的意义,它对建立热力学数据体系十分重要。把生成焓的思想扩展到水溶液系统,把水合 $H^+(aq)$ 和水合电子 $e^-(aq)$ 的生成焓定为零,便形成相对标准,得到水溶液中各种水合离子的生成焓。又如,把反应 A(原子)+B(原子) $\longrightarrow$ AB(分子)的焓变定义为 AB 分子的"键焓"时,已隐含了该反应的反应物(原子)的焓为零的相对标准。在实际计算中,常常利用水合离子的生成焓和键焓,而人们却常常忘记它们是相对值。

按照同样的思路,人们又定义了**标准摩尔生成自由能**(简称**生成自由能**),符号为 $\Delta_f G_m^{\ominus}$,为在热力学标准态下由指定单质生成 1 mol 物质的自由能变化量,并用以计算各种反应的标准摩尔自由能 $\Delta_r G_m^{\ominus}$,关系式为

$$\Delta_r G_m^{\ominus} = \sum [\nu_B \Delta_f G_m^{\ominus}(B)] \qquad (5-25)$$

请读者利用本书附录的数据自行编制一些习题由生成自由能计算反应自由能。

5-4-3   利用焓变与熵变计算化学反应的标准摩尔自由能

常温下反应标准摩尔自由能的计算有两种途径,一种是查热力学数据表,得到标准摩尔生成自由能,按式(5-25)进行计算,另一种则是利用数据表中的标准摩尔生成焓和标准熵的数据进行计算,举例如下:

[**例 17**]   查阅热力学数据表中的标准摩尔生成焓和标准熵计算反应 $Fe_3O_4(s) + 4CO(g) \longrightarrow 3Fe(s) + 4CO_2(g)$ 的标准摩尔自由能变化(298.15 K)。

[**解**] $\Delta_r G_m^{\ominus} = \Delta_r H_m^{\ominus} - T\Delta_r S_m^{\ominus}$

$$= \sum [\nu_B \Delta_f H_m^{\ominus}(B)] - T\sum [\nu_B S_m^{\ominus}(B)]$$

$$= \{4 \times \Delta_f H_m^{\ominus}[CO_2(g)] - \Delta_f H_m^{\ominus}[Fe_3O_4(s)] - 4 \times \Delta_f H_m^{\ominus}[CO(g)]\}$$

$$-298.15 \text{ K} \times \{4 \times S_m^{\ominus}[\text{CO}_2(\text{g})] + 3 \times S_m^{\ominus}[\text{Fe}(\text{s})] - S_m^{\ominus}[\text{Fe}_3\text{O}_4(\text{s})] - 4 \times S_m^{\ominus}[\text{CO}(\text{g})]\}$$

$$= \{4 \times (-393.5) - (-1\ 118.4) - 4 \times (-110.5)\} \text{kJ} \cdot \text{mol}^{-1}$$

$$-298.15 \text{ K} \times \{4 \times 213.8 + 3 \times 27.3 - 146.4 - 4 \times 197.7\} \text{J} \cdot \text{mol}^{-1} \cdot \text{K}^{-1}$$

$$= -13.6 \text{ kJ} \cdot \text{mol}^{-1} - 298.15 \text{ K} \times (-0.1) \text{ J} \cdot \text{mol}^{-1} \cdot \text{K}^{-1} \times 0.001 \text{ kJ/J}$$

$$= -13.6 \text{ kJ} \cdot \text{mol}^{-1}$$

[评论] 以上计算使用的焓变和熵变的数据都是常温下的,然而,这种计算法的意义在于:如果忽略焓变与熵变随温度的变化,还可以近似地计算出非常温下的自由能变化量:

$$\Delta_r G_m^{\ominus}(T) \approx \Delta_r H_m^{\ominus}(298.15 \text{ K}) - T \Delta_r S_m^{\ominus}(298.15 \text{ K}) \tag{5-26}$$

5-4-4 吉布斯–亥姆霍兹方程对化学反应的分类

式(5-26)的重要意义:它可以用来判断化学反应的自发性与温度的关系,可将化学反应分成 4 类:

$\Delta_r H_m^{\ominus}(298.15 \text{ K})$	$\Delta_r S_m^{\ominus}(298.15 \text{ K})$	$\Delta_r G_m^{\ominus}(T)$ 反应自发性与温度的关系	举　　例
(−)(放热)	(+)(熵增大)	(−)任何温度下正反应自发	$\text{H}_2(\text{g}) + \text{F}_2(\text{g}) \longrightarrow 2\text{HF}(\text{g})$
(+)(吸热)	(−)(熵减小)	(+)任何反应下逆反应自发	$\text{CO}(\text{g}) \longrightarrow \text{C}(\text{s}) + \dfrac{1}{2}\text{O}_2(\text{g})$
(−)(放热)	(−)(熵减小)	(+)或(−)温度低于某临界点正反应自发	$\text{NH}_3(\text{g}) + \text{HCl}(\text{g}) \longrightarrow \text{NH}_4\text{Cl}(\text{s})$
(+)(吸热)	(+)(熵增大)	(+)或(−)温度高于某临界点正反应自发	$\text{CaCO}_3(\text{s}) \longrightarrow \text{CaO}(\text{s}) + \text{CO}_2(\text{g})$

但需注意,以上关系是用 $\Delta_r G_m^{\ominus}(T)$ 的数符来判断反应的方向,早就说过,该符号中的上标"⊖"表明它是标态的自由能,因此,以上关系仅适用于热力学标态,即当反应涉及的物质都处于标态时反应的方向。这种标态只是用热力学考察实际问题的思维起点,并不一定实际存在,但其重要性是毋庸置疑的。既然反应自由能既与温度有关,又与反应涉及的各物质的浓度或分压有关,为研究温度的影响,当然不应把浓度或分压的影响搅和进去,所有反应都取其热力学标准态,就排除了浓度或分压的影响。问题在于,有的学习者常常忘记 $\Delta_r G_m^{\ominus}(T) > 0$

只表明当反应涉及的物质处于标态时正反应不能发生（或者说反应将向左进行）。例如，把醋酸投入水中，醋酸会不会自发解离？如果你用水溶液醋酸解离反应的标准反应自由能 $\Delta_r G_m^{\ominus}(298.15\ K)>0$ 来判断，说不能，就错了。因为 $\Delta_r G_m^{\ominus}(298.15\ K)>0$ 只表明醋酸、醋酸根和氢离子的浓度都为 1 mol/L 时，反应将向左进行，并没有预言非标准态下醋酸会不会解离。无须计算就应明白，醋酸投入水中，肯定会发生醋酸解离，直至达到解离平衡，在此前，反应自由能 $\Delta_r G_m(298.15\ K)<0$（注意没有上标"$\ominus$"），反应向右进行，直至 $\Delta_r G_m(298.15\ K)=0$ 为止（达到平衡）。

5-4-5　热力学分解温度

上述用吉布斯-亥姆霍兹方程对反应分类涉及的第 3、4 类反应，当温度达到某临界点时，反应的方向将发生逆转。对许多反应，这一温度是值得关注的。下面是一例：

[例 18]　试计算碳酸钙在热力学标准态下分解的温度。

[解]　$CaCO_3(s) \longrightarrow CaO(s) + CO_2(g)$

$\Delta_r H_m^{\ominus}(298.15\ K) = [-(-1\ 207.6)+(-634.9)+(-393.5)]\ kJ \cdot mol^{-1}$

$\qquad\qquad\qquad = 179.2\ kJ \cdot mol^{-1}>0$（吸热）

$\Delta_r S_m^{\ominus}(298.15\ K) = [-(91.7)+(38.1)+(213.8)]\ J \cdot mol^{-1} \cdot K^{-1}$

$\qquad\qquad\qquad = 160.2\ J \cdot mol^{-1} \cdot K^{-1}>0$（熵增大）

该分解反应属吸热熵增型反应，在温度达到某临界点之前 $\Delta_r G_m^{\ominus}>0$，反应不自发，高于该临界点时 $\Delta_r G_m^{\ominus}<0$，反应自发，正处于临界点温度时，$\Delta_r G_m^{\ominus}=0$，因此有

$$0 = \Delta_r G_m^{\ominus}(T) \approx \Delta_r H_m^{\ominus}(298.15\ K) - T\Delta_r S_m^{\ominus}(298.15\ K)$$

$T \approx \Delta_r H_m^{\ominus}(298.15\ K)/\Delta_r S_m^{\ominus}(298.15\ K) = 179.2\ kJ \cdot mol^{-1} \times 1\ 000\ J \cdot kJ^{-1}/160.2\ J \cdot mol^{-1} \cdot K^{-1}$

$\quad = 1\ 118.6\ K(=845.45℃)$

[评论]　① 计算结果，当温度高于 845.45℃ 时，碳酸钙将在标准态下[即 $p(CO_2)=p^{\ominus}$ = 100 kPa]下发生分解。这一临界温度被称为**热力学分解温度**。进行计算时用热力学数据表中查出的 298.15 K 的焓变和熵变代替该温度下的焓变和熵变，是一种近似计算，显然如果能够得到该温度下的焓变与熵变，计算将更为准确，但计算无疑将变得很复杂，事实上，许多固体在加热过程中还可能发生晶相转化，这些相变过程也将引起焓与熵的相应变化，即便知道有什么相变，并计算其焓变与熵变，计算将变得更为复杂。若只为对分解温度在什么温度区间做一估算，这种简化的计算已经足够了。② 不要忘记，用 $\Delta_r G_m^{\ominus}(T)=0$ 求取的热力学分解温度，只适用于标准态，对碳酸钙分解反应而言，是二氧化碳分压达到标准压力时的分解温度。这对分解产物只有一种气体，分解又是在大气压力（相当于外压）下进行，才是合理的

结果。否则就不一定合适。

[例 19]　求氯化铵的分解温度(NH_4Cl、HCl、NH_3 三种气体的标准摩尔生成焓和标准熵请查附录)。

[解]　可以设计两种分解装置,见图 5-9。用(a)的装置分解氯化铵,由于装置两端开口,分解得到的较重的氯化氢气体向下逸出,较轻的氨气向上口逸出,两种气体的分压都等于标准压力,可用 $\Delta_r G_m^{\ominus}(T) = 0$ 求取分解温度 T,即上述热力学分解温度。但用(b)的装置分解氯化铵,氯化氢气体和氨气的总压才等于标准压力 $p^{\ominus}$,氯化氢和氨气的分压各等于 $0.5p^{\ominus}$,分解温度 T'需用 $\Delta_r G_m(T) = 0$ 求,将小于 T:

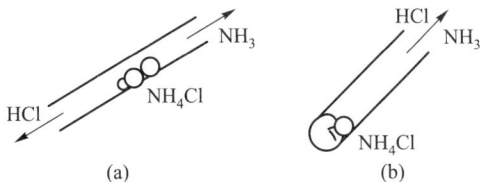

图 5-9　分解氯化铵的两种不同装置,热力学分解温度是不同的

$$NH_4Cl(s) \longrightarrow NH_3(g) + HCl(g)$$

$$\Delta_r H_m^{\ominus}(298.15\ K) = [(-45.9) + (-92.3) - (-314.4)]\ kJ \cdot mol^{-1}$$
$$= 176.2\ kJ \cdot mol^{-1} > 0\ (吸热)$$

$$\Delta_r S_m^{\ominus}(298.15\ K) = [(192.8) + (186.9) - (94.6)]\ J \cdot mol^{-1} \cdot K^{-1}$$
$$= 285.1\ J \cdot mol^{-1} \cdot K^{-1} > 0\ (熵增大)$$

该反应属吸热熵增型反应。

用图 5-9(a)的装置时,$\Delta_r G_m^{\ominus} = 0$:

$$0 = \Delta_r G_m^{\ominus}(T) \approx \Delta_r H_m^{\ominus}(298.15\ K) - T\Delta_r S_m^{\ominus}(298.15\ K)$$

$T \approx \Delta_r H_m^{\ominus}(298.15\ K)/\Delta_r S_m^{\ominus}(298.15\ K) = 176.2\ kJ \cdot mol^{-1} \times 1\ 000\ J \cdot kJ^{-1}/(285.1\ J \cdot mol^{-1} \cdot K^{-1})$
$= 618\ K\ (= 344.85℃)$

用右边的装置时,$p(NH_3) = p(HCl) = 0.5p^{\ominus}$,此时的 $\Delta_r G_m = 0$。

$$0 = \Delta_r G_m = \Delta_r G_m^{\ominus} + RT'\ \ln(0.5 \times 0.5)$$
$$\approx [\Delta_r H_m^{\ominus}(298.15\ K) - T'\Delta_r S_m^{\ominus}(298.15\ K)] + RT'\ \ln(0.5 \times 0.5)$$

$T' \approx \Delta_r H_m^{\ominus}(298.15\ K)/[\Delta_r S_m^{\ominus}(298.15\ K) - R\ln(0.5 \times 0.5)]$
$= 176.2\ kJ \cdot mol^{-1} \times 1\ 000\ J \cdot kJ^{-1}/[(285.1 - 8.314\ \ln 0.25)\ J \cdot mol^{-1} \cdot K^{-1}]$
$= 594\ K\ (= 320.85℃)$

[评论]　618 K 是氯化铵在标准态下的热力学分解温度,即 $p(NH_3)$ 和 $p(HCl)$ 都等于 $p^{\ominus}$,总压为 $2p^{\ominus}$。但计算结果表明,总压为 $p^{\ominus}$ 时的分解温度虽稍低于标准态分解温度,但低得有限,因此,若只做分解温度的估算,单求标准态也可以。但是,如果氯化铵(其他化合物也一样)的分解是在减压下进行的,分解温度就要降低很多,就必须像此题后一种计算那样

将吉布斯-亥姆霍兹方程与范特霍夫方程结合起来做非标准态计算,见下题。

[例 20]　试计算在 $p(O_2) = 10^{-2}p^{\ominus}$ 时 Ag_2O 的分解温度。

[解]　$Ag_2O(s) \longrightarrow 2Ag(s) + \dfrac{1}{2}O_2(g)$

$$\Delta_r H_m^{\ominus}(298.15\ K) = [-(-31.1) + (0) + (0)]\ kJ \cdot mol^{-1}$$
$$= +31.05\ kJ \cdot mol^{-1} > 0\ (吸热)$$

$$\Delta_r S_m^{\ominus}(298.15\ K) = [-(121.3) + 2 \times (42.6) + \dfrac{1}{2} \times (205.2)]\ J \cdot mol^{-1} \cdot K^{-1}$$
$$= 66.5\ J \cdot mol^{-1} \cdot K^{-1} > 0\ (熵增大)$$

$$0 = \Delta_r G_m(T) = \Delta_r G_m^{\ominus}(T) + RT\ln J = \Delta_r G_m^{\ominus}(T) + RT\ln[p(O_2)/p^{\ominus}]^{1/2}$$
$$= \Delta_r G_m^{\ominus}(T) + RT\ln(0.01)^{1/2}$$
$$= \Delta_r H_m^{\ominus}(T) - T\Delta_r S_m^{\ominus}(T) + RT\ln(0.01)^{1/2}$$
$$\approx \Delta_r H_m^{\ominus}(298.15\ K) - T\Delta_r S_m^{\ominus}(298.15\ K) + RT\ln(0.01)^{1/2}$$
$$= \Delta_r H_m^{\ominus}(298.15\ K) - T[\Delta_r S_m^{\ominus}(298.15\ K) - R\ln(0.01)^{1/2}]$$
$$T \approx \Delta_r H_m^{\ominus}(298.15\ K) / [\Delta_r S_m^{\ominus}(298.15\ K) - R\ln(0.01)^{1/2}]$$
$$= 31.05\ kJ \cdot mol^{-1} \times 1\ 000\ J \cdot kJ^{-1} / [66.5\ J \cdot mol^{-1} \cdot K^{-1} - 8.314\ J \cdot mol^{-1} \cdot K^{-1} \times$$
$$(-2.303)] = 362.5\ K$$

[评论]　① 非标准态下的临界温度是在该状态[上例为 $p(O_2) = 0.01p^{\ominus}$]下的 $\Delta_r G_m(T) = 0$ 而不是 $\Delta_r G_m^{\ominus}(T) = 0$,即范特霍夫等温方程中的 $\Delta_r G_m(T) = 0$(同时方程对数项中的 J 也为该非标准态)而不是吉布斯-亥姆霍兹方程中的 $\Delta_r G_m^{\ominus}(T) = 0$。② 如果使用吉布斯-亥姆霍兹方程求出 $\Delta_r G_m^{\ominus}(T) = 0$ 时,$T' = [31\ 050 \div 66.37]\ K = 467.8\ K$,比 362.5 K 显著地高。如果减压更多,分解温度将更低。例如,若用真空泵抽至 $p(O_2) = 10^{-5}p^{\ominus}$,上式中的标准熵(= 66.5 $J \cdot mol^{-1} \cdot K^{-1}$)将要加上 47.86 $J \cdot mol^{-1} \cdot K^{-1}$,等于 114.36 $J \cdot mol^{-1} \cdot K^{-1}$,分解温度将降至 272 K。可见:减压越多,分解温度越低。③ 从上式可见减压引起的实质上是标准熵被修正为 $\Delta_r S_m^{\ominus} - R\ln J$,可见($\Delta_r S_m^{\ominus} - R\ln J$)实质上就是非标准态的熵变($\Delta_r S_m$)(注意:此符号无上标"$\ominus$")!

有关化学热力学的应用还有一些论题分散在后续各章中讨论,如利用平衡常数进行产率或转化率的计算、水溶液中的离子平衡(酸碱、沉淀、配合、氧化还原平衡)计算、电化学热力学及其计算等。在后续物理化学课程中,将在利用高等数学的工具深入讨论热力学后,建立一些新的热力学概念,特别是化学势、活度与逸度等,继续讨论实际气体、稀溶液通性(蒸气压上升、冰点下降、渗透压)、相平衡热力学、电化学热力学、表面化学与胶体化学热力学等。

习　题

5-1　从手册查出常用试剂浓盐酸、浓硫酸、浓硝酸、浓氨水的密度和质量分数,计算它们的(体积)物质的量浓度(c)和质量摩尔浓度(b)。

5-2　从手册查出常温下的饱和水蒸气压,计算当相对湿度为40%时,水蒸气压多大。

5-3　化学实验中经常用蒸馏水冲洗已用自来水洗净的烧杯。设洗后烧杯内残留"水"为 1 mL,试计算,用 30 mL 蒸馏水洗 1 次和洗 2 次,烧杯中残留的"自来水的浓度"分别多大。

5-4　计算 15 ℃,97 kPa 下 15 g 氯气的体积。

5-5　20 ℃,97 kPa 下 0.842 g 某气体的体积为 0.400 L,求该气体的摩尔质量。

5-6　测得 2.96 g 氯化汞在 407 ℃ 的 1L 容积的真空系统里完全蒸发达到的压力为 60 kPa,求氯化汞蒸气的摩尔质量和化学式。

5-7　在 1 000 ℃ 和 97 kPa 下测得硫蒸气的密度为 0.597 7 g·L^{-1},求硫蒸气的摩尔质量和化学式。

5-8　在 25 ℃ 时将相同压力的 5.0 L 氮气和 15 L 氧气压缩到一个 10.0 L 真空容器中,测得混合气体的总压为 150 kPa,(1)求两种气体的初始压力;(2)求混合气体中氮和氧的分压;(3)将温度上升到 210 ℃,求容器的总压。

5-9　在 25 ℃,1.47 MPa 下把氨气通入容积为 1.00 L 刚性壁密闭容器中,在 350 ℃ 下用催化剂使部分氨分解为氮气和氢气,测得总压为 5 MPa,求氨的解离度和各组分的摩尔分数和分压。

5-10　某乙烯和足量的氢气的混合气体的总压为 6 930 Pa,在铂催化剂催化下发生如下反应:

$$C_2H_4(g) + H_2(g) \longrightarrow C_2H_6(g)$$

反应结束时温度降至原温度后测得总压为 4 530 Pa。求原混合气体中乙烯的摩尔分数。

5-11　以下哪些关系式是正确的(p、V、n 无下标时表示混合气体的总压、总体积和总物质的量)? 说明理由。

$$pV_B = n_BRT \qquad p_BV = n_BRT \qquad p_BV_B = nRT \qquad pV = nRT$$

5-12　以下系统内各有几个相?

(1)水溶性蛋白质的水溶液;(2)氢氧混合气体;(3)盐酸与铁块发生反应的系统;(4)超临界状态的水。

5-13　10 g 水在 373 K 和 100 kPa 下汽化,所做的功多大(设水蒸气为理想气体)?

5-14　反应 $CaC_2(s) + 2H_2O(l) \longrightarrow Ca(OH)_2(s) + C_2H_2(g)$ 在 298 K 下的标准摩尔热力学能变化量为 -128.0 kJ·mol^{-1},求该反应的标准摩尔焓变。

5-15　人类登月使用的阿波罗火箭的第一级火箭使用了 550 t 煤油在 2.5 min 内与氧气发生燃烧反应产生巨大推力。以 $C_{12}H_{26}(l)$ 为煤油的平均分子式的燃烧热为 -7 513 kJ·mol^{-1},试计算这个燃烧反应的功率。

5-16　已知 $Al_2O_3(s)$ 和 $MnO_2(s)$ 的标准摩尔生成焓为 -1 675.7 kJ·mol^{-1} 和 -520 kJ·mol^{-1},计算 1 g 铝与足量 $MnO_2(s)$ 反应(铝热法)产生的热量。

5-17　已知 $Cl^-(aq)$ 的标准摩尔生成焓为 -167.5 kJ·mol^{-1},计算 1 mol HCl(g)溶于足量的水释放多少热?[注]计算得到的值为氯化氢的溶解热;HCl(g)的标准摩尔生成焓可从本书附录中查获。假设水量的多少与水合反应的程度无关(事实上是有关的,因此溶解热的数值通常设定为无限稀释)。

5-18   用标准摩尔生成焓的数据计算 $SiF_4(g)$ 与足量 $H_2O(l)$ 反应生成 $SiO_2(s)$ 和 $HF(g)$ 的摩尔反应焓。

5-19   利用本书附录与下列数据计算石灰岩[以 $CaCO_3$(方解石)计]被 $CO_2(g)$ 溶解发育成喀斯特地形的如下反应的标准摩尔反应焓:

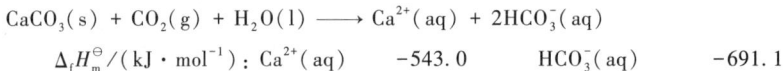

$$CaCO_3(s) + CO_2(g) + H_2O(l) \longrightarrow Ca^{2+}(aq) + 2HCO_3^-(aq)$$

$$\Delta_f H_m^\ominus/(kJ \cdot mol^{-1}): Ca^{2+}(aq) \quad -543.0 \quad\quad HCO_3^-(aq) \quad -691.1$$

5-20   火柴头中的 $P_4S_3(s)$ 的标准摩尔燃烧热为 $-3\,677\ kJ \cdot mol^{-1}$[注:燃烧产物为 $P_4O_{10}(s)$ 和 $SO_2(g)$],利用本书附录的数据计算 $P_4S_3(s)$ 的标准摩尔生成焓。

5-21   诺贝尔(A. Nobel)发明的炸药爆炸可使产生的气体因热膨胀体积增大 1 200 倍,其化学原理是硝酸甘油发生如下分解反应:

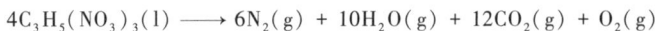

$$4C_3H_5(NO_3)_3(l) \longrightarrow 6N_2(g) + 10H_2O(g) + 12CO_2(g) + O_2(g)$$

已知 $C_3H_5(NO_3)_3(l)$ 的标准摩尔生成焓为 $-355\ kJ \cdot mol^{-1}$,计算爆炸反应的标准摩尔反应焓。

5-22   生石灰的水化反应放出的热足以使纸张着火或将鸡蛋煮熟。试利用本书附录的数据计算 500 g(1 市斤)生石灰(s)与足量的水生成熟石灰(s)放出的热(可忽略溶解反应)。

5-23   生命体的热源通常以摄入的供热物质折合成葡萄糖燃烧释放的热量,已知葡萄糖[$C_6H_{12}O_6(s)$]的标准摩尔生成焓为 $-1\,273$ kJ/mol,利用本书附录数据计算它的燃烧热。

5-24   经测定,葡萄糖完全氧化反应:$C_6H_{12}O_6(s) + 6O_2(g) \longrightarrow 6CO_2(g) + 6H_2O(l)$ 的标准摩尔反应自由能为 $-2\,840$ kJ/mol,试查出产物的标准生成自由能,计算葡萄糖的标准摩尔生成自由能。将所得数据与上题的生成焓数据作比较。

5-25   已知 N_2、NO 和 O_2 的解离焓分别为 941.7 $kJ \cdot mol^{-1}$、631.8 $kJ \cdot mol^{-1}$ 和 493.7 $kJ \cdot mol^{-1}$,仅利用这些数据判断 NO 在常温常压下能否自发分解。

5-26   预计下列反应是熵增反应还是熵减反应? 不能预计的通过标准熵进行计算。

(1) 葡萄糖燃烧;(2) 乙炔燃烧;(3) 碳酸氢钠分解;(4) 铁丝燃烧;(5) 甲烷与水蒸气反应生成水煤气(steam gas——CO 与 H_2 的混合气体);(6) 甲烷与氧气反应生成合成气(syngas——CO 和 H_2 的混合气体)。

5-27   查阅热力学数据表,试回答,若在常温下将碳(石墨)氧化为一氧化碳的反应做成燃烧电池,这个电池可以提供的最大电能多大? 在电池放电时,吸热还是放热? 这个电池的焓变多大? 是正值还是负值? 由此题你对焓的概念有什么新的认识?

5-28   碘钨灯因在灯内发生如下可逆反应:

$$W(s) + I_2(g) \longrightarrow WI_2(g)$$

碘蒸气与扩散到玻璃内壁的钨会反应生成碘化钨气体,后者扩散到钨丝附近会因钨丝的高温而分解出钨重新沉积到钨丝上去,从而可延长灯丝的使用寿命。

已知在 298K 时:

	W(s)	WI$_2$(g)	I$_2$(g)
$\Delta_f G_m^{\ominus}/(kJ \cdot mol^{-1})$	0	−8.37	19.327
$S_m^{\ominus}/(J \cdot mol^{-1} \cdot K^{-1})$	33.5	251	260.69

(1) 设玻璃内壁的温度为 623 K,计算上式反应的 $\Delta_r G_m^{\ominus}$(623 K)。

(2) 估算 WI$_2$(g) 在钨丝上分解所需的最低温度。

5-29　用凸透镜聚集太阳光加热倒置在液汞上的装满液汞的试管内的氧化汞,使氧化汞分解出氧气,是拉瓦锡时代的古老实验。试从书后附录查出氧化汞、氧气和液汞的标准生成焓和标准熵,估算使氧气的压力达到标准压力和 1 kPa 所需的最低温度(忽略汞的蒸气压),并估计为使氧气压力达 1 kPa,试管的长度至少多长?

5-30　查出生成焓和标准熵,计算汽车尾气中的一氧化氮和一氧化碳在催化剂表面上反应生成氮气和二氧化碳在什么温度范围内是自发的。这一反应能否实际发生?

5-31　石灰窑的碳酸钙需加热到多少摄氏度才能分解(这时,二氧化碳的分压达到标准压力)? 若在一个用真空泵不断抽真空的系统内,系统内的气体压力保持 10 Pa,加热到多少摄氏度,碳酸钙就能分解?

5-32　以下反应,哪些在常温的热力学标准态下能自发向右进行? 哪些不能?

298 K	$\Delta_r H_m^{\ominus}/(kJ \cdot mol^{-1})$	$\Delta_r S_m^{\ominus}/(J \cdot mol^{-1} \cdot K^{-1})$
(1) $2CO_2(g) \longrightarrow 2CO(g) + O_2(g)$	566.1	174
(2) $2N_2O(g) \longrightarrow 2N_2(g) + O_2(g)$	−163	22.6
(3) $2NO_2(g) \longrightarrow 2NO(g) + O_2(g)$	113	145
(4) $2NO_2(g) \longrightarrow 2O_2(g) + N_2(g)$	−67.8	120
(5) $CaCO_3(s) \longrightarrow CaO(s) + CO_2(g)$	178.0	161
(6) $C(s) + O_2(g) \longrightarrow CO_2(g)$	−393.5	3.1
(7) $CaF_2(s) + aq \longrightarrow CaF_2(aq)$	6.3	−152

5-33　计算氯化铵固体在试管内及在斜置的两头开口的玻璃管内分解所需的最低温度。

5-34　银器与硫化物反应表面变黑是生活中的常见现象。

(1) 设空气中 H$_2$S 气和 H$_2$ 气"物质的量"都只达 10^{-6} mol,问在常温下银和硫化氢能否反应生成氢气? 温度达到多高,银器表面才不会因上述反应而变黑?

(2) 如果考虑空气中的氧气加入反应,使反应改为 $2Ag(s) + H_2S(g) + \frac{1}{2}O_2(g) \longrightarrow$ Ag$_2$S(g) + H$_2$O(l) ,该反应是否比银单独和硫化氢反应放出氢气更容易发生? 通过计算来回答。温度对该反应自发性的影响如何?(298 K 下 Ag$_2$S 的标准生成焓和标准熵分别为 −31.8 kJ·mol^{-1} 和 146 J·mol^{-1}·K^{-1})

5-35　高价金属的氧化物在高温下容易分解为低价氧化物。以氧化铜分解为氧化亚铜为例,估算分解反应的温度。该反应的自发性是焓驱动的还是熵驱动的? 温度升高对反应自发性的影响如何?

5-36　很早就有人用热力学理论估算过,CuI$_2$ 固体在 298 K 下的标准摩尔生成焓和标准摩尔生成自由能分别为 -21.34 kJ·mol^{-1} 和 -23.85 kJ·mol^{-1}。可是,碘化铜固体却至今并没有制得过。据认为,这不是动力学上的原因而是热力学上的原因。试分析是什么原因。

5-37 已知二氧化钛(金红石)在常温下的标准摩尔生成焓和标准熵分别为 -912 kJ·mol^{-1} 和 50.25 J·mol^{-1}·K^{-1},试分析以下哪一种还原反应是消耗热能最省的?($TiCl_4(l)$ 298 K 下的生成焓和标准熵分别为 -750.2 kJ·mol^{-1} 和 252.7 J·mol^{-1}·K^{-1})

$$TiO_2(s) + 2H_2(g) \longrightarrow Ti(s) + 2H_2O(g)$$
$$TiO_2(s) + C(s) \longrightarrow Ti(s) + CO_2(g)$$
$$TiO_2(s) + 2Cl_2(g) + C(s) \longrightarrow TiCl_4(l) + CO_2(g)$$
$$TiCl_4(l) + 2H_2(g) \longrightarrow Ti(s) + 4HCl(g)$$

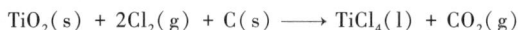

5-38 以温度 T/K 为横坐标,以生成焓 $\Delta_f G_m^{\ominus}/(kJ \cdot mol^{-1})$ 为纵坐标,利用吉布斯-亥姆霍兹方程画出 $CO(g)$ 和 $CO_2(g)$ 的生成焓随温度变化的曲线。

(1)哪条曲线的斜率较大?为什么?

(2)两条曲线的相交点对反应 $CO(g) + \dfrac{1}{2}O_2(g) \longrightarrow CO_2(g)$ 有什么特殊的物理意义?

(3)在图上的 $\Delta_f G_m^{\ominus}(CO) > \Delta_f G_m^{\ominus}(CO_2)$ 和 $\Delta_f G_m^{\ominus}(CO) < \Delta_f G_m^{\ominus}(CO_2)$ 的温度区间里,反应 $CO(g) + \dfrac{1}{2}O_2(g) \longrightarrow CO_2(g)$ 的方向性有何不同?

(4)请在图上添加一条曲线,用以判断反应 $Fe_2O_3(s)$ 在什么温度区间可被 CO 还原为铁。

提示:需按反应 $\dfrac{1}{3}Fe_2O_3(s) + CO \longrightarrow \dfrac{2}{3}Fe + CO_2$ 来添加该曲线而不应直接使用 $\Delta_f G_m^{\ominus}(Fe_2O_3)$ 的温度曲线。

(5)通过此题你对不同反应的自由能的可比性或者说比较不同反应的自由能有没有物理意义有什么认识?

5-39 Cu^{2+} 与配体反应的热力学参数见图 5-10(水溶液,25 ℃)。利用这些数据计算 Cu^{2+} 与 4 个氮配合的平衡常数($\lg K$),并对稳定性的差异做出解释。

5-40 分辨如下概念的物理意义:

(1)封闭系统和孤立系统;

(2)环境压力和标准压力;

(3)热力学标准态和理想气体标准状态;

(4)气体的分压和分体积;

(5)功、热和能;

(6)等压膨胀功和可逆膨胀功;

(7)膨胀功和有用功;

(8)热力学能和焓;

(9)等压热效应和等容热效应;

(10)生成焓、燃烧焓和反应焓;

(11)过程和状态;

(12)状态函数与非状态函数;

配体

	$\Delta H_m^{\ominus}/(\text{kJ}\cdot\text{mol}^{-1})$	$(T\Delta S^{\ominus})/(\text{kJ}\cdot\text{mol}^{-1})$

H₂N　　NH₂ ‑105　　7.1

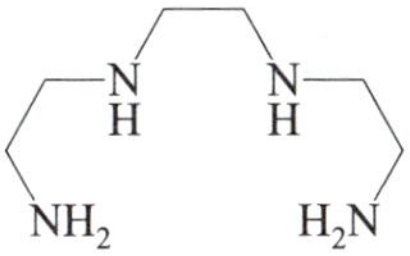

（结构式）‑90.4　　24.3

（结构式）‑76.6　　64.0

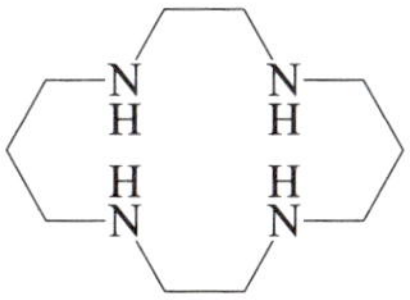

图 5-10　习题 5-39 附图

（13）过程的自发性和可逆性；

（14）理想气体和非理想气体；

（15）标准自由能与非标准自由能；

（16）吸热化合物与放热化合物；

（17）标准熵和反应熵；

（18）熵增大原理的适用系统；

（19）热力学分解温度与实际分解温度；

（20）热力学与动力学。

5-41　判断以下说法的正确与错误，尽量用一句话给出你做出判断的根据。

（1）温度高的物体比温度低的物体有更多的热；

（2）氢氧爆鸣气反应产生的热使气体体积急剧膨胀引起爆炸；

（3）加热向碳酸钙提供了能量导致了碳酸钙分解；

（4）醋酸溶于水自发解离产生氢离子和醋酸根离子，这是由于醋酸解离反应的标准摩尔自由能的数符是负值；

（5）碳酸钙的生成焓等于 CaO(s) + CO₂(g) ⟶ CaCO₃(s) 的反应焓；

（6）高锰酸钾不稳定，加热分解放出氧气，是由于高锰酸钾是吸热化合物；

（7）高锰酸钾在常温下能够稳定存在是由于它在常温下的标准生成自由能大于零；

（8）氮气的生成焓等于零，所以它的解离焓也等于零；

（9）单质的生成焓等于零，所以它的标准熵也等于零；

（10）单质的生成焓都等于零；

（11）水合氢离子的标准熵等于零；

（12）水合离子的生成焓是以单质的生成焓为零为基础求得的；

*（13）生命体生长发育和生物进化熵减小却自发，因此，是违背热力学第二定律的。

第6章

化学平衡常数

内容提要

1. 本章将在上一章的基础上首先建立化学平衡常数的概念。讨论各种不同平衡常数的表达式及其相互关系。

2. 建立平衡常数的目的之一是定量地计算在一定条件下达成化学平衡时，反应物和产物之间的定量关系，即反应产率或反应物转化为产物的转化率。通过本章的学习，将掌握如何进行这种计算。

3. 建立平衡常数的目的之二是讨论浓度、分压、总压和温度等对化学平衡的影响。通过本章学习，将学会如何讨论这些因素对平衡的影响。

6-1 化学平衡状态

6-1-1 化学平衡

在上一章里已经指出，化学平衡状态是一个热力学概念，是指系统内发生的化学反应既没有向正向进行的自发性（或"推动力"）又没有向逆向进行的自发性（或"推动力"）时的一种状态。热力学假设所有化学反应都是可逆的。在化学反应达到平衡时，反应物和生成物的浓度或者分压都不再改变了，反应"停滞"了，但这只是表观上的，本质上，无论正反应还是逆反应，都在进行着，因而，化学平衡是一种"动态平衡"。

气体或固体溶解于水（或其他溶剂），最后形成饱和溶液，达到溶解平衡，跟化学反应达到的平衡一样，也是一种动态平衡——未溶的溶质和溶解的溶质在不断地相互转化着，但宏观地看，溶液饱和了，溶解过程停止了。通常人们将所有溶解平衡称为物理化学平衡，也可看作一种化学平衡。

还有一类平衡叫**相平衡**。例如,在一密闭系统里共存的液态水、冰和水蒸气,在一定的温度和压力下,也会达成动态平衡。相平衡也是物理化学平衡,也可归为化学平衡。溶解平衡本质上也是一种相平衡。

然而,日常看到的某些动态平衡,情况就不同了。例如,取一只大铁锅,拿一圆球,顺铁锅内壁滑入铁锅,圆球将沿锅壁上下运动,理想地,假设锅壁与圆球的摩擦不损耗能量,圆球的上下运动将永远不会停止(见图6-1),运动着的圆球的动能与势能不断相互转化,总能量保持不变。这种动态平衡与化学平衡不同。化学平衡中相互转化着的是物质——反应物与产物,达到平衡时,它们的量不再改变,而这种物理学的动态平衡相互转化的是能量——动能与势能,处于动态平衡时,它们的大小不断地改变着。

日常生活中经常使用"平衡"一词,如"收支平衡"。这里的"平衡"与化学平衡更不可同日而语了。化学平衡状态只有在封闭系统里才能够达成,反应物与产物双方不断地相互转换着,你变我,我变你,当各自的量及总量都不变时,才达成平衡态,而收支平衡的所谓"平衡"却是在一个开放系统里达成的,收支双方并不是你变我,我变你的关系,而只是单向地一方变另一方,这种"平衡",只是进出开放系统的某物在量上相等而已,科学地表述,不能叫"平衡态"(equilibrium state),应该叫"稳态"(steady state)。两者的重要区别还在于,中学学过的勒夏特列原理只适用于化学平衡之类的平衡态,不适用于收支平衡之类的稳态[①]。

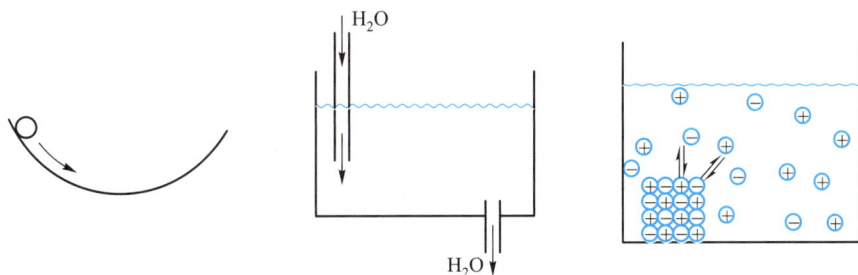

H₂O

H₂O

图 6-1　不相同的"平衡"内涵举例

还应指出,在许多教材里,讨论化学平衡状态时说,化学平衡是正反应速率等于逆反应速率的状态。尽管这是最早由古德伯格(G. M. Guldberg)和瓦格(P. Wasage)在1864年提出来的,也确实是化学平衡的动力学真实图像,却并非热力学概念,因为热力学是不讨论反应速率的。如上所述,化学平衡是反应向

[①] 英文里,化学平衡的"平衡"是 equilibrium,而收支平衡的"平衡"是 balance。

正、逆两个方向进行的"推动力"都等于零的状态,只能判断在某一个条件下反应会达到平衡,却不知道需要经过多长时间才能达到平衡,同样,只知道当维持平衡态的条件改变时,平衡会移动,而且知道向哪个方向移动,却不知道要经过多长时间才会移动。

6-1-2   勒夏特列原理

化学平衡必须在一定条件下才能达成,如一定的温度、一定的浓度或分压等。早在 1888 年,法国科学家勒夏特列(Le Chatelier,见图 6-2)就总结道:一旦改变维持化学平衡的条件,平衡就会向着减弱这种改变的方向移动。后人就把这一平衡移动的原理称为勒夏特列原理。

试设想,把氢气、氧气和水放进一个密闭容器,氢气、氧气和水的量都是一定的,放上千年也不会改变。你改变温度或者气体的压力(如压缩密闭容器的容积),容器内各种物质的量一点也没有改变。这种状态是不是化学平衡状态呢?单从现象是无法判断的。只有通过热力学计算,才可判断该状态是否是平衡态,这时,用勒夏特列原理,可以判定,若氢气、氧气、水混合物没有达到平衡,反应将向哪个方

图 6-2   勒夏特列

向移动而使之达到平衡。当然,创造条件使反应实际发生,如在上述混合物中加入一小片镀满铂黑的铂片,这时,反应的方向将符合勒夏特列原理的预言。这个例子告诉我们,勒夏特列原理并不能实际判定某一系统是否达到平衡,而只是预言了平衡态的破坏将导致系统自发地向新的平衡移动的方向。

再看,把啤酒瓶打开,立即泛起泡沫。这个事实表明,原先啤酒瓶里存在一个化学平衡——溶解在啤酒里的二氧化碳和二氧化碳气体之间是达成动态平衡的。打开瓶盖,溶解在啤酒里的二氧化碳释放出来,不但表明一定的二氧化碳气体压力是维持这种平衡的条件,而且表明平衡是向着减弱二氧化碳气体压力引起平衡破坏的影响因素的方向移动了。如果把原先冰镇的啤酒倒入常温的酒杯,泡沫更多,表明除二氧化碳气体的分压外,温度也是维持平衡的条件,倒入酒杯的啤酒温度上升了,溶解在啤酒里的二氧化碳就会放出来,因为二氧化碳从溶解态变成气体是吸热的,可以减弱温度上升这种引起平衡移动的因素。

首先,应该注意,并不是改变任何条件,化学平衡都会移动,而只有改变维持平衡的条件,平衡才会移动。例如,CO 气体和水蒸气转化为 CO_2 气体和氢气的

反应,在一定温度下,在催化剂存在下,可以达到化学平衡:CO(g)+H₂O(g)$\Longrightarrow$
CO₂(g) + H₂(g)。在密闭容器中达到平衡后,4 种气体各保持一定的分压,系
统的总压当然也是一定的。如果改变任何一种气体的分压,平衡就会向着减弱
这种影响的方向移动。然而,如果改变总压,平衡并不会移动。这说明,一定的
总压并不是维持这个平衡的条件。同样,如果改变催化剂的用量,平衡也不会移
动,说明催化剂的用量也不是维持这个平衡的条件。然而,若将化学反应改为
3H₂+ N₂$\Longrightarrow$ 2NH₃,尽管改变催化剂的用量也没有引起平衡移动,改变总压却
能引起平衡移动,说明总压对于合成氨的反应是维持平衡的条件。

其次,应该注意,勒夏特列原理说平衡向着减弱引起平衡破坏的因素的方向
移动,却绝没有说移动的结果可以完全抵消这种引起平衡破坏的因素而使平衡
恢复到原来的状态。勒夏特列原理说的只是平衡移动的方向。平衡移动的结果
呢?是打破了旧平衡,建立了新平衡,从一个平衡态变成另一个平衡态,而绝非
恢复到原来的状态。举例来说,向饱和氯化钠溶液通入氯化氢气体(若忽略溶
液体积的变化,添加浓盐酸也可以),立即见到氯化钠固体从溶液里析出。这说
明平衡移动了,结果是,溶液中氯化钠的溶解度下降了,不再是原来的溶解度,可
见,平衡移动绝不会恢复到原先的平衡态,当然也更不会使被减弱的因素变得比
维持原平衡的因素更强大。例如,有人这样比喻勒夏特列原理:"你有一个快乐
系统,你若使之不快乐,它将自己变得快乐"。这种比喻显然是错误的。

此外,还见到有人说,勒夏特列原理是片面的,有时并不有效。例如,按照勒
夏特列原理,氢气和氮气合成氨气的反应是一个放热反应,降低温度才有利于氨
的合成,可是事实上工业上合成氨却选择了 500 ℃ 左右的高温,而没有按照勒夏
特列原理选择室温甚至低温。这种说法错在哪里呢?错在把热力学与动力学混
为一谈。永远不要忘记,勒夏特列原理说的只是热力学自发趋势,是一种可能
性。旧平衡破坏新平衡建立所需多少时间,勒夏特列原理是无能为力的。其实,
如果工业合成氨,不考虑时间,不考虑效率,只考虑氢气和氮气合成氨的转化率,
还是温度越低越好,勒夏特列原理不会失效。问题是工业生产必然讲究效率,
"时间就是金钱",容不得你不考虑时间,怎么能怪对此无能为力的勒夏特列原
理呢?

又有人问:若啤酒瓶预先经过摇动,冒泡现象将更明显,而相反,若倒啤酒时
顺杯壁下流,并没有大量冒泡,这能不能用勒夏特列原理来解释?显然不能。因
为这涉及的同样是动力学问题,是啤酒液体内部产生气泡的快慢问题,平衡移动
的快慢问题,不是平衡移动的方向问题。

勒夏特列原理也有缺点——不是进行定量计算的方程,不能首先判断某系
统是否处于平衡态。为此,对化学平衡的研究必须建立定量计算的方程。在上

一章,已经讨论了利用自由能对化学平衡进行定量计算的方法。本章来讨论另一种定量计算——利用平衡常数的计算。

6-2   平 衡 常 数

6-2-1   标准平衡常数

在上一章曾经给出过范特霍夫等温方程的重要关系式(5-17):

$$\Delta_r G_m(T) = \Delta_r G_m^\ominus(T) + RT \ln J$$

式中,$\Delta_r G_m(T)$ 是 T 温度下的非标准态反应自由能,$\Delta_r G_m^\ominus(T)$ 是 T 温度下的标准态自由能。对于气相反应系统,$J = \prod (p_i/p^\ominus)^{\nu_i}$;若系统中既有气体又有溶液,$J = \prod (p_i/p^\ominus)^{\nu_i} \cdot \prod (c_j/c^\ominus)^{\nu_j}$;若系统中只有溶液,$J = \prod (c_j/c^\ominus)^{\nu_j}$。

化学反应达到平衡状态是"热力学推动力"——反应的自由能 $\Delta_r G_m$ 等于零的状态,因此,在一定温度下,上述范特霍夫等温方程可以改写为

$$\Delta_r G_m^\ominus(T) + RT \ln J_{平衡} = 0$$

将上式的第二项移至等号右边,并定义平衡态下的 $J_{平衡} \equiv K^\ominus$,就得到下式:

$$\Delta_r G_m^\ominus(T) = -RT \ln K^\ominus \qquad (6-1)$$

显然,在一定温度(T)下,式(6-1)中的 $\Delta_r G_m^\ominus(T)$、R 和 T 都是定值,即 $K^\ominus$ 是一个常数,这一常数被称为标准平衡常数。

$K^\ominus$ 的表达当然是与 J 是一样的,但不要忘记它是平衡态下的,初学时,最好在表达式中标注"平衡"二字(或"eq"):

$$K^\ominus = \prod \left[(p_i/p^\ominus)^{\nu_i} \right]_{平衡} \qquad (6-2)$$

$$K^\ominus = \left[\prod (p_i/p^\ominus)^{\nu_i} \cdot \prod (c_j/c^\ominus)^{\nu_j} \right]_{平衡} \qquad (6-3)$$

$$K^\ominus = \left[\prod (c_j/c^\ominus)^{\nu_j} \right]_{平衡} \qquad (6-4)$$

以上三个方程分别适用于气相平衡、气体与溶液同时存在的平衡,以及溶液中的平衡。由这些方程,可以理解到,标准平衡常数的物理意义如下:在一定温度下,当气相系统达到化学平衡时,参与反应的各气体的分压与热力学标准压力之比以方程式中的化学计量数为幂的连乘积是一个常数[式(6-2)]。当溶液系统达到化学平衡时,参与反应的各溶质的浓度与热力学标准态浓度之比以方程式中

的化学计量数为幂的连乘积是一个常数[式(6-4)]。对式(6-3),读者可自己加以说明。

以上表述中包含着如下要素:① 平衡常数是温度的函数。温度不变,平衡常数不变。② 以式(6-2)为例,对于一个特定气相系统,在一定温度下,无论化学平衡是如何达成的,达到平衡时每一气体的分压具体数值可大可小,但是总地来看,所有气体分压之间的关系,必须遵从平衡常数的制约。③ 同一反应,在同一温度下,平衡常数的具体数值是与方程式的写法相关的,方程式写法不同,表达式中的指数不同,平衡常数不同。④ 平衡常数表达式中没有固体、溶剂等浓度不发生变化的物质[①]。

下面举例来强化这些要素。

[例1] 已知 693 K、723 K 下氧化汞固体分解为汞蒸气和氧气的标准摩尔自由能分别为 11.33 kJ·mol^{-1}、5.158 kJ·mol^{-1},求相应温度下的平衡常数。

[解]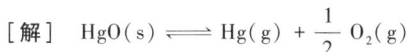

693 K $\Delta_r G_m^{\ominus}(693\ K) = -8.314\ J·mol^{-1}·K^{-1}·693\ K·\ln K^{\ominus} = 11.33\ kJ·mol^{-1}$

$\ln K^{\ominus}(693\ K) = (-11\ 330\ J·mol^{-1}) \div (5\ 761\ J·mol^{-1}) = -1.966\ 7$

$K^{\ominus}(693\ K) = 0.140$

723 K $\Delta_r G_m^{\ominus}(723\ K) = -8.314\ J·mol^{-1}·K^{-1}·723\ K·\ln K^{\ominus} = 5.158\ kJ·mol^{-1}$

$\ln K^{\ominus}(723\ K) = (-5\ 158\ J·mol^{-1}) \div (6\ 011.1\ J·mol^{-1}) = -0.858\ 1$

$K^{\ominus}(723\ K) = 0.424$

[评论] 此例表明,由于标准自由能是温度的函数,因而平衡常数也是温度的函数。温度不同,同一个反应的平衡常数是不同的。反之,温度不变,平衡常数不变。

[例2] 氧化汞在 693 K,在密闭容器中分解和在氧分压始终保持为空气分压时分解,达到平衡时汞蒸气压是否相同?

[解] $K^{\ominus}(693\ K) = [p(Hg)/p^{\ominus}][p(O_2)/p^{\ominus}]^{\frac{1}{2}} = 0.140$

在密闭容器中分解,每生成 1 个汞蒸气分子时必同时生成半个氧气分子,因此,$p(O_2) = 0.5\ p(Hg)$,代入上式:

$$K^{\ominus}(693\ K) = [p(Hg)/p^{\ominus}][0.5p(Hg)/p^{\ominus}]^{1/2} = 0.140$$

$$[p(Hg)/p^{\ominus}]^2[0.5p(Hg)/p^{\ominus}] = 0.140^2$$

$$0.5[p(Hg)]^3 = 0.140^2\{p^{\ominus}\}^3$$

$$p(Hg)_{平衡} = 0.340p^{\ominus} = 34.0\ kPa$$

---

① 如果考虑固体物质的纯度会在化学反应过程中发生变化,可表达为固体的“活度”(有效浓度)发生变化,平衡常数表达式中也应有固体活度,因本书不讨论活度,因而平衡常数表达式中无固体。溶剂的情形也一样。包含固体活度和溶剂活度的平衡常数将在后续物理化学课程中讨论。

若分解时氧分压始终维持在空气氧分压($0.210\ p^\ominus$),则

$$K^\ominus(693\ \text{K}) = [p(\text{Hg})/p^\ominus][0.210\ p^\ominus/p^\ominus]^{1/2} = 0.140$$

$$p(\text{Hg})_{平衡} = 0.306p^\ominus = 30.6\ \text{kPa}$$

[评论]　平衡常数表达式中的气体分压始终为达到平衡状态时的分压,可简称平衡分压。上面的计算的基础是在一定温度下平衡常数不变,因此,当平衡时的氧分压改变时,汞蒸气的平衡分压也会改变,但永远不要忘记,它们之间的关系却制约于平衡常数表达式。

[例3]　已知在 673 K 下 $3\text{H}_2(\text{g}) + \text{N}_2(\text{g}) \Longrightarrow 2\text{NH}_3(\text{g})$ 的平衡常数为 $K^\ominus(673\ \text{K}) = 5.7\times10^4$,求反应 $\dfrac{3}{2}\ \text{H}_2(\text{g}) + \dfrac{1}{2}\ \text{N}_2(\text{g}) \Longrightarrow \text{NH}_3(\text{g})$ 的平衡常数。

[解]　$3\text{H}_2(\text{g}) + \text{N}_2(\text{g}) \Longrightarrow 2\text{NH}_3(\text{g})$

$$K^\ominus(673\ \text{K}) = [p(\text{NH}_3)/p^\ominus]^2[p(\text{H}_2)/p^\ominus]^{-3}[p(\text{N}_2)/p^\ominus]^{-1} = 5.7\times10^4$$

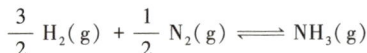

$$\frac{3}{2}\ \text{H}_2(\text{g}) + \frac{1}{2}\ \text{N}_2(\text{g}) \Longrightarrow \text{NH}_3(\text{g})$$

$$\begin{aligned}
K'^\ominus(673\text{K}) &= [p(\text{NH}_3)/p^\ominus][p(\text{H}_2)/p^\ominus]^{-3/2}[p(\text{N}_2)/p^\ominus]^{-1/2}\\
&= \{[p(\text{NH}_3)/p^\ominus]^2[p(\text{H}_2)/p^\ominus]^{-3}[p(\text{N}_2)/p^\ominus]^{-1}\}^{1/2}\\
&= [K^\ominus(673\text{K})]^{1/2} = (5.7\times10^4)^{1/2} = 2.4\times10^2
\end{aligned}$$

[评论]　① 平衡常数是与化学方程式一一对应的。同一反应,方程式写法不同,平衡常数的数值不同。但不难换算。② 一般而言,平衡常数越大的反应,达到平衡时生成物越多而反应物越少,因为平衡常数表达式的连乘积中,反应物的幂是负值,若改为分式,它们都在分母中,平衡常数越大,以分式表达的表达式中的分子越大,分母越小。由于方程式中的化学计量数在平衡常数表达式中处于指数的位置,化学计量数不同会很大程度地影响平衡常数的大小,因此,方程式不同的化学反应的平衡常数的大小很难直接对比。例如,上面不同写法的合成氨的平衡常数相差两个数量级,但却是同一个反应,绝不能说,由于方程式写法不同,这个反应的热力学性质(反应的趋势或彻底性)改变了。除非两个反应的化学计量数之和相同,如 $\sum\nu$ 都等于 1,才可以直接比较地说:平衡常数大的反应的反应趋势或彻底性更大。例如,弱酸的解离,通式为 $\text{HA} \Longrightarrow \text{H}^+ + \text{A}^-$,$\sum\nu = 1$,可毫不犹豫地断定,平衡常数大的弱酸更容易解离。否则,只能笼统地说,平衡常数很大的反应是很彻底的反应,平衡常数很小的反应是很不彻底的反应[①]。具体反应的转化率如何,要进行具体的计算才能知道(如何计算将在后文中详尽讨论)。

6-2-2　实验平衡常数

上一小节指出,利用热力学数据可以获得平衡常数,但归根结底,热力学数据

---

　① 有的教材说,K 值的数量级为 10^4 的是很彻底的反应,10^{-4} 则为很不彻底的反应,这种说法显然是有限制条件的,不能无条件地套用。

据也是实验获得的,可见,利用热力学数据获得平衡常数只是间接通过实验获得平衡常数而已。事实上,通过实验直接测定平衡常数也是经常要做的工作,而且,测定平衡常数也是获得热力学数据(如标准自由能)的重要方法。本节做些初步介绍。

通过气相色谱和质谱等现代物理方法已经不难测得混合气体中各组分气体的分压或浓度。下面是一组实验数据(见表6-1):

在 500 ℃ 下使用催化剂在一个密闭系统内使用不同的初始浓度进行合成氨的实验,测定达到平衡态时氢气、氮气和氨气的浓度,结果可发现,氨气的平衡浓度的 2 次方除以氢气的平衡浓度的 3 次方和氮气的平衡浓度的乘积几乎是个常数[①]:

表 6-1   500 ℃下的合成氨实验测定的平衡浓度与实验平衡常数

$[H_2]/(mol \cdot dm^{-3})$	$[N_2]/(mol \cdot dm^{-3})$	$[NH_3]/(mol \cdot dm^{-3})$	$K = \dfrac{[NH_3]^2}{[H_2]^3 \times [N_2]}$
1.15	0.75	0.261	5.98×10^{-2}
0.51	1.00	0.087	6.05×10^{-2}
1.35	1.15	0.412	6.00×10^{-2}
2.43	1.85	1.27	6.08×10^{-2}
1.47	0.75	0.376	5.93×10^{-2}
			平均值 6.0×10^{-2}

实验得到的平衡常数叫作**实验平衡常数**或**经验平衡常数**。气体系统的实验平衡常数有两种,一种是如上的浓度平衡常数,常用 K_c 表示,还有一种分压平衡常数,常用 K_p 表示。这两种常数可相互换算,写成通式可表示如下:

$$K_c = \prod c_i^{\nu_i} \tag{6-5}$$

$$K_p = \prod p_i^{\nu_i} \tag{6-6}$$

$$K_p \{ = \prod (c_i RT)^{\nu_i} = (RT)^{\sum \nu} \cdot \prod c_i^{\nu_i} \} = K_c (RT)^{\sum \nu} \tag{6-7}[②]$$

[①] 在同一温度下多次测定的同一反应的平衡常数"几乎"是一个常数,这不能完全归咎于实验误差,而是由于平衡常数表达式是只对于理想气体才是正确的,而实际气体与理想气体是有偏差的。如前章所说,本书将实际气体近似为理想气体。对实际气体的讨论将在物理化学课程中进行,那时,平衡常数的表达式将做修正。

[②] 本书中的 $\sum \nu$,有的教材用 Δn 表达,后者是不恰当的,因"Δ"是相减算符。早就说过,化学计量数 ν 本身是带正负号的。相反,物质的量之差则应用 Δn 表示,因 n 都是正值,不带正负号,单位为 mol。

实验平衡常数不同于标准平衡常数,量纲不一定为 1,或者说可能有单位。例如,对于上述合成氨反应,$K_c = 6.0×10^{-2} \; mol^{-2} \cdot dm^6$。还需注意:按式(6-7)进行换算求取 K_p 时,由于 R 取值问题(参见 5-2-4-1 节),得到的 K_p 的数据可能与标准平衡常数 $K^\ominus$ 的数值不同。例如,当取 $R = 8.314 \; L \cdot kPa \cdot mol^{-1} \cdot K^{-1}$ 时,

$$K_p = K_c(RT)^{\Sigma \nu} = K_c \cdot (8.314 \; L \cdot kPa \cdot mol^{-1} \cdot K^{-1} \cdot 500 \; K)^{-2}$$
$$= 3.5×10^{-9} \; kPa^{-2}$$

若换算成标准平衡常数,需乘以 $(100 \; kPa)^2$:

$$K_p^\ominus = [p(NH_3)/p^\ominus]^2 [p(H_2)/p^\ominus]^{-3} [p(N_2)/p^\ominus]^{-1}$$
$$= [p(NH_3)]^2 [p(H_2)]^{-3} [p(N_2)]^{-1} \cdot (p^\ominus)^2$$
$$= K_p \cdot (p^\ominus)^2$$
$$= 3.5×10^{-9} \; kPa^{-2}×100^2 \; kPa^2$$
$$= 3.5×10^{-5}$$

不过,尽管取不同单位的 R 值得到的实验平衡常数的具体数据不同,但无疑求得的标准平衡常数是完全相同的。这正是标准平衡常数的好处。还需提醒的是,气体的浓度平衡常数必须换算成分压平衡常数后才能求得标准平衡常数,这是气相系统的标准平衡常数的定义决定的。

由于历史的原因,在许多教材中,实验平衡常数不给出单位,这种做法对于 K_c 问题不大,因为 c 始终以 $mol \cdot dm^{-3}$ 为单位,而且 $c^\ominus$ 始终为 $1 \; mol \cdot dm^{-3}$,但对 K_p 则有可能用不同的单位,如规定 $p^\ominus = 1 \; atm$,实验中的各气体分压的单位也用 atm,K_p 和 $K_p^\ominus$ 的数值没有差别,但近来已经将 $p^\ominus$ 规定为 100 kPa,K_p 与 $K_p^\ominus$ 的数值就不同了,对此读者需要十分小心才是。

6-2-3　偶联反应的平衡常数

偶联反应,是指两个化学平衡组合起来,形成一个新的反应。在化学实践中,这样的例子是很多的。例如,在常温下,

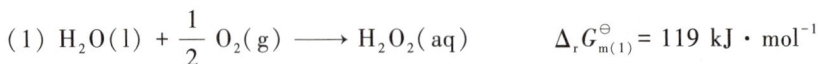

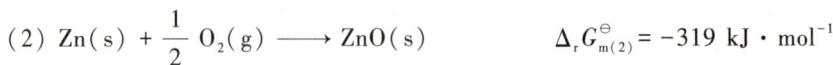

$$(1) \; H_2O(l) + \frac{1}{2} O_2(g) \longrightarrow H_2O_2(aq) \qquad \Delta_r G_{m(1)}^\ominus = 119 \; kJ \cdot mol^{-1}$$

$$(2) \; Zn(s) + \frac{1}{2} O_2(g) \longrightarrow ZnO(s) \qquad \Delta_r G_{m(2)}^\ominus = -319 \; kJ \cdot mol^{-1}$$

反应(1)的自由能 $\Delta_r G_{m(1)}^\ominus > 0$,表明热力学标准态下该反应在常温下没有自发向

右进行的趋势。若在一个系统里使两个反应同时发生,偶联成一个新的反应,而且达到平衡,就有

(3) $H_2O(l) + Zn(s) + O_2(g) \Longrightarrow ZnO(s) + H_2O_2(aq)$

$(1) + (2) = (3)$

$\Delta_r G_{m(1)}^{\ominus} + \Delta_r G_{m(2)}^{\ominus} = \Delta_r G_{m(3)}^{\ominus}$

$K_1^{\ominus} \cdot K_2^{\ominus} = K_3^{\ominus}$(请读者自己证明这一关系式)

如果反应(3)在动力学上没有障碍,即具有可观的反应速率,就使原先不可能发生的用水合成过氧化氢的反应成为可能,而且,如上所示,其平衡常数可根据两个单独反应的平衡常数求出。

但需注意的是,单独反应加和时若改写了化学方程式,不应忘记加和时应取与其对应的化学方程式的 $\Delta_r G_m^{\ominus}$ 和平衡常数。例如:

已知

(1) $H_2(g) + S(s) \Longrightarrow H_2S(g)$ $K_{(1)}^{\ominus} = 1.0 \times 10^{-3}$

(2) $S(s) + O_2(g) \Longrightarrow SO_2(g)$ $K_{(2)}^{\ominus} = 5.0 \times 10^6$

(3) $H_2(g) + \dfrac{1}{2}O_2(g) \Longrightarrow H_2O(g)$ $K_{(3)}^{\ominus} = 5 \times 10^{21}$

求 (4) $2H_2S(g) + SO_2(g) \Longrightarrow 3S(s) + 2H_2O(g)$ 的平衡常数 $K_{(4)}^{\ominus}$

$2\{H_2S(g) \Longrightarrow H_2(g) + S(s)\}$ $\{K_{(1)}^{\ominus}\}^{-2}$

$SO_2(g) \Longrightarrow S(s) + O_2(g)$ $\{K_{(2)}^{\ominus}\}^{-1}$

$+)$ $2\{H_2(g) + \dfrac{1}{2}O_2(g) \Longrightarrow H_2O(g)\}$ $\{K_{(3)}^{\ominus}\}^2$

———————————

$2H_2S(g) + SO_2(g) \Longrightarrow S(s) + 2H_2O(g)$

$$K_{(4)}^{\ominus} = \{K_{(1)}^{\ominus}\}^{-2} \cdot \{K_{(2)}^{\ominus}\}^{-1} \cdot \{K_{(3)}^{\ominus}\}^2$$

6-3 浓度对化学平衡的影响

可用勒夏特列原理定性地说明浓度对化学平衡的影响——增加反应物浓度或减小生成物浓度,平衡向生成物方向移动;增加生成物浓度或减小反应物浓度,平衡向反应物方向移动。

利用平衡常数的概念,对比 J 和 K 的大小,可以判断系统中的反应混合物是

否达到平衡,以及平衡将向哪个方向移动。即 $J > K$,平衡向左移动;$J < K$,平衡向右移动;$J = K$,达到平衡状态。这一关系式被称为化学平衡的质量判据,是与上一章学到的能量判据相对应的。为帮助记忆,可缩写为

$$J \begin{cases} \geqslant K \\ < K \end{cases} \tag{6-8}$$

自然,做此判断时假设反应不存在动力学的障碍。若系统的动力学性质不明,以上判断仅为反应方向的预测。

本节主要学习利用平衡常数进行计算。

[例4]   763.8 K 时,反应 $H_2(g) + I_2(g) \Longleftrightarrow 2HI(g)$ 的 $K_c = 45.7$,问 H_2、I_2、HI 三种气体的浓度均为 $2.00\ mol \cdot L^{-1}$ 时,是否达到平衡态? 若不平衡,反应将向哪个方向进行? 求平衡浓度。

[解] $H_2(g) + I_2(g) \Longleftrightarrow 2HI(g)$ $K_c = 45.7$

始态浓度/$(mol \cdot L^{-1})$ 2.00   2.00   2.00 $J_c = 2.00^2/(2.00 \times 2.00) = 1.00 < K_c$,
                                                              反应向右进行

浓度变化/$(mol \cdot L^{-1})$ $-x/2$ $-x/2$ $+x$

平衡浓度/$(mol \cdot L^{-1})$ 2.00$-x/2$ 2.00$-x/2$ 2.00$+x$

$$K_c = (2.00+x)^2/[(2.00-x/2)(2.00-x/2)] = 45.7$$

$$x = 2.66\ mol \cdot L^{-1}$$

$$[H_2] = 0.67\ mol \cdot L^{-1}, [I_2] = 0.67\ mol \cdot L^{-1}, [HI] = 4.66\ mol \cdot L^{-1}$$

[例5]   设在一密闭容器中进行如下反应:

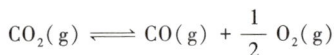

$$CO_2(g) \Longleftrightarrow CO(g) + \frac{1}{2}O_2(g)$$

25 ℃时,该反应的平衡常数 $K_c = 1.72 \times 10^{-46}(mol \cdot L^{-1})^{1/2}$。设 CO_2 的起始浓度为 $1.00\ mol \cdot L^{-1}$ 时,达到平衡时 CO 的平衡浓度多大?

[解] $CO_2(g) \Longleftrightarrow CO(g) + \frac{1}{2}O_2(g)$

起始浓度/$(mol \cdot L^{-1})$ 1.00   0   0 $J = 0 < K_c$,反应向右进行

浓度变化/$(mol \cdot L^{-1})$ $-x$ x $\frac{1}{2}x$

平衡浓度/$(mol \cdot L^{-1})$ 1.00$-x$ x $\frac{1}{2}x$

$$K_c = \frac{[CO][O_2]^{\frac{1}{2}}}{[CO_2]} = \frac{x\left(\frac{1}{2}x\right)^{\frac{1}{2}}}{1.00-x} = 1.72 \times 10^{-46}(mol \cdot L^{-1})^{\frac{1}{2}}$$

由 K_c 的数量级很小可判断,x 是一个数量级很小的数,可以做如下近似 $1.00-x \approx 1.00$

解出 $x = 3.90 \times 10^{-31}\ mol \cdot L^{-1}$(此数是远小于 1 的数,证明上述近似解是合理的。)

[评论]　利用数量级相差极大的两数相减可忽略数量级小的数而做近似解,这是利用平衡常数进行计算时经常采用的技巧,可免去繁杂的计算,但采用这种解法时,不应忘记验证,以确保近似计算的可靠性,避免差错。一般说来,近似解结果的相对误差应小于5%。

6-4　压力对化学平衡的影响

压力有分压和总压两个含义,故压力对化学平衡的影响应分为组分气体分压对平衡的影响和系统总压对平衡的影响两个方面来讨论。上节讨论的浓度对平衡的影响完全适用于分压对平衡的影响,因为由理想气体方程可以导出 $p = cRT$ 的变式,说明分压与浓度是成正比的,而总压对平衡是否有影响,需看反应前后气体分子的总数是否有变化。为加深理解这一关系,可以利用分压 p_i 与总压 p 的关系式—— $x_i p = p_i$ ——将分压平衡常数表达式做适当变形如下:

$$K_p = \prod p_i^{\nu_i} = \prod (x_i p)^{\nu_i} = p^{\sum \nu} \cdot \prod x_i^{\nu_i}$$

定义 $\prod x_i^{\nu_i} \equiv J_x$,上式可改写为

$$K_p = J_x \cdot p^{\sum \nu} \tag{6-9}$$

这表明:在温度一定时,若反应前后气体分子总数不变,$\sum \nu_i = 0$,则 $J_x \cdot p^0 = J_x = K_p$,$J_x$ 是一个常数,表明平衡态不会随系统总压的改变而发生改变;若反应前后气体分子总数有变化,$\sum \nu_i \neq 0$,J_x 的变化就与 $p^{\sum \nu}$ 的变化有关:若 $\sum \nu_i > 0$,即反应后气体分子总数增加,总压 p 增大时,$p^{\sum \nu}$ 将变大,由于 $J_x \cdot p^{\sum \nu}$ 是一个常数,J_x 就应变小,表明平衡将向左移动。读者可继续自行推论 $\sum \nu_i > 0$,p 减小;以及 $\sum \nu_i < 0$,p 增大时平衡移动的方向。

例如,对于合成氨反应:$N_2(g) + 3H_2(g) \rightleftharpoons 2NH_3(g)$,$\sum \nu_i < 0$,增大总压,平衡将向右移动。表6-2是按方程式化学计量数配比的氮气和氢气反应合成氨的体积分数受系统总压影响的热力学计算结果。

表6-2　总压对反应 $N_2(g) + 3H_2(g) \rightleftharpoons 2NH_3(g)$ 的影响（200 ℃,[N_2]:[H_2] = 1:3）

总压 $p/p^{\ominus}$	10	50	100	300	600	1 000
NH_3 的体积分数 $\varphi(NH_3)/\%$	50.7	74.4	81.5	90.0	95.4	98.3

[例6]　在常温(298.15 K)常压(100 kPa)下将 NO_2 和 N_2O_4 两种气体装入一注射器,问达到平衡时,两种气体的分压和浓度分别为多大? 推进注射器活塞,将混合气体的体积减

小一半,问达到平衡时,两种气体的分压和浓度多大? 已知 298.15 K 下两种气体的标准摩尔
生成自由能分别为 51.31 $kJ \cdot mol^{-1}$ 和 97.89 $kJ \cdot mol^{-1}$。

[解]　$2NO_2(g) \Longleftrightarrow N_2O_4(g)$

$$K^{\ominus} = \exp\{(-\Delta_r G_m^{\ominus})/RT\} = \exp\{-[\Delta_f G_m^{\ominus}(N_2O_4) - 2\Delta_f G_m^{\ominus}(NO_2)]/RT\}$$

$$= \exp\{4\,730\ J \cdot mol^{-1}/(8.314\ J \cdot mol^{-1} \cdot K^{-1} \times 298.15\ K)\}$$

$$= 6.74$$

达平衡时　　　　$K^{\ominus} = \{p(N_2O_4)/p^{\ominus}\}/\{[p(NO_2)]/p^{\ominus}\}^2 = 6.74$

将 $p^{\ominus} = 1 \times 10^5$ Pa 代入,得

$$p(N_2O_4)/[p(NO_2)^2] = 6.74 \times 10^{-5} Pa^{-1} \tag{1}$$

总压 $p = p(N_2O_4) + p(NO_2) = 1 \times 10^5\ Pa$(设总压 $p = 1 \times 10^5$ Pa)　(2)

解(1)和(2)的联立方程,得

$$p(N_2O_4) = 68.2\ kPa;\ p(NO_2) = 31.8\ kPa$$

代入 $c = p/RT$ (由 $pV = nRT$ 变形而得,R 应取值 8.314 $kPa \cdot L \cdot mol^{-1} \cdot K^{-1}$),得

$$c(N_2O_4) = 0.027\,5\ mol \cdot L^{-1};\ c(NO_2) = 0.012\,8\ mol \cdot L^{-1}$$

体积减小一半,总压增大,平衡向生成 $N_2O_4(g)$ 的方向移动:

	$2NO_2(g) \Longleftrightarrow$	$N_2O_4(g)$
体积压缩后分压/kPa	2×31.8	2×68.2
分压变化/kPa	$-2x$	x
新平衡分压/kPa	$2 \times 31.8 - 2x$	$2 \times 68.2 + x$

$$K^{\ominus} = \{p'(N_2O_4)/p^{\ominus}\}/\{[p'(NO_2)]^2/p^{\ominus}\} = 6.74$$

$$K^{\ominus} = \{(2 \times 68.2\ kPa + x)/p^{\ominus}\}/\{[(2 \times 31.8\ kPa - 2x)]/p^{\ominus}\}^2 = 6.74$$

得　　$x = 8.62$ kPa　　(另一解 $x' = 58.7$ kPa 不合理,弃去)

$$p'(N_2O_4) = 2 \times 68.2\ kPa + 8.62\ kPa = 145\ kPa$$

$$p'(NO_2) = 2 \times 31.8\ kPa - 2x = 46.36\ kPa$$

代入 $c' = p'/RT$,得

$$c'(N_2O_4) = 145\ kPa/(8.314\ kPa \cdot L \cdot mol^{-1} \cdot K^{-1} \times 298.15\ K) = 0.058\ mol \cdot L^{-1}$$

$$c'(NO_2) = 46.36\ kPa /(8.314\ kPa \cdot L \cdot mol^{-1} \cdot K^{-1} \times 298.15\ K) = 0.019\ mol \cdot L^{-1}$$

体积压缩一半达新平衡后,两种气体的浓度都增大了,但 $c'(NO_2) < 2c(NO_2)$,而
$c'(N_2O_4) > 2c(N_2O_4)$,这说明,平衡向生成 N_2O_4 的方向移动了。

[评论]　① 体积压缩一半,若平衡不发生移动,则总压增加一倍,达到 200 kPa,两种气
体的分压也分别为原平衡分压的一倍,这是不平衡状态,千万不能用这些数据建立联立方程,
而应设平衡移动,NO_2 的分压减少 $2x$,N_2O_4 的分压增大 x,用新的平衡分压代入平衡常数表
达式进行计算。若忘记平衡常数表达式中的分压是平衡分压,就容易算错了。② 达到平衡
后,两种气体的分压和为 191.36 kPa < 200 kPa,这是自然的事,因为平衡向生成 N_2O_4 的方向
移动了,气体分子总数下降了,如果以为仍然是 200 kPa,就错了。③ 体积压缩一半达新平衡

后,两种气体的浓度都增大了,但 $c'(NO_2)<2c(NO_2)$,而 $c'(N_2O_4)>2c(N_2O_4)$,这也说明,平衡向生成 N_2O_4 的方向移动了。有的人以为体积压缩一半后 NO_2 的浓度比未压缩时小了,其错误在于:忘记考虑压缩注射器体积造成的浓度增大效应。④ 问体积压缩后,混合气体的颜色比原来深了还是浅了? 这个问题可有不同的答案,与你如何进行观察有关。一般情况下,人们习惯于视线垂直于注射器的长轴方向进行观察(稍不垂直地斜视也无妨)。这时,由于气体体积压缩不会改变视路的长短,混合气体的颜色将由 NO_2 气体的浓度决定(正好比通常看试管里的溶液颜色一样,溶液颜色将因有色溶质的浓度增大而增大),混合气体的颜色将始终随着体积减小而增大(动力学实验证明,该反应的速率是很快的,在气体压缩的同时就达到新的平衡,不存在不平衡的“过渡态”),因此,将始终看到压缩气体的颜色加深(换言之,不做颜色的定量测定时,平衡移动引起的 NO_2 浓度下降完全被掩盖了)! 如果平行于注射器长轴进行观察,气体压缩引起的浓度增大将与视路变短相互抵消,于是,就可发现,随着气体压缩,由于 NO_2 分子总数的下降,混合气体的颜色不断变浅! ⑤ 压缩注射器中的混合气体,能否看到混合气体的颜色“先变深后变浅”呢? 如果压缩操作很猛,由于注射器壁相对绝热,平衡移动(NO_2 结合成 N_2O_4 是放热反应)引起系统温度升高,NO_2 浓度将比常温下大,待温度下降至常温时,混合气体颜色将会变浅。显然,这种效应不应归咎为混合物体积变化引起的颜色变化,不应由此现象以为事实上存在一个等温下发生的由不平衡态到平衡态的可察过程。这种假象与本质的矛盾是经常可见的,不能被假象蒙蔽。

6-5　温度对化学平衡的影响

勒夏特列原理定性地概括了温度对平衡的影响。下面给出定量计算的方程。

温度对平衡的影响主要是改变平衡常数,因为平衡常数是温度的函数,随温度变化而变化(温度变化引起气体体积的变化的效应应当归入上一小节进行讨论)。

由
$$\Delta_r G_m^\ominus = -RT \ln K^\ominus; \Delta_r G_m^\ominus = \Delta_r H_m^\ominus - T\Delta_r S_m^\ominus$$

得
$$-RT\ln K^\ominus = \Delta_r H_m^\ominus - T\Delta_r S_m^\ominus$$

$$\ln K^\ominus = \frac{\Delta_r S_m^\ominus}{R} - \frac{\Delta_r H_m^\ominus}{RT} \tag{6-10}$$

设 T_1 下平衡常数为 K_1,T_2 下平衡常数为 K_2,且 $T_2>T_1$,记住本书假设焓变和熵变不随温度而变,可得到

$$\ln K_1^\ominus \approx \frac{\Delta_r S_m^\ominus (298.15\ K)}{R} - \frac{\Delta_r H_m^\ominus (298.15\ K)}{RT_1}$$

$$\ln K_2^{\ominus} \approx \frac{\Delta_r S_m^{\ominus}(298.15\ \text{K})}{R} - \frac{\Delta_r H_m^{\ominus}(298.15\ \text{K})}{RT_2}$$

用后式减前式即得

$$\ln \frac{K_2^{\ominus}}{K_1^{\ominus}} \approx \frac{-\Delta_r H_m^{\ominus}(298.15\ \text{K})}{R}\left(\frac{1}{T_2} - \frac{1}{T_1}\right)$$

或

$$\ln \frac{K_2^{\ominus}}{K_1^{\ominus}} \approx \frac{\Delta_r H_m^{\ominus}(298.15\ \text{K})}{R}\left(\frac{T_2 - T_1}{T_1 T_2}\right) \tag{6-11}$$

式(6-11)表明,温度对平衡常数的影响与反应的焓变正负号是有关的,对于吸热反应,反应焓为正值,温度升高,平衡常数增大;对于放热反应,反应焓为负值,温度升高,平衡常数减小。下面是两个具体反应的例子:

从热力学数据表可查获,氮气和氧气化合为 NO 的反应 $N_2(g) + O_2(g) \rightleftharpoons 2NO(g)$ 的焓变为 $180\ \text{kJ} \cdot \text{mol}^{-1}$(298.15 K),是一个吸热反应,温度升高,平衡常数增大。

反应温度/℃	1 538	2 404
平衡常数	0.86×10^{-4}	64×10^{-4}

相反,合成氨反应是一个放热反应,$N_2(g) + 3H_2(g) \rightleftharpoons 2NH_3(g)$ 的焓变为 $-92.22\ \text{kJ} \cdot \text{mol}^{-1}$(298.15 K),温度升高,平衡常数减小:

T/K	473	573	673	773	873	973
平衡常数	4.4×10^{-2}	4.9×10^{-3}	1.9×10^{-4}	1.6×10^{-5}	2.8×10^{-6}	4.8×10^{-7}

[例7] 设例6的混合气体在压缩时温度升高了 10 K,查找数据求算 308.15 K 下二氧化氮转化为四氧化二氮的平衡常数,并对比 298.15 K 和 308.15 K 下 NO_2 的平衡浓度。

[解] 从热力学数据表中查到 $NO_2(g)$ 和 $N_2O_4(g)$ 的 $\Delta_f H_m^{\ominus}(298.15\ \text{K})$ 分别为 33.2 kJ/mol 和 11.1 kJ/mol,求得反应 $2NO_2(g) \rightleftharpoons N_2O_4(g)$ 的焓变为:$\Delta_r H_m^{\ominus}(298.15\text{K}) = 11.1$ kJ/mol -2×33.2 kJ/mol $= -55.3$ kJ/mol;设 $T_1 = 298.15$ K,$T_2 = 308.15$ K,由例6知,$K_1^{\ominus} = 6.74$,代入式(6-11):

$$\ln \frac{K_2^{\ominus}}{6.74} \approx \frac{-55.3\ \text{kJ/mol}}{8.314 \times 10^{-3}\ \text{kJ/(mol} \cdot \text{K)}} \times \frac{10\ \text{K}}{308.15\ \text{K} \times 298.15\ \text{K}}$$

$K_2^{\ominus} = 3.27$ （注: 放热反应温度升高平衡常数减小, 3.27/6.74 = 48%!）

若忽略温度对气体体积的影响,仅考虑例6压缩后气体因温度升高发生四氧化二氮分解为二氧化氮的平衡移动,则

	$2NO_2(g)$	$\rightleftharpoons$	$N_2O_4(g)$
298.15 K 平衡分压/kPa	46.36		145
温度升高 10 K 分压变化/kPa	$2x$		$-x$
308.15 K 下的平衡分压/kPa	$46.36+2x$		$145-x$

代入平衡常数表达式：

$$K^\ominus(308.15\ \text{K}) = 3.27 = [p(N_2O_4)/p^\ominus]/[p(NO_2)/p^\ominus]^2$$
$$= [(145-x)\text{kPa}/p^\ominus]/\{[(46.36+2x)\text{kPa}]^2/p^{\ominus 2}\}$$
$$x = 9.06\ \text{kPa}$$

[**评论**] 可见，当温度升高 10 K，二氧化氮的分压将由 46.36 kPa 上升到 64.48 kPa，上升的幅度达到 1.4 倍，是相当显著的，同时，四氧化二氮的分压从 145 kPa 降低到 136 kPa，而且两种气体的分压和将超过只考虑常温下气体体积压缩引起的分压增高（200 kPa），这应该是中学化学教材里看到的注射器实验中当进行压缩看到的二氧化氮气体颜色"先深后浅"的真正原因（注意：以上分析的前提是整个实验过程应保持体积为原体积的 1/2，若不能保持，应另做相应计算）。

在讨论温度与平衡常数的关系时，常常会引起初学者的如下疑惑：由吉布斯-亥姆霍兹方程 $\Delta G^\ominus = \Delta H^\ominus - T\Delta S^\ominus$ 可见，对于放热熵增大反应，$\Delta H^\ominus$ 是负值，$-T\Delta S^\ominus$ 也是负值，随温度升高，$T\Delta S^\ominus$ 增大，将导致反应的 $-\Delta G^\ominus$ 增大，这不是意味着反应向右进行的趋势变大吗？而放热反应的平衡常数随温度升高下降，这不是意味着反应向右进行的趋势减小吗？两者岂不是矛盾了吗？

须知：$\Delta G^\ominus$ 和 $K^\ominus$ 各自的意义是不同的。一个反应的 $-\Delta G^\ominus$ 越大表明，当反应系统中各物质都处于热力学标准态时，反应向右进行的趋势越大，却并没有告诉我们，当反应不断向右进行到平衡时，平衡点是否更靠近产物一方，或者说反应是否更彻底，而后者却是 $K^\ominus$ 的物理意义。由 $-\Delta G^\ominus = RT\ln K^\ominus$，当温度升高，$-\Delta G^\ominus$、$T$ 和 $K^\ominus$ 同时在变化，$-\Delta G^\ominus$ 和 $K^\ominus$ 的变化不一定成正相关性：

（1）放热熵增大反应，温度升高，$-\Delta G^\ominus$ 变大，$K^\ominus$ 变小；

（2）放热熵减小反应，温度升高，$-\Delta G^\ominus$ 变小，$K^\ominus$ 变小；

（3）吸热熵增大反应，温度升高，$-\Delta G^\ominus$ 变大，$K^\ominus$ 变大；

（4）吸热熵减小反应，温度升高，$-\Delta G^\ominus$ 变小，$K^\ominus$ 变大。

$\Delta G^\ominus$ 只能判断系统中各物质均处于标态时反应的方向，用它来判断一个在标准态下反应能否发生。而要判断反应物变产物在理论上最高转化率多大，反应才会停止（达到平衡），只能用 $K^\ominus$ 来判断。

[**例 8**] 查热力学数据表求常温下白磷和红磷升华为 P_4 蒸气的饱和蒸气压。

[**解**] （1）　　　　　　　　　　$4P(白磷) \rightleftharpoons P_4(g)$

$\Delta_r H_m^\ominus(298.15\ \text{K}) = (0+58.9)\ \text{kJ}\cdot\text{mol}^{-1} = 58.9\ \text{kJ}\cdot\text{mol}^{-1}(吸热)$

$$\Delta_r S_m^{\ominus}(298.15 \text{ K}) = [-(164.4) + (280)] \text{J} \cdot \text{mol}^{-1} \cdot \text{K}^{-1}$$
$$= 115.6 \text{ J} \cdot \text{mol}^{-1} \cdot \text{K}^{-1}(\text{熵增大})$$
$$\Delta_r G_m^{\ominus}(298.15 \text{ K}) = \Delta_r H_m^{\ominus}(298.15 \text{ K}) - 298.15 \text{ K} \times \Delta_r S_m^{\ominus}(298.15 \text{ K})$$
$$= 58.9 \text{ kJ} \cdot \text{mol}^{-1} - 298.15 \text{ K} \times 115.6 \text{ J} \cdot \text{mol}^{-1} \cdot \text{K}^{-1}/(1\,000 \text{ J/kJ})$$
$$= 24.43 \text{ kJ} \cdot \text{mol}^{-1}(>0, \text{在标准态下,即} \, p(\text{P}_4) = p^{\ominus} \text{时反应将向逆方向进}$$

行)

$$\Delta_r G_m^{\ominus}(T) = -RT\ln K^{\ominus}$$
$$K^{\ominus} = \exp\{-\Delta_r G_m^{\ominus}/RT\}$$
$$= \exp\{-24.43 \text{ kJ} \cdot \text{mol}^{-1}/(0.008\,314 \text{ kJ} \cdot \text{mol}^{-1} \cdot \text{K}^{-1} \times 298.15 \text{ K})\}$$
$$= 5.25 \times 10^{-5}$$
$$K^{\ominus} = p(\text{P}_4)_{\text{平衡}}/p^{\ominus}$$
$$p(\text{P}_4)_{\text{平衡}} = 5.25 \times 10^{-5} p^{\ominus} = 5.25 \text{ Pa}$$

(2) $4\text{P}(\text{红磷}) \rightleftharpoons \text{P}_4(\text{g})$

$$\Delta_r H_m^{\ominus}(298.15 \text{ K}) = [-4 \times (-17.6) + 58.9] \text{ kJ} \cdot \text{mol}^{-1} = 129.3 \text{ kJ} \cdot \text{mol}^{-1}$$
$$\Delta_r S_m^{\ominus}(298.15 \text{ K}) = [-4 \times (22.8) + (280)] \text{ J} \cdot \text{mol}^{-1} \cdot \text{K}^{-1} = 188.8 \text{ J} \cdot \text{mol}^{-1} \cdot \text{K}^{-1}$$
$$\Delta_r G_m^{\ominus}(298.15 \text{ K}) = 129.3 \text{ kJ} \cdot \text{mol}^{-1} - 298.15 \text{ K} \times 188.8 \text{ J} \cdot \text{mol}^{-1} \cdot \text{K}^{-1}/(1\,000 \text{ J/kJ})$$
$$= 73.0 \text{ kJ} \cdot \text{mol}^{-1}$$
$$K^{\ominus} = \exp\{-\Delta_r G_m^{\ominus}/RT\}$$
$$= \exp\{-73.0 \text{ kJ} \cdot \text{mol}^{-1}/(0.008\,314 \text{ kJ} \cdot \text{mol}^{-1} \cdot \text{K}^{-1} \times 298.15 \text{ K})\}$$
$$= 1.62 \times 10^{-13}$$
$$K^{\ominus} = p(\text{P}_4)_{\text{平衡}}/p^{\ominus}$$
$$p(\text{P}_4)_{\text{平衡}} = 1.62 \times 10^{-13} p^{\ominus} = 1.62 \times 10^{-8} \text{ Pa}$$

[评论] ① 红磷的饱和蒸气压太小,不可测出,因此通常说:红磷不升华。② 由于红磷的饱和蒸气压大大小于白磷的饱和蒸气压,设想将红磷与白磷共置于一个容器中,白磷上方的磷蒸气将自发地向红磷上方移动,白磷与其蒸气的平衡和红磷与其蒸气的平衡同时被打破,白磷就不断自发地经磷蒸气转化为红磷。这表明:在常温下,白磷在热力学上是不稳定的。白磷在常温下之所以存在,不是热力学上的缘故,而是动力学上的障碍,即它转化为红磷的速率太慢,转化的实际进行需要很长的时间,这就是所谓"介稳态"的概念。③ 上述"设想"只是一个思维模型,事实上,白磷转化为红磷并不需要经由磷蒸气,是晶相的直接转化。之所以可以有这种思维模式是因为热力学状态函数只由始态与终态决定,采取不同途径,不会改变热力学状态函数。④ 白磷转化为红磷是放热熵减反应,提高温度似将使熵变项($-T\Delta S > 0$)增大而降低转化反应的热力学自发性,但只要温度不是太高,不会使反应倒转,却提高了反应的速率。白磷转化为红磷的实际工业生产是在 270~300 ℃下隔绝空气加热数日。

习　　题

6-1　写出下列各反应的标准平衡常数表达式和实验平衡常数表达式:

（1）$2SO_2(g) + O_2(g) \Longrightarrow 2SO_3(g)$

（2）$NH_4HCO_3(s) \Longrightarrow NH_3(g) + CO_2(g) + H_2O(g)$

（3）$CaCO_3(s) \Longrightarrow CO_2(g) + CaO(s)$

（4）$Ag_2O(s) \Longrightarrow 2Ag(s) + \frac{1}{2}O_2(g)$

（5）$CO_2(g) \Longrightarrow CO_2(aq)$

（6）$Cl_2(g) + H_2O(l) \Longrightarrow H^+(aq) + Cl^-(aq) + HClO(aq)$

（7）$HCN(aq) \Longrightarrow H^+(aq) + CN^-(aq)$

（8）$Ag_2CrO_4(s) \Longrightarrow 2Ag^+(aq) + CrO_4^{2-}(aq)$

（9）$BaSO_4(s) + CO_3^{2-}(aq) \Longrightarrow BaCO_3(s) + SO_4^{2-}(aq)$

（10）$Fe^{2+}(aq) + \frac{1}{2}O_2(g) + 2H^+(aq) \Longrightarrow Fe^{3+}(aq) + H_2O(l)$

6-2　已知反应 $ICl(g) \Longrightarrow \frac{1}{2}I_2(g) + \frac{1}{2}Cl_2(g)$ 在 25 ℃时的标准平衡常数为 $K^\ominus = 2.2 \times 10^{-3}$，试计算下列反应的标准平衡常数：

（1）$2ICl(g) \Longrightarrow I_2(g) + Cl_2(g)$

（2）$\frac{1}{2}I_2(g) + \frac{1}{2}Cl_2(g) \Longrightarrow ICl(g)$

6-3　下列反应的 K_p 和 K_c 之间存在什么关系？

（1）$4H_2(g) + Fe_3O_4(s) \Longrightarrow 3Fe(s) + 4H_2O(g)$

（2）$N_2(g) + 3H_2(g) \Longrightarrow 2NH_3(g)$

（3）$N_2O_4(g) \Longrightarrow 2NO_2(g)$

6-4　实验测得合成氨反应在 500 ℃的平衡浓度分别为 $[H_2] = 1.15\ mol \cdot L^{-1}$，$[N_2] = 0.75\ mol \cdot L^{-1}$，$[NH_3] = 0.261\ mol \cdot L^{-1}$，求标准平衡常数 $K^\ominus$、浓度平衡常数 K_c 及分别用 Pa 为气体的压力单位和用 bar 为气体的压力单位的平衡常数 K_p。

6-5　已知

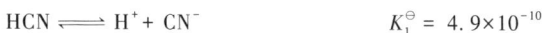
$HCN \Longrightarrow H^+ + CN^-$ 　　　　　　　　　$K_1^\ominus = 4.9 \times 10^{-10}$

$NH_3 + H_2O \Longrightarrow NH_4^+ + OH^-$ 　　　　　$K_2^\ominus = 1.8 \times 10^{-5}$

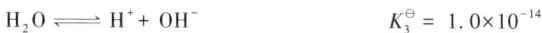
$H_2O \Longrightarrow H^+ + OH^-$ 　　　　　　　　　$K_3^\ominus = 1.0 \times 10^{-14}$

求反应 $NH_3 + HCN \Longrightarrow NH_4^+ + CN^-$ 的平衡常数 $K^\ominus$。

6-6　反应 $CO(g) + H_2O(g) \Longrightarrow CO_2(g) + H_2(g)$ 在 749 K 时的平衡常数 $K^\ominus = 2.6$。设（1）反应起始时 CO 和 H_2O 的浓度都为 $1\ mol \cdot L^{-1}$（没有生成物，下同）；（2）起始时 CO 和 H_2O 的摩尔比为 1:3，求 CO 的平衡转化率。用计算结果来说明勒夏特列原理。

6-7　将 SO_3 固体置于一反应器内，加热使 SO_3 汽化并令其分解，测得温度为 900 K，总压为 $p^\ominus$ 时，气体混合物的密度为 $\rho = 0.925\ g \cdot dm^{-3}$，求 SO_3 的（平衡）解离度 α。

6-8　已知反应 $N_2O_4(g) \Longrightarrow 2NO_2(g)$ 在 308 K 下的标准平衡常数 $K^\ominus$ 为 0.32。求反应系统的总压为 $p^\ominus$ 和 $2p^\ominus$ 时，N_2O_4 的解离度及其比。用计算结果说明勒夏特列原理。

6-9　为使 Ag_2O 在常温下分解,真空泵需将氧的分压降至多大?

6-10　求 $10^{-5}Pa$ 的高真空中分解 CuO 的最低温度。

6-11　对比 NH_4HCO_3 在总压为 $p^\ominus$ 与各组分气体分压均为 $p^\ominus$ 时分解温度的差别。哪一种情况符合试管内该物质分解的实际情况?

6-12　在 693 K 和 723 K 下氧化汞分解为汞蒸气和氧的平衡总压分别为 5.16×10^4 Pa 和 1.08×10^5 Pa,求在该温度区域内分解反应的标准摩尔焓和标准摩尔熵变。

6-13　查阅热力学函数表估算二氧化硫与氧气反应生成三氧化硫的反应在 400 ℃、600 ℃ 和 800 ℃ 下的平衡常数。由 400 ℃ 至 600 ℃ 和由 600 ℃ 至 800 ℃ 都是 200 ℃ 的温差,该反应的平衡常数的变化是否相同? 若不同,又如何解释其差异?

6-14　雷雨导致空气中的氮气和氧气化合为 NO 是自然界中氮的固定的主要反应之一。经热力学计算得知,在 2 033 K 和 3 000 K 下该反应达平衡时系统中 NO 的体积分数分别为 0.8% 和 4.5% ,试问(1)该反应是吸热反应还是放热反应? (2)计算 2 033 K 时的平衡常数。

6-15　下面各种改变将对反应 $2SO_2(g) + O_2(g) \rightleftharpoons 2SO_3(g)$ ($\Delta_r H_m^\ominus = 198$ kJ·mol^{-1}) 中的 SO_3 的平衡分压有何影响?

(1) 将反应容器的体积加倍

(2) 保持体积而增加反应的温度

(3) 加多氧量

(4) 保持反应容器的体积而加入氩气

6-16　下面的反应在一个 1 L 的容器里,在 298 K 下达成平衡:

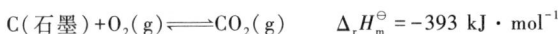

$$C(石墨) + O_2(g) \rightleftharpoons CO_2(g) \qquad \Delta_r H_m^\ominus = -393 \text{ kJ·mol}^{-1}$$

以下各种措施对氧气的平衡分压有何影响?

(1) 增加石墨的量

(2) 增加 CO_2 气体的量

(3) 增加氧气的量

(4) 降低反应的温度

(5) 加入催化剂

6-17　$PCl_5(g)$ 分解成 $PCl_3(g)$ 和 $Cl_2(g)$ 的反应是一个吸热反应。以下各种措施对五氯化磷的解离率有何影响?

(1) 压缩气体混合物

(2) 增加气体混合物的体积

(3) 降低温度

(4) 保持混合气体的体积不变的前提下向气体混合物添加氯气

6-18　在 200 ℃ 下的体积为 V 的容器里,下面的吸热反应达成平衡态:

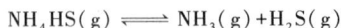

$$NH_4HS(g) \rightleftharpoons NH_3(g) + H_2S(g)$$

通过以下各种措施,反应再达到平衡态时,NH_3 的分压跟原来的分压相比,有何变化?

(1) 增加氨气

（2）增加硫化氢气体

（3）增加 NH_4HS 固体

（4）增加温度

（5）加入氩气以增加体系的总压

（6）把反应容器的体积增加到 $2V$

6-19　已知氯气在饱和食盐水里的溶解度小于在纯水里的溶解度。试用平衡移动的原理加以解释。

6-20　实验测得氯气溶于水后约有三分之一的 Cl_2 发生歧化转化为盐酸和次氯酸，求该反应的平衡常数。293 K 下氯气在水中的溶解度为 0.09 mol·L^{-1}。

6-21　自然界里氮的固定的主要途径之一是在闪电的作用下，氮气与氧气反应生成 NO，然后 NO 和氧气继续反应生成 NO_2，后者与水反应，生成硝酸。热力学证明，在通常条件下氮气和氧气的反应的转化率要低于闪电条件下的转化率（在催化剂存在下，克服动力学的障碍，氮气和氧气在常温下也能反应的话）。问氮气和氧气的反应是吸热反应还是放热反应？闪电造成的气体体积膨胀对反应的平衡转化率有何影响？

6-22　超音速飞机在平流层飞行放出的燃烧尾气中的 NO 会通过下列反应破坏其中保护我们免受阳光中的短波紫外线辐射伤害的臭氧：

$$NO(g)+O_3(g) \Longleftrightarrow NO_2(g)+O_2(g)$$

（1）如果已知 298 K 和 100 kPa 下 NO、NO_2 和 O_3 的生成自由能分别为+86.7 kJ·mol^{-1}、+51.8 kJ·mol^{-1}、+163.6 kJ·mol^{-1}，求上面的反应的 K_p 和 K_c。

（2）假定反应在 298 K 下发生前，高层大气里的 NO、O_3 和 O_2 的浓度分别为 2×10^{-9} mol·L^{-1}、1×10^{-9} mol·L^{-1}、2×10^{-3} mol·L^{-1}，NO_2 的浓度为零，试计算 O_3 的平衡浓度。

（3）计算达到平衡时 O_3 被 NO 破坏的百分数。

附注：实际上上述反应的速率不很大，反应并不易达到平衡转化率。

6-23　通过热力学的研究求得反应：

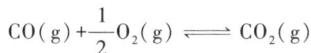

$$CO(g)+\frac{1}{2}O_2(g) \Longleftrightarrow CO_2(g)$$

在 1 600 ℃ 下的 K_c 约为 1×10^4。经测定汽车的尾气里的 CO 和 CO_2 气体的浓度分别为 4.0×10^{-5} mol·L^{-1} 和 4.0×10^{-4} mol·L^{-1}。若在汽车的排气管上增加一个 1 600 ℃ 的补燃器，并使其中的氧气的浓度始终保持 4.0×10^{-4}mol·L^{-1}，求 CO 的平衡浓度和补燃转化率。

6-24　在 6-23 题的系统里，同时发生反应：

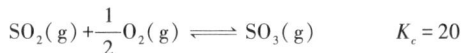

$$SO_2(g)+\frac{1}{2}O_2(g) \Longleftrightarrow SO_3(g) \qquad K_c=20$$

经测定，汽车的尾气原有 SO_2 气体的浓度为 2.0×10^{-4}mol·L^{-1}，问 SO_3 的平衡浓度。

6-25　汽车的尾气里有 NO 气体，它是汽车内燃机燃烧的高温引起的氮气和氧气的反应：

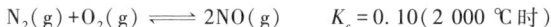

$$N_2(g)+O_2(g) \Longleftrightarrow 2NO(g) \qquad K_c=0.10(2\ 000\ ℃时)$$

在一个 2 L 的容器里进行实验,起始时,氮气和氧气的浓度分别为 $0.81 \text{ mol} \cdot \text{L}^{-1}$,求达到平衡时 NO 气体的浓度。

6-26　实验指出,无水三氯化铝在热力学标准压力下的以下各温度时测定的密度为

$T/℃$	200	600	800
$\rho/(\text{kg} \cdot \text{L}^{-1})$	6.8×10^{-3}	2.65×10^{-3}	1.51×10^{-3}

(1) 求三氯化铝在 200 ℃ 和 800 ℃ 时的分子式;

(2) 求 600 ℃ 下的平衡物种;

(3) 求 600 ℃ 下各物种的平衡分压;

(4) 求 600 ℃ 的 K_c 和 K_p。

第7章

化学动力学基础[①]

内容提要

1. 化学动力学（chemical kinetics）是物理化学的一个分支，研究化学反应的快慢（即速率）和微观历程（或称机理），它的主要研究领域可分成表观动力学、分子反应动力学、催化动力学和宏观动力学等。表观动力学又叫唯象动力学，即用实验方法建立描述反应速率的一些参数，主要有反应级数、速率常数、活化能等。分子反应动力学是有关反应速率的理论。催化动力学讨论催化剂和催化反应。宏观动力学则讨论除浓度、温度、催化剂以外的各种物理因素（如流体的性质等）对工业生产过程中的反应的影响，属于化学工艺学课程的研究范畴。本课程旨在建立表观动力学和分子反应动力学的基础。

2. 本章第 1 节首先建立反应速率的概念。广义地说，反应速率是参与反应的物质的量随时间的变化量的绝对值。原则上，与物质的量的时间变化率成正比的任何物理量随时间的变化率都可以用来表达反应速率。对于反应体积不变的密闭系统，一般用参与反应的物质的浓度随反应时间变化率的绝对值来表达反应速率。反应速率有平均速率、瞬时速率和初速率之分。当用浓度变化表达时，平均速率是某段时间间隔（$\Delta t \equiv t_{终} - t_{始}$）内参与反应的物质的浓度的变化量（$\Delta c \equiv c_{终} - c_{始}$）的绝对值，即 $r \equiv |\Delta c / \Delta t|$；瞬时速率是参与反应的物质的浓度 c 随时间 t 的变化率的绝对值（$r \equiv |dc/dt|$）。初速率（r_0）是 $t_{始}$ 为零的瞬时速率。为使取不同物质表示的反应速率的数值相等，近年来，反应速率又被定义为 $r \equiv (1/\nu) dc/dt$，ν 为物质在化学方程式中的化学计量数（反应物取负值，生成物取正值）。若定义 $\xi \equiv (1/\nu)(n - n^0)$ 为反应进度（n 为物质的量），则可用 $\Delta \xi / \Delta t$ 表示平均速率，用 $d\xi/dt$ 表示瞬时速率。

---

① 鉴于本章涉及微积分的初步知识，宜学过微积分初步知识后再学习，建议安排在接近第一学期结束时进行教学。但本章的编写已充分考虑许多院校的教学习惯，不先学习微积分也是可以进行教学的，建议接受后一种教学顺序的读者在学习微积分时及在第一学期期末考试前再次研读本章，并结合微积分的学习选做本章使用微积分的习题。

3. 表观动力学建立于 19 世纪末,其核心内容是通过实验方法建立起来的两个唯象性的动力学方程,即速率方程(又叫质量作用定律):$r = kc_A^\alpha c_B^\beta c_C^\gamma$,其中 r——反应速率;k——速率常数;c_A、c_B、c_C、…——A、B、C、… 的浓度;α、β、γ、…——物质 A、B、C、… 的反应级数,而 $\alpha+\beta+\gamma+\cdots$ 则叫反应级数;该方程唯象地给出了参加反应的物质的浓度对化学反应速率的影响;阿伦尼乌斯方程:$k = A\exp(-E_a/RT)$ 其中 k——速率常数;A——指前因子;E_a——活化能;R——摩尔气体常数;T——热力学温度,该方程唯象地给出了温度对反应速率的影响。将分别在本章第 2 节和第 3 节讨论。本章第 2 节还将讨论怎样利用实验数据确定速率方程中的反应级数,特别是用初速率法,并利用速率方程进行计算,特别是一级反应,包括半衰期的计算。本章第 3 节将讨论如何通过实验确定阿伦尼乌斯方程中的活化能和指前因子,利用阿伦尼乌斯方程也可求得速率常数。

4. 本章第 4 节讨论反应机理(反应历程),它属于分子反应动力学。分子反应动力学是从微观角度建立反应速率的动力学理论。它首先把反应分为基元反应和非基元反应两大类。基元反应是一步反应,即简单反应、非基元反应是多步反应,即复杂反应。基元反应可按计量反应方程式中反应物的化学计量数直接写出其速率方程,它们的反应级数又称为反应分子数。非基元反应分哪几步进行的问题,就是所谓反应机理,又叫反应历程。本章第 4 节将初步讨论如何从反应机理推导唯象速率方程。

5. 本章第 5 节还将初步地介绍解释基元反应的速率方程的碰撞理论及解释阿伦尼乌斯方程的过渡态理论。

6. 本章第 6 节则对催化反应做一简介。

7-1　化学反应速率

7-1-1　概述

化学反应,有的进行得很快,如爆炸反应、强酸和强碱的中和反应等,几乎在顷刻之间完成、有的则进行得很慢,如岩石的风化、钟乳石的生长、镭的衰变等,历时千百万年才有显著的变化。

有的反应,用热力学预见是可以发生的,但却因反应速率太慢而事实上并不发生,如金刚石在常温常压下转化为石墨,在常温下氢气和氧气反应生成水等,这是由于,化学热力学只讨论反应的可能性、趋势与程度,却不讨论反应的速率。

下面的几个反应进行对比,它们的热力学顺序和动力学顺序可能不同。

例如,把氯水滴入碘离子和溴离子的混合溶液,从热力学数据,可以判断出,应当发生如下 3 个反应:

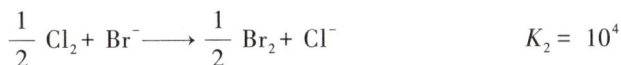

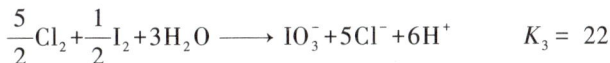

$$\frac{1}{2} Cl_2 + I^- \longrightarrow \frac{1}{2} I_2 + Cl^- \qquad\qquad K_1 = 10^{13}$$

$$\frac{1}{2} Cl_2 + Br^- \longrightarrow \frac{1}{2} Br_2 + Cl^- \qquad\qquad K_2 = 10^4$$

$$\frac{5}{2} Cl_2 + \frac{1}{2} I_2 + 3H_2O \longrightarrow IO_3^- + 5Cl^- + 6H^+ \qquad K_3 = 22$$

氯与溴离子的反应的平衡常数远大于氯和碘的反应,而实验事实是滴入氯水先发生后一反应。这说明:反应的实际进程不一定与反应的热力学顺序一致!平衡常数大只是表明反应的趋势大,并不表明反应一定快!

又如,氢气和氯、溴、碘化合的反应,在常温下的标准摩尔生成自由能分别是 $-95.3\ kJ \cdot mol^{-1}$,$-53.4\ kJ \cdot mol^{-1}$ 和 $1.3\ kJ \cdot mol^{-1}$。若无光照,氯和氢几乎不反应而碘和氢却能很快反应。尽管碘和氢的反应的趋势不大,很快达到平衡,余留下相当多的氢和碘不能变成碘化氢;而氯和氢一旦反应,几乎就不会有氯和氢残留。这也说明,反应的趋势大小和反应的速率不是一回事。

控制化学反应速率是许多实践活动的需要。例如,防止钢铁生锈至今仍是人们苦苦追求的目标,因为生锈使导致每年损失将近四分之一当年钢铁产量。又如,水果、粮食、鱼肉等食物的腐败或霉变导致的经济损失十分惊人,而水泥固化的速率是影响建筑楼房速率的重要制约因素。人们测定逃逸到大气中的卤代烃在高层大气中存留的寿命,以预计它们对破坏高层大气中的臭氧的效应;希望有一种办法能迅速分解泄漏到大海里去的石油而不影响环境和生态的平衡。有机化学反应经常是不专一的,副反应很多。近年来发现,在离子液体里使用生物酶作催化剂可以使许多反应的专一性大大改善。这样的例子还可以举出许多。

7-1-2　平均速率与瞬时速率[①]

化学反应的平均速率是反应进程中某时间间隔(Δt)内参与反应的物质的量的变化量,可以用单位时间内反应物的减少的物质的量或者生成物增加的物质的量来表示,可用一般式表示为

---

①　在过去,"反应速率"长期叫作"反应速度"。鉴于在物理学中"速度"是一个与取向有关的矢量,"速率"则与取向是无关的。另外,速率常用 r 代表(英文 rate 的第一个字母),不用 v(velocity)表示。

$$r \equiv |\Delta n_B / \Delta t| \tag{7-1}$$

式中，Δn_B 是时间间隔 $\Delta t(\equiv t_{终态} - t_{始态})$ 内的参与反应的物质 B 的物质的量的变化量（$\Delta n_B \equiv n_{终} - n_{始}$）。

对于在体积一定的密闭容器内进行的化学反应，可以用单位时间内反应物浓度的减少或者生成物浓度的增加来表示，一般式为

$$r \equiv |\Delta c_B / \Delta t| \tag{7-2}①$$

式中，Δc_B 是参与反应的物质 B 在 Δt 的时间内发生的浓度变化。取绝对值的原因是反应速率不管大小，总是正值。

然而，当考察一个具体反应时，常常遇到如下情形。例如，对于反应：

$$3H_2 + N_2 \Longrightarrow 2NH_3$$

用参与反应的三种物质的浓度在单位时间内的变化量表达时，

$$r = -\Delta c(H_2) / \Delta t$$
$$r' = -\Delta c(N_2) / \Delta t$$
$$r'' = \Delta c(NH_3) / \Delta t$$

前两个表达式中的负号保证了速率取正值，因为，对于反应物，浓度变化是负值。在同一反应的同一时间间隔内，由于 H_2、N_2、NH_3 的化学计量数不同，显然 $r \neq r' \neq r''$，举例说，若 $r = 0.006 \ mol \cdot L^{-1} \cdot s^{-1}$，$r'$ 就一定是 $0.002 \ mol \cdot L^{-1} \cdot s^{-1}$，而 r'' 是 $0.004 \ mol \cdot L^{-1} \cdot s^{-1}$。设想有 3 个人报道的测定结果是不同的，就难以判断是由于 3 个人用了不同的物质的浓度变化来表示反应速率呢还是确实有不同的测定结果。为避免混乱，最彻底的办法当然应寻找一种新的表达法，不管用哪一个物质的浓度表达，速率的数据是相同的，解决的方案是，用如下的表达式来代替式（7-2）：

$$r \equiv (1/\nu_B) \Delta c_B / \Delta t \tag{7-3}$$

式中，ν_B 是物质 B 在配平的化学方程式中的化学计量数。请注意，对于式（7-3），不必再取绝对值，它一定是一个正值，这是因为，在化学热力学基础中已经学过，化学计量数的数符规定——反应物取负值，生成物取正值。用式（7-3）表达上面合成氨反应的速率，任取哪一个物质，速率的数值就不会有差别了（例如，总等于 $0.002 \ mol \cdot L^{-1} \cdot s^{-1}$ 等）。将式（7-2）的速率表达式转换成式（7-3）

---

① 在许多教材中，这一表达式中的 c_B 被用方括号 [B] 来表达，通常规定，用方括号表达的是平衡浓度，而速率表达式中的速率并非平衡浓度，是在变化着的，建议不用方括号来表示。

不是难事,在获得化学反应速率的原始数据时,通常还是取式(7-2),因此,下面的讨论仍采取式(7-2)。

绝大多数化学反应的速率是随着反应不断进行越来越慢的,换句话说,绝大多数反应速率不是不随时间而变的"定速",而是随反应时间而变的"变速"。

例如,有人测定了四氯化碳溶液中 N_2O_5 按下式分解的反应速率:

$$2N_2O_5 \longrightarrow 4NO_2 + O_2$$

得出各时间间隔内五氧化二氮浓度的变化量,从而得到反应的平均速率 r,如表7-1所示:

表 7-1 在 CCl_4 中 N_2O_5 的分解速率测定实验数据(298 K)

反应时间 t/s	时间间隔 $\Delta t/s$	t 时 N_2O_5 浓度 $c(N_2O_5)/(mol \cdot L^{-1})$	Δt 内 N_2O_5 浓度变化 $-\Delta c(N_2O_5)/(mol \cdot L^{-1})$	反应平均速率 $r= (-\Delta c/\Delta t)/(mol \cdot L^{-1} \cdot s^{-1})$
0		2.10		
	100		0.15	1.5×10^{-3}
100		1.95		
	200		0.25	1.3×10^{-3}
300		1.70		
	400		0.39	0.99×10^{-3}
700		1.31		
	300		0.23	0.77×10^{-3}
1 000		1.08		
	700		0.32	0.45×10^{-3}
1 700		0.76		
	400		0.14	0.35×10^{-3}
2 100		0.56		
	700		0.19	0.27×10^{-3}
2 800		0.37		

从表7-1中的数据可见,反应物五氧化二氮的浓度随反应不断进行,不断发生变化,若将测定时间的间隔缩小到无限小,就用符号 d 来代替符号 Δ,表达如下:

$$r \equiv |dc_B/dt| \tag{7-4}$$

或
$$r \equiv (1/\nu_B)dc_B/dt \tag{7-5}$$

这种速率称为瞬时速率。

若将表7-1的数据作成一条以时间为横坐标,以浓度为纵坐标的 c-t 曲线图,见图7-1,可以形象地看到,平均速率是曲线任意两点的连线的斜率。例如,图7-1中 A、B 两点的连线(割线)的斜率是从 100 s 到 2 100 s 的时间间隔内的平均速率,因为,在这个时间间隔内,五氧化二氮浓度从 1.95 $mol \cdot L^{-1}$ 变为 0.56 $mol \cdot L^{-1}$,$\Delta c = (0.56-1.95)mol \cdot L^{-1} = -1.39 mol \cdot L^{-1}$,其绝对值相当于图中 AC 线段的长度,而 $\Delta t = 2 100 s-100 s = 2 000 s$,相当于图中 BC 线段的长度,

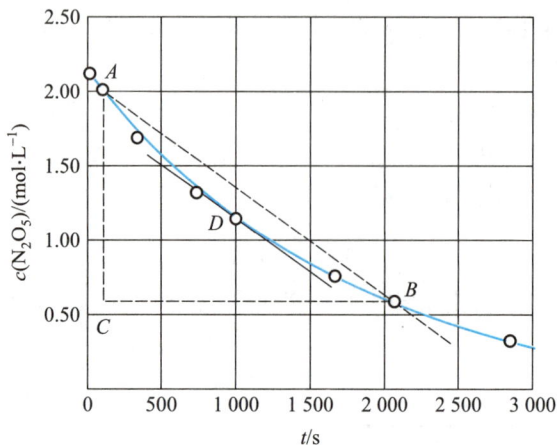

图 7-1　平均速率和瞬时速率的图像

若以 $-\Delta c / \Delta t$ 表示平均速率，则 $r = -(-1.39 / 2\,000)\ \mathrm{mol} \cdot \mathrm{L}^{-1} \cdot \mathrm{s}^{-1} = 6.95 \times 10^{-4}$ $\mathrm{mol} \cdot \mathrm{L}^{-1} \cdot \mathrm{s}^{-1}$，相当于夹角 $\angle BAC$。若将 AB 直线不断向下移动，相当于时间间隔不断减小，直至变成与曲线上的点 D 相切的切线，这时，时间间隔为无限小，这条切线的斜率，就是所谓"瞬时速率"，在数学上，这种切线的斜率叫作曲线上的切点 D 的变化率。换句话说，瞬时速率是浓度随时间的变化率。

7-1-3　反应进度[①]

反应进度（extent of reaction）是表达反应进行程度的物理量，用符号 ξ 表示。对于化学反应的通式：

$$\nu_A A + \nu_B B \longrightarrow \nu_C C + \nu_D D$$

式中，大写字母 A、B、C、D 表示参与反应的物质，ν_A、ν_B、ν_C、ν_D 为相应物质的化学计量数（反应物取负号，生成物取正号），则反应进度的定义为

$$\xi = \frac{n_B - n_B^0}{\nu_B} \tag{7-6}$$

式中，n_B^0 为反应起始时物质 B 的物质的量。反应进度必定是一个正值（对于反应物，分子分母均为负值，负负得正）。用反应进度来表达化学反应速率，则得到下式：

平均速率：　$\bar{r} = \dfrac{\Delta \xi}{\Delta t} \tag{7-7}$

───────────────

[①]　反应进度的概念在物理化学课程中还会学到，暂不学习不影响对本课程基本内容的掌握，是否学习本小节需根据教学实际情况而定。

$$瞬时速率：\quad r = \frac{\mathrm{d}\xi}{\mathrm{d}t} \tag{7-8}$$

对于用浓度来表达的速率，读者可以自己将它转化为用反应进度的表达式，结果应在式(7-7)和式(7-8)的等号右侧再乘以 $1/V$。

7-2　浓度对化学反应速率的影响

同一个反应，在不同浓度、温度、压力下，是否使用催化剂及使用不同催化剂，反应速率不尽相同。本节讨论在一定温度下，浓度对反应速率的影响。经验告诉我们，化学反应进行得快慢是受反应物浓度影响的。例如，取一团铁丝，用铁钳夹住，在煤气灯上加热，只观察到铁丝变得红热，并不燃烧，而同样的铁丝在充满氧气的广口瓶里用点燃的火柴引燃会激烈燃烧。显然，这是由于广口瓶内氧气的浓度比空气中氧气浓度大所致。

7-2-1　速率方程

早在 1850 年，一位名为卫海密(Wilhelmy)的人就通过溶液旋光度的变化发现，蔗糖在氢离子催化下水解成葡萄糖和果糖的反应，蔗糖的物质的量 n_{sac} 随时间 t 的变化率具有如下方程：

$$-\frac{\mathrm{d}n_{\text{sac}}}{\mathrm{d}t} = k n_{\text{sac}} \, (k \text{ 为常数})$$

因反应系统体积一定，上式也可表示为：

$$-\frac{\mathrm{d}c_{\text{sac}}}{\mathrm{d}t} = k' c_{\text{sac}} \, (k' \text{ 为常数})$$

这是最早见于纪录的用实验方法测定反应速率受反应物质的量或者浓度影响的定量方程。这种方程曾长期称为"质量作用定律"，现称"速率方程"(rate equation)。

用实验方法建立化学反应的速率方程是唯象动力学的首要任务。有的反应，表面看来属于同一个反应类型，如氢气与碘蒸气的反应、氢气与溴蒸气的反应及氢气与氯气的反应，可是，实验测得的速率方程却相差甚远。

$$H_2 + I_2 \longrightarrow 2HI \qquad\qquad r = kc(H_2)c(I_2)$$

$$H_2 + Br_2 \longrightarrow 2HBr \qquad\qquad r = \frac{k_1 c(H_2) c^{\frac{1}{2}}(Br_2)}{1 + \dfrac{k_2 c(HBr)}{c(Br_2)}}$$

$$H_2 + Cl_2 \longrightarrow 2HCl \qquad\qquad r = kc(H_2)c^{\frac{1}{2}}(Cl_2)$$

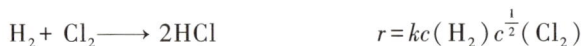

对于氢与碘的反应,反应速率与反应产物的浓度无关;对于氢与溴的反应,速率是与产物的浓度有关的,$c(HBr)$ 出现在速率方程的分母里,说明反应将随产物浓度增大而减慢,或者说,产物增多将会阻碍反应的进行;而对于氢与氯的反应,其速率方程与氢与溴的反应速率方程相比,分母中后一项消失了,表明反应产物浓度增大对反应也无影响。随后的理论分析告诉我们,这三个反应的机理是不同的。从化学动力学的角度,反应类型是否相同,不是指它们的化学方程式是否相同,而是指它们的反应机理是否相同,在 7-4 节还会谈到,有的反应,即便速率方程是相同的,反应机理也可能不同。

表 7-2 给出了用实验测得的一些化学反应的速率方程与反应级数:

表 7-2   一些化学反应的速率方程与反应级数

化学方程式	速率方程	反应级数
（1） $2H_2O_2 \longrightarrow 2H_2O + O_2$	$r = kc(H_2O_2)$	1
（2） $S_2O_8^{2-} + 2I^- \longrightarrow 2SO_4^{2-} + I_2$	$r = kc(S_2O_8^{2-})c(I^-)$	2
（3） $4HBr + O_2 \longrightarrow 2H_2O + 2Br_2$	$r = kc(HBr)c(O_2)$	2
（4） $2NO + 2H_2 \longrightarrow N_2 + 2H_2O$	$r = kc^2(NO)c(H_2)$	3
（5） $CH_3CHO \longrightarrow CH_4 + CO$	$r = kc^{3/2}(CH_3CHO)$	1.5
（6） $2NO_2 \longrightarrow 2NO + O_2$	$r = kc^2(NO_2)$	2
（7） $NO_2 + CO \longrightarrow NO + CO_2 \, (T > 523\ K)$	$r = kc(NO_2)c(CO)$	2

从表 7-2 列举的一些化学反应的速率方程已经可以看出,速率方程中浓度的方次跟相应化学方程式中物质的化学计量数是毫无关系的,不可能根据配平了的化学方程式的系数写出速率方程[①]。

---

① 但是,如果反应已经达到平衡态,速率方程就可以根据化学方程式直接写出——速率方程一定包含所有反应物;它们的指数正好等于它们各自在化学方程式中的化学计量数,而对于动力学理论分析证实为所谓基元反应而言,也可直接根据化学方程式的系数写出速率方程,确切地说,此节正文中的速率方程是表观动力学用实验方法建立的唯象速率方程。本注解中的一些内容在本章第4节将会讨论。

7-2-2　反应级数

速率方程中各浓度的指数称为相应物质的反应级数,它们之和称为总反应级数,在不发生混淆的情况下,也可简称反应级数。例如,表 7-2 的第 4 个反应的总反应级数是三级,或者说是一个三级反应,而对 NO 是二级的,对 H_2 是一级的。反应级数越高,反应受浓度的影响越大。例如,对于这个反应,NO 的浓度加倍,反应速率将增大 4 倍,而 H_2 的浓度加倍,反应速率仅加倍。实验表明,反应的总级数一般不超过 3;反应级数不一定是整数。例如,表 7-2 中第 5 个反应的级数为 1.5。反应级数也可能等于零。例如,某些在固体表面上进行的分解反应是零级反应,这些反应的速率与反应物及生成物的浓度是无关的,速率方程为

$$r = k \qquad (7-9)$$

这显然是由于这类反应的速率制约于固体的总表面积及其具有催化作用的位点,只有反应物与催化剂固体表面结合,才会发生反应,反应一开始固体表面就会被反应物占满,再增加反应物浓度当然就不会改变反应速率。由式(7-9)很容易理解,唯独零级反应是匀速的化学反应。此外,不难理解,对于没有在速率方程中出现的物质,也就是它的反应级数为零了。

一级反应是反应速率只与反应物的浓度成正比的反应。最典型的例子是放射性元素的衰变反应,样品因放射性元素衰变释放的放射性的强度只与样品中放射性元素的含量(浓度)有关。分解反应是不是一级反应呢?按通常的理解,似乎分解反应速率也只与反应物的浓度成正比,但事实上是不能一概而论的。例如,表 7-2 中第 5 个反应——乙醛分解反应是一个 1.5 级反应。所以说,上述用实验测定的速率方程的反应级数是不能由化学方程式的类型断定的。要解释反应级数,必须讨论动力学理论,见本章第 4 节。

还有一些反应,当速率方程中某物质的浓度特别大时,或者在反应过程中几乎不发生变化时,可以作为常数处理,反应的总级数就会降级,这种情形称为准级数反应。例如,对于速率方程:$r = kc(A)c(B)$,当 $c(A)$ 在反应过程中几乎不变时,就可以写成 $r = k'c(B)$,其中 $k' = kc(A)$,这时,就把它称为准一级反应。典型的例子:① $c(A)$ 是溶剂,如在一开始提到的蔗糖水解,本是个二级反应,但其中一个反应物是水,它又是溶剂,反应过程中物质的量或者浓度几乎是不变的,因而降为一级反应,实质上是一个准一级反应。许多以溶剂为反应物的反应情形类似。② 以酸(H^+)或碱(OH^-)为反应物的反应,当酸碱出现在速率

方程中时,若反应是在保持酸碱浓度不变的缓冲溶液①中进行时,反应就会降级,变成准级数反应。③ 某些均相催化反应,若催化剂的浓度不随时间而变,反应速率就只与反应物(催化剂的底物)的浓度有关,也是一类准级数反应。

当然,对于像上述氢气与溴蒸气反应的速率方程,谈论反应级数已无意义,除非当该反应刚刚开始、生成物的浓度很小时,速率方程的分母中加号后一项的数值与1相比可以忽略不计,它就变成如氢气与氯气的速率方程(1.5级反应)了。

7-2-3   速率常数

速率方程中的 k 称为**速率常数**,它的物理意义为单位浓度下的反应速率。读者只要把上列任一速率方程等号右边的所有浓度设为 $1 \text{ mol} \cdot \text{L}^{-1}$ 便可领会这一物理意义了。由于速率常数与浓度无关,因而是一个重要的表征反应动力学性质的参数,若不用速率常数表征反应的动力学性质,就必须注明浓度条件。可以笼统地说,速率常数越大,表明反应进行得越快。速率常数很大的反应,可以称为快速反应。例如,大多数酸碱反应速率常数的数量级为 $10^{10} \text{ mol}^{-1} \cdot \text{L} \cdot \text{s}^{-1}$。但应特别注意,两个反应级数不同的反应,对比它们的速率常数大小是毫无意义的,或者说,它们的速率常数并没有**可比性**,这是因为,速率方程总级数不同时,速率常数的单位是不同的,当浓度以 $\text{mol} \cdot \text{L}^{-1}$ 为单位,时间以 s 为单位时,情况如下:

反应级数	速率方程	速率常数的单位
0	$r = k$	$\text{mol} \cdot \text{L}^{-1} \cdot \text{s}^{-1}$
1	$r = kc$	s^{-1}
2	$r = kc^2$	$\text{mol}^{-1} \cdot \text{L} \cdot \text{s}^{-1}$
3	$r = kc^3$	$\text{mol}^{-2} \cdot \text{L}^2 \cdot \text{s}^{-1}$

正像体积和长度不能对比一样,单位不同的物理量是不能对比的。

严格地说,速率常数只是一个比例系数,是排除浓度对速率的影响时表征反应速率的物理量,换句话说,只有当温度、反应介质、催化剂、固体的表面性质,甚至反应容器的形状和器壁的性质等都固定时,速率常数才是真正意义的常数。在影响速率常数的诸因素中,最重要的是温度。例如,经验表明,温度升高10 K,

---

① 缓冲溶液的概念见第9章。

许多反应的速率会增大 2~4 倍,实际上就是速率常数增大 2~4 倍,详情将在 7-3 节讨论。总之,速率常数与浓度无关,却是温度的函数。

7-2-4 用实验数据建立速率方程

怎样用实验方法确定速率方程呢? 具体的实验方法很多,将在物理化学课程里详尽讨论。这里,只讨论怎样根据实验获得的数据建立速率方程,确定反应级数。下面用举例的形式讨论。

[**例1**] 过氧化氢(H_2O_2)在水溶液中以 I^- 为催化剂,放出氧气,反应方程式如下:

$$H_2O_2(aq) \longrightarrow H_2O(l) + \frac{1}{2}O_2(g)$$

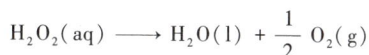

测定反应各时间间隔内放出的氧气可计算出该时间间隔内 H_2O_2 的浓度变化,得到的数据列于表 7-3。

表 7-3 H_2O_2 水溶液在室温下的分解

反应时间 t/min	过氧化氢的浓度 $c(H_2O_2)/(mol \cdot L^{-1})$	平均速率 $-\dfrac{\Delta c(H_2O_2)}{\Delta t}/(mol \cdot L^{-1} \cdot min^{-1})$
0	0.80	
20	0.40	0.020
40	0.20	0.010
60	0.10	0.005 0
80	0.050	0.002 5

[**解**] 由实验数据可见,在同样的时间间隔内,过氧化氢的浓度每减少一半,平均速率也减少一半,可见,该反应的速率与过氧化氢的浓度是成正比的,故有

$$-\frac{\Delta c(H_2O_2)}{\Delta t} = kc(H_2O_2)$$

即该反应是一级反应。

为更形象地描述反应的动力学特征,可将表 7-3 中的数据制作成以时间为横坐标,浓度为纵坐标的 c-t 曲线图,如图 7-2,这种曲线叫作化学反应的动力学曲线。通过制作并分析动力学曲线来建立速率方程,叫作作图法,不仅能确定反应级数,而且也不难用实验数据求出速率常数,请读者自己求算,并请注意给出速率常数的单位。

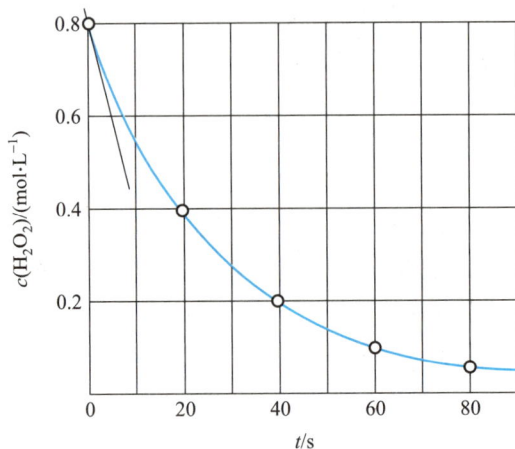

图7-2　一级反应的动力学曲线

在图7-2上,还添了一条切线,它在反应初始点上$[t=0,c(H_2O_2)=0.8\ mol\cdot L^{-1}]$。回忆图7-1,你就会懂得,这条切线的斜率正是反应初始时的瞬时速率,即$(-dc/dt)_{t=0}$,特称初始速率,简称**初速率**或初速。初速率对化学动力学有十分重要的意义,这是因为:首先,初速率经常是反应的最大速率,这一点,通过比较图7-2中反应物动力学曲线各点切线的斜率,便可不言自明;其次,反应初始时,生成物的浓度很小,可以排除生成物及副反应对反应速率的可能影响。对某反应做多次实验,获得不同初始浓度下的初始速率,是建立速率方程的另一重要方法,叫作**初速法**,下面是一个例子。

[**例2**]　在800℃下测定了如下反应的反应物初始浓度及反应的初速率,列于表7-4:

$$2NO + 2H_2 \longrightarrow 2H_2O + N_2$$

表7-4　初速法获得的 H_2 和 NO 反应的动力学数据

实 验 标 号	初始浓度		形成 N_2 的初速率
	$c(NO)/(mol\cdot L^{-1})$	$c(H_2)/(mol\cdot L^{-1})$	$r/(mol\cdot L^{-1}\cdot s^{-1})$
1	6.00×10^{-3}	1.00×10^{-3}	3.19×10^{-3}
2	6.00×10^{-3}	2.00×10^{-3}	6.36×10^{-3}
3	6.00×10^{-3}	3.00×10^{-3}	9.56×10^{-3}
4	1.00×10^{-3}	6.00×10^{-3}	0.48×10^{-3}
5	2.00×10^{-3}	6.00×10^{-3}	1.92×10^{-3}
6	3.00×10^{-3}	6.00×10^{-3}	4.30×10^{-3}

[解] 对比实验1、2、3,当一氧化氮浓度保持一定时,氢气的浓度增大 2 或 3 倍,反应的初速率相应增大 2 或 3 倍,这表明,反应初速率和氢的浓度成正比——$r \propto c(H_2)$;对比实验4、5、6,当氢气的浓度保持一定时,一氧化氮的浓度增大 2 或 3 倍,初速率则增大 4 或 9 倍,这表明,反应初速率和一氧化氮浓度的平方成正比——$r \propto c^2(NO)$。一并考虑氢气的浓度和一氧化氮浓度对反应速率的影响,就得到

$$r \propto c(H_2) \cdot c^2(NO)$$

$$r = k \cdot c(H_2) \cdot c^2(NO)$$

即该反应对于氢气是一级的,对于一氧化氮是二级的,总反应级数为三级。

利用表 7-4 的数据,也可求出速率常数 k。例如,将实验 1 的数据代入速率方程,得到

$$k = \frac{3.19 \times 10^{-3} \text{ mol} \cdot L^{-1} \cdot s^{-1}}{(1.00 \times 10^{-3} \text{ mol} \cdot L^{-1})(6.00 \times 10^{-3} \text{ mol} \cdot L^{-1})^2}$$

$$= 8.86 \times 10^4 \text{ L}^2 \cdot \text{mol}^{-2} \cdot s^{-1}$$

如前所述,速率常数不是浓度的函数,用其他各组数据代入速率方程理应得到相同的速率常数,然而,不应忘记实验数据本身总是有误差的,因此,为取得准确可靠的速率常数,应将每组实验数据代入速率方程,并按统计规律求速率常数。

7-2-5 利用速率方程进行计算

利用速率方程可以进行许多类型的计算。本节重点讨论一级反应。

为计算方便起见,可将一级反应写成如下通式:

$$-\frac{dA}{dt} = kA \tag{7-10}$$

式中,A 表示浓度。将式(7-10)变形为

$$\frac{dA}{A} = -kdt \tag{7-11}$$

对式(7-11)进行定积分便可用于各种计算。例如,用 A_0 表示初始浓度 $A_{t=0}$,用 A_t 表示它 t 时的浓度,得到定积分式如下[①]:

$$\ln \frac{A_t}{A_0} = -kt \tag{7-12}$$

---

① 如果读者尚未学过微积分,可暂且承认从式(7-10)可以得到式(7-11),而暂时不顾其数学过程,待学习微积分时,再讨论之。

式(7-12)有 4 个量——A_t、A_0、k、t,知道其中任 3 个,可求得第 4 个。

[**例 3**]   氯乙烷在 300 K 下的分解反应是一级反应,速率常数为 2.50×10^{-3} min^{-1},实验开始时氯乙烷的浓度为 0.40 mol·L^{-1},试问:

(1) 反应进行 8.0 h,氯乙烷的浓度多大?

(2) 氯乙烷的浓度降至 0.010 mol·L^{-1}需要多少时间?

(3) 氯乙烷分解一半需要多长时间?

[**解**]   (1) $k = 2.50 \times 10^{-3}$ min^{-1},$A_0 = 0.40$ mol·L^{-1},$t = 8.0$ h×60 min/h = 480 min,代入式(7-12),得

$$\ln \frac{A_t}{0.4 \text{ mol·L}^{-1}} = -2.50 \times 10^{-3} \text{min}^{-1} \times 480 \text{ min}$$

$$A_t = 0.4 \text{ mol·L}^{-1} \times \exp(-2.50 \times 10^{-3} \times 480) = 0.12 \text{ mol·L}^{-1}$$

答:反应进行 8 h,氯乙烷的浓度为 0.12 mol·L^{-1}

(2) $k = 2.50 \times 10^{-3}$ min^{-1},$A_0 = 0.40$ mol·L^{-1},$A_t = 0.010$ mol·L^{-1},代入式(7-11),得

$$\ln \frac{0.010 \text{ mol·L}^{-1}}{0.40 \text{ mol·L}^{-1}} = -2.50 \times 10^{-3} \text{min}^{-1} \times t$$

$t = -(\ln 0.025)/(2.50 \times 10^{-3} \text{ min}^{-1}) = 1.5 \times 10^3 \text{ min} = 25 \text{ h}$

答:氯乙烷的浓度降至 0.010 mol·L^{-1}需时 25 h。

(3) $A_t = A_0/2$,用 $t_{1/2}$ 表示反应进行一半的时间,代入式(7-12),得

$$\ln \frac{A_0/2}{A_0} = -k t_{1/2}$$

$$t_{1/2} = \frac{\ln 2}{k} \qquad\qquad (7\text{-}13)$$

将 $k = 2.50 \times 10^{-3}$ min^{-1}代入式(7-13),得

$$t_{1/2} = (\ln 2)/2.50 \times 10^{-3} \text{ min}^{-1} = 277 \text{ min}$$

$$= 277 \text{ min} \div 60 \text{ min/h} = 4.6 \text{ h}$$

答:浓度下降一半所需时间为 4.6 h。

[**评论**]   ① 我国科学教育界已经推广代入运算式的物理量带单位,带单位运算已经编入中学教材,读者需从本题的解题过程仔细体会,带单位运算与不带单位运算,公式变形方式是不同的。例如,本题第 1 问解题过程中,不能对 $\ln(0.4$ mol·L$^{-1})$求值。习惯带单位运算可以避免运算的错误,是值得的。加之,应用计算器的计算与不使用计算器的运算过程也是不同的。例如,不必再将自然对数换算成实用的对数。因为,使用计算器进行运算,前者比后者步骤少得多了。② 反应进行一半的时间称为半寿期或半衰期(应用场合不同),是个十分重要的动力学概念。式(7-12)中没有起始浓度,说明一级反应的半寿期或半衰期是与起始浓度无关的,这是一级反应的特征。所有非一级反应均无此特征,因此,式(7-13)是一个十分重要的计算式,应熟练地运用。

在大气中,不断发生着^{14}N 受到高能辐射作用转化为碳的放射性同位素^{14}C 的核反应。活的生物体内,^{14}C 和^{12}C 的比值与大气中这两种同位素的比值是相同的,但动植物死亡后,由于^{14}C 按下式衰变:

$$^{14}\text{C} \longrightarrow {}^{14}\text{N} + e^- \qquad t_{1/2} = 5\ 720\ \text{a}$$

比值^{14}C$/^{12}$C 便不断下降。该核反应的半衰期为 5 720 a。1955 年,美国化学家利比(F.Libby)提出,测定死去的动植物残骸内的^{14}C$/^{12}$C 值,可以推算它们死亡的年代。这就是被广泛用于考古学的^{14}C 断代术,利比因此于 1960 年获诺贝尔化学奖。下面是一个例子。

[例4] 多少世纪以来,意大利西北部城市都灵的民众世代深信,在当地有一块麻布是耶稣的裹尸布,因为在这块古老的麻布上似乎有耶稣的影像(见图 7-3)。为破解这个世纪之谜,1988 年,在欧美 3 个实验室里分别独立地从这块麻布上取下 50 mg 作为样品,测得样品中的^{14}C$/^{12}$C 值为 0.916 ~ 0.931,请通过计算说明,这块神秘麻布是否是耶稣的裹尸布?

[解] ^{14}C 的半衰期 $t_{1/2} = 5\ 720$ a,代入式(7-12),求出^{14}C 衰变的速率常数:

$$k = (\ln 2)\ /5\ 720\ \text{a} = 1.2 \times 10^{-4}\ \text{a}^{-1}$$

将实验测得的^{14}C$/^{12}$C 值代入式(7-12),得到编织这块神秘麻布的距今年代,再换算为编织年代:

$$\ln 0.916 = -1.2 \times 10^{-4}\ \text{a}^{-1} \times t$$

$$t = 731\ \text{a}$$

$$1988 - 731 = 1\ 257 \approx 1\ 260\ \text{A.D.}$$

$$\ln 0.931 = -1.2 \times 10^{-4}\ \text{a}^{-1} \times t$$

$$t = 596\ \text{a}$$

$$1\ 988 - 596 = 1\ 392 \approx 1\ 390\ \text{A.D.}$$

图 7-3 神秘的都灵麻布

答:神秘都灵麻布的编织年代为公元 1260—1390 年。由此可以肯定它不是耶稣的裹尸布。

[评论] ① 请注意运算时要正确使用有效数字。体会为什么估算出来的编织取 1260—1390 年? ② 强度测量技术是有限制的,样品放射性强度太弱时,将不可能准确测得某特定核素衰变释放的放射性,因此,年代过分久远的化石是不能用^{14}C 断代术估算断代的。可以较准确断代的样品应距今 1 000~50 000 年间。欲测定年代久远的岩石的形成年代,需测量放射性锶等其他放射性同位素,测量技术比较复杂。

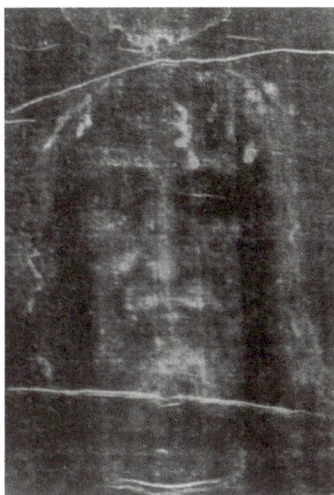

7-3　温度对反应速率的影响及阿伦尼乌斯公式

经验告诉我们,温度升高,化学反应的速率增大,不论是放热反应还是吸热反应,都一样。面团在室温下比在冰箱里更容易发酵。室温下,用作医疗的"热袋"里的细铁粉接触空气氧化时只会发热,不会燃烧,而将铁丝放到煤气灯火焰上会因与空气里的氧气反应而发光。若你手头有大型文体活动或节日夜晚用于渲染气氛的荧光棒(它的原理是发生化学反应而放出荧光,叫作化学荧光),不妨做一个实验,可以看到,荧光棒在热水浴里比在冷水浴里发出的荧光更亮,说明温度升高荧光棒里的化学反应的速率更快。

通过实验制作速率常数随温度升高而变大的 k-T 图,并分析该曲线,可以得出速率常数随温度变化函数的经验方程。化学反应的 k-T 图是各式各样的,图 7-4 是几个例子,可以想见,由这些图形获得的经验方程是很不同的。把时间回推到 19 世纪末,欲求得一条实验数据制作的曲线的经验方程不那么容易,求得一条有明确物理意义的方程就更难了。在当时,有好几个人提出了大多数反应所遵循的 k-T 曲线[见图 7-4(a)]的经验方程,然而,由于他们过分拘泥于数学——经验方程对曲线的精密吻合——方程形式十分复杂,难以在理论上探求方程中的参数的物理意义,全被淡忘了,只有一个方程,它的形式十分简单,在数学上并不比更复杂的方程对曲线能更好地吻合,却由于方程的参数可赋予明确的物理意义,对后来的动力学理论的发展起到划时代的作用,成为历史的宝贵遗产,这就是由瑞典化学家阿伦尼乌斯(S. Arrhenius)于 1889 年引入的经验方程,后称阿伦尼乌斯公式,其形式如下:

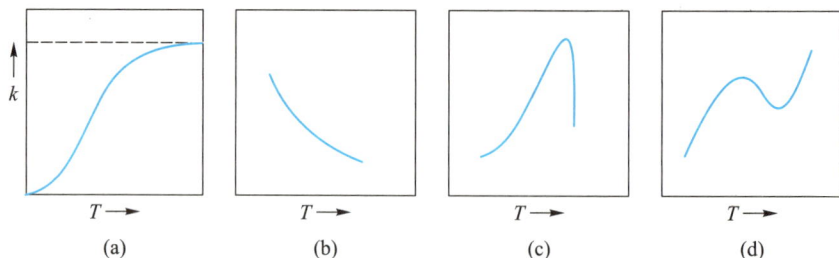

图 7-4　化学反应的 k-T 图

$$k = A\mathrm{e}^{\frac{E_a}{RT}}$$

(7-14)

式中,k 是速率常数,T 是温度(K),R 是摩尔气体常数,A 和 E_a 是两个参数,分别被阿伦尼乌斯称为指前因子和活化能(为区别于由动力学理论推导出来的活化能,后人称阿伦尼乌斯公式中的活化能为阿伦尼乌斯活化能或经验活化能)。显然,A 具有速率常数的量纲,E_a 具有能量的量纲。它们分别具有什么物理意义呢? 阿伦尼乌斯并不知道,但有一点是明确的:温度对 k 的影响主要是 A 后的指数项,化学反应的速率随温度升高增大的快慢,主要与它的 E_a 值有关,在同一温度区间,E_a 越小的反应,温度升高速率增大得越快,这正是阿伦尼乌斯把 E_a 称为活化能的原因。由于该方程是一个指数函数,T 的微小变化将使 k 发生很大变化。

阿伦尼乌斯公式的重要假定:指前因子 A 和活化能 E_a 是不随温度改变的,是化学反应的特征参数。如果 A 和 E_a 都随温度而改变,函数形式将变得十分复杂。尽管这个假定是有条件的,并不适用于任何反应,也不适用于一个反应的任何温度区间,然而,大多数反应在一定温度区间内做这种近似是完全允许的,这正是阿伦尼乌斯的高明之处。这种近似方法被称为线性化。

客观世界许多规律本质上是非线性的,然而,线性化处理是非线性化处理的基础,因此,线性化近似是科学研究的重要方法,具有普遍意义,望读者以阿伦尼乌斯公式为典型例子,尽可能好地掌握这种重要的科学方法。

由式(7-14)可见,阿伦尼乌斯公式有 2 个参数,因此,只要用实验测出 2 个温度下的速率常数,就可得到该反应的指前因子 A 和活化能 E_a 两个动力学参数,即将两组数据分别代入阿伦尼乌斯公式,解联立方程组。不过,考虑到实验必然存在的误差,数据组越多,这两个动力学参数的测定也就越准。多组实验数据的处理有两种基本方法,一是用计算器进行线性回归法运算,另一是作图法,举例如下。

[例 5] 有机化合物甲基异腈 CH_3—$N \equiv C$: 会发生异构化反应转化为甲基腈 CH_3—$C \equiv N$:,实验测得,它的速率常数对温度的依赖关系如表 7-5 所示,求阿伦尼乌斯公式中的指前因子和活化能。

表 7-5 甲基异腈异构化为甲基腈的反应速率常数对温度的依赖关系

温度 $t/°C$	速率常数 k/s^{-1}
189.7	2.52×10^{-5}
198.9	5.25×10^{-5}
230.3	6.30×10^{-4}
251.2	3.16×10^{-3}

[解] 任取两组数据建立联立方程:

设 $\qquad k_1 = 2.52\times10^{-5}\ \mathrm{s^{-1}}$, $T_1 = (189.7 + 273.15)\ \mathrm{K} = 462.8\ \mathrm{K}$

$\qquad\qquad k_2 = 6.30\times10^{-4}\ \mathrm{s^{-1}}$, $T_2 = (230.3 + 273.15)\ \mathrm{K} = 503.4\ \mathrm{K}$

代入式(7-14)即可,但为使运算过程更快捷,不妨先将式(7-14)改写成式(7-15)再代入:

$$\ln k = \left(-\frac{E_a}{R}\right)\frac{1}{T} + \ln A \qquad\qquad (7\text{-}15)$$

$$\downarrow\qquad\quad\downarrow\quad\downarrow\quad\downarrow$$

$$y\ =\ a\quad x\ +b$$

$$\begin{cases} \ln 2.52\cdot10^{-5}\,\mathrm{s^{-1}} = -\dfrac{E_a}{8.314\ \mathrm{J\cdot mol^{-1}\cdot K^{-1}}\times462.8\ \mathrm{K}} + \ln A \\[3mm] \ln 6.30\cdot10^{-4}\,\mathrm{s^{-1}} = -\dfrac{E_a}{8.314\ \mathrm{J\cdot mol^{-1}\cdot K^{-1}}\times503.4\ \mathrm{K}} + \ln A \end{cases}$$

两式相减,得

$\ln(2.52\times10^{-5}\,\mathrm{s^{-1}}/6.30\times10^{-4}\,\mathrm{s^{-1}}) = -[\,(503.4\ \mathrm{K} - 462.8\ \mathrm{K})E_a/(8.314\ \mathrm{J\cdot mol^{-1}\cdot K^{-1}}\times$

$\qquad\qquad 462.8\ \mathrm{K}\times503.4\ \mathrm{K})\,]$

得 $\qquad\qquad\qquad E_a = 154\times10^3\ \mathrm{J\cdot mol^{-1}}$

将得到的活化能和任一组数据代入式(7-14),

$$2.52\times10^{-5}\,\mathrm{s^{-1}} = A\exp\left(-\frac{154\times10^3\ \mathrm{J\cdot mol^{-1}}}{8.314\ \mathrm{J\cdot mol^{-1}\cdot K^{-1}}\times462.8\ \mathrm{K}}\right)$$

得 $\qquad\qquad\qquad A = 1.43\times10^{13}\ \mathrm{s^{-1}}$

如果只想从两组 k-T 数据得到活化能 E_a,也可从式(7-15)得到如下方程:

$$\ln\frac{k_1}{k_2} = \frac{E_a}{R}\left(\frac{1}{T_2} - \frac{1}{T_1}\right) \qquad\qquad (7\text{-}16)$$

直接将数据代入式(7-16)。

使用线性回归程序的运算过程如下:将表 7-5 的 4 组数据换算成 $\ln k$-$1/T$ 数据组(见表 7-6),将 4 组数据输入线性回归程序,$1/T$ 为 x,$\ln k$ 为 y,就可自动获得线性方程的斜率 a 和截距 b,分别对应于式(7-15)中的 $-(E_a/R)$ 和 $\ln A$。然后再换算成 E_a 和 A。同时,还可以获得一个 r 值,该值绝对值越趋近 1,表明回归得到的方程的线性越佳。

表 7-6　实验数据

$(1/T)/\mathrm{K^{-1}}$	$\ln k$
2.160×10^{-3}	-10.589
2.118×10^{-3}	-9.855
1.986×10^{-3}	-7.370
1.907×10^{-3}	-5.757

本例用这种线性回归法算出的 $E_a = 159 \times 10^3 \ \text{J} \cdot \text{mol}^{-1}, A = 1.91 \times 10^{13} \ \text{s}^{-1}$。同时得到 $r = -0.999\ 7$，表明回归得到的方程的线性关系是很好的。这样得到的参数的可信度远比只取 2 组数据高。

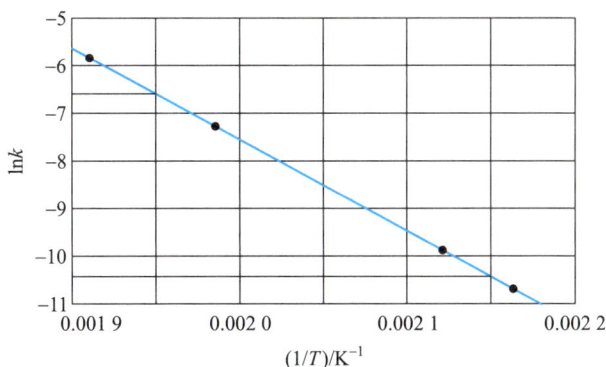

图 7-5　阿伦尼乌斯公式的图解

作图法是将表 7-6 的数据用坐标纸制作曲线，得到的 $\ln k$-$1/T$ 曲线如图 7-5 所示，是一条直线，从图上可求得该直线的斜率和截距。显然，从坐标纸上读取数据来计算斜率和截距的有效数字是有限的，因此，图 7-5 的主要功能是形象地表述阿伦尼乌斯公式的线性关系，欲获得较多有效数字的计算结果，仍以运用现代化的线性回归程序为好。

若将式（7-15）变换成实用对数，则得到式（7-17）：

$$\lg k = -\frac{E_a}{2.303RT} + \lg A \tag{7-17}$$

在获得反应的活化能后，也可以利用阿伦尼乌斯公式［如利用式（7-16）］由一个温度的速率常数求算另一温度的速率常数，读者可通过做习题来练习，不再赘述。

7-4　反应机理

本节的内容属于分子反应动力学的范畴，是动力学理论的一个重要组成部分。

7-4-1   基元反应与反应分子数

化学方程式只告诉我们反应物和生成物及它们之间的化学计量关系,并没有告诉我们从反应物得到生成物的微观过程——在微观上反应是分几步完成的。化学反应的微观过程称为**反应机理**(**反应历程**),反应机理中的每步反应叫作一个**基元反应**。换言之,所谓反应机理,就是指一个计量反应在微观上是通过哪些基元反应完成的。基元反应方程式中的反应物是微观的分子(包括带电荷的离子、原子),它们的总系数是几,就意味着有几个分子(包括离子和原子)参加了反应,称为**反应分子数**。显然,反应分子数仅对基元反应才有意义,复杂反应的计量反应方程式是毫无意义的。大量实验事实证明,许多反应,在微观上并不是一步完成的,它的反应机理是复杂的。例如,过氧化氢和氢溴酸的计量反应:

$$H_2O_2 + 2H^+ + 2Br^- \longrightarrow Br_2 + 2H_2O \qquad r = kc(H_2O_2)c(Br^-)c(H^+)$$

有人通过大量实验提出它的反应机理如下:

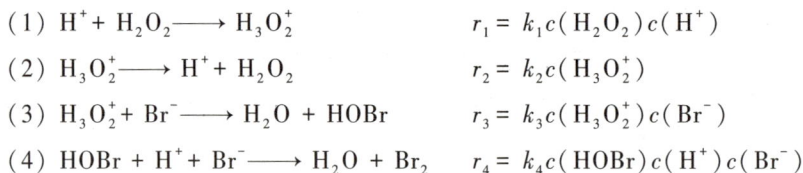

(1) $H^+ + H_2O_2 \longrightarrow H_3O_2^+$ $r_1 = k_1c(H_2O_2)c(H^+)$

(2) $H_3O_2^+ \longrightarrow H^+ + H_2O_2$ $r_2 = k_2c(H_3O_2^+)$

(3) $H_3O_2^+ + Br^- \longrightarrow H_2O + HOBr$ $r_3 = k_3c(H_3O_2^+)c(Br^-)$

(4) $HOBr + H^+ + Br^- \longrightarrow H_2O + Br_2$ $r_4 = k_4c(HOBr)c(H^+)c(Br^-)$

即它是通过 4 个基元反应完成的,其中基元反应(1)和(3)是**双分子反应**,基元反应(2)是**单分子反应**,基元反应(4)是**三分子反应**。基元反应可以直接根据它的化学方程式写出它的速率方程,如上所示,换言之,基元反应的反应分子数就是它的反应级数。显然,除非通过实验证实某计量方程式就是基元反应方程式(这样的反应称为**简单反应**),不可能根据它的计量方程式直接得知它的反应级数。例如,上述过氧化氢和溴化氢的反应是一个由 4 步基元反应组成的**复杂反应**,通过实验确定它是三级反应,如果直接按它的计量方程式的系数以为它是五级反应,就大错特错了。

7-4-2   由反应机理推导实验速率方程

一个反应机理是否正确的必要条件:由这个反应机理可以推导出由实验获得的速率方程。例如,如果上面提出的过氧化氢与氢溴酸的反应机理是正确的,至少,由这 4 个基元反应的速率方程应该能够推出由实验得出的速率方程——对过氧化氢、溴离子及氢离子都是一级的。

怎样由推导提出的反应机理来推导实验速率方程呢? 这就要进行假设。

例如,对于过氧化氢和氢溴酸的反应,基元反应(1)和(2)是互逆的,首先,假设它们在反应过程中是可以达到平衡的,这种假设叫作"平衡假设",由这一假设得到

$$H_2O_2 + H^+ \rightleftharpoons H_3O_2^+$$

因 $$r_1 = r_2$$

有 $$k_1 c(H_2O_2) c(H^+) = k_2 c(H_3O_2^+)$$

其次,假设基元反应(3)是 4 个基元反应中最慢的反应,这叫作"速控步假设"。反应机理中的速控步是决定总反应速率的步骤,正如同从酒瓶里倒酒,决定酒的流速的是瓶颈的直径一样,因而速控步决定反应速率的效应也可称为"瓶颈效应"。由这个假设得到

$$r = r_3 = k_3 c(H_3O_2^+) c(Br^-)$$

在这个方程中,有 $H_3O_2^+$ 的浓度,而它并不是计量方程式中的反应物,但上述平衡假设已经意味着,基元反应(1)和(2)中的$[H_3O_2^+]$跟速控步中的 $c(H_3O_2^+)$ 在数值上是相等的,由这一假设,就可以用平衡方程中的$[H_3O_2^+]$来代替速控步中的 $c(H_3O_2^+)$,于是就有

$$r = r_3 = (k_1 k_3 / k_2) c(H_2O_2) c(Br^-) c(H^+)$$

令 $k_1 k_3 / k_2 = k$,就从反应机理推出了由实验得到的速率方程。

上式的成立意味着第 4 个基元反应对反应毫无影响。这是普遍规律——速控步后的任何基元反应对反应速率是丝毫没有贡献的,而速控步前的基元反应则对反应速率是有贡献的。对于上述反应,后一点已经体现在实验速率常数是前 3 个基元反应速率常数的函数($k = k_1 k_3 / k_2$)。

为什么把这个机理的前两个反应能够达到平衡称为一种假设(平衡假设)呢? 这是因为,既然有第 3 个基元反应存在,第一个反应产生的 $H_3O_2^+$ 由两个反应——基元反应(2)和(3)——来消耗,从逻辑上,第 1 个反应和第 2 个反应的平衡就不可能建立,只有第 3 个反应消耗 $H_3O_2^+$ 在数量上可以忽略不计,才可以近似地认为,前两个反应可以达到平衡,而既然假定第 3 个反应是速控步,它当然就应比前两个反应慢,这种近似才可成立,可见,这个机理中的平衡假设和速控步假设是不可分割的,是相互依存的。

如果不用上述平衡假设,还可以假设这个反应的中间产物 $H_3O_2^+$ 的浓度在

整个反应过程中是近似不变的,这种假设称为稳态近似,即

$$dc(H_3O_2^+)/dt \approx 0$$

于是有

$$k_1 c(H_2O_2) c(H^+) - k_2 c(H_3O_2^+) - k_3 c(H_3O_2^+) c(Br^-) \approx 0$$

也就是说,由第 1 个基元反应产生的 $H_3O_2^+$ 减去第 2 个基元反应和第 3 个基元反应消耗掉的 $H_3O_2^+$ 的近似为零。

将上式整理为

$$c(H_3O_2^+) = k_1 c(H_2O_2) c(H^+)/[k_2 + k_3 c(Br^-)]$$

仍然假设基元反应 3 是速控步,总反应速率 r 就是该基元反应的速率:

$$r = k_3 c(H_3O_2^+) c(Br^-)$$

于是,

$$r = k_3 k_1 c(H_2O_2) c(H^+) c(Br^-)/[k_2 + k_3 c(Br^-)]$$

若 $k_2 \gg k_3 c(Br^-)$,上式分母中的第 2 项就可忽略不计,就得到与平衡假设完全相同的结果——推导出由实验确立的表观速率方程。

由如上推导可见,不等式 $k_2 \gg k_3 c(Br^-)$ 的成立是稳态近似的必要条件。对于这个例子,显然,$c(Br^-)$ 是不能很小的(因为它是反应物,在反应刚开始时就很大),因此,必须有 $k_2 \gg k_3$,考虑到第 3 个反应是速控步,应该很慢,$k_2 \gg k_3$ 是可能成立的。如果这一条件不成立,稳态近似就不能用来解释这个反应机理。

对于许多反应机理,稳态近似将因上述不等式中涉及的物质是反应中间体(经常是游离的原子、自由基及其他具有高度反应活性的分子),在整个反应过程中呈现的浓度很小,而得以成立。

在以上推导中,用了 3 个假设——平衡假设、速控步假设和稳态近似。对于一个具体的反应,由反应机理推导实验速率方程究竟用什么假设,要根据情况而定,上面只是一个典型例子而已,不是万灵药,欲获知从各种复杂反应的机理如何推导实验速率方程,需学习物理化学课程。

最后,应再次强调这一小节开头的一句话,能够由反应机理推导实验速率方程,只是机理能够成立的必要条件,绝非充分条件,反应机理的确定是一项十分复杂而繁重的工作,需要多方面实验进行验证。事实上,至今已经提出反应机理的反应为数不多,有的反应,过去认为是正确的反应机理,随着更多的实验事实的获得,又可能被推翻。最典型的例子是氢气和碘蒸气反应生成碘化氢气体的反应。半个世纪以来,一直认为这个反应是一个简单反应,它的计量方程式就是基元反应方程式,方程式中反应物的化学计量数之和正好是它的反应分子

数——双分子反应。然而,后来发展起来的量子化学却在理论上否定了这一反应机理,于是,有人根据新的实验事实和量子力学计算提出如下反应机理:

$$(1)\ I_2 \longrightarrow 2I$$
$$(2)\ 2I \longrightarrow I_2$$
$$(3)\ H_2 + 2I \longrightarrow 2HI$$

认为该反应是一个复杂反应,是由单分子反应、双分子反应和三分子反应三个反应串联的。读者不妨模仿上面的例子试一试,如何由这个反应机理推导它的表观速率方程—— $r = kc(H_2)c(I_2)$ 。

但近年来又有人根据新的计算结果提出另一新的反应机理。这个例子典型地说明,真正破解一个反应的机理是需要长期艰巨的努力的,眼下认为是正确的反应机理,将来仍有可能发现新的事实或建立新的理论后被推翻。不过,近年来,由于化学反应动态学的快速发展,用单分子束实验(用激光技术观察单个分子的变化)和飞秒化学实验(在飞秒级的时间间隔内观察过去的实验根本观察不到的反应机理中产生的中间物),大大加快了反应机理的研究,使化学的研究真正直接在分子水平上展开。

许多基元反应的化学方程式在形式上跟计量方程式没有差别,但本质上却有根本的差别。计量方程式只给出反应物和生成物,基元反应方程式才表述了微观过程。近年来,许多中学化学教师为了帮助中学生理解化学反应的微观过程,制作了许多微观的(原子与分子)水平的动画来描述计量方程式的反应物是如何变成产物的,如果这种动画没有以微观动力学研究的结论来制作,便是杜撰的了,结果,使许多受教育者错误地以为,仅仅根据计量方程式就可以动态地描绘化学反应的微观过程。通过本节学习,可以纠正这种错误认识。

7-5　碰撞理论和过渡态理论

分子动力学理论不仅研究了反应机理,还解释了阿伦尼乌斯公式中的实验活化能和指前因子的物理意义。从 19 世纪末开始,人们就试图从分子微观运动——分子运动论——的角度解释表观动力学建立的速率方程和阿伦尼乌斯公式,后来发展为两种理论——碰撞理论和过渡态理论。作为分子动力学理论模型,它们只讨论基元反应。简述如下。

7-5-1　碰撞理论

1918 年,路易斯运用分子运动论的成果,提出了反应速率的碰撞理论。该理论认为,反应物分子间的相互碰撞是反应进行的必要条件,反应物分子碰撞频率越高,反应速率越快。但并不是每次碰撞都能引起反应,能引起反应的碰撞是少数,这种能发生化学反应的碰撞称为有效碰撞。有效碰撞的条件:

(1) 互相碰撞的反应物分子应有合适的碰撞取向　取向合适,才能发生反应。例如下列反应:$NO_2 + CO \longrightarrow NO + CO_2$,只有合适的碰撞取向,才能发生氧原子的转移,取向不合适,不能发生氧原子的转移(见图 7-6)。

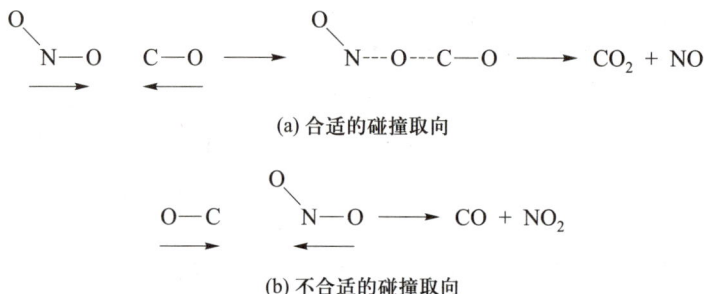

(a) 合适的碰撞取向

(b) 不合适的碰撞取向

图 7-6　有效碰撞的条件之一是合适的碰撞取向

(2) 互相碰撞的分子必须具有足够的能量　只有具有较高能量的分子在取向合适的前提下,能够克服碰撞分子间电子的相互斥力,完成化学键的改组,使反应完成。

如用数学形式综合上面两个条件,可得到如下方程:

$$r = Z \cdot P \cdot f \tag{7-18}$$

式中,Z 表示分子碰撞频率,叫作频率因子;P 与反应物分子碰撞时的取向有关,叫作取向因子;f 为具有发生反应的能量的分子数与总碰撞分子数之比,叫做能量因子。能量因子 f 符合玻耳兹曼能量分布律:

$$f = e^{-\frac{E}{RT}} \tag{7-19}$$

因而有

$$r = ZPe^{-\frac{E}{RT}} \tag{7-20}$$

对比式(7-20)和式(7-14)(阿伦尼乌斯公式)可见,阿伦尼乌斯公式中的指前因子是与分子的碰撞总频率和碰撞取向两个因素有关,而指数项中的 E 就是阿伦尼乌斯活化能 E_a。碰撞理论把能够发生有效碰撞的分子称为活化分子。后来,塔尔曼(Tolman)又证明,活化能 E_a 是活化分子的平均能量与反应物分子的平均能量之差。

碰撞理论比较直观,用于简单的双分子反应时,理论计算的结果与实验结果吻合良好,但对于结构复杂的反应,如相对分子质量较大的有机化合物的反应,理论计算的结果常与实验结果不吻合。

7-5-2 过渡态理论

过渡态理论是在 20 世纪 30 年代由艾林(Eyring)和佩尔采(Pelzer)在碰撞理论的基础上将量子力学应用于化学动力学提出的。过渡态理论认为,化学反应并不是通过反应物分子的简单碰撞就能完成的,而是在反应物到生成物的过程中经过一个高能量的过渡态,处于过渡态的分子叫作活化络合物。活化络合物是一种高能量的不稳定的反应物原子组合体,它能较快地分解为新的能量较低的较稳定的生成物。例如,对于反应 $NO_2 + CO \longrightarrow NO + CO_2$,当具有较高能量的 CO 分子和 NO_2 分子在合适的碰撞取向上相互碰撞时,CO 和 NO_2 的价电子云可互相穿透,形成活化络合物 $[O—N\cdots O\cdots C—O]$,此时,体系的能量最大,在活化络合物中,原有的 $N\cdots O$ 键部分地破裂,新的 $C\cdots O$ 键部分地形成。若反应完成,旧键破裂,新键形成,转变为生成物分子,如图 7-7 所示。

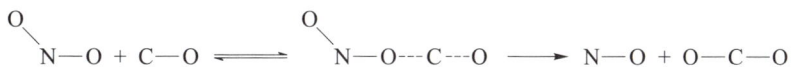

$$O \atop N—O + C—O \rightleftharpoons {O \atop N—O\cdots C—O} \longrightarrow N—O + O—C—O$$

图 7-7 NO_2 和 CO 反应的过渡态理论——形成过渡态的活化络合物

过渡态理论认为,活化能是反应物分子平均能量与处在过渡态的活化络合物分子平均能量之差,因此,不管是放热反应还是吸热反应,反应物经过过渡态变成生成物,都必须越过一个高能量的过渡态,好比从一个谷地到另一个谷地必须爬山一样,如图 7-8 所示。

在图 7-8 中,a 表示反应物 $CO + NO_2$ 的平均能量,b 表示过渡态 $[O—N\cdots O\cdots C—O]$ 的平均能量,c 表示生成物 $CO_2 + NO$ 的平均能量,反应物首先吸收 $134 \text{ kJ} \cdot \text{mol}^{-1}$ 活化能(E_a)才能达到活化状态,变成活化分子(过渡态的活化络合物),然后转化为生成物 $CO + NO_2$,放出 $368 \text{ kJ} \cdot \text{mol}^{-1}$($E'_a$),因此

$$\Delta H = E_a - E'_a \tag{7-21}$$

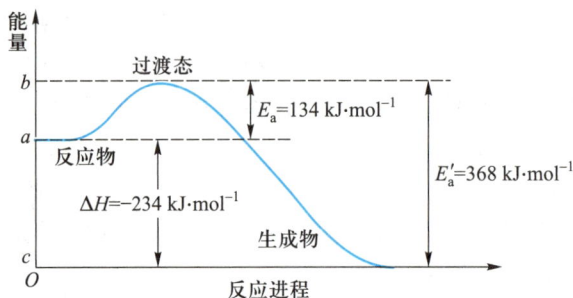

图 7-8   反应进程中过渡态理论的能量变化示意图

反应热 ΔH 等于正反应活化能 E_a 与逆反应活化能 E'_a 之差,当 $E_a < E'_a$ 时,$\Delta H < 0$,是放热反应;当 $E_a > E'_a$ 时,$\Delta H > 0$,是吸热反应。这样,就把动力学参数活化能与热力学参数反应焓联系起来了。

此外,过渡状态理论还提出了活化熵的概念,认为由反应物到达过渡态,不仅要"爬山",而且要找到要爬的"坡",即找到正确的方向,这就与熵有关,称为**活化熵**。活化熵越大,意味着越容易找到爬坡的方位,或者上山的路有好多条,不必挤到一个小道上去,或者峰顶是个很大的平台,反应物分子从许多条路都可以登上山峰,因而,反应物就越容易变成活化络合物。为此,为全面地讨论分子反应动力学,不但需要考虑活化能(克服能垒爬过山峰),还要考虑活化熵(找到爬上山峰的道路或有多条登峰路线或峰顶的宽容度)。在阿伦尼乌斯公式中,活化熵包含在指前因子中(对于碰撞理论则在取向因子中)。对于大多数反应,活化熵对反应速率的影响相对于活化能是可以忽略的。但对有的反应,特别是酶催化反应,活化熵有时会起到很大的作用。例如,蛋白质水解反应,用某些蛋白质水解酶作催化剂竟比用酸(H^+)催化的活化能高出 12 kJ·mol^{-1},而用酶催化剂水解蛋白质远比酸催化效率高得多,这是由于,酶催化的活化熵很大,使常温下形成过渡态的 $T\Delta S$ 约达 45 kJ·mol^{-1},相比之下,酸催化的活化熵几乎为零,总的结果保证了酶催化的高效率。因此,在生物化学中,总是既讨论活化能,又讨论活化熵,而且需要用活化自由能来讨论分子动力学。活化熵的概念也解释了有的反应的活化能很小,反应速率却很小,可认为这是由于它们的活化熵很小的缘故。

7-6 催化剂对反应速率的影响

广义地说,凡是能够改变反应速率的物质都是催化剂,但通常并不包括能改变反应速率的溶剂。从催化剂的状态,可把催化剂分为均相催化剂和异相催化剂(多相催化剂)两大类;从催化剂加快还是减慢反应速率的角度,可把催化剂分为正催化剂和负催化剂两大类。

过渡态理论认为,催化剂加快反应速率的原因是改变了反应的途径,对大多数反应而言,主要是通过改变了活化络合物而降低了活化能,这一效应可用图7-9形象地描述。

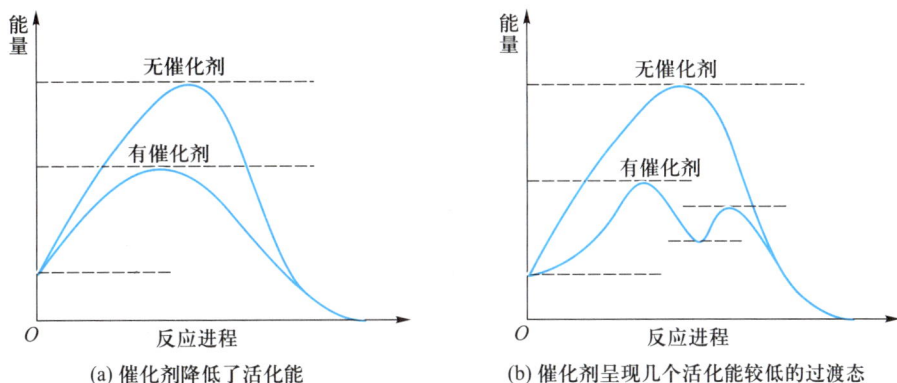

(a) 催化剂降低了活化能   (b) 催化剂呈现几个活化能较低的过渡态

图 7-9   催化剂是怎样降低活化能的

图 7-9(a)和(b)示意了,使用催化剂,或者形成一个只需较低活化能的新的过渡态,或者形成一系列较低活化能的新过渡态。酶催化剂通常属于第 2 种情况。

总之,催化剂改变反应速率是由于参与了反应。有人单从催化剂不会改变反应的趋势(平衡常数和反应自由能),以为催化剂根本没有参加反应,这是一种错误观念。催化剂只改变反应速率,不改变反应的热力学趋向与限度,正是由于它只改变动力学反应途径,而是不改变整个反应的焓变和熵变,绝不是不参与反应。如前所述,有的催化剂的催化作用还要考虑活化熵的问题,但也不要把活化熵和反应熵混为一谈,活化熵不是反应熵,只是从反应物(始态)转变为包含催化剂的过渡态(中间态)的熵变,并不是从反应物(始态)到生成物(终态)的熵变。

催化剂参与反应的直接证据是,尽管催化剂在反应前后并不改变组成,但催化剂的形态(如固体催化剂的颗粒大小等)在反应前后常常有明显的改变。

催化剂已经广泛用于化学实验室和工业生产。80%以上的化工生产使用催化剂。没有催化剂,就没有现代化工业。催化剂的问题对我们生活的环境也有巨大影响。已经证明,臭氧洞,主要是由于人类活动释放到大气中的某些烃类及烃类衍生物催化了臭氧的分解。汽车尾气是城市大气质量变差的元凶,为降低汽车尾气中的有害物质,目前主要措施是在汽车排放尾气的排气管内装上以金属铂为主要组分的固体催化剂,致使汽车成为铂的最大用户。但至今对催化剂的组分与催化效能之间的关系还知之甚少,寻找优质催化剂的问题,在理论上还没有完全解决。

习   题

7-1   二甲醚$(CH_3)_2O$分解为甲烷、氢和一氧化碳的反应的动力学实验数据如下:

t/s	0	200	400	600	800
$c[(CH_3)_2O]/(mol \cdot L^{-1})$	0.010 00	0.009 16	0.008 39	0.007 68	0.007 03

(1)计算 600 s 和 800 s 间的平均速率;

(2)用浓度对时间作图(动力学曲线),求 800 s 的瞬时速率。

7-2   在 970 K 下,反应 $2N_2O(g) \longrightarrow 2N_2(g) + O_2(g)$ 起始时 N_2O 的压力为 2.93×10^4 Pa,并测得反应过程中系统的总压变化如下表所示:

t/s	300	900	2 000	4 000
$p(总)/10^4$ Pa	3.33	3.63	3.93	4.14

求最初 300 s 与最后 2 000 s 的时间间隔内的平均速率。

7-3   在 600K 下反应 $2NO + O_2 \longrightarrow 2NO_2$ 的初始浓度与初速率如下:

初始浓度		初速率/(mol·L^{-1}·s^{-1})
$c_0(NO)$/(mol·L^{-1})	$c_0(O_2)$/(mol·L^{-1})	$r_0 = -dc(NO)/dt$
0.010	0.010	2.5×10^{-3}
0.010	0.020	5.0×10^{-3}
0.030	0.020	45×10^{-3}

（1）求该反应的表观速率方程；

（2）计算速率常数；

（3）预计 $c_0(NO) = 0.015$ mol·L^{-1}，$c_0(O_2) = 0.025$ mol·L^{-1} 的初速率。

7-4　N_2O 在金表面上分解的实验数据如下：

t/min	0	20	40	60	80	100
$c(N_2O)$/(mol·L^{-1})	0.100	0.080	0.060	0.040	0.020	0

（1）求分解反应的反应级数；

（2）制作该反应的动力学曲线；

（3）求速率常数；

（4）求 N_2O 消耗一半时的反应速率；

（5）该反应的半衰期与初始浓度成什么关系？

7-5　在 300 K 下，氯乙烷分解反应的速率常数为 2.50×10^{-3} min^{-1}。

（1）该反应是几级反应？说明理由；

（2）氯乙烷分解一半，需多少时间？

（3）氯乙烷浓度由 0.40 mol·L^{-1} 降为 0.010 mol·L^{-1}，需要多长时间？

（4）若初始浓度为 0.40 mol·L^{-1}，反应进行 8 h 后，氯乙烷浓度还剩余多少？

7-6　放射性 $^{60}_{27}Co$（半衰期 $t_{1/2} = 5.26$ a）发射的强 γ 辐射广泛用于治疗癌症（放射疗法）。放射性物质的放射性活度以 Ci（居里）为单位表示。某医院购买了一个含 20 Ci 的钴源，在 10 年后，放射性活度还剩余多少？

7-7　碳-14 半衰期为 5 720 a，今测得北京周口店山顶洞遗址出土的古斑鹿骨化石中的 $^{14}C/^{12}C$ 值是当今活着的生物的 0.109 倍，估算该化石距今多久？周口店北京猿人距今约 50 万年，若有人提议用碳-14 法测定它的生活年代，你认为是否可行？

7-8　实验测得硅烷分解为硅和氢的反应速率常数与温度的关系如下，求该反应的活化能和指前因子：（1）作图法；（2）线性回归法。

k/s^{-1}	0.048	2.3	49	590
T/K	773	873	973	1 073

7-9   测得某反应在 273 K 和 313 K 下的速率常数分别为 1.06×10^{-5} s^{-1} 和 2.93×10^{-3} s^{-1},求该反应在 298 K 下的速率常数。

7-10   某一级反应,在 300 K 时反应完成 50% 需时 20 min,在 350 K 时反应完成 50% 需时 5.0 min,计算该反应的活化能。

7-11   若有人告诉你:同一反应,温度越高,温度升高引起反应速率增长的倍数越高。你对此持肯定意见还是否定意见? 在回答后,做如下估算:设反应甲、乙两个反应的活化能分别为 20 kJ·mol^{-1} 和 50 kJ·mol^{-1},试对比反应甲、乙温度从 300 K 升高到 310 K 和从 500 K 升至 510 K 反应速率增长的倍数。并做出归纳如下:速率快的反应与速率小的反应对比,在相同温度范围内,哪一反应速率增长的倍数高? 同一反应,在温度低时和温度高时,温度升高范围相同时,哪个温度范围反应速率增长的倍数高? 试对归纳的结论做出定性的解释。(此题的假定:温度改变没有改变反应机理和活化能)

7-12   试对比阿伦尼乌斯活化能(表观活化能或实验活化能)、碰撞理论活化能和过渡状态理论活化能的物理意义,并由此说明表观动力学与分子动力学的不同性。

7-13   表观动力学方程得出的指前因子有没有明确的物理意义? 碰撞理论和过渡态理论分别对指前因子的物理意义是如何理解的? 它们的理解是否解释了所有表观动力学方程中指前因子的物理意义? 为什么?

7-14   有人提出氧气氧化溴化氢气体生成水蒸气和溴蒸气的反应机理如下:

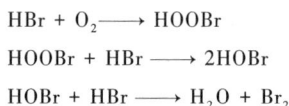

$$HBr + O_2 \longrightarrow HOOBr$$

$$HOOBr + HBr \longrightarrow 2HOBr$$

$$HOBr + HBr \longrightarrow H_2O + Br_2$$

(1)怎样由这三个基元反应加和起来得到该反应的计量方程式?

(2)写出各基元反应的速率方程。

(3)指出该反应有哪些中间体?

(4)实验指出,该反应的表观速率方程对于 HBr 和 O_2 都是一级的,试指出,在上述机理中,哪一步基元反应是速控步?

(5)推导表观速率方程。

7-15   有人提出反应 $2NO(g) + Cl_2(g) \longrightarrow 2NOCl(g)$ 的反应机理如下:

$$NO + Cl_2 \longrightarrow NOCl_2$$

$$NOCl_2 + NO \longrightarrow 2NOCl$$

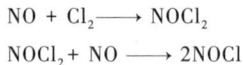

如果第一个基元反应是速控步,该反应的表观速率方程应呈何形式? 如果第二个反应是速控步,该反应的表观速率方程又呈何形式?

7-16   实验测得反应 $H_2(g) + 2 ICl(g) \longrightarrow 2 HCl(g) + I_2(g)$ 对于氢气和氯化碘都是一级的。以下哪一个机理是具备必要条件的?

(1) $2 ICl(g) + H_2(g) \longrightarrow 2 HCl(g) + I_2(g)$

(2) $H_2(g) + ICl(g) \longrightarrow HI(g) + HCl(g)$ (慢)

   $HI(g) + ICl(g) \longrightarrow HCl(g) + I_2(g)$ (快)

（3）$H_2(g) + ICl(g) \longrightarrow HI(g) + HCl(g)$（快）

　　　$HI(g) + ICl(g) \longrightarrow HCl(g) + I_2(g)$（慢）

（4）$H_2(g) + ICl(g) \longrightarrow HClI(g) + H(g)$（慢）

　　　$H(g) + ICl(g) \longrightarrow HCl(g) + I(g)$（快）

　　　$HClI(g) \longrightarrow HCl(g) + I(g)$（快）

　　　$I(g) + I(g) \longrightarrow I_2(g)$（快）

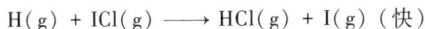

7-17　温度相同时，三个基元反应的正逆反应的活化能如下：

基元反应	$E_a/(kJ \cdot mol^{-1})$	$E'_a/(kJ \cdot mol^{-1})$
Ⅰ	30	55
Ⅱ	70	20
Ⅲ	16	35

（1）哪个反应的正反应速率最大？

（2）反应Ⅰ的反应焓多大？

（3）哪个反应的正反应是吸热反应？

7-18　某基元反应的活化能 $E_a = 50 \text{ kJ} \cdot \text{mol}^{-1}$，反应焓为 $\Delta H = -70 \text{ kJ} \cdot \text{mol}^{-1}$，当加入催化剂后，该反应的机理发生改变，变成两个基元反应，第 1 个基元反应的正反应活化能为 12 $\text{kJ} \cdot \text{mol}^{-1}$，逆反应的活化能为 17 $\text{kJ} \cdot \text{mol}^{-1}$，第 2 个基元反应的正反应活化能为 20 $\text{kJ} \cdot \text{mol}^{-1}$，逆反应活化能为 85 $\text{kJ} \cdot \text{mol}^{-1}$。画出有催化剂和无催化剂存在时该反应过程的能量变化示意图。

7-19　反应 $C(s) + CO_2(g) \longrightarrow 2CO(g)$ 的反应焓 $\Delta H = 172.5 \text{ kJ} \cdot \text{mol}^{-1}$，问增加总压、升高温度、加入催化剂，反应的速率常数 $k_{正}$、$k_{逆}$，反应速率 $r_{正}$、$r_{逆}$ 及平衡常数 K 将如何变化？平衡将如何移动？请将你的判断填入下表：

	$k_{正}$	$k_{逆}$	$r_{正}$	$r_{逆}$	K	平衡移动方向
增加总压						
升高温度						
加入催化剂						

7-20　试讨论对于同一个化学反应，用 dn/dt、$d\xi/dt$、dc/dt、$(1/V)dc/dt$ 及 $(1/V)d\xi/dt$ 表达速率，速率方程中速率常数有什么差别？

7-21　利用表 7-1 的数据制作五氧化二氮分解反应的动力学曲线。要求画两条曲线，一条表达五氧化二氮浓度的变化，另一条表达二氧化氮浓度的变化，并在两条曲线旁标出与表 7-1 上各反应时间相应的五氧化二氮和二氧化氮的浓度数值，并对比之。

7-22　以下说法是否正确？说明理由。

（1）某反应的速率常数的单位是 $mol^{-1} \cdot L \cdot s^{-1}$，该反应是一级反应；

（2）化学动力学研究反应的快慢和限度；

（3）反应的速率常数越大说明反应速率越大；

（4）反应级数越大的反应的反应速率越大；

（5）活化能大的反应受温度的影响大；

（6）实验测得反应 $A_2+B_2 \longrightarrow 2AB$ 的速率方程为 $r = kc(A_2)c(B_2)$，说明此反应是一个双分子反应；

（7）某反应在 30 min 时反应完成 50%，进行 60 min 时反应完成 100%，说明此反应是一级反应；

（8）反应机理中的速控步骤决定了反应速率，因此在速控步骤前发生的反应和在速控步骤后发生的反应对反应速率都毫无影响；

（9）催化剂同等程度地降低了正逆反应的活化能，因此同等程度地加快了正逆反应的速率；

（10）反应速率常数是温度的函数，也是浓度的函数。

第三篇

水溶液化学原理

第 8 章

水 溶 液

内容提要

本章讨论水溶液的一般性质,涉及溶液的浓度和溶解度、稀溶液通性和电解质溶液的一般理论。

1. 按本书编写顺序学习的读者可不再学习本章第 1 节的溶液的浓度的内容,因为在化学热力学基础的第 2 节里已经讨论过了。但考虑到有些使用本书的读者不一定按本书设计的顺序进行教学,因此在本章中仍保留了溶液浓度的内容。

2. 本章第 2 节的内容是传统的普通化学或无机化学的内容——稀溶液通性。如果本书读者的学习计划中还有物理化学课程,这些内容可以一并在物理化学课程中学习而不必在本课程中学习,因为这部分知识内容在学习了热力学基本概念化学势后理解起来要容易得多,没有必要进行重复学习,但若读者没有学习物理化学课程的计划,这一节的内容是有必要掌握的。

3. 本章第 3 节也是传统普通化学或无机化学的内容——电解质溶液,其中有的内容可以结合后面几章的教学自然地学到,不必专题讨论,可以由读者自学,而有关强电解质理论的知识及实际溶液模型中的活度、活度系数、离子强度等概念建议移到分析化学、物理化学等后续课程一并讨论。由于传统教学计划中的这些课程在这部分知识的讨论上没有明显的层次感,是不必要的重复,因此,如果读者有继续学习分析化学和物理化学课程的计划,可以暂时不学习这部分内容,或适当自学一下,不必深入钻研。本书在讨论溶液中的化学平衡时基本上限于理想溶液(盐效应除外),好比讨论气体先按理想气体讨论一样,这样划分先后课程讨论的层次有助于缩减学时,使读者分层次地深入对溶液和溶液中的化学平衡的认识。

8-1 溶液的浓度和溶解度

8-1-1 溶液的浓度

广义的浓度定义是溶液中的溶质相对于溶液或溶剂的相对量。它是一个强度量,不随溶液的取量而变。在历史上由于不同的实践需要形成了名目众多的浓度表示法。近年来,趋向于仅用一定体积的溶液中溶质的"物质的量"来表示浓度,即以 mol(溶质)/L(溶液)为单位,称为物质的量浓度,并简称为浓度,可认为是浓度的狭义定义。然而,在目前的实践工作中,仍不能避免不同浓度表示法之间的相互换算。

(1) 物质的量浓度　每升溶液中溶质的物质的量,单位为 mol/L,符号为 c,如 $c(H^+)$,但是,若所论的浓度是溶液中各种化学平衡达到动态平衡时的浓度,即平衡浓度,则用[ ]表示,如[H^+]。这两种符号的差别本来是明确的,区别它们是有必要的,但长期以来许多教材只用[H^+]为符号表示浓度,不使用"c"为符号,这种习惯造成许多混乱,望读者注意纠正。还应提到的是,物质的量浓度涉及溶液的体积,而溶液的体积是温度的函数,因此,温度改变将引起物质的量浓度数值上的改变。这对于一些进行精确测量的实验和理论模型是不允许的。在这种情况下,不得不用质量摩尔浓度——溶液中溶质的物质的量除以溶剂的质量,单位为 mol·kg^{-1}(注意:其中的质量是溶剂的而不是溶液的),质量摩尔浓度的英文是 molality,缩写符号为 m 或 b,相对于质量摩尔浓度,物质的量浓度被一些书籍称为"体积摩尔浓度"(但这不是我国国家标准规定的名称),英文为molarity,应注意区分。物质的量浓度和质量摩尔浓度的互相换算必须得知溶液的密度,对于稀溶液,要求不严格时,可以近似地用物质的量浓度代替质量摩尔浓度,本书热力学基础一章正是这样做的。

(2) 质量分数　溶质的质量对于溶液的质量的百分数,符号为 w。过去长期称为质量百分浓度,甚至忽略"质量"这一修饰定语简称为"百分浓度",现正名为质量分数。

(3) 摩尔分数　溶质 B 的物质的量与溶液中溶质与溶剂总物质的量之比。即 $n(B)/n(总)$,符号为 $x(B)$ 或 x_B。显然,溶液中各组分的摩尔分数之和等于 1——$\sum x(B) = 1$。

实验室常用酸碱溶液的浓度列在表 8-1 中。

表 8-1　实验室常用酸碱溶液的浓度

溶液	$c/(\text{mol} \cdot \text{L}^{-1})$	$w/\%$	$\rho/(\text{kg} \cdot \text{L}^{-1})$
浓盐酸	12	36	1.18
稀盐酸	6	20	1.10
浓硝酸	16	72	1.42
稀硝酸	6	32	1.19
浓硫酸	18	96	1.84
稀硫酸	3	25	1.18
浓氨水	15	28	0.90
稀氨水	6	11	0.96

8-1-2　溶解度

一定温度和压力下溶质在一定量溶剂中形成饱和溶液时,被溶解的溶质的量称为该溶质的溶解度。按照溶解度的概念,只要是饱和溶液,上一节介绍的浓度表示法都可以用作表示溶解度。但习惯上最常用的溶解度表示法是 100 g 溶剂中所能溶解的物质的最大克数。例如,20 ℃时 100 g 水中溶解 35.7 g NaCl 即为该温度下 NaCl 的饱和溶液,所以氯化钠在 20 ℃下的水中的溶解度为 35.7 g/(100 g H$_2$O),相当于溶液的质量分数为 26.3%,质量摩尔浓度为 6.10 mol · kg^{-1}。

温度对固体溶质的溶解度有明显的影响。因此,讨论固体溶质的溶解度时必须标明温度。绝大多数固体的溶解度随温度升高而增大,但个别也有减小的。带结晶水的固体,在不同温度下与饱和溶液达到平衡的固体中的结晶水含量可能不同,这是不应忽视的。另外,同一种溶质在同温度下在单一溶液中和在含多种溶质的混合溶液中的溶解度是有差别的,尤其是浓溶液。例如,对于 KCl 和 NaNO$_3$ 混合溶液,用单一溶液中的 NaCl、KNO$_3$、KCl 和 NaNO$_3$ 的溶解度来讨论,是不合适的,必须使用溶液相图来讨论,将在物理化学课程中学习。

有时,溶液中固体溶质的质量会超过它的溶解度,这种溶液称为过饱和溶液。过饱和溶液一般是较高温度的饱和溶液冷却形成的。例如,醋酸钠的溶解度,323 K 下为 83 g/(100 g H$_2$O),293 K 下为 46 g/(100 g H$_2$O),当 323 K 下的醋酸钠饱和溶液冷却到 293 K,若溶液十分纯净,不震荡,固体醋酸钠不会析出,这种现象叫作过饱和现象。过饱和现象是热力学上的介稳态,只有在一定条件下才会形成。如果向过饱和溶液添加 1 小粒醋酸钠固体,甚至其他固体,如灰尘,或者摩擦容器内壁,过饱和现象就会被破坏,析出固体,转化为饱和溶液。

　　气体的溶解度一般用单位体积的溶液中气体溶解的质量或物质的量表示,如用质量分数 w、物质的量浓度 c、质量摩尔浓度 b 等表示。气体的溶解度与气体的分压明显有关,随气体分压增大,溶解度增大。因此,讨论气体溶解度时必须注明溶液的温度和气体的压力(见表 8-2)。

表 8-2　气体溶解度与气体压力的关系

压力/10^5Pa	373 K 下 CO_2 溶解度/(mol·L^{-1})	压力/10^5Pa	298 K 下 N_2 溶解度/(mol·L^{-1})
80.1	0.386	25.3	0.015 5
106.5	0.477	50.7	0.030 1
120.0	0.544	101.3	0.061
160.1	0.707	202.6	0.100
200.1	0.887		

　　早在 1801 年,英国人亨利(Henry)就揭示了这些事实中蕴涵着的规律,即**亨利定律**:气体的溶解度与气体的分压呈正比。例如,25 ℃时氧气的分压为 1 个标准压力时,氧气在水中溶解度为 $1.23×10^{-3}$ mol·L^{-1},空气中氧气的分压为 0.2 个标准压力,因此,当水与空气达到平衡时,水中氧气的浓度为 $1.23×10^{-3}×0.2 = 2.5×10^{-4}$ mol·L^{-1}。亨利定律可表示为:

$$p = Kx \quad (或\ p = K'c 、p = K''m) \qquad (8-1)$$

式中,比例常数 K 称为**亨利系数**(注意:气体溶解度的单位不同时 K 的数值不同)。

　　应当指出,当气体的溶解度用单位体积的溶剂中所溶解的气体的体积表示时,溶解度与气体的分压无关,只是温度的函数。这是不难理解的:理想气体方程告诉我们:$pV=nRT$,将它变形为 $p = n(RT/V)$,可得出当气体的温度和体积一定时,气体的物质的量与气体的分压呈正比,再与亨利定律对比,既然气体在一定体积溶剂中溶解量(n)与气体的分压(p)呈正比,岂不意味着气体的温度(T)和体积(V)是一定的! 当然,应当明确,这里谈论的气体体积是不同气体分压下的,如果把它们都换算为气体标准状况下的体积,仍然呈正比。该对比也告诉我们,只有当气体遵循理想气体行为时,亨利定律才是有效的。另外,亨利定律的成立也要求气体的溶解是单纯的,不与溶剂发生化学反应或发生解离等过程,至少这些过程也是可以忽略的,这可以概括为"理想溶液"。换句话说,亨利定律只是对气体溶解于溶剂的理想描述,实际情况或多或少会偏离亨利定律。例如,氨水、氯化氢、二氧化氮等气体溶解于水,就不符合亨利定律。

8-1-3 相似相溶原理

溶质与溶剂的品种繁多,性质千差万别,导致溶质与溶剂相互关系的多样性,因此,想得到溶解度的普遍规律是困难的。但笼统地讲,溶解过程的一般规律是相似相溶。具体地说:

溶质分子与溶剂分子的结构越相似,相互溶解越容易。例如,甲醇（CH_3OH）和乙醇（CH_3CH_2OH）和水（HOH）都可看作羟基（—OH）和一个不大的基团联结的分子,结构相似,因此,它们之间可以互溶,而戊醇在水中几乎不溶,因为戊醇虽也有羟基,却在分子结构中的地位下降,戊醇分子的另外一半"$CH_3CH_2CH_2CH_2CH_2$—"与水毫无相似之处。

溶质分子的分子间力与溶剂分子的分子间力越相似,越易互溶。这在一定程度上反映在它们的熔点或沸点是否相近。例如,H_2、N_2、O_2、Cl_2 的沸点依次上升,与水的沸点相近的 Cl_2 在水中的溶解度最大（见表8-3）。

表 8-3　几种气体的沸点和在水中的溶解度

气体	沸点/K	0 ℃,101 kPa 下在水中的溶解度/[mL/(100 g H_2O)]
H_2	20	2.1
N_2	78	2.4
O_2	90	4.9
Cl_2	239	461.0

水分子之间存在氢键,因此,若溶质分子能与水分子形成氢键,在水中的溶解度就相对较大,如氨、乙醇、HF 等。

8-2　非电解质稀溶液通性

物质的溶解是一个物理化学过程,溶解的结果是溶质和溶剂的某些性质发生了变化。这些性质变化分为两类:第一类性质变化决定于溶质的本性,如溶液的颜色、密度、导电性等;第二类性质变化仅与溶质的量（浓度）有关而与溶质的本性无关,如非电解质溶液的蒸气压下降、沸点上升、凝固点下降和渗透压等。这些性质变化的大小取决于一定量的溶剂中加入的溶质的物质的量的多少,如不同种类的难挥发非电解质葡萄糖、甘油等配成相同浓度的水溶液,它们的沸点上升、凝固点下降、渗透压几乎都相同。这些性质变化仅适用于难挥发的非电解质稀溶液,所以又称稀溶液依数性,或称稀溶液通性。

8-2-1　溶液的蒸气压下降——拉乌尔定律

单位时间内由液面蒸发出的分子数和由气相回到液体内的分子数相等时,气、液两相处于平衡状态,这时的蒸气压叫作该液体的饱和蒸气压,简称蒸气压。1870 年和 1880 年,法国物理学家拉乌尔(F. M. Raoult)研究了溶质对纯溶剂的凝固点和蒸气压的影响;1887 年,拉乌尔根据实验结果得出如下结论:在一定温度下,难挥发非电解质稀溶液的蒸气压等于纯溶剂的蒸气压乘以溶剂的摩尔分数,数学表达式为

$$p = p_B^* \cdot x_B \tag{8-2}$$

式中,p 表示溶液的蒸气压,p_B^* 表示纯溶剂的蒸气压,x_B 表示溶剂 B 的摩尔分数。设 x_A 为溶质的摩尔分数,则 $x_A + x_B = 1$,$x_A = 1 - x_B$。实际工作中较多应用的是溶液蒸气压下降 Δp:

$$\Delta p = p_B^* - p = p_B^* - p_B^* \cdot x_B = p_B^* (1 - x_B) = p_B^* \cdot x_A$$

因此,拉乌尔定律另一种表述是,在一定温度下,难挥发非电解质稀溶液的蒸气压下降 Δp 和溶质的摩尔分数成正比。

拉乌尔定律只适用于理想溶液,但近似地适用于非电解质稀溶液,若溶质和溶剂物质的量分别为 n_A 和 n_B,因为 $n_B \gg n_A$,所以

$$\Delta p = p_B^* \cdot x_A = p_B^* \frac{n_A}{n_A + n_B} \approx p_B^* \frac{n_A}{n_B}$$

以 b 表示溶质 A 的质量摩尔浓度(mol·kg^{-1}),以 M 表示水(溶剂 B)的摩尔质量(g·mol^{-1}),则水的质量摩尔浓度为 $1\ 000/M$,则 x_A 近似地等于:

$$x_A \approx n_A/n_B = bM/1\ 000$$

对于稀溶液,

$$\Delta p = p_B^* \cdot x_A \approx p_B^* M/1\ 000 \cdot b = K \cdot b \tag{8-3}$$

式中,K 为比例常数,称为蒸气压下降常数。由此,拉乌尔定律可表述为,在一定温度下难挥发非电解质稀溶液蒸气压下降近似地与溶液的质量摩尔浓度成正比。

若溶质和溶剂都有挥发性,拉乌尔定律仍然适用,只要溶质和溶剂不相互作用,溶液仍为理想溶液,这时,可分别考虑它们对蒸气压的影响而将它们的影响

相加：

$$p = p_A + p_B = p_A^* \cdot x_A + p_B^* \cdot x_B \tag{8-4}$$

例如，在 293 K 下苯和甲苯纯液体的蒸气压分别为 10.0 kPa 和 6.6 kPa，两者的等物质的量混合物的蒸气压为

$$p_t = 0.5 \times 10.0 \text{ kPa} + 0.5 \times 6.6 \text{ kPa} = 8.3 \text{ kPa}$$

8-2-2 溶液的凝固点下降

物质的凝固点是指在一定外界压力下物质的液相蒸气压和固相蒸气压相等时的温度，即固液共存的温度。在外压为 101.3 kPa 下冰和水的蒸气压都等于 0.611 kPa 时的温度为 273.15 K，冰和水共存，即为水的凝固点，又称冰点[①]。温度高于 273.15K 时，水的蒸气压低于冰的蒸气压，冰转化为水，温度低于 273.15 K时，冰的蒸气压低于水的蒸气压，水转化为冰。

溶液的凝固点是指溶液中的溶剂和它的固态共存的温度。当水中溶有少量（非挥发性非电解质）溶质后，溶液（中的溶剂的）蒸气压下降，但不会改变溶剂的固态物质（冰）的蒸气压，因而当溶液处于纯水凝固点的温度时，冰将融化为水，只有当温度下降到某一个数值，冰和溶液的蒸气压相等，水才会凝固为冰，可见，溶液的凝固点低于纯溶剂，这就叫作溶液的凝固点下降。在图 8-1 中，在 A 点，纯溶剂（水）与冰的蒸气压相等，此

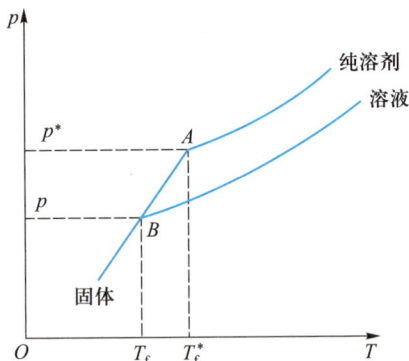

图 8-1   水溶液的凝固点下降

时的温度是纯溶剂的凝固点 T_f^*，随着溶质的加入，纯溶剂的蒸气压曲线下移为溶液的蒸气压曲线，该曲线与冰的蒸气压曲线交汇的 B 点的温度为溶液的凝固点 T_f。

---

① 液态水的冰点是水在溶解饱和的空气后测得的数据，完全纯净的水与冰及水蒸气达到平衡的温度称为水的三相点，简言之，水的冰点和三相点不是一个概念。水的三相点经我国物理化学家黄子卿在 1938 年测定为 0.009 81 ℃（273.159 81 K），此时水蒸气的压力为 611.73 Pa。三相点是系统的平衡条件决定的，温度和压力是固定的数值，不随外界条件而改变。国际单位制用水的三相点定义热力学温度，即 1/273.16 为热力学温度的单位——开尔文（K）。

拉乌尔用实验证明了,溶液的凝固点下降 $\Delta T_f(=T_f^*-T_f)$ 与溶液的质量摩尔浓度 b 成正比:

$$\Delta T_f = K_f \cdot b \qquad (8-5)$$

式中,比例常数 K_f 称为凝固点下降常数。表8-4给出了一些常见溶剂的凝固点下降常数。

表8-4　一些常见溶剂的凝固点下降常数

溶　　剂	水	苯	乙酸	萘	硝基苯	苯酚
凝固点/℃	0.0	5.5	16.6	80.5	5.7	43
$K_f/(\text{K}\cdot\text{kg}\cdot\text{mol}^{-1})$	1.855	4.9	3.9	6.87	7.00	7.80

用凝固点下降实验测定溶质的摩尔质量,是测定相对分子质量的经典实验方法之一。

[例1]　取0.817 g苯丙氨酸溶于50.0 g水中,测得凝固点为−0.184 ℃,求苯丙氨酸的摩尔质量。

[解]　水的凝固点下降常数为 1.855 K·kg·mol^{-1}

$\Delta T_f = 0.184$ K $= K_f \cdot b = 1.855$ K·kg·mol$^{-1}\times(0.817\ \text{g}/M)/5\times10^{-2}$ kg

$M = 165$ g·mol^{-1}

在日常生活中,凝固点下降是经常遇到的现象。例如,海水的凝固点低于0 ℃;常青树的树叶因富含糖分在严寒的冬天常青不冻……利用凝固点下降,撒盐可将道路上的积雪融化;在冬天施工的混凝土中常添加氯化钙;为防止冬天汽车水箱冻裂常加入适量的乙二醇或甲醇、甘油;实验室用食盐或氯化钙固体与冰混合配制冷剂,因凝固点下降,混合物中的冰融化吸热,导致体系温度下降。尽管日常遇到的溶液不一定是难挥发非电解质溶液,但溶液的凝固点仍要下降,只是不符合拉乌尔定律的定量关系而已。表8-5给出了一些常用的实验室制冷剂,以备读者使用时查阅。

表8-5　一些常用的实验室制冷剂

盐	A	$t/℃$	盐	A	$t/℃$
CaCl$_2\cdot$6H$_2$O	41	−9.0	NaNO$_3$	59	−18.5
CaCl$_2$	80	−11	(NH$_4$)$_2$SO$_4$	62	−19
Na$_2$S$_2$O$_3\cdot$5H$_2$O	67.5	−11	NaCl	33	−21.2
KCl	30	−11	CaCl$_2\cdot$6H$_2$O	82	−21.5
NH$_4$Cl	25	−15.8	CaCl$_2\cdot$6H$_2$O	125	−40.3
NH$_4$NO$_3$	60	−17.3	CaCl$_2\cdot$6H$_2$O	143	−55

注:A 为与100 g冰(或雪)混合的盐的质量(g),t 为最低制冷温度。

8-2-3　溶液的沸点上升

沸点是指液体的蒸气压和外界大气压相等时的温度,此时,不仅液体表面,而且液体内部也产生蒸气,即呈现沸腾状态,因而称为沸点。图 8-2 说明,溶液的蒸气压低于纯溶剂的蒸气压,溶液的沸点仍然是溶液的蒸气压等于外界大气压($p^\ominus$)时的温度,因而就比纯溶剂的沸点高。用 T_b^* 表示纯溶剂的沸点,T_b 为溶液的沸点,$\Delta T_b = T_b - T_b^*$,称为溶液的沸点上升。

难挥发非电解质稀溶液的蒸气压下降与溶液的质量摩尔浓度成正比,因而溶液的沸点上升必然也与溶液的质量摩尔浓度成正比:

$$\Delta T_b = K_b \cdot b \qquad (8-6)$$

式中,K_b 称为沸点上升常数。一些常见溶剂的沸点上升常数列于表8-6。

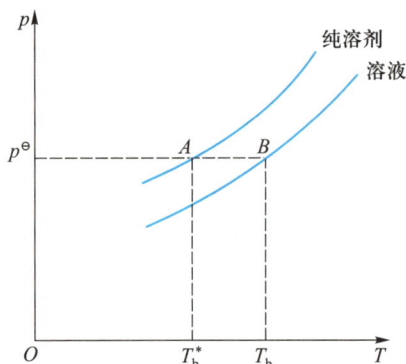

图 8-2　溶液的沸点上升

表 8-6　一些常见溶剂的沸点上升常数

溶剂	沸点/℃	K_b/(K·kg·mol^{-1})	溶剂	沸点/℃	K_b/(K·kg·mol^{-1})
水	100	0.512	氯仿	61.7	3.63
乙醇	78.4	1.22	萘	218.9	5.80
丙酮	56.2	1.71	硝基苯	210.8	5.24
苯	80.1	2.53	苯酚	181.7	3.56
乙酸	117.9	2.93	樟脑	208	5.95

沸点上升实验也是测定溶质的摩尔质量(相对分子质量)的经典方法之一,但同一溶剂的凝固点下降常数比沸点上升常数大,沸点上升实验测得的数据不如凝固点下降测得的数据准确。

[例2]　取 2.67 g 萘($C_{10}H_8$)溶于 100 g 苯,测得该溶液的沸点上升了 0.531 K,求苯的沸点上升常数。

[解]　萘的摩尔质量为 128 g·mol^{-1}

$$0.531\ K = \Delta T_b = K_b \cdot b = K_b \cdot \frac{2.67\ g}{128\ g \cdot mol^{-1}} \times \frac{1\ 000}{100} kg^{-1}$$

$$K_b = 2.54\ K \cdot kg \cdot mol^{-1}$$

8-2-4　溶液的渗透压

渗透性(permeability)是泛指分子或离子透过隔离的膜的性质,是自然界十分常见的现象,而其中被特指为渗透(osmosis)的现象却是指溶剂分子透过半透膜(semi-permeable membrane)由纯溶剂(或较稀溶液)一方向溶液(或较浓溶液一方)扩散使溶液变稀的现象,半透膜是只允许溶剂分子而不允许溶质分子透过。渗透是最简单的渗透模型,具有明显的规律性,是研究复杂多样的渗透现象(permeation)的基础。例如,人们曾用这种简单模型解释动植物体液在体内的循环;解释植物的根系从土壤中吸取水分(毛细现象除外);解释为什么施肥过浓植物会枯萎甚至死亡;解释肺泡呼吸,皮肤出汗等。

研究渗透首先要有半透膜。完全理想的不能透过溶质分子(及离子)的天然半透膜很难找到,但许多天然膜的性质十分接近半透膜,如晾干的猪膀胱、肠衣、新鲜的萝卜皮或各种植物果实的外皮等。例如,不妨用萝卜做一个渗透现象的演示实验。取一萝卜,掏空,装入糖水,插一玻璃管,放入盛水的烧杯中,水面没过萝卜,不一会儿,可观察到玻璃管里的液面开始上升,升至某一高度才停止下来(见图 8-3)。

显然,上述实验中玻璃管水柱的静压阻止了纯水向溶液渗透。人们把这种施于溶液液面阻止纯溶剂通过半透膜向溶液渗透的压力称为渗透压。

人造的半透膜种类繁多。早在 1877 年,植物生理学家菲费尔(Pfeffer)发现沉积在素烧陶瓷表面的亚铁氰化铜$[Cu_2Fe(CN)_6]$固体薄膜

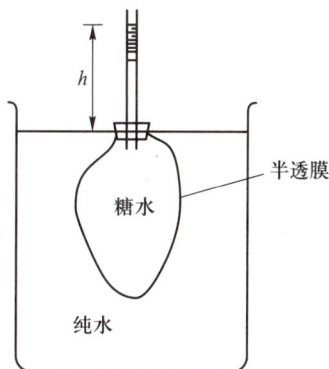

图 8-3　渗透现象演示实验示意图

是优良的半透膜,并用这种半透膜研究了蔗糖溶液的渗透性,并发现,在一定温度下,渗透压(Π)与溶液的浓度 c 成正比。1885 年,范特霍夫(van't Hoff)进一步发现,渗透压与难挥发非电解质稀溶液的浓度$[c/(mol \cdot L^{-1})]$及温度(T/K)的关系与理想气体方程相似:

$$\Pi = cRT \tag{8-7}$$

式中,R 为摩尔气体常数($= 8.314 \ kPa \cdot L^{-1} \cdot mol^{-1} \cdot K^{-1}$)。范特霍夫的发现后来被热力学理论推证。

渗透压实验跟凝固点下降、沸点上升实验一样,也是测定溶质的摩尔质量

（相对分子质量）的经典方法之一。尽管实验技术比较复杂,却特别适用于摩尔质量大的分子,这是渗透压法的独到之处。

[**例3**]　在 1 L 溶液中含有 5.0 g 马的血红素,298 K 时测得溶液的渗透压为 1.82×10^2 Pa,求马的血红素的平均摩尔质量。

[**解**]
$$c = \frac{\Pi}{RT} = \frac{1.8 \times 10^2 \ Pa}{8.314 \ kPa \cdot L \cdot mol^{-1} \cdot K^{-1} \times 298 \ K} = 7.3 \times 10^{-5} \ mol \cdot L^{-1}$$

$$平均摩尔质量 = \frac{5.0 \ g \cdot L^{-1}}{7.3 \times 10^{-5} \ mol \cdot L^{-1}} = 6.8 \times 10^4 \ g \cdot mol^{-1}$$

溶液的渗透压随浓度增大而增大,通常具有很高的数值。例如,大树靠渗透压可将根系吸收的水分输送到数十米高的树梢。又如,血液的渗透压为 780 kPa。向患者静脉输液的各种溶液的渗透压必须与血液的相等,称为等渗溶液(isotonic solution)。比等渗溶液渗透压高的溶液叫高渗溶液(hypertonic solution),低的叫低渗溶液(hypotonic solution)。腌制酱菜、咸肉使用的盐水是高渗溶液,果酱也是高渗溶液,细菌因体内的水将向外渗透而不能存活。海鱼和淡水鱼的鳃的渗透性不同,因此海鱼不能在淡水里生活,反之亦然,而洄游鱼类能在海水与淡水间回游很可能与体内的渗透压改变有关。

8-2-5　稀溶液的依数性

难挥发非电解质稀溶液的蒸气压下降、凝固点下降、沸点上升和渗透压都与溶液中所含的溶质的种类和本性无关,只与溶液的浓度有关,总称溶液的**依数性**,也叫**稀溶液通性**。

浓溶液、电解质溶液也有蒸气压下降、凝固点下降、沸点升高及渗透性,但对于稀溶液的依数性有不同程度的偏差。在已经得知电解质溶液本质的今天,反过来思考,很容易得出稀溶液通性是与溶液中的溶质微粒数相关的性质,而且,符合拉乌尔定律时,微粒间的相互作用是必须忽略的。浓溶液中微粒间的作用力不可忽略,电解质溶液因电离溶质的微粒数增加,因而不符合稀溶液定律。而在 100 多年前,瑞典化学家阿伦尼乌斯正是从电解质溶液对依数性的偏差提出了他的电离理论。

8-3　电解质溶液

1887 年,瑞典化学家阿伦尼乌斯根据电解质溶液对非电解质溶液的依数性

的偏差和溶液导电性的实验事实提出了电离理论,其要点如下:

（1）电解质在溶液中会自发解离成带电粒子,即离子;

（2）正、负离子不停运动着,又会结合成分子,电解质只发生部分解离,解离的百分数称为解离度;

（3）溶液导电是由于离子迁移引起的。溶液中的离子越多,导电性越强。

阿伦尼乌斯认为,电解质溶于水,其质点数因解离而增加,所以 ΔT_f 等依数性的数值也会增大。例如,$0.01\ mol \cdot kg^{-1}$ NaCl 溶液若不发生解离,其 ΔT_f 应为 $0.018\ 6\ K$,而实测为 $0.036\ 1\ K$。设其解离度为 α,则 $1\ 000\ g$ 溶剂中含 $0.01(1-\alpha)$ mol NaCl 及 $0.01\ \alpha$ mol Cl^- 与 Na^+,共有 $0.01(1+\alpha)$ mol 质点,又因凝固点下降与溶质的物质的量成正比,有以下关系。

$$NaCl \rightleftharpoons Na^+ + Cl^-$$
$$0.01(1-\alpha) \qquad \alpha \qquad \alpha$$
$$\frac{0.01}{0.01(1+\alpha)} = \frac{0.018\ 6}{0.036\ 1}$$

则 $$\alpha = 0.94$$

也就是说,溶液中有 94% NaCl 解离成 Na^+ 和 Cl^- 了。

阿伦尼乌斯电离理论很好地解释了弱电解质的行为,但对于强电解质溶液,发生很大偏差。

根据近代物质结构理论,强电解质在溶液中是全部解离的,其解离度应为 100%,但是,溶液导电性实验测得强电解质在溶液中的解离度都小于 100%,被称为表观解离度（见表 8-7）。

表 8-7　强电解质的表观解离度（298 K，0.10 mol·L^{-1}）

电解质	KCl	$ZnSO_4$	HCl	HNO_3	H_2SO_4	NaOH	$Ba(OH)_2$
表观解离度/%	86	40	92	92	61	91	81

1923 年,德拜（P. J. M. Debye）和休克尔（E. Hückel）等认为,强电解质在溶液里是完全解离的,但解离产生的离子由于带电而相互作用,每个离子都被异性离子包围,形成了"离子氛",正离子周围有较多的负离子,负离子周围有较多的正离子,使得离子在溶液中不完全自由。溶液在通过电流时,正离子向阴极移动,但它的离子氛却向阳极移动,加之强电解质溶液中的离子较多,离子间平均距离小,离子间吸引力和排斥力比较显著等因素,离子的运动速度显然比毫无牵挂来得慢一些,因此溶液的导电性就比完全解离的理论模型要低一些,产生不完

全解离的假象。

为定量描述强电解质溶液中离子间的牵制作用,引入了活度概念。活度是单位体积溶液在表观上所含的离子浓度,即有效浓度。活度 a 与实际浓度 c 的关系:

$$a = f c \tag{8-8}$$

式中,f 称为活度因子。它反映了电解质溶液中离子相互牵制作用的大小,溶液越浓,离子电荷越高,离子间的牵制作用越大,f 就越小,活度和浓度的差距就越大,反之亦然。当溶液稀释时,离子间相互作用极弱,$f \to 1$,这时,活度与浓度基本趋于一致了。由于单个离子的活度因子无法从实验中测得,一般取电解质的两种离子的活度因子的平均值,称为平均活度因子 $f_{\pm}(=\sqrt{f_+ \cdot f_-})$,通常可以从化学手册上查到。

某离子的活度因子不仅受它本身的浓度和电荷的影响,也受溶液中其他离子的浓度及电荷的影响,为了表征这些影响,引入了离子强度的概念。离子强度 I 的定义:

$$I = \frac{1}{2} \sum (c_B z_B^2)$$

式中,c_B 是离子 B 的浓度,z_B 是离子 B 的电荷。

[例4] 计算含有 $0.1\ \mathrm{mol \cdot L^{-1}}$ HCl 和 $0.1\ \mathrm{mol \cdot L^{-1}}$ CaCl$_2$ 混合溶液的离子强度。

[解] $I = \frac{1}{2} [c(H^+) z(H^+)^2 + c(Ca^{2+}) z(Ca^{2+})^2 + c(Cl^-) z(Cl^-)^2]$

$= 0.4\ \mathrm{mol \cdot L^{-1}}$

由表 8-8 可见,离子强度越大,f 值越小,当离子强度小于 1×10^{-4} 时,f 值接近 1,即活度差不多等于实际浓度了。高价离子的 f 值小于低价离子,特别是在较大离子强度的情况下两者的差距很大。

电解质溶液的浓度和活度之间一般是有差别的,严格说,都应该用活度来进行计算,但对于稀溶液、弱电解质溶液、难溶强电解质溶液做近似计算时,通常就用浓度进行计算。这是因为在这些情况下溶液中的离子浓度很低,离子强度很小,f 值十分接近 1 的缘故。

表 8-8 活度因子 f 与离子强度 I 的关系

离子强度 $I/(\mathrm{mol \cdot L^{-1}})$	活度因子 f			
	$z = 1$	$z = 2$	$z = 3$	$z = 4$
1×10^{-4}	0.99	0.95	0.90	0.83

续表

离子强度 $I/(\mathrm{mol \cdot L^{-1}})$	活度因子 f			
	$z = 1$	$z = 2$	$z = 3$	$z = 4$
2×10^{-4}	0.98	0.94	0.87	0.77
5×10^{-4}	0.97	0.90	0.80	0.67
1×10^{-3}	0.96	0.86	0.73	0.56
2×10^{-3}	0.95	0.81	0.64	0.45
5×19^{-3}	0.92	0.72	0.51	0.30
1×10^{-2}	0.89	0.63	0.39	0.19
2×10^{-2}	0.87	0.57	0.28	0.12
5×10^{-2}	0.81	0.44	0.15	0.04
0.1	0.78	0.33	0.08	0.01
0.2	0.70	0.24	0.04	0.003
0.3	0.66	—	—	—
0.5	0.62	—	—	—

习　　题

8-1　现需 1 200 g 80%（质量分数）的酒精作溶剂。实验室存有 70% 回收酒精和 95% 酒精,应各取多少进行配置?

8-2　下列各种商品溶液都是常用试剂,试计算它们的物质的量浓度和摩尔分数:

（1）浓盐酸　含 HCl 37%（质量分数,下同）,密度 1.19 g·mL^{-1};

（2）浓硫酸　含 H_2SO_4 98%,密度 1.84 g·mL^{-1};

（3）浓硝酸　含 HNO_3 70%,密度 1.42 g·mL^{-1};

（4）浓氨水　含 NH_3 28%,密度 0.90 g·mL^{-1}。

8-3　如何将 25 g NaCl 配制成质量分数为 0.25 的食盐水溶液?

8-4　现有 100.00 mL Na_2CrO_4 饱和溶液 119.40 g,将它蒸干后得固体 23.88 g,试计算:

（1）Na_2CrO_4 的溶解度;

（2）溶质的质量分数;

（3）溶液的物质的量浓度;

（4）Na_2CrO_4 的摩尔分数。

8-5　在 2.345 6 g 水中通入氨气至饱和,溶液称量为 3.018 g,在该溶液中加入 50.0 mL 0.500 mol·L^{-1} H_2SO_4 溶液,剩余的酸用 20.8 mL 0.500 mol·L^{-1} NaOH 溶液中和,试计算该温度下 NH_3 在水中的溶解度 [用 g/(100 g H_2O) 为单位]。

8-6   现有一甲醛溶液,已知其密度为 $1.111 \text{ g} \cdot \text{mL}^{-1}$,质量分数为 40%,已知该溶液中含 25.00 g 纯甲醛,求该溶液的体积。

8-7   为防止 1 L 水在 -10 ℃ 凝固,问需要向其中加入多少克甲醛?

8-8   101 mg 胰岛素溶于 10.0 mL 水,该溶液在 25 ℃ 时的渗透压为 4.34 kPa,求

(1) 胰岛素的摩尔质量;

(2) 溶液蒸气压下降 Δp(已知在 25℃ 时水的饱和蒸气压为 3.17 kPa)。

8-9   烟草的有害成分尼古丁的实验式为 C_5H_7N,今有 496 mg 尼古丁溶于 10.0 g 水中,所得溶液在 101 kPa 下的沸点为 100.17 ℃,求尼古丁的相对分子质量。

8-10   今有葡萄糖($C_6H_{12}O_6$)、蔗糖($C_{12}H_{22}O_{11}$)和氯化钠三种溶液,它们的质量分数都是 1%,试比较三者渗透压的大小。

8-11   取 0.324 g $Hg(NO_3)_2$ 溶于 100 g 水中,其凝固点为 $-0.058\ 8 \text{ ℃}$;0.542 g $HgCl_2$ 溶于 50 g 水中,其凝固点为 $-0.074\ 4 \text{ ℃}$,用计算结果判断这两种盐在水中的解离情况。

8-12   分别比较下列四种水溶液渗透压的高低,并说明理由:

(1) 质量分数为 5% 的葡萄糖溶液和 5% 的蔗糖溶液;

(2) 质量摩尔浓度为 $1.10 \text{ mol} \cdot \text{kg}^{-1}$ 的葡萄糖溶液和 $0.15 \text{ mol} \cdot \text{kg}^{-1}$ 的蔗糖溶液;

(3) $0.5 \text{ mol} \cdot \text{L}^{-1}$ 葡萄糖溶液和 $0.5 \text{ mol} \cdot \text{L}^{-1}$ NaCl 溶液;

(4) $0.5 \text{ mol} \cdot \text{L}^{-1}$ NaCl 溶液和 $0.5 \text{ mol} \cdot \text{L}^{-1}$ $CaCl_2$ 溶液。

8-13   海水中盐的浓度约为 $0.50 \text{ mol} \cdot \text{L}^{-1}$(以质量分数计约为 3.5%),若以主要成分 NaCl 计,试估计海水开始结冰的温度和沸腾的温度及在 25 ℃ 时用反渗透法提取纯水所需的最低压力(设海水中盐的总浓度以物质的量浓度 c 表示时近似为 $0.60 \text{ mol} \cdot \text{L}^{-1}$)。

8-14   求下列溶液的离子强度:

(1) $0.01 \text{ mol} \cdot \text{kg}^{-1}$ $BaCl_2$ 溶液;

(2) $0.1 \text{ mol} \cdot \text{kg}^{-1}$ 盐酸和 $0.1 \text{ mol} \cdot \text{kg}^{-1}$ $CaCl_2$ 溶液等体积混合后形成的溶液。

8-15   举出日常生活、自然界、工农业生产中的蒸气压下降、凝固点下降、沸点升高、渗透压的现象和应用。这些现象和应用哪些符合稀溶液通性,哪些对于稀溶液通性有明显的偏差?

第 9 章

酸 碱 平 衡

内容提要

无机化学反应大多数是在水溶液中进行的。参与这些反应的物质主要是酸碱盐,它们都是电解质,在水溶液中能解离成带电荷的离子。因此,酸碱盐之间的反应实质上是离子反应。离子反应可分为酸碱反应、沉淀反应、配合反应和氧化还原反应四大类。本章讨论酸碱反应,涉及酸碱反应的平衡称为酸碱平衡。

本章在介绍酸碱理论的发展概况时,重点学习酸碱质子理论,运用化学平衡的原理讨论弱电解质的解离平衡及其平衡移动。其主要内容:

1. 质子理论认为酸和碱是通过给出和接受质子的共轭关系相互依存和相互转化的。质子理论大大扩展了解离理论的酸碱范围。

2. 通常情况下,常用 H_3O^+ 的浓度表示溶液的酸碱性。pH 是溶液酸碱性的标度。

$$pH = -\lg[H_3O^+]$$

3. 弱酸、弱碱与溶剂水分子之间的质子传递反应统称为弱酸、弱碱的解离平衡。根据解离平衡常数和溶液浓度可以进行有关离子浓度的计算。

4. 缓冲溶液常是由含有共轭酸碱对的混合溶液,具有减缓外加少量酸碱或水的影响而保持溶液 pH 不发生显著变化的作用。

9-1　酸碱质子理论

人们对于酸碱的认识经历了很长的历史。最初把有酸味、能使蓝色石蕊变红的物质叫酸;有涩味、使石蕊变蓝,能中和酸的酸性的物质叫碱。1887 年,瑞典科学家阿伦尼乌斯提出了他的酸碱电离理论:凡是在水溶液中解离产生的全

部正离子都是 H^+ 的物质叫酸;解离产生的全部负离子都是 OH^- 的物质叫碱,酸碱反应的实质是 H^+ 和 OH^- 结合生成水的反应。酸碱电离理论提高了人们对酸碱本质的认识,对化学的发展起到了很大的作用,至今仍在普遍使用。但这个理论也有缺陷,如 Na_2CO_3、Na_3PO_4 等的水溶液也显碱性,可作为碱中和酸;气态的氨和氯化氢发生中和反应并无水生成;又如,NH_3 的水溶液呈碱性,曾错误地认为 NH_3 与 H_2O 先生成 NH_4OH 分子,然后解离出 OH^- 等。阿伦尼乌斯酸碱电离理论无法解释这些事实。

为了弥补阿伦尼乌斯酸碱电离理论的不足,丹麦化学家布朗斯特(Brønsted)和英国化学家劳瑞(Lowry)于 1923 年分别提出酸碱质子理论,也叫布朗斯特-劳瑞酸碱理论。要点如下:

1. 酸碱的定义

酸碱质子理论认为:凡能给出质子(H^+)的物质都是酸;凡能接受质子的物质都是碱。如 HCl、NH_4^+、HSO_4^-、$H_2PO_4^-$ 等都是酸,因为它们能给出质子;CN^-、NH_3、HSO_4^-、SO_4^{2-} 都是碱,因为它们都能接受质子。为区别于阿伦尼乌斯酸碱,也可专称质子理论的酸碱为布朗斯特酸碱。由如上的例子可见,酸碱质子理论中的酸碱不限于电中性的分子,也可以是带电的正负离子。若某物质既能给出质子,又能接受质子,就既是酸又是碱,可称为酸碱两性物质,如 HCO_3^- 等,通常称为酸式酸根离子。

2. 酸碱共轭关系

质子酸碱不是孤立的,它们通过质子相互联系,质子酸释放质子转化为它的共轭碱,质子碱得到质子转化为它的共轭酸,这种关系称为酸碱共轭关系。可用通式表示为酸 $\rightleftharpoons$ 碱+质子,此式中的酸碱称为共轭酸碱对。例如,NH_3 是 NH_4^+ 的共轭碱,反之,NH_4^+ 是 NH_3 的共轭酸。又如,对于酸碱两性物质,HCO_3^- 的共轭酸是 H_2CO_3,HCO_3^- 的共轭碱是 CO_3^{2-}。换言之,H_2CO_3 和 HCO_3^- 是一对共轭酸碱,HCO_3^- 和 CO_3^{2-} 是另一对共轭酸碱。

3. 酸碱反应

跟阿伦尼乌斯酸碱反应不同,布朗斯特酸碱的酸碱反应是两对共轭酸碱对之间传递质子的反应。通式如下:

$$\text{酸}_1 + \text{碱}_2 \rightleftharpoons \text{碱}_1 + \text{酸}_2$$

$$HCl + NH_3 \rightleftharpoons Cl^- + NH_4^+$$

$$H_2O + NH_3 \rightleftharpoons OH^- + NH_4^+$$

$$HAc + H_2O \rightleftharpoons Ac^- + H_3O^+$$

$$H_2S + H_2O \rightleftharpoons HS^- + H_3O^+$$

$$HS^- + H_2O \Longrightarrow S^{2-} + H_3O^+$$

$$H_2O + S^{2-} \Longrightarrow OH^- + HS^-$$

$$H_2O + HS^- \Longrightarrow OH^- + H_2S$$

$$Al(H_2O)_6^{3+} + H_2O \Longrightarrow Al(H_2O)_5OH^{2+} + H_3O^+$$

$$H_2O + Al(OH)_3 \Longrightarrow OH^- + Al(OH)_2(H_2O)^+$$

这就是说,单独一对共轭酸碱本身是不能发生酸碱反应的,因而也可以把通式 酸 $\Longrightarrow$ 碱+H^+ 称为酸碱半反应,酸碱质子反应是两对共轭酸碱对交换质子的反应;此外,上面一些例子也告诉我们,酸碱质子反应的产物不必定是盐和水,在酸碱质子理论看来,阿伦尼乌斯酸碱反应(中和反应、强酸置换弱酸、强碱置换弱碱)、阿伦尼乌斯酸碱的解离、阿伦尼乌斯酸碱理论的"盐的水解"及没有水参与的气态氯化氢和气态氨反应等,都是酸碱反应。在酸碱质子理论中根本没有"盐"的内涵。可见,对于习惯了阿伦尼乌斯酸碱和酸碱反应的人,接受质子酸碱的概念时必须换换脑筋。

然而,由于 H_3O^+ 写起来比较麻烦,常被简写为 H^+[①],于是,当质子酸碱反应中出现 H_3O^+ 时常被简写为 H^+。例如:

(1) $HCl \Longrightarrow H^+ + Cl^-$ 是 $HCl + H_2O \Longrightarrow H_3O^+ + Cl^-$ 的简写;

(2) $HAc \Longrightarrow H^+ + Ac^-$ 是 $HAc + H_2O \Longrightarrow Ac^- + H_3O^+$ 的简写;

(3) $NH_4^+ \Longrightarrow H^+ + NH_3$ 是 $NH_4^+ + H_2O \Longrightarrow NH_3 + H_3O^+$ 的简写。

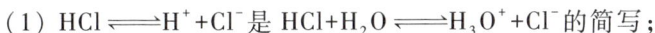

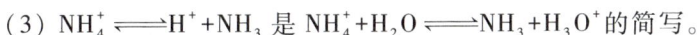

切不要把这种简写的酸碱质子反应误认为是酸碱半反应。事实上,在连贯前后文时不难分辨这类反应如 $HAc \Longrightarrow H^+ + Ac^-$ 究竟是指半反应呢还是 $HAc + H_2O \Longrightarrow Ac^- + H_3O^+$ 的简写。这里仅提醒读者注意。

在上面的讨论中也可看到酸碱质子理论的某些不足。例如,对于像 $Al(OH)_3$ 这样的碱的解离,按酸碱质子理论,应理解为另一个酸 H_2O 将质子传递给 $Al(OH)_3$ 生成 $Al(OH)_2(H_2O)^+$,换言之,反应产物 OH^- 是水释放质子后生成的共轭碱而不是由 $Al(OH)_3$ 直接解离出来的。真实情况是否如此呢? 酸碱质子理论无力回答,它的上述"理解"纯粹是思辨性的。但本章的讨论不会涉及这种类似问题。本章以下各节均以酸碱质子理论为指导。

---

① 在水溶液中 H^+(质子)是不能单独地长时间地存在的,它总是以水合物的形式存在,称为水化或水合质子,即 H^+(aq),后者常写成 H_3O^+,更基本的存在形式是 $H_9O_4^+$,为简便起见,也常常只写成 H^+,这种写法的合理性是显见的。例如,水溶液中的离子如 Mn^{2+} 在讨论水溶液化学时一般并不写成 Mn^{2+}(aq)。

9-2　水的离子积和 pH

水有微弱的导电性。曾有人制取蒸馏 40 多次的纯水,经实测仍有导电性,以此证实水的导电不是杂质引起的。研究证明,水的导电性是由于水能发生微弱的解离产生水合的氢离子和氢氧根离子。按照酸碱质子理论,H_2O 既是酸(共轭碱为 OH^-)又是碱(共轭酸为 H_3O^+),因而作为酸的 H_2O 可以跟另一作为碱的 H_2O 通过传递质子而发生酸碱反应:

$$H_2O+H_2O \Longrightarrow H_3O^+ + OH^-$$
$$\text{碱 1}\quad\text{酸 2}\qquad\text{酸 1}\qquad\text{碱 2}$$

称为水的自解离(self-dissociation)。这一反应经常被简化为 $H_2O \Longrightarrow H^+ + OH^-$,并用下式表示该反应的平衡常数:

$$K_w = [H^+][OH^-] \tag{9-1}$$

平衡常数 K_w 称为水的离子积。水的离子积可以通过实验测定,也可通过热力学计算获得。实验测定将在第 11 章电化学基础中讨论,这里先讨论用热力学方法计算水的离子积。

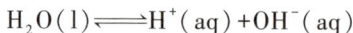

$$H_2O(l) \Longrightarrow H^+(aq) + OH^-(aq)$$

的自由能变化可从附录中查出标准生成自由能数据计算:

$$\Delta_r G_m^{\ominus} = \Delta_f G_m^{\ominus}[H^+(aq)] + \Delta_f G_m^{\ominus}[OH^-(aq)] - \Delta_f G_m^{\ominus}[H_2O(l)]$$

$$= 0 + (-157.3\ kJ \cdot mol^{-1}) - (-237.1\ kJ \cdot mol^{-1})$$

$$= 79.8\ kJ \cdot mol^{-1}$$

由 $\Delta_r G_m^{\ominus} = -RT \ln K^{\ominus}$

$$K^{\ominus} = \exp[-\Delta_r G_m^{\ominus}/RT] = \exp[-79.8\ kJ \cdot mol^{-1}/$$
$$(8.314\ J \cdot mol^{-1} \cdot K^{-1} \times 298.15\ K)]$$
$$= 1.00 \times 10^{-14}$$

该平衡常数为标准平衡常数,表达式为 $K^{\ominus} = \left[\dfrac{c(H^+)}{c^{\ominus}} \times \dfrac{c(OH^-)}{c^{\ominus}}\right]_{平衡}$,式中 $c^{\ominus}$

$=1\ \mathrm{mol \cdot L^{-1}}$即标准浓度,式(9-1)实为该式的简化形式,并保留原标准平衡常数量纲为1的特征,即忽略$[H^+]$和$[OH^-]$的单位,但当用此式计算$[H^+]$或$[OH^-]$时,自动添加单位$\mathrm{mol \cdot L^{-1}}$,这已成为大家共同遵守的约定。

跟所有标准平衡常数一样,水的离子积是温度的函数,温度一定时,它是一个常数,不随$[H^+]$和$[OH^-]$的变化而变化,温度升高,水的离子积的数值明显增大,如表9-1所示,这是由于水的解离是一个明显的吸热过程(相比之下一般酸碱平衡常数随温度的变化并不像水的离子积这样显著)。

表 9-1　水的离子积与温度的关系

$t/\mathrm{^\circ C}$	20	30	60	70	80	90	100
$K_w/10^{14}$	0.681	1.47	9.61	15.8	25.1	38.0	55.0

在不做精密计算时,通常取水的离子积为1.00×10^{-14}。因此,对于纯水(中性溶液),$[H^+]=[OH^-]=\sqrt{K_w}=1.00\times10^{-7}\ \mathrm{mol \cdot L^{-1}}$。向水中添加酸或碱将引起水的自解离平衡向生成水的方向移动,故有$[H^+]>[OH^-]$时为酸性溶液,$[H^+]<[OH^-]$为碱性溶液,而水的离子积保持不变。

1909年,丹麦生理学家索仑生(Sørensen)提出用pH表示水溶液的酸度:

$$pH=-\lg[H^+] \tag{9-2}$$

因此,在常温下,pH=7为中性溶液,pH>7为碱性溶液,pH<7为酸性溶液。但必须记住,这一判据只有在常温时才是正确的,如表9-1所示,水的离子积从20 ℃到100 ℃差不多增加上百倍。换言之,在低于常温时,pH=7相应于酸性溶液;在高于常温时,pH=7相应于碱性溶液。为避免引起混乱,现代化的自动化酸度测定仪有自动校正温度的功能,能把测得的pH自动校正为常温下的数据,以免造成误解。

当又定义$pOH=-\lg[OH^-]$,$pK_w=-\lg K_w$时,水溶液的酸碱性有如下关系式:

$$pH+pOH=pK_w \tag{9-3}$$

对于常温,有

$$pH+pOH=14.00 \tag{9-4}$$

pH和pOH的使用范围一般在0~14。在这个范围之外,用浓度表示酸度反而更方便。

为使读者对pH的大小有切身感受,在图9-1中列出了某些常见水溶液的 pH。

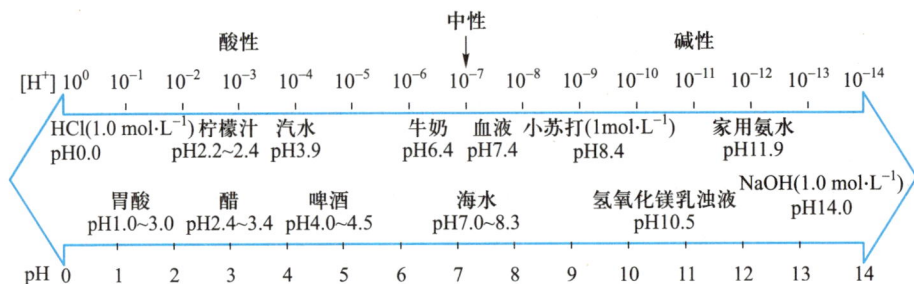

图 9-1 某些常见水溶液在常温下的氢离子浓度和 pH

9-3 酸碱盐溶液中的解离平衡

本节是酸碱盐溶液中解离平衡的定性描述,其溶液中各种离子浓度的计算将在下一节讨论。

9-3-1 强电解质

在中学化学里已经学过,强酸、强碱和所有的盐类在经典电离理论中称为强电解质,当它们进入水中,将完全解离,生成离子。例如:

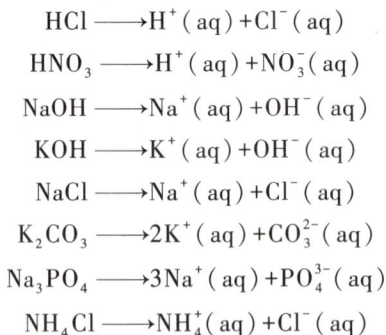

$$HCl \longrightarrow H^+(aq) + Cl^-(aq)$$
$$HNO_3 \longrightarrow H^+(aq) + NO_3^-(aq)$$
$$NaOH \longrightarrow Na^+(aq) + OH^-(aq)$$
$$KOH \longrightarrow K^+(aq) + OH^-(aq)$$
$$NaCl \longrightarrow Na^+(aq) + Cl^-(aq)$$
$$K_2CO_3 \longrightarrow 2K^+(aq) + CO_3^{2-}(aq)$$
$$Na_3PO_4 \longrightarrow 3Na^+(aq) + PO_4^{3-}(aq)$$
$$NH_4Cl \longrightarrow NH_4^+(aq) + Cl^-(aq)$$

完全解离是经典电离理论的概念,它有许多实验证据。例如,强电解质溶液的导电能力几乎不随稀释而增强。又如,把硝酸钾和氯化钠两种盐混合几乎没有热效应。但这些实验现象都不是很精确的。大量实验事实已经证明,强电解质解离生成的离子在水中并非完全自由。例如,带正电的正离子和带负电的负离子必然存在电性吸引力而相互牵制,由此引起一系列复杂的行为,不过对它们的讨论需要足够的知识背景,本课程暂不讨论,留作后续课程讨论,在本课程中姑且仍按经典理论把它们看作完全解离的。

应该指出的是,上述"完全解离"并不意味着这样酸碱盐解离产生的产物(正、负离子)不再有与水进一步作用的可能。例如,氯化铵解离产生的 NH_4^+,按酸碱质子理论,是一个质子酸(质子给予体),它可以与水发生质子传递反应而使溶液的 pH<7:

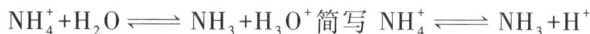

$$NH_4^+ + H_2O \Longrightarrow NH_3 + H_3O^+ \quad 简写 \quad NH_4^+ \Longrightarrow NH_3 + H^+$$

又如,磷酸钠完全解离后产生的 PO_4^{3-},按酸碱质子理论是一个碱(质子接受体),可与水发生质子传递反应而使溶液的 pH>7:

$$PO_4^{3-} + H_2O \Longrightarrow HPO_4^{2-} + OH^-$$

该反应的产物 HPO_4^{2-} 还可以与水发生质子传递反应等。

再如,H_2SO_4 在水中的"完全解离"仅指其一级解离生成 H^+ 和 HSO_4^- 而已,而 HSO_4^- 的解离则并不完全,属于中强酸的范畴。

以上情形在学习本课程时是必须懂得的,将合并于下一节内进行讨论。

还需指出,上述的"完全解离"只对稀溶液才是合理的近似,对于浓溶液,情况就完全不同了。例如,蒸发稀硫酸,随着水的蒸发硫酸的浓度渐渐增大,最终将表现出浓硫酸的性质(如滴在纸或棉布上的稀硫酸随水蒸发最终可导致纸或棉布炭化),可见浓硫酸溶液里是存在 H_2SO_4 分子的。蒸发稀盐酸,最终将会得到一种组成恒定的盐酸溶液,质量分数为 20.24%(共沸),还可闻到蒸发出来的气体有明显的酸味,这说明在这种浓度的盐酸溶液和蒸气里都已经存在 HCl 分子了。

9-3-2 弱电解质

弱电解质与强电解质一样是经典电离理论确立的概念。它是指弱酸和弱碱在水中的不完全解离。例如:

$$CH_3COOH \Longrightarrow CH_3COO^- + H^+$$

$$NH_3 + H_2O \Longrightarrow NH_4^+ + OH^-$$

与强电解质不同,弱电解质溶液的导电性明显与浓度有关。又如,用等量的强碱中和总量相等的不同浓度醋酸,热效应是明显不同的。为描述弱电解质的行为,经典电离理论提出了解离度和解离平衡常数两个概念。

解离度是指已经解离分子数与总分子数之比:

$$解离度 \quad \alpha = \frac{已解离分子数}{总分子数} \times 100\% \tag{9-5}$$

例如,0.1 mol·L^{-1}醋酸溶液的解离度为 1.33%,表明该溶液中约每 75 个醋酸分子有 1 个已经解离成氢离子和醋酸根离子了。解离度是弱电解质解离程度的标志。解离度越大,电解质解离的程度越高。解离度与弱电解质的浓度有关(见表 9-2)。

表 9-2　不同浓度醋酸溶液的解离度

醋酸浓度/(mol·L^{-1})	0.2	0.1	0.02	0.001
解离度/%	0.934	1.33	2.96	12.4

即浓度越稀,弱电解质的解离度越大。

另一个概念是解离常数,分为酸常数和碱常数两种,把它们改写为符合酸碱质子理论的表达式,则

酸常数:对于 $HA + H_2O \rightleftharpoons H_3O^+ + A$,　有 $K_a = [H_3O^+][A]/[HA]$,常简写为

$$K_a = \frac{[H^+][A]}{[HA]} \tag{9-6}$$

碱常数:对于 $A + H_2O \rightleftharpoons HA + OH^-$ 有

$$K_b = \frac{[HA][OH^-]}{[A]} \tag{9-7}$$

有意省略了 HA 和 A 的电荷,以使这两个酸、碱通式有更宽的应用范围,包括上一小节提到的盐的解离产物如 CO_3^{2-}、NH_4^+ 等在水中呈现的化学平衡,也包容多元酸的次级解离,如 HSO_4^- 的解离。

酸常数是质子酸(质子给予体)释放质子(给水分子)能力的衡量;碱常数是质子接受体(从水分子)获得质子能力的衡量。在一定温度下,酸常数 K_a 和碱常数 K_b 是一个常数,无论溶液的 H^+ 浓度、OH^- 浓度、酸(HA)浓度和碱(A)浓度单独地如何发生改变,酸常数和碱常数几乎保持不变,这是弱电解质区别于强电解质的基本标志。用酸常数或碱常数的数量级可以半定量地描述酸碱的强度,通常认为 K_a 为 10^{-2} 左右为中强酸,K_a 为 10^{-5} 左右为弱酸,K_a 为 10^{-10} 左右为很弱的酸,其界限自然是模糊的。

对于共轭酸碱对,共轭酸碱的酸常数和碱常数之间存在简单的关系——$K_a \cdot K_b = K_w$,推导如下:

$$K_a \cdot K_b = \frac{[H^+][A]}{[HA]} \cdot \frac{[HA][OH^-]}{[A]} = [H^+][OH^-] = K_w \qquad (9-8)$$

由于酸常数和碱常数之间存在式(9-8)的关系,共轭酸碱的酸常数和碱常数是可以互求的。

[例1] 已知 NH_3 的碱常数为 1.76×10^{-5},求其共轭酸 NH_4^+ 的酸常数。

[解] $K_a = K_w/K_b = 1\times10^{-14}/(1.76\times10^{-5}) = 5.68\times10^{-10}$

[评论] 由计算结果可见,酸越强,其共轭碱越弱。反之亦然。这不难理解:质子给予体释放质子的能力越弱,其共轭的质子接受体获得质子的能力自然就越强。

从表9-3可见,S^{2-} 具有很强的碱性,因此,含有该离子的盐如 Na_2S 的碱性可以与强碱如 NaOH 相匹敌,也可看成强碱。同样的道理,由于许多金属的氢氧化物是很弱的弱碱,因此这些金属的盐溶液,如 $FeCl_3$ 的酸性较强,酸度比同浓度的稀醋酸强。只不过这些金属氢氧化物弱碱是难溶物,其解离常数很难测准,因而未列入表9-3。

表 9-3 弱酸弱碱的酸常数和碱常数

酸	K_a	pK_a	碱	K_b	pK_b
HIO_3	1.57×10^{-1}	0.804	IO_3^-	6.37×10^{-14}	13.196
$H_2C_2O_4$	5.36×10^{-2}	1.271	$HC_2O_4^-$	1.86×10^{-13}	12.729
H_2SO_3	1.3×10^{-2}	1.89	HSO_3^-	7.69×10^{-13}	12.11
HSO_4^-	1.0×10^{-2}	1.99	SO_4^{2-}	1.0×10^{-12}	12.01
H_3PO_4	7.11×10^{-3}	2.148	$H_2PO_4^-$	1.41×10^{-12}	11.851
HNO_2	7.2×10^{-4}	3.14	NO_2^-	1.39×10^{-11}	10.86
HF	6.3×10^{-4}	3.20	F^-	1.59×10^{-11}	10.80
$HC_2O_4^-$	5.35×10^{-5}	4.272	$C_2O_4^{2-}$	1.87×10^{-10}	9.728
CH_3COOH	1.75×10^{-5}	4.756	CH_3COO^-	5.71×10^{-10}	9.244
H_2CO_3	4.45×10^{-7}	6.352	HCO_3^-	2.25×10^{-8}	7.648
HSO_3^-	6.24×10^{-8}	7.205	SO_3^{2-}	1.60×10^{-8}	6.795
$H_2PO_4^-$	6.34×10^{-8}	7.198	HPO_4^{2-}	1.58×10^{-7}	6.802
H_2S	1.1×10^{-7}	6.97	HS^-	0.91×10^{-7}	7.03
HClO	2.90×10^{-8}	7.537	ClO^-	3.45×10^{-7}	6.463
NH_4^+	5.68×10^{-10}	9.246	NH_3	1.76×10^{-5}	4.754

续表

酸	K_a	pK_a	碱	K_b	pK_b
HCN	6.2×10^{-10}	9.21	CN^-	1.61×10^{-5}	4.79
HCO_3^-	4.69×10^{-11}	10.329	CO_3^{2-}	2.13×10^{-4}	3.671
HPO_4^{2-}	4.8×10^{-13}	12.32	PO_4^{3-}	2.08×10^{-2}	1.68
HS^-	1.3×10^{-13}	12.90	S^{2-}	7.69×10^{-2}	1.10

注：本表数据摘自 Speight J G. Lange's Handbook of Chemistry 16th ed. New York：McGraw-Hill Companies Inc，2005.

9-3-3 拉平效应和区分效应

HCl、HI、HNO₃、HClO₄ 等强酸在水中"完全解离"，因而它们的同浓度水溶液的 pH 相同，这意味着它们酸性的强度是相同的。然而，这些强酸结构中与可解离氢原子结合的化学键并不相同，为什么解离能力相同呢？

不能忘记，酸在水中解离出氢离子是与水分子作用的结果：$HA+H_2O \Longleftrightarrow H_3O^+ +A$，强酸在水中表现出相同的强度是由于与它们作用的水夺取质子的能力"过强"之故。如果换一个更弱的质子接受体，在水中具有相同强度的"强酸"就会显示不同的强度。例如，若把这些酸溶解在无水甲醇里，它们的酸性将通过如下反应而得以呈现：

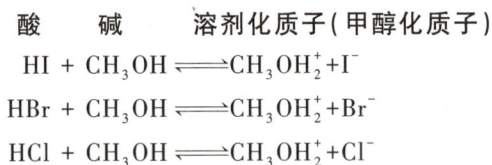

$$\text{酸} \quad \text{碱} \quad \text{溶剂化质子（甲醇化质子）}$$
$$HI + CH_3OH \Longleftrightarrow CH_3OH_2^+ +I^-$$
$$HBr + CH_3OH \Longleftrightarrow CH_3OH_2^+ +Br^-$$
$$HCl + CH_3OH \Longleftrightarrow CH_3OH_2^+ +Cl^-$$

由于甲醇作为碱结合质子的能力大大低于水，在甲醇中 HI、HBr 和 HCl 的强度就不会相同。

用多种非水溶剂进行测定实验，已经证明，水中的一些常见强酸的强度的顺序为 HClO₄> HI > HBr > HCl > HNO₃> H₂SO₄（一级解离）。

溶剂（如水）将酸的强度拉平的效应简称拉平效应，该溶剂也称拉平溶剂；溶剂（如甲醇）使强酸的强度得以显出差别的效应称为区分效应，该溶剂因而也称区分溶剂。水是 HBr、HI 的拉平溶剂，却是 HCl、HNO₂、CH₃COOH、HCN 的区分溶剂。如果把水中呈现不同强度的某些酸溶解到夺取质子能力比水强得多的液氨中，由于液氨的拉平效应，将使它们的强度区分不出来。

溶剂对酸的强度的不同效应在实践上是可以找到应用的。例如，某些中强的二元酸的第一级解离和第二级解离由于水的拉平效应相差太小,致使在水中用强碱滴定它们时一级解离的终点和二级解离的终点会混在一起,若改用无水乙醇为溶剂,由于乙醇的区分效应可使该酸的两级解离的强度有较大的区别可将两级滴定终点区分开来。

9-4　水溶液化学平衡的计算

9-4-1　一元弱酸

以通式 HA 代表一元弱酸(包括分子酸如 HAc 和离子酸如 HCO_3^-),以$c(HA)$代表酸的 起始浓度(即假设不发生任何解离时酸的浓度,也叫酸的 总浓度),以[HA]、[H_3O^+]和[A^-]代表达到解离平衡时酸、水合氢离子和共轭碱的(平衡)浓度。

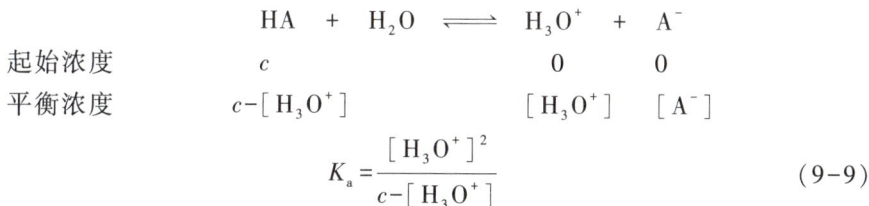

$$K_a = \frac{[H_3O^+]^2}{c-[H_3O^+]} \tag{9-9}$$

式(9-9)是在达平衡时[A^-]=[H_3O^+]的假设条件下成立的。

当弱酸的解离度很小时,$c-[H_3O^+] \approx c$,而不致影响结果的准确性,式(9-9)可进一步简化为 $K_a=[H_3O^+]^2/c$,于是有

$$[H_3O^+] = \sqrt{K_a c} \tag{9-10}$$

式(9-10)称为计算弱酸溶液酸度的 最简式。使用最简式的判据是酸的总浓度与酸常数的比值 $c/K_a \geqslant 500$,这是由于经过核算,这时酸的解离度 $\alpha<5\%$,可以使氢离子浓度等的计算误差小于或等于 2.2%,可以满足一般的运算要求。如果 $c/K_a \leqslant 500$,使用最简式造成的运算误差就太大了,难以满足一般运算要求,除非允许运算有较大误差。表 9-4 给出了使用最简式相对于准确解的相对误差及获得准确解的酸的解离度,以供参考:

表 9-4　弱酸的 c/K_a 比、解离度和使用最简式计算的相对误差

c/K_a	$\alpha/\%$	相对误差/%
100	9.51	+5.2
300	5.6	+2.9
500	4.4	+2.2
1 000	3.1	+1.6

当 $c-[H_3O^+]$ 不能近似为 c 时,就需用式(9-9)计算,即解一元二次方程:

$$[H_3O^+]^2 + K_a[H_3O^+] - K_a c = 0$$

$$[H_3O^+] = \frac{-K_a + \sqrt{K_a^2 + 4K_a c}}{2} \tag{9-11}$$

式(9-11)称为**近似式**,因为它的成立仍以 $[A^-] = [H_3O^+]$ 为前提。

对于极稀的溶液,水的解离相对于弱酸的解离已不可忽略,将导致 $[A^-] \neq [H_3O^+]$,连式(9-11)也不适用了,需要用更精确的计算式,将在后续课程中讨论。

[**例2**]　计算 0.10 mol/L HAc 溶液的 pH,并求解离度。

[**解**]　先确定能否用最简式来计算: $c/K_a = 0.10/(1.75×10^{-5}) \gg 500$,可用最简式(9-10)来计算:

$$c = 0.10\ \text{mol} \cdot L^{-1},\ K_a = 1.75×10^{-5}$$

$$[H_3O^+] = [Ac^-] = \sqrt{K_a c} = 1.33×10^{-3}\ \text{mol} \cdot L^{-1}$$

$$pH = -\lg[H_3O^+] = 2.88$$

$$\alpha = 100\% × [H_3O^+]/c = 100\% × 1.33×10^{-3}/0.10 = 1.33\%$$

[**评论**]　达平衡时醋酸的浓度 $[HAc] = c - [H_3O^+] = (0.10 - 1.33×10^{-3})\ \text{mol} \cdot L^{-1} = 0.099\ \text{mol} \cdot L^{-1}$,与总浓度 0.10 mol·L^{-1} 是十分接近的,这正是可以用 c 代替 $[HAc]$ 进行近似计算的基础。

[**例3**]　已知氯乙酸 $CH_2ClCOOH$ 的酸常数为 $3.32×10^{-2}$,计算其 0.010 mol·L^{-1} 溶液的氢离子浓度和解离度。

[**解**]　先考察能否使用最简式: $c/K_a = 0.01/(3.32×10^{-2}) \ll 500$,应使用近似式计算:

$K_a = 3.32×10^{-2}$,$c = 0.010\ \text{mol} \cdot L^{-1}$,代入式(9-11)解得

$$[H_3O^+] = [CH_2ClCOO^-] = 8.0×10^{-3}\text{mol} \cdot L^{-1}$$

$$\text{解离度}\ \alpha = 100\% × [H_3O^+]/c = 100\% × 8.0×10^{-3}/0.010 = 80\%$$

本题若用最简式计算会得出荒谬的结果:

$[H_3O^+] = \sqrt{K_a c} = 1.8 \times 10^{-2}\ mol \cdot L^{-1}$，计算出来的氢离子浓度比氯乙酸的原始浓度还大，这是根本不可能的。

[**例4**]　已知 NH_4^+ 的 $K_a = 5.68 \times 10^{-10}$，计算 $0.10\ mol \cdot L^{-1}\ NH_4Cl$ 溶液的 pH。

[**解**]　$c/K_a = 0.1/(5.68 \times 10^{-10}) \gg 500$，可用最简式计算：

$$NH_4^+ + H_2O \Longleftrightarrow H_3O^+ + NH_3$$

$$[H_3O^+] = [NH_3] = \sqrt{K_a c} = \sqrt{5.68 \times 10^{-10} \times 0.10} = 7.5 \times 10^{-6}\ mol \cdot L^{-1}$$

$$pH = -lg[H_3O^+] = 5.12$$

[**评论**]　氯化铵溶液呈弱酸性是由于其中的铵离子是弱酸，发生酸式解离的结果，在阿伦尼乌斯酸碱电离理论中被称为"盐的水解"，此处铵离子的酸常数即阿伦尼乌斯理论中的水解常数。

9-4-2　一元弱碱

一元弱碱的解离平衡的计算跟一元弱酸的计算在原则上完全相同，只需换换符号即可，用 B 表示一元弱碱，则

$$B + H_2O \Longleftrightarrow BH + OH^-$$

在 $[BH] = [OH^-]$ 的前提下，设弱碱的碱常数为 K_b，弱碱的总浓度为 c，则

$$最简式：\qquad [OH^-] = \sqrt{K_b c} \qquad\qquad (9-12)$$

$$近似式：\qquad [OH^-] = \frac{-K_b + \sqrt{K_b^2 + 4K_b c}}{2} \qquad\qquad (9-13)$$

使用最简式的判据为 $c/K_b \geqslant 500$。

[**例5**]　计算 $0.10\ mol \cdot L^{-1}$ 氨水的 pH。

[**解**]　$c/K_b = 0.10/1.76 \times 10^{-5} > 500$，用最简式：

$$[OH^-] = \sqrt{K_b c} = \sqrt{1.76 \times 10^{-5} \times 0.10} = 1.33 \times 10^{-3}\ mol \cdot L^{-1}$$

$$pOH = -lg[OH^-] = -lg(1.33 \times 10^{-3}) = 2.88$$

$$pH = 14 - pOH = 11.12$$

[**评论**]　应注意 pH 和 pOH 的有效数字是指小数点后面的数字，小数点前面的数字是指数，不能算作有效数字，正如同 1.3×10^5 的有效数字是指 1.3 而没有包含指数 5 一样。

[**例6**]　3.25 g 固体 KCN 溶于水配成 500 mL 水溶液，计算该溶液的酸度（已知 HCN 的酸常数为 6.2×10^{-10}）。

[**解**]　作为盐的 KCN 在水中完全解离，故

$$c(CN^-) = 3.25\ g/(65.0\ g \cdot mol^{-1} \times 0.500\ L) = 0.100\ mol \cdot L^{-1}$$

$$K_b = K_w/K_a = 1.00 \times 10^{-14}/6.2 \times 10^{-10} = 1.61 \times 10^{-5}$$

$$c/K_b = 0.100/1.61 \times 10^{-5} \gg 500，可用最简式计算：$$

$$CN^- + H_2O \rightleftharpoons HCN + OH^- \text{达平衡时：}$$

$$c - [OH^-] \qquad\qquad [HCN] = [OH^-]$$

$$[OH^-] = \sqrt{K_b c} = \sqrt{1.61 \times 10^{-5} \times 0.100} = 1.27 \times 10^{-3} \text{ mol} \cdot \text{L}^{-1}$$

$$pOH = -\lg[OH^-] = -\lg(1.27 \times 10^{-3}) = 2.90$$

$$pH = 14.00 - 2.90 = 11.10$$

9-4-3 同离子效应

应该指出,式(9-10)至式(9-13)是对纯一元弱酸或一元弱碱溶液的计算,如果是混合溶液,如醋酸和盐酸的混合溶液、醋酸和醋酸钠的混合溶液、氨和氢氧化钠的混合溶液、氨和氯化铵的混合溶液等,式(9-10)至式(9-13)就不能用了。下面是对这些混合溶液的计算的举例,为简化,H_3O^+ 记作 H^+。

[**例7**]　计算 $0.10 \text{ mol} \cdot \text{L}^{-1}$ 盐酸和 $0.10 \text{ mol} \cdot \text{L}^{-1}$ 醋酸的混合溶液的 pH 和醋酸的解离度。

[**解**]　不妨先设想溶液里只有 $0.1 \text{ mol} \cdot \text{L}^{-1}$ 醋酸,例 2 已经计算过,这时溶液的 pH 为 2.88,醋酸的解离度为 1.33%。然后向这种溶液通入氯化氢气体,使氯化氢的总浓度达到 $0.1 \text{ mol} \cdot \text{L}^{-1}$,由于氯化氢是强电解质,进入水中完全解离为 H^+ 和 Cl^-,相当于在已经达到平衡的 $HAc \rightleftharpoons H^+ + Ac^-$ 中添加 H^+,根据勒夏特列原理,将引起平衡向左移动,使醋酸的解离度大大降低。

离子平衡因溶液中存在同种离子而被抑制的效应称为同离子效应。即

| | HAc | $\rightleftharpoons$ | H^+ | $+$ | Ac^- |

只有 $0.1 \text{ mol} \cdot \text{L}^{-1}$ HAc 时达到平衡　　$0.1 \text{ mol} \cdot \text{L}^{-1}$　$1.33 \times 10^{-3} \text{mol} \cdot \text{L}^{-1}$　$1.33 \times 10^{-3} \text{mol} \cdot \text{L}^{-1}$

添加 $0.1 \text{ mol} \cdot \text{L}^{-1}$ HCl 的起始态　　$0.1 \text{ mol} \cdot \text{L}^{-1}$　$(1.33 \times 10^{-3} + 0.1) \text{mol} \cdot \text{L}^{-1}$　$1.33 \times 10^{-3} \text{mol} \cdot \text{L}^{-1}$

　　达到平衡态的混合溶液　　　$(0.1+x)$　　$(1.33 \times 10^{-3} + 0.1 - x)$　$1.33 \times 10^{-3} - x$

无论如何溶液中的醋酸根离子的浓度不会等于零,这就是说,x 的极限值不会超过 1.33×10^{-3} $\text{mol} \cdot \text{L}^{-1}$,因此,做如下近似不会引起严重的误差：$[HAc] = (0.1+x) \text{ mol} \cdot \text{L}^{-1} \approx 0.1 \text{ mol} \cdot \text{L}^{-1}$,$[H^+] = (0.1 + 1.33 \times 10^{-3} - x) \text{ mol} \cdot \text{L}^{-1} \approx 0.1 \text{ mol} \cdot \text{L}^{-1}$,并设 $[Ac^-] = 1.33 \times 10^{-3} - x = y$,代入式(9-6)：

$$K_{HAc} = \frac{[H^+][Ac^-]}{[HAc]} = \frac{0.1y}{0.1} = y$$

即 $0.1 \text{ mol} \cdot \text{L}^{-1}$ HAc 和 $0.1 \text{ mol} \cdot \text{L}^{-1}$ HCl 混合溶液中,

$$[Ac^-] = K_{HAc} = 1.75 \times 10^{-5} \text{ mol} \cdot \text{L}^{-1}$$

$$pH = -\lg[H^+] = 1$$

$$\alpha = 100\% \times 1.75 \times 10^{-5} / 0.10 = 0.018\%$$

[**评论**]　计算结果告诉我们,醋酸和强酸混合后由于同离子效应,醋酸的解离被抑制,解离度由纯醋酸溶液的 1.33%降至 0.018%,是原来的 1/74。因此,混合溶液中的氢离子浓

度和醋酸的浓度都可看作等于其总浓度,溶液的 pH 只需按混合溶液中的强酸的浓度计算。

[例 8] 计算 $0.1\ mol\cdot L^{-1}$ HAc 和 $0.1\ mol\cdot L^{-1}$ NaAc 混合溶液中各种物种的浓度。

[解] 由于同离子效应,解离平衡 $HAc \rightleftharpoons H^+ + Ac^-$ 因醋酸溶液中加入醋酸钠(即 Ac^-)而被抑制,醋酸的解离度下降,故平衡态的 $[HAc] \approx c(HAc)$,$[Ac^-] \approx c(Ac^-) = c(NaAc)$,代入式(9-6),得

$$K_{HAc} = \frac{[H^+]c(Ac^-)}{c(HAc)}$$

此式可写成一般式并变形得

$$[H^+] = K_a \frac{c(HA)}{c(A)} \tag{9-14}$$

式(9-14)是用于计算共轭酸碱混合溶液的氢离子浓度的基本公式,随后将会讨论到,这种组成的溶液在实践中十分重要,因而式(9-14)常按其提倡者的名字命名为 汉德森公式(Henderson-Hesselbalch equation)。

将本题的 $K_a = 1.75\times10^{-5}$,$[HA] = c(HAc) = 0.1\ mol\cdot L^{-1}$ 和 $[A] = c(NaAc) = 0.1\ mol\cdot L^{-1}$ 代入汉德森公式,得 $[H^+] = K_a = 1.75\times10^{-5}\ mol\cdot L^{-1}$

应用 $K_w = [H^+][OH^-]$,得 $[OH^-] = K_w/[H^+] = 1.00\times10^{-14}/1.75\times10^{-5} = 5.71\times10^{-10}\ mol\cdot L^{-1}$

不难领会,例 8 溶液中还存在平衡 $Ac^- + H_2O \rightleftharpoons HAc + OH^-$,假想向 NaAc 溶液加入 HAc,该平衡也会受到同离子效应而被抑制,换言之,HAc 和 NaAc 混合溶液中的 Ac^- 的碱式解离同样受到了抑制。

不应忘记,汉德森公式应用的前提是平衡浓度 $[HA]$ 和 $[A]$ 分别做如下近似:$[HA] = c(HA) - [H^+] \approx c(HA)$ 和 $[A] = c(A) - [OH^-] \approx c(A)$,因此,汉德森公式只适用于计算浓度都较大的共轭酸碱对的混合溶液,不适用于计算纯酸或纯碱溶液。

9-4-4 多元酸

多元酸含有 1 个以上可解离的氢原子,如 H_2SO_4、H_3PO_4、H_2S、H_2CO_3、H_2SO_3 等。多元酸的解离是分步进行的,第 1 步解离得到的酸根叫作酸式酸根,如 H_2SO_4 的解离产物是 HSO_4^-,叫作酸式硫酸根离子。

原则上,二元弱酸的两步解离都对溶液的氢离子浓度有贡献,但由于同离子效应,第一步解离产生的氢离子大大抑制了第二步解离,使第二步的解离度大大下降,因此,当二元弱酸的两步解离的酸常数相差 10^3 以上时,可以只按一级解离来计算溶液的 pH 而忽略第二步解离的贡献。这种情形正好比醋酸里混入了强酸而不必考虑醋酸解离对氢离子浓度的贡献一样。

[例 9] 室温下硫化氢饱和水溶液中 H_2S 的浓度为 $0.10\ mol\cdot L^{-1}$,求溶液中各种物种

的浓度。

[**解**]　$c(H_2S) = 0.10\ mol \cdot L^{-1}$，$K_{H_2S} = 1.1 \times 10^{-7}$，$K_{HS^-} = 1.3 \times 10^{-13}$

$$H_2S \rightleftharpoons H^+ + HS^-$$

忽略二级解离，$[H_2S] = c - [H^+] \approx c$，$[H^+] = [HS^-] = x$，$c/K_{H_2S} = 0.1/(1.1 \times 10^{-7}) \gg 500$，应用最简式，

$$x = \sqrt{K_{H_2S}c} = \sqrt{1.1 \times 10^{-7} \times 0.10} = 1.05 \times 10^{-4}\ mol \cdot L^{-1}$$

再考虑二级解离：$HS^- \rightleftharpoons H^+ + S^{2-}$，由于 H^+ 的同离子效应使解离度很小，故有

$$[HS^-] \approx [H^+] = 1.05 \times 10^{-4}\ mol \cdot L^{-1}，代入$$

$$K_{HS^-} = \frac{[H^+][S^{2-}]}{[HS^-]} = [S^{2-}]（分子分母中的 [H^+] = [HS^-] 而相互抵消）$$

即 纯二元酸的二级解离生成的酸根离子的浓度等于二级解离常数！

[**评论**]　① 常温下饱和硫化氢的浓度为 $0.1\ mol \cdot L^{-1}$ 是个值得记忆的数据，十分有用；② 不要忘记，上述结论成立的前提是计算溶液的氢离子浓度和酸式酸根离子的浓度时二元酸的二级解离可以忽略，对大多数二元酸，这一条是可以满足的，因为它们的一级解离常数和二级解离常数相差相当大，一级解离的产物足够充分抑制二级解离。只有当二元酸的两级解离相差不大时，这个前提便不能成立，如计算 $0.1\ mol \cdot L^{-1}$ 硫酸溶液中的氢离子浓度，计算将变得复杂，本书不再讨论，留待后续课程继续讨论；③ 只有对纯的二元弱酸溶液上述计算方可成立，若溶液中有其他成分，如强酸等，情况就不同了，下面是一个例子。

[**例 10**]　计算含 $0.10\ mol \cdot L^{-1}$ HCl 和 $0.1\ mol \cdot L^{-1}$ H_2S 的混合溶液中的 $[S^{2-}]$。

[**解**]　由于强酸完全解离，解离产生的 H^+ 产生同离子效应抑制了弱酸的解离，因而，该溶液中的 $[H^+]$ 就相当于强酸的浓度——$[H^+] = c(HCl) = 0.10\ mol \cdot L^{-1}$。既然 H_2S 因强酸解离产生的氢离子的同离子效应而几乎不解离，平衡状态下的 $[H_2S]$ 也几乎就等于 $c(H_2S) = 0.10\ mol \cdot L^{-1}$，把这两个数据代入下式，便可算出 $[S^{2-}]$：

$$H_2S \rightleftharpoons 2H^+ + S^{2-}$$

$$K = \frac{[H^+]^2[S^{2-}]}{[H_2S]} \tag{9-15}$$

式（9-15）中的 $K = K_{H_2S} \cdot K_{HS^-}$，用多重平衡原理可以推导出来：

$$H_2S \rightleftharpoons HS^- + H^+ \qquad HS^- \rightleftharpoons S^{2-} + H^+$$

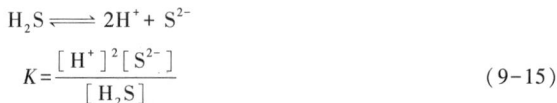

$$K_{H_2S} = \frac{[H^+][HS^-]}{[H_2S]} \quad K_{HS^-} = \frac{[H^+][S^{2-}]}{[HS^-]} \quad H_2S \rightleftharpoons 2H^+ + S^{2-}$$

$$K_{H_2S} \cdot K_{HS^-} = \frac{[H^+]^2[HS^-][S^{2-}]}{[H_2S][HS^-]} = \frac{[H^+]^2[S^{2-}]}{[H_2S]}$$

代入数据，得

$$[S^{2-}] = K_{H_2S} \times K_{HS^-} \times c(H_2S)/c^2(HCl)$$

$$= 1.1 \times 10^{-7} \times 1.3 \times 10^{-13} \times 0.10/0.10^2 = 1.43 \times 10^{-19} \text{ mol} \cdot \text{L}^{-1}$$

[评论]　① 纯 0.1 mol $\cdot$ L^{-1} H$_2$S 溶液中 $[S^{2-}] = K_{HS^-} = 1.3 \times 10^{-13}$，$0.1$ mol $\cdot$ L^{-1} H$_2$S +
0.1 mol $\cdot$ L^{-1} HCl 混合溶液中 $[S^{2-}] = 1.43 \times 10^{-19}$，后者因同强酸的同离子效应使 H$_2$S 解离受
到抑制。② 化学平衡式 H$_2$S $\Longrightarrow$ 2H$^+$ + S^{2-} 的成立绝不意味着溶液中的氢离子浓度是硫离子
浓度的 2 倍。如在上例中 $[H^+]$ 比 $[S^{2-}]$ 大 10^9 倍，本例中 $[H^+]$ 比 $[S^{2-}]$ 大 10^{18} 倍，可见化学平
衡式中的化学计量数比跟相应物质的浓度比是毫无联系的。

　　大多数水合金属离子 M(H$_2$O)$_m^{n+}$ 有将水合的水分子的质子传递给水而发生
酸式解离的趋势，该反应常简写为

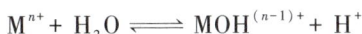

$$\text{M}^{n+} + \text{H}_2\text{O} \Longrightarrow \text{MOH}^{(n-1)+} + \text{H}^+$$

在阿伦尼乌斯酸碱电离理论中称为"盐的水解"。水合金属离子释放质子的过
程也是分步的，最后一步解离(水解)将得到金属氢氧化物沉淀(或形成胶态)，
因而水合金属离子也是多元酸。由于同离子效应，一般情况下它的一级解离是
主要的。鉴于水合金属离子的酸常数很难测准，这类多元酸的化学平衡一般不
做定量讨论。不过，应该指出，在配制这些盐的水溶液时为防止"水解"，产生金
属氢氧化物沉淀，常在溶液中加入适量的酸。有些金属离子"水解"的倾向极
强，如 SnCl$_2$，配制溶液时需溶于盐酸，若溶于水再加盐酸，由于动力学的原因很
难得到清亮溶液，放置几天也无济于事。另外，应指出，加热会加剧水合金属离
子转化为氢氧化物(水解)，因而配制容易水解的金属盐一般应避免加热。

9-4-5　多元碱

　　阿伦尼乌斯酸碱电离理论中的多元弱酸的"正盐"如 Na$_2$CO$_3$、Na$_2$S、Na$_3$PO$_4$
等在水中完全解离，其产生的负离子如 CO$_3^{2-}$、S^{2-}、PO$_4^{3-}$ 等按酸碱质子理论是多
元弱碱，能夺取 H$_2$O 分子的质子发生碱式解离。例如：

$$\text{CO}_3^{2-} + \text{H}_2\text{O} \Longrightarrow \text{HCO}_3^- + \text{OH}^- \quad K_b(\text{CO}_3^{2-}) = \frac{[\text{HCO}_3^-][\text{OH}^-]}{[\text{CO}_3^{2-}]} = 2.13 \times 10^{-4}$$

$$\text{HCO}_3^- + \text{H}_2\text{O} \Longrightarrow \text{H}_2\text{CO}_3 + \text{OH}^- \quad K_b(\text{HCO}_3^-) = \frac{[\text{H}_2\text{CO}_3][\text{OH}^-]}{[\text{HCO}_3^-]} = 2.25 \times 10^{-8}$$

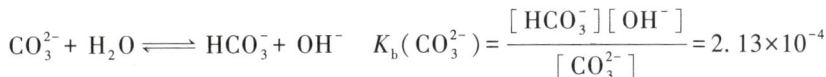

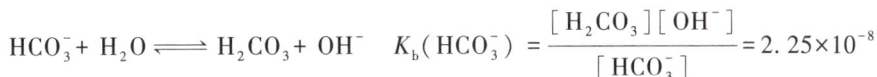

　　上述碱常数可用式(9-8)由其共轭酸的酸常数求得，但计算时应注意，CO$_3^{2-}$
的一级碱式解离的碱常数 $\{K_b(\text{CO}_3^{2-})\}$ 对应的是 H$_2$CO$_3$ 的二级酸式解离的酸常
数 $\{K_a(\text{HCO}_3^-)\}$，而 CO$_3^{2-}$ 的二级碱式解离的碱常数 $\{K_b(\text{HCO}_3^-)\}$ 对应的是
H$_2$CO$_3$ 的一级酸式解离的酸常数 $\{K_a(\text{H}_2\text{CO}_3)\}$。

　　多元弱碱的计算原则上可以照搬多元弱酸的计算方法。

9-4-6   酸碱两性物质的解离

阿伦尼乌斯酸碱电离理论中的"酸式盐"如 $NaHCO_3$、KH_2PO_4、K_2HPO_4、$NaHS$ 等,在水中完全解离生成 HCO_3^-、$H_2PO_4^-$、HPO_4^{2-}、HS^- 等"酸式酸根离子"。按质子酸碱理论,这些酸式酸根离子是酸碱两性物质,既是酸又是碱。例如,HCO_3^- 既可夺取水中的质子转化为其共轭酸 H_2CO_3,同时产生 OH^-:

$$HCO_3^- + H_2O \rightleftharpoons H_2CO_3 + OH^- \quad K_b(HCO_3^-) = \frac{[H_2CO_3][OH^-]}{[HCO_3^-]} = 2.25 \times 10^{-8}$$

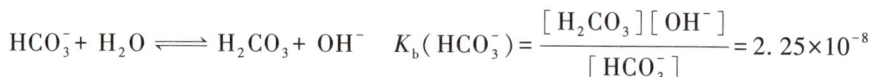

又可把质子释放给水转化为其共轭碱 CO_3^{2-},同时产生 H^+:

$$HCO_3^- + H_2O \rightleftharpoons CO_3^{2-} + H_3O^+ \quad K_a(HCO_3^-) = \frac{[CO_3^{2-}][H^+]}{[HCO_3^-]} = 4.69 \times 10^{-11}$$

定性地对比两性离子的酸常数和碱常数的大小就可判断它的水溶液的酸碱性。如上例,HCO_3^- 的碱常数大于酸常数,即释放 OH^- 的能力比释放 H^+ 的能力强,因此,$NaHCO_3$ 溶液呈碱性(注意:"酸式盐"是指组成,绝不等于"酸性盐",水溶液不一定呈酸性)。若酸常数大于碱常数,情况就正相反,其水溶液呈酸性,如 KH_2PO_4、$NaHSO_4$ 等。

两性离子水溶液的酸碱性的定量计算比较复杂,留待后续课程讨论。

如果水溶液中同时有两种离子,一种是质子酸,另一种是质子碱,但它们不是同一种物质,如把 NH_4Ac、NH_4CN 等阿伦尼乌斯酸碱电离理论中的"弱酸弱碱盐"溶于水,溶液的 pH 的判断原则上与上述两性离子的情况相同。例如,NH_4Ac 水溶液几乎呈中性,因 NH_4^+ 的酸常数和 Ac^- 的碱常数几乎相等。又如,NH_4CN 水溶液一定呈碱性,因为 CN^- 的碱常数比 NH_4^+ 的酸常数大得多,而甲酸铵则相反,水溶液呈酸性,因铵离子的酸常数大于甲酸根离子 $HCOO^-$ 的碱常数。定量的计算也留待后续课程进行。

需要指出,上述 HCO_3^- 之类的酸碱两性物质的英文是 ampholyte,还有一类两性物质,英文是 zwitterion,源自德文,其中 zwitter 是"孪生"之意,似可译为"双偶离子",如乙氨酸(NH_2CH_2COOH)的结构中既有质子酸的基团(如—COOH),又有质子碱的基团(如—NH_2),其水溶液的酸碱性也可对比酸性基团释放氢离子的能力(酸常数)和碱性基团获得质子的能力(碱常数)做出定性的判断。zwitterion 的主要存在形式随溶液的 pH 不同而改变,如在外加酸的溶液中,乙氨酸的主要存在形式为 $^+NH_3CH_2COOH$,在外加碱的溶液中乙氨酸的主要存在形

式为 $NH_2CH_2COO^-$,当溶液的酸度恰好使它以 $^+NH_3CH_2COO^-$ 的形式存在时,其 pH 称为氨基酸的"等电点"。

9-5 缓冲溶液

1900 年,费恩巴赫(Fernbach)和胡伯特(Hubert)两位微生物学家发现,向微生物培养液(肉汁)里添加 1 mL 0.01 mol·L^{-1} 盐酸,溶液的 pH 几乎没有变化,而相比之下,将同体积盐酸加进纯水里,pH 会从 7.0 变为 5.0,这个实验表明微生物培养液对使溶液的 pH 发生变化的强酸有抵御作用。实验指出,用强碱或水(稀释)代替强酸,情况也一样。他们借用汽车缓冲器(buffer)的称呼,把这种抗御 pH 变化的作用称为缓冲作用,并把具有缓冲作用的溶液称为 缓冲溶液 (buffer solution)。

实验证实,在弱酸性到弱碱性的范围内(pH=4~12),具有优良缓冲作用的溶液的组成是一对浓度大致相等的共轭酸碱对,如浓度大致相等的 HAc 和 NaAc 的混合溶液。先看实验事实:向 0.1 mol·L^{-1} 醋酸溶液滴加强碱 NaOH 溶液,pH 发生什么变化? 用实验测定每滴入 1 滴 NaOH 溶液(即 OH^-)后的 pH,得到如下曲线(见图 9-2):

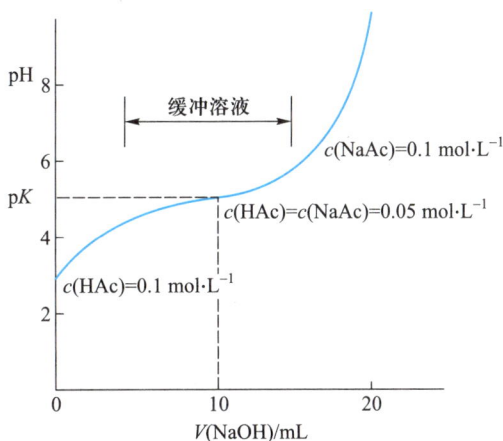

图 9-2 在 20 mL 0.1 mol·L^{-1} HAc 溶液中逐滴加入 0.1 mol·L^{-1} NaOH 溶液的 pH 变化曲线

由图 9-2 可见,向醋酸溶液滴加 NaOH 溶液,pH 的变化曲线(的斜率)经历一个由陡峭到平缓又到陡峭的过程,曲线斜率最小的区域,也就是 pH 变化最平缓的区域在 pH = pK 处,该点正是 NaOH 和 HAc 发生中和反应的半途——[HAc]=[NaAc]处,理论证明如下:

$$HAc + OH^- \longrightarrow Ac^- + H_2O$$

溶液的组成是共轭酸碱对的混合溶液,可以用汉德森公式表示:

$$[H^+] = K_a \frac{c(HA)}{c(A)}$$

NaOH 的加入使 HAc 转化为 Ac$^-$,中和反应的半途恰好是 $c(HA) = c(A)$,代入汉德森公式,$[H^+] = K_a$,即 pH = pK_a。

从图 9-2 还可以看到,在 pH = pK 附近,pH 的变化也相对较慢(曲线的斜率较小)。

为理解为什么在共轭酸碱的浓度 $c(HA)$ 和 $c(A)$ 相等及其近乎相等时 pH 的变化才这样小,可以把汉德森公式改写为如下形式:

$$pH = pK_a + \lg c(A) - \lg c(HA) \tag{9-16}$$

设共轭酸碱混合溶液加碱前的酸度为 pH$_1$,加碱后的酸度为 pH$_2$:

$$pH_1 = pK_a + \lg c_1(A) - \lg c_1(HA) \text{ 和 } pH_2 = pK_a + \lg c_2(A) - \lg c_2(HA)$$

两式相减,得

$$\begin{aligned} \Delta pH = pH_1 - pH_2 &= \lg c_1(A) - \lg c_1(HA) - \lg c_2(A) + \lg c_2(HA) \\ &= \lg \frac{c_1(A) \times c_2(HA)}{c_1(HA) \times c_2(A)} \end{aligned} \tag{9-17}$$

ΔpH 在外加少量酸碱或加水稀释时将是一个很小的值,是不难领会的。例如,设原混合溶液中的 $c_1(A) = c_1(HA) = 0.1 \text{ mol} \cdot L^{-1}$,向该溶液添加 $0.005 \text{ mol} \cdot L^{-1}$ NaOH 溶液(为计算简单,不计体积的改变,设 $0.005 \text{ mol} \cdot L^{-1}$ 是"尚未发生中和反应前刚刚加入的碱在混合溶液中的浓度"),由于加入的碱与 HA 发生反应将 HA 转化为 A,使 HA 的浓度降为 $(0.1 - 0.005) \text{ mol} \cdot L^{-1} = 0.095 \text{ mol} \cdot L^{-1} = c_2(HA)$,A 的浓度升高为 $(0.1 + 0.005) \text{ mol} \cdot L^{-1} = 0.105 \text{ mol} \cdot L^{-1} = c_2(A)$,代入式(9-17),$\Delta pH = \lg\{(0.1 \times 0.095)/(0.1 \times 0.105)\} = -0.04$。将添加的碱改换为同浓度的强酸,则 HA 和 A 的角色互换,$\Delta pH = \lg\{(0.1 \times 0.105)/(0.1 \times 0.095)\} = +0.04$。由上述计算可得出如下结论:缓冲溶液中的共

轭酸碱的浓度越大,添加的强酸强碱的浓度越小,ΔpH 就越小。若加水稀释,设加与混合溶液同体积的水,$c_1(HA) = c_1(A) = 0.1 \text{ mol} \cdot L^{-1}$ 变成 $c_2(HA) = c_2(A) = 0.05 \text{ mol} \cdot L^{-1}$,代入式(9-17),得 $\Delta pH = \lg\{(0.1 \times 0.05)/(0.1 \times 0.05)\} = 0$。但切不可以为可以无限加水稀释,因为,若共轭酸碱的浓度变得太小,共轭酸碱的解离度将因同离子效应减小而增大,平衡浓度 $[HAc]$ 和 $[A]$ 将不再分别近似等于 $c(HA)$ 和 $c(A)$,汉德森公式的前提就不成立了,不能再用来计算。

综上所述,缓冲溶液是外加酸碱 pH 的变化率很小的溶液。缓冲溶液的机理可以理解为,浓度相当大的共轭酸碱导致的同离子效应同时抑制了酸式解离和碱式解离,外加少量强酸强碱或适度稀释不致引起共轭酸碱的浓度发生大的变化。

实践中,缓冲溶液出现在许多场合,化学化工、生物医学、工农业生产中都常遇到缓冲溶液的应用。

自然界许多水溶液能够保持 pH 稳定的原因都是溶液中存在浓度相当大的共轭酸碱对。例如,无论是酸性土壤还是碱性土壤,pH 都相当稳定,外加酸性或碱性的肥料、生物质腐烂、植物的根释放酸都不至于引起土壤酸度的剧烈变化。

动物血液的 pH 也十分稳定,人血的正常 pH 在 7.4 附近,若过分偏离该值将导致病态(酸中毒或碱中毒)。

金属氢氧化物的沉淀反应应在一定 pH 下进行。例如,若某溶液中同时有 Al^{3+} 和 Mg^{2+} 存在而要加碱把它们分离,应使用 NH_3 和 NH_4Cl 混合溶液为缓冲剂,使 pH 稳定在 9 附近,才能使 $Al(OH)_3$ 沉淀完全而 $Mg(OH)_2$ 不沉淀,溶液酸度过大 $Al(OH)_3$ 将沉淀不完全,溶液酸度过小,$Al(OH)_3$ 将因生成 AlO_2^- 而溶解,而 $Mg(OH)_2$ 会沉淀出来。

在实践中配制和应用缓冲溶液应注意以下几点:

(1)缓冲体系的 K_a 应与所需保持的 pH 尽量接近。例如,为溶液保持在 pH = 5,最好添加 K_a 的数量级为 10^{-5} 的共轭酸碱(如醋酸与醋酸钠混合溶液);又如,为保持溶液的 pH 为 10,应添加 K_a 的数量级为 10^{-10} 的共轭酸碱对(如 NH_3 和 NH_4Cl 混合溶液)。

(2)尽管共轭酸碱的总浓度越大缓冲作用越强,但实践中以 0.01 ~ 0.1 mol·L^{-1} 为宜,这个浓度范围的缓冲溶液足以抵御大多数实际量的外加强酸强碱,过大的浓度不但浪费,而且还可能对反应体系产生其他副作用。

(3)缓冲溶液的组成最好为 $c(HA) = c(A)$,为调制所需 pH 而增减 HA 或 A 当然是可以的,但它们的浓度比 $c(HA)/c(A) = 0.1 \sim 10$ 为宜,不难计算,这时溶液的 $pH = pK_a \pm 1$。超过这个范围,缓冲作用将明显减弱(溶液的组成不再在图 9-2 的斜率平缓区了)。

（4）几种常用缓冲溶液已列于表 9-5，以供查阅：

表 9-5　几种常用缓冲溶液

配制缓冲溶液的试剂	缓冲组分	pK_a	缓冲范围
HCOOH–NaOH	HCOOH–HCOO$^-$	3.75	2.75～4.75
HAc–NaAc	CH_3COOH–CH_3COO^-	4.75	3.75～5.75
NaH_2PO_4–Na_2HPO_4	$H_2PO_4^-$–HPO_4^{2-}	7.21	6.21～8.21
$Na_2B_4O_7$–HCl	H_3BO_3–$B(OH)_4^-$	9.14	8.14～10.14
$NH_3 \cdot H_2O$–NH_4Cl	NH_4^+–NH_3	9.25	8.25～10.25
$NaHCO_3$–Na_2CO_3	HCO_3^-–CO_3^{2-}	10.25	9.25～11.25
Na_2HPO_4–NaOH	HPO_4^{2-}–PO_4^{3-}	12.66	11.66～13.66

有关配制缓冲溶液的计算举例如下：

[例 11]　欲配制 pH = 5.00 的缓冲溶液，需在 50 mL 0.10 mol·L^{-1} HAc 溶液中加入 0.10 mol·L^{-1} NaOH 溶液多少毫升？

[解]　先用 pK_a(HAc) = 4.75 做出判断，使用醋酸和醋酸钠配制 pH = 5.00 的缓冲溶液是恰当的，该体系的共轭酸碱的浓度是接近的。由于加入 NaOH 溶液发生中和反应生成的共轭碱和剩余的共轭酸在同一个溶液中，由 $c = n/V$，它们的 V 相同，为简化计算，可将汉德森公式改写为

$$pH = pK_a - \lg \frac{n_a}{n_b}$$

式中，n_a 和 n_b 分别代表共轭酸、碱的"物质的量"。

设加入的 0.1 mol·L^{-1} NaOH 溶液体积为 x mL，它的物质的量为 $n_{NaOH} = 0.10x$ mol，中和反应完全使它转化为 NaAc，所以 $n_b = 0.10x$ mol；反应剩余的 HAc 的物质的量则为 $n_a = (50 \times 0.10 - 0.10x)$ mol，已知 $pK_a = 4.75$，一并代入上列变形的汉德森公式，得

$$5.00 = 4.75 - \lg \frac{50 \times 0.10 - 0.10x}{0.10x}$$

$$\frac{x}{50 - x} = 1.78$$

$$x = 32$$

[答]　为配制 pH = 5.00 的缓冲溶液，需在 50 mL 0.10 mol·L^{-1} HAc 溶液中加入 0.10 mol·L^{-1} NaOH 溶液 32 mL。

[例 12]　欲配制 pH = 9.20 的缓冲溶液 500 mL，并要求溶液中 $NH_3 \cdot H_2O$ 的浓度为 1.0 mol·L^{-1}，需浓度为 15 mol·L^{-1} 浓氨水和固体 NH_4Cl 各多少？如何配制？

[解]　pH = 9.20，pOH = pK_w - pH = 14.00 - 9.20 = 4.80，即 [OH$^-$] = 1.6×10^{-5} mol·L^{-1}

$$c(NH_3) = 1.0 \text{ mol·L}^{-1}$$

代入公式：$K_b = \dfrac{[NH_4^+][OH^-]}{[NH_3]} = \dfrac{c(NH_4^+)[OH^-]}{c(NH_3)}$

$$[OH^-] = \frac{K_b c(NH_3)}{c(NH_4^+)} = \frac{1.77 \times 10^{-5} \times 1.0}{c(NH_4^+)} = 1.6 \times 10^{-5} \text{ mol} \cdot L^{-1}$$

$$c(NH_4^+) = 1.1 \text{ mol} \cdot L^{-1}$$

所需 NH_4Cl 的质量为 53.5 g $\cdot$ mol^{-1} $\times$ 1.1 mol $\cdot$ L^{-1} $\times$ 0.5 L = 29 g

查得浓氨水的浓度为 15 mol $\cdot$ L^{-1}，故需浓氨水的体积为

$$V = 1.0 \text{ mol} \cdot L^{-1} \times 500 \text{ mL}/15 \text{ mol} \cdot L^{-1} = 33 \text{ mL}$$

[答]　称取 29 g 固体氯化铵溶于少量蒸馏水（或去离子水）中，加入 33 mL 浓氨水，最后加蒸馏水稀释至 500 mL。

9-6　酸碱指示剂

在中学化学里已经接触过用酸碱指示剂检出溶液的 pH。酸碱指示剂种类很多，本质上，它们是一种弱酸或弱碱，其解离平衡和平衡常数表达式可用如下通式表示：

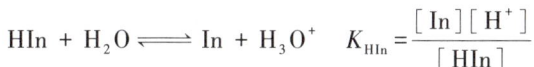

$$HIn + H_2O \Longleftrightarrow In + H_3O^+ \qquad K_{HIn} = \frac{[In][H^+]}{[HIn]}$$

符号 In 来自英文指示剂 indicator。HIn 表示指示剂的共轭酸，称为"酸型"，In 表示指示剂的共轭碱，称为"碱型"；有意省略了它们的电荷，以提高通用性。指示剂检出溶液 pH 的原理是基于指示剂的酸型和碱型的颜色是不同的，当碱型和酸型的浓度比 [In]/[HIn] 在 1/10 到 10/1 之间时，人眼能够察觉指示剂的颜色变化，在上节讨论缓冲溶液时已经指出，此范围的溶液 pH 范围为 $pK_{HIn} \pm 1$，这一 pH 范围称为指示剂变色域，见表 9-6。

表 9-6　指示剂的颜色和 pH 及指示剂 pK_{HIn} 的关系

酸　度	[In]/[HIn]	颜　色
$[H^+] \geqslant 10 K_{HIn}$ $pH \leqslant pK_{HIn} - 1$	$\dfrac{[In]}{[HIn]} = \dfrac{K_{HIn}}{[H^+]} \leqslant \dfrac{1}{10}$	指示剂对以酸型为主，溶液显酸型的颜色
$[H^+] = K_{HIn}$ $pH = pK_{HIn}$	$\dfrac{[In]}{[HIn]} = \dfrac{K_{HIn}}{[H^+]} = 1$	溶液呈酸型和碱型的混合色，称为过渡色
$[H^+] \leqslant K_{HIn}/10$ $pH \geqslant pK_{HIn} + 1$	$\dfrac{[In]}{[HIn]} = \dfrac{K_{HIn}}{[H^+]} \geqslant \dfrac{10}{1}$	指示剂以 In 为主，呈碱型的颜色

用指示剂检测溶液的 pH 要选择 pK_{HIn}±1 的范围与欲测 pH 相当。表 9-7 给出了几种常用指示剂的变色域及颜色变化。

表 9-7　几种常用指示剂的变色域及颜色变化

指示剂	颜　　色			pK_{HIn}	变色域 pH(18 ℃)
	酸型色	过渡色	碱型色		
甲基橙	红	橙	黄	3.4	3.1~4.4
甲基红	红	橙	黄	5.0	4.4~6.2
溴百里酚蓝	黄	绿	蓝	7.3	6.0~7.6
百里酚蓝	红(H_2In)	橙	黄(HIn^-)	1.65（pK_{H_2In}）	1.2~2.8
	黄(HIn^-)	绿	蓝(In^{2-})	9.20（pK_{HIn^-}）	8.0~9.6
酚酞	无色	粉红	红	9.1	8.2~10.0

使用指示剂时应注意控制指示剂的用量,以能察觉颜色变化为度,加过多的指示剂反而难以观察到颜色的变化,这是由于指示剂的变色域处于它的缓冲作用范围内,只有指示剂的总浓度很低时才不至于因缓冲作用导致 pH 变化不敏锐,即指示剂的颜色变化不敏锐。任何事物都有有利和不利两个方面。过多指示剂因指示剂自身的缓冲作用使指示剂颜色变化迟钝可看做缓冲作用的不利方面。附带可以提及,缓冲作用的不利方面的另一个例子是滴定终点时被滴定物质的缓冲作用过强,也将导致终点难于观察,即便指示剂加得很少也无济于事。为避免这一后果,应考虑更换溶剂等重新设计滴定反应。

习　　题

9-1　以下哪些物种是酸碱质子理论的酸,哪些是碱,哪些具有酸碱两性?请分别写出它们的共轭碱或共轭酸。

SO_4^{2-},S^{2-},$H_2PO_4^-$,NH_3,HSO_4^-,$[Al(H_2O)_5OH]^{2+}$,CO_3^{2-},NH_4^+,H_2S,H_2O,OH^-,H_3O^+,HS^-,HPO_4^{2-}

9-2　为什么 pH=7 并不总是表明水溶液是中性的。

9-3　本章表示电解质及其解离产物的浓度有两种,一种如 $c(HAc)$、$c(NH_4^+)$,另一种如 $[HAc]$、$[NH_4^+]$等,它们的意义有何不同?什么情况下解离平衡常数的表达式中可以用如 $c(HAc)$、$c(NH_4^+)$等代替$[HAc]$、$[NH_4^+]$等?有的书上没有如 $c(HAc)$、$c(NH_4^+)$这样的浓度符号,遇到浓度时一律用如$[HAc]$、$[NH_4^+]$等来表示,这样做有可能出现什么混乱?

9-4 苯甲酸(可用弱酸的通式 HA 表示,相对分子质量 122)的酸常数 $K_a = 6.4 \times 10^{-5}$。

(1)中和 1.22 g 苯甲酸需用 0.4 mol·L^{-1}NaOH 溶液多少毫升?

(2)求其共轭碱的碱常数 K_b;

(3)已知苯甲酸在水中的溶解度为 2.06 g·L^{-1},求饱和溶液的 pH。

9-5 计算下列各种溶液的 pH:

(1)10 mL 5.0×10^{-3} mol·L^{-1} NaOH 溶液;

(2)10 mL 0.40 mol·L^{-1} HCl 与 10 mL 0.10 mol·L^{-1} NaOH 混合溶液;

(3)10 mL 0.2 mol·L^{-1} $NH_3 \cdot H_2O$ 与 10 mL 0.1 mol·L^{-1} HCl 混合溶液;

(4)10 mL 0.2 mol·L^{-1} HAc 与 10 mL 0.2 mol·L^{-1} NH_4Cl 的混合溶液。

9-6 把下列溶液的 pH 换算成[H^+]:

(1)牛奶的 pH = 6.5;

(2)柠檬汁的 pH = 2.3;

(3)葡萄酒的 pH = 3.3;

(4)啤酒的 pH = 4.5。

9-7 把下列溶液的[H^+]换算成 pH:

(1)某人胃液的[H^+] = 4.0×10^{-2} mol·L^{-1};

(2)人体血液的[H^+] = 4.0×10^{-8} mol·L^{-1};

(3)食醋的[H^+] = 1.26×10^{-3} mol·L^{-1};

(4)番茄汁的[H^+] = 3.2×10^{-4} mol·L^{-1}。

9-8 25 ℃标准压力下的 CO_2 气体在水中的溶解为 0.034 mol·L^{-1},求溶液的 pH 和[CO_3^{2-}]。

9-9 将 15 g P_2O_5 溶于热水,稀释至 750 mL,设 P_2O_5 全部转化为 H_3PO_4,计算溶液的[H^+]、[$H_2PO_4^-$]、[HPO_4^{2-}]和[PO_4^{3-}]。

9-10 某弱酸 HA 浓度为 0.015 mol·L^{-1}时解离度为 0.80%,浓度为 0.10 mol·L^{-1}时解离度多少?

9-11 计算 0.100 mol·L^{-1} Na_2CO_3 溶液的 pH 和 CO_3^{2-} 及 HCO_3^- 碱式解离的解离度。

9-12 某未知浓度的一元弱酸用未知浓度的 NaOH 溶液滴定,当用去 3.26 mL NaOH 溶液时,混合溶液的 pH = 4.00,当用去 18.30 mL NaOH 溶液时,混合溶液的 pH = 5.00,求该弱酸的解离常数。

9-13 缓冲溶液 HAc-Ac^- 的总浓度为 1.0 mol·L^{-1},当溶液的 pH 为(1)4.0;(2)5.0 时,HAc 和 Ac^- 的浓度分别为多少?

9-14 欲配制 pH = 5.0 的缓冲溶液,需称取多少克 NaAc·$3H_2O$ 固体溶解在 300 mL 0.5 mol·L^{-1} HAc 溶液中?

9-15 某含杂质的一元碱样品 0.500 0 g(已知该碱的相对分子质量为 59.1),用 0.100 0 mol·L^{-1} HCl 溶液滴定,需用 75.00 mL;在滴定过程中,加入 49.00 mL 酸时,溶液的 pH 为 10.65。求该碱的解离常数和样品的纯度。

9-16 将 Na_2CO_3 和 $NaHCO_3$ 混合物 30 g 配成 1 L 溶液,测得溶液的 pH = 10.62,计算溶

液含 Na_2CO_3 和 $NaHCO_3$ 各多少克。

9-17　将 5.7 g $Na_2CO_3 \cdot 10H_2O$ 溶解于水配成 100 mL 纯碱溶液,求溶液中碳酸根离子的平衡浓度和 pH。

9-18　在 0.10 $mol \cdot L^{-1}$ Na_3PO_4 溶液中,$[PO_4^{3-}]$ 和 pH 分别为多少?

9-19　计算 10 mL 浓度为 0.30 $mol \cdot L^{-1}$ HAc 溶液和 20 mL 浓度为 0.15 $mol \cdot L^{-1}$ HCN 溶液混合得到的溶液中的 $[H^+]$、$[Ac^-]$、$[CN^-]$。

9-20　今有 3 种酸 $ClCH_2COOH$、$HCOOH$ 和 $(CH_3)_2AsO_2H$,它们的解离常数分别为 1.40×10^{-3}、1.77×10^{-4} 和 6.40×10^{-7},试问:

(1) 配制 pH = 3.50 的缓冲溶液选用哪种酸最好;

(2) 需要多少毫升浓度为 4.0 $mol \cdot L^{-1}$ 的酸和多少克 NaOH 才能配成 1 L 共轭酸碱对的总浓度为 1.0 $mol \cdot L^{-1}$ 的缓冲溶液。

9-21　计算下列反应的平衡常数,并指出其中哪些是酸或碱的解离反应。

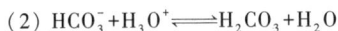

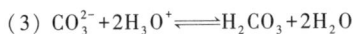

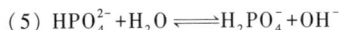

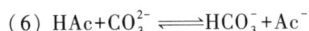

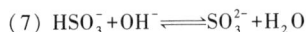

(1) $HCO_3^- + OH^- \Longrightarrow CO_3^{2-} + H_2O$

(2) $HCO_3^- + H_3O^+ \Longrightarrow H_2CO_3 + H_2O$

(3) $CO_3^{2-} + 2H_3O^+ \Longrightarrow H_2CO_3 + 2H_2O$

(4) $HPO_4^{2-} + H_2O \Longrightarrow H_3O^+ + PO_4^{3-}$

(5) $HPO_4^{2-} + H_2O \Longrightarrow H_2PO_4^- + OH^-$

(6) $HAc + CO_3^{2-} \Longrightarrow HCO_3^- + Ac^-$

(7) $HSO_3^- + OH^- \Longrightarrow SO_3^{2-} + H_2O$

(8) $H_2SO_3 + SO_3^{2-} \Longrightarrow 2HSO_3^-$

9-22　分别计算下列混合溶液的 pH:

(1) 50.0 mL 0.200 $mol \cdot L^{-1}$L NH_4Cl 和 50.0 mL 0.200 $mol \cdot L^{-1}$L NaOH;

(2) 50.0 mL 0.200 $mol \cdot L^{-1}$ NH_4Cl 和 25.0 mL 0.200 $mol \cdot L^{-1}$ NaOH;

(3) 25.0 mL 0.200 $mol \cdot L^{-1}$ NH_4Cl 和 50.0 mL 0.200 $mol \cdot L^{-1}$ NaOH;

(4) 20.0 mL 1.00 $mol \cdot L^{-1}$ $H_2C_2O_4$ 和 30.0 mL 1.00 $mol \cdot L^{-1}$ NaOH。

9-23　在烧杯中盛有 0.2 $mol \cdot L^{-1}$ 20 mL 乳酸(分子式 $HC_3H_5O_3$,常用符号 HLac 表示,酸常数为 $K_a = 1.4 \times 10^{-4}$),向该烧杯逐步加入 0.20 $mol \cdot L^{-1}$ NaOH 溶液,试计算:

(1) 未加 NaOH 溶液前溶液的 pH;

(2) 加入 10.0 mL NaOH 溶液后溶液的 pH;

(3) 加入 20.0 mL NaOH 溶液后溶液的 pH;

(4) 加入 30.0 mL NaOH 溶液后溶液的 pH。

第 10 章

沉 淀 平 衡

内容提要

沉淀平衡是沉淀-溶解平衡的简称,是指一定温度下难溶强电解质饱和溶液中的离子与难溶物固体之间的多相动态平衡。通过离子反应产生沉淀的反应统称沉淀反应,如在 NaCl 溶液中滴加 $AgNO_3$ 溶液产生 AgCl 沉淀。通过离子反应使沉淀溶解的反应统称溶解反应,如 $Fe(OH)_3$ 溶解于盐酸或 $CaCO_3$ 溶解于盐酸。本章讨论沉淀和溶解的方向,如何使沉淀完全,如何实现沉淀转化等问题。

溶度积以 K_{sp} 为符号,是难溶电解质沉淀-溶解平衡的平衡常数。根据溶液中的离子浓度的积 J 大于、小于还是等于溶度积 K_{sp},可判断将有难溶物沉淀的产生、难溶物溶解还是达到沉淀与溶液中的离子之间的动态平衡。

通过改变溶液的酸度或沉淀转化等方式可使沉淀平衡发生移动。利用沉淀平衡可对混合离子溶液进行分离。

10-1 溶度积原理

理论上,绝对不溶解的物质是没有的,如通常认为不溶的玻璃也微量地溶解于水,若将分别用强酸、强碱和用水洗净的普通玻璃击碎与少量水混合在玛瑙研钵中研磨,滴入酚酞,可见到酚酞显红色。习惯上,把溶解度小于 0.01 g/(100 g H_2O)的物质称为不溶物或难溶物;但难溶的界限是不严格的,如通常认作难溶物的 $PbCl_2$ 在 0 ℃水中的溶解度为 0.675 g/(100 g H_2O),$CaSO_4$ 为 0.176 g/(100 g H_2O),$HgSO_4$ 为 0.055 g/(100 g H_2O),由于它们的相对分子质量较大,饱和溶液的浓度分别只有 2.53×10^{-2} mol·L^{-1},1.29×10^{-2} mol·L^{-1},1.85×10^{-3} mol·L^{-1}。

顺便指出,为计算方便,在讨论沉淀平衡时,通常都采用饱和溶液的浓度($mol \cdot L^{-1}$)而不采用 $g/(100 \ g \ H_2O)$ 来表示"溶解度"。

10-1-1   溶度积常数

将难溶物 AgCl 固体与水混合,AgCl 表面的 Ag^+ 和 Cl^- 在水分子的吸引下将以水合离子的形式进入水中,同时,水合离子 $Ag^+(aq)$ 和 $Cl^-(aq)$ 会去水合重新沉积到 AgCl 固体表面上,最终达成溶解-沉淀平衡:

$$AgCl(s) \Longleftrightarrow Ag^+(aq) + Cl^-(aq)$$

这一多相平衡的平衡常数表达式为[①]

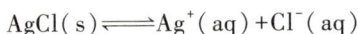

$$K_{sp}(AgCl) = [Ag^+][Cl^-]$$

平衡常数 K_{sp} 是饱和溶液中的水合银离子和氯离子浓度的乘积,称为溶度积,该常数以"sp"为下标(sp 是英文 solubility product 的缩写)。溶度积的表达式需根据配平的平衡方程式书写,符合平衡常数的一般书写规则,如对于难溶物 Ag_2CrO_4,平衡方程式为

$$Ag_2CrO_4(s) \Longleftrightarrow 2Ag^+(aq) + CrO_4^{2-}(aq)$$

溶度积为

$$K_{sp}(Ag_2CrO_4) = [Ag^+]^2[CrO_4^{2-}]$$

又如,难溶物 $Ca_5(PO_4)_3F$(矿物名:氟磷灰石),平衡方程式为

$$Ca_5(PO_4)_3F(s) \Longleftrightarrow 5Ca^{2+} + 3PO_4^{3-} + F^-$$

溶度积为

$$K_{sp}[Ca_5(PO_4)_3F] = [Ca^{2+}]^5[PO_4^{3-}]^3[F^-]$$

由上述三个例子,可以给出溶度积的一般定义:溶度积是难溶电解质溶解-沉淀平衡的平衡常数,是难溶电解质溶于水形成的水合离子以(已经配平的)溶解平衡方程式中的系数为幂的浓度的连乘积。表 10-1 给出了一些难溶化合物的溶度积,从本书附表中可查获更多物质的溶度积。

---

①   严格地说,溶度积的表达式应为 $K_{sp} = a(Ag^+) a(Cl^-)$,式中的 a 是有效浓度,即活度,是浓度与活度因子的乘积,活度因子是溶液的离子强度的函数,鉴于活度的概念将在后续课程讨论,本课程假设所有的活度因子等于 1,用浓度代替活度。

表 10-1　一些难溶化合物的溶度积

化合物	溶度积表达式	K_{sp}	pK_{sp}
AgCl	$K_{sp}=[Ag^+][Cl^-]$	1.77×10^{-10}	9.75
AgBr	$K_{sp}=[Ag^+][Br^-]$	5.35×10^{-13}	12.27
AgI	$K_{sp}=[Ag^+][I^-]$	8.51×10^{-17}	16.07
Ag_2CrO_4	$K_{sp}=[Ag^+]^2[CrO_4^{2-}]$	1.12×10^{-12}	11.95
Bi_2S_3	$K_{sp}=[Bi^+]^2[S^{2-}]^3$	1×10^{-97}	97
$CaCO_3$	$K_{sp}=[Ca^{2+}][CO_3^{2-}]$	2.8×10^{-9}	8.54
$CaC_2O_4\cdot H_2O$	$K_{sp}=[Ca^{2+}][C_2O_4^{2-}]$	2.32×10^{-9}	8.63
$Mg(OH)_2$	$K_{sp}=[Mg^{2+}][OH^-]^2$	5.61×10^{-12}	11.25
$MgCO_3$	$K_{sp}=[Mg^{2+}][CO_3^{2-}]$	6.82×10^{-6}	5.17

10-1-2　溶度积原理

由溶度积概念可知,如在 $BaSO_4$ 饱和溶液中,$Ba^{2+}(aq)$ 和 $SO_4^{2-}(aq)$ 浓度的乘积等于溶度积 K_{sp}。若将 $BaCl_2$ 和 Na_2SO_4 等含 $Ba^{2+}(aq)$ 和 $SO_4^{2-}(aq)$ 的溶液混合,可将混合溶液中的钡离子和硫酸根离子的起始浓度的乘积标记为

$$J=c(Ba^{2+})\cdot c(SO_4^{2-})$$

J 的表达式的形式与溶度积相同,但它不是平衡浓度 $[Ba^{2+}]$ 和 $[SO_4^{2-}]$ 的乘积而是混合物起始浓度 $c(Ba^{2+})$ 和 $c(SO_4^{2-})$ 的乘积,则当

（1）$J=c(Ba^{2+})\cdot c(SO_4^{2-})>K_{sp}$　混合溶液对于 $BaSO_4$ 饱和溶液是过饱和溶液,沉淀平衡将向生成沉淀的方向移动,将有 $BaSO_4$ 沉淀生成;

（2）$J=c(Ba^{2+})\cdot c(SO_4^{2-})<K_{sp}$　混合溶液对于 $BaSO_4$ 饱和溶液是不饱和溶液,若同时有硫酸钡固体存在,沉淀平衡将向沉淀溶解的方向移动;

（3）$J=c(Ba^{2+})\cdot c(SO_4^{2-})=K_{sp}$　混合溶液正相当于 $BaSO_4$ 的饱和溶液,若溶液中有 $BaSO_4$ 固体,则沉淀和溶解达到平衡。

为便于记忆,可以把上面三式合并,并写成一般式,即对于难溶物 M_mA_n:

$$J=c(M)^m\cdot c(A)^n\begin{cases}\leqslant & K_{sp}(M_mA_n)\\> & K_{sp}(M_mA_n)\end{cases}$$

上式称为溶度积原理,也叫溶度积规则(注意:为提高一般式的通用性未标出式

中 M 和 A 的电荷)。利用溶度积原理,可以判断沉淀的产生或溶解,或者沉淀和溶液是否处于平衡状态(饱和溶液)。

[**例 1**]　0.100 mol·L^{-1} MgCl$_2$ 溶液和等体积同浓度的氨水混合,会不会生成 Mg(OH)$_2$ 沉淀? 已知 $K_{sp}[Mg(OH)_2] = 5.61 \times 10^{-12}$;$K_b(NH_3) = 1.76 \times 10^{-5}$。

[**解**]　$c(Mg^{2+}) = c(MgCl_2) = 0.050\ 0$ mol·L^{-1}

$c(OH^-)$ 等于混合溶液中的 NH$_3$ 发生碱式解离产生的[OH$^-$]:

$$NH_3 + H_2O \Longrightarrow NH_4^+ + OH^-$$

$K_b = 1.76 \times 10^{-5}$,$c(NH_3) = 0.050\ 0$ mol·L^{-1},$c/K \approx 3\ 000$,可用最简式求算[OH$^-$]:

$$c(OH^-) = [OH^-]_{NH_3} = \sqrt{K_b c} = \sqrt{1.76 \times 10^{-5} \times 0.050\ 0} = 9.38 \times 10^{-4}\ mol \cdot L^{-1}$$

$$J = c(Mg^{2+}) \cdot c(OH^-)^2 = 0.050\ 0 \times (9.38 \times 10^{-4})^2 = 4.4 \times 10^{-8} > K_{sp}[Mg(OH)_2]$$

答:会生成 Mg(OH)$_2$ 沉淀。

10-1-3　溶度积与溶解度

溶度积作为平衡常数,可以通过热力学方法计算获得,也可以通过实验方法测定(其主要方法之一将在第 11 章电化学基础中介绍)。利用溶度积可以计算以 mol·L^{-1} 为单位的难溶电解质的溶解度,举例如下:

[**例 2**]　已知 25 ℃下 Ag$_2$CrO$_4$ 和 AgCl 的溶度积分别为 1.12×10^{-12} 和 1.77×10^{-10},它们在纯水中哪个溶解度较大?

[**解**]　设 Ag$_2$CrO$_4$ 的溶解度为 x mol·L^{-1},AgCl 的溶解度为 y mol·L^{-1},

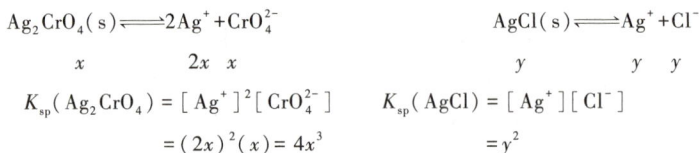

$$x = \sqrt[3]{\frac{K_{sp}(Ag_2CrO_4)}{4}} = 6.54 \times 10^{-5}\ mol \cdot L^{-1} \qquad y = \sqrt{K_{sp}(AgCl)} = 1.33 \times 10^{-5}\ mol \cdot L^{-1}$$

[**评论**]　① 请注意:在计算难溶物溶解离子的平衡浓度时不要搞错计量关系,如 1 mol Ag$_2$CrO$_4$ 溶于水将产生 2 mol Ag$^+$(aq),因此,x mol·L^{-1} 铬酸银溶于水形成的铬酸银溶液中银离子平衡浓度[Ag$^+$]=2x,而不是 x,余者推。② 铬酸银的溶度积比氯化银的溶度积小,但计算的结果,铬酸银的溶解度却比氯化银的溶解度大,这说明:类型不同的难溶电解质的溶度积大小不能直接反映它们溶解度的大小,因为它们的溶度积与溶解度的关系式是不同的。③ 以上溶解度与溶度积的互算式的应用范围是有限的,不能不讲条件地到处乱套。在许多情况下这些公式不再适用,见下节。

10-1-4 同离子效应

当溶液中存在其他来源的同种离子,由于存在同离子效应,上例的溶度积与溶解度的互算式就不能使用了,但溶度积表达式仍可用于计算,举例如下:

[例3] 计算 AgCl 在 $1.0×10^{-2}$ mol·L^{-1} HCl 溶液中的溶解度,并将算出的结果与上例氯化银在纯水中溶解度对比。

[解] 为理解氯化银在稀盐酸中的溶解度,不妨假设氯化银先溶解在纯水里达到了溶解–沉淀平衡,然后向这个饱和溶液里通入氯化氢气体使 $c($Cl$^-)$ 达到 $1.0×10^{-2}$ mol·L^{-1}(假设它是通入 HCl 尚未与银离子发生反应的初始浓度),由于同离子效应,原氯化银的溶解–沉淀平衡被破坏,平衡向生成氯化银固体的方向移动,达到新平衡时,溶液中的银离子浓度与氯离子浓度不等,$[$Ag$^+]≪[$Cl$^-]$,但根据平衡常数的特性,它们的乘积仍等于溶度积,由于溶液中银离子只来自溶解的氯化银,因此,它的平衡浓度就是氯化银的溶解度,设它为 s,则

$$AgCl(s) \rightleftharpoons Ag^+ + Cl^-$$

未加入 HCl 时达到平衡　　　　　　　　　s^*　　s^*　　(s^* 为纯水中溶解度)

添加 HCl 的初始状态　　　　　　　　　　s^*　　$s^*+1.0×10^{-2}$

添加 HCl 后达到新平衡　　　　　　　　　s　　$s+1.0×10^{-2}$

氯化银是难溶物,在纯水中的溶解度 s^* 是远比 $1.0×10^{-2}$ 小的值(例2的计算结果是 10^{-5} 数量级);s 不会等于零,因不能想象溶液中没有银离子,但其极值是 s^*,因此 s 相对于添加的 HCl 的浓度而言是可以忽略不计的,即 $[$Cl$^-]=s+1.0×10^{-2}≈1.0×10^{-2}$ mol·L^{-1},代入溶度积表达式:

$$K_{sp}(AgCl) = [Ag^+][Cl^-] = s·1.0×10^{-2} = 1.77×10^{-10}$$
$$s = 1.77×10^{-10}/1.0×10^{-2} = 1.77×10^{-8}$$

[评论] 计算结果符合同离子效应的原理,氯化银在稀盐酸里的溶解度 s 大大小于在纯水里的溶解度 s^*。反过来思考:氯化银的溶解度随溶液中氯离子浓度的增大而减小。为区分难溶电解质在纯水中溶解度和在具有同离子的溶液里的溶解度,本书特别分别用 s^* 表示和 s 区别之,以强化如例2的无同离子效应存在时溶度积和溶解度互算公式的适用范围。

将上例的结果推而广之,得出如下规律:当溶液中存在与难溶电解质同种离子时,由于同离子效应,难溶物的溶解度将降低,沉淀将更为完全。

沉淀完全具有重要实际意义,但它是一个模糊概念,没有绝对的"完全",只有相对完全。对于常规的化学操作,沉淀完全的意义是溶液中由沉淀溶解产生的离子的浓度低至 $10^{-6}～10^{-5}$ mol·L^{-1},因为一般的分析天平只能称量 10^{-4} g。

10-1-5　影响难溶物溶解度的其他因素

难溶电解质的溶解度不仅与溶液中是否存在同种离子有关,还与如下一些因素有关:

(1) 例 1 和例 2 用溶度积计算难溶电解质的溶解度只适用于难溶强电解质,不适合于难溶弱电解质。尽管难溶弱电解质达到沉淀-溶解平衡时,溶液中与沉淀有关的离子之间仍然存在溶度积的制约关系,但是,溶度积的意义仅仅是溶液中这些离子的平衡浓度之间的关系,并不能用来标志难溶弱电解质的溶解度。例如,对于 $Al(OH)_3$,它是难溶物,又是弱电解质,溶解于水的 $Al(OH)_3$ 除了以 Al^{3+} 和 OH^- 的方式存在外,还以 $Al(OH)_3$、$Al(OH)_2^+$、$Al(OH)^{2+}$ 等形式存在,因此单单 Al^{3+} 的浓度并不等于 $Al(OH)_3$ 的溶解度。而且 $[Al^{3+}]$ 与 $[OH^-]$ 的浓度比也绝不会是 1 比 3 的关系(请回忆 H_2S 饱和溶液中 $[H^+]$ 和 $[S^{2-}]$ 的关系),因而像例 1、2 等的计算对如 $Al(OH)_3$ 这样的难溶弱电解质是不恰当的。利用难溶弱电解质的溶度积来计算它的溶解度十分复杂,已经超出本书的要求,需在后续课程继续讨论。

(2) 即便是难溶强电解质,如果溶液中存在其他化学平衡,溶液中的完全由沉淀溶解产生的离子的浓度也不等于它的溶解度。例如,对于 Ag_2S,它是强电解质,溶液中不存在 Ag_2S 分子,但是,溶解产生的 S^{2-} 却是质子碱,会与水发生质子传递反应生成 HS^-,甚至 H_2S,这些反应的存在将使沉淀-溶解平衡向溶解的方向移动,使 Ag_2S 的溶解度增大,因而溶液中存在的 S^{2-} 的平衡浓度并不等于 Ag_2S 的溶解度。诸如此类的副反应被称为**酸效应**。

配位反应是另一种重要的副反应。例如,前面讲过,由于同离子效应,AgCl 在稀盐酸中溶解度小于在纯水中溶解度。但并非盐酸的浓度越大 AgCl 的溶解度越小,因为,过浓的 Cl^- 会与 Ag^+ 发生如下配位反应:

$$Ag^+ + 2Cl^- \Longleftrightarrow AgCl_2^-$$

这一反应的存在将与同离子效应相反,反而增大氯化银的溶解度。诸如此类的副反应被称为**配位效应**。

图 10-1 是 $PbSO_4$ 在不同浓度 Na_2SO_4 溶液中的溶解度。从图中可见,当 Na_2SO_4 浓度较低时,$PbSO_4$ 的溶解度随 Na_2SO_4 浓度的增大而降低,这显然是同离子效应的作用。然而,当 Na_2SO_4 浓度较大时,随 Na_2SO_4 浓度增大,$PbSO_4$ 的溶解度反而增大了。其重要原因之一是 Pb^{2+} 可以与 SO_4^{2-} 形成 $[Pb(SO_4)_2^{2-}]$ 络离子。

副反应的存在对难溶物溶解度的影响涉及的计算比较复杂,待后续课程再讨论。

(3) 上面说配位反应的存在是 $PbSO_4$ 在较浓 Na_2SO_4 溶液中溶解度增大的原因之一,还有一种称为**盐效应**的因素也能增大难溶物的溶解度。图 10-2 是盐效应的重要例子。它表明,$BaSO_4$ 和 AgCl 的溶解度都随溶液中的 KNO_3 浓度的增大而增大。KNO_3 既不会与 $BaSO_4$ 或 AgCl 发生任何化学反应,也不存在它们的同离子,这应当如何解释呢?唯一的解释是溶液的电性,因 KNO_3 溶液中带电荷离子的增多而改变了。进一步的解释需要讨论溶液的离子强度、活度及活度因子。将在后续课程里讨论。不过,图 10-2 还告诉我们,盐效应对难溶物溶解度的影响相比同离子效应及其他副反应的影响是比较次要的因素,因此本书忽略这种影响对相当大范围的实践工作是允许的。

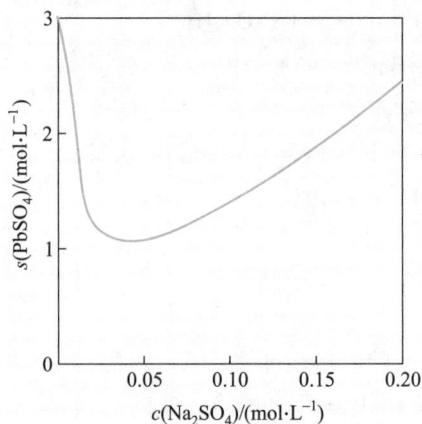

图 10-1 $PbSO_4$ 在不同浓度 Na_2SO_4 溶液中的溶解度

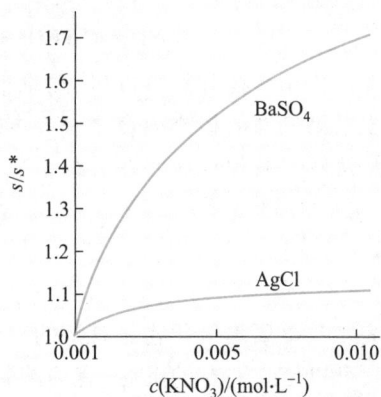

图 10-2 $AgCl$、$BaSO_4$ 在不同浓度 KNO_3 溶液中的溶解度

(4) 此外,温度、溶剂、沉淀颗粒的大小及沉淀的溶胶性质、多晶现象等也是影响难溶物溶解度的重要因素。其中最容易理解的是温度。大多数物质在水中的溶解度随温度升高而增大。改变溶剂性质来改变溶解度也是实践中有用的方法。如加入乙醇能使 K_2PtCl_6 在水中的溶解度降低。颗粒小的固体事实上比颗粒大的固体的溶解度大,沉淀经过"陈化"会使沉淀颗粒增大。沉淀发生胶溶现象即固体颗粒变成直径 1~100 nm 的"胶体颗粒"也是经常遇到的实验现象,胶溶现象会使沉淀"穿滤",导致固液分离不完全,加电解质和加热可防止许多难溶物发生胶溶现象。最后,难溶物在不同条件下得到不同的晶相(晶体结构不同),溶解度也是不同的。如刚沉淀的硫化钴的晶体结构属于 α 型,溶度积数量级为 10^{-22},经过陈置,转化为比较稳定的晶体结构,叫 β 型,溶度积的数量级降至 10^{-26}。在实践中,新鲜制得的沉淀容易发生溶解反应,这是其中的原因之一。

10-2 沉淀与溶解

通过发生化学反应导致沉淀或使沉淀溶解是实践工作中经常遇到的,主要有酸碱反应、配位反应、氧化还原反应和新的沉淀反应(沉淀的转化)。例如:

$$Al(OH)_3(s) + 3H^+ \longrightarrow Al^{3+} + 3H_2O$$

$$Al(OH)_3(s) + OH^- \longrightarrow [Al(OH)_4]^- \quad (\text{或写成 } AlO_2^- + 2H_2O)$$

$$CaCO_3(s) + 2H^+ \longrightarrow Ca^{2+} + CO_2 + H_2O$$

$$AgCl(s) + 2NH_3 \longrightarrow [Ag(NH_3)_2]^+ + Cl^-$$

$$3CuS(s) + 8H^+ + 2NO_3^- \longrightarrow 3Cu^{2+} + 3S + 2NO + 4H_2O$$

$$BaSO_4(s) + CO_3^{2-} \longrightarrow BaCO_3(s) + SO_4^{2-}$$

通过化学平衡计算,可以从理论上推定沉淀生成或溶解的可能性。这些计算是本书第三篇的核心内容之一。本章主要讨论酸碱反应和新的沉淀反应导致的沉淀溶解。其他反应将在后续章节中讨论。

10-2-1 金属氢氧化物沉淀的生成-溶解与分离

大多数金属氢氧化物是难溶的,但它们的溶解度千差万别,因此,控制溶液的 pH,可以使它们有的沉淀,有的溶解,常用于分离的目的。原则上,只要知道氢氧化物的溶度积和金属离子的初始浓度就可估算氢氧化物开始沉淀和沉淀完全时溶液的 pH。以 $Pb(OH)_2$ 为例,$K_{sp}[Pb(OH)_2] = 1.43 \times 10^{-15}$,设铅离子的初始浓度为 $0.1 \ mol \cdot L^{-1}$,则 $Pb(OH)_2$ 开始沉淀的 pH 为

$$[OH^-]_{开始沉淀} = \sqrt{\frac{K_{sp}[Pb(OH)_2]}{[Pb^{2+}]}} = \sqrt{\frac{1.43 \times 10^{-15}}{0.10}} \ mol \cdot L^{-1} = 1.2 \times 10^{-7} \ mol \cdot L^{-1}$$

$$pH(开始沉淀) = 7.08$$

这就是说,在 $0.1 \ mol \cdot L^{-1} \ Pb^{2+}$ 溶液中添加 OH^-(如加入 NaOH 或 NH_3 等碱性物质),只要 pH 升高至 7.08,$Pb(OH)_2$ 就会开始沉淀。

设沉淀完全的要求是溶液中的 Pb^{2+} 浓度减至 $10^{-5} \ mol \cdot L^{-1}$,这时,

$$[OH^-]_{沉淀完全} = \sqrt{\frac{K_{sp}[Pb(OH)_2]}{[Pb^{2+}]}} = \sqrt{\frac{1.43 \times 10^{-15}}{10^{-5}}} \ mol \cdot L^{-1} = 1.2 \times 10^{-5} \ mol \cdot L^{-1}$$

$$pH(沉淀完全) = 9.08$$

把上述计算推广至所有金属氢氧化物,以 $M(OH)_n$ 为通式,则

$$K_{sp} = [M^{n+}][OH^-]^n$$

$$[OH^-] = \sqrt[n]{K_{sp}/[M^{n+}]}$$

设开始沉淀时金属离子浓度为 $0.010 \ mol \cdot L^{-1}$,完全沉淀时金属离子浓度为 10^{-5},代入上式,得

$$pH(开始沉淀) = 14 + \frac{1}{n}\lg\frac{K_{sp}}{0.010}$$

$$pH(沉淀完全) = 14 + \frac{1}{n}\lg\frac{K_{sp}}{1\times10^{-5}}$$

更改上列计算式对数项分母(金属离子浓度)还可得到常见金属离子在不同浓度下开始沉淀和沉淀完全的 pH,其结果列于表 10-2。

表 10-2 常见金属离子在不同浓度下开始沉淀和沉淀完全的 pH

金属离子	K_{sp}	离子浓度 $c/(mol \cdot L^{-1})$				
		10^{-1}	10^{-2}	10^{-3}	10^{-4}	10^{-5}(沉淀完全)
Fe^{3+}	2.79×10^{-39}	1.5	1.8	2.2	2.5	2.8
Al^{3+}	1.3×10^{-33}	3.4	3.7	4.0	4.4	4.7
Cr^{3+}	6.3×10^{-31}	4.3	4.6	4.9	5.3	5.6
Cu^{2+}	2.2×10^{-20}	4.7	5.2	5.7	6.2	6.7
Fe^{2+}	4.87×10^{-17}	6.3	6.8	7.3	7.8	8.3
Ni^{2+}	5.48×10^{-16}	6.9	7.4	7.9	8.4	8.9
Mn^{2+}	1.9×10^{-13}	8.1	8.6	9.1	9.6	10.1
Mg^{2+}	5.61×10^{-12}	8.9	9.4	9.9	10.4	10.9

(pH 列于离子浓度各列左侧标注为 pH)

将表 10-2 的数据制作成以金属离子浓度为纵坐标、以 pH 为横坐标的图,如图 10-3 所示。

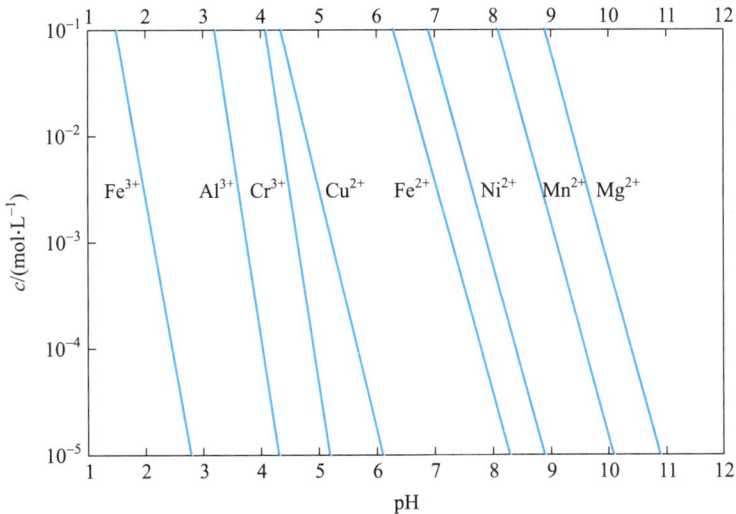

图 10-3 不同浓度金属离子开始和完全以氢氧化物沉淀的 pH

　　图 10-3 中的斜线是金属离子形成氢氧化物沉淀的平衡线,线上的任一点对应的横坐标和纵坐标的数值正是达到沉淀溶解平衡时的 pH 和金属离子浓度,平衡线顶点的横坐标数值相当于 $0.1\ mol\cdot L^{-1}$ 浓度时开始产生氢氧化物沉淀的 pH,而底端横坐标数值相当于沉淀完全的 pH,因此,当图中右边的金属离子开始沉淀的 pH 高于左边金属沉淀完全的 pH 时,控制溶液 pH 逐渐增大,可使左边金属离子沉淀完全,而右边金属离子尚未开始沉淀,由此可将它们分级地沉淀出来,这种操作叫作分级沉淀,也叫分步沉淀。控制溶液 pH 的方法很多,最常见的是逐渐少量地添加强酸或强碱。有时还需加入适量缓冲剂。很明显,一种离子开始沉淀(平衡线顶点)和另一种离子沉淀完全(平衡线底端)的 pH 离得越近,用分级沉淀对它们进行分离的难度就越大。

　　但应指出,上述估算并没有考虑到难溶金属氢氧化物是程度不同的弱碱,在溶液中除存在金属离子外,还存在一系列羟基络离子,如 $[Pb(OH)]^{+}$、$[Pb(OH)_2]$、$[Pb(OH)_3]^{-}$ 等,因此未考虑此因素的上述计算肯定与实验结果有不同程度的出入。另外,当一种离子形成氢氧化物时,常会夹带另一些金属离子(常作为杂质)被沉淀下来,称为"共沉淀"。共沉淀的原因很多,主要是形成共晶或混晶(如杂质离子在晶格中替代了主体金属离子)和表面吸附。共沉淀现象也使上述纯理论估算不完全符合实际。因此,分级沉淀不仅需要两种金属氢氧化物溶解度相差足够大(这是理论上的前提),而且需要多次反复操作。

10-2-2　难溶硫化物沉淀与溶解

　　大多数金属的硫化物是难溶物。金属离子与硫化氢反应产生难溶硫化物沉淀的反应是产生 H^{+} 的反应,对于 H_2S 饱和溶液,$[H_2S]$ 可认为是一个常量 $(0.1\ mol\cdot L^{-1})$,于是,跟金属氢氧化物一样,对于一种金属离子,沉淀开始和完全沉淀的 H^{+} 浓度只是金属离子浓度的函数。例如:

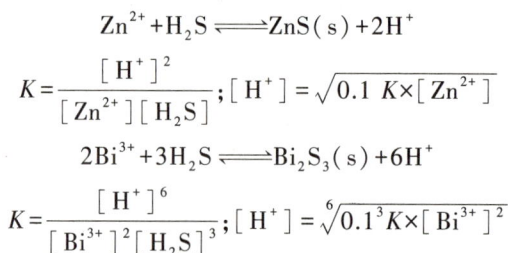

$$Zn^{2+}+H_2S\Longleftrightarrow ZnS(s)+2H^{+}$$

$$K=\frac{[H^{+}]^2}{[Zn^{2+}][H_2S]};[H^{+}]=\sqrt{0.1\ K\times[Zn^{2+}]}$$

$$2Bi^{3+}+3H_2S\Longleftrightarrow Bi_2S_3(s)+6H^{+}$$

$$K=\frac{[H^{+}]^6}{[Bi^{3+}]^2[H_2S]^3};[H^{+}]=\sqrt[6]{0.1^3K\times[Bi^{3+}]^2}$$

因此,在理论上,也能像金属氢氧化物一样,控制 pH 可将溶解度相差较大的金属硫化物分离开来。

[例4]　$0.1\ \text{mol·L}^{-1}$ $ZnCl_2$ 和同浓度 $MnCl_2$ 混合溶液不断通入硫化氢气体,将 H^+ 浓度控制在什么范围可将 Zn^{2+} 和 Mn^{2+} 分开?已知:$K_{sp}(ZnS)=1.6\times10^{-24}$,$K_{sp}(MnS)=2.5\times10^{-13}$,$K_a(H_2S)=1.1\times10^{-7}$,$K_a(HS^-)=1.3\times10^{-13}$。

[解]　硫化锌与硫化锰是同型的(都是 MS 型),它们的溶度积是可对比的,ZnS 溶度积小于 MnS 的溶度积,即 ZnS 的溶解度小于 MnS,若控制 H^+ 浓度使 ZnS 已沉淀完全而 MnS 尚未开始沉淀,即可将它们分离,因此,需要计算 ZnS 沉淀完全和 MnS 开始沉淀的 H^+ 浓度。

设 ZnS 沉淀完全的实践要求是溶液中的 $[Zn^{2+}]\le1.0\times10^{-6}$,将此数据代入上式:

$$[H^+]=\sqrt{0.1\ K\times[Zn^{2+}]}=\sqrt{0.1\times\frac{K_a(H_2S)K_a(HS^-)}{K_{sp}(ZnS)}\times10^{-5}}$$

$$=\sqrt{\frac{0.1\times1.1\times10^{-7}\times1.3\times10^{-13}\times10^{-5}}{1.6\times10^{-24}}}=9.5\times10^{-2}$$

pH(ZnS 沉淀完全)$=-\lg[H^+]=1.02$

MnS 开始沉淀时,$[Mn^{2+}]=c(Mn^{2+})$,代入上式,得:

$$[H^+]=\sqrt{0.1\ K\times[Mn^{2+}]}=\sqrt{0.1\times\frac{K_a(H_2S)K_a(HS^-)}{K_{sp}(MnS)}\times0.1}$$

$$=\sqrt{\frac{0.1\times1.1\times10^{-7}\times1.3\times10^{-13}\times0.1}{2.5\times10^{-13}}}=2.39\times10^{-5}$$

pH(MnS 开始沉淀)$=-\lg[H^+]=4.62$

以上计算结果告诉我们,若将 pH 控制在 $1.02\sim4.62$ 的范围内,就可使 ZnS 沉淀,MnS 不沉淀,从而达到分离 Zn^{2+} 和 Mn^{2+} 的目的(为保险起见,也可将 pH 控制在更窄的范围内,如 $2.0\sim4.0$ 或 $2.5\sim3.5$)。

[评论]　由于各种资料中硫化氢的解离常数(1、2 级酸常数)和各种硫化物的溶度积数据不尽相同,如上理论计算的结果也就不尽相同。而且,由于上述理论模型过于简单,没有考虑硫化物沉淀时发生的诸多副反应及共沉淀、胶态吸附等实际问题,计算结果总与实际测量值有出入。但计算说明,当硫化物溶解度相差较大时,用硫化氢分离金属离子是可能的。而且,硫化物溶解度相差越远,分离的可能性越大。溶解度相近的硫化物则可成组地沉淀下来。在分析化学中,这种思考形成了一种定性分析法,称为"硫化氢系统分析法",用了近百年。例如,控制酸度为 $0.3\ \text{mol·L}^{-1}$,通入硫化氢,可将 Cu^{2+}、Pb^{2+}、Bi^{3+}、Cd^{2+}、Ag^+(总称"铜组")和 As(Ⅲ,Ⅴ)、Sn(Ⅱ,Ⅳ)、Sb(Ⅲ,Ⅴ)、Hg^{2+}(总称"砷组")沉淀分离后;调节 pH 在 $2\sim3$,将 ZnS 沉淀分离,然后再将 pH 调节到 $5\sim6$,将 Co^{2+}、Ni^{2+}、Mn^{2+} 沉淀分离等。但由于硫化氢是剧毒气体,且有恶臭,制备和应用都很不便,更由于早已发展了许多现代化的仪器分析方法,硫化氢系统分析法在实践中已经消亡。从实际观点看,由于胶态、共沉淀、后沉淀等现象,用硫化氢分离金属离子的选择性并不是很强,分离效果常常欠佳,并不能像分离金属氢氧化物那样有效。不过,在制备化学中,利用硫化物沉淀成批地除去重金属杂质离子仍具有一定实用价值。

10-2-3   沉淀转化

沉淀转化是指通过化学反应将一种沉淀转变成另一种沉淀,可简单地表示为

$$MX(s) + Y \Longrightarrow MY(s) + X$$

大多数情况下,沉淀转化是将溶解度较大的沉淀转化为溶解度较小的沉淀。如在盛有白色 $BaCO_3$ 沉淀的试管中加入淡黄色的 K_2CrO_4 溶液,充分搅拌,白色沉淀将转化为黄色沉淀,反应为

$$BaCO_3(s) + CrO_4^{2-} \Longrightarrow BaCrO_4(s) + CO_3^{2-}$$
$$\text{白色} \qquad\qquad\qquad \text{黄色}$$

该反应的平衡常数为

$$K_{\text{转化}} = \frac{K_{sp}(BaCO_3)}{K_{sp}(BaCrO_4)} = \frac{2.58 \times 10^{-9}}{1.17 \times 10^{-10}} = 22 = \frac{[CO_3^{2-}]}{[CrO_4^{2-}]}$$

达到转化平衡时,溶液中 CO_3^{2-} 和 CrO_4^{2-} 的浓度比为 22,这表明,只要溶液中铬酸根离子的浓度大于 $[CO_3^{2-}]$ 的 $1/22$,即保持 $[CrO_4^{2-}] > 0.045[CO_3^{2-}]$,$BaCO_3$ 沉淀就可完全转化为 $BaCrO_4$,这显然是不难做到的。

这类将溶解度较大的沉淀转化为溶解度较小的沉淀的方法在实践中十分有意义。例如,用 Na_2CO_3 溶液可以使锅炉的炉垢中的 $CaSO_4$ 转化为较疏松而易清除的 $CaCO_3$;用 Na_2SO_4 溶液处理工业残渣中的 $PbCl_2$,可将 $PbCl_2$ 转化为 $PbSO_4$ 等。

将溶解度较小的沉淀转化为溶解度较大的沉淀是否可行呢?在一定条件下也是可行的。最典型的例子是,钡的重要矿物资源之一是重晶石,即 $BaSO_4$,它不仅难溶,而且不溶于各种酸(如盐酸、硝酸、醋酸等)。以它为原料制取各种钡盐的方法之一是将它转化为可以用盐酸溶解的 $BaCO_3$,尽管 $BaCO_3$ 的溶解度比 $BaSO_4$ 的溶解度大,却是可行的:

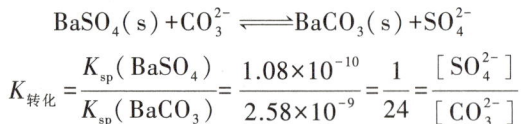

$$BaSO_4(s) + CO_3^{2-} \Longrightarrow BaCO_3(s) + SO_4^{2-}$$

$$K_{\text{转化}} = \frac{K_{sp}(BaSO_4)}{K_{sp}(BaCO_3)} = \frac{1.08 \times 10^{-10}}{2.58 \times 10^{-9}} = \frac{1}{24} = \frac{[SO_4^{2-}]}{[CO_3^{2-}]}$$

只要保持溶液中的 SO_4^{2-} 浓度为 CO_3^{2-} 浓度的 $1/24$,就可将 $BaSO_4$ 转化为 $BaCO_3$。实践中,用饱和 Na_2CO_3 溶液处理 $BaSO_4$,搅拌静置,取出上层清液,再加入饱和 Na_2CO_3 溶液,重复多次,就可使 $BaSO_4$ 完全转化为 $BaCO_3$,然后用各种酸来溶解 $BaCO_3$,就可制得各种有用的钡盐了。

习　题

10-1　（1）已知 25 ℃时 PbI_2 在纯水中溶解度为 1.35×10^{-3} mol·L^{-1}，求 PbI_2 的溶度积。

（2）已知 25 ℃时 $BaCrO_4$ 在纯水中溶解度为 2.74×10^{-3} g·L^{-1}，求 $BaCrO_4$ 的溶度积。

10-2　由下列难溶物的溶度积求在纯水中溶解度 s^*（分别以 mol·L^{-1} 和 g·L^{-1} 为单位；忽略副反应）：

（1）$Zn(OH)_2$　　　$K_{sp} = 3.0 \times 10^{-17}$

（2）PbF_2　　　　$K_{sp} = 3.3 \times 10^{-8}$

10-3　$AgIO_3$ 和 Ag_2CrO_4 的溶度积分别为 3.17×10^{-8} 和 1.12×10^{-12}，通过计算说明：

（1）哪种物质在水中的溶解度大？

（2）哪种物质在 0.010 mol·L^{-1} $AgNO_3$ 溶液中溶解度大？

10-4　现有 100 mL Ca^{2+} 和 Ba^{2+} 的混合溶液，两种离子的浓度都为 0.010 mol·L^{-1}。

（1）用 Na_2SO_4 作沉淀剂能否将 Ca^{2+} 和 Ba^{2+} 分离？

（2）加入多少克 Na_2SO_4 才能达到 $BaSO_4$ 完全沉淀的要求（忽略加入 Na_2SO_4 引起的体积变化）？

10-5　10 mL 0.10 mol·L^{-1} $MgCl_2$ 和 10 mL 0.010 mol·L^{-1} 氨水混合，是否有 $Mg(OH)_2$ 沉淀？

10-6　某溶液含有 Fe^{3+} 和 Fe^{2+}，其浓度均为 0.050 mol·L^{-1}，要求 $Fe(OH)_3$ 完全沉淀不生成 $Fe(OH)_2$ 沉淀，需控制 pH 在什么范围？

10-7　在 10 mL 0.20 mol·L^{-1} $MnCl_2$ 溶液中加入 10 mL 含 NH_4Cl 的 0.010 mol·L^{-1} 氨水溶液，计算含多少克 NH_4Cl 才不至于生成 $Mn(OH)_2$ 沉淀？

10-8　1 L 多大浓度的 NH_4Cl 溶液可使 1 g $Mg(OH)_2$ 沉淀溶解？

10-9　在 0.10 mol·L^{-1} HAc 和 0.10 mol·L^{-1} $CuSO_4$ 溶液中通入 H_2S 达饱和，是否有 CuS 沉淀生成？

10-10　计算下列反应的平衡常数，并讨论反应的方向：

（1）$PbS + 2HAc \rightleftharpoons Pb^{2+} + H_2S + 2Ac^-$

（2）$Mg(OH)_2 + 2NH_4^+ \rightleftharpoons Mg^{2+} + 2NH_3 \cdot H_2O$

（3）$Cu^{2+} + H_2S + 2H_2O \rightleftharpoons CuS + 2H_3O^+$

10-11　生产易溶锰盐时，Mn^{2+} 浓度为 0.70 mol·L^{-1} 时加硫化物除去溶液中的 Cu^{2+}、Zn^{2+}、Fe^{2+} 杂质离子，试计算说明，当 MnS 开始沉淀时，溶液中这些杂质离子的浓度（g·L^{-1}）各为多少？

10-12　定量分析中用 $AgNO_3$ 溶液滴定 Cl^- 溶液，加入 K_2CrO_4 为指示剂，达到滴定终点时，AgCl 沉淀完全，最后 1 滴 $AgNO_3$ 溶液正好与溶液中的 CrO_4^{2-} 反应生成砖红色的 Ag_2CrO_4

沉淀,指示滴定达到终点。问滴定终点时溶液中的 CrO_4^{2-} 的浓度多大合适? 设滴定终点时锥形瓶里溶液的体积为 50 mL,在滴定开始时应加入 $0.1\ mol \cdot L^{-1}\ K_2CrO_4$ 溶液多少毫升?

10-13　某溶液中含 Cl^- 和 I^- 各 $0.10\ mol \cdot L^{-1}$,通过计算说明能否用 $AgNO_3$ 溶液将 Cl^- 和 I^- 分开。

10-14　今有一溶液,每毫升含 Mg^{2+} 和 Fe^{2+} 各 1 mg,试计算:析出 $Mg(OH)_2$ 和 $Fe(OH)_2$ 沉淀的最低 pH。

10-15　用 Na_2CO_3 和 Na_2S 溶液处理 AgI 固体,能不能将 AgI 固体转化为 Ag_2CO_3 和 Ag_2S?

第 11 章

电化学基础

内容提要

1. 本章第 1 节讨论氧化还原反应的基本概念。氧化值(或氧化数)是元素的氧化还原程度的标度,是一个人为指定的数值。氧化值升高为氧化,氧化值降低为还原。氧化还原反应可拆分为两个半反应式。半反应的通式:氧化剂 + $ne^-\rightleftharpoons$还原剂。半反应式一般遵从离子方程式的书写规则。氧化还原反应的配平经常采取离子电子法和半反应法。采用半反应法有助于熟悉半反应式。熟悉半反应式有助于掌握电化学基本概念。

2. 本章第 2 节讨论原电池。原电池是用化学反应产生电流的装置。(原)电池反应可分解为负极反应(氧化反应)和正极反应(还原反应)。负极向外电路(原电池的负载)放出电子;正极从外电路得到电子。在两个电极之间的电解质中,正离子向正极(阴极)移动;负离子向负极(阳极)移动。通常用原电池符号来标记原电池。原电池的电动势等于正极电极电势与负极电极电势之差($E = \varphi_+ - \varphi_-$)。电极电势的标准是标准氢电极$[\varphi^{\ominus}(H^+/H_2) = 0]$。标准电极电势是衡量半反应氧化还原趋势的重要物理量。标准电极电势越高,半反应中的氧化剂氧化能力越强,还原剂的还原能力越弱。非标准态电极电势可通过能斯特方程计算得到。本节介绍了能斯特方程的各种应用,如求算含沉淀剂、弱酸、弱碱、配合物半反应的电极电势,或反过来由这些电极电势求算各种平衡常数等。

3. 本章第 3 节介绍一些实用电池的基本原理和基本结构,如碱性锌锰电池、铅蓄电池、燃料电池等。本节大多属于阅读材料。

4. 本章第 4 节简单地介绍了有关电解的一些基本问题,如理论分解电压、实际分解电压、超电势、电极上的放电顺序及有关电解的计算等。

11-1 氧化还原反应

化学反应可按是否得失电子分成两大类——氧化还原反应和非氧化还原反应。前几章讨论的酸碱反应、沉淀反应和配位反应都是非氧化还原反应,本章讨论氧化还原反应。

11-1-1 氧化值和氧化态

在高中化学里学到过,氧化还原反应的基本特征是反应前后元素的"化合价"发生变动。这种"化合价"是带正负号的,可称为"正负化合价"。1970 年 IUPAC 建议将这种"正负化合价"改称为"氧化值",或称"氧化态"(氧化态和氧化值两个术语无多大区别,可以混用)[①]。在中学化学里已经学过,确定正负化合价(即"氧化值"或"氧化态")的主要依据如下:

① 单质中元素的氧化值为零;② 在正常氧化物中,氧的氧化值为-2;③ 非金属氢化物中氢的氧化值为+1;④ 电中性的化合物各元素的氧化值的总和等于零而离子的电荷等于其组成元素氧化值的总和。由以上 4 条依据便可确定大多数"正常化合物"中元素的氧化值或氧化态。例如,大家熟悉的 NaOH 中 Na 的氧化值为+1;H_2SO_4 中 S 的氧化值为+6 等,就是依据这四条规定确定的。

但在某些情况下,不能用如上依据求出氧化值。主要情况:① 为确定非正常氧化物中元素的氧化值,需首先设定其中一种元素为正常氧化值。例如,当设定过氧化物 H_2O_2、Na_2O_2 中 H、Na 的氧化值为正常氧化值——+1,则得到氧的氧化值为-1;同样,超氧化物如 KO_2、臭氧化物如 KO_3 等,也都是设定与氧结合的元素的氧化值为正常氧化值,故其中氧的氧化值分别为-1/2、-1/3。② 当涉

---

① 编者认为,氧化态和"(正负)化合价"两个词可以混用,因为确定它们的判据是完全相同的(如正文所述)。从术语简洁性的角度,用"价"当作"正负化合价"的缩写,可以得到许多音节最少的派生词,如"最高价""最低价""高价态""低价态"等,显然用氧化态或氧化值来组合派生词,音节要多得多。需注意的是,由于历史的原因,化合价这个概念有许多不同的内涵,这里说的正负化合价是与物质结构即化学键的类型不挂钩的概念,是不同于与化学键挂钩的"价"的概念的,后者有共价(即原子价)和电价之分,此外还有配价。共价即最早的 Frankland"原子价"(1850 年)的电子论解释,是指形成共用电子对时提供的电子数,如在 H_2 中氢的共价为 1,共价不分正负。电价是形成离子得失的电子数,如钠失去一个电子得到 Na^+,呈+1 价,氯得到一个电子得到 Cl^-,呈-1 价。配价也不分正负,指形成配位键提供或接受的电子对。

及的氢化物是金属氢化物时,如 NaH、CaH$_2$、LiAlH$_4$ 等,通常设定与氢结合的元素的氧化值为正常氧化值,因而其中氢的氧化值为-1。这两种情况中元素的氧化值可看作"非正常氧化值"。非正常氧化值的情况还有许多,宜在学习具体的元素及其化合物的过程中逐渐掌握。

在遇到如上非正常氧化值时为什么要做如上设定呢?难道不能倒过来,仍然保持氧的氧化值为-2,氢的氧化值为+1?为回答这个问题,必须搞清楚提出氧化值概念的目的。应当重申:学习概念,必须搞清楚提出概念的目的,可以举例来说明。

例如,对于反应 NaH + H$_2$O ⟶ NaOH + H$_2$,根据如上设定,不仅可以笼统地说,氢化钠是还原剂,水是氧化剂,而且可以更具体地指定氢化钠中的氢(-1)是还原剂,水中的氢(+1)是氧化剂,反应后它们都变成单质氢(0),其他元素的氧化值在反应前后不变(属于非氧化还原组分)。这样做思路清晰,逻辑简单,十分实用。如若把氢化钠中的氢的氧化值认作+1,就必须把其中钠的氧化值认作-1,尽管方程式仍可配平,氢化钠仍是还原剂,却不仅不符合人们的习惯(不习惯无缘无故地把碱金属的氧化值改为负值),也会使本来很简单的事情变得复杂(还原剂将是氢化钠中的钠而氧化剂将同时是氢化钠和水中的氢)。同样,如若把氢化钠中氢和钠的氧化值都设为零,方程式照样可以配平,氢化钠照样是还原剂,却更不符合人们的习惯了(习惯于把单质的氧化值定为零以考察元素从单质变为化合物发生的过程是氧化还是还原)。可见,氧化值的设定是人为的,却不是任意的,其中,"尊重习惯"发挥了很大作用。尊重科学的传统习惯是需要承继的,没有特别的必要不宜任意改动,这与守旧不能混为一谈。

又如,通常将 Na$_2$S$_2$O$_3$ 中 S 的氧化值平均化为+2,可使问题简单化,若取设定不同,有没有必要呢?请看反应 Na$_2$S$_2$O$_3$+2HCl ⟶ SO$_2$+S+2NaCl+H$_2$O,方程式化学计量数为 1:2:1:1:2:1 是客观事实,不会因对 Na$_2$S$_2$O$_3$ 中 S 的氧化值的不同设定而改变。设 Na$_2$S$_2$O$_3$ 中的 S 的氧化值都等于+2,可以配平这个方程式;设 Na$_2$S$_2$O$_3$ 中一个 S 的氧化值为+4,另一个 S 的氧化值为 0,也可以配平这个方程式。但前一设定更合理,因为从更大视角考察,这样设定更合情合理、易于接受,如 Cl$_2$ 和 I$_2$ 都可能氧化 Na$_2$S$_2$O$_3$,产物分别为 Na$_2$SO$_4$ 和 Na$_2$S$_4$O$_6$,按第 1 种设定来理解,Na$_2$S$_2$O$_3$ 在这两个反应中都是还原剂,其中的 S 被氧化了,氧化值分别升至+6 和+2.5,简单易懂。若取第 2 种设定,逻辑就会变得很复杂。

对于更复杂的化合物,如 CrO$_5$,设定氧化值似乎更困难了。但如果已经从上面的讨论领悟到:设定氧化值的目的是判定某反应是不是氧化还原反应,并确定氧化剂和还原剂及发生的还原(得电子)过程和氧化(失电子)过程,就不难从实用的角度设定其中元素的氧化值。例如,CrO_5 在酸性溶液中会发生分解,其方程式为 $4CrO_5 + 12H^+ \longrightarrow 4Cr^{3+} + 7O_2 + 6H_2O$。这个方程式的配平无须计算得失电子数,单从反应前后电荷守恒(12+)即可做到。为分析这个反应中的氧化剂和还原剂及电子得失,对 CrO_5 中元素氧化值可有 2 种不同的设定,第一种设定,Cr 的氧化值为 +6,1 个氧的氧化值为 −2,另 4 个氧的氧化值为 −1;第 2 种设定,Cr 的氧化值为 +10,5 个氧的氧化值都是 −2。后者在配平如上方程式时会更简单。但人们仍喜欢第 1 种设定,因为① 人们习惯于元素的最高氧化值不超过该元素在周期系中所在族的序数(第 1 副族除外),铬是第 Ⅵ 副族元素,因而将它的氧化值设为 +6 比设为 +10 更易被人接受;② CrO_5 是 $Cr_2O_7^{2-}$ 在酸性溶液中与过氧化氢反应的产物,被称为“过氧化铬”,被看成“过氧团转移反应”的产物,即 2 个过氧团(O_2^{2-})由 H_2O_2 转移至与 Cr^{6+} 结合的产物,将这种过氧团转移反应归为非氧化还原反应,反应前后铬的氧化值不变,是更便于理解的。

　　还可以添加第 3 个理由:CrO_5 分子的结构里有 2 个过氧团。这是结构分析得出的结论,似可作为理由。但在考察更多的例子后发现,与分子结构相联系来判定元素的氧化值并不总是合理的,有时甚至可能与本节一开始提到的判据矛盾,尤其在计算“平均氧化值”时。例如,$Na_2S_2O_3$ 中两个 S 的结构特征明显不同,与分子结构相联系会觉得取 S 的氧化值都为 +2 并不合理。这样的例子很多。因此,建议判断氧化值时最好仍以本节一开始提到的判据为准,不要与分子结构相联系。

11-1-2　氧化还原半反应式

　　为了分析氧化还原反应,特别是将氧化还原反应与电子得失、电流相联系,可以把氧化还原反应看作两个“半反应”连接而成的,即氧化还原反应的化学方程式可分解成两个“半反应式”。例如:

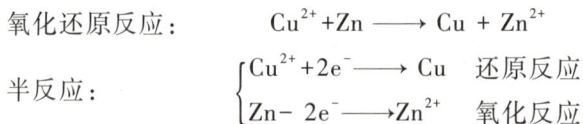

氧化还原反应:　　　　　$Cu^{2+} + Zn \longrightarrow Cu + Zn^{2+}$

半反应:　　　$\begin{cases} Cu^{2+} + 2e^- \longrightarrow Cu & \text{还原反应} \\ Zn - 2e^- \longrightarrow Zn^{2+} & \text{氧化反应} \end{cases}$

　　可以想见,如果所有氧化还原反应都分解成组成它们的半反应,所得半反应的总数肯定不会太多,正如同千万种化合物只不过是百十来种元素的组合而已。

　　可以把所有半反应排列成表,进行系统的考察。这种半反应表可以从任何理化手册或基础教材里查到,参见本书附录。仔细考察表中的半反应式,可以总结如下几个规律(读者不妨先自己总结后再往下阅读):

（1）在表中列出的半反应式的书写格式是统一的——高价态总是写在左边,低价态总是写在右边;半反应式里一定有电子(用 e^- 或 e 表示),而且总是在等式左边。半反应式的正向和逆向都有发生的可能,究竟向哪个方向视具体反应而定。

（2）半反应式从左到右相当于氧化剂接受(得到)电子生成其共轭还原剂,反之,从右到左,相当于还原剂放出(失去)电子生成其共轭氧化剂。或者说:从左到右是氧化剂得到电子发生还原过程;从右到左是还原剂失去电子发生氧化过程。以上关系可以称为**氧化还原共轭关系**。当 2 个半反应式连接成一个氧化还原反应时,是"相反相成"的——一个半反应式向右进行,另一个半反应式则向左进行。

（3）半反应式必须是配平的。配平半反应式的原则跟配平通常的化学方程式没有根本区别,但应注意不要忘记半反应式中"ne^-",而且等式两边的电荷守恒,但计算等式左边的电荷时要加"ne^-"。

（4）对于水溶液系统,半反应式中的物质需是它们在水中的主要存在形态,符合通常的离子方程式的书写规则——易溶强电解质要写成离子。

（5）一个半反应式中发生氧化值变动的元素总是只有一个！不管该反应如何复杂,都是这样设定的！例如:

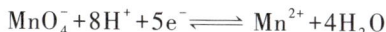

$$MnO_4^- + 8H^+ + 5e^- \Longleftrightarrow Mn^{2+} + 4H_2O$$

从 $5e^-$ 项可见,从左到右向反应物得到 5 个电子使 1 个 MnO_4^- 变成 Mn^{2+}。习惯上大家认为等式左边的 H^+ 变成等式右边 H_2O,氢的氧化值是不变的,因此发生氧化值变动的只是 MnO_4^- 中的锰,从左到右是 +7 到 +2。其实,整个 MnO_4^- 得到 5 个电子,不把其中的锰的氧化值定为 +7 也是行得通的,但把电子接受体归为锰可使问题更明了,换言之,这个半反应式被看做锰的氧化值发生了变化。

顺便应指出,正因为有如上观念,人们常用诸如 MnO_4^-/Mn^{2+} 这样的符号来表达上述半反应,并称之为"电对"。本书也广泛采取这种符号。在电对的符号中只标出"发生电子得失的"元素,并把它写成主要存在形态,而且高价态写在斜线左边,低价态写在斜线右边。

（6）可以把半反应式中没有发生氧化值变化的元素称为"非氧化还原组分"。半反应式中的非氧化还原组分主要有① 酸碱组分,如 H^+、OH^-、H_2O 等,而且明显的规律是 H^+ 只出现在高价态一侧而 OH^- 只出现在低价态一侧,无一例外;② 沉淀剂和难溶物组分,如半反应式:$AgCl + e^- \Longleftrightarrow Ag + Cl^-$ 中的 Cl^- 是非氧化还原组分,它在反应中起着沉淀剂的作用,它在左侧与 Ag^+ 结合形成难溶物 $AgCl$,从左到右是难溶物 $AgCl$ 中的 Ag^+ 得到电子变成金属银,同时,沉淀剂 Cl^-

游离出来了,在这个转化过程中 Cl^- 的氧化值未改变,是非氧化还原组分;③ 配合物的配体,如 $[Ag(NH_3)_2]^+ + e^- \rightleftharpoons Ag + 2NH_3$ 中的 NH_3;④ 氧化物或含氧酸根中的 O^{2-},如 MnO_4^- 中的 O^{2-} 当锰还原为 Mn^{2+} 时就会游离出来(但不能单独在水溶液中存在)等。

(7) 对于水溶液系统,半反应式常分酸表和碱表两张表来排列。许多反应在酸性溶液和碱性溶液里都可能发生,这时,在酸性溶液里需用酸表,在碱性溶液里需用碱表。例如:

H(+1→0)　酸性溶液:$2H^+ + 2e^- \rightleftharpoons H_2$

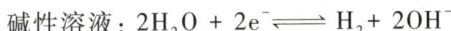

碱性溶液:$2H_2O + 2e^- \rightleftharpoons H_2 + 2OH^-$

读者应通过仔细考察本书的附录来反复练习熟悉半反应式,以形成理解本章其他内容的基础。通过用半反应式配平氧化还原方程式可以熟悉半反应式,见下节。

11-1-3　氧化还原方程式的配平

配平氧化还原反应的方法很多。这里介绍两种方法:氧化值法和半反应法。

(1) 氧化值法首先单独考察发生氧化值改变的元素,确定反应前后的氧化值,配平电子得失,然后把它们改写成主要存在形态,使方程式配平。这种方法由简入繁,条理清晰,便于把握。举例如下:

[例1]　(实验)向高锰酸钾溶液添加少量氢氧化钠溶液后加热,溶液的颜色转为透明的绿色。写出化学方程式。

查书得知绿色是 MnO_4^{2-} 的颜色(这是解此题必需的知识),可见此反应是锰的还原反应(+7→+6)。随后可根据氧化还原基本概念推定——同时必有另一元素发生氧化反应,氧化值升高。遍数系统中所有元素,只可能发生氧-2→0,别无选择。据此有

$$Mn^{7+} + e^- \longrightarrow Mn^{6+}$$
$$O^{2-} - 2e^- \longrightarrow O^0$$

前式乘 2 后,两式相加:　$2Mn^{7+} + O^{2-} \longrightarrow 2Mn^{6+} + O^0$

保持系数比先将除 O^{2-} 外的其他各物质用其主要存在形态表达,于是有

$$4MnO_4^- + 2O^{2-} \longrightarrow 4MnO_4^{2-} + O_2$$

水溶液中 O^{2-} 不能单独存在,必须改写:

酸性溶液改为　　　　　　　　 $O^{2-} + 2H^+ \longrightarrow H_2O$

碱性溶液改为　　　　　　　　$O^{2-} + H_2O \longrightarrow 2OH^-$

故有

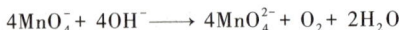

$$4MnO_4^- + 4OH^- \longrightarrow 4MnO_4^{2-} + O_2 + 2H_2O$$

方程式已配平。若改写成"分子方程式",先在反应物一边添加"电荷配合离子",如 MnO_4^- 改为 $KMnO_4$,OH^- 改为 $NaOH$,然后再改写等式右边。于是有

$$4KMnO_4 + 4NaOH \longrightarrow 2K_2MnO_4 + 2Na_2MnO_4 + O_2 + 2H_2O$$

或

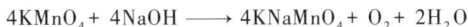

$$4KMnO_4 + 4NaOH \longrightarrow 4KNaMnO_4 + O_2 + 2H_2O$$

然而,方程式中的 $KNaMnO_4$ 只表明溶液中正负离子的搭配,并不意味着必能析出该"晶体"。

　　[例2]　(实验)向用硫酸酸化的重铬酸钾溶液加入过氧化氢,最终得到绿色透明溶液,并有大量难溶性气体(表现为小气泡)析出。忽略中间产物,写出化学方程式。

　　解此题的必备知识:重铬酸钾的化学式为 $K_2Cr_2O_7$,绿色产物是 Cr^{3+}。其他可利用氧化还原基本概念推定:重铬酸钾中铬的氧化值为+6,H_2O_2 中氧的氧化值为-1,铬发生还原过程,+6→+3,O^- 必发生氧化过程-1→0(产生氧气)。故有

$$Cr^{6+} + 3e^- \longrightarrow Cr^{3+}$$

$$O_2^{2-} - 2e^- \longrightarrow O_2$$

　　（注意:不先把 O^- 写成 O_2^{2-} 也一样,但先改写会更明了些）

乘以适当系数使电子得失相等后,两式相加,得

$$2Cr^{6+} + 3O_2^{2-} \longrightarrow 2Cr^{3+} + 3O_2$$

将各物质写成主要存在形态,得

$$Cr_2O_7^{2-} + 3H_2O_2 \longrightarrow 2Cr^{3+} + 3O_2$$

反应物转化为生成物后将放出 $7O^{2-}$ 和 $6H^+$(为非氧化还原组分)应结合成 $7H_2O$,尚需添加 $8H^+$,故有

$$Cr_2O_7^{2-} + 3H_2O_2 + 8H^+ \longrightarrow 2Cr^{3+} + 3O_2 + 7H_2O$$

检查两边的电荷可见方程式已经配平。若需改为"分子方程式",先添反应物的电荷配合离子,然后使它们在生成物中搭配起来,即得

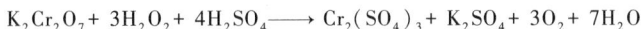

$$K_2Cr_2O_7 + 3H_2O_2 + 4H_2SO_4 \longrightarrow Cr_2(SO_4)_3 + K_2SO_4 + 3O_2 + 7H_2O$$

　　（2）配平氧化还原方程式的另一方法是半反应法,也叫"离子-电子法",即分别写出氧化剂和还原剂的半反应式,乘以适当系数使电子得失相等后两式相加,即得配平的化学方程式。

　　[例3]　为测定铁矿中铁的含量,人们用浓硫酸溶解样品后经过滤稀释后定容,得到样品溶液,然后加入 $SnCl_2$,使溶液中的铁全部以 Fe^{2+} 的形式存在,然后加入适量 $HgCl_2$ 将剩余的 $SnCl_2$ 氧化($HgCl_2$ 还原为 Hg_2Cl_2 沉淀而不影响随后的滴定反应),最后用 $KMnO_4$ 滴定。写出化学方程式。

第1个反应:氧化剂:$Fe^{3+} \Longleftrightarrow Fe^{2+}$　　半反应式:$Fe^{3+} + e^- \Longleftrightarrow Fe^{2+}$　　向右进行

　　　　　　　还原剂:$Sn^{2+} \longrightarrow Sn^{4+}$　　半反应式:$Sn^{4+} + 2e \Longleftrightarrow Sn^{2+}$　　向左进行

　　　　　　　组合:

$$Fe^{3+} + e^- \Longleftrightarrow Fe^{2+} \quad \times 2$$
$$+) \qquad Sn^{2+} \Longleftrightarrow Sn^{4+} + 2e^-$$

***

$$2Fe^{3+} + Sn^{2+} \Longleftrightarrow 2Fe^{2+} + Sn^{4+}$$

第 2 个反应:氧化剂:$Hg^{2+} \longrightarrow Hg_2^{2+}$ 半反应式:$2HgCl_2 + 2e^- \Longleftrightarrow Hg_2Cl_2 + 2Cl^-$ 向右进行

还原剂:$Sn^{2+} \longrightarrow Sn^{4+}$ 半反应式:$Sn^{4+} + 2e^- \Longleftrightarrow Sn^{2+}$ 向左进行

组合:

$$2\,HgCl_2 + 2e^- \Longleftrightarrow Hg_2Cl_2 + 2Cl^-$$
$$+) \qquad Sn^{2+} \Longleftrightarrow Sn^{4+} + 2e^-$$

***

$$2HgCl_2 + Sn^{2+} \Longleftrightarrow Hg_2Cl_2 + Sn^{4+} + 2Cl^-$$

第 3 个反应:氧化剂:$MnO_4^- \longrightarrow Mn^{2+}$ 半反应式:$MnO_4^- + 8H^+ + 5e^- \Longleftrightarrow Mn^{2+} + 4H_2O$ 向右进行

还原剂:$Fe^{2+} \longrightarrow Fe^{3+}$ 半反应式:$Fe^{3+} + e^- \Longleftrightarrow Fe^{2+}$ 向左进行

组合:

$$MnO_4^- + 8H^+ + 5e^- \Longleftrightarrow Mn^{2+} + 4H_2O$$
$$+) \qquad Fe^{2+} \Longleftrightarrow Fe^{3+} + e^- \quad \times 5$$

***

$$MnO_4^- + 8H^+ + 5Fe^{2+} \Longleftrightarrow Mn^{2+} + 5Fe^{3+} + 4H_2O$$

此法的关键是写出半反应式。读者可先通过查阅半反应式的表格来熟悉半反应式,经过一段时间的练习,就自然而然地有能力独立写出半反应式。另外,此法对熟悉半反应式很有好处,而半反应式是电化学基础知识,是必须要熟练掌握的。

11-2   原   电   池

11-2-1   伽伐尼电池·伏打电堆·丹尼尔电池

"电"字见于《礼记·月令》:"雷乃发声,始电"。与"电"对应的西文"electric"源自拉丁文,原义琥珀,该词是 1600 年由最早研究电磁现象的英国物理学家吉尔伯特(W. Gilbert)首次使用的。在 19 世纪末之前,人类对电的研究仅限于静电及瞬息的静电放电(包括闪电)。最早产生稳定电流的装置叫"伏打电堆",始于 18 世纪与 19 世纪之交。电池的发端为意大利生理学家伽伐尼(L. Galvani)偶然发现带电的解剖刀可以使青蛙肌肉抽搐。这是人类首次在实验中观察到的,不同于静电放电现象的电流。随后,意大利物理学家伏特(A. C. Volta,电压的单位伏特源自他的姓)于 1800 年发现,将锌片和银片用纸片隔开浸泡在盐溶液中,就可以产生电流,可使青蛙腿部肌肉抽搐。不久,伏特发现,用任何两种金属代替锌和银都可以产生电流。这种能够产生稳定电流的装置便是伏打电堆。在中学课堂里可将铜片和锌片插入一柠檬来演示伏打电堆(见图 11-1)。当用导线通过电压表或发光二极管将铜片与锌片连接,便可检出导线中有电流通过。

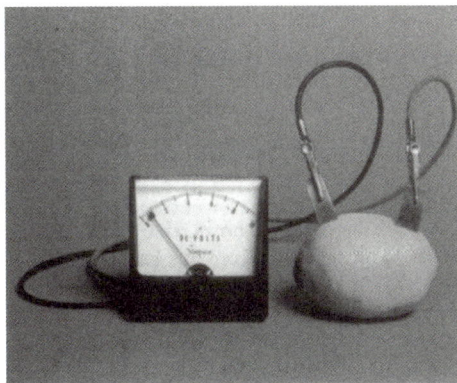

图 11-1　伏打电堆的演示实验

1836 年,英国人丹尼尔(J. F. Daniell)将铜片和锌片分别浸入硫酸铜溶液和硫酸锌溶液,用多孔陶瓷将两种溶液隔离,得到电流和电压稳定的伏打电堆。丹尼尔电池的结构对认识原电池的本质具有重要意义。它表明,原电池是由两个半电池连接而成的,半电池的组成及在产生电流时发生的变化可以用半反应式表达:

$$负极:Zn \longrightarrow Zn^{2+} + 2e^-$$
$$正极:Cu^{2+} + 2e^- \longrightarrow Cu$$

负极发生氧化过程,正极发生还原过程。这两个反应是同时发生的,相辅相成的,负极产生的电子必须通过金属导线向正极移动,并在正极上用来还原金属离子,负极产生的正离子必须在溶液中被连通的溶液中的负离子的电荷中和(因带正电荷的金属离子在正极上还原,正极附近的带负电荷的离子必远离正极向负极移动)。简言之,无论电极和溶液都必须连通,形成电的回路,保持电路各点电流强度相同,原电池中的反应才能持续不断地发生,导线(外电路)中的电流才能持续。切断这个回路中的任何一个点,都不再是原电池了。

连通溶液的方法有许多种,如使用多孔陶瓷、离子交换膜、盐桥等(见图 11-2)。

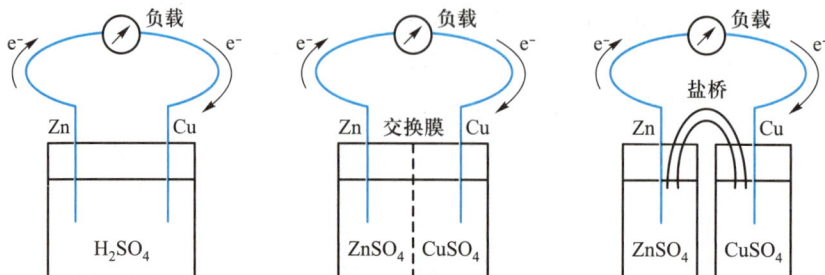

图 11-2   用不同方式连通溶液的丹尼尔电池

基于上述历史,原电池——通过化学反应产生电流的装置——又被称为伽伐尼电池、伏打电堆或丹尼尔电池。

11-2-2   半电池·原电池符号·电极的分类

原则上,任何氧化还原半反应都可以设计成**半电池**,两个半电池连通,都可以形成可向导线(外电路)释放电流的原电池。通常,人们用如下的符号来表示原电池,称为**电池符号**。例如:

$$(-)\ Zn\,|\,Zn^{2+}\ \|\ Cu^{2+}\,|\,Cu\,(+)$$

符号的约定如下:① 用"丨"隔开电极和电解质溶液;② 用"‖"隔开两个半电池(通常为盐桥);③ 负极在左,正极在右。必要时,还可标出电解质的浓度等条件。

有的半反应并无可导电的电极,如 $Fe^{3+}+e^{-} \rightleftharpoons Fe^{2+}$、$Sn^{4+}+2e^{-} \rightleftharpoons Sn^{2+}$,半反应中所有物质都在电解质溶液中,这些半反应设计成的半电池需添加电极。选择的电极材料首先不应改变半电池化学反应的热力学性质,即应该在热力学上是惰性的。例如,可以用石墨作为上述半反应的电极,当该半反应与半反应 $Zn\,|\,Zn^{2+}$ 连接时,表示为

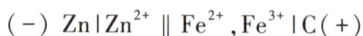

$$(-)\ Zn\,|\,Zn^{2+}\ \|\ Fe^{2+},Fe^{3+}\,|\,C\,(+)$$

上述例子中有两类电极,一类是由半反应自身提供,如 Zn 和 Cu;另一类是外加的,不是由半反应自身提供的,如电对 Fe^{3+}/Fe^{2+} 以石墨为电极,也可以铂为外加电极。对于涉及气体的半反应,气体必须吸附在电极上才能参加反应,如

H⁺/H₂ 半电池使用的外加电极常为涂细铂粉(因色黑而称"铂黑")的金属铂,如它与 Zn^{2+}/Zn 构成的电池符号为

$$(-)\ Zn\,|\,Zn^{2+}\ \|\ H^+\,|\,H_2\,,Pt\,(+)$$

该符号中的 H⁺ 和 H₂ 用"|"隔开以表示 H⁺ 在电解质中,而在 H₂ 和 Pt 之间则通常使用逗号隔开。铂电极涂铂黑提高了氢在电极上的吸附能力,催化了电极上发生的氧化还原反应。

氢电极具有重要的理论意义和实际意义,专门用于电化学测定工作的氢电极的结构如图 11-3 所示。

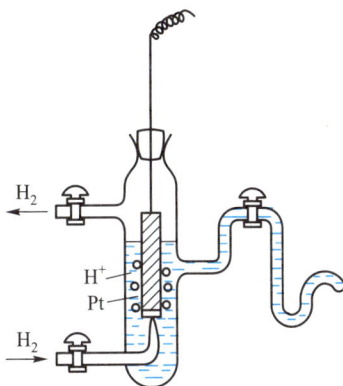

图 11-3　氢电极

11-2-3　电动势·标准氢电极·标准电极电势

两个半电池连通后可产生电流表明,两个电极的电势(也叫"电位")是不同的。物理学规定:电流从正极流向负极,正极的电势高于负极;电池的电动势等于正极电极电势与负极电极电势之差:

$$E = \varphi_+ - \varphi_- \qquad\qquad (11-1)$$

本书以 E 为电动势的符号,以 φ 为电极电势的符号(有的书上用 E)。

电池的电动势可以直接测定,而电极电势却没有绝对值只有相对值,正好比地势高低是以"海拔"为基准的相对值一样,电极电势的基准是**标准氢电极**,国际规定 298.15 K 下含 1 mol·L⁻¹H⁺ 溶液、1 个标准压力的氢气的电极(见图 11-3)的电极电势 $\varphi^{\ominus}(H^+/H_2) = 0$,符号"$\ominus$"表明该体系处在热力学标准态[①]。

用氢电极为基准的原因之一是该电极的电极电势十分稳定,可用来测定其他半反应的电极电势。当某半电池与标准氢电极相连时为正极,该半电池的半反应的电极电势为正值,否则为负值。例如,测得半电池 Cu^{2+}(1 mol·L⁻¹)/Cu(298.15 K)与标准氢电极相连时为正极,并测得电动势为 0.34 V,因此,$\varphi^{\ominus}$(Cu^{2+}/Cu)= +0.34 V;又如,半电池 Zn^{2+}(1 mol·L⁻¹)/Zn(298.15 K)与标准氢

---

① 该定义是不严格的,只有当其中的"浓度"和"压力"改为"活度"和"逸度"后才是严格的定义,需在物理化学课程中讨论。如前所述,本书约定不讨论活度和逸度这些更接近实际体系的概念而代之以理想体系的概念。请始终不要忘记这一点——实际体系与本书讨论的理想体系是有差别的,但在一定条件下,实际体系可以当作理想体系来处理,否则本书讨论的体系就没有意义了。

电极相连时为负极,并测得电动势为 0. 76 V,因此,$\varphi^{\ominus}(Zn^{2+}/Zn) = -0.76$ V。请注意所得电极电势的符号中都有"$\ominus$",表明它们都是标准态的电极电势,简称**标准电极电势**[①]。

本书附录给出了大量氧化还原半反应的标准电极电势。

标准电极电势是重要的化学参数,有多种理论价值和实际价值。例如,标准电极电势可以用来:① 判断氧化剂和还原剂的强弱;② 判断氧化还原反应的方向;③ 计算原电池的电动势、原电池反应的自由能、平衡常数等热力学数据;④ 计算其他半反应的标准电极电势等。

把半反应按电极电势从低到高排列成序,见表 11–1,应有如下规律:

氧化还原反应的方向是强氧化剂与强还原剂反应生成弱氧化剂和弱还原剂。因此,表 11–1 左下氧化剂与右上还原剂之间的反应是自发的,如下所示:

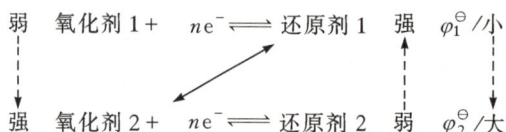

$$\text{弱}\quad \text{氧化剂 1} + \quad ne^- \rightleftharpoons \text{还原剂 1}\quad \text{强}\quad \varphi_1^{\ominus}/\text{小}$$

$$\text{强}\quad \text{氧化剂 2} + \quad ne^- \rightleftharpoons \text{还原剂 2}\quad \text{弱}\quad \varphi_2^{\ominus}/\text{大}$$

例如,将铜丝投入硝酸银溶液,将析出金属银,这是由于:

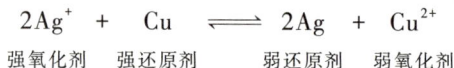

$$2Ag^+ \quad + \quad Cu \quad \rightleftharpoons \quad 2Ag \quad + \quad Cu^{2+}$$
$$\text{强氧化剂}\quad\text{强还原剂}\qquad\text{弱还原剂}\quad\text{弱氧化剂}$$

不要忘记,氧化剂只能与氧化剂比较强弱,还原剂只能与还原剂比较强弱;氧化剂越强,其共轭还原剂越弱。

使用标准电极电势数据时,需明确:

(1)电极电势的数值与半反应的方向无关。例如,无论发生 $Zn^{2+}+2e^- \longrightarrow Zn$ 还是发生 $Zn \longrightarrow Zn^{2+}+2e^-$,标准电极电势都是$-0.763$ V,不会因反应方向相反而改变数据的数符(正负号),因为电极电势的正负号是该半反应相对于标准氢电极取得的[②];

---

① 在许多国外教科书上把按本书的半反应书写形式的电极电势称为"还原电势"或译为"还原电位"。

② 但是,在有的国外教材上将半反应方向写为还原剂 $\longrightarrow$ 氧化剂 $+ne^-$ 的电极电势称为"氧化电势",其电极电势的数符与还原电势相反。这种差别应看作整个系统表达的差别。

表 11-1 部分电极电势按由低到高排列成序呈现的规律

氧化剂	$+ne^-$	$\rightleftharpoons$	还原剂	$\varphi^\ominus/V$
$Li^+(aq)$	$+e^-$	$\rightleftharpoons$	$Li(s)$	-3.04
$Na^+(aq)$	$+e^-$	$\rightleftharpoons$	$Na(s)$	-2.71
$Mg^{2+}(aq)$	$+2e^-$	$\rightleftharpoons$	$Mg(s)$	-2.372
$Al^{3+}(aq)$	$+3e^-$	$\rightleftharpoons$	$Al(s)$	-1.676
$2H_2O(l)$	$+2e^-$	$\rightleftharpoons$	$H_2(g)+2OH^-(aq)$	-0.828
$Zn^{2+}(aq)$	$+2e^-$	$\rightleftharpoons$	$Zn(s)$	-0.763
$Fe^{2+}(aq)$	$+2e^-$	$\rightleftharpoons$	$Fe(s)$	-0.447
$Sn^{2+}(aq)$	$+2e^-$	$\rightleftharpoons$	$Sn(s)$	-0.138
$Pb^{2+}(aq)$	$+2e^-$	$\rightleftharpoons$	$Pb(s)$	-0.126
$2H^+(aq)$	$+2e^-$	$\rightleftharpoons$	$H_2(g)$	0
$Sn^{4+}(aq)$	$+2e^-$	$\rightleftharpoons$	$Sn^{2+}(aq)$	+0.151
$Cu^{2+}(aq)$	$+e^-$	$\rightleftharpoons$	$Cu^+(aq)$	+0.153
$Cu^{2+}(aq)$	$+2e^-$	$\rightleftharpoons$	$Cu(s)$	+0.342
$I_2(s)$	$+2e^-$	$\rightleftharpoons$	$2I^-(aq)$	+0.536
$Fe^{3+}(aq)$	$+e^-$	$\rightleftharpoons$	$Fe^{2+}(aq)$	+0.771
$Ag^+(aq)$	$+e^-$	$\rightleftharpoons$	$Ag(s)$	+0.80
$NO_3^-(aq)+4H^+(aq)$	$+3e^-$	$\rightleftharpoons$	$NO(g)+2H_2O(l)$	+0.934
$O_2(g)+4H^+(aq)$	$+4e^-$	$\rightleftharpoons$	$2H_2O(l)$	+1.229

氧化剂的氧化性增强 ↓

还原剂的还原性增强 ↑

（2）半反应的化学计量数不会改变电极电势的数值。例如，无论 $O_2+4H^++4e^- \rightleftharpoons 2H_2O$，还是 $\frac{1}{2}O_2+2H^++2e^- \rightleftharpoons H_2O$，标准电极电势都等于+1.23 V，因为标准电极电势是一个强度因子，正如同浓度、密度等强度因子一样，不会随取量大小而改变。

（3）但半反应物质形态发生变化将有不同电极电势。例如，在碱性溶液中发生氢离子还原为 H_2 的反应不能用半反应 $2H^++2e^- \rightleftharpoons H_2$ 来表示了，应为 $2H_2O+2e^- \rightleftharpoons H_2+2OH^-$，后者的标准电极电势为-0.828 V，因为碱性溶液中不存在 1 mol/LH^+，其标准状态应有 OH^-的浓度为 1 $mol \cdot L^{-1}$。

（4）标准电极电势是热力学数据，与反应速率无关，不能保证动力学性质与热力学性质不发生矛盾。例如，钙的电极电势比钠更小，但是钠与水反应却比钙与水反应激烈，后者是动力学的反应活性，不是热力学性质，与电极电势大小是无关的。

（5）本章及本书附录给出的标准电极电势数据是在水溶液体系中测定的，因而只适用于水溶液体系，高温反应、非水溶剂（如液氨）反应均不能用这些数据来说明问题。例如，在高温下有反应：$Na+KCl \rightleftharpoons K+NaCl$，该反应的方向不是由电极电势决定的。

（6）原则上,标准电极电势只适用于热力学标准态和常温（298.15 K）下的反应,非标准态时,电极电势将发生改变,只有当电极电势改变的幅度不大时,用标准电极电势对氧化剂还原剂强度及反应方向的判断才继续有效。非标准电极电势的讨论见下节。

11-2-4　能斯特方程

非标准态下的电极电势可用能斯特方程求出：

$$\varphi = \varphi^{\ominus} + (RT/nF)\ln(氧化状态/还原状态) \tag{11-2}$$

方程（11-2）是由范特霍夫等温方程和自由能与电动势的关系式推出的。为了解答推导过程中的思想,可以举一个具体的反应为例来说明,方程（11-2）等号右边的第二项的具体内容也需具体例子才能理解：

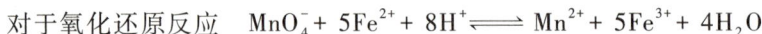

对于氧化还原反应 $MnO_4^- + 5Fe^{2+} + 8H^+ \rightleftharpoons Mn^{2+} + 5Fe^{3+} + 4H_2O$

其非标准态的自由能变化 ΔG 与标准态的 $\Delta G^{\ominus}$ 关系遵循范特霍夫方程[式（5-18）][1]：

（1） $\Delta G = \Delta G^{\ominus} + RT\ln\{([Mn^{2+}][Fe^{3+}]^5)/([MnO_4^-][Fe^{2+}]^5[H^+]^8)\}$

反应自由能相当于最大电功[式（5-9）,式（5-16）],故有

（2） $\Delta G^{\ominus} = -nFE^{\ominus}$ 和 $\Delta G = -nFE$,而且上述反应方程式的 $n=5$,分别代入（1）：

$-5FE = -5FE^{\ominus} + RT\ln\{([Mn^{2+}][Fe^{3+}]^5)/([MnO_4^-][Fe^{2+}]^5[H^+]^8)\}$

整理为

$$E = E^{\ominus} + (RT/5F)\ln\{([MnO_4^-][Fe^{2+}]^5[H^+]^8)/([Mn^{2+}][Fe^{3+}]^5)\}$$

注意：因方程中各项均已乘以-1,导致右面第二项中对数项内的分式颠倒。

再将式（11-1）代入上式,并适当整理,得

（3） $\varphi(MnO_4^-/Mn^{2+}) - \varphi(Fe^{3+}/Fe^{2+}) = \varphi^{\ominus}(MnO_4^-/Mn^{2+}) + (RT/5F)$ $\ln\{([MnO_4^-][H^+]^8)/([Mn^{2+}])\} - \{\varphi^{\ominus}(Fe^{3+}/Fe^{2+}) + (RT/F)\ln([Fe^{3+}]/$

---

① 此式中的对数项内的浓度本应是活度,或看作非标准态的浓度相对于标准态的偏差,是它与标准态的比值——$c/c^{\ominus}$（对于溶液中的物种）或 $p/p^{\ominus}$（对于气体）,然而对数项内写成正文形式却是国际约定的通用于不讨论活度的低年级的教材。需提请读者注意的是,在这样表达的方程中,其对数项内的任何数值都只取纯数,不带单位,其中浓度的单位均应为 mol·L^{-1},气体压力的单位均应为 bar。由此式推出的能斯特方程的处理相同。

$[Fe^{2+}])\}$

注意:(3)中最后一项因乘以-1而使对数项中分子分母颠倒。

能斯特将(3)拆分成如下两式:

对于半反应 $MnO_4^- + 8H^+ \rightleftharpoons Mn^{2+} + 4H_2O$,有

(4) $\varphi(MnO_4^-/Mn^{2+}) = \varphi^{\ominus}(MnO_4^-/Mn^{2+}) + (RT/5F)\ln([MnO_4^-][H^+]^8)/([Mn^{2+}])$

对于半反应 $Fe^{3+} + e^- \rightleftharpoons Fe^{2+}$,有

(5) $\varphi(Fe^{3+}/Fe^{2+}) = \varphi^{\ominus}(Fe^{3+}/Fe^{2+}) + (RT/F)\ln([Fe^{3+}]/[Fe^{2+}])$

注意:(5)右边第二项对数前的系数 n 与对数的真数项的指数已相约。

对以上过程做逆向思维——(3)可看作(4)和(5)等式两边分别相加而得。

将上述思想普遍化,便可得到通式(11-2)。式中,"氧化状态"和"还原状态"是一种简略的表达,分别为半反应左、右边各溶质的以化学计量数为幂的浓度及气体的压力的连乘积[①],后人把这一非标准电极电势与标准电极电势及浓度、温度偏离标准态引起的变化的关系式称为**能斯特方程**(Nernst Equation)。

请注意对于所有半反应,能斯特方程第二项的真数项分式都是氧化状态(高价态)在上,还原状态(低价态)在下,该项总的可看作非标准态对于标准电极电势的修正项;还请注意在上述推导过程中出现的能斯特方程对数项的系数中的 n 和对数项的真数的指数的相关性,它意味着,对于一个特定的半反应,如 $Fe^{3+} + e^- \rightleftharpoons Fe^{2+}$,写成 $5Fe^{3+} + 5e^- \rightleftharpoons 5Fe^{2+}$ 是不会改变它的能斯特方程的。

11-2-5 能斯特方程的应用

能斯特方程具有多方面的价值,下面是应用该方程的一些典型例子,每一个例子代表了一个典型的应用场合。

1. 溶质浓度和气体压力对电极电势的影响

[例4] 已知 $Fe^{3+} + e^- \rightleftharpoons Fe^{2+}$ 的标准电极电势为+0.771 V,问当 Fe^{3+} 浓度为 Fe^{2+} 浓度的十分之一、百分之一……10^{-5} 时该半反应的电极电势。

[解] 该半反应的能斯特方程为 $\varphi(Fe^{3+}/Fe^{2+}) = \varphi^{\ominus}(Fe^{3+}/Fe^{2+}) + (RT/F)\ln([Fe^{3+}]/[Fe^{2+}])$

---

① 严格的表述应为半反应左、右两边的以化学计量数为幂的各物质的活度与逸度的连乘积(量纲为1),本书以浓度和压力替代活度和逸度,不带浓度和压力的单位,但请注意其单位:浓度必须为 mol·L^{-1},压力必须是 bar(若压力单位为 Pa,必须先除以 100 kPa)。

当 $[Fe^{3+}] = [Fe^{2+}]$ 时,方程的修正项等于零,半反应的电极电势等于标准电极电势。

当 $[Fe^{3+}] = 10^{-1}[Fe^{2+}]$ 时,$\varphi(Fe^{3+}/Fe^{2+}) = +0.771\ V + 0.059\ 2\ V\ lg10^{-1} = +0.71\ V$

当 $[Fe^{3+}] = 10^{-2}[Fe^{2+}]$ 时,$\varphi(Fe^{3+}/Fe^{2+}) = +0.771\ V + 0.059\ 2\ V\ lg10^{-2} = +0.65\ V$

当 $[Fe^{3+}] = 10^{-5}[Fe^{2+}]$ 时,$\varphi(Fe^{3+}/Fe^{2+}) = +0.771\ V + 0.059\ 2\ V\ lg10^{-5} = +0.47\ V$

[评论] ① 此例说明了浓度对电极电势的影响。不考虑温度变化时,为计算方便,可将能斯特方程中的 $(RT/nF)\ln$ 转换成 $(0.059\ 2/n)\ V\ lg$。② 由浓度在能斯特方程中处于对数项内,而该项的系数 $(0.059\ 2/n)\ V$ 是个不大的数值可见,一般说来,浓度对电极电势的影响是有限的,大多数情况下,只有半反应中某一物质的浓度发生数量级变动时,才会引起电极电势较大变化。

[例5] 已知氧气的标准电极电势为 $+1.229\ V$,问当氧气压力下降为 $1\ kPa$、$1\ Pa$、$10^{-3}\ Pa$ 时的电极电势。

[解] 半反应式:$O_2 + 4H^+ + 4e^- \Longleftrightarrow 2H_2O$

能斯特方程:$\varphi(O_2/H_2O) = \varphi^{\ominus}(O_2/H_2O) + (RT/4F)\ln\{p(O_2) \cdot [H^+]^4\}$

本题只考虑氧气压力对电极电势的影响,即 $[H^+]$ 仍保持为 $1\ mol \cdot L^{-1}$。

当 $p(O_2) = 100\ kPa$ 时,$p(O_2)/p^{\ominus} = 1$,即上式中的 $p(O_2)$ 应为 1,故右边第二项为零,电极电势为标准电极电势。

当 $p(O_2) = 1\ kPa$ 时,$p(O_2)/p^{\ominus} = 0.01$,即上式中的 $p(O_2)$ 应为 0.01,代入上式,得

$$\varphi(O_2/H_2O) = 1.229\ V + (0.059\ 2\ V/4)\ lg\{p(O_2)\}$$
$$= 1.229\ V + (0.059\ 2\ V/4)\ lg\ 0.01 = 1.199\ V$$

当 $p(O_2) = 1\ Pa$ 时,$p(O_2)/p^{\ominus} = 10^{-5}$,即上式中的 $p(O_2)$ 应为 10^{-5},代入上式,得

$$\varphi(O_2/H_2O) = 1.229\ V + (0.059\ 2\ V/4)\ lg\{p(O_2)\}$$
$$= 1.229\ V + (0.059\ 2\ V/4)\ lg\ 10^{-5} = 1.155\ V$$

当 $p(O_2) = 10^{-3}\ Pa$ 时,$p(O_2)/p^{\ominus} = 10^{-8}$,即上式中的 $p(O_2)$ 应为 10^{-8},代入上式,得

$$\varphi(O_2/H_2O) = 1.229\ V + (0.059\ 2\ V/4)\ lg\{p(O_2)\}$$
$$= 1.229\ V + (0.059\ 2\ V/4)\ lg\ 10^{-8} = 1.111\ V$$

[评论] ① 此例讨论的是气体压力对电极电势的影响,其效果同浓度对电极电势的影响。反过来考虑,用空气中的氧气代替纯氧,电极电势的减小是有限的,遇到具体问题时是否需要对氧的标准电极电势进行修正,要看问题要求的精度。② 请注意在推演此例的计算中特别关注了如何代入压力数据,请读者充分重视。

2. pH 对电极电势的影响

[例6] 试计算将标准态的高锰酸钾和硫酸锰混合溶液稀释 10 倍,电极电势将发生什么变化?

[解] 稀释 10 倍后,$[MnO_4^-] = [Mn^{2+}] = [H^+] = 0.1\ mol \cdot L^{-1}$,代入能斯特方程:

$$\varphi(MnO_4^-/Mn^{2+}) = \varphi^\ominus(MnO_4^-/Mn^{2+}) + (RT/5F)\ln\{[MnO_4^-][H^+]^8/[Mn^{2+}]\}$$

$$= 1.507\ V + (0.059\ 2/5)\ V \times \lg(0.1)^8$$

$$= 1.41\ V$$

[评论]　此例说明酸碱介质对电极电势的影响。由本题的计算结果可见,氧化还原反应的电极电势不仅受氧化剂还原剂自身浓度的影响,而且经常受到非氧化还原组分的浓度的影响,包括酸度(pH)对反应的影响,但溶液酸碱性对电极电势的影响也必须在 pH 发生数量级变动时才十分显著。

[例 7]　计算氧气在 $[H^+] = 10^{-7}\ mol \cdot L^{-1}$(中性溶液)和 $[H^+] = 10^{-14}\ mol \cdot L^{-1}$(即 $[OH^-] = 1\ mol \cdot L^{-1}$ 的标准碱性溶液)中的电极电势。

[解]　半反应式:$O_2 + 4H^+ + 4e^- \rightleftharpoons 2H_2O$

能斯特方程:

$$\varphi(O_2/H_2O) = \varphi^\ominus(O_2/H_2O) + (RT/4F)\ln\{p(O_2) \cdot [H^+]^4\};\quad p(O_2) = 1$$

$$= 1.229\ V + (0.059\ 2/4)\ V \times \lg[H^+]^4$$

$$= 1.229\ V - 0.059\ 2\ V \times pH$$

pH = 0　$[H^+] = 1\ mol \cdot L^{-1}$　$\varphi(O_2/H_2O) = \varphi^\ominus(O_2/H_2O) = 1.229\ V$

pH = 7　$[H^+] = 10^{-7}\ mol \cdot L^{-1}$　$\varphi(O_2/H_2O) = 0.815\ V$

pH = 14　$[OH^-] = 1\ mol \cdot L^{-1}$　$\varphi(O_2/H_2O) = 0.401\ V$

[评论]　① 氧气的氧化性受到溶液的酸碱性很大的影响。② 对于 $[OH^-] = 1\ mol \cdot L^{-1}$ 的氧气半反应式实际上就是氧气在碱性溶液的半反应式:$O_2 + 2H_2O + 4e^- \rightleftharpoons 4OH^-$ 所对应的标准电极电势,因为它的标准电极电势正要求半反应式中的氢氧根浓度为 $1\ mol \cdot L^{-1}$。③ 此计算的结果具有普遍性,可用以互求任何半反应式酸性溶液的标准电极电势和对应碱性溶液反应式的标准电极电势。为此,应将本题的能斯特方程普遍化为

$$\varphi = \varphi^\ominus - (0.059\ 2\ V/n)m\ pH \tag{11-3}$$

式中,n 是半反应中的电子得失数,m 是半反应中的 H^+ 的化学计量数。例如,对于半反应:$NO_3^- + 4H^+ + 3e^- \rightleftharpoons NO + 2H_2O$,$n = 3$,$m = 4$。若半反应中没有 H^+ 而是 OH^-,式(11-3)中的乘以 pH 当然应改为除以 pOH,因为,如 11-1-2 节指出的那样,氢离子总是出现在半反应的高价态而氢氧根离子总是出现在半反应式的低价态。请读者自行推求之,并请自行选择若干与酸碱介质有关的氧化还原反应通过练习掌握式(11-3)及其 pOH 变式。

图 11-4 是将 pH 对电极电势的影响制作成图形,这种图形被称为 **pH 电势图**。图11-4
中有两条斜率相同的实线分别标为
"O_2"和"H_2",表达的是电对 O_2/H_2O(及
碱性溶液的 O_2/OH^-)和 H^+/H_2(及碱性
溶液的 H_2O/H_2)的电极电势随 pH 的
变化。这两条线可简称"氧线"和"氢
线",它们把 pH-φ 图分割成三个
区——氧线以上、氢线以下和氧线与氢
线之间。在理论上,凡位于氧线以上区
域的电对,均能与水反应放出氧气,凡位
于氢线以下的电对都能与水反应放
出氢气,凡位于氧线和氢线之间区域的
电对在水溶液中都是稳定的,不会与水
发生反应。但事实上氧化剂和还原剂
在水中的稳定区间比理论氧线和氢线
围拢的区间宽,在图 11-4 中用虚线标
出了。此事实可用动力学障碍来解释,
即便位于理论氧线以上的氧化剂在热力学上可以与水反应放出氧气但动力学上却没有足
够的速率,因而仍在一定时间间隔内可在水中存在。最重要的例子莫过于 $KMnO_4$。电对
MnO_4^-/MnO_2 的标准电极电势为 1.679 V,其 pH-φ 曲线位于理论氧线之上,而在室温下
$KMnO_4$ 却可在水中存在相当长的时间(两天后,$KMnO_4$ 浓度就开始稳定,下降很慢,加热另
当别论)。图 11-4 中还以举例的形式画了 Fe^{3+}/Fe^{2+}、Fe^{2+}/Fe[及碱性溶液的 $Fe(OH)_2/$
Fe]和 Na^+/Na 的 pH-φ 曲线。从图中可见,Fe^{2+}/Fe 的 pH-φ 曲线是水平的,不随 pH 而变,
pH 增大将使它更靠近理论氢线,及至碱性溶液转化为十分接近理论氢线的 $Fe(OH)_2/Fe$
曲线,这说明,在酸性溶液里铁和还原水产生氢气,但此反应随 pH 增大在热力学上已越来
越困难了。图中还可见到,电对 Fe^{3+}/Fe^{2+} 的pH-φ 曲线位于理论氧线之下氢线之上,因此,
Fe^{3+} 不会与水反应放出氧气,Fe^{2+} 也不会与水反应放出氢气。最后,Na^+/Na 的 pH-φ 曲线
位于氢线以下,而且远离实际氢线,故金属钠将与水激烈反应放出氢气。

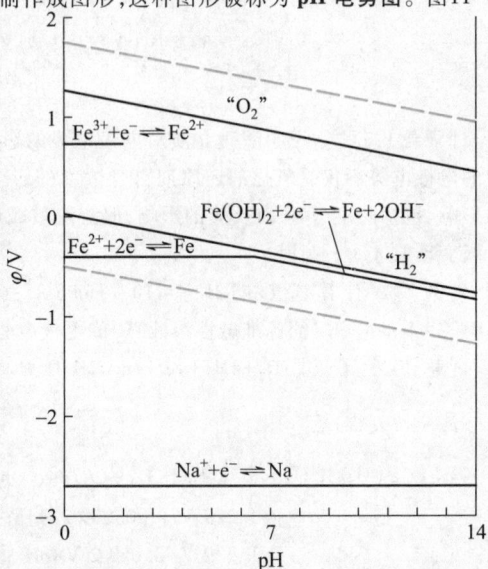

图 11-4 pH 电势图

3. 电极电势与弱酸、弱碱、难溶物、配合物的平衡常数的关系

[**例 8**] 已知乙酸的酸式解离平衡常数为 1.75×10^{-5},求半反应 $2HAc+2e^- \rightleftharpoons H_2+2Ac^-$
的标准电极电势。

[**解**] 该半反应式的标准电极电势的条件是溶液中的$[HAc] = [Ac^-] = 1\ mol \cdot L^{-1}$,氢
气的压力为标准压力,此时的$[H^+] = K_a([Ac^-]/[HAc]) = K_a$,正相当于将乙酸和乙酸盐混
合溶液添加到半反应 $2H^+ + 2e^- \rightleftharpoons H_2$ 中将其$[H^+]$调制到 $K_a(HAc)$,因此当电对 H^+/H_2 的
能斯特方程修正项的$[H^+] = K_a(HAc)$时,其等式左边的非标准电极电势就是电对 HAc/H_2

的标准电极电势：

$$\varphi^{\ominus}(HAc/H_2) = \varphi^{\ominus}(H^+/H_2) + (RT/F)\ln\{K_a(HAc)\}$$

故：
$$\varphi^{\ominus}(HAc/H_2) = 0\ V + 0.059\ 2\ V\ \lg\{1.75\times10^{-5}\}$$
$$= -0.28\ V$$

[评论]　此例是利用平衡常数求算与它相关的半反应式的标准电极电势的典型例子，具有普遍性，不但适用于与解离常数相关的半反应，而且适用于各种不同的平衡常数相关半反应式。

[例9]　已知半反应 $Ag^+ + e^- \rightleftharpoons Ag$ 和 $AgCl + e^- \rightleftharpoons Ag + Cl^-$ 的标准电极电势分别为 0.799 6 V 和 0.222 3 V，求氯化银的溶度积。

[解]　如上两个半反应若组成原电池，由半反应标准电极电势的大小可知：

$$(+)\quad Ag^+ + e^- \rightleftharpoons Ag\qquad (发生还原反应)$$
$$(-)\quad Ag + Cl^- \rightleftharpoons AgCl + e^-\qquad (发生氧化反应)$$

两式加和：$Ag^+ + e^- + Ag + Cl^- \rightleftharpoons Ag + AgCl + e^-$，约去等式两端的同项，得

电池反应：$Ag^+ + Cl^- \rightleftharpoons AgCl$

这表明，该电池反应的平衡常数是氯化银溶度积的倒数。

由标准自由能与电动势和平衡常数的关系式 $\Delta G^{\ominus} = -nFE^{\ominus}$ 和 $\Delta G^{\ominus} = -RT\ln K^{\ominus}$ 可得到

$$0.059\ 2\ V\times\lg K^{\ominus} = nE^{\ominus} = n(\varphi_+^{\ominus} - \varphi_-^{\ominus})\qquad (11\text{-}4)$$

将电极电势数据代入式（11-4），得 $K^{\ominus} = 5.6\times10^9$，其倒数约为 1.77×10^{-10}，即 AgCl 的溶度积。

[评论]　式(11-4)具有普遍性，是用电化学方法测定平衡常数的基本方程。应用此式时务必注意电池反应与它的平衡常数的对应关系。例如，本题的电池反应若将正负极颠倒，电池反应当然也就颠倒了，这样就直接求得氯化银的溶度积了。本题的实验设计是可以实际构成的原电池，实际上，上列氯化银电极电势是根据该原电池的电动势得到的，读者可自行画出本题所对应的实验装置简图。

本题的氯化银半反应构成的半电池简称氯化银电极，是一种常用的参考电极。参考电极是与需测定电极电势的半电池连接成原电池用的，其电极电势十分稳定，用它们做实验时还有操作方便的特点。其他常用参考电极还有甘汞电极，半反应为 $Hg_2Cl_2 + 2e^- \rightleftharpoons 2Hg + 2Cl^-$，按其电解质的浓度又分当量甘汞电极（符号 NCE）和饱和甘汞电极（符号 SCE）两种，前者氯离子浓度为 $1\ mol\cdot L^{-1}$，后者为饱和氯化钾溶液。

4. 电极电势与氧化还原反应的方向的逆转

[例10]　某些氧化还原反应的电动势不大，当改变氧化剂和还原剂的浓度时，会使反应的方向逆转。例如：

$$H_3AsO_4 + 2I^- + 2H^+ \rightleftharpoons H_3AsO_3 + I_2 + H_2O$$

半反应 $H_3AsO_4 + 2H^+ + 2e^- \rightleftharpoons H_3AsO_3 + H_2O$ 的标准电极电势为 +0.56 V；半反应 $I_2 + 2e^- \rightleftharpoons 2I^-$ 的标准电极电势为 +0.536 V，因此，当溶液处于热力学标准态时，反应向右进行。然而，如

果向标准态溶液中添加强碱,升高溶液的 pH,将会使反应逆转。试计算为使反应逆转溶液的最低 pH。

[**解**]   最低 pH 下将使氧化剂与还原剂的电极电势相等,即 $\varphi_+ = \varphi_-$

$$\varphi^{\ominus}(H_3AsO_4/HAsO_3) - 0.059\ 2\ V\ pH = \varphi^{\ominus}(I_2/I^-)$$

代入氧化剂和还原剂的标准电极电势数值,即得

$$pH = (0.56-0.536)V/0.059\ 2\ V = 0.41$$

计算表明,加入强碱使标准态溶液的 pH(= 0)调节至少超过 0.41 以上,从热力学上考虑,反应就将逆转。

5. 浓差电池

[**例 11**]   把两个不同 Ag^+ 浓度的 Ag^+/Ag 电对连接起来,如 $Ag|Ag^+(c_1) \parallel Ag^+(c_2)|Ag$,是否有电流产生?当电池符号的左边为负极时,$c_1$ 和 c_2 哪个较大?

[**解**]   根据能斯特方程,对于半反应:$Ag^+ + e^- \rightleftharpoons Ag$,银离子的浓度 $c(Ag^+)$ 越大,电极电势越大,因此,当两个不同银离子浓度的 Ag^+/Ag 电对连接起来,将因两极电极电势不同而产生电流,在外电路(金属导线)上,电子将向从银离子浓度较小的电极(负极)流向银离子浓度较大的电极(正极)。

[**评论**]   这种由于浓度差异造成的电池称为浓差电池。

11-2-6   电极电势的计算

许多电极电势不可能直接通过实验测定获得。例如,碱金属等活泼金属遇水激烈反应,显然不能构成稳定的半电池来测定电极电势。又如,氟与水激烈反应,也不可能直接用实验测得其电极电势。这些电极电势数值可利用热力学方法间接获得。

用热力学方法求取电极电势的一般方法是确定半反应的标准自由能。这种一般方法有一个非常重要的假设,如前所述,已经假定标准氢电极的电极电势为零,因此事实上已经假定了它的自由能变化 $\Delta G^{\ominus}(=-nFE^{\ominus})$ 也是零。由氢电池的组成—— $H^+ + e^- \rightleftharpoons \frac{1}{2}H_2$ 可见,其中氢气是单质,根据定义,它的标准生成自由能 $\Delta_f G_m^{\ominus}$ 为零,所以事实上已经假定了水合氢离子和水合电子的标准生成自由能 $\Delta_f G_m^{\ominus}$ 等于零!这些假定便形成了通过热力学方法计算半反应电极电势的基础。

[**例 12**]   利用热力学数据计算 Na^+/Na 和 Ca^{2+}/Ca 的标准电极电势。

[**解**]   可以想象地把欲求电极电势的半电池与标准氢电极连接成原电池。例如:

$$Na + H^+ \rightleftharpoons \frac{1}{2}H_2 + Na^+$$

这个反应的自由能变化为 $\Delta_r G_m^{\ominus} = \sum \nu_B \Delta_f G_m^{\ominus}(B) = 0+0+0+\Delta_f G_m^{\ominus}(Na^+) = \Delta_f G_m^{\ominus}(Na^+)$

这个反应的电动势为 $E = \varphi_+^{\ominus} - \varphi_-^{\ominus} = 0 - \varphi^{\ominus}(Na^+/Na) = -\varphi^{\ominus}(Na^+/Na)$

已知 $\Delta_r G_m^{\ominus} = -nFE$，由以上关系式可得

$$\varphi^{\ominus}(Na^+/Na) = \Delta_f G_m^{\ominus}(Na^+)/(nF) \tag{11-5}$$

查热力学数据表得到 Na^+ 的标准生成自由能为 $-262\ kJ \cdot mol^{-1}$，代入式(11-5)，得

$$\varphi^{\ominus}(Na^+/Na) = -262\ kJ \cdot mol^{-1}/|96\ 485\ C \cdot mol^{-1}| = -2.71\ V$$

同理，$\varphi^{\ominus}(Ca^{2+}/Ca) = -553.5\ kJ \cdot mol^{-1}/|(2\times96\ 485\ C \cdot mol^{-1})| = -2.86\ V$

[评论]　将上述过程普遍化即可将式(11-5)泛化为

$$\varphi^{\ominus} = [\sum \nu_B \Delta_f G_m^{\ominus}(B)]/(nF) \tag{11-6}$$

由上述推导过程可见，相应于式(11-6)的方程式相当于欲求标准电极电势的半反应，而对该半反应中各物质的 $\Delta_f G_m^{\ominus}(B)$ 加和时却不包括电子，可见相当于把水合电子的标准摩尔生成自由能当作零了！

[例13]　计算 $F_2(g)+2e^- \Longrightarrow 2F^-$ 的标准电极电势(注意：式中未标状态者均为水合物)。

[解]　$\varphi^{\ominus} = [\sum \nu_B \Delta_f G_m^{\ominus}(B)]/(nF)$

$\qquad = [2\Delta_f G_m^{\ominus}(F^-) - \Delta_f G_m^{\ominus}(F_2) - 2\Delta_f G_m^{\ominus}(e^-)]/(nF)$

$\qquad = [2\times\Delta_f G_m^{\ominus}(F^-) - 0 - 0]/(2F)$

$\qquad = 2\times(-279\ kJ \cdot mol^{-1})/(2\times96\ 485\ C \cdot mol^{-1}) = 2.89\ V$

[评论]　为什么钙的标准电极电势比钠低？金属活动顺序是由哪些因素决定的？

由　　　　　　　　$M^{n+}(aq)+ne^-(aq) \Longrightarrow M(s)$

$$\varphi^{\ominus}(M^{n+}/M) = [\Delta_f G_m^{\ominus}(M^{n+})]/(nF)$$

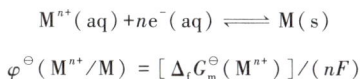

吉布斯-亥姆霍兹方程告诉我们，自由能可分解为焓变项和熵变项($\Delta G = \Delta H - T\Delta S$)。考虑到属于同一通式的反应具有大致相等的熵变，而且上述反应的熵变项相对于焓变项在数值上是不大的(因为反应没有涉及气体)，不妨忽略熵变项只分析上述通式各例的焓变项的大小取决于什么因素。为此可借助玻恩-哈伯循环(见图11-5)：

可见，决定不同金属的电极电势的能量因素不仅仅是金属原子失去电子形成离子的能力(电离势)，而且与在固态中聚集的金属原子变成单个气态原子的能力(升华热)及金属离子溶解于水并发生水化的趋势(水化热)有关(电子水化是共有项可不再考虑)。查《理化手册》可

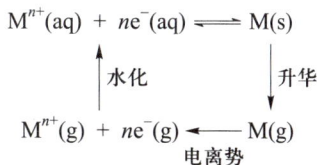

图 11-5　玻恩-哈伯循环

以获知,这三个能项中,相差最大的是水化热,如 Na 和 Ca 的水化热分别为 -397 kJ·mol^{-1} 和 $-1\ 653$ kJ·mol^{-1},相差很大,可见较高水化热(绝对值)是金属钙比金属钠的标准电极电势低的主要原因。

　　怎样由同一元素的某些电对的电极电势求取另一电对的电极电势?

　　[**例 14**]　由 $Fe^{3+}+e^- \Longrightarrow Fe^{2+}$ 和 $Fe^{2+}+2e^- \Longrightarrow Fe$ 的电极电势 $\varphi^\ominus(1)$ 和 $\varphi^\ominus(2)$ 怎样求取 $Fe^{3+}+3e^- \Longrightarrow Fe$ 的电极电势 $\varphi^\ominus(3)$?

　　[**解**]　以为 $\varphi^\ominus(1)$ 和 $\varphi^\ominus(2)$ 相加即为 $\varphi^\ominus(3)$ 是初学者经常犯的错误。应当注意:两个半反应相加或相减得到第 3 个半反应时,相应的电极电势通常是不能直接相加或相减的。可用图解(见图 11-6)的方法来理解如下:

　　$Fe^{3+}+3e^- \Longrightarrow Fe$ 的过程可看作 $Fe^{3+}+2e^- \Longrightarrow Fe^{2+}$ 和 $Fe^{2+}+e^- \Longrightarrow Fe$ 两个过程之和,根据盖斯定律,前一过程的焓、熵、自由能等状态函数为后两个过程相应状态函数之和。因此

$$\Delta G^\ominus(3) = \Delta G^\ominus(1) + \Delta G^\ominus(2)$$

将 $\Delta G^\ominus$ 代之以 $-nFE^\ominus$,得

$$-n_3 F\varphi_3^\ominus = (-n_1 F\varphi_1^\ominus) + (-n_2 F\varphi_2^\ominus)$$

整理得

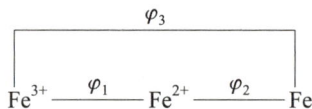

图 11-6　拉提末图

$$\varphi_3^\ominus = (n_1\varphi_1^\ominus + n_2\varphi_2^\ominus)/n_3 \qquad (11-7)$$

　　式(11-7)具有普遍性,是同一元素不同氧化还原半反应电极电势互求的重要原理。用式(11-7)可以从已知的 $Fe^{3+}+e^- \Longrightarrow Fe^{2+}$ 和 $Fe^{2+}+2e^- \Longrightarrow Fe$ 的电极电势分别为 $+0.771$ V 和 -0.447 V 求得 $Fe^{3+}+3e^- \Longrightarrow Fe$ 的电极电势为 -0.04 V(对比:若错误地用 $\varphi_1+\varphi_2$ 将得到 0.22 V)。

　　[**评论**](1) $Fe^{3+}+3e^- \Longrightarrow Fe$ 的电极电势十分接近 0,这说明金属铁与酸中的 H^+ 反应得到 Fe^{3+} 在热力学上是推动力极小的,可能性不大的。这从一个角度解释了为什么铁和盐酸等非氧化性酸反应为什么只得到 Fe^{2+}。

　　(2) 图 11-6 是电化学经典著作 The Oxidation States of the Elements and their Potentials in Aqueous Solutions 一书中首先使用的诸多图形之一,常被称为拉提末图。拉提末图简单明确,逻辑关系清楚,是值得初学者重视的基础知识。各元素的拉提末图分散在元素化学章节内,读者可适当查阅。

11-3　实 用 电 池

　　实用电池分两大类——一次性电池和可充电电池。一次性电池是不可逆的,只能放电不能充电。可充电电池则是可逆的,可反复充电放电。电池放电时是一个原电池,发生原电池反应,把化学能转变为电能。电池充电时是一个电解

池,使用外加电流使电池内发生原电池反应的逆反应,把电能以化学能的形式储存起来。电池是现代人使用最广泛的电源,它的发展要归功于电化学的发展。

11-3-1 酸性锌锰电池

最早进入市场的实用电池是锌锰干电池。早在 1860 年法国人勒克郎榭(G. Leclanche)就发明了酸性锌锰电池的原型,因而这种电池也叫 Leclanche 电池。它的外壳是作为负极的锌筒,电池中心是作为正极导电材料的石墨棒,正极区为围绕石墨棒的粉状二氧化锰和炭粉,负极区为糊状的 $ZnCl_2$ 和 NH_4Cl 混合物。其电池反应和电极反应在不同的书籍中说法纷纭。例如,有人认为,该电池在正极会发生氢离子还原放出氢气的电极反应,氢气将使正极导电性下降("电极的极化"),二氧化锰是"去极化剂",它使氢气氧化,保持正极有良好的导电性。但二氧化锰反应活性很高,电极电势远高于氢离子的氧化剂,难道它不会在正极上直接还原?似无须先放出氢气再用氢气还原二氧化锰,因而有的书上把正极反应写成 $2NH_4^+(aq)+2MnO_2(s)+2e^- \Longrightarrow Mn_2O_3(s)+H_2O(l)+NH_3(aq)$。但该反应产物之一的氨事实上并不会从电池中放出,积存在电解质溶液中将使溶液的 pH 增大,加之负极发生锌的氧化反应,电解质中的锌离子不断增多,似可在电解质溶液中生成 $[Zn(NH_3)_4]^{2+}$ 等络离子,但其趋势明显依赖于 pH。可见这种古老电池的反应是复杂的。

酸性锌锰电池(见图 11-7)历史悠久,制作简单,价格便宜,始终占据干电池市场的很大份额,但它有一些致命弱点:未使用过的新电池存放时间短(会发生自放电而降低电压乃至完全报废);放电后电压不稳定,下降较快;更致命的是只能一次使用,不能充电(一次性电池)。

11-3-2 碱性锌锰电池

碱性锌锰电池是在 20 世纪 50 年代以后才开始进入市场的。在我国市场上,酸性锌锰电池正在被价格较贵的碱性锌锰电池取代。碱性锌锰电池的电解质是 KOH,电极反应:

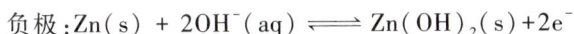

负极:$Zn(s) + 2OH^-(aq) \Longrightarrow Zn(OH)_2(s)+2e^-$

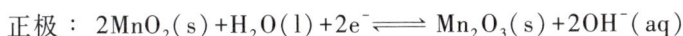

正极: $2MnO_2(s)+H_2O(l)+2e^- \Longrightarrow Mn_2O_3(s)+2OH^-(aq)$

电池反应:

$$Zn(s)+2MnO_2(s)+H_2O(l) \Longrightarrow Zn(OH)_2(s)+Mn_2O_3(s)$$

碱性电池的结构(见图11-8)与酸性电池完全相反,电池中心是负极,锌呈粉状,正极区在外层,是 MnO_2 和 KOH 混合物,外壳是钢筒。碱性锌锰电池克服了酸性电池存放时间短和电压不稳定的缺点,但仍为一次性电池。

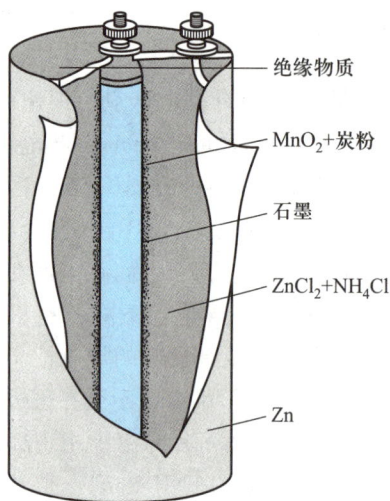

图 11-7   酸性锌锰电池

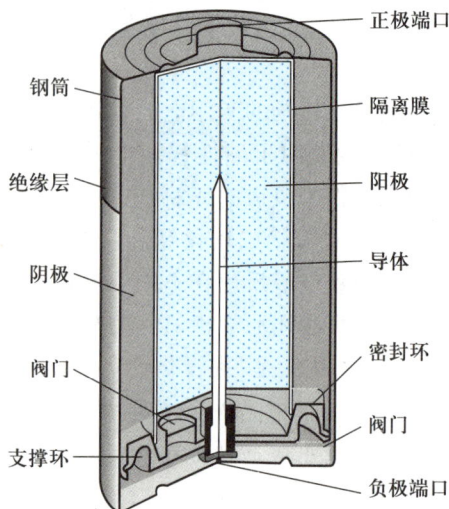

图 11-8   碱性锌锰电池

值得补充的是,可充电碱性锌锰电池已问世。可充电电池充电时发生放电反应的逆反应。可充电碱性锌锰电池充电使用的电压必须严格控制,需使用专门配置的充电器,否则会损坏电池。另外,控制充电生成的金属锌的形貌也很关键,若生成细针状穿透隔离膜伸入正极区将导致自放电,可见这种新型电池要求相当高的工艺水平。

11-3-3   镍镉电池

出现于20世纪50年代的镍镉电池是可充电碱性干电池。电解质为 KOH,电极反应:

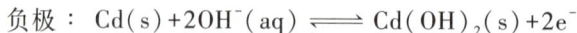

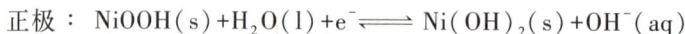

负极: $Cd(s) + 2OH^-(aq) \rightleftharpoons Cd(OH)_2(s) + 2e^-$

正极: $NiOOH(s) + H_2O(l) + e^- \rightleftharpoons Ni(OH)_2(s) + OH^-(aq)$

充电时发生放电反应的逆反应。镉是致癌物质,废弃的镉电池不回收会严重污染环境,严重制约了它的发展。

11-3-4   镍氢电池

一种价格比镍镉电池贵得多的可充电电池。电解质仍为 KOH,但不同于镍镉电池,电池负极发生的是氢的氧化反应($H+OH^- \rightleftharpoons H_2O+e^-$)。它的出现,应首先归功于储氢材料的突破,很明显,小小的干电池的负极无法使用气态的氢。储氢的技术有许多种,以一种成分为 $LaNi_5$ 的合金为代表,氢以单原子状态填入晶格。近年来,有人提出用纳米碳管储氢,但离实际应用尚且遥远。

11-3-5 锂电池和锂离子电池

前述几种干电池的电解质其实都是水溶液(糊状),不是真正的"干"电池。真正的干电池的电解质是固体电解质。固体电解质是可以传导离子的固体,也叫快离子导体。

锂碘电池可作为真正干电池的代表。它的负极是金属锂,正极是 I_3^- 的盐,固体电解质为能够传导锂离子的 LiI 晶体,可将放电时负极产生的锂离子传导到正极与碘的还原产物 I^- 结合。这种电池电阻很大,电流很小,但十分稳定可靠,如作为内植心脏起搏器电池可使用 10 年。

市场上经常见到的标记为 Li-ion 的电池则称为"锂离子电池"。它的负极材料的组成是 C_6Li,是金属锂和碳的复合材料,放电时锂氧化为 Li^+,电解质为能传导 Li^+ 的有机导体或高分子材料,组成及制作常秘而不宣;放电时从负极传导来的 Li^+ 在电池的正极发生如下反应:

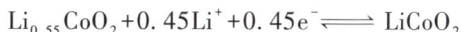

$$Li_{0.55}CoO_2+0.45Li^++0.45e^- \rightleftharpoons LiCoO_2$$

或

$$Li_{0.35}NiO_2+0.5Li^++0.5e^- \rightleftharpoons Li_{0.85}NiO_2$$

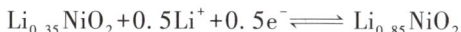

这类电池性能稳定,电池电压可达 3 V,可反复充电。锂电池是目前锂资源的最大用户。

11-3-6 铅蓄电池

目前,汽车等动力车的蓄电池基本上是铅蓄电池,它的历史悠久,性能优良,价格便宜,为所有其他电池所不能兼顾的。铅蓄电池的结构十分简单。它的电极主架均为铅合金的栅板,平行排列,相间地在栅格里填以铅和二氧化铅作为负极和正极,电解质为硫酸水溶液,电池反应:

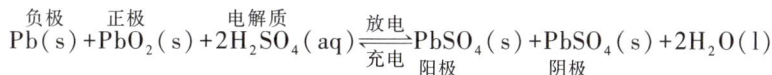

$$\underset{负极}{Pb(s)}+\underset{正极}{PbO_2(s)}+\underset{电解质}{2H_2SO_4(aq)}\underset{充电}{\overset{放电}{\rightleftharpoons}}\underset{阳极}{PbSO_4(s)}+\underset{阴极}{PbSO_4(s)}+2H_2O(l)$$

铅蓄电池使用后至少每月要充电一次,否则将因自放电导致电压过低而不能复原。自放电主要是水的电解。近年将铅栅板改为铅钙合金,延长了铅蓄电池的存放寿命。铅蓄电池的主要用途之一是车载蓄电池,一旦电池电解质泄漏会造成严重事故。近年来,发展了将硫酸灌注在硅胶凝胶里的技术,使电池的电解液不易泄漏,大大改善了电池的性能。至今,铅蓄电池仍为电池中可逆次数较多,性能稳定,电流密度较大者,铅蓄电池的致命弱点是铅的摩尔质量过大,电池的荷质比太小,通俗地讲"太重"。

11-3-7　燃料电池

燃料电池的基本设计:电极是用镍、银、钯、铂等金属粉末压制成可以透过气体的多孔又可导电的特殊材料制作的;两个电极之间充满着含有可以移动离子的电解质;燃料(如氢、肼、一氧化碳、甲烷、乙炔等)和氧化剂(最常用的是氧气)分别从负极和正极的外侧源源不断地通过电极里的微孔进入电池体系,并分别在各自的电极上受到电极材料的催化而发生氧化和还原反应,同时产生电流。燃料电池不同于干电池或蓄电池,它是一个发电装置,在两个电极上发生反应的氧化剂和还原剂是源源不断地输入电池的,同时电池反应产物持续不断排出电池。由于人们选用通常的燃料为这种电池的还原剂,因而称为"燃料电池"。电池的氧化剂则通常使用空气。表11-2给出了已知燃料电池的主要品种。

表11-2　燃料电池的主要品种

电池与代号	工作温度/℃	燃料	氧化剂	电解质	阴极催化剂	阳极催化剂
氢氧碱电池 AFC	60~120	高纯 H_2	高纯 O_2	KOH	Pt	Pt
氢氧磷酸电池 PAFC	180~210	H_2	空气	H_3PO_4	Pt	Pt
质子交换膜氢氧电池 PEMFC	80~100	H_2	空气	质子交换膜	Pt	Pt
熔融碳酸盐电池 MCFC	600~700	H_2-CO,CH_4	空气+CO_2	$(K,Li)_2CO_3$	Ni	NiO
固体电解质电池 SOFC	900~1000	H_2-CO,CH_4	空气	Y_2O_3,ZrO_2	Ni/Zr_2O_3	La-Sr-MnO$_3$

早在19世纪初,电化学的开山鼻祖英国人戴维就已经提出了燃料电池的基本设想。1839年发明电化学电池的英国人格拉夫(W. R. Grove)证实了戴维的想法,发明了最早的氢氧燃料电池。

氢氧燃料电池是目前最成熟的燃料电池。氢气可从转化天然气或电解水等来源获得;空气为氧源。电池的电解质除大家熟悉的水溶液和熔融盐外,还有可以传递质子的膜或者固体电解质。例如,用于宇宙飞船的氢氧燃料电池以 30% 的浓 KOH 水溶液为电解质。氢气和氧气以液态的方式储存于跟电池隔离的高压容器里。反应产物——水被用作宇航员的饮水。每个单元电池的实测工作电动势为 0.8~1.0 V。把 30~40 个单元电池组合在一起,形成约 30 V 的电源。化学能转化为电能的效率可以达到 60%~80%,其余的能量仍然以热的形式释放。因此,该电池既可供电,用于照明和无线电通信,又可供热来保持适于宇航员生存必需的温度。

通常以燃烧反应放出的热为 100% 计算燃料电池的效率。利用热力学理论不难计算出燃料电池的理论效率——燃烧反应放出的热在理论上相当于电池反应的焓变 ΔH,燃料电池理论最大电功相当于电池反应的自由能变化 ΔG,因此,燃料电池的理论效率为 $\Delta G / \Delta H$。

[例 15] 估算工作温度为 100 ℃ 的标准态氢氧燃料电池(见图 11-9)的理论效率。

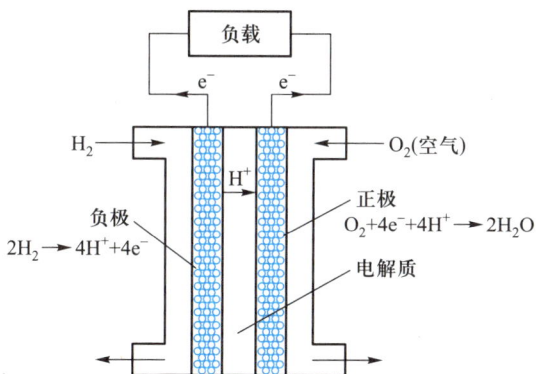

图 11-9 氢氧燃料电池示意图

[解] 电池反应:$2H_2(g) + O_2(g) \Longrightarrow 2H_2O(g)$

$$\Delta_r H_m^\ominus (100 ℃) \approx \Delta_r H_m^\ominus (298.15 \text{ K}) = 2 \times \Delta_f H_m^\ominus (H_2O, g, 298.15 \text{ K})$$
$$= -483.6 \text{ kJ/mol}$$

$$\Delta_r S_m^\ominus (100 ℃) \approx \Delta_r S_m^\ominus (298.15 \text{ K}) = \sum \nu_B S_m^\ominus (B) = 2S_m^\ominus (H_2O, g) - 2S_m^\ominus (H_2, g) - S_m^\ominus (O_2, g)$$
$$= -89 \text{ J} \cdot \text{mol}^{-1} \cdot \text{K}^{-1}$$

$$\Delta_r G_m^\ominus (100 ℃) = -483.6 \text{ kJ} \cdot \text{mol}^{-1} - 398.15 \text{ K} \cdot (-89 \text{ J} \cdot \text{mol}^{-1} \cdot \text{K}^{-1}) / 1\,000$$
$$= -448.2 \text{ kJ} \cdot \text{mol}^{-1}$$

$$\Delta_r G_m^\ominus (100 ℃) / \Delta_r H_m^\ominus (100 ℃) = 92.7 \%$$

[评论] ① 由上述计算可见,在理论上燃料电池释放的最大电能并不等于同量反应物在相同温度、压力等条件下发生燃烧反应释放的热量,因为,燃烧反应释放热,而燃料电池做

电功。有人误认为原电池把化学能转化为电能,跟通常的化学反应释放的热量必然相等。这是忘记了热力学第二定律。② 燃料电池的效率,不仅跟它的工作温度有关,而且也与电池反应本身的特征有关。从上述计算公式中可领会到,如果电池反应是一个熵增大反应,燃料电池的理论效率将超过 100%。③ 燃料电池的实际效率不会等于理论效率。读者应能理解,不再赘述。

　　燃料电池近年来发展迅速,预期许多城市将兴建燃料电池站,车载燃料电池将普遍使用,甚至将发展微型燃料电池,为便携式计算机、移动电话等电子器具供电。

11-4　有关电解的几个问题

11-4-1　电解对化学的发展曾经起到重大的历史作用

　　电解的本来意义是通过电流的作用使化学物质发生分解得到单质。这种意义的电解对化学的发展曾经有过巨大贡献。

　　早在 1661 年波义耳定义了元素——凡不能分解为更简单的物质者为元素。按现在的观点,波义耳的“元素”是指元素的游离态,即“单质”①。元素的这一定义对化学的发展起到巨大的作用。然而,在使用电解这种手段之前,人们实际得到的元素(单质)的数目十分有限,特别是,人们不清楚许多金属氧化物究竟是不是元素(单质)。19 世纪初,人们将电流这种新手段引入化学,才使化学家对元素的认识发生突飞猛进。

　　在刚刚获得原电池的 19 世纪初,英国化学家戴维(H. Davy)就十分及时地用伏打电堆产生的电流开创了电化学研究,他做了一个从未有过的 250 个电池串联的巨大电堆,在各种化合物的水溶液或熔融物中通过强大的电流,寻找尚未发现的“元素”,先后发现了钾、钠、钡、镁、钙、锶、锂和硼等元素(即得到它们的单质),大大增多了元素的品种②;戴维还从氯(Cl_2)不能被电解而得出是单质的结论,由此证实氯化氢的组成中没有氧只有氢和氯,得出不是氧而是氢才是“酸之源”的结论,对化学的发展起到至关重要的作用。尽管戴维从氟化物已认识

---

　　① 西方至今没有“单质”(simple substance)一词,凡我们用单质一词时,他们都用“元素”(element)一词代之。

　　② 化学史上以得到单质作为该元素的发现的标志,而不以由它的化合物认识到它的存在为它的发现的标志。

到氟的存在,但是,直到 19 世纪末法国人莫瓦桑电解氟氢化钾的氢氟酸溶液得到单质氟才算发现了氟(莫瓦桑因而获得诺贝尔化学奖)。水不是单质首先是在 18 世纪由氢气和氧气化合的产物是水得到证明的,但直接的证据还是在 19 世纪 30 年代把水电解为氢气和氧气。

19 世纪晚期,铝的电解成功使铝从英国女王皇冠的饰物变成日常用具。最近,有人发明了电解法直接从 TiO_2 得到金属钛,一旦此法工业化,将真正实现钛是 21 世纪金属的梦想。

这一小史告诉我们,科学的进展在相当大的程度上依赖于技术的进步,特别是出现像电流和电解这样的新手段。

应该指出,化学的发展早就扩大了电解的定义——凡是通入电流在电极上发生氧化还原反应,都可以称为电解,产物不一定是单质。电解的介质可以是水,也可以是非水溶剂,还可以是熔融物质。目前,电解工业已是重要的化工行业。贵金属的精炼,生产烧碱、氯气、碱金属都靠电解。以生产化合物为目的的"电合成"技术也正方兴未艾。通过电解法,可以生产多种有机化合物。还有报道用电解法将氢气和氮气合成氨,产率达到 78%,或许将来该法可取代高温高压的哈伯法?

11-4-2　原电池与电解池的区别

电解与电镀是将电流通过电解质溶液在电极上发生氧化还原反应的过程。在讨论电解前必须先分清电解池与原电池的根本区别:

(1)原电池——在电极上发生氧化还原反应产生电流向外电路的负载提供电流,电解池——施加电流在电极上发生氧化还原反应;

(2)原电池——化学能转化为电能,电解池——电能转化为化学能;

(3)原电池——电池反应的自由能为负值,反应是自发的(体系向外界做有用功),电解池——电池反应的自由能为正值,反应是非自发的(外界向体系做有用功);

(4)原电池——向外电路(导线)提供电子的电极为负极或阳极,从外电路(导线)传入电子的电极为正极(阴极),负极(阳极)发生氧化反应,正极(阴极)发生还原反应;电解池——与外电源负极相连的电极为负极(阴极),与外电源正极相连的电极为正极(阳极),正极(阳极)发生氧化反应,负极(阴极)发生还原反应。

11-4-3　分解电压

向电解池施加多大的电压才能使电解池的两个电极上发生化学反应呢？

在理论上，只要向电解池施加相当于电解反应所对应的自由能，反应即能发生。例如，水的分解反应：$2H_2O(l) \rightleftharpoons 2H_2(g) + O_2(g)$，该反应方程式对应的 $\Delta G^{\ominus} = 274 \text{ kJ} \cdot \text{mol}^{-1}$，这意味着，在理论上向电解池的两电极施加的电压达到 $E = |-\Delta G^{\ominus}/nF| = 1.23 \text{ V}$，就应发生水的分解反应。这种从热力学理论计算得到的电压称为电解池的"理论分解电压"（通常用绝对值表示）。

值得指出的是，该原电池反应的电动势或电解池反应的理论分解电压与溶液的 pH 大小是无关的。这可以从电池反应拆成两个半反应看出：对于电解反应，半反应 $2H^+ + 2e^- \rightleftharpoons H_2$ 的氢离子在反应物中，半反应 $2H_2O \rightleftharpoons O_2 + 4H^+ + 4e^-$ 的氢离子在生成物中，两相抵消，总反应无氢离子，这就意味着氢离子浓度的大小对反应是没有影响的。例如，当 $[H^+] = 1 \text{ mol} \cdot \text{L}^{-1}$ 时，理论分解电压 $(1.23 - 0) \text{ V} = 1.23 \text{ V}$，当氢离子浓度为 10^{-14} 时，理论分解电压 $[0.401 - (-0.828)] \text{ V}$ 仍为 1.23 V。但不应忘记，氢气和氧气的分压必须是标准压力，这是 $\Delta G^{\ominus}$ 的标准态意义所在，若分压不为标准压力，理论分解电压就不等于 1.23 V 了。

[例 16]　计算电解食盐水的理论分解电压。已知工业电解食盐水得到氯气和氢气的条件：电解质溶液中的 $[Cl^-] = 3.2 \text{ mol} \cdot \text{L}^{-1}$，$[OH^-] = 1 \text{ mol} \cdot \text{L}^{-1}$，电解产生的气体分压为标准压力。

[解]　解题思路：应用能斯特方程分别求取两个电极的非标准电极电势，相减得原电池电动势，即其相应电解池的理论分解电压。

半反应：$2H^+(aq) + 2e^- \rightleftharpoons H_2(g)$

$$\varphi^{\ominus}(H^+/H_2) + (RT/2F)\ln\{[H^+]^2/p(H_2)\} = 0 \text{ V} + \{-14 \times 0.059\,2\} \text{ V} = -0.83 \text{ V}$$

半反应：$Cl_2 + 2e^- \rightleftharpoons 2Cl^-$

$$\varphi(Cl_2/Cl^-) = \varphi^{\ominus}(Cl_2/Cl^-) + (RT/2F)\ln\{p(Cl_2)/[Cl^-]^2\}$$

$$= 1.36 \text{ V} + (0.059\,2/2) \text{ V lg}(3.2)^{-2} = 1.33 \text{ V}$$

原电池电动势 $E = \varphi(Cl_2/Cl^-) - \varphi(H^+/H_2) = 1.33 \text{ V} + 0.83 \text{ V} = 2.16 \text{ V}$

相应电解池的理论分解电压等于该原电池的电动势，即 2.16 V。

然而，在事实上，欲使电解反应发生，施加在电解池两端的最小电压总是大于理论分解电压。这种实际电压称为"实际分解电压"。例如，当使用相同大小和形状的铂电极来电解不同的电解质，其他各种条件也相同时（如溶液中的 H^+ 或 OH^- 浓度均为 1 $\text{mol} \cdot \text{L}^{-1}$，铂电极上的电流密度均相等），电解水的电解池的

实际分解电压比理论分解电压大 0.4~0.5 V(见表 11-3):

表 11-3　相同浓度相同电流密度下用铂电极分解水的实际分解电压

电　解　质	H_2SO_4	HNO_3	H_3PO_4	$ClCH_2COOH$	NaOH	KOH	NH_3
实际分解电压/V	1.67	1.69	1.70	1.66	1.69	1.67	1.74

实际分解电压大于理论分解电压的原因是多方面的。最容易理解的因素是,电解池各界面都存在电阻,电极材料和电解质也都有电阻,电流通过时必然会发生电能转化为热能的现象而导致电压下降。然而,实际分解电压大于理论分解电压最重要的因素是所谓"**超电势**",见下节。

11-4-4　超电势

超电势是实际分解电压大于理论分解电压的重要因素,它的大小主要与电极材料和电流密度的大小有关,可归咎于动力学原因导致电解反应处于非平衡状态所致。这种将动力学因素表征为热力学数据的校正值是一种重要的思想方法,具有相当的普遍意义,前面在讨论 pH-φ 图时已经遇到一次了。后续课程里将学到校正浓度的活度和校正压力的逸度,代替热力学平衡常数的条件平衡常数,代替理论电极电势的实际电极电势(所谓"克式量电极电势"),在思想方法上与此类似。这种思想始于热力学大师吉布斯。表 11-4 给出了不同电极材料和电流密度下析氢和析氧的超电势。

表 11-4　不同电极材料和电流密度下析氢和析氧的超电势 η　　单位:V

电极	$H_2(1\ mol \cdot L^{-1}\ H_2SO_4)$		$O_2(1\ mol \cdot L^{-1}\ KOH)$	
	电流密度 $I/(A \cdot m^{-3})$		电流密度 $I/(A \cdot m^{-3})$	
	10	100	10	100
Pt(镀铂黑)	0.0	0.03	0.40	0.52
Pt(光滑表面)	0.0	0.16	0.72	0.85
Cu	—	0.35	0.42	0.58
Ag	0.097	0.13	0.58	0.73
Zn	0.48	0.75	—	—
Ni	0.14	0.3	0.35	0.52
石墨	0.002	—	0.53	0.90

超电势的存在有可能使电解时电极上的放电次序发生改变。例如,电解食盐水溶液,阴极上发生的放电是什么? 一般的理解,由于 Na^+/Na 的标准电极电势远远小于 H^+/H_2 的标准电极电势,因此,电解上将析出氢气。但是,这并不总是正确的。当使用金属汞阴极时,首先析出的却是钠(形成钠汞齐)! 这是汞电极电解食盐水溶液生产烧碱的基础,是不容怀疑的事实,原因是氢在汞电极上的超电势太大。这说明,只由电极电势判断电解时电极上的放电顺序是片面的,因为这只是热力学放电顺序,没有考虑反应速率问题。同样道理,电解硫酸锌可以在阴极上析出锌而不析出氢气! 这同样是由于氢在锌电极上的超电势太大之故。另外,实际电解过程经常发生的现象是电解反应不止一种。例如,镀铬时,不仅发生铬(VI)的还原,同时放出氢气,还因发生 $Cr(VI)$ 与 $Cr(III)$ 的相互转化使电流效率大大低于理论值。

11-4-5   电解的计算

早在 1833 年法拉第(M. Faraday)已提出电解定律,即电解过程中电极上发生电解的物质的量 n 与通过电解池的电荷量 Q(等于电流强度 I 和时间 t 的乘积)成正比;同时,法拉第通过大量实验得出了法拉第常数,符号为 F,按现代概念来理解,就是 1 mol 电子的电荷量——$F = 96\ 485$ C·mol^{-1}。因此有

$$Q = It = nF \tag{11-8}$$

利用式(11-8),结合电极反应方程式,就不难对电解的物质的量与电解过程通入的电荷量进行计算。

[例17]   向 $CuCl_2$ 水溶液通电 12 h,保持电流强度为 2.5 A,假设只发生如下电极反应,求析出的铜和氯气的体积(298.15 K,101 325 Pa):

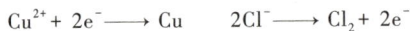

$$Cu^{2+} + 2e^- \longrightarrow Cu \qquad 2Cl^- \longrightarrow Cl_2 + 2e^-$$

[解]   通过电解池的电荷量为 $Q = It = 12$ h × 3 600 s·h^{-1} × 2.5 C·s^{-1} = 1.08 × 10^5 C
通过电解质的电子物质的量为 n = 1.08 × 10^5 C/(96 486 C·mol^{-1}) = 1.12 mol
析出铜的质量为(63.55 g·mol^{-1}) × 1.12/2 = 36 g
析出氯的体积(298.15 K,101 325 Pa)为
$V = nRT/p$ = (1.12 mol/2) × 8.314 L·kPa/(mol·K) × 298.15 K /101.3 kPa
= 13.7 L

[评论]   析出物质的量需根据电极反应确定与电子物质的量的关系。本题析出 1 mol Cu 和 1 mol Cl_2 均需消耗 2 mol e^-,故计算时均应将 $n/2$ 代入算式。上述估算假设所有电子均用于电极反应,且只发生析出铜和氯气的反应,这是一种理想过程,实际过程中有可能同时发生几个电极反应,另外,由于存在各种电阻,一部分电能将转化为热。

习　　题

11-1　用氧化值法配平下列方程式。

（1）$KClO_3 \longrightarrow KClO_4 + KCl$

（2）$Ca_5(PO_4)_3F + C + SiO_2 \longrightarrow CaSiO_3 + CaF_2 + P_4 + CO$

（3）$NaNO_2 + NH_4Cl \longrightarrow N_2 + NaCl + H_2O$

（4）$K_2Cr_2O_7 + FeSO_4 + H_2SO_4 \longrightarrow Cr_2(SO_4)_3 + Fe_2(SO_4)_3 + K_2SO_4 + H_2O$

（5）$CsCl + Ca \longrightarrow CaCl_2 + Cs$

11-2　将下列水溶液化学反应的方程式先改写为离子方程式,然后分解为两个半反应式(答案见附录标准电极电势表):

（1）$2H_2O_2 \Longrightarrow 2H_2O + O_2$

（2）$Cl_2 + H_2O \Longrightarrow HCl + HClO$

（3）$3Cl_2 + 6KOH \Longrightarrow KClO_3 + 5KCl + 3H_2O$

（4）$2KMnO_4 + 10FeSO_4 + 8H_2SO_4 \Longrightarrow K_2SO_4 + 5Fe_2(SO_4)_3 + 2MnSO_4 + 8H_2O$

（5）$K_2Cr_2O_7 + 3H_2O_2 + 4H_2SO_4 \Longrightarrow K_2SO_4 + Cr_2(SO_4)_3 + 3O_2 + 7H_2O$

11-3　用半反应法(离子-电子法)配平下列方程式:

（1）$K_2Cr_2O_7 + H_2S + H_2SO_4 \longrightarrow K_2SO_4 + Cr_2(SO_4)_3 + S + H_2O$

（2）$MnO_4^{2-} + H_2O_2 \longrightarrow O_2 + Mn^{2+}$（酸性溶液）

（3）$Zn + NO_3^- + OH^- \longrightarrow NH_3 + Zn(OH)_4^{2-}$

（4）$Cr(OH)_4^- + H_2O_2 \longrightarrow CrO_4^{2-}$

（5）$Hg + NO_3^- + H^+ \longrightarrow Hg_2^{2+} + NO$

11-4　将下列反应设计成原电池,用标准电极电势判断标准态下电池的正极和负极,电子传递的方向,正极和负极的电极反应,电池的电动势,写出电池符号。

（1）$Zn + 2Ag^+ \Longrightarrow Zn^{2+} + 2Ag$

（2）$2Fe^{3+} + Fe \Longrightarrow 3Fe^{2+}$

（3）$Zn + 2H^+ \Longrightarrow Zn^{2+} + H_2$

（4）$H_2 + Cl_2 \Longrightarrow 2HCl$

（5）$3I_2 + 6KOH \Longrightarrow KIO_3 + 5KI + 3H_2O$

11-5　写出下列各对半反应组成的原电池的电池反应、电池符号,并计算标准电动势。

（1）$Fe^{3+} + e^- \Longrightarrow Fe^{2+}$; $I_2 + 2e^- \Longrightarrow 2I^-$

（2）$Cu^{2+} + I^- + e^- \Longrightarrow CuI$; $I_2 + 2e^- \Longrightarrow 2I^-$

（3）$Zn^{2+} + 2e^- \Longrightarrow Zn$; $2H^+ + 2e^- \Longrightarrow H_2$

（4）$Cu^{2+} + 2e^- \Longrightarrow Cu$; $2H^+ + 2e^- \Longrightarrow H_2$

(5) $O_2 + 2H_2O + 4e^- \rightleftharpoons 4OH^-$;$2H_2O + 2e^- \rightleftharpoons H_2 + 2OH^-$

11-6 以标准电极电势举例来说明以下说法并非一般规律:元素的氧化值越高,氧化性就越强。元素的氧化值越低还原性就越强。氧化剂得到电子越多(氧化值降得越低)氧化性越强。还原剂失去电子越多(氧化值升得越高)还原性越强。(提示:考察氮的氧化物和含氧酸之类的价态变化丰富的半反应)。

11-7 通过计算说明,对于

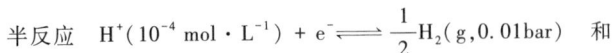

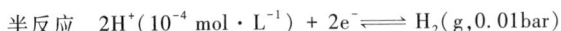

$$半反应 \quad H^+(10^{-4}\ mol \cdot L^{-1}) + e^- \rightleftharpoons \frac{1}{2}H_2(g, 0.01bar) \quad 和$$

$$半反应 \quad 2H^+(10^{-4}\ mol \cdot L^{-1}) + 2e^- \rightleftharpoons H_2(g, 0.01bar)$$

电极电势是相等的。

11-8 氧化还原滴定的指示剂在滴定终点时因与滴定操作溶液发生氧化还原反应而变色。为选择用重铬酸钾滴定亚铁溶液的指示剂,请计算出达到滴定终点($[Fe^{2+}] = 10^{-5}\ mol \cdot L^{-1}$,$[Fe^{3+}] = 10^{-2}\ mol \cdot L^{-1}$)时 $Fe^{3+} + e^- \rightleftharpoons Fe^{2+}$ 的电极电势,由此估算指示剂的标准电极电势应当多大。

11-9 用能斯特方程计算来说明,使 $Fe + Cu^{2+} \rightleftharpoons Fe^{2+} + Cu$ 的反应逆转是否有现实的可能性?

11-10 用能斯特方程计算与二氧化锰反应得到氯气的盐酸在热力学理论上的最低浓度。

11-11 用能斯特方程计算电对 H_3AsO_4/H_3AsO_3 在 pH = 0,2,4,6,8,9 时的电极电势,用计算的结果绘制 $pH-\varphi$ 图,并用该图判断反应

$$H_3AsO_4 + 2I^- + 2H^+ \rightleftharpoons H_3AsO_3 + I_2 + 2H_2O$$

在不同酸度下的反应方向。

11-12 利用半反应 $2H^+ + 2e^- \rightleftharpoons H_2$ 的标准电极电势和醋酸的解离常数计算半反应的标准电极电势。

$$2HAc + 2e^- \rightleftharpoons H_2 + 2Ac^-$$

11-13 利用半反应 $Cu^{2+} + 2e^- \rightleftharpoons Cu$ 和 $[Cu(NH_3)_4]^{2+} + 2e^- \rightleftharpoons Cu + 4NH_3$ 的标准电极电势($-0.065\ V$)计算配合反应 $Cu^{2+} + 4NH_3 \rightleftharpoons Cu(NH_3)_4^{2+}$ 的平衡常数。

11-14 利用半反应 $Ag^+ + e^- \rightleftharpoons Ag$ 和 AgCl 的溶度积计算半反应 $AgCl + e^- \rightleftharpoons Ag + Cl^-$ 的标准电极电势。

11-15 利用水的离子积计算碱性溶液中的半反应 $2H_2O + 2e^- \rightleftharpoons H_2 + 2OH^-$ 的标准电极电势。

11-16 利用附录标准电极电势设计一个原电池推导 H_2S 的解离常数。

11-17 利用 $Cr_2O_7^{2-} + H_2O \rightleftharpoons 2CrO_4^{2-} + 2H^+$ 的 $K = 10^{14}$ 和 Ag_2CrO_4 的溶度积及 $Ag^+ + e^- \rightleftharpoons Ag$ 的标准电极电势求 $2Ag_2CrO_4 + 2H^+ + 4e^- \rightleftharpoons 4Ag + Cr_2O_7^{2-} + H_2O$ 的标准电极电势。

11-18 由标准自由能计算 $Cl_2(g) + 2e^- \rightleftharpoons 2Cl^-(aq)$ 的标准电极电势。

11-19 由 $Cu^{2+} + 2e^- \rightleftharpoons Cu$ 和 $Cu^+ + e^- \rightleftharpoons Cu$ 的标准电极电势求算 $Cu^{2+} + e^- \rightleftharpoons Cu^+$ 的

标准电极电势。

11-20 由 $MnO_4^- + 4H^+ + 3e^- \rightleftharpoons MnO_2 + 2H_2O$ 和 $MnO_4^- + e^- \rightleftharpoons MnO_4^{2-}$ 的标准电极电势及水的离子积求 $MnO_4^{2-} + 2H_2O + 2e^- \rightleftharpoons MnO_2 + 4OH^-$ 的标准电极电势。

11-21 写出以 K_2CO_3 熔融盐为电解质的氢氧燃料电池的电极反应和电池反应。(注意:在该电解质中不存在游离的 O^{2-} 和 HCO_3^-,为使电解质溶液的组成保持稳定,需在空气中添加一种物质,这种物质是电池放出的反应产物)。

11-22 碱性银锌可充电干电池的氧化剂为 Ag_2O,电解质为 KOH 水溶液,试写出它的电极反应和电池反应。

11-23 为什么检测铅蓄电池电解质硫酸的浓度可以确定蓄电池充电是否充足?铅蓄电池充电为什么会放出气体?是什么气体?

11-24 光合作用发生的总反应:

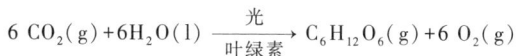

$$6\ CO_2(g) + 6H_2O(l) \xrightarrow[\text{叶绿素}]{\text{光}} C_6H_{12}O_6(g) + 6\ O_2(g)$$

在 25 ℃下反应的 $\Delta H^\ominus = 2.816 \times 10^6\ J \cdot mol^{-1}$,$\Delta S^\ominus = -182\ J \cdot K^{-1} \cdot mol^{-1}$。假设反应的产物可以设计成一个原电池,在电极上氧气和葡萄糖分别被还原和氧化成水和二氧化碳。这样,可以通过光合反应的正逆两个反应把光能转化为电能了。

(1)求原电池的电动势;

(2)为使上列光合反应发生需要多少摩尔 500 nm 的光子?

(3)用一个边长 10 m 的充满绿藻的正方形游泳池里发生的光合作用的产物来发电,平均 1 cm^3 的面积可产生 1 mA 电流,求电池产生电流的功率。

11-25 通常用电解铬酸溶液的方法镀铬。电解槽的阴极是欲镀铬的物体,阳极是惰性金属,电解液是含铬酐 0.230 $kg \cdot dm^{-3}$,体积为 100 dm^3 的水溶液。电解时使用了 1 500 A 电流通电 10.0 h,阴极的质量增加了 0.679 kg。阴极和阳极放出的气体的体积比 $V_C/V_A = 1.603$(体积是在相同条件下测定的)。问(1)沉积出 0.679 kg 铬耗用的电荷量是总用电荷量的百分之几?阴极和阳极放出的气体在标准状态(STP)下的体积比。(3)阴极和阳极放出气体的反应的电流效率分别为多大?若发现你计算出的数据和题面给出的数据有差别,试解释这是你由于未考虑电镀时发生的什么过程的缘故?写出电解的总反应。若有可能,纠正你原先的计算。

11-26 久置空气中的银器会变黑,经分析证实,黑色物质是 Ag_2S。通过计算说明,考虑热力学趋势,以下哪一反应的可能性更大?

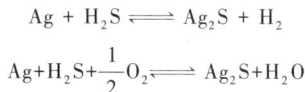

$$Ag + H_2S \rightleftharpoons Ag_2S + H_2$$
$$Ag + H_2S + \frac{1}{2}O_2 \rightleftharpoons Ag_2S + H_2O$$

11-27 高铁电池是可充电干电池,其设计图如图 11-10(a)所示:负极材料是 Zn,氧化产物是 $Zn(OH)_2$,正极材料是 K_2FeO_4(易溶盐),还原产物是 $Fe(OH)_3$,电解质溶液是 KOH 水溶液,写出电池反应和电极反应。图 11-10(b)的电池放电曲线说明该电池与通常的碱性电池相比有什么优点?

11-28　解释如下现象:

(1) 镀锡的铁,铁先腐蚀,镀锌的铁,锌先腐蚀。

(2) 锂的电离势和升华热都比钠大,为什么锂的电极电势比钠更小(在金属活动顺序表中更远离氢)?

(3) 铜和锌在元素周期系里是邻居,然而它们在金属活动顺序中的位置却相去甚远,试通过玻恩-哈伯循环分析铜和锌的电极电势相差这么大主要是由什么能量项决定的。

(4) 有人说,燃料电池是"一种通过燃烧反应使化学能直接转化为电能的装置"。这种说法正确吗? 说明理由。燃料电池的理论效率有可能超过 100% 吗? 燃料电池的工作温度与燃料电池的理论效率成什么关系?

(5) 铁能置换铜而三氯化铁能溶解铜。

(6) ZnO_2^{2-} (即 $[Zn(OH)_4]^{2-}$) 的碱性溶液能把铜转化为 $[Cu(OH)_4]^{2-}$ 而把铜溶解。

(7) 将 $MnSO_4$ 溶液滴入 $KMnO_4$ 酸性溶液得到 MnO_2 沉淀。

(8) $Cu^+(aq)$ 在水溶液中会歧化为 $Cu^{2+}(aq)$ 和铜。

(9) $Cr^{2+}(aq)$ 在水溶液中不稳定,会与水反应。

(10) 将 Cl_2 水(溶液)滴入 I^-、Br^- 的混合溶液,相继得到的产物是 I_2、HIO_3 和 Br_2,而不是 I_2、Br_2 和 HIO_3。

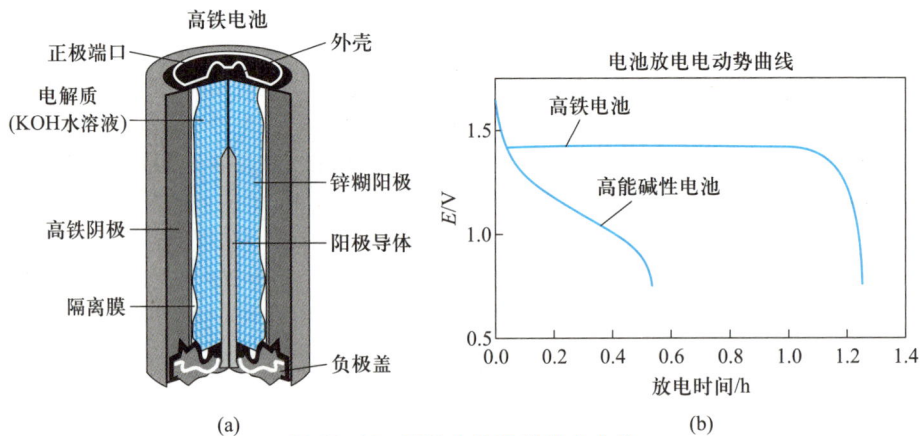

图 11-10　高铁电池及其放电曲线

11-29　以 M 代表储氢材料,MH 为负极材料,KOH 为电解质,写出镍氢电池的电极反应和电池反应。(注意:镍电极上的反应参考镍镉电池)。

11-30　如若甘汞电极的电极电势为零,氧的电极电势多大?

第 12 章

配 位 平 衡

内容提要

本章讨论配合物在水溶液中的解离平衡。

1. 配合物的稳定常数是由中心原子(水合离子)与配体结合生成配合物的反应的平衡常数。它的逆反应,配合物解离为中心原子(水合离子)和配体的反应平衡常数称为不稳定常数。

配合物解离是分步进行的,配合物形成也是分步进行的,每一步反应都有一个平衡常数。形成配合物的分步反应平衡常数叫作逐级形成常数。逐级形成常数的连乘积等于稳定常数。配合物相邻级的形成常数相差远比弱酸弱碱的多步平衡常数的差别小得多。因此,若没有高浓度配体离子的存在,平衡的计算是困难的。

2. 中心原子的结构与性质和配体的结构与性质都影响配合物在水中的稳定性。

3. 在讨论配体对配合物稳定性的影响中提出了螯合效应的概念,并与熵的变化相联系。

4. 本章在前三章的基础上进一步讨论了配位平衡与沉淀平衡、氧化还原平衡、酸碱平衡的相互关系,并对某些重要的计算做了说明。

12-1　配合物的稳定常数

12-1-1　稳定常数和不稳定常数

事实证明,络离子在水中存在解离平衡,而且,各种络离子的解离能力相差很大。有的络离子很容易发生解离,只能在大量配体存在下方能稳定存在,如向浓盐酸滴入几滴硫酸铜溶液,可见到溶液呈黄色,经证明是 $CuCl_3^-$ 和 $CuCl_4^{2-}$ 的颜色,加水稀释,溶液先转为绿色,后变成大家熟悉的 $[Cu(H_2O)_4]^{2+}$ 的天蓝色,这说明 $CuCl_3^-$ 和 $CuCl_4^{2-}$ 在水中是不稳定的,在有大量 Cl^- 存在时方能存在,Cl^- 少了,它们就解离了(注意:绿=黄+蓝)。又如,难溶的 AgCl 可在浓盐酸中形成 $AgCl_2^-$ 而溶解,但溶液一稀释,$AgCl_2^-$ 就解离,AgCl 又沉淀出来了。而有的络离子却几乎在水中不发生解离,如 $[Fe(CN)_6]^{3-}$,其水溶液检不出 CN^- 的存在,加浓碱不产生难溶的 $Fe(OH)_3$ 沉淀,说明该络离子溶液中由 $[Fe(CN)_6]^{3-}$ 解离产生 $Fe^{3+}(aq)$ 浓度极低。

络离子在水溶液里的解离实质上是与水分子发生配体交换反应。例如:

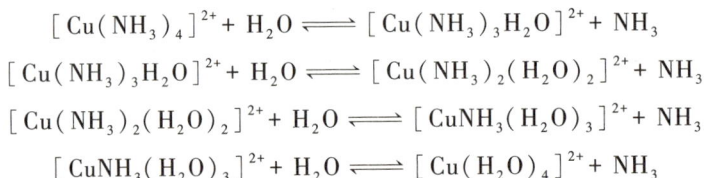

$$[Cu(NH_3)_4]^{2+} + H_2O \rightleftharpoons [Cu(NH_3)_3H_2O]^{2+} + NH_3$$

$$[Cu(NH_3)_3H_2O]^{2+} + H_2O \rightleftharpoons [Cu(NH_3)_2(H_2O)_2]^{2+} + NH_3$$

$$[Cu(NH_3)_2(H_2O)_2]^{2+} + H_2O \rightleftharpoons [CuNH_3(H_2O)_3]^{2+} + NH_3$$

$$[CuNH_3(H_2O)_3]^{2+} + H_2O \rightleftharpoons [Cu(H_2O)_4]^{2+} + NH_3$$

为简洁起见,人们经常省略水合离子的配体——H_2O,并用总解离方程来表示络离子在水中的解离,如上列四个方程相加等到的总反应可简写为

$$[Cu(NH_3)_4]^{2+} \rightleftharpoons Cu^{2+} + 4NH_3$$

通常人们把这一总解离方程的平衡常数称为配离子的**不稳定常数**($K_{不稳}$),表达式为

$$K_{不稳} = \frac{[Cu^{2+}][NH_3]^4}{[Cu(NH_3)_4^{2+}]}$$

络离子的不稳定常数越大,表明达平衡时络离子解离的趋势越大,在水溶液中越不稳定。

人们还经常把上述总解离方程倒转过来写:

$$Cu^{2+} + 4NH_3 \rightleftharpoons [Cu(NH_3)_4^{2+}]$$

并把这种由中心原子和配体形成络离子的平衡常数称为络离子的**稳定常数**($K_{稳}$):

$$K_{稳} = \frac{[Cu(NH_3)_4^{2+}]}{[Cu^{2+}][NH_3]^4}$$

络离子的稳定常数越大,表明在水中形成络离子的趋势越大,络离子越

稳定。

显然,$K_稳$和$K_{不稳}$互为倒数。由于习惯不同,有的书上列举络离子的不稳定常数,有的则提供络离子稳定常数,请读者注意不要混淆。表 12-1 给出了常见络离子的稳定常数。

表 12-1　常见络离子的稳定常数

络离子	$K_稳$	络离子	$K_稳$
$[Ag(CN)_2]^-$	1.3×10^{21}	$[Fe(CN)_6]^{4-}$	1.0×10^{35}
$[Ag(NH_3)_2]^+$	1.1×10^7	$[Fe(CN)_6]^{3-}$	1.0×10^{42}
$[Ag(SCN)_2]^-$	3.7×10^7	$[Fe(C_2O_4)_3]^{3-}$	1.6×10^{20}
$[Ag(S_2O_3)_2]^{3-}$	2.9×10^{13}	$[Fe(SNC)]^{2+}$	8.9×10^2
$[Al(C_2O_4)_3]^{3-}$	2.0×10^{16}	FeF_3	1.13×10^{12}
AlF_6^{3-}	6.9×10^{19}	$HgCl_4^{2-}$	1.2×10^{15}
$[Cd(CN)_4]^{2-}$	6.0×10^{18}	$[Hg(CN)_4]^{2-}$	2.5×10^{41}
$CdCl_4^{2-}$	6.3×10^2	HgI_4^{2-}	6.8×10^{29}
$[Cd(NH_3)_6]^{2-}$	1.3×10^7	$[Hg(NH_3)_4]^{2+}$	1.9×10^{19}
$[Cd(SCN)_4]^{2-}$	4.0×10^3	$[Ni(CN)_4]^{2-}$	2.0×10^{31}
$[Co(NH_3)_6]^{2+}$	1.3×10^5	$[Ni(NH_3)_4]^{2+}$	9.1×10^7
$[Co(NH_3)_6]^{3+}$	1.6×10^{35}	$[Pb(CH_3COO)_4]^{2-}$	3×10^8
$[Co(NCS)_6]^{2-}$	1.0×10^3	$[Pb(CN)_4]^{2-}$	1.0×10^{11}
$[Cu(CN)_2]^-$	1.0×10^{24}	$[Zn(CN)_4]^{2-}$	5.0×10^{16}
$[Cu(CN)_4]^{3-}$	2.0×10^{30}	$[Zn(C_2O_4)_2]^{2-}$	4.0×10^7
$[Cu(NH_3)_2]^+$	7.2×10^{10}	$[Zn(OH)_4]^{2-}$	4.6×10^7
$[Cu(NH_3)_4]^{2+}$	2.1×10^{13}	$[Zn(NH_3)_4]^{2+}$	2.9×10^9
$FeCl_3$	98		

络离子类型(指 1∶2、1∶4 等)相同时,稳定常数越大,意味着络离子越稳定。例如,$[Ag(NH_3)_2]^+$、$[Ag(S_2O_3)_2]^{3-}$和$[Ag(CN)_2]^-$是同型的,稳定常数依次增大,说明它们的稳定性依次增大。最典型的事实是,一般浓度的氨水只能溶解 AgCl,不能溶解 AgBr 和 AgI,$Na_2S_2O_3$溶液能溶解 AgCl 和 AgBr,不能溶解 AgI,而 NaCN 溶液能溶解所有以上 3 种难溶银盐。但应注意,络离子类型不同时,它们的稳定常数大小是不能用以判断稳定性的。下面的例子有助于理解这一点:

[例 1]　利用稳定常数计算 $0.1\ mol \cdot L^{-1}$ 一价铜的氨合物$[Cu(NH_3)_2]^+$和同浓度二价铜的氨合物$[Cu(NH_3)_4]^{2+}$分别在 $0.1\ mol \cdot L^{-1}\ NH_3$ 存在下,哪个离子解离度(α)更大?

[解] $[Cu(NH_3)_2]^+ \rightleftharpoons Cu^+ + 2NH_3$

　　　　0.1 $-x$　　　　　x　　　0.1$+2x$

为简化计算,可先设 0.1$- x \approx 0.1$ 和 0.1 $+ 2x \approx 0.1$,若解出的 x 是个很小的数值,此假设便自动成立。

$$K_稳 = \frac{[Cu(NH_3)_2^+]}{[Cu^+][NH_3]^2} = \frac{0.1}{x \times 0.1^2} = 7.2 \times 10^{10}$$

$x = 1.4 \times 10^{-10}$　　$\alpha\{[Cu(NH_3)_2]^+\} = 1.4 \times 10^{-10}/0.1 = 1.4 \times 10^{-9}$

用同样的方法计算$[Cu(NH_3)_4]^{2+}$的解离度:

$[Cu(NH_3)_4]^{2+} \rightleftharpoons Cu^{2+} + 4NH_3$

0.1$-y$　　　　　　　y　　　　0.1$+4y$

$$K_稳 = \frac{[Cu(NH_3)_4^{2+}]}{[Cu^{2+}][NH_3]^4} = \frac{0.1}{y \times 0.1^4} = 2.1 \times 10^{13}$$

$y = 4.8 \times 10^{-11}$　　$\alpha\{[Cu(NH_3)_4]^{2+}\} = 4.8 \times 10^{-11}/0.1 = 4.8 \times 10^{-10}$

[评论]   计算结果表明,尽管$[Cu(NH_3)_4]^{2+}$的稳定常数比$[Cu(NH_3)_2]^+$的稳定常数大近 300 倍,但在同浓度配体存在的条件下,$[Cu(NH_3)_2]^+$的解离度却只比$[Cu(NH_3)_4]^{2+}$的解离度大 3 倍,差别有限,属同一数量级,由此不难想见也有可能存在稳定常数较大而解离度也较大的例子。

12-1-2　络离子的逐级形成常数

　　例 1 中络离子的解离是在大量络离子存在的条件下发生的。能否用类似的计算方法计算 0.1 mol · L^{-1} $[Cu(NH_3)_4]^{2+}$在水中的解离度¦即能否计算将 0.1 mol $[Cu(NH_3)_4]SO_4$ 固体溶于 1 L 水得到的水溶液的 Cu^{2+}(aq)浓度¦呢?经常见到有人根据上列$[Cu(NH_3)_4]^{2+}$解离方程式,设解离出来的 Cu^{2+}(aq)浓度为 x mol · L^{-1},并同时设 NH_3 分子浓度为 4x mol · L^{-1},代入稳定常数表达式进行计算。必须指出,这种思考是完全错误的,因为,本章一开始已指出,络离子解离是分步进行的,$[Cu(NH_3)_4]^{2+}$解离,并不是一步释放出 4 个 NH_3 分子和 1 个 Cu^{2+},而是$[Cu(NH_3)_4]^{2+}$先释放出 1 个 NH_3 分子变成$[Cu(NH_3)_3]^{2+}$……经过 4 步解离才最后释放出 Cu^{2+}(aq),因此,$[Cu(NH_3)_4]^{2+}$解离出 x mol · L^{-1} Cu^{2+}(aq)的同时不会得到 4x mol · L^{-1} NH_3,正如同 H_2S 解离产生的$[H^+]$不等于$[S^{2-}]$的 2 倍一样(回忆 9-4-4 节)。而且,跟多元酸解离相比,配合物多级解离的平衡常数相差并不大,使络离子解离的计算变得比多元酸的计算复杂得多。为强化此意识,有必要介绍络离子的逐级 形成常数 的概念。表 12-2 给出了几种金属离子的氨合离子的逐级形成常数。

表 12-2　几种金属离子的氨合离子的逐级形成常数

络离子	K_1	K_2	K_3	K_4	K_5	K_6
$[Ag(NH_3)_2]^+$	2.2×10^3	5.1×10^3				
$[Zn(NH_3)_4]^{2+}$	2.3×10^2	2.8×10^2	3.2×10^2	1.4×10^2		
$[Cu(NH_3)_5]^{2+}$	2.0×10^4	4.7×10^3	1.1×10^3	2.0×10^4	0.35	
$[Ni(NH_3)_6]^{2+}$	6.3×10^2	1.7×10^2	5.4×10^1	1.5×10^1	5.6	1.1

请注意表 12-2 中的逐级形成常数(有的书上叫逐级稳定常数)所对应的是哪一级平衡常数。例如,$K_5\{[Cu(NH_3)_5]^{2+}\}$ 是指由 $[Cu(NH_3)_4]^{2+}$ 和 NH_3 结合形成 $[Cu(NH_3)_5]^{2+}$ 的平衡常数,而 $K_1\{[Cu(NH_3)]^{2+}\}$ 是指 $Cu^{2+}(aq)$ 与 NH_3 结合形成 $[Cu(NH_3)]^{2+}$ 的平衡常数。由表 12-2 可见,$[Cu(NH_3)_4]^{2+}$ 的 K_1、K_2、K_3、K_4 的逐级形成常数在数量级上相差不大,而 $[Cu(NH_3)_4]^{2+}$ 继续与 NH_3 结合形成 $[Cu(NH_3)_5]^{2+}$ 的形成常数 K_5 才明显地比前 4 级形成常数小,这表明 $[Cu(NH_3)_5]^{2+}$ 是相对不稳定的,这也正是为什么通常把铜氨络离子写成 $[Cu(NH_3)_4]^{2+}$ 而不写成 $[Cu(NH_3)_5]^{2+}$ 的原因。表中其他络离子情形相近。

由于络离子逐级形成常数相差不大,因此,计算无大量配体存在下络离子解离产生多少配体和中心离子是比较复杂的。例如,$0.1\ mol \cdot L^{-1}\ [Ag(NH_3)_2]^+$ 解离,达到平衡时,$[Ag(NH_3)_2^+]$、$[Ag(NH_3)^{2+}]$、$[Ag^+]$ 和 $[NH_3]$ 4 种平衡浓度都是未知数,仅仅 2 个独立方程(两级解离平衡表达式)不能得解,应留待后续的分析化学课程继续讨论,不过,若读者感兴趣,可阅读下面的例 2。

[例 2]　已知 $[Ag(NH_3)_2]^+$ 的逐级形成常数 $K_1 = 2.2 \times 10^3$,$K_2 = 5.1 \times 10^3$,求 $0.1\ mol \cdot L^{-1}\ [Ag(NH_3)_2]^+$ 溶液中各物种的平衡浓度。

[解]　(1) $K_1 = \dfrac{[Ag(NH_3)^+]}{[Ag^+][NH_3]} = 2.2 \times 10^3$

(2) $K_2 = \dfrac{[Ag(NH_3)_2^+]}{[Ag(NH_3)^+][NH_3]} = 5.1 \times 10^3$

上面两式中共有 4 个未知数,为得解,尚需寻找出另外两个独立方程,它们是

(3) $c\{[Ag(NH_3)_2]^+\} = 0.1\ mol \cdot L^{-1} = [Ag(NH_3)_2^+] + [Ag(NH_3)^+] + [Ag^+]$

这是因为,溶液中所有含 Ag^+ 的物种都来自初始浓度为 $0.1\ mol \cdot L^{-1}$ 的(未解离的)$[Ag(NH_3)_2]^+$。此关系式可称为物料平衡。

(4) $0.2\ mol \cdot L^{-1} = 2c = [NH_3] + [Ag(NH_3)^+] + 2[Ag(NH_3)_2^+]$

这是因为,溶液中所有含 NH_3 的物种都来自未解离的 $[Ag(NH_3)_2]^+$,每 $0.1\ mol$

$[Ag(NH_3)_2]^+$ 总共含有 $0.2\ mol\ NH_3$，(4) 式中 $[Ag(NH_3)_2^+]$ 面前必须乘以 2 是因为每 1 mol 该离子含有 $2\ mol\ NH_3$ 分子。方程 (4) 也是一种物料平衡。

用上述 4 个独立方程无疑可以解出 4 个未知数。求解过程为从 (1) 和 (2) 得到络离子浓度为金属离子浓度和配体浓度的函数，即

$$[Ag(NH_3)^+] = K_1[Ag^+][NH_3]$$

$$[Ag(NH_3)_2^+] = K_1K_2[Ag^+][NH_3]^2$$

代入 (3) 式，得到金属离子浓度为配体浓度的函数，即

$$[Ag^+] = \frac{c}{1+K_1[NH_3]+K_1K_2[NH_3]^2}$$

代入 (4) 式，得到配体浓度的一元多次方程，对于本题，是一元三次方程，即

$$K_1K_2[NH_3]^3 + K_1[NH_3]^2 + (1-cK_1)[NH_3] - 2c = 0$$

解此一元三次方程，得到 $[NH_3]$，代入前几个方程，此题得解。

[评论] ① 由此例解题过程可领会，络离子的配体数越高，一元多次方程的方次也就越高，如求 $0.1\ mol \cdot L^{-1}\ [Cu(NH_3)_4]^{2+}$ 溶液中各物种的浓度需解一元五次方程。诚然，利用计算机程序，解一元多次方程已非难事。② 在解题过程中看到，在算式中出现了逐级形成常数的连乘积，不难推想，若是一元五次方程，将出现五个逐级形成常数的连乘积。为使算式更简明，人们用 β 表示这些连乘积（$\beta = \prod K$，即 $\beta_1 = K_1, \beta_2 = K_1K_2, \beta_3 = K_1K_2K_3, \cdots$），并称 β 为 **累积稳定常数**。在其他有关配合物的算式中也经常出现累积稳定常数。不难理解，配合物的总稳定常数正是最高级的累积稳定常数（如 $K_{稳定}\{[Cu(NH_3)_4]^{2+}\} = \beta_4$）。③ 最后还需指出，尽管进行了这种程序复杂的计算，计算的结果与实际仍有差距，其原因是如上理论模型仍过于简单，未考虑 Ag^+ 在水中还会水解形成 $AgOH$ 及 NH_3 还会发生碱式解离形成 NH_4^+，若考虑这些副反应，理论模型更趋复杂化，相应的计算也就更复杂了。

12-2   影响配合物在溶液中的稳定性的因素

12-2-1   中心原子的结构和性质的影响

决定中心原子作为配合物形成体的能力的因素主要有金属离子的半径、电荷及电子构型。

1. 金属离子的半径和电荷

对相同电子构型的金属离子，生成配合物的稳定性与金属离子电荷成正比，与半径成反比，可合并为金属离子的离子势（金属离子的电荷 z 与半径 r 的比值 z/r），该值的大小常与所生成的配合物的稳定常数大小一致，但这仅限于较简单

的离子型配合物,见表12-3。

表 12-3　一些金属的半径 r 和电荷–半径比 z/r 与配合物
稳定常数 $K_稳$(EDTA)的关系

中心离子	r/pm	z/r	$K_稳$(EDTA) ($T=293\ \text{K}, I=0.1\ \text{mol}\cdot\text{L}^{-1}$)①
Mg^{2+}	65	0.031	6.17×10^8
Ca^{2+}	99	0.02	9.90×10^{10}
Sr^{2+}	113	0.018	5.37×10^8
Ba^{2+}	135	0.015	7.24×10^7
Ra^{2+}	140	0.014	1.26×10^7
Li^+	60	0.017	6.16×10^7
Na^+	95	0.011	4.57×10^1
K^+	133	0.007 5	6.31

① 符号 I 称为离子强度,详见第 8 章第 3 节,离子强度不是本书的基本要求。

2. 金属离子的电子构型

(1) $8e^-$ 构型的金属离子　如碱金属、碱土金属离子及 B^{3+}、Al^{3+}、Si^{4+}、Sc^{3+}、Y^{3+}、La^{3+}、Ti^{4+}、Zr^{4+}、Hf^{4+} 等。一般而言,这一类型的金属离子形成配合物的能力较差,它们与配体的结合力主要是静电引力,因此,配合物的稳定性主要决定于中心离子的电荷和半径,而且电荷的影响明显大于半径的影响。如表 12-3 中半径相近的 Ca^{2+} 和 Na^+ 的稳定性随电荷增大而递增,这是因为电荷总是成倍地增加,而半径的变化范围较小。

从表 12-3 中可以看出,络离子 $[Ca(EDTA)]^{2-}$ 反而比 $[Mg(EDTA)]^{2-}$ 稳定,这是由于考虑金属离子半径影响的同时还要考虑配体与金属离子体积的相对大小,一般而言,半径小的中心离子和半径小的配体形成的配合物最稳定,半径大的中心原子和半径大的配体形成的配合物较稳定,而配体半径过大或过小,可能使配合物的稳定性降低,Mg^{2+} 的半径较小,不能和多齿配体的所有配位原子配位,所以,它的配合物稳定性降低了。

(2) $18e^-$ 构型的金属离子　如 Cu^+、Ag^+、Au^+、Zn^{2+}、Cd^{2+}、Hg^{2+}、Ga^{3+}、In^{3+}、Tl^{3+}、Ge^{4+}、Sn^{4+}、Pb^{4+} 等,由于 $18e^-$ 型的离子与电荷相同、半径相近的 $8e^-$ 构型的金属离子相比,往往有程度不同的共价键性质,因此要比相应的 $8e^-$ 构型的络离子稳定。同一族中,随金属离子半径增大,其络离子的稳定性增大,如 Zn^{2+}、Cd^{2+}、Hg^{2+} 配合物的稳定性基本上随半径增大而递增,当配体为卤素离子 Cl^-、Br^-、I^-,其稳定性次序为 $Zn^{2+}<Cd^{2+}<Hg^{2+}$,这是因为随着半径增大,其共价性增

强,配合物的稳定性增大,但 F^- 为配体时,稳定性次序却是 $Zn^{2+} > Cd^{2+} < Hg^{2+}$,这是由于 F^- 离子半径小,与 Zn^{2+}、Cd^{2+} 配位时以静电引力为主,而同 Hg^{2+} 配位时 Hg^{2+} 与 F^- 之间有较大程度的共价性,因此生成的配合物稍稳定一些。

（3）$(18+2)e^-$ 构型的金属离子　如 Ga^+、In^+、Tl^+、Ge^{2+}、Sn^{2+}、Pb^{2+}、As^{3+}、Sb^{3+}、Bi^{3+} 等,其共同特征同 $18e^-$ 构型金属离子类似,但由于外层 s 电子的存在使内层 d 电子的活动性受到限制,不易生成稳定的络离子,但较 $8e^-$ 构型的金属离子生成配合物的倾向大。

（4）$(9\sim17)e^-$ 构型的金属离子　这些金属都具有未充满的 d 轨道,容易接受配体电子对,所以生成配合物能力强。一般而言,电荷高、d 电子少的离子,如 Ti^{3+}、V^{3+} 等,与配体之间的作用力以静电引力为主,配位能力与 $8e^-$ 构型金属离子相类似;电荷较低、d 电子数较多的离子,如 Fe^{2+}、Co^{2+}、Ni^{2+}、Pt^{2+}、Pd^{2+}、Cu^{2+} 等,则因配位键的共价性提高,配位能力与 $18e^-$ 构型金属离子类似。

12-2-2　配体性质的影响

配合物的稳定性与配体性质如酸碱性、螯合效应、空间位阻等因素有关,这里介绍一下配体的螯合效应,其他因素留待后续课程介绍。

多齿配体的成环作用使配合物的稳定性比组成和结构相近的非螯合物高得多,这种现象叫作螯合效应。$[Ni(NH_3)_6]^{2+}$ 的稳定常数的对数 $\lg K = 8.61$,而 $[Ni(en)_3]^{2+}$ 的 $\lg K = 18.28$。螯合效应与螯环的大小有关。一般而言,螯合分子的配位原子之间间隔为 $2\sim3$ 个原子,螯合形成五元环或六元环,配合物较稳定。例如,乙二胺的 2 个配位氮原子之间相隔 2 个碳原子,螯合环为 5 元环,又如丙二胺的 2 个配位氮原子相隔 3 个碳原子,形成六元的螯合环等。许多实验事实指出,在溶液中,当环上没有双键时,五元环比六元环更稳定一些,这是因为在饱和五元环中碳原子以 sp^3 杂化,其键角为 $109°28'$,与正五边形的夹角 $108°$ 很接近,张力小,若六元环内有双键,碳原子将取 sp^2 杂化,键角为 $120°$,与六元环夹角相近,张力小。

螯合物的稳定性还与形成螯合环的数目有关。一般而言,形成的螯合环的数目越多,螯合物越稳定。例如,EDTA 能与很少形成配合物的 Ca^{2+} 等 s 区元素形成配合物,这是由于该配合物中有 6 个五元环。

从热力学的角度看,螯合效应是一种熵效应。例如,下列两个反应的熵变是不同的:

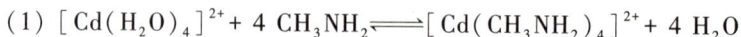

（1）$[Cd(H_2O)_4]^{2+} + 4\ CH_3NH_2 \rightleftharpoons [Cd(CH_3NH_2)_4]^{2+} + 4\ H_2O$

（2）$[Cd(H_2O)_4]^{2+} + 2 H_2NC_2H_4NH_2 \Longrightarrow [Cd(en)_2]^{2+} + 4H_2O$

反应	$\Delta H^{\ominus}/(kJ \cdot mol^{-1})$	$\Delta S^{\ominus}/(J \cdot K^{-1} \cdot mol^{-1})$
（1）	-57.3	-67.3
（2）	-56.5	+14.3

反应（1）和（2）的焓变相近，反应（2）的熵变却比反应（1）大得多。这可以理解为形成螯合物的反应与非螯合反应相比，反应前后分子数变化较大。

[**例3**] 试根据反应的焓变和熵变计算$[Cd(CH_3NH_2)_4]^{2+}$和$[Cd(en)_2]^{2+}$的稳定常数。

[**解**] $\Delta G^{\ominus}(1) = \Delta H^{\ominus}(1) + T\Delta S^{\ominus}(1) = -37.2 \ kJ \cdot mol^{-1}$

$$K_{稳}(1) = \exp[-\Delta G^{\ominus}(1)/RT] = 3.31 \times 10^6$$

$$\Delta G^{\ominus}(2) = \Delta H^{\ominus}(2) + T\Delta S^{\ominus}(2) = -60.7 \ kJ \cdot mol^{-1}$$

$$K_{稳}(1) = \exp[-\Delta G^{\ominus}(1)/RT] = 4.36 \times 10^{10}$$

[**评论**] 若忘记配合反应的本质是配体分子与水分子发生交换的反应，用反应（1）和（2）的简写方程就难以从分子数变化的角度理解它们了。

12-3 配合物的性质

12-3-1 溶解度

形成配合物可使难溶物变得易溶。例如，AgCl 难溶于水，却易溶于氨水。以下计算可说明这一点：

[**例4**] 计算 AgCl 在 6 mol·L^{-1}氨水中的溶解度（mol·L^{-1}）。

[**解**] $AgCl + 2NH_3 \Longrightarrow [Ag(NH_3)_2]^+ + Cl^-$

起始浓度	6 mol·L^{-1}	0	0
平衡浓度	6-2x	x	x

此反应的平衡常数 $K = K_{稳}\{[Ag(NH_3)_2]^+\} \times K_{sp}(AgCl)$

$$K = \frac{[Ag(NH_3)_2^+][Cl^-]}{[NH_3]^2} = \frac{[Ag(NH_3)_2^+][Cl^-][Ag^+]}{[Ag^+][NH_3]^2} = \left(\frac{[Ag(NH_3)_2^+]}{[Ag^+][NH_3]^2}\right) \times [Ag^+][Cl^-]$$

将平衡浓度代入平衡常数表达式：

$$K = \frac{[Ag(NH_3)_2^+][Cl^-]}{[NH_3]^2} = \frac{x^2}{(6-2x)^2}$$

$$\sqrt{K} = \frac{x}{6-2x} = (K_{稳} \times K_{sp})^{1/2} = (1.1 \times 10^7 \times 1.7 \times 10^{-10})^{1/2} = 4.3 \times 10^{-2}$$

$$x = 0.23 \text{ mol} \cdot \text{L}^{-1}$$

[评论]   需注意:只有当到达平衡时还有大量的自由氨分子存在,由于存在同离子效应抑制了 $[Ag(NH_3)_2]^+$ 的解离,才可认为溶液中正离子几乎只有 $[Ag(NH_3)_2]^+$,没有 $[Ag(NH_3)]^+$ 和 $Ag^+(aq)$ (H_3O^+ 更少,更可忽略),$[Ag(NH_3)_2^+] = [Cl^-] = x \text{ mol} \cdot \text{L}^{-1}$ 的关系式才能成立,如果氨分子不是大量存在,溶液中的正离子除 $[Ag(NH_3)_2]^+$ 外还有 $[Ag(NH_3)]^+$,以上关系不能成立,计算就会变得复杂得多,如果稳定常数不大,溶液中将存在 $Ag^+(aq)$,$[Ag(NH_3)_2^+]+[AgNH_3^+]+[Ag^+]$ 才等于 $[Cl^-]$(溶液中的正电荷总数必然等于负电荷总数),计算就更复杂了,如果考虑金属正离子会水解,氨分子会解离(生成 NH_4^+),计算将更复杂。因此,本题解法成立是有条件的,不能不问条件,到处乱套。如果忽略水解、解离等因素,至少也必须有大量配体分子存在。例如,欲计算 AgCl 滴加氨水使之溶解,问在 $0.1 \text{ mol} \cdot \text{L}^{-1}[Ag(NH_3)_2]^+$ 溶液中加入 NaCl,起始浓度多大才会有 AgCl 沉淀产生? 计算就十分复杂。若设达平衡时 Ag^+ 的浓度为 x,NH_3 分子的浓度为 $2x$,是完全错误的,因为溶液中并无大量 NH_3 分子存在,$[Ag(NH_3)_2]^+$ 解离将首先得到 $[Ag(NH_3)]^+$,$[Ag(NH_3)]^+$ 再解离才得到 $Ag^+(aq)$,因此,$Ag^+(aq)$ 浓度与 NH_3 分子浓度之比不等于 $1:2$。后一计算本课程不要求,有兴趣的读者可参考例 2。

12-3-2   氧化与还原

同一种金属离子与不同的配体形成络离子,电极电势相差很大。例如,硝酸不能溶解金,因为 $Au^{3+} + 3e^- \rightleftharpoons Au$ 的标准电极电势为 $\varphi^{\ominus} = 1.498 \text{ V}$,远远高于硝酸还原为任何一种氧化值低于 +5 的含氮化合物或 N_2 的标准电极电势,增加浓度也不可能使硝酸的电极电势超过 1.498 V,因此金是不溶于硝酸的,但是,若在硝酸里加入能与 Au^{3+} 形成配合物的配体,就可降低 $Au^{3+}(aq)$ 的浓度,使 $Au^{3+} + 3e^- \rightleftharpoons Au$ 的电极电势下降,从而使金的溶解成为可能。最经常的做法是在硝酸里添加盐酸,配成混酸(当浓硝酸与浓盐酸的体积比为 $1:3$ 时称为王水),由于能形成 $AuCl_4^-$,金氧化为 +3 氧化值的电极电势大大下降:$AuCl_4^- + 3e^- \rightleftharpoons Au + 4Cl^-$,$\varphi^{\ominus} = 1.002 \text{ V}$,金便溶解了。金在氧气的存在下溶于 KCN 溶液是更容易的,因为 $[Au(CN)_2]^- + e^- \rightleftharpoons Au + 2CN^-$,$\varphi^{\ominus} = -0.60 \text{ V}$。这一反应被广泛用于从金矿砂中提取金。随后用金属锌置换 $[Au(CN)_2]^-$ 的 Au: $2[Au(CN)_2]^- + Zn \rightleftharpoons 2Au + [Zn(CN)_4]^{2-}$。

金属络离子的标准电极电势可由金属水合离子的标准电极电势求出。例如:

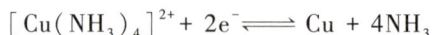

$$[Cu(NH_3)_4]^{2+} + 2e^- \rightleftharpoons Cu + 4NH_3$$

对于标准态,$[Cu(NH_3)_4]^{2+}$ 和 NH_3 的浓度都为标准态,即 $1 \text{ mol} \cdot \text{L}^{-1}$,

此时,

$$K_{稳}\{[Cu(NH_3)_4]^{2+}\} = \frac{[Cu(NH_3)_4^{2+}]}{[Cu^{2+}][NH_3]^4} = \frac{1}{[Cu^{2+}] \times 1^4} = \frac{1}{[Cu^{2+}]} ; [Cu^{2+}] = 1/K_{稳}$$

将 $[Cu^{2+}] = 1/K_{稳}$ 代入 $Cu^{2+} + 2e^- \rightleftharpoons Cu$ 的能斯特方程:

由　$\varphi = \varphi^{\ominus}(Cu^{2+}/Cu) + \dfrac{RT}{2F}\ln[Cu^{2+}] = \varphi^{\ominus}(Cu^{2+}/Cu) + \dfrac{RT}{2F}\ln\dfrac{1}{K_{稳}}$

所得到的电极电势 φ 即为 $[Cu(NH_3)_4]^{2+}$ 的标准电极电势:

$$\varphi^{\ominus}\{[Cu(NH_3)_4]^{2+}/Cu\} = \varphi^{\ominus}(Cu^{2+}/Cu) + \frac{RT}{2F}\ln\frac{1}{K_{稳}} = \varphi^{\ominus}(Cu^{2+}/Cu) - \frac{RT}{2F}\ln K_{稳}$$

可以这样理解这两个标准电极电势的关系:配合物的标准电极电势可以看作水合离子的电极电势由于水合离子浓度下降而致。由上式可见,络离子的稳定常数越大,其标准电极电势就相比于水合离子的标准电极电势下降得越低。例如:

离子	Cu^+	$CuCl_2^-$	$CuBr_2^-$	CuI_2^-	$[Cu(CN)_2]^-$
$\lg K_{稳}$		5.5	5.89	8.85	24.0
$\varphi^{\ominus}/V$	0.52	0.20	0.17	0.00	-0.68

形成络离子引起金属离子电极电势的变化解释了金属离子在水中的稳定性。例如,$Cu^+(aq)$ 水合离子在水中不能稳定存在,会发生歧化,因为 Cu^+/Cu 的标准电极电势为 +0.52V,高于 Cu^{2+}/Cu^+ 的标准电极电势(+0.15 V),因此,Cu^+ 的歧化反应:

$$2\ Cu^+ \rightleftharpoons Cu^{2+} + Cu$$

$$E^{\ominus} = \varphi_+ - \varphi_- = \varphi^{\ominus}(Cu^+/Cu) - \varphi^{\ominus}(Cu^{2+}/Cu^+)$$
$$= 0.52\ V - 0.15\ V = +0.37\ V > 0$$

在热力学上是自发的。若一价铜以络离子或难溶物存在,一价铜还原为金属铜的电极电势就大大下降,使相应的歧化反应变为非自发反应。

12-3-3　酸碱性

水溶液的酸碱性对络离子能否在水溶液稳定存在经常有影响。例如,绝大多数金属的氨络离子在酸性溶液里是不能存在的,因为它们的配体氨分子会与

H^+结合成 NH_4^+,从而使络离子不复存在。同样,绝大多数金属的氰络离子在酸性溶液中也不能存在,因为配体 CN^- 会与 H^+ 结合形成 HCN,除非络离子特别稳定,如 $[Fe(CN)_6]^{4-}$ 和 $[Fe(CN)_6]^{3-}$ 在酸性不大的溶液里是能存在的。另一方面,绝大多数金属的氢氧化物十分难溶,当它们的络离子的稳定常数较小时,在碱性溶液里会因生成金属氢氧化物沉淀而破坏。但大多数相应计算十分复杂。

习　题

12-1　在 1 L 6 mol·L^{-1} 的氨水中加入 0.01 mol 固体 $CuSO_4$,溶解后加入 0.01 mol 固体 NaOH,铜氨络离子能否被破坏?已知 $K_稳\{[Cu(NH_3)_4]^{2+}\} = 2.1×10^{13}$,$K_{sp}[Cu(OH)_2] = 2.2×10^{-20}$。

12-2　当少量 NH_4SCN 和少量 Fe^{3+} 同存于溶液中达到平衡时,加入 NH_4F 使 $[F^-] = [SCN^-] = 1$ mol·L^{-1},问此时溶液中 $[FeF_6^{3-}]$ 和 $[Fe(SCN)_3]$ 浓度比为多少?已知 $K_稳[Fe(SCN)_3] = 2.0×10^3$,$K_稳[FeF_6^{3-}] = 1×10^{16}$。

12-3　在理论上,欲使 $1×10^{-5}$ molAgI 溶于 1 cm^3 氨水,氨水的最低浓度应达到多少?事实上是否可能达到这种浓度?已知 $K_稳\{[Ag(NH_3)_2]^+\} = 1.1×10^7$;$K_{sp}(AgI) = 8.52×10^{-17}$。

12-4　通过络离子稳定常数和 Zn^{2+}/Zn 和 Au^+/Au 的电极电势计算 $[Zn(CN)_4]^{2-}/Zn$ 和 $[Au(CN)_2]^-/Au$,说明提炼金的反应:$Zn + 2[Au(CN)_2]^- \rightleftharpoons [Zn(CN)_4]^{2-} + 2Au$ 在热力学上是自发的。

12-5　为什么在水溶液中 $Co^{3+}(aq)$ 是不稳定的,会被水还原而放出氧气,而 3+氧化值的钴配合物,如 $[Co(NH_3)_6]^{3+}$,却能在水中稳定存在,不发生与水的氧化还原反应?通过标准电极电势做出解释。已知稳定常数:$[Co(NH_3)_6]^{2+}$ $1.3×10^5$;$[Co(NH_3)_6]^{3+}$ $1.6×10^{35}$,标准电极电势:Co^{3+}/Co^{2+} + 1.92 V,O_2/H_2O +1.229 V,O_2/OH^- +0.401 V;$K_b(NH_3) = 1.76×10^{-5}$。

12-6　欲在 1 L 水中溶解 0.10 mol $Zn(OH)_2$,需加入多少克固体 NaOH?已知 $K_{sp}[Zn(OH)_2] = 3×10^{-17}$;$K_稳\{[Zn(OH)_4]^{2-}\} = 4.6×10^{17}$。

12-7　在 pH = 10 的溶液中需加入多少 NaF 才能阻止 0.10 mol·L^{-1} Al^{3+} 溶液不生成 $Al(OH)_3$ 沉淀?已知 $K_{sp}[Al(OH)_3] = 1.3×10^{-33}$;$K_稳(AlF_6^{3-}) = 6.9×10^{19}$。

12-8　测得 $Cu | [Cu(NH_3)_4]^{2+}$ 1.00 mol·L^{-1},NH_3 1.00 mol·L^{-1} $\|$ H^+ 1.00 mol·L^{-1} $| H_2$ 1 bar,Pt 的电动势为 0.03 V,试计算 $[Cu(NH_3)_4]^{2+}$ 的稳定常数。

12-9　硫代硫酸钠是银剂摄影术的定影液,其功能是溶解未经曝光分解的 AgBr。试计算,1.5 L 1.0 mol·L^{-1} $Na_2S_2O_3$ 溶液最多能溶解多少克 AgBr?已知 $K_稳\{[Ag(S_2O_3)_2]^{3-}\} = 2.9×10^{13}$;$K_{sp}(AgBr) = 5.35×10^{-13}$。

12-10　定性地解释以下现象:

（1）铜粉和浓氨水的混合物可用来测定空气中的含氧量。

（2）向 $Hg(NO_3)_2$ 滴加 KI，反过来，向 KI 滴加 $Hg(NO_3)_2$，滴入一滴时，都能见很快消失的红色沉淀，分别写出沉淀消失的反应。

（3）用乙醇还原 $K_2Cr_2O_7$ 和硫酸的混合溶液得到的含 Cr^{3+} 的溶液的颜色是深暗蓝紫色的，放置蒸发水分后能结晶出 $KCr(SO_4)_2 \cdot 12H_2O$ 紫色八面体晶体，若为加快蒸发水分，将该溶液加热，溶液颜色变为绿色，冷却后不再产生紫色的铬矾晶体。

（4）$[Fe(CN)_6]^{3-}$ 的颜色比 $[Fe(CN)_6]^{4-}$ 的颜色深。

（5）金能溶于王水，也能溶于浓硝酸与氢溴酸的混酸。

（6）向浓氨水鼓入空气可溶解铜粉（湿法炼铜）。

（7）用粗盐酸与锌反应制取氢气时，可观察到溶液的颜色由黄转为无色。

（8）少量 AgCl 沉淀可溶于浓盐酸，但加水稀释溶液又变浑浊。

（9）向废定影液加入 Na_2S 会得到黑色沉淀（沉淀经煅烧可以金属银的方式回收银）。

（10）$CuSO_4$ 固体可溶于浓盐酸得到黄色溶液或溶于浓氢溴酸得到深褐色溶液，但遇氢碘酸却现象大不相同，会析出大量碘。

（11）电镀黄铜（Cu-Zn 合金）或银以氰化物溶液为电镀液得到的镀层最牢固，电镀液的其他配方都不及，长期以来人们为寻找替代有毒的氰化物电镀液伤透脑筋，你认为寻找替代物的方向是什么？

（12）有两种组成为 $Co(NH_3)_5Cl(SO_4)$ 的钴（Ⅲ）配合物，只分别与 $AgNO_3$ 和 $BaCl_2$ 发生沉淀反应，这是为什么？

（13）$[Cu(NH_3)_4]^{2+}$ 呈深蓝色而 $[Cu(NH_3)_2]^+$ 却几乎无色。

（14）Pb^{2+} 溶液中逐滴添加 Cl^-，当 $[Cl^-] \approx 0.3 \ mol \cdot L^{-1}$ 时，溶液中的铅（Ⅱ）总浓度降至极限，随后随加入的 Cl^- 浓度增大而增大。

（15）Fe^{3+} 遇 SCN^- 呈现血红色的条件是溶液必须呈弱酸性，不能呈碱性，而且溶液中不应有显著量 F^- 或 PO_4^{3-} 等离子存在，也不能存在 Sn^{2+} 等还原性金属离子或 H_2O_2 等氧化剂。

附录

附录 1 常用物理化学常数

常数	符号和数值
阿伏加德罗常数	$N_A = 6.022\ 136\ 7(36) \times 10^{23}\ mol^{-1}$
电子电荷量	$e = 1.602\ 177\ 33(49) \times 10^{-19}\ C$
电子[静]质量	$m_e = 9.109\ 389\ 7(54) \times 10^{-31}\ kg$
法拉第常数	$F = 96\ 485.309(29)\ C \cdot mol^{-1}$
普朗克常量	$h = 6.626\ 075\ 5(40) \times 10^{-34}\ J \cdot s$
玻耳兹曼常量	$k = 1.380\ 658(12) \times 10^{-23}\ J \cdot K^{-1}$
摩尔气体常数	$R = 8.314\ 510(70)\ J \cdot K^{-1} \cdot mol^{-1}$
玻尔磁子	$\mu_B = 9.274\ 015\ 4(31) \times 10^{-24}\ J \cdot T^{-1}$
里德伯常量	$R_\infty = 1.097\ 373\ 153\ 4(13) \times 10^7\ m^{-1}$
标准大气压力	$atm = 101.325\ kPa$
真空中的光速	$c_0 = 299\ 792\ 458\ m \cdot s^{-1}$
原子的质量单位	$u = 1.660\ 540\ 2(10) \times 10^{-27}\ kg$

注:本表数据摘自 James G Speight. Lange's Handbook of Chemistry. 16th ed. New York:McGraw-Hill Companies Inc,2005:Table 4.3.

附录 2　常用换算关系

物理量	换算关系
长度	$1\ \text{Å} = 1 \times 10^{-10}\ \text{m} = 100\ \text{pm} = 0.1\ \text{nm}$ $1\ \text{in} = 2.54\ \text{cm}$
能量	$1\ \text{cal} = 4.184\ \text{J}$ $1\ \text{eV} = 1.602 \times 10^{-19}\ \text{J}$
温度	$t_F / ℉ = \dfrac{9}{5} t/℃ + 32$ $T/\text{K} = t/℃ + 273.15$
压力	$1\ \text{Pa} = 1\ \text{N} \cdot \text{m}^{-2}$ $1\ \text{atm} = 760\ \text{mmHg} = 101.325\ \text{kPa}$ $1\ \text{mmHg} = 1\ \text{torr} = 133.3\ \text{Pa}$ $1\ \text{bar} = 10^5\ \text{Pa}$
质量	$1\ \text{lb} = 0.454\ \text{kg}$ $1\ \text{oz} = 28.3\ \text{g}$
电荷量	$1\ \text{esu} = 3.335 \times 10^{-10}\ \text{C}$
偶极矩	$1\ \text{D}(\text{debye}) = 3.335\ 64 \times 10^{-30}\ \text{C} \cdot \text{m}$
其他	$1\ \text{cm}^{-1}$ 相当于 $1.986 \times 10^{-23}\ \text{J} = 0.124\ \text{meV}$ $1\ \text{eV}$ 相当于 $96.485\ \text{kJ} \cdot \text{mol}^{-1}$, $8\ 065.5\ \text{cm}^{-1}$ $R = 1.986\ \text{cal} \cdot \text{mol}^{-1} \cdot \text{K}^{-1} = 0.082\ 06\ \text{dm}^3 \cdot \text{atm} \cdot \text{mol}^{-1} \cdot \text{K}^{-1}$ $= 8.314\ \text{J} \cdot \text{mol}^{-1} \cdot \text{K}^{-1} = 8.314\ \text{kPa} \cdot \text{dm}^3 \cdot \text{mol}^{-1} \cdot \text{K}^{-1}$

附录3 国际相对原子质量表（2013年）

原子序数	中文名称	英文名称	符号	相对原子质量
1	氢	Hydrogen	H	1.008
2	氦	Helium	He	4.002 602（2）
3	锂	Lithium	Li	6.94
4	铍	Beryllium	Be	9.012 183 1（5）
5	硼	Boron	B	10.81
6	碳	Carbon	C	12.011
7	氮	Nitrogen	N	14.007
8	氧	Oxygen	O	15.999
9	氟	Fluorine	F	18.998 403 163（6）
10	氖	Neon	Ne	20.179 7（6）
11	钠	Sodium	Na	22.989 769 28（2）
12	镁	Magnesium	Mg	24.305
13	铝	Aluminum	Al	26.981 538 5（7）
14	硅	Silicon	Si	28.085
15	磷	Phosphorus	P	30.973 761 998（5）
16	硫	Sulfur	S	32.06
17	氯	Chlorine	Cl	35.45
18	氩	Argon	Ar	39.948（1）
19	钾	Potassium	K	39.098 3（1）
20	钙	Calcium	Ca	40.078（4）
21	钪	Scandium	Sc	44.955 908（5）
22	钛	Titanium	Ti	47.867（1）
23	钒	Vanadium	V	50.941 5（1）

续表

原子序数	中文名称	英文名称	符号	相对原子质量
24	铬	Chromium	Cr	51.996 1(6)
25	锰	Manganese	Mn	54.938 044(3)
26	铁	Iron	Fe	55.845(2)
27	钴	Cobalt	Co	58.933 194(4)
28	镍	Nickel	Ni	58.693 4(4)
29	铜	Copper	Cu	63.546(3)
30	锌	Zinc	Zn	65.38(2)
31	镓	Gallium	Ga	69.723(1)
32	锗	Germanium	Ge	72.630(1)
33	砷	Arsenic	As	74.921 595(6)
34	硒	Selenium	Se	78.971(8)
35	溴	Bromine	Br	79.904
36	氪	Krypton	Kr	83.798(2)
37	铷	Rubidium	Rb	85.467 8(3)
38	锶	Strontium	Sr	87.62(1)
39	钇	Yttrium	Y	88.905 84(2)
40	锆	Zirconium	Zr	91.224(2)
41	铌	Niobium	Nb	92.906 37(2)
42	钼	Molybdenum	Mo	95.95(1)
43	锝	Technetium	Tc	[97.907 21]
44	钌	Ruthenium	Ru	101.07(2)
45	铑	Rhodium	Rh	102.905 50(2)
46	钯	Palladium	Pd	106.42(1)
47	银	Silver	Ag	107.868 2(2)
48	镉	Cadmium	Cd	112.414(4)
49	铟	Indium	In	114.818(1)
50	锡	Tin	Sn	118.710(7)

续表

原子序数	中文名称	英文名称	符号	相对原子质量
51	锑	Antimony	Sb	121.760(1)
52	碲	Tellurium	Te	127.60(3)
53	碘	Iodine	I	126.904 47(3)
54	氙	Xenon	Xe	131.293(6)
55	铯	Cesium	Cs	132.905 451 96(6)
56	钡	Barium	Ba	137.327(7)
57	镧	Lanthanum	La	138.905 47(7)
58	铈	Cerium	Ce	140.116(1)
59	镨	Praseodymium	Pr	140.907 66(2)
60	钕	Neodymium	Nd	144.242(3)
61	钷	Promethium	Pm	[144.912 76]
62	钐	Samarium	Sm	150.36(2)
63	铕	Europium	Eu	151.964(1)
64	钆	Gadolinium	Gd	157.25(3)
65	铽	Terbium	Tb	158.925 35 (2)
66	镝	Dysprosium	Dy	162.500(1)
67	钬	Holmium	Ho	164.930 33(2)
68	铒	Erbium	Er	167.259(3)
69	铥	Thulium	Tm	168.934 22(2)
70	镱	Ytterbium	Yb	173.045(10)
71	镥	Lutetium	Lu	174.966 8(1)
72	铪	Hafnium	Hf	178.49(2)
73	钽	Tantalum	Ta	180.947 88 (2)
74	钨	Tungsten	W	183.84(1)
75	铼	Rhenium	Re	186.207(1)
76	锇	Osmium	Os	190.23(3)
77	铱	Iridium	lr	192.217(3)

续表

原子序数	中文名称	英文名称	符号	相对原子质量
78	铂	Platinum	Pt	195.084（9）
79	金	Gold	Au	196.966 569（5）
80	汞	Mercury	Hg	200.592（3）
81	铊	Thallium	Tl	204.38
82	铅	Lead	Pb	207.2（1）
83	铋	Bismuth	Bi	208.980 40（1）
84	钋	Polonium	Po	［208.982 43］
85	砹	Astatine	At	［209.987 15］
86	氡	Radon	Rn	［222.017 58］
87	钫	Francium	Fr	［223.019 74］
88	镭	Radium	Ra	［226.026 10］
89	锕	Actinium	Ac	［227.027 70］
90	钍	Thorium	Th	232.037 7（4）
91	镤	Protactinium	Pa	231.035 88（2）
92	铀	Uranium	U	238.028 91（3）
93	镎	Neptunium	Np	［237.048 17］
94	钚	Plutonium	Pu	［244.064 21］
95	镅	Americium	Am	［243.061 38］
96	锔	Curium	Cm	［247.070 35］
97	锫	Berkelium	Bk	［247.070 31］
98	锎	Californium	Cf	［251.079 59］
99	锿	Einsteinium	Es	［252.083 0］
100	镄	Fermium	Fm	［257.095 11］
101	钔	Mendelevium	Md	［258.098 43］
102	锘	Nobelium	No	［259.102 9］
103	铹	Lawrencium	Lr	［262.109 7］
104	𬬻	Rutherfordium	Rf	［261.108 8］

续表

原子序数	中文名称	英文名称	符号	相对原子质量
105	𬭊	Dubnium	Db	[262.114]
106	𬭳	Seaborgium	Sg	[266.122]
107	𬭛	Bohrium	Bh	[264.125]
108	𬭶	Hassium	Hs	[277.152]
109	鿏	Meitnerium	Mt	[268.139]
110	𫟼	Darmstadtium	Ds	[281.165]
111	𬬭	Roentgenium	Rg	[272.153]
112	鿔	Copernicium	Cn	[285.177]
114	𫓧	Flerovium	Fl	[289.190]
116	𫟷	Livermorium	Lv	[293.204]

注：本表摘自 W M Haynes. CRC Handbook of Chemistry and Physics. 97th ed. Boca Raton：CRC Press Inc，2016—2017：1-11~1-12，11-5. 元素的中文名称是编者根据有关资料所加。

附录4　一些单质和化合物的热力学数据（298.15 K，100 kPa）

化学式	英文名称	状态	$\Delta_f H_m^\ominus$ $kJ \cdot mol^{-1}$	$\Delta_f G_m^\ominus$ $kJ \cdot mol^{-1}$	$S_m^\ominus$ $J \cdot mol^{-1} \cdot K^{-1}$
Ag	Silver	s	0.0		42.6
Ag	Silver	g	284.9	246.0	173.0
Ag_2	Disilver	g	410	358.8	257.1
Ag_2CO_3	Silver（Ⅰ）carbonate	s	-505.8	-436.8	167.4
Ag_2CrO_4	Silver（Ⅰ）chromate	s	-731.7	-641.8	217.6
Ag_2O	Silver（Ⅰ）oxide	s	-31.1	-11.2	121.3
Ag_2S	Silver（Ⅰ）sulfide	s	-32.6	-40.7	144
Ag_2SO_4	Silver（Ⅰ）sulfate	s	-715.9	-618.4	200.4
AgBr	Silver（Ⅰ）bromide	s	-100.4	-96.9	107.1

续表

化学式	英文名称	状态	$\dfrac{\Delta_f H_m^{\ominus}}{kJ \cdot mol^{-1}}$	$\dfrac{\Delta_f G_m^{\ominus}}{kJ \cdot mol^{-1}}$	$\dfrac{S_m^{\ominus}}{J \cdot mol^{-1} \cdot K^{-1}}$
$AgBrO_3$	Silver（Ⅰ）bromate	s	−10.5	71.3	151.9
$AgCl$	Silver（Ⅰ）chloride	s	−127	−109.8	96.3
$AgClO_3$	Silver（Ⅰ）chlorate	s	−30.3	64.5	142
$AgClO_4$	Silver（Ⅰ）perchlorate	s	−31.1		
$AgCN$	Silver（Ⅰ）cyanide	s	146	156.9	107.2
AgF	Silver（Ⅰ）fluoride	s	−204.6		
AgI	Silver（Ⅰ）iodide	s	−61.8	−66.2	115.5
$AgIO_3$	Silver（Ⅰ）iodate	s	−171.1	−93.7	149.4
$AgNO_3$	Silver（Ⅰ）nitrate	s	−124.4	−33.4	140.9
Al	Aluminum	s	0		28.3
Al	Aluminum	g	330	289.4	164.6
Al_2	Dialuminum	g	485.9	433.3	233.2
Al_2Cl_6	Aluminum hexachloride	g	−1 290.8	−1 220.4	490
Al_2O_3	Aluminum oxide(α)	s	−1 675.7	−1 582.3	50.9
Al_2S_3	Aluminum sulfide	s	−724		116.9
$AlCl_3$	Aluminum chloride	s	−704.2	−628.8	109.3
AlF_3	Aluminum fluoride	s	−1 510.4	−1 431.1	66.5
AlF_3	Aluminum fluoride	g	−1 204.6	−1 188.2	277.1
AlH_3	Aluminum hydride	s	−46		30
AlI_3	Aluminum iodide	s	−302.9		195.9
$AlPO_4$	Aluminum phosphate	s	−1 733.8	−1 617.9	90.8
Ar	Argon	g	0		154.8
As	Arsenic（gray）	s	0		35.1
As	Arsenic（gray）	g	302.5	261	174.2
As	Arsenic（yellow）	s	14.6		
As_2O_5	Arsenic（Ⅴ）oxide	s	−924.9	−782.3	105.4
As_2S_3	Arsenic（Ⅲ）sulfide	s	−169	−168.6	163.6
AsH_3	Arsine	g	66.4	68.9	222.8
Au	Gold	s	0		47.4
$AuCl_3$	Gold（Ⅲ）chloride	s	−117.6		

续表

化学式	英文名称	状态	$\dfrac{\Delta_f H_m^\ominus}{kJ \cdot mol^{-1}}$	$\dfrac{\Delta_f G_m^\ominus}{kJ \cdot mol^{-1}}$	$\dfrac{S_m^\ominus}{J \cdot mol^{-1} \cdot K^{-1}}$
$B_{10}H_{14}$	Decaborane (14)	g	47.3	232.8	350.7
B_2H_6	Diborane	g	36.4	87.6	232.1
B_2O_3	Boron oxide	s	−1 273.5	−1 194.3	54
B_2O_3	Boron oxide	g	−843.8	−832	279.8
$B_3N_3H_6$	Borazine	l	−541	−392.7	199.6
B_4H_{10}	Tetraborane (10)	g	66.1	184.3	280.3
Ba	Barium	s	0		62.5
Ba	Barium	g	180	146	170.2
$Ba(NO_3)_2$	Barium nitrate	s	−988	−792.6	214
$Ba(OH)_2$	Barium hydroxide	s	−944.7		
$BaCl_2$	Barium chloride	s	−855	−806.7	123.7
$BaCO_3$	Barium carbonate	s	−1 213	−1 134.4	112.1
BaO	Barium oxide	s	−548	−520.3	72.1
BaS	Barium sulfide	s	−460	−456	78.2
$BaSO_4$	Barium sulfate	s	−1 473.2	−1 362.2	132.2
BBr_3	Boron tribromide	l	−239.7	−238.5	229.7
BBr_3	Boron tribromide	g	−205.6	−232.5	324.2
BCl_3	Boron trichloride	l	−427.2	−387.4	206.3
BCl_3	Boron trichloride	g	−403.8	−388.7	290.1
Be	Beryllium	s	0		9.5
$Be(OH)_2$	Beryllium hydroxide	s	−902.5	−815	45.5
$BeCl_2$	Beryllium chloride	s	−490.4	−445.6	75.8
$BeCO_3$	Beryllium carbonate	s	−1 025		52
BeO	Beryllium oxide	s	−609.4	−580.1	13.8
BeS	Beryllium sulfide	s	−234.3		34
$BeSO_4$	Beryllium sulfate	s	−1 205.2	−1 093.8	77.9
BF_3	Boron trifluoride	g	−1 136	−1 119.4	254.4
BF_3NH_3	Aminetrifluoroboron	s	−1 353.9		
Bi	Bismuth	s	0		56.7
$Bi(OH)_3$	Bismuth hydroxide	s	−711.3		

续表

化学式	英文名称	状态	$\dfrac{\Delta_f H_m^{\ominus}}{kJ \cdot mol^{-1}}$	$\dfrac{\Delta_f G_m^{\ominus}}{kJ \cdot mol^{-1}}$	$\dfrac{S_m^{\ominus}}{J \cdot mol^{-1} \cdot K^{-1}}$
$Bi_2(SO_4)_3$	Bismuth sulfate	s	−2 544.3		
Bi_2O_3	Bismuth oxide	s	−573.9	−493.7	151.5
Bi_2S_3	Bismuth sulfide	s	−143.1	−140.6	200.4
$BiCl_3$	Bismuth trichloride	s	−379.1	−315	177
$BiCl_3$	Bismuth trichloride	g	−265.7	−256	358.9
BN	Boron nitride	s	−254.4	−228.4	14.8
Br_2	Bromine	l	0		152.2
Br_2	Bromine	g	30.9	3.1	245.5
C	Carbon (graphite)	s	0		5.7
C	Carbon (graphite)	g	716.7	671.3	158.1
C	Carbon (diamond)	s	1.9	2.9	2.4
CBr_4	Tetrabromomethane	s	29.4	47.7	212.5
CBr_4	Tetrabromomethane	g	83.9	67	358.1
$COCl_2$	Carbonyl chloride	g	−219.1	−204.9	283.5
CCl_4	Tetrachloromethane	l	−128.2		
CCl_4	Tetrachloromethane	g	−95.7		
CF_4	Tetrafluoromethane	g	−933.6		261.6
$(CN)_2$	Cyanogen	l	285.9		
$(CN)_2$	Cyanogen	g	306.7		241.9
CO	Carbon monoxide	g	−110.5	−137.2	197.7
CO_2	Carbon dioxide	g	−393.5	−394.4	213.8
Ca	Calcium	s	0		41.6
$Ca(NO_3)_2$	Calcium nitrate	s	−938.2	−742.8	193.2
$Ca(OH)_2$	Calcium hydroxide	s	−985.2	−897.5	83.4
$Ca_3(PO_4)_2$	Calcium phosphate	s	−4 120.8	−3 884.7	236
$CaBr_2$	Calcium bromide	s	−628.8	−663.6	130
CaC_2	Calcium carbide	s	−59.8	−64.9	70
CaC_2O_4	Calcium oxalate	s	−1 360.6		
$CaCl_2$	Calcium chloride	s	−795.4	−748.8	108.4
$CaCO_3$	Calcium carbonate (calcite)	s	−1 207.6	−1 129.1	91.7

化学式	英文名称	状态	$\dfrac{\Delta_f H_m^\ominus}{kJ \cdot mol^{-1}}$	$\dfrac{\Delta_f G_m^\ominus}{kJ \cdot mol^{-1}}$	$\dfrac{S_m^\ominus}{J \cdot mol^{-1} \cdot K^{-1}}$
$CaCO_3$	Calcium carbonate(aragonite)	s	$-1\,207.8$	$-1\,128.2$	88
CaH_2	Calcium hydride	s	-181.5	-142.5	41.4
CaO	Calcium oxide	s	-634.9	-603.3	38.1
$CaSO_4$	Calcium sulfate	s	$-1\,434.5$	$-1\,322.0$	106.5
Cd	Cadmium	s	0		51.8
$CdCl_2$	Cadmium chloride	s	-391.5	-343.9	115.3
$CdCO_3$	Cadmium carbonate	s	-750.6	-669.4	92.5
CdO	Cadmium oxide	s	-258.4	-228.7	54.8
CdS	Cadmium sulfide	s	-161.9	-156.5	64.9
$CdSO_4$	Cadlnium sulfate	s	-933.3	-822.7	123
Ce	Cerium (γ, fcc)	s	0		72
Ce_2O_3	Cerium (Ⅲ) oxide	s	$-1\,796.2$	$-1\,706.2$	150.6
CeO_2	Cerium(Ⅳ)oxide	s	$-1\,088.7$	$-1\,024.6$	62.3
Cl_2	Chlorine	g	0		223.1
Cl_2O	Chlorine monoxide	g	80.3	97.9	266.2
ClO	Chlorine oxide	g	101.8	98.1	226.6
ClO_2	Chlorine dioxide	g	102.5	120.5	256.8
ClO_2	Chlorine superoxide (ClOO)	g	89.1	105.0	263.7
$Co(NO_3)_2$	Cobalt (Ⅱ) nitrate	s	-420.5		
$Co(OH)_2$	Cobalt (Ⅱ) hydroxide	s	-539.7	-454.3	79
Co_2S_3	Cobalt (Ⅲ) sulfide	s	-147.3		
$CoCl_2$	Cobalt (Ⅱ) chloride	s	-312.5	-269.8	109.2
CoO	Cobalt (Ⅱ) oxide	s	-237.9	-214.2	53
CoS	Cobalt (Ⅱ) sulfide	s	-82.8		
$CoSO_4$	Cobalt (Ⅱ) sulfate	s	-888.3	-782.3	118
Cr	Chromium	s	0		23.8
$CrCl_2O_2$	Chromium(Ⅵ) dichloride dioxide	l	-579.5	-510.8	221.8
$CrCl_2O_2$	Chromium(Ⅵ) dichloride dioxide	g	-538.1	-501.6	329.8

续表

化学式	英文名称	状态	$\dfrac{\Delta_f H_m^\ominus}{kJ \cdot mol^{-1}}$	$\dfrac{\Delta_f G_m^\ominus}{kJ \cdot mol^{-1}}$	$\dfrac{S_m^\ominus}{J \cdot mol^{-1} \cdot K^{-1}}$
Cr_2O_3	Chromium (Ⅲ) oxide	s	−1 139.7	−1 058.1	81.2
CrO_3	Chromium (Ⅵ) oxide	g	−292.9		266.2
Cs	Cesium	s	0		85.2
CS	Carbon monosufide	g	280.3	228.8	210.6
CS_2	Carbon disulfide	l	89	64.6	151.3
CS_2	Carbon disulfide	g	116.7	67.1	237.8
Cs_2CO_3	Cesium carbonate	s	−1 139.7	−1 054.3	204.5
Cs_2O	Cesium oxide	s	−345.8	−308.1	146.9
Cs_2SO_4	Cesium sulfate	s	−1 443	−1 323.6	211.9
$CsClO_4$	Cesium perchlorate	s	−443.1	−314.3	175.1
CsH	Cesium hydride	s	−54.2		
$CsNO_3$	Cesium nitrate	s	−506	−406.5	155.2
CsO_2	Cesium superoxide	s	−286.2		
$CsOH$	Cesium hydroxide	s	−416.2	−371.8	104.2
$CsOH$	Cesium hydroxide	g	−256	−256.5	254.8
Cu	Copper	s	0		33.2
$Cu(NO_3)_2$	Copper (Ⅱ) nitrate	s	−302.9		
$Cu(OH)_2$	Copper (Ⅱ) hydroxide	s	−449.8		
Cu_2O	Copper (Ⅰ) oxide	s	−168.6	−146	93.1
$CuBr$	Copper (Ⅰ) bromide	s	−104.6	−100.8	96.1
$CuBr_2$	Copper (Ⅱ) bromide	s	−141.8		
$CuCl$	Copper (Ⅰ) chloride	s	−137.2	−119.9	86.2
$CuCl_2$	Copper (Ⅱ) chloride	s	−220.1	−175.7	108.1
$CuCN$	Copper (Ⅰ) cyanide	s	96.2	111.3	84.5
CuI	Copper (Ⅰ) iodide	s	−67.8	−69.5	96.7
CuO	Copper (Ⅱ) oxide	s	−157.3	−129.7	42.6
CuS	Copper (Ⅱ) sulfide	s	−53.1	−53.6	66.5
$CuSO_4$	Copper (Ⅱ) sulfate	s	−771.4	−662.2	109.2
$CuWO_4$	Copper (Ⅱ) tungstate	s	−1 105		
Eu	Europium	s	0		77.8

化学式	英文名称	状态	$\dfrac{\Delta_f H_m^{\ominus}}{kJ \cdot mol^{-1}}$	$\dfrac{\Delta_f G_m^{\ominus}}{kJ \cdot mol^{-1}}$	$\dfrac{S_m^{\ominus}}{J \cdot mol^{-1} \cdot K^{-1}}$
Eu	Europium	g	175.3	142.2	188.8
F_2	Fluorine	g	0		202.8
Fe	Iron	s	0		27.3
Fe_2O_3	Iron（Ⅲ）oxide	s	−824.2	−742.2	87.4
Fe_3O_4	Iron（Ⅱ,Ⅲ）oxide	s	−1 118.4	−1 015.4	146.4
$FeCl_2$	Iron（Ⅱ）chloride	s	−341.8	−302.3	118
$FeCl_3$	Iron（Ⅲ）chloride	s	−399.5	−334	142.3
$FeCO_3$	Iron（Ⅱ）carbonate	s	−740.6	−666.7	92.9
$FeCr_2O_4$	Chromium iron oxide	s	−1 444.7	−1 343.8	146
FeO	Iron（Ⅱ）oxide	s	−272		
FeS	Iron（Ⅱ）sulfide	s	−100	−100.4	60.3
FeS_2	Iron disulfide	s	−178.2	−166.9	52.9
$FeSO_4$	Iron（Ⅱ）sulfate	s	−928.4	−820.8	107.5
Ga	Gallium	s	0	0	40.8
$Ga(OH)_3$	Gallium（Ⅲ）hydroxide	s	−964.4	−831.3	100
Ga_2O_3	Gallium（Ⅲ）oxide	s	−1 089.1	−998.3	85
GaAs	Gallium arsenide	s	−71	−67.8	64.2
$GaCl_3$	Gallium（Ⅲ）chloride	s	−524.7	−454.8	142
GaF_3	Gallium（Ⅲ）fluoride	s	−1 163	−1 085.3	84
GaN	Gallium nitride	s	−110.5		
GaSb	Gallium antimonide	s	−41.8	−38.9	76.1
Ge	Germanium	s	0		31.1
GeH_4	Germane	g	90.8	113.4	217.1
GeI_4	Germanium（Ⅳ）iodide	s	−141.8	−144.3	271.1
GeI_4	Germanium（Ⅳ）iodide	g	−56.9	−106.3	428.9
GeO_2	Germanium（Ⅳ）oxide	s	−580	−521.4	39.7
H_2	Hydrogen	g	0		130.7
H_2O	Water	l	−285.8	−237.1	70
H_2O	Water	g	−241.8	−228.6	188.8
H_2O_2	Hydrogen peroxide	l	−187.8	−120.4	109.6

续表

化学式	英文名称	状态	$\dfrac{\Delta_f H_m^{\ominus}}{kJ \cdot mol^{-1}}$	$\dfrac{\Delta_f G_m^{\ominus}}{kJ \cdot mol^{-1}}$	$\dfrac{S_m^{\ominus}}{J \cdot mol^{-1} \cdot K^{-1}}$
H_2S	Hydrogen sulfide	g	−20.6	−33.4	205.8
H_2Se	Hydrogen selenide	g	29.7	15.9	219
H_2SeO_4	Selenic acid	s	−530.1		
H_2SiO_3	Metasilicic acid	s	−1 188.7	−1 092.4	134
H_2SO_4	Sulfuric acid	l	−814	−690	156.9
H_2Te	Hydrogen telluride	g	99.6		
H_3AsO_4	Arsenic acid	s	−906.3		
H_3BO_3	Boric acid	s	−1 094.3	−968.9	90
H_3PO_2	Phosphinic acid	s	−604.6		
H_3PO_2	Phosphinic acid	l	−595.4		
H_3PO_3	Phosphonic acid	s	−964.4		
H_3PO_4	Phosphoric acid	s	−1 284.4	−1 124.3	110.5
H_3PO_4	Phosphoric acid	l	−1 271.7	−1 123.6	150.8
H_3Sb	Stibine	g	145.1	147.8	232.8
$H_4P_2O_7$	Diphosphoric acid	s	−2 241		
$H_4P_2O_7$	Diphosphoric acid	l	−2 231.7		
H_4SiO_4	Orthosilicic acid	s	−1 481.1	−1 332.9	192
HBr	Hydrogen bromide	g	−36.3	−53.4	198.7
HCl	Hydrogen chloride	g	−92.3	−95.3	186.9
HClO	Hypochlorous acid	g	−78.7	−66.1	236.7
HCHO	Formaldehyde	g	−108.6	−102.5	218.8
$HClO_4$	Perchloric acid	l	−40.6		
HCN	Hydrogen cyanide	l	108.9	125	112.8
HCN	Hydrogen cyanide	g	135.1	124.7	201.8
HCOOH	Formic acid	l	−425	−361.4	129
He	Helium	g	0		126.2
HF	Hydrogen fluoride	l	−299.8		
HF	Hydrogen fluoride	g	−273.3	−275.4	173.8
Hg	Mercury	l	0		75.9
Hg	Mercury	g	61.4	31.8	175

化学式	英文名称	状态	$\Delta_f H_m^{\ominus}$ $kJ \cdot mol^{-1}$	$\Delta_f G_m^{\ominus}$ $kJ \cdot mol^{-1}$	$S_m^{\ominus}$ $J \cdot mol^{-1} \cdot K^{-1}$
Hg_2	Dimercury	g	108.8	68.2	288.1
Hg_2Br_2	Mercury（Ⅰ）bromide	s	−206.9	−181.1	218
Hg_2Cl_2	Mercury（Ⅰ）chloride	s	−265.4	−210.7	191.6
Hg_2CO_3	Mercury（Ⅰ）carbonate	s	−553.5	−468.1	180
Hg_2I_2	Mercury（Ⅰ）iodide	g	−121.3	−111	233.5
Hg_2SO_4	Mercury（Ⅰ）sulfate	s	−743.1	−625.8	200.7
$HgBr_2$	Mercury（Ⅱ）bromide	s	−170.7	−153.1	172
$HgCl_2$	Mercury（Ⅱ）chloride	s	−224.3	−178.6	146
HgI_2	Mercury（Ⅱ）iodide	s	−105.4	−101.7	180
HgO	Mercury（Ⅱ）oxide	s	−90.8	−58.5	70.3
HgS	Mercury（Ⅱ）sulfide	s	−58.2	−50.6	82.4
$HgSO_4$	Mercury（Ⅱ）sulfate	s	−707.5		
HI	Hydrogen iodide	g	26.5	1.7	206.6
HIO_3	Iodic acid	l	−230.1		
HN_3	Hydrazoic acid	g	294.1	328.1	239
HN_3	Hydrazoic acid	l	264	327.3	140.6
$HNCO$	Isocyanic acid（HNCO）	g			238
HNO_2	Nitrous acid	g	−79.5	−46	254.1
HNO_3	Nitric acid	l	−174.1	−80.7	155.6
HNO_3	Nitric acid	g	−133.9	−73.5	266.9
$HReO_4$	Perrhenic acid	s	−762.3	−656.4	158.2
$HSCN$	Isothiocyanic acid	g	127.6	113	247.8
I_2	Iodine（rhombic）	s	0		116.1
I_2	Iodine（rhombic）	g	62.4	19.3	260.7
IF	Iodine fluoride	g	−95.7	−118.5	236.2
IF_5	Iodine pentafluoride	l	−864.8		
IF_5	Iodine pentafluoride	g	−822.5	−751.7	327.7
In	Indium	s	0		57.8
In_2O_3	Indium（Ⅲ）oxide	s	−925.8	−830.7	104.2
$InAs$	Indium arsenide	s	−58.6	−53.6	75.7

续表

化学式	英文名称	状态	$\Delta_f H_m^\ominus$ / kJ·mol^{-1}	$\Delta_f G_m^\ominus$ / kJ·mol^{-1}	$S_m^\ominus$ / J·mol^{-1}·K^{-1}
InI_3	Indium（Ⅲ）iodide	s	-238		
InI_3	Indium（Ⅲ）iodide	g	-120.5		
InP	Indium phosphide	s	-88.7	-77	59.8
$InSb$	Indium antimonide	s	-30.5	-25.5	86.2
Ir	Iridium	s	0		35.5
IrF_6	Iridium（Ⅵ）fiuoride	s	-579.7	-461.6	247.7
IrF_6	Iridium（Ⅵ）fiuoride	g	-544	-460	357.8
K	Potassium	s	0		64.7
$K_2C_2O_4$	Potassium oxalate	s	$-1\,346$		
K_2CO_3	Potassium carbonate	s	$-1\,151$	$-1\,063.5$	155.5
K_2O	Potassium oxide	s	-361.5		
K_2O_2	Potassium peroxide	s	-494.1	-425.1	102.1
K_2S	Potassium sulfide	s	-380.7	-364	105
K_2SiF_6	Potassium hexafluorosilicate	s	$-2\,956$	$-2\,798.6$	226
K_2SO_4	Potassium sulfate	s	$-1\,437.8$	$-1\,321.4$	175.6
K_3PO_4	Potassium phosphate	s	$-1\,950.2$		
KBH_4	Potassium borohydride	s	-227.4	-160.3	106.3
$KBrO_3$	Potassium bromate	s	-360.2	-271.2	149.2
$KBrO_4$	Potassium perbromate	s	-287.9	-174.4	170.1
KCl	Potassium chloride	s	-436.5	-408.5	82.6
$KClO_3$	Potassium chlorate	s	-397.7	-296.3	143.1
$KClO_4$	Potassium perchlorate	s	-432.8	-303.1	151
KCN	Potassium cyanide	s	-113	-101.9	128.5
KH	Potassium hydride	s	-57.7		
KH_2PO_4	Potassium dihydrogen phosphate	s	$-1\,568.3$	$-1\,415.9$	134.9
$KHCO_3$	Potassium hydrogen carbonate	s	-963.2	-863.5	115.5
KHF_2	Potassium hydrogen fluoride	s	-927.7	-859.7	104.3
KI	Potassium iodide	s	-327.9	-324.9	106.3
KIO_3	Potassium iodate	s	-501.4	-418.4	151.5

续表

化学式	英文名称	状态	$\dfrac{\Delta_f H_m^{\ominus}}{kJ \cdot mol^{-1}}$	$\dfrac{\Delta_f G_m^{\ominus}}{kJ \cdot mol^{-1}}$	$\dfrac{S_m^{\ominus}}{J \cdot mol^{-1} \cdot K^{-1}}$
KIO_4	Potassium periodate	s	−467.2	−361.4	175.7
$KMnO_4$	Potassium permanganate	s	−837.2	−737.6	171.7
KNO_2	Potassium nitrite	s	−369.8	−306.6	152.1
KNO_3	Potassium nitrate	s	−494.6	−394.9	133.1
KO_2	Potassium superoxide	s	−284.9	−239.4	116.7
KOH	Potassium hydroxide	s	−424.6	−379.4	81.2
Kr	Krypton	g	0		164.1
$KSCN$	Potassium thiocyanate	s	−200.2	−178.3	124.3
La	Lanthanum	s	0		56.9
La_2O_3	Lanthanum oxide	s	−1 793.7	−1 705.8	127.3
$LaCl_3$	Lanthanum chloride	s	−1 072.2		
Li	Lithium	s	0		29.1
Li_2CO_3	Lithium carbonate	s	−1 215.9	−1 132.1	90.4
Li_2O	Lithium oxide	s	−597.9	−561.2	37.6
Li_2O_2	Lithium peroxide	s	−634.3		
Li_2SO_4	Lithium sulfate	s	−1 436.5	−1 321.7	115.1
Li_3PO_4	Lithium phosphate	s	−2 095.8		
$LiAlH_4$	Lithium aluminum hydride	s	−116.3	−44.7	78.7
$LiBH_4$	Lithium borohydride	s	−190.8	−125	75.9
LiF	Lithium fluoride	s	−616	−587.7	35.7
LiH	Lithium hydride	s	−90.5	−68.3	20
$LiNO_2$	Lithium nitrite	s	−372.4	−302	96
$LiNO_3$	Lithium nitrate	s	−483.1	−381.1	90
$LiOH$	Lithium hydroxide	s	−487.5	−441.5	42.8
$LiOH$	Lithium hydroxide	g	−229	−234.2	214.4
Mg	Magnesium	s	0		32.7
$Mg(NO_3)_2$	Magnesium nitrate	s	−790.7	−589.4	164
$Mg(OH)_2$	Magnesium hydroxide	s	−924.5	−833.5	63.2
$MgBr_2$	Magnesium bromide	s	−524.3	−503.8	117.2
MgC_2O_4	Magnesium oxalate	s	−1 269		

续表

化学式	英文名称	状态	$\dfrac{\Delta_f H_m^{\ominus}}{kJ \cdot mol^{-1}}$	$\dfrac{\Delta_f G_m^{\ominus}}{kJ \cdot mol^{-1}}$	$\dfrac{S_m^{\ominus}}{J \cdot mol^{-1} \cdot K^{-1}}$
$MgCl_2$	Magnesium chloride	s	−641.3	−591.8	89.6
$MgCO_3$	Magnesium carbonate	s	−1 095.8	−1 012.1	65.7
MgH_2	Magnesium hydride	s	−75.3	−35.9	31.1
MgI_2	Magnesium iodide	s	−364	−358.2	129.7
MgO	Magnesium oxide	s	−601.6	−569.3	27
$MgSO_4$	Magnesium sulfate	s	−1 284.9	−1 170.6	91.6
Mn	Manganese	s	0		32
$Mn(NO_3)_2$	Manganese (Ⅱ) nitrate	s	−576.3		
Mn_2O_3	Manganese (Ⅲ) oxide	s	−959	−881.1	110.5
Mn_2SiO_4	Manganese(Ⅱ) orthosilicate	s	−1 730.5	−1 632.1	163.2
Mn_3O_4	Manganese (Ⅱ,Ⅲ) oxide	s	−1 387.8	−1 283.2	155.6
$MnCl_2$	Manganese (Ⅱ) chloride	s	−481.3	−440.5	118.2
$MnCO_3$	Manganese (Ⅱ) carbonate	s	−894.1	−816.7	85.8
MnO	Manganese (Ⅱ) oxide	s	−385.2	−362.9	59.7
MnO_2	Manganese (Ⅳ) oxide	s	−520	−465.1	53.1
MnS	Manganese (Ⅱ) sulfide	s	−214.2	−218.4	78.2
Mo	Molybdenum	s	0		28.7
MoO_3	Molybdenum (Ⅵ) oxide	s	−745.1	−668	77.7
N_2	Nitrogen	g	0		191.6
N_2H_4	Hydrazine	l	50.6	149.3	121.2
N_2H_4	Hydrazine	g	95.4	159.4	238.5
N_2O	Nitrous oxide	g	81.6	103.7	220
N_2O_3	Nitrogen trioxide	l	50.3		
N_2O_3	Nitrogen trioxide	g	86.6	142.4	314.7
N_2O_4	Nitrogen tetroxide	l	−19.5	97.5	209.2
N_2O_4	Nitrogen tetroxide	g	11.1	99.8	304.4
N_2O_5	Nitrogen pentoxide	s	−43.1	113.9	178.2
N_2O_5	Nitrogen pentoxide	g	13.3	117.1	355.7
Na	Sodium	s	0		51.3
Na	Sodium	g	107.5	77	153.7

续表

化学式	英文名称	状态	$\dfrac{\Delta_f H_m^\ominus}{kJ \cdot mol^{-1}}$	$\dfrac{\Delta_f G_m^\ominus}{kJ \cdot mol^{-1}}$	$\dfrac{S_m^\ominus}{J \cdot mol^{-1} \cdot K^{-1}}$
Na_2	Disodium	g	142.1	103.9	230.2
$Na_2B_4O_7$	Sodium tetraborate	s	-3 291.1	-3 096	189.5
$Na_2C_2O_4$	Sodium oxalate	g	-1 318		
Na_2CO_3	Sodium carbonate	s	-1 130.7	-1 044.4	135
Na_2HPO_4	Sodium hydrogen phosphate	s	-1 748.1	-1 608.2	150.5
Na_2MnO_4	Sodium permanganate	s	-1 156		
Na_2O	Sodium oxide	s	-414.2	-375.5	75.1
Na_2O_2	Sodium peroxide	s	-510.9	-447.7	95
Na_2S	Sodium sulfide	s	-364.8	-349.8	83.7
Na_2SiF_6	Sodium hexafluorosilicate	s	-2 909.6	-2 754.2	207.1
Na_2SiO_3	Sodium metasilicate	s	-1 554.9	-1 462.8	113.9
Na_2SO_3	Sodium sulfite	s	-1 100.8	-1 012.5	145.9
Na_2SO_4	Sodium sulfate	s	-1 387.1	-1 270.2	149.6
$NaAlF_4$	Sodium tetrafluoroaluminate	g	-1 869	-1 827.5	345.7
$NaBF_4$	Sodium tetrafluoroborate	s	-1 844.7	-1 750.1	145.3
$NaBH_4$	Sodium borohydride	s	-188.6	-123.9	101.3
$NaBO_2$	Sodium metaborate	s	-977	-920.7	73.5
$NaBr$	Sodiurn bromide	s	-361.1	-349	86.8
$NaCl$	Sodium chloride	s	-411.2	-384.1	72.1
$NaClO_3$	Sodium chlorate	s	-365.8	-262.3	123.4
$NaClO_4$	Sodium perchlorate	s	-383.3	-254.9	142.3
$NaCN$	Sodium cyanide	s	-87.5	-76.4	115.6
NaF	Sodium fluoride	s	-576.6	-546.3	51.1
NaH	Sodium hydride	s	-56.3	-33.5	40
$NaHCO_3$	Sodium hydrogen carbonate	s	-950.8	-851	101.7
$NaHSO_4$	Sodium hydrogen sulfate	s	-1 125.5	-992.8	113
NaI	Sodium iodide	s	-287.8	-286.1	98.5
$NaIO_4$	Sodium periodate	s	-429.3	-323	163
NaN_3	Sodium azide	s	21.7	93.8	96.9
$NaNH_2$	Sodium amide	s	-123.8	-64	76.9

续表

化学式	英文名称	状态	$\Delta_f H_m^{\ominus}$ $\overline{kJ \cdot mol^{-1}}$	$\Delta_f G_m^{\ominus}$ $\overline{kJ \cdot mol^{-1}}$	$S_m^{\ominus}$ $\overline{J \cdot mol^{-1} \cdot K^{-1}}$
$NaNO_2$	Sodium nitrite	s	−358.7	−284.6	103.8
$NaNO_3$	Sodium nitrate	s	−467.9	−367	116.5
NaO_2	Sodium superoxide	s	−260.2	−218.4	115.9
NaOCN	Sodium cyanate	s	−405.4	−358.1	96.7
NaOH	Sodium hydroxide	s	−425.8	−379.7	64.4
Nb	Niobium	s	0		36.4
Nb_2O_5	Niobium（V）oxide	s	−1 899.5	−1 766	137.2
$NbCl_5$	Niobium（V）chloride	s	−797.5	−683.2	210.5
$NbCl_5$	Niobium（V）chloride	g	−703.7	−646	400.6
NCl_3	Nitrogen trichloride	l	230		
Ne	Neon	g	0		146.3
NF_3	Nitrogen trifluoride	g	−132.1	−90.6	260.8
NH_3	Ammonia	g	−45.9	−16.4	192.8
NH_4Br	Ammonium bromide	s	−270.8	−175.2	113
NH_4Cl	Ammonium chloride	s	−314.4	−202.9	94.6
NH_4CN	Ammonium cyanide	s	0.4		
NH_4F	Ammonium fluoride	s	−464	−348.7	72
NH_4NO_2	Ammonium nitrite	s	−256.5		
NH_4NO_3	Ammonium nitrate	s	−365.6	−183.9	151.1
$(NH_4)_2HPO_4$	Ammonium hydrogen phosphate	s	−1 566.9		
NH_4HSO_3	Ammonium hydrogen sulfite	s	−768.6		
NH_4HSO_4	Ammonium hydrogen sulfate	s	−1 027		
$(NH_4)_2SO_4$	Ammonium sulfate	s	−1 180.9	−901.7	220.1
NH_4I	Ammonium iodide	s	−201.4	−112.5	117
Ni	Nickel	s	0		29.9
Ni_2O_3	Nickel（III）oxide	s	−489.5		
NiS	Nickel（II）sulfide	s	−82	−79.5	53
$NiSO_4$	Nickel（II）sulfate	s	−872.9	−759.7	92
NO	Nitric oxide	g	91.3	87.6	210.8
NO_2	Nitrogen dioxide	g	33.2	51.3	240.1
O_2	Oxygen	g	0		205.2

化学式	英文名称	状态	$\Delta_f H_m^\ominus$ / $kJ \cdot mol^{-1}$	$\Delta_f G_m^\ominus$ / $kJ \cdot mol^{-1}$	$S_m^\ominus$ / $J \cdot mol^{-1} \cdot K^{-1}$
O_3	Ozone	g	142.7	163.2	238.9
O_2F_2	Difluorine dioxide	g	19.2	58.2	277.2
OF_2	Fluorine monoxide	g	24.5	41.8	247.5
Os	Osmium	s	0		32.6
OsF_6	Osmium（Ⅵ）fiuoride	s			246
OsF_6	Osmium（Ⅵ）fiuoride	g			358.1
OsO_4	Osmium（Ⅷ）oxide	s	−394.1	−304.9	143.9
P	Phosphorus（white）	s	0		41.1
P	Phosphorus（white）	g	316.5	280.1	163.2
P	Phosphorus（red）	s	−17.6		22.8
P	Phosphorus（black）	s	−39.3		
P_2H_4	Diphosphine	l	−5		
P_2H_4	Diphosphine	g	20.9		
P_4	Tetraphosphorus	g	58.9	24.4	280
$Pb(NO_3)_2$	Lead（Ⅱ）nitrate	s	−451.9		
Pb_3O_4	Lead（Ⅱ,Ⅱ,Ⅳ）oxide	s	−718.4	−601.2	211.3
PbC_2O_4	Lead（Ⅱ）oxalate	s	−851.4	−750.1	146
$PbCl_2$	Lead（Ⅱ）chloride	s	−359.4	−314.1	136
$PbCl_4$	Lead（Ⅳ）chloride	l	−329.3		
$PbCO_3$	Lead（Ⅱ）carbonate	s	−699.1	−625.5	131
PbI_2	Lead（Ⅱ）iodide	s	−175.5	−173.6	174.9
PbO	Lead（Ⅱ）oxide（massicot）	s	−217.3	−187.9	68.7
PbO	Lead（Ⅱ）oxide（litharge）	s	−219	−188.9	66.5
PbO_2	Lead（Ⅳ）oxide	s	−277.4	−217.3	68.6
PbS	Lead（Ⅱ）sulfide	s	−100.4	−98.7	91.2
$PbSe$	Lead（Ⅱ）selenide	s	−102.9	−101.7	102.5
$PbSO_4$	Lead（Ⅱ）sulfate	s	−920	−813	148.5
$PbTe$	Lead（Ⅱ）telluride	s	−70.7	−69.5	110
PCl_3	Phosphorus（Ⅲ）chloride	l	−319.7	−272.3	217.1
PCl_3	Phosphorus（Ⅲ）chloride	g	−287	−267.8	311.8
PCl_5	Phosphorus（Ⅴ）chloride	g	−374.9	−305	364.6
Pd	Palladium	s	0		37.6
PdO	Palladium（Ⅱ）oxide	s	−85.4		
PdO	Palladium（Ⅱ）oxide	g	348.9	325.9	218
PF_5	Phosphorous（Ⅴ）fiuoride	g	−1 594.4	−1 520.7	300.8

续表

化学式	英文名称	状态	$\Delta_f H_m^\ominus$ / kJ·mol^{-1}	$\Delta_f G_m^\ominus$ / kJ·mol^{-1}	$S_m^\ominus$ / J·mol^{-1}·K^{-1}
PH$_3$	Phosphine	g	5.4	13.5	210.2
Pt	Platinum	s	0		41.6
PtCl$_4$	Platinum（Ⅳ）chloride	s	−231.8		
PtF$_6$	Platinum（Ⅵ）fiuoride	s			235.6
PtF$_6$	Platinum（Ⅵ）fiuoride	g			348.3
Rb	Rubidium	s	0		76.8
Rb$_2$CO$_3$	Rubidium carbonate	s	−1 136	−1 051	181.3
Rb$_2$O	Rubidium oxide	s	−339		
Rb$_2$O$_2$	Rubidium peroxide	s	−472		
RbCl	Rubidium chloride	s	−435.4	−407.8	95.9
RbClO$_4$	Rubidium perchlorate	s	−437.2	−306.9	161.1
RbNO$_3$	Rubidium nitrate	s	−495.1	−395.8	147.3
RbOH	Rubidium hydroxide	s	−418.8	−373.9	94
RbOH	Rubidium hydroxide	g	−238	−239.1	248.5
Re	Rhenium	s	0		36.9
Re$_2$O$_7$	Rhenium（Ⅶ）oxide	s	−1 240.1	−1 066	207.1
Re$_2$O$_7$	Rhenium（Ⅶ）oxide	g	−1 100	−994	452
Rh	Rhodium	s	0		31.5
Rh$_2$O$_3$	Rhodium（Ⅲ）oxide	s	−343		
Rn	Radon	g	0		176.2
Ru	Ruthenium	s	0		28.5
RuO$_2$	Ruthenium（Ⅳ）oxide	s	−305		
RuO$_4$	Ruthenium（Ⅷ）oxide	s	−239.3	−152.2	146.4
S$_2$Cl$_2$	Sulfur chloride	l	−59.4		
Sb	Antimony	s	0		45.7
Sb$_2$O$_5$	Antimony（Ⅴ）oxide	s	−971.9	−829.2	125.1
Sc	Scandium	s	0		34.6
Sc$_2$O$_3$	Scandium oxide	s	−1 908.8	−1 819.4	77
SCl$_2$	Sulfur dichloride	l	−50		
Se	Selenium（gray）	s	0		42.4
SeF$_6$	Selenium hexafluoride	g	−1 117	−1 017	313.9
SeO$_2$	Selenium dioxide	s	−225.4		
SF$_4$	Sulfur tetrafluoride	g	−763.2	−722	299.6
SF$_6$	Sulfur hexafluoride	g	−1 220.5	−1 116.5	291.5
Si$_2$H$_6$	Disilane	g	80.3	127.3	272.7

化学式	英文名称	状态	$\dfrac{\Delta_f H_m^{\ominus}}{kJ \cdot mol^{-1}}$	$\dfrac{\Delta_f G_m^{\ominus}}{kJ \cdot mol^{-1}}$	$\dfrac{S_m^{\ominus}}{J \cdot mol^{-1} \cdot K^{-1}}$
SiC	Silicon carbide (cubic)	s	−65.3	−62.8	16.6
SiC	Silicon carbide (hexagonal)	s	−62.8	−60.2	16.5
SiCl$_4$	Tetrachlorosilane	l	−687	−619.8	239.7
SiCl$_4$	Tetrachlorosilane	g	−657	−617	330.7
SiF$_4$	Tetrafluorosilane	g	−1 615	−1 572.8	282.8
SiH$_4$	Silane	g	34.3	56.9	204.6
SiO$_2$	Silicon dioxide (α−quartz)	s	−910.7	−856.3	41.5
SiO$_2$	Silicon dioxide (α−quartz)	g	−322		
Sn	Tin (white)	s	0		51.2
Sn	Tin (white)	g	301.2	266.2	168.5
Sn	Tin (gray)	s	−2.1	0.1	44.1
Sn(OH)$_2$	Tin (Ⅱ) hydroxide	s	−561.1	−491.6	155
SnCl$_2$	Tin (Ⅱ) chloride	s	−325.1		
SnCl$_4$	Tin (Ⅳ) chloride	l	−511.3	−440.1	258.6
SnCl$_4$	Tin (Ⅳ) chloride	g	−471.5	−432.2	365.8
SnO	Tin (Ⅱ) oxide	s	−280.7	−251.9	57.2
SnO	Tin (Ⅱ) oxide	g	15.1	−8.4	232.1
SnO$_2$	Tin (Ⅳ) oxide	s	−577.6	−515.8	49
SnS	Tin (Ⅱ) sulfide	s	−100	−98.3	77
SO$_2$	Sulfur dioxide	l	−320.5		
SO$_2$	Sulfur dioxide	g	−296.8	−300.1	248.2
SO$_2$Cl$_2$	Sulfuryl chloride	l	−394.1		
SO$_2$Cl$_2$	Sulfuryl chloride	g	−364	−320	311.9
SO$_3$	Sulfur trioxide	s	−454.5	−374.2	70.7
SO$_3$	Sulfur trioxide	l	−441	−373.8	113.8
SO$_3$	Sulfur trioxide	g	−395.7	−371.1	256.8
Sr	Strontium	s	0		55
Sr(OH)$_2$	Strontium hydroxide	s	−959		
SrCO$_3$	Strontium carbonate	s	−1 220.1	−1 140.1	97.1
SrO	Strontium oxide	s	−592	−561.9	54.4
SrS	Strontium sulfide	s	−472.4	−467.8	68.2
SrSO$_4$	Strontium sulfate	s	−1 453.1	−1 340.9	117
Ta	Tantalum	s	0		41.5
Tc	Technetium	s	0		
Tc	Technetium	g	678		181.1

续表

化学式	英文名称	状态	$\dfrac{\Delta_f H_m^\ominus}{kJ \cdot mol^{-1}}$	$\dfrac{\Delta_f G_m^\ominus}{kJ \cdot mol^{-1}}$	$\dfrac{S_m^\ominus}{J \cdot mol^{-1} \cdot K^{-1}}$
Te	Tellurium	s	0		49.7
TeO$_2$	Tellurium dioxide	s	−322.6	−270.3	79.5
Ti	Titanium	s	0		30.7
TiBr$_3$	Titanium bromide	s	−548.5	−523.8	176.6
TiCl$_4$	Titanium（Ⅳ）chloride	l	−804.2	−737.2	252.3
TiCl$_4$	Titanium（Ⅳ）chloride	g	−763.2	−726.3	353.2
TiO$_2$	Titanium（Ⅳ）oxide（rutile）	s	−944	−888.8	50.6
Tl	Thallium	s	0		64.2
TlBr	Thallium（Ⅰ）bromide	s	−173.2	−167.4	120.5
TlCl	Thallium（Ⅰ）chloride	s	−204.1	−184.9	111.3
TlCl$_3$	Thallium（Ⅲ）chloride	s	−315.1		
Tl$_2$CO$_3$	Thallium（Ⅰ）carbonate	s	−700	−614.6	155.2
TlF	Thallium（Ⅰ）fluoride	s	−324.7		
TlF	Thallium（Ⅰ）fluoride	g	−182.4		
TlI	Thallium（Ⅰ）iodide	s	−123.8	−125.4	127.6
Tl$_2$O	Thallium（Ⅰ）oxide	s	−178.7	−147.3	126
TlOH	Thallium（Ⅰ）hydroxide	s	−238.9	−195.8	88
Tl$_2$S	Thallium（Ⅰ）sulfide	s	−97.1	−93.7	151
Tl$_2$SO$_4$	Thallium（Ⅰ）sulfate	s	−931.8	−830.4	230.5
U	Uranium	s	0		50.2
UO$_3$	Uranium（Ⅵ）oxide	s	−1 223.8	−1 145.7	96.1
V	Vanadium	s	0		28.9
V$_2$O$_5$	Vanadium（Ⅴ）oxide	s	−1 550.6	−1 419.5	131
W	Tungsten	s	0		32.6
WO$_3$	Tungsten（Ⅵ）oxide	s	−842.9	−764	75.9
Xe	Xenon	g	0		169.7
XeF$_4$	Xenon tetrafluoride	s	−261.5		
Y	Yttrium	s	0		44.4
Y$_2$O$_3$	Yttrium oxide	s	−1 905.3	−1 816.6	99.1
Zn	Zinc	s	0		41.6
Zn(NO$_3$)$_2$	Zinc nitrate	s	−483.7		
Zn(OH)$_2$	Zinc hydroxide	s	−641.9	−553.5	81.2
ZnCl$_2$	Zinc chloride	s	−415.1	−369.4	111.5
ZnCO$_3$	Zinc carbonate	s	−812.8	−731.5	82.4
ZnF$_2$	Zinc fluoride	s	−764.4	−713.3	73.7

化学式	英文名称	状态	$\Delta_f H_m^\ominus$ kJ·mol^{-1}	$\Delta_f G_m^\ominus$ kJ·mol^{-1}	$S_m^\ominus$ J·mol^{-1}·K^{-1}
ZnO	Zinc oxide	s	−350.5	−320.5	43.7
ZnS	Zinc sulfide（wurtzite）	s	−192.6		
ZnS	Zinc sulfide（sphalerite）	s	−206	−201.3	57.7
ZnSO$_4$	Zinc sulfate	s	−982.8	−871.5	110.5
Zr	Zirconium	s	0		39
ZrCl$_2$	Zirconium（Ⅱ）chloride	s	−502		
ZrF$_4$	Zirconium（Ⅳ）fiuoride	s	−1 911.3	−1 809.9	104.6
ZrO$_2$	Zirconium（Ⅳ）oxide	s	−1 100.6	−1 042.8	50.4
C$_2$H$_2$O$_2$	Glyoxal	g	−212	−189.7	272.5
CH$_3$NH$_2$	Methylamine	l	−47.3	35.7	150.2
CH$_3$NH$_2$	Methylamine	g	−22.5	32.7	242.9
CH$_3$OCH$_3$	Dimethyl ether	l	−203.3		
CH$_3$OCH$_3$	Dimethyl ether	g	−184.1	−112.6	266.4
CH$_3$OH	Methanol	l	−239.2	−166.6	126.8
CH$_3$OH	Methanol	g	−201	−162.3	239.9
CH$_4$	Methane	g	−74.6	−50.5	186.3
CHI$_3$	Triiodomethane	s	−181.1		
CHI$_3$	Triiodomethane	g	251		356.2
CO(NH$_2$)$_2$	Urea	s	−333.1		
CO(NH$_2$)$_2$	Urea	g	−245.8		
C$_2$H$_4$	Ethylene	g	52.4	68.4	219.3
C$_2$H$_5$OH	Ethanol	l	−277.6	−174.8	160.7
C$_2$H$_6$	Ethane	g	−84	−32	229.2
C$_2$H$_7$N	Ethylamine	g	−47.5	36.3	283.8
C$_3$H$_4$	Propyne	g	184.9		
C$_3$H$_6$	Propene	l	4		
C$_3$H$_6$	Propene	g	20		
C$_3$H$_6$	Cyclopropane	l	35.2		
C$_3$H$_6$	Cyclopropane	g	53.3	104.5	237.5
C$_3$H$_6$O	Propanal	l	−215.6		
C$_3$H$_6$O	Propanal	g	−185.6		304.5
C$_3$H$_8$	Propane	l	−120.9		
C$_3$H$_8$	Propane	g	−103.8	−23.4	270.3
C$_3$H$_9$N	Propylamine	l	−101.5		164.1
C$_3$H$_9$N	Propylamine	g	−70.1	39.9	325.4

续表

化学式	英文名称	状态	$\Delta_f H_m^\ominus$ $\mathrm{kJ \cdot mol^{-1}}$	$\Delta_f G_m^\ominus$ $\mathrm{kJ \cdot mol^{-1}}$	$S_m^\ominus$ $\mathrm{J \cdot mol^{-1} \cdot K^{-1}}$
C_4H_8	1-Butene	l	−20.8		227
C_4H_8	1-Butene	g	0.1		
$C_4H_8O_2$	Ethyl Acetate	l	−479.3		257.7
C_5H_5N	Pyridine	l	100.2		
C_5H_5N	Pyridine	g	140.4		
C_6H_{12}	Cyclohexane	l	−156.4		
C_6H_{12}	Cyclohexane	g	−123.4		
C_6H_6	Benzene	l	49.1	124.5	173.4
C_6H_6	Benzene	g	82.9	129.7	269.2
C_6H_6O	Phenol	s	−165.1		144
C_6H_6O	Phenol	g	−96.4		
C_6H_7N	Aniline	l	31.6		
C_6H_7N	Aniline	g	87.5	−7	317.9
$C_6H_{16}N_2$	1,6-Hexanediamine	s	−205.0		
C_7H_8	Toluene	l	12.4		
C_7H_8	Toluene	g	50.5		
C_8H_{10}	Ethylbenzene	l	−12.3		
C_8H_{10}	Ethylbenzene	g	29.9		
C_8H_{10}	o-Xylene	l	−24.4		
C_8H_{10}	o-Xylene	g	19.1		
C_8H_{10}	m-Xylene	l	−25.4		
C_8H_{10}	m-Xylene	g	17.3		
C_8H_{10}	p-Xylene	l	−24.4		
C_8H_{10}	p-Xylene	g	18		
$C_{10}H_8$	Naphthalene	s	78.5	201.6	167.4
$C_{10}H_8$	Naphthalene	g	150.6	224.1	333.1

注：本表摘自 W M Haynes. CRC Handbook of Chemistry and Physics. 97th ed. Boca Raton：CRC Press Inc，2016—2017：5-3~5-64.

附录 5   一些物质的标准摩尔燃烧热
（298.15 K，100 kPa）

化学式	英文名称	中文名称	状态	$\Delta_c H_m^{\ominus}/(\text{kJ}\cdot\text{mol}^{-1})$
Inorganic substances				
C	Carbon	碳（graphite）	s	−394
CO	Carbon monoxide	一氧化碳	g	−283
H_2	Hydrogen	氢气	g	−286
NH_3	Ammonia	氨气	g	−383
N_2H_4	Hydrazine	肼	g	−622
N_2O	Nitrous oxide	一氧化二氮	g	−82
Hydrocarbons				
CH_4	Methane	甲烷	g	−891
C_2H_2	Acetylene	乙炔	g	−1 300
C_2H_4	Ethylene	乙烯	g	−1 411
C_2H_6	Ethane	乙烷	g	−1 561
C_3H_6	Propylene	丙烯	g	−2 058
C_3H_6	Cyclopropane	环丙烷	g	−2 091
C_3H_8	Propane	丙烷	g	−2 220
C_4H_6	1,3-Butadiene	1,3-丁二烯	g	−2 540
C_4H_{10}	Butane	丁烷	g	−2 878
C_5H_{12}	Pentane	戊烷	l	−3 509
C_6H_6	Benzene	苯	l	−3 268
C_6H_{12}	Cyclohexane	环己烷	l	−3 920
C_6H_{14}	Hexane	正己烷	l	−4 163
C_7H_8	Toluene	甲苯	l	−3 910
C_7H_{16}	Heptane	庚烷	l	−4 817
$C_{10}H_8$	Naphthalene	萘	s	−5 157
Alcohols and ethers				
CH_4O	Methanol	甲醇	l	−726

续表

化学式	英文名称	中文名称	状态	$\Delta_c H_m^\ominus /(\text{kJ} \cdot \text{mol}^{-1})$
C_2H_6O	Ethanol	乙醇	l	$-1\ 367$
C_2H_6O	Dimethyl ether	二甲醚	g	$-1\ 460$
$C_2H_6O_2$	1.2-Ethylenediol	乙二醇	l	$-1\ 185$
C_3H_8O	1-Propanol	丙醇	l	$-2\ 021$
$C_3H_8O_3$	Glycerol	丙三醇	l	$-1\ 654$
$C_4H_{10}O$	Diethyl ether	二乙醚	l	$-2\ 724$
$C_5H_{12}O$	1-Pentanol	正戊醇	l	$-3\ 331$
C_6H_6O	Phenol	苯酚	s	$-3\ 054$
Carbonyl compounds				
CH_2O	Formaldehyde	甲醛	g	-571
C_2H_2O	Ketene	乙烯酮	g	$-1\ 025$
C_2H_4O	Acetaldehyde	乙醛	l	$-1\ 167$
C_3H_6O	Acetone	丙酮	l	$-1\ 790$
C_3H_6O	Propanal	丙醛	l	$-1\ 822$
C_4H_8O	2-Butanone	2-丁酮	l	$-2\ 444$
Acids and esters				
CH_2O_2	Formic acid	甲酸	l	-254
$C_2H_4O_2$	Acetic acid	醋酸	l	-874
$C_2H_4O_2$	Methyl formate	甲酸甲酯	l	-973
$C_3H_6O_2$	Methyl acetate	乙酸甲酯	l	$-1\ 592$
$C_4H_8O_2$	Ethyl acetate	乙酸乙酯	l	$-2\ 238$
$C_7H_6O_2$	Benzoic acid	苯甲酸	s	$-3\ 228.2$
Nitrogen compounds				
CHN	Hydrogen cyanide	氰化氢	g	-672
CH_3NO_2	Nitromethane	硝基甲烷	l	-710
CH_5N	Methylamine	甲胺	g	$-1\ 086$
C_2H_3N	Acetonitrile	乙氰	l	$-1\ 256$
C_2H_5NO	Acetamide	乙酰胺	s	$-1\ 185$
C_5H_5N	Pyridine	嘧啶	l	$-2\ 782$
C_6H_7N	Aniline	苯胺	l	$-3\ 393$

注:本表摘自 W M Haynes. CRC Handbook of Chemistry and Physics. 97th ed. Boca Raton:CRC Press Inc,
2016—2017:5-67. 按本书对燃烧热的定义,在原数据前做了添加"-"的处理。

附录 6　元素的原子半径 r

单位:pm

	1	2	3	4	5	6	7	8	9	10	11	12	13	14	15	16	17	18
1	H 30																	He 140
2	Li 152	Be 111.3											B 88	C 77.2	N 70	O 66	F 64	Ne 154
3	Na 186	Mg 160											Al 143.1	Si 117	P 110	S 104	Cl 99	Ar 192
4	K 232	Ca 197	Sc 162	Ti 147	V 134	Cr 128	Mn 127	Fe 126	Co 125	Ni 124	Cu 128	Zn 134	Ga 135	Ge 128	As 121	Se 117	Br 114	Kr 198
5	Rb 248	Sr 215	Y 180	Zr 160	Nb 146	Mo 139	Tc 136	Ru 134	Rh 134	Pd 137	Ag 144	Cd 148.9	In 167	Sn 151	Sb 145	Te 137	I 133	Xe 218
6	Cs 265	Ba 217.3	La 183	Hf 159	Ta 146	W 139	Re 137	Os 135	Ir 135.5	Pt 138.5	Au 144	Hg 151	Tl 170	Pb 175	Bi 154.7	Po 164	At	Rn
7	Fr 270	Ra (220)	Ac															

La 183	Ce 181.8	Pr 182.4	Nd 181.4	Pm 183.4	Sm 180.4	Eu 208.4	Gd 180.4	Tb 177.3	Dy 178.1	Ho 176.2	Er 176.1	Tm 175.9	Yb 193.3	Lu 173.8

注:本表中——左下部分的金属半径数据摘自 James G Speight. Lange's Handbook of Chemistry. 16th ed. New York:McGraw-Hill Companies Inc,2005:Table 1.31.

本表中——右上部分(除最右一列)的共价半径数据摘自 James G Speight. Lange's Handbook of Chemistry. 16th ed. New York:McGraw-Hill Companies Inc,2005:Table 1.33.

本表中最右一列的范德华半径为 Pauling 数据。

附录 7　元素的第一电离能 I_1

单位:kJ·mol⁻¹

周期	1	2	3	4	5	6	7	8	9	10	11	12	13	14	15	16	17	18
1	H 1312.0																	He 2372.3
2	Li 520.2	Be 899.5											B 800.6	C 1086.5	N 1402.3	O 1313.9	F 1681.0	Ne 2080.7
3	Na 495.8	Mg 737.7											Al 577.5	Si 786.5	P 1011.8	S 999.6	Cl 1251.2	Ar 1520.6
4	K 418.8	Ca 589.8	Sc 633.1	Ti 658.8	V 650.9	Cr 652.9	Mn 717.3	Fe 762.5	Co 760.4	Ni 737.1	Cu 745.5	Zn 906.4	Ga 578.8	Ge 762.2	As 944.5	Se 941.0	Br 1139.9	Kr 1350.8
5	Rb 403.0	Sr 549.5	Y 599.9	Zr 640.1	Nb 652.1	Mo 684.3	Tc 702.4	Ru 710.2	Rh 719.7	Pd 804.4	Ag 731.0	Cd 867.8	In 558.3	Sn 708.6	Sb 830.6	Te 869.3	I 1008.4	Xe 1170.3
6	Cs 375.7	Ba 502.9	La 538.1	Hf 658.5	Ta 728.4	W 758.8	Re 755.8	Os 814.2	Ir 865.2	Pt 864.4	Au 890.1	Hg 1007.1	Tl 589.4	Pb 715.6	Bi 702.9	Po 812.2	At	Rn 1037.1
7	Fr 393.0	Ra 509.3	Ac 519.2															

La 538.1	Ce 534.4	Pr 528.1	Nd 533.1	Pm 538.6	Sm 544.5	Eu 547.1	Gd 593.4	Tb 565.8	Dy 573.0	Ho 581.0	Er 589.3	Tm 596.7	Yb 603.4	Lu 523.5
Ac 498.8	Th 608.5	Pa 568.3	U 597.6	Np 604.5	Pu 581.4	Am 576.3	Cm 578.1	Bk 598.0	Cf 606.1	Es 614.4	Fm 627.2	Md 634.9	No 641.6	Lr 478.6

注:本表摘自 W M Haynes. CRC Handbook of Chemistry and Physics. 97th ed. Boca Raton:CRC Press Inc.,2016—2017:1-16. 原表中数据单位为电子伏特(eV),本表将其乘以 96.4853,所得数据单位即为 kJ·mol⁻¹。

附录 8　元素的第一电子亲和能 E_1

单位：kJ·mol⁻¹

周期																			
1	H 72.77																		He (—)
2	Li 59.63	Be (—)												B 26.99	C 121.78	N —	O 140.98	F 328.16	Ne (—)
3	Na 52.87	Mg (—)												Al 41.76	Si 134.07	P 72.04	S 200.41	Cl 348.57	Ar (—)
4	K 48.38	Ca 2.37	Sc 18.14	Ti 7.62	V 50.65	Cr 64.26	Mn (—)	Fe 14.57	Co 63.87	Ni 111.54	Cu 119.16	Zn —		Ga 41.49	Ge 118.94	As 77.57	Se 194.96	Br 324.54	Kr (—)
5	Rb 46.88	Sr 4.63	Y 29.62	Zr 41.10	Nb 88.38	Mo 72.17	Tc (53.07)	Ru (101.31)	Rh 109.70	Pd 54.22	Ag 125.62	Cd —		In 28.95	Sn 107.30	Sb 100.92	Te 190.16	I 295.15	Xe (—)
6	Cs 45.50	Ba 13.95	La 45.35	Hf (1.35)	Ta 31.07	W 78.76	Re (14.47)	Os (106.13)	Ir 150.88	Pt 205.32	Au 222.75	Hg —		Tl 36.37	Pb 35.12	Bi 90.92	Po (183.32)	At (270.16)	Rn (—)
7	Fr (44.38)	Ra (9.65)	Ac (33.77)	Uuo (5.40)	Ubu (55.00)														

注：本表摘自 W M Haynes. CRC Handbook of Chemistry and Physics. 97th ed. Boca Raton：CRC Press Inc，2016—2017：10-147～10-149. 表中未加括号的数据为实验值，加扩号的为理论值，"—"表示不稳定（not stable）。原表中数据单位为电子伏特（eV），本表将其乘以 96.4853，所得数据即为 kJ·mol⁻¹。

附录 9　元素的电负性χ

1	2	3	4	5	6	7	8	9	10	11	12	13	14	15	16	17	18
H 2.20																	He —
Li 0.98	Be 1.57											B 2.04	C 2.55	N 3.04	O 3.44	F 3.98	Ne —
Na 0.93	Mg 1.31											Al 1.61	Si 1.90	P 2.19	S 2.58	Cl 3.16	Ar —
K 0.82	Ca 1.00	Sc 1.36	Ti 1.54	V 1.63	Cr 1.66	Mn 1.55	Fe 1.83	Co 1.88	Ni 1.91	Cu 1.90	Zn 1.65	Ga 1.81	Ge 2.01	As 2.01	Se 2.55	Br 2.96	Kr —
Rb 0.82	Sr 0.95	Y 1.22	Zr 1.33	Nb 1.6	Mo 2.16	Tc 2.10	Ru 2.2	Rh 2.28	Pd 2.20	Ag 1.93	Cd 1.69	In 1.78	Sn 1.96	Sb 2.05	Te 2.10	I 2.66	Xe 2.60
Cs 0.79	Ba 0.89	La 1.10	Hf 1.3	Ta 1.5	W 1.7	Re 1.9	Os 2.2	Ir 2.2	Pt 2.2	Au 2.4	Hg 1.9	Tl 1.8	Pb 1.8	Bi 1.9	Po 2.0	At 2.2	Rn —
Fr 0.7	Ra 0.9	Ac 1.1	Th 1.3	Pa 1.5	U 1.7	Np 1.3	Pu 1.3										

La 1.10	Ce 1.12	Pr 1.13	Nd 1.14	Pm —	Sm 1.17	Eu —	Gd 1.20	Tb —	Dy 1.22	Ho 1.23	Er 1.24	Tm 1.25	Yb —	Lu 1.0

注：本表摘自 W M Haynes. CRC Handbook of Chemistry and Physics. 97th ed. Boca Raton：CRC Press Inc，2016—2017：9-103.

附录 10　离 子 半 径

离子	配位数	r/pm	离子	配位数	r/pm
F^-	6	133		6	16
Cl^-	6	181	Ca^{2+}	6	100
Br^-	6	196		8	112
I^-	6	220		10	123
OH^-	4	135		12	134
	6	137	Cd^{2+}	4	78
O^{2-}	2	121		6	95
	6	140		8	110
	8	142		12	131
S^{2-}	6	184	Cl^{5+}	3py	12
Ag^+	4	100	Cl^{7+}	4	8
	6	115	Co^{2+}	4	56
	8	128		6	65
Al^{3+}	4	39		8	90
	5	48	Co^{3+}	6	55
	6	54	Cr^{2+}	6	73
As^{3+}	6	58	Cr^{3+}	6	62
As^{5+}	4	34	Cr^{4+}	4	41
	6	46		6	55
Au^+	6	137	Cr^{6+}	4	26
Au^{3+}	4sq	64		6	44
	6	85	Cs^+	6	167
Ba^{2+}	6	135		8	174
	8	142		10	181
	12	161		12	188
Be^{2+}	4	27	Cu^+	2	46
	6	45		4	60
Bi^{3+}	5	96		6	77
	6	103	Cu^{2+}	4sq	57
	8	117		6	73
Bi^{5+}	6	76	Fe^{2+}	4	63
Br^{5+}	3py	31		6	61
Br^{7+}	4	25		8	92
	6	39	Fe^{3+}	4	49
C^{4+}	4	15		6	55

续表

离子	配位数	r/pm	离子	配位数	r/pm
	8	78		6	83
Ga^{3+}	4	47		8	96
	6	62	Mn^{3+}	6	58
Gd^{3+}	6	94	Mn^{4+}	4	39
	8	105		6	53
Ge^{2+}	6	73	Mn^{5+}	4	33
Ge^{4+}	4	39	Mn^{6+}	4	26
	6	53	Mn^{7+}	4	25
Hf^{4+}	4	58	Mo^{6+}	4	41
	6	71		6	59
	8	83		7	73
Hg^{+}	6	119	N^{3+}	6	16
Hg^{2+}	2	69	N^{5+}	6	13
	4	96	Na^{+}	4	99
	6	102		6	102
	8	114		8	118
I^{5+}	3py	44		9	124
	6	95		12	139
I^{7+}	4	42	Nb^{3+}	6	72
	6	53		8	79
In^{3+}	4	62	Nb^{5+}	4	48
	6	80		6	64
K^{+}	4	137		8	74
	6	138	Ni^{2+}	4sq	49
	8	151		6	69
	12	164	Ni^{3+}	6	56
La^{3+}	6	103	Os^{4+}	6	63
	8	116	Os^{5+}	6	58
	10	127	Os^{6+}	6	55
	12	136	Os^{8+}	4	39
Li^{+}	4	59	P^{5+}	4	17
	6	76		6	38
	8	92	Pb^{2+}	6	119
Lu^{3+}	6	86		8	129
	8	97		10	140
Mg^{2+}	4	57		12	149
	6	72	Pb^{4+}	4	65
	8	89		6	78
Mn^{2+}	4	66		8	94

续表

离子	配位数	r/pm	离子	配位数	r/pm
Pd^{2+}	4sq	64	Tc^{4+}	6	65
	6	86	Te^{4+}	4	66
Pd^{3+}	6	76		6	97
Pd^{4+}	6	62	Te^{6+}	4	43
Po^{4+}	6	97		6	56
Pt^{2+}	4sq	60	Ti^{2+}	6	86
	6	80	Ti^{3+}	6	67
Pt^{4+}	6	63	Ti^{4+}	4	42
Ra^{2+}	8	148		6	61
	12	170		8	74
Rb^{+}	6	152	Tl^{+}	6	150
	8	161		8	159
	10	166		12	170
	12	172	Tl^{3+}	4	75
Re^{7+}	4	38		6	89
	6	53		8	98
S^{4+}	6	37	V^{2+}	6	79
S^{6+}	4	12	V^{3+}	6	64
	6	29	V^{4+}	5	53
Sb^{3+}	4py	76		6	58
	6	76		8	72
Sb^{5+}	6	60	V^{5+}	4	36
Sc^{3+}	6	75		5	46
	8	87		6	54
Se^{4+}	6	50	W^{4+}	6	66
Se^{6+}	4	28	W^{5+}	6	62
	6	42	W^{6+}	4	42
Si^{4+}	4	26		5	51
	6	40		6	60
Sn^{4+}	4	55	Y^{3+}	6	90
	6	69		8	102
	8	81		9	108
Sr^{2+}	6	118	Zn^{2+}	4	60
	8	126		6	74
	10	136		8	90
	12	144	Zr^{4+}	4	59
Ta^{3+}	6	72		6	72
Ta^{4+}	6	68		8	84
Ta^{5+}	6	64		9	89

注:本表摘自 W M Haynes. CRC Handbook of Chemistry and Physics. 97th ed. Boca Raton:CRC Press Inc,2016—2017:12-12～12-13. 表中 sq 为平面四边形配位;py 为角锥形配位。原表中数据单位为 Å,本表中将其乘以 100,所得数据单位即为 pm。

附录 11　一些弱酸弱碱的酸常数和碱常数

附表 11-1　一些弱酸的酸常数

中文名称	化学式	级数	温度/K	K_a	pK_a
砷酸[*]	H_3AsO_4	1	298	5.50×10^{-3}	2.26
		2	298	1.74×10^{-7}	6.76
		3	298	5.13×10^{-12}	11.29
硼酸	H_3BO_3	1	293	5.81×10^{-10}	9.236
碳酸	H_2CO_3	1	298	4.45×10^{-7}	6.352(11)
		2	298	4.69×10^{-11}	10.329
亚氯酸	$HClO_2$		298	1.1×10^{-2}	1.94
氰酸	$HCNO$		298	3.5×10^{-4}	3.46
叠氮酸	HN_3		298	2.4×10^{-5}	4.62
氢氰酸	HCN		298	6.2×10^{-10}	9.21
氢氟酸	HF		298	6.3×10^{-4}	3.20(4)
过氧化氢	H_2O_2	1	298	2.3×10^{-12}	11.64(2)
次磷酸	H_3PO_2		298	5.9×10^{-2}	1.23
硒化氢	H_2Se	1	298	1.3×10^{-4}	3.89
		2	298	1.0×10^{-11}	11.0
硫化氢	H_2S	1	298	1.1×10^{-7}	6.97
		2	298	1.3×10^{-13}	12.90
碲化氢	H_2Te	1	291	2.3×10^{-3}	2.64
		2	291	$10^{-11}\sim10^{-12}$	11~12
次溴酸	$HBrO$		298	2.8×10^{-9}	8.55
次氯酸	$HClO$		298	2.90×10^{-8}	7.537
次碘酸	HIO		298	3×10^{-11}	10.5(5)
碘酸	HIO_3		298	1.57×10^{-1}	0.804
亚硝酸	HNO_2		298	7.2×10^{-4}	3.14(1)
偏高碘酸	HIO_4		298	2.3×10^{-2}	1.64
磷酸	H_3PO_4	1	298	7.11×10^{-3}	2.148(20)

续表

中文名称	化学式	级数	温度/K	K_a	pK_a
		2	298	6.34×10^{-8}	7.198(10)
		3	298	4.8×10^{-13}	12.32(6)
亚磷酸	H_3PO_3	1	293	3.7×10^{-2}	1.43
		2	293	2.1×10^{-7}	6.68(14)
焦磷酸	$H_4P_2O_7$	1	298	1.2×10^{-1}	0.91
		2	298	7.9×10^{-3}	2.10
		3	298	2.0×10^{-7}	6.70
		4	298	4.5×10^{-10}	9.35
硒酸	H_2SeO_4	2	298	2.2×10^{-2}	1.66
亚硒酸	H_2SeO_3	1	298	2.4×10^{-3}	2.62
		2	298	5.0×10^{-9}	8.30(15)
硅酸	H_4SiO_4	1	303	2.5×10^{-10}	9.60(10)
		2	303	1.6×10^{-12}	11.8(1)
硫酸	H_2SO_4	2	298	1.0×10^{-2}	1.99(1)
亚硫酸	H_2SO_3	1	298	1.3×10^{-2}	1.89
		2	298	6.24×10^{-8}	7.205
碲酸	H_6TeO_6	1	298	2.2×10^{-8}	7.65(5)
		2	298	1.0×10^{-11}	11.00(5)
亚碲酸	H_2TeO_3	1	293	5.4×10^{-7}	6.27
		2	293	3.7×10^{-9}	8.43
四氟硼酸	HBF_4		298	3.2×10^{-1}	0.50
乙酸	CH_3COOH		298	1.75×10^{-5}	4.756
柠檬酸	$C_6H_8O_7$	1	298	7.45×10^{-4}	3.128
		2	298	1.73×10^{-5}	4.761
		3	298	4.02×10^{-7}	6.396
乙二胺	$C_{10}H_{16}N_2O_8$	1	298	1.0×10^{-2}	1.99
四乙酸	(edta)	2	298	2.1×10^{-3}	2.67
		3	298	6.9×10^{-7}	6.16
		4	398	5.5×10^{-11}	10.26
甲酸	$HCOOH$		298	1.77×10^{-4}	3.751
乳酸	$C_3H_6O_3$		298	1.39×10^{-4}	3.858
草酸	$H_2C_2O_4$	1	298	5.36×10^{-2}	1.271

续表

中文名称	化学式	级数	温度/K	K_a	pK_a
		2	298	5.35×10^{-5}	4.272
苯酚	C_6H_5OH		298	1.0×10^{-10}	9.99
α-酒石酸	$C_4H_6O_6$	1	298	9.20×10^{-4}	3.036
		2	298	4.31×10^{-5}	4.366

* 砷酸的数据摘自 W M Haynes.CRC Handbook of Chemistry and Physics. 97th ed. Boca Raton：CRC Press Inc，2016—2017：5-87.

附表 11-2　一些弱碱的碱常数

中文名称	化学式	级数	温度/K	K_b	pK_b
氨	NH_3		298	1.76×10^{-5}	4.754
苯胺	$C_6H_5NH_2$		298	4.0×10^{-10}	9.40
1,4-丁二胺	$C_4H_{12}N_2$	1	298	2.2×10^{-5}	4.65
		2	298	6.6×10^{-4}	3.18
二甲胺	$(CH_3)_2NH$		298	5.9×10^{-4}	3.23
二乙胺	$(C_2H_5)_2NH$		298	6.3×10^{-4}	3.20
乙胺	$C_2H_5NH_2$		298	4.3×10^{-4}	3.37
1,6-己二胺	$C_6H_{16}N_2$	1	298	6.76×10^{-5}	4.170
		2	298	8.51×10^{-4}	3.070
肼	N_2H_4	1	298	1.9×10^{-14}	13.73
		2	298	8.7×10^{-7}	6.06
甲胺	CH_3NH_2		298	4.2×10^{-4}	3.38
吡啶	C_5H_5N		298	1.5×10^{-9}	8.83

注：本表摘自 James G Speight. Lange's Handbook of Chemistry. 16th ed. New York：McGraw-Hill Companies Inc，2005：Table 1.74，Table 2.59. 其中 pK_b 数据根据相应的质子化的化合物的 pK_a 数据计算得出。

附录 12   常见难溶电解质的溶度积常数

化学式	K_{sp}	pK_{sp}
$Al(OH)_3$	1.3×10^{-33}	32.89
$AlPO_4$	9.84×10^{-21}	20.01
Al_2S_3	2×10^{-7}	6.7
As_2S_3	2.1×10^{-22}	21.68
$Ba_3(AsO_4)_2$	8.0×10^{-51}	50.11
$Ba(BrO_3)_2$	2.43×10^{-4}	5.50
$BaCO_3$	2.58×10^{-9}	8.59
$BaCrO_4$	1.17×10^{-10}	9.93
BaF_2	1.84×10^{-7}	6.74
$BaSiF_6$	1×10^{-6}	6
$Ba(OH)_2\cdot8H_2O$	2.55×10^{-4}	3.59
$Ba(IO_3)_2\cdot H_2O$	4.01×10^{-9}	8.40
$BaC_2O_4\cdot H_2O$	2.3×10^{-8}	7.64
$Ba_3(PO_4)_2$	3.4×10^{-23}	22.47
$Ba_2P_2O_7$	3.2×10^{-11}	10.5
$BaSO_4$	1.08×10^{-10}	9.97
$BaSO_3$	5.0×10^{-10}	9.30
BaS_2O_3	1.6×10^{-5}	4.79
$BeCO_3\cdot4H_2O$	1×10^{-3}	3
$Be(OH)_2$	6.92×10^{-22}	21.16
$BiAsO_4$	4.43×10^{-10}	9.35
$Bi(OH)_3$	6.0×10^{-31}	30.4
BiI_3	7.71×10^{-19}	18.11
$BiOBr$	3.0×10^{-7}	6.52

续表

化学式	K_{sp}	pK_{sp}
BiOCl	1.8×10^{-31}	30.75
BiO(OH)	4×10^{-10}	9.4
BiO(NO$_3$)	2.82×10^{-3}	2.55
BiO(NO$_2$)	4.9×10^{-7}	6.31
BiPO$_4$	1.3×10^{-23}	22.89
Bi$_2$S$_3$	1×10^{-97}	97
CdCO$_3$	1.0×10^{-12}	12.0
Cd(CN)$_2$	1.0×10^{-8}	8.0
CdF$_2$	6.44×10^{-3}	2.19
Cd(OH)$_2$(新生成)	7.2×10^{-15}	14.14
Cd(IO$_3$)$_2$	2.5×10^{-8}	7.60
Cd$_3$(PO$_4$)$_2$	2.53×10^{-33}	32.60
CdS	8.0×10^{-27}	26.10
Ca$_3$(AsO$_4$)$_2$	6.8×10^{-19}	18.17
CaCO$_3$	2.8×10^{-9}	8.54
Ca[Mg(CO$_3$)$_2$](白云石)	1×10^{-11}	11
CaCrO$_4$	7.1×10^{-4}	3.15
CaF$_2$	5.30×10^{-9}	8.28
Ca[SiF$_6$]	8.1×10^{-4}	3.09
Ca(OH)$_2$	5.5×10^{-6}	5.26
Ca(IO$_3$)$_2 \cdot$6H$_2$O	7.10×10^{-7}	6.15
CaC$_2$O$_4 \cdot$H$_2$O	2.32×10^{-9}	8.63
Ca$_3$(PO$_4$)$_2$	2.07×10^{-29}	28.68
CaSiO$_3$	2.5×10^{-8}	7.60
CaSO$_4$	4.93×10^{-5}	4.31
CaSO$_4 \cdot$2H$_2$O	3.14×10^{-5}	4.50
CaSO$_3$	6.8×10^{-8}	7.17

化学式	K_{sp}	pK_{sp}
CeF_3	8×10^{-16}	15.1
$Ce(OH)_3$	1.6×10^{-20}	19.8
$Ce(OH)_4$	2×10^{-48}	47.7
$CePO_4$	1×10^{-23}	23
Ce_2S_3	6.0×10^{-11}	10.22
$Cs_3[Co(NO_2)_6]$	5.7×10^{-16}	15.24
$Cs_2[PtCl_6]$	3.2×10^{-8}	7.50
$Cs_2[PtF_6]$	2.4×10^{-6}	5.62
$Cs_2[SiF_6]$	1.3×10^{-5}	4.90
$CsClO_4$	3.95×10^{-3}	2.40
$CsIO_4$	5.16×10^{-6}	5.29
$CsMnO_4$	8.2×10^{-5}	4.08
$CsReO_4$	4.0×10^{-4}	3.40
$Cs[BF_4]$	5×10^{-5}	4.7
$Cr(OH)_2$	2×10^{-16}	15.7
$CrAsO_4$	7.7×10^{-21}	20.11
CrF_3	6.6×10^{-11}	10.18
$Cr(OH)_3$	6.3×10^{-31}	30.20
$CrPO_4 \cdot 4H_2O$ （绿色）	2.4×10^{-23}	22.62
（紫罗兰色）	1.0×10^{-17}	17.00
$Co_3(AsO_4)_2$	6.80×10^{-29}	28.17
$CoCO_3$	1.4×10^{-13}	12.84
$Co(OH)_2$（新生成）	5.92×10^{-15}	14.23
$Co(OH)_3$	1.6×10^{-44}	43.8
$Co_3(PO_4)_2$	2.05×10^{-35}	34.69
$\alpha-CoS$	4.0×10^{-21}	20.40
$\beta-CoS$	2.0×10^{-25}	24.70
CuN_3	4.9×10^{-9}	8.31
$CuBr$	6.27×10^{-9}	8.20

续表

化学式	K_{sp}	pK_{sp}
CuCl	1.72×10^{-7}	6.76
CuCN	3.47×10^{-20}	19.46
CuOH	1×10^{-14}	14
CuI	1.27×10^{-12}	11.90
Cu_2S	2.5×10^{-48}	47.60
CuSCN	1.77×10^{-13}	12.75
$Cu_3(AsO_4)_2$	7.95×10^{-36}	35.10
$Cu(N_3)_2$	6.3×10^{-10}	9.20
$CuCO_3$	1.4×10^{-10}	9.86
$CuCrO_4$	3.6×10^{-6}	5.44
$Cu(OH)_2$	2.2×10^{-20}	19.66
$Cu(IO_3)_2$	6.94×10^{-8}	7.16
CuC_2O_4	4.43×10^{-10}	9.35
$Cu_3(PO_4)_2$	1.40×10^{-37}	36.85
CuS	6.3×10^{-36}	35.20
$Ga(OH)_3$	7.28×10^{-36}	35.14
GeO_2	1.0×10^{-57}	57.0
$AuCl_3$	3.2×10^{-25}	24.50
$Au(OH)_3$	5.5×10^{-46}	45.26
AuI_3	1×10^{-46}	46
$Hf(OH)_3$	4.0×10^{-26}	25.40
$In(OH)_3$	6.3×10^{-34}	33.2
In_2S_3	5.7×10^{-74}	73.24
$FeCO_3$	3.13×10^{-11}	10.50
FeF_2	2.36×10^{-6}	5.63
$Fe(OH)_2$	4.87×10^{-17}	16.31
FeS	6.3×10^{-18}	17.20

化学式	K_{sp}	pK_{sp}
$FeAsO_4$	5.7×10^{-21}	20.24
$Fe(OH)_3$	2.79×10^{-39}	38.55
$FePO_4 \cdot 2H_2O$	9.91×10^{-16}	15.00
$La(OH)_3$	2.0×10^{-19}	18.70
$LaPO_4$	3.7×10^{-23}	22.43
La_2S_3	2.0×10^{-13}	12.70
$Pb(OAc)_2$	1.8×10^{-3}	2.75
$Pb_3(AsO_4)_3$	4.0×10^{-36}	35.39
$Pb(N_3)_2$	2.5×10^{-9}	8.59
$PbCO_3$	7.4×10^{-14}	13.13
$PbCl_2$	1.70×10^{-5}	4.77
$PbCrO_4$	2.8×10^{-13}	12.55
PbF_2	3.3×10^{-8}	7.48
$Pb(OH)_2$	1.43×10^{-15}	14.84
$Pb(IO_3)_2$	3.69×10^{-13}	12.43
PbI_2	9.8×10^{-9}	8.01
PbC_2O_4	4.8×10^{-10}	9.32
$Pb_3(PO_4)_2$	8.0×10^{-43}	42.10
$PbSO_4$	2.53×10^{-8}	7.60
PbS	8.0×10^{-28}	27.10
Li_2CO_3	2.5×10^{-2}	1.60
LiF	1.84×10^{-3}	2.74
Li_3PO_4	2.37×10^{-11}	10.63
$MgNH_4PO_4$	2.5×10^{-13}	12.60
$Mg_3(AsO_4)_2$	2.1×10^{-20}	19.68
$MgCO_3$	6.82×10^{-6}	5.17
MgF_2	5.16×10^{-11}	10.29

续表

化学式	K_{sp}	pK_{sp}
$Mg(OH)_2$	5.61×10^{-12}	11.25
$Mg_3(PO_4)_2$	1.04×10^{-24}	23.98
$MnCO_3$	2.34×10^{-11}	10.63
$Mn(OH)_2$	1.9×10^{-13}	12.72
$MnS(无定形)$	2.5×10^{-10}	9.60
$MnS(晶体)$	2.5×10^{-13}	12.60
$Hg_2(N_3)_2$	7.1×10^{-10}	9.15
Hg_2Br_2	6.40×10^{-23}	22.19
Hg_2CO_3	3.6×10^{-17}	16.44
Hg_2Cl_2	1.43×10^{-18}	17.84
$Hg_2(CN)_2$	5×10^{-40}	39.3
Hg_2CrO_4	2.0×10^{-9}	8.70
Hg_2F_2	3.10×10^{-6}	5.51
$Hg_2(OH)_2$	2.0×10^{-24}	23.70
Hg_2I_2	5.2×10^{-29}	28.72
Hg_2SO_4	6.5×10^{-7}	6.19
Hg_2S	1.0×10^{-47}	47.0
$HgBr_2$	6.2×10^{-20}	19.21
$Hg(OH)_2$	3.2×10^{-26}	25.52
$Hg(IO_3)_2$	3.2×10^{-13}	12.49
HgI_2	2.9×10^{-29}	28.54
$HgS(红)$	4×10^{-53}	52.4
$HgS（黑）$	1.6×10^{-52}	51.80
$Nd(OH)_3$	3.2×10^{-22}	21.49
$Ni_3(AsO_4)_2$	3.1×10^{-26}	25.51
$NiCO_3$	1.42×10^{-7}	6.85
$Ni(OH)_2(新生成)$	5.48×10^{-16}	15.26

化学式	K_{sp}	pK_{sp}
NiC_2O_4	4×10^{-10}	9.4
$Ni_3(PO_4)_2$	4.74×10^{-32}	31.32
$\beta-NiS$	1.0×10^{-24}	24.0
$Pd(OH)_2$	1.0×10^{-31}	31.0
$Pt(OH)_2$	1×10^{-35}	35
$K_2[PtBr_6]$	6.3×10^{-5}	4.20
$K_2[PdCl_6]$	6.0×10^{-6}	5.22
$K_2[PtCl_6]$	7.48×10^{-6}	5.13
$K_2[PtF_6]$	2.9×10^{-5}	4.54
$K_2[SiF_6]$	8.7×10^{-7}	6.06
KIO_4	3.74×10^{-4}	3.43
$KClO_4$	1.05×10^{-2}	1.98
$K_2Na[Co(NO_2)_6] \cdot H_2O$	2.2×10^{-11}	10.66
$Pr(OH)_3$	3.39×10^{-24}	23.45
$Rh(OH)_3$	1×10^{-23}	23
$Rb_3[Co(NO_2)_6]$	1.5×10^{-15}	14.83
$Rb_2[PtCl_6]$	6.3×10^{-8}	7.20
$Rb_2[PtF_6]$	7.7×10^{-7}	6.12
$Rb_2[SiF_6]$	5.0×10^{-7}	6.30
$RbClO_4$	3.0×10^{-3}	2.52
$RbIO_4$	5.5×10^{-4}	3.26
$Ru(OH)_3$	1×10^{-36}	36
Ag_3AsO_4	1.03×10^{-22}	21.99
AgN_3	2.8×10^{-9}	8.54
$AgBr$	5.35×10^{-13}	12.27
Ag_2CO_3	8.46×10^{-12}	11.07
$AgCl$	1.77×10^{-10}	9.75

续表

化学式	K_{sp}	pK_{sp}
Ag_2CrO_4	1.12×10^{-12}	11.95
AgCN	5.97×10^{-17}	16.22
$AgIO_3$	3.17×10^{-8}	7.50
AgI	8.52×10^{-17}	16.07
$AgNO_2$	6.0×10^{-4}	3.22
$Ag_2C_2O_4$	5.40×10^{-12}	11.27
Ag_3PO_4	8.89×10^{-17}	16.05
Ag_2SO_4	1.20×10^{-5}	4.92
Ag_2SO_3	1.50×10^{-14}	13.82
Ag_2S	6.3×10^{-50}	49.20
$Na[Sb(OH)_6]$	4×10^{-8}	7.4
$Na_2[AlF_6]$	4.0×10^{-10}	9.39
$SrCO_3$	5.60×10^{-10}	9.25
$SrCrO_4$	2.2×10^{-5}	4.65
SrF_2	4.33×10^{-9}	8.36
$Sr_3(PO_4)_2$	4.0×10^{-28}	27.39
$SrSO_4$	3.44×10^{-7}	6.46
TlCl	1.86×10^{-4}	3.73
Tl_2CrO_4	8.67×10^{-13}	12.06
$TlIO_3$	3.12×10^{-6}	5.51
TlI	5.54×10^{-8}	7.26
Tl_2S	5.0×10^{-21}	20.30
$Tl(OH)_3$	1.68×10^{-44}	43.77
$Sn(OH)_2$	5.45×10^{-28}	27.26
$Sn(OH)_4$	1×10^{-56}	56
SnS	1.0×10^{-25}	25.00
$Ti(OH)_3$	1×10^{-40}	40

续表

化学式	K_{sp}	pK_{sp}
$TiO(OH)_2$	1×10^{-29}	29
$VO(OH)_2$	5.9×10^{-23}	22.13
$(VO_2)_3PO_4$	8×10^{-25}	24.1
$Zn_3(AsO_4)_2$	2.8×10^{-28}	27.55
$ZnCO_3$	1.46×10^{-10}	9.94
ZnF_2	3.04×10^{-2}	1.52
$Zn(OH)_2$	3×10^{-17}	16.5
$Zn_3(PO_4)_2$	9.0×10^{-33}	32.04
$\alpha-ZnS$	1.6×10^{-24}	23.80
$\beta-ZnS$	2.5×10^{-22}	21.60
$ZrO(OH)_2$	6.3×10^{-49}	48.20
$Zr_3(PO_4)_4$	1×10^{-132}	132

注：本表摘自 James G Speight. Lange's Handbook of Chemistry. 16th ed. New York：McGraw-Hill Companies Inc，2005：Table 1.71.

附录 13　标准电极电势（298.15 K）

附表 13-1　酸性介质中

电对	半反应	$\varphi^{\ominus}/V$
N_2/HN_3	$3N_2 + 2H^+ + 2e^- \rightleftharpoons 2HN_3$	-3.09
Li^+/Li	$Li^+ + e^- \rightleftharpoons Li$	$-3.040\ 1$
Cs^+/Cs	$Cs^+ + e^- \rightleftharpoons Cs$	-3.026
Rb^+/Rb	$Rb^+ + e^- \rightleftharpoons Rb$	-2.98
K^+/K	$K^+ + e^- \rightleftharpoons K$	-2.931
Ba^{2+}/Ba	$Ba^{2+} + 2e^- \rightleftharpoons Ba$	-2.912
Sr^{2+}/Sr	$Sr^{2+} + 2e^- \rightleftharpoons Sr$	-2.899
Ca^{2+}/Ca	$Ca^{2+} + 2e^- \rightleftharpoons Ca$	-2.868
Eu^{2+}/Eu	$Eu^{2+} + 2e^- \rightleftharpoons Eu$	-2.812

续表

电对	半反应	$\varphi^{\ominus}/V$
Ra^{2+}/Ra	$Ra^{2+} + 2e^- \Longrightarrow Ra$	-2.8
Na^+/Na	$Na^+ + e^- \Longrightarrow Na$	-2.71
Nd^{3+}/Nd^{2+}	$Nd^{3+} + e^- \Longrightarrow Nd^{2+}$	-2.7
La^{3+}/La	$La^{3+} + 3e^- \Longrightarrow La$	-2.379
Mg^{2+}/Mg	$Mg^{2+} + 2e^- \Longrightarrow Mg$	-2.372
Y^{3+}/Y	$Y^{3+} + 3e^- \Longrightarrow Y$	-2.372
Pr^{3+}/Pr	$Pr^{3+} + 3e^- \Longrightarrow Pr$	-2.353
Ce^{3+}/Ce	$Ce^{3+} + 3e^- \Longrightarrow Ce$	-2.336
Sc^{3+}/Sc	$Sc^{3+} + 3e^- \Longrightarrow Sc$	-2.077
Pr^{2+}/Pr	$Pr^{2+} + 2e^- \Longrightarrow Pr$	-2.0
Eu^{3+}/Eu	$Eu^{3+} + 3e^- \Longrightarrow Eu$	-1.991
N_2/NH_3OH^+	$N_2 + 2H_2O + 4H^+ + 2e^- \Longrightarrow 2NH_3OH^+$	-1.87^*
Be^{2+}/Be	$Be^{2+} + 2e^- \Longrightarrow Be$	-1.847
Al^{3+}/Al	$Al^{3+} + 3e^- \Longrightarrow Al$	-1.676
U^{3+}/U	$U^{3+} + 3e^- \Longrightarrow U$	-1.66
Ti^{2+}/Ti	$Ti^{2+} + 2e^- \Longrightarrow Ti$	-1.628
ZrO_2/Zr	$ZrO_2 + 4H^+ + 4e^- \Longrightarrow Zr + 2H_2O$	-1.553
Hf^{4+}/Hf	$Hf^{4+} + 4e^- \Longrightarrow Hf$	-1.55
Zr^{4+}/Zr	$Zr^{4+} + 4e^- \Longrightarrow Zr$	-1.45
Ti^{3+}/Ti	$Ti^{3+} + 3e^- \Longrightarrow Ti$	-1.209
Mn^{2+}/Mn	$Mn^{2+} + 2e^- \Longrightarrow Mn$	-1.185
V^{2+}/V	$V^{2+} + 2e^- \Longrightarrow V$	-1.175
Nb^{3+}/Nb	$Nb^{3+} + 3e^- \Longrightarrow Nb$	-1.099
Cr^{2+}/Cr	$Cr^{2+} + 2e^- \Longrightarrow Cr$	-0.913
H_3BO_3/B	$H_3BO_3 + 3H^+ + 3e^- \Longrightarrow B + 3H_2O$	$-0.869\ 8$
Bi/BiH_3	$Bi + 3H^+ + 3e^- \Longrightarrow BiH_3$	-0.8
Te/H_2Te	$Te + 2H^+ + 2e^- \Longrightarrow H_2Te$	-0.793
$Zn^{2+}/Zn(Hg)$	$Zn^{2+} + 2e^- \Longrightarrow Zn(Hg)$	$-0.762\ 8$
Zn^{2+}/Zn	$Zn^{2+} + 2e^- \Longrightarrow Zn$	$-0.761\ 8$
TlI/Tl	$TlI + e^- \Longrightarrow Tl + I^-$	-0.752

续表

电对	半反应	$\varphi^{\ominus}/V$
Cr^{3+}/Cr	$Cr^{3+} + 3e^- \rightleftharpoons Cr$	-0.744
$TlBr/Tl$	$TlBr + e^- \rightleftharpoons Tl + Br^-$	-0.658
Nb_2O_5/Nb	$Nb_2O_5 + 10H^+ + 10e^- \rightleftharpoons 2Nb + 5H_2O$	-0.644
As/AsH_3	$As + 3H^+ + 3e^- \rightleftharpoons AsH_3$	-0.608
Ta^{3+}/Ta	$Ta^{3+} + 3e^- \rightleftharpoons Ta$	-0.6
$TlCl/Tl$	$TlCl + e^- \rightleftharpoons Tl + Cl^-$	-0.5568
Ga^{3+}/Ga	$Ga^{3+} + 3e^- \rightleftharpoons Ga$	-0.549
U^{4+}/U^{3+}	$U^{4+} + e^- \rightleftharpoons U^{3+}$	-0.52
Sb/SbH_3	$Sb + 3H^+ + 3e^- \rightleftharpoons SbH_3$	-0.510
H_3PO_2/P	$H_3PO_2 + H^+ + e^- \rightleftharpoons P + 2H_2O$	-0.508
TiO_2/Ti^{2+}	$TiO_2 + 4H^+ + 2e^- \rightleftharpoons Ti^{2+} + 2H_2O$	-0.502
H_3PO_3/H_3PO_2	$H_3PO_3 + 2H^+ + 2e^- \rightleftharpoons H_3PO_2 + H_2O$	-0.499
$PbHPO_4/Pb$	$PbHPO_4 + 2e^- \rightleftharpoons Pb + HPO_4^{2-}$	-0.465
H_3PO_3/P	$H_3PO_3 + 3H^+ + 3e^- \rightleftharpoons P + 3H_2O$	-0.454
Fe^{2+}/Fe	$Fe^{2+} + 2e^- \rightleftharpoons Fe$	-0.447
Tl_2SO_4/Tl	$Tl_2SO_4 + 2e^- \rightleftharpoons 2Tl + SO_4^{2-}$	-0.4360
Cr^{3+}/Cr^{2+}	$Cr^{3+} + e^- \rightleftharpoons Cr^{2+}$	-0.407
Cd^{2+}/Cd	$Cd^{2+} + 2e^- \rightleftharpoons Cd$	-0.4030
$Se/H_2Se(aq)$	$Se + 2H^+ + 2e^- \rightleftharpoons H_2Se(aq)$	-0.399
Ti^{3+}/Ti^{2+}	$Ti^{3+} + e^- \rightleftharpoons Ti^{2+}$	-0.369
PbI_2/Pb	$PbI_2 + 2e^- \rightleftharpoons Pb + 2I^-$	-0.365
$PbSO_4/Pb$	$PbSO_4 + 2e^- \rightleftharpoons Pb + SO_4^{2-}$	-0.3588
PbF_2/Pb	$PbF_2 + 2e^- \rightleftharpoons Pb + 2F^-$	-0.3444
In^{3+}/In	$In^{3+} + 3e^- \rightleftharpoons In$	-0.3382
Tl^+/Tl	$Tl^+ + e^- \rightleftharpoons Tl$	-0.336
$PbBr_2/Pb$	$PbBr_2 + 2e^- \rightleftharpoons Pb + 2Br^-$	-0.284
Co^{2+}/Co	$Co^{2+} + 2e^- \rightleftharpoons Co$	-0.28
H_3PO_4/H_3PO_3	$H_3PO_4 + 2H^+ + 2e^- \rightleftharpoons H_3PO_3 + H_2O$	-0.276
$PbCl_2/Pb$	$PbCl_2 + 2e^- \rightleftharpoons Pb + 2Cl^-$	-0.2675
Ni^{2+}/Ni	$Ni^{2+} + 2e^- \rightleftharpoons Ni$	-0.257

续表

电对	半反应	$\varphi^{\ominus}/V$
V^{3+}/V^{2+}	$V^{3+} + e^- \rightleftharpoons V^{2+}$	-0.255
V_2O_5/V	$V_2O_5 + 10H^+ + 10e^- \rightleftharpoons 2V + 5H_2O$	-0.242
$N_2/N_2H_5^+$	$N_2 + 5H^+ + 4e^- \rightleftharpoons N_2H_5^+$	-0.23^*
$SO_4^{2-}/S_2O_6^{2-}$	$2SO_4^{2-} + 4H^+ + 2e^- \rightleftharpoons S_2O_6^{2-} + H_2O$	-0.22
Ga^+/Ga	$Ga^+ + e^- \rightleftharpoons Ga$	-0.2
Mo^{3+}/Mo	$Mo^{3+} + 3e^- \rightleftharpoons Mo$	-0.200
$CO_2/HCOOH$	$CO_2 + 2H^+ + 2e^- \rightleftharpoons HCOOH$	-0.199
H_2GeO_3/Ge	$H_2GeO_3 + 4H^+ + 4e^- \rightleftharpoons Ge + 3H_2O$	-0.182
AgI/Ag	$AgI + e^- \rightleftharpoons Ag + I^-$	$-0.152\ 24$
In^+/In	$In^+ + e^- \rightleftharpoons In$	-0.14
Sn^{2+}/Sn	$Sn^{2+} + 2e^- \rightleftharpoons Sn$	$-0.137\ 5$
Pb^{2+}/Pb	$Pb^{2+} + 2e^- \rightleftharpoons Pb$	$-0.126\ 2$
$Pb^{2+}/Pb(Hg)$	$Pb^{2+} + 2e^- \rightleftharpoons Pb(Hg)$	$-0.120\ 5$
GeO_2/GeO	$GeO_2 + 2H^+ + 2e^- \rightleftharpoons GeO + H_2O$	-0.118
SnO_2/Sn	$SnO_2 + 4H^+ + 4e^- \rightleftharpoons Sn + 2H_2O$	-0.117
$P/PH_3(g)$	$P(red) + 3H^+ + 3e^- \rightleftharpoons PH_3(g)$	-0.111
SnO_2/Sn^{2+}	$SnO_2 + 4H^+ + 2e^- \rightleftharpoons Sn^{2+} + 2H_2O$	-0.094
WO_3/W	$WO_3 + 6H^+ + 6e^- \rightleftharpoons W + 3H_2O$	-0.090
Se/H_2Se	$Se + 2H^+ + 2e^- \rightleftharpoons H_2Se$	-0.082
$P/PH_3(g)$	$P(white) + 3H^+ + 3e^- \rightleftharpoons PH_3(g)$	-0.063
$H_2SO_3/HS_2O_4^-$	$2H_2SO_3 + H^+ + 2e^- \rightleftharpoons HS_2O_4^- + 2H_2O$	-0.056
Hg_2I_2/Hg	$Hg_2I_2 + 2e^- \rightleftharpoons 2Hg + 2I^-$	$-0.040\ 5$
Fe^{3+}/Fe	$Fe^{3+} + 3e^- \rightleftharpoons Fe$	-0.037
Ag_2S/Ag	$Ag_2S + 2H^+ + 2e^- \rightleftharpoons 2Ag + H_2S$	$-0.036\ 6$
$[CuI_2]^-/Cu$	$[CuI_2]^- + e^- \rightleftharpoons Cu + 2I^-$	0.00
H^+/H_2	$2H^+ + 2e^- \rightleftharpoons H_2$	$0.000\ 00$
$AgBr/Ag$	$AgBr + e^- \rightleftharpoons Ag + Br^-$	$0.071\ 33$
MoO_3/Mo	$MoO_3 + 6H^+ + 6e^- \rightleftharpoons Mo + 3H_2O$	0.075
W^{3+}/W	$W^{3+} + 3e^- \rightleftharpoons W$	0.1

续表

电对	半反应	$\varphi^{\ominus}/V$
TiO^{2+}/Ti^{3+}	$TiO^{2+} + 2H^+ + e^- \rightleftharpoons Ti^{3+} + H_2O$	0.100*
Ge^{4+}/Ge	$Ge^{4+} + 4e^- \rightleftharpoons Ge$	0.124
Hg_2Br_2/Hg	$Hg_2Br_2 + 2e^- \rightleftharpoons 2Hg + 2Br^-$	0.139 23
S/H_2S	$S + 2H^+ + 2e^- \rightleftharpoons H_2S(aq)$	0.142
Sn^{4+}/Sn^{2+}	$Sn^{4+} + 2e^- \rightleftharpoons Sn^{2+}$	0.151
Sb_2O_3/Sb	$Sb_2O_3 + 6H^+ + 6e^- \rightleftharpoons 2Sb + 3H_2O$	0.152
Cu^{2+}/Cu^+	$Cu^{2+} + e^- \rightleftharpoons Cu^+$	0.153
$BiOCl/Bi$	$BiOCl + 2H^+ + 3e^- \rightleftharpoons Bi + Cl^- + H_2O$	0.158 3
SO_4^{2-}/H_2SO_3	$SO_4^{2-} + 4H^+ + 2e^- \rightleftharpoons H_2SO_3 + H_2O$	0.172
Bi^{3+}/Bi^+	$Bi^{3+} + 2e^- \rightleftharpoons Bi^+$	0.2
SbO^+/Sb	$SbO^+ + 2H^+ + 3e^- \rightleftharpoons Sb + 2H_2O$	0.212
$AgCl/Ag$	$AgCl + e^- \rightleftharpoons Ag + Cl^-$	0.222 33
As_2O_3/As	$As_2O_3 + 6H^+ + 6e^- \rightleftharpoons 2As + 3H_2O$	0.234
Ge^{2+}/Ge	$Ge^{2+} + 2e^- \rightleftharpoons Ge$	0.24
$HAsO_2/As$	$HAsO_2 + 3H^+ + 3e^- \rightleftharpoons As + 2H_2O$	0.248
Ru^{3+}/Ru^{2+}	$Ru^{3+} + e^- \rightleftharpoons Ru^{2+}$	0.248 7
Hg_2Cl_2/Hg	$Hg_2Cl_2 + 2e^- \rightleftharpoons 2Hg + 2Cl^-$	0.268 08
Re^{3+}/Re	$Re^{3+} + 3e^- \rightleftharpoons Re$	0.300
Tc^{3+}/Tc^{2+}	$Tc^{3+} + e^- \rightleftharpoons Tc^{2+}$	0.3
Bi^{3+}/Bi	$Bi^{3+} + 3e^- \rightleftharpoons Bi$	0.308
BiO^+/Bi	$BiO^+ + 2H^+ + 3e^- \rightleftharpoons Bi + H_2O$	0.320
$HCNO/(CN)_2$	$2HCNO + 2H^+ + 2e^- \rightleftharpoons (CN)_2 + 2H_2O$	0.330
VO^{2+}/V^{3+}	$VO^{2+} + 2H^+ + e^- \rightleftharpoons V^{3+} + H_2O$	0.337
Cu^{2+}/Cu	$Cu^{2+} + 2e^- \rightleftharpoons Cu$	0.341 9
$AgIO_3/Ag$	$AgIO_3 + e^- \rightleftharpoons Ag + IO_3^-$	0.354
$(CN)_2/HCN$	$(CN)_2 + 2H^+ + 2e^- \rightleftharpoons 2HCN$	0.373
Ag_2CrO_4/Ag	$Ag_2CrO_4 + 2e^- \rightleftharpoons 2Ag + CrO_4^{2-}$	0.447 0
H_2SO_3/S	$H_2SO_3 + 4H^+ + 4e^- \rightleftharpoons S + 3H_2O$	0.449
Ru^{2+}/Ru	$Ru^{2+} + 2e^- \rightleftharpoons Ru$	0.455

续表

电对	半反应	$\varphi^{\ominus}/V$
TcO_4^-/Tc	$TcO_4^- + 8H^+ + 7e^- \rightleftharpoons Tc + 4H_2O$	0.472
TeO_4^-/Te	$TeO_4^- + 8H^+ + 7e^- \rightleftharpoons Te + 4H_2O$	0.472
Bi^+/Bi	$Bi^+ + e^- \rightleftharpoons Bi$	0.5
Cu^+/Cu	$Cu^+ + e^- \rightleftharpoons Cu$	0.521
I_2/I^-	$I_2 + 2e^- \rightleftharpoons 2I^-$	0.535 5
I_3^-/I^-	$I_3^- + 2e^- \rightleftharpoons 3I^-$	0.536
$AgBrO_3/Ag$	$AgBrO_3 + e^- \rightleftharpoons Ag + BrO_3^-$	0.546
$H_3AsO_4/HAsO_2$	$H_3AsO_4 + 2H^+ + 2e^- \rightleftharpoons HAsO_2 + 2H_2O$	0.560
$S_2O_6^{2-}/H_2SO_3$	$S_2O_6^{2-} + 4H^+ + 2e^- \rightleftharpoons 2H_2SO_3$	0.564
Te^{4+}/Te	$Te^{4+} + 4e^- \rightleftharpoons Te$	0.568
Sb_2O_5/SbO^+	$Sb_2O_5 + 6H^+ + 4e^- \rightleftharpoons 2SbO^+ + 3H_2O$	0.581
$[PdCl_4]^{2-}/Pd$	$[PdCl_4]^{2-} + 2e^- \rightleftharpoons Pd + 4Cl^-$	0.591
TeO_2/Te	$TeO_2 + 4H^+ + 4e^- \rightleftharpoons Te + 2H_2O$	0.593
Hg_2SO_4/Hg	$Hg_2SO_4 + 2e^- \rightleftharpoons 2Hg + SO_4^{2-}$	0.612 5
Ag_2SO_4/Ag	$Ag_2SO_4 + 2e^- \rightleftharpoons 2Ag + SO_4^{2-}$	0.654
$Cu^{2+}/CuBr$	$Cu^{2+} + Br^- + e^- \rightleftharpoons CuBr(c)$	0.654*
$[PtCl_6]^{2-}/[PtCl_4]^{2-}$	$[PtCl_6]^{2-} + 2e^- \rightleftharpoons [PtCl_4]^{2-} + 2Cl^-$	0.68
O_2/H_2O_2	$O_2 + 2H^+ + 2e^- \rightleftharpoons H_2O_2$	0.695
H_2SeO_3/Se	$H_2SeO_3 + 4H^+ + 4e^- \rightleftharpoons Se + 3H_2O$	0.74
Tl^{3+}/Tl	$Tl^{3+} + 3e^- \rightleftharpoons Tl$	0.741
$[PtCl_4]^{2-}/Pt$	$[PtCl_4]^{2-} + 2e^- \rightleftharpoons Pt + 4Cl^-$	0.755
Rh^{3+}/Rh	$Rh^{3+} + 3e^- \rightleftharpoons Rh$	0.758
ReO_4^-/ReO_3	$ReO_4^- + 2H^+ + e^- \rightleftharpoons ReO_3 + H_2O$	0.768
Fe^{3+}/Fe^{2+}	$Fe^{3+} + e^- \rightleftharpoons Fe^{2+}$	0.771
Hg_2^{2+}/Hg	$Hg_2^{2+} + 2e^- \rightleftharpoons 2Hg$	0.797 3
Ag^+/Ag	$Ag^+ + e^- \rightleftharpoons Ag$	0.799 6
NO_3^-/N_2O_4	$2NO_3^- + 4H^+ + 2e^- \rightleftharpoons N_2O_4 + 2H_2O$	0.803
OsO_4/Os	$OsO_4 + 8H^+ + 8e^- \rightleftharpoons Os + 4H_2O$	0.838
Hg^{2+}/Hg	$Hg^{2+} + 2e^- \rightleftharpoons 2Hg$	0.851

续表

电对	半反应	$\varphi^{\ominus}/V$
$SiO_2(quartz)/Si$	$SiO_2(quartz) + 4H^+ + 4e^- \rightleftharpoons Si + 2H_2O$	0.857
Hg^{2+}/Hg_2^{2+}	$2Hg^{2+} + 2e^- \rightleftharpoons Hg_2^{2+}$	0.920
NO_3^-/HNO_2	$NO_3^- + 3H^+ + 2e^- \rightleftharpoons HNO_2 + H_2O$	0.934
Pd^{2+}/Pd	$Pd^{2+} + 2e^- \rightleftharpoons Pd$	0.951
NO_3^-/NO	$NO_3^- + 4H^+ + 3e^- \rightleftharpoons NO + 2H_2O$	0.957
V_2O_5/VO^{2+}	$V_2O_5 + 6H^+ + 2e^- \rightleftharpoons 2VO^{2+} + 3H_2O$	0.957
HNO_2/NO	$HNO_2 + H^+ + e^- \rightleftharpoons NO + H_2O$	0.983
HIO/I^-	$HIO + H^+ + 2e^- \rightleftharpoons I^- + H_2O$	0.987
VO_2^+/VO^{2+}	$VO_2^+ + 2H^+ + e^- \rightleftharpoons VO^{2+} + H_2O$	0.991
PtO_2/Pt	$PtO_2 + 4H^+ + 4e^- \rightleftharpoons Pt + 2H_2O$	1.00
$[AuCl_4]^-/Au$	$[AuCl_4]^- + 3e^- \rightleftharpoons Au + 4Cl^-$	1.002
H_6TeO_6/TeO_2	$H_6TeO_6 + 2H^+ + 2e^- \rightleftharpoons TeO_2 + 4H_2O$	1.02
OsO_4/OsO_2	$OsO_4 + 4H^+ + 4e^- \rightleftharpoons OsO_2 + 2H_2O$	1.02
$Hg(OH)_2/Hg$	$Hg(OH)_2 + 2H^+ + 2e^- \rightleftharpoons Hg + 2H_2O$	1.034
N_2O_4/NO	$N_2O_4 + 4H^+ + 4e^- \rightleftharpoons 2NO + 2H_2O$	1.035
RuO_4/Ru	$RuO_4 + 8H^+ + 8e^- \rightleftharpoons Ru + 4H_2O$	1.038
N_2O_4/NHO_2	$N_2O_4 + 2H^+ + 2e^- \rightleftharpoons 2NHO_2$	1.065
Br_2/Br^-	$Br_2(l) + 2e^- \rightleftharpoons 2Br^-$	1.066
IO_3^-/I^-	$IO_3^- + 6H^+ + 6e^- \rightleftharpoons I^- + 3H_2O$	1.085
$Br_2(aq)/Br^-$	$Br_2(aq) + 2e^- \rightleftharpoons 2Br^-$	1.087 3
SeO_4^{2-}/H_2SeO_3	$SeO_4^{2-} + 4H^+ + 2e^- \rightleftharpoons H_2SeO_3 + H_2O$	1.151
ClO_3^-/ClO_2	$ClO_3^- + 2H^+ + e^- \rightleftharpoons ClO_2 + H_2O$	1.152
Ir^{3+}/Ir	$Ir^{3+} + 3e^- \rightleftharpoons Ir$	1.156
Pt^{2+}/Pt	$Pt^{2+} + 2e^- \rightleftharpoons Pt$	1.18
ClO_4^-/ClO_3^-	$ClO_4^- + 2H^+ + 2e^- \rightleftharpoons ClO_3^- + H_2O$	1.189
IO_3^-/I_2	$2IO_3^- + 12H^+ + 10e^- \rightleftharpoons I_2 + 6H_2O$	1.195
$ClO_3^-/HClO_2$	$ClO_3^- + 3H^+ + 2e^- \rightleftharpoons HClO_2 + H_2O$	1.214
MnO_2/Mn^{2+}	$MnO_2 + 4H^+ + 2e^- \rightleftharpoons Mn^{2+} + 2H_2O$	1.224
O_2/H_2O	$O_2 + 4H^+ + 4e^- \rightleftharpoons 2H_2O$	1.229

续表

电对	半反应	$\varphi^{\ominus}/V$
Tl^{3+}/Tl^+	$Tl^{3+} + 2e^- \Longrightarrow Tl^+$	1.252
$N_2H_5^+/NH_4^+$	$N_2H_5^+ + 3H^+ + 2e^- \Longrightarrow 2NH_4^+$	1.275
$ClO_2/HClO_2$	$ClO_2 + H^+ + e^- \Longrightarrow HClO_2$	1.277
$[PdCl_6]^{2-}/[PdCl_4]^2$	$[PdCl_6]^{2-} + 2e^- \Longrightarrow [PdCl_4]^{2-} + 2Cl^-$	1.288
HNO_2/N_2O	$2HNO_2 + 4H^+ + 4e^- \Longrightarrow N_2O + 3H_2O$	1.297
$HBrO/Br^-$	$HBrO + H^+ + 2e^- \Longrightarrow Br^- + H_2O$	1.331
NH_3OH^+/NH_4^+	$NH_3OH^+ + 2H^+ + 2e^- \Longrightarrow NH_4^+ + H_2O$	1.35 *
Cl_2/Cl^-	$Cl_2 + 2e^- \Longrightarrow 2Cl^-$	1.358 27
$Cr_2O_7^{2-}/Cr^{3+}$	$Cr_2O_7^{2-} + 14H^+ + 6e^- \Longrightarrow 2Cr^{3+} + 7H_2O$	1.36
ClO_4^-/Cl^-	$ClO_4^- + 8H^+ + 8e^- \Longrightarrow Cl^- + 4H_2O$	1.389
ClO_4^-/Cl_2	$ClO_4^- + 8H^+ + 7e^- \Longrightarrow 1/2Cl_2 + 4H_2O$	1.39
Au^{3+}/Au^+	$Au^{3+} + 2e^- \Longrightarrow Au^+$	1.401
$NH_3OH^+/N_2H_5^+$	$2NH_3OH^+ + H^+ + 2e^- \Longrightarrow N_2H_5^+ + 2H_2O$	1.42
BrO_3^-/Br^-	$BrO_3^- + 6H^+ + 6e^- \Longrightarrow Br^- + 3H_2O$	1.423
HIO/I_2	$2HIO + H^+ + 2e^- \Longrightarrow I_2 + H_2O$	1.439
ClO_3^-/Cl^-	$ClO_3^- + 6H^+ + 6e^- \Longrightarrow Cl^- + 3H_2O$	1.451
PbO_2/Pb^{2+}	$PbO_2 + 4H^+ + 2e^- \Longrightarrow Pb^{2+} + 2H_2O$	1.455
ClO_3^-/Cl_2	$ClO_3^- + 6H^+ + 5e^- \Longrightarrow 1/2Cl_2 + 3H_2O$	1.47
CrO_2/Cr^{3+}	$CrO_2 + 4H^+ + e^- \Longrightarrow Cr^{3+} + 2H_2O$	1.48
BrO_3^-/Br_2	$BrO_3^- + 6H^+ + 5e^- \Longrightarrow 1/2Br_2 + 3H_2O$	1.482
$HClO/Cl^-$	$HClO + H^+ + 2e^- \Longrightarrow Cl^- + H_2O$	1.482
Mn_2O_3/Mn^{2+}	$Mn_2O_3 + 6H^+ + 2e^- \Longrightarrow 2Mn^{2+} + 3H_2O$	1.485
Au^{3+}/Au	$Au^{3+} + 3e^- \Longrightarrow Au$	1.498
MnO_4^-/Mn^{2+}	$MnO_4^- + 8H^+ + 5e^- \Longrightarrow Mn^{2+} + 4H_2O$	1.507
Mn^{3+}/Mn^{2+}	$Mn^{3+} + e^- \Longrightarrow Mn^{2+}$	1.541 5
$HClO_2/Cl^-$	$HClO_2 + 3H^+ + 4e^- \Longrightarrow Cl^- + 2H_2O$	1.570
$HBrO/Br_2(aq)$	$HBrO + H^+ + e^- \Longrightarrow 1/2Br_2(aq) + H_2O$	1.574
NO/N_2O	$2NO + 2H^+ + 2e^- \Longrightarrow N_2O + H_2O$	1.591
Bi_2O_4/BiO^+	$Bi_2O_4 + 4H^+ + 2e^- \Longrightarrow 2BiO^+ + 2H_2O$	1.593

续表

电对	半反应	$\varphi^{\ominus}/V$
$HBrO/Br_2(l)$	$HBrO + H^+ + e^- \Longrightarrow 1/2Br_2(l) + H_2O$	1.596
H_5IO_6/IO_3^-	$H_5IO_6 + H^+ + 2e^- \Longrightarrow IO_3^- + 3H_2O$	1.601
$HClO/Cl_2$	$HClO + H^+ + e^- \Longrightarrow 1/2Cl_2 + H_2O$	1.611
$HClO_2/Cl_2$	$HClO_2 + 3H^+ + 2e^- \Longrightarrow 1/2Cl_2 + 2H_2O$	1.628
$HClO_2/HClO$	$HClO_2 + 2H^+ + 2e^- \Longrightarrow HClO + H_2O$	1.645
NiO_2/Ni^{2+}	$NiO_2 + 4H^+ + 2e^- \Longrightarrow Ni^{2+} + 2H_2O$	1.678
MnO_4^-/MnO_2	$MnO_4^- + 4H^+ + 3e^- \Longrightarrow MnO_2 + 2H_2O$	1.679
$PbO_2/PbSO_4$	$PbO_2 + SO_4^{2-} + 4H^+ + 2e^- \Longrightarrow PbSO_4 + 2H_2O$	1.691 3
Au^+/Au	$Au^+ + e^- \Longrightarrow Au$	1.692
Ce^{4+}/Ce^{3+}	$Ce^{4+} + e^- \Longrightarrow Ce^{3+}$	1.72
N_2O/N_2	$N_2O + 2H^+ + 2e^- \Longrightarrow N_2 + H_2O$	1.766
H_2O_2/H_2O	$H_2O_2 + 2H^+ + 2e^- \Longrightarrow 2H_2O$	1.776
Ag^{3+}/Ag^{2+}	$Ag^{3+} + e^- \Longrightarrow Ag^{2+}$	1.8
Ag_2O_2/Ag	$Ag_2O_2 + 4H^+ + e^- \Longrightarrow 2Ag + 2H_2O$	1.802
BrO_4^-/BrO_3^-	$BrO_4^- + 2H^+ + 2e^- \Longrightarrow BrO_3^- + H_2O$	1.853*
Ag^{3+}/Ag^+	$Ag^{3+} + 2e^- \Longrightarrow Ag^+$	1.9
Co^{3+}/Co^{2+}	$Co^{3+} + e^- \Longrightarrow Co^{2+}$	1.92
Ag^{2+}/Ag^+	$Ag^{2+} + e^- \Longrightarrow Ag^+$	1.980
$S_2O_8^{2-}/SO_4^{2-}$	$S_2O_8^{2-} + 2e^- \Longrightarrow 2SO_4^{2-}$	2.010
$HFeO_4^-/Fe^{3+}$	$HFeO_4^- + 7H^+ + 3e^- \Longrightarrow Fe^{3+} + 4H_2O$	2.07
O_3/O_2	$O_3 + 2H^+ + 2e^- \Longrightarrow O_2 + H_2O$	2.076
$HFeO_4^-/FeOOH$	$HFeO_4^- + 4H^+ + 3e^- \Longrightarrow FeOOH + 2H_2O$	2.08
XeO_3/Xe	$XeO_3 + 6H^+ + 6e^- \Longrightarrow Xe + 3H_2O$	2.10
$S_2O_8^{2-}/HSO_4^-$	$S_2O_8^{2-} + 2H^+ + 2e^- \Longrightarrow 2HSO_4^-$	2.123
Cu^{3+}/Cu^{2+}	$Cu^{3+} + e^- \Longrightarrow Cu^{2+}$	2.4
H_4XeO_6/XeO_3	$H_4XeO_6 + 2H^+ + 2e^- \Longrightarrow XeO_3 + 3H_2O$	2.42
$O(g)/H_2O$	$O(g) + 2H^+ + 2e^- \Longrightarrow H_2O$	2.421
F_2/HF	$F_2 + 2H^+ + 2e^- \Longrightarrow 2HF$	3.053

附表 13-2 碱性介质中

电对	半反应	$\varphi^{\ominus}/V$
$Ca(OH)_2/Ca$	$Ca(OH)_2 + 2e^- \Longleftrightarrow Ca + 2OH^-$	-3.02
$Ba(OH)_2/Ba$	$Ba(OH)_2 + 2e^- \Longleftrightarrow Ba + 2OH^-$	-2.99
$La(OH)_3/La$	$La(OH)_3 + 3e^- \Longleftrightarrow La + 3OH^-$	-2.90
$Sr(OH)_2/Sr$	$Sr(OH)_2 + 2e^- \Longleftrightarrow Sr + 2OH^-$	-2.88
$Mg(OH)_2/Mg$	$Mg(OH)_2 + 2e^- \Longleftrightarrow Mg + 2OH^-$	-2.69
$Al(OH)_3/Al$	$Al(OH)_3 + 3e^- \Longleftrightarrow Al + 3OH^-$	-2.31
$H_2BO_3^-/B$	$H_2BO_3^- + H_2O + 3e^- \Longleftrightarrow B + 4OH^-$	-1.79
HPO_3^{2-}/P	$HPO_3^{2-} + 2H_2O + 3e^- \Longleftrightarrow P + 5OH^-$	-1.71
SiO_3^{2-}/Si	$SiO_3^{2-} + 3H_2O + 4e^- \Longleftrightarrow Si + 6OH^-$	-1.697
$HPO_3^{2-}/H_2PO_2^-$	$HPO_3^{2-} + 2H_2O + 2e^- \Longleftrightarrow H_2PO_2^- + 3OH^-$	-1.65
$Cr(OH)_3/Cr$	$Cr(OH)_3 + 3e^- \Longleftrightarrow Cr + 3OH^-$	-1.48
ZnO/Zn	$ZnO + H_2O + 2e^- \Longleftrightarrow Zn + 2OH^-$	-1.260
$Zn(OH)_2/Zn$	$Zn(OH)_2 + H_2O + 2e^- \Longleftrightarrow Zn + 2OH^-$	-1.249
$[SiF_6]^{2-}/Si$	$[SiF_6]^{2-} + 4e^- \Longleftrightarrow Si + 6F^-$	-1.24
$H_2GaO_3^-/Ga$	$H_2GaO_3^- + H_2O + 3e^- \Longleftrightarrow Ga + 4OH^-$	-1.219
ZnO_2^-/Zn	$ZnO_2^- + 2H_2O + 2e^- \Longleftrightarrow Zn + 4OH^-$	-1.215
CrO_2^-/Cr	$CrO_2^- + 2H_2O + 3e^- \Longleftrightarrow Cr + 4OH^-$	-1.2
$[Zn(OH)_4]^{2-}/Zn$	$[Zn(OH)_4]^{2-} + H_2O + 2e^- \Longleftrightarrow Zn + 4OH^-$	-1.199
$SO_3^{2-}/S_2O_4^{2-}$	$2SO_3^{2-} + 2H_2O + 2e^- \Longleftrightarrow S_2O_4^{2-} + 4OH^-$	-1.12
PO_4^{3-}/HPO_3^{2-}	$PO_4^{3-} + 2H_2O + 2e^- \Longleftrightarrow HPO_3^{2-} + 3OH^-$	-1.05
In_2O_3/In	$In_2O_3 + 3H_2O + 6e^- \Longleftrightarrow 2In + 6OH^-$	-1.034
$In(OH)_3/In$	$In(OH)_3 + 3e^- \Longleftrightarrow In + 3OH^-$	-0.99
SnO_2/Sn	$SnO_2 + 2H_2O + 4e^- \Longleftrightarrow Sn + 4OH^-$	-0.945
$[Sn(OH)_6]^{2-}/HSnO_2^-$	$[Sn(OH)_6]^{2-} + 2e^- \Longleftrightarrow HSnO_2^- + 3OH^- + H_2O$	-0.93
SO_4^{2-}/SO_3^{2-}	$SO_4^{2-} + H_2O + 2e^- \Longleftrightarrow SO_3^{2-} + 2OH^-$	-0.93
$HSnO_2^-/Sn$	$HSnO_2^- + H_2O + 2e^- \Longleftrightarrow Sn + 3OH^-$	-0.909
P/PH_3	$P + 3H_2O + 3e^- \Longleftrightarrow PH_3(g) + 3OH^-$	-0.87
NO_3^-/N_2O_4	$2NO_3^- + 2H_2O + 2e^- \Longleftrightarrow N_2O_4 + 4OH^-$	-0.85
H_2O/H_2	$2H_2O + 2e^- \Longleftrightarrow H_2 + 2OH^-$	$-0.827\ 7$

电对	半反应	$\varphi^{\ominus}/V$
$Cd(OH)_2/Cd$	$Cd(OH)_2 + 2e^- \rightleftharpoons Cd(Hg) + 2OH^-$.	-0.809
CdO/Cd	$CdO + H_2O + 2e^- \rightleftharpoons Cd + 2OH^-$	-0.783
$Co(OH)_2/Co$	$Co(OH)_2 + 2e^- \rightleftharpoons Co + 2OH^-$	-0.73
$Ni(OH)_2/Ni$	$Ni(OH)_2 + 2e^- \rightleftharpoons Ni + 2OH^-$	-0.72
AsO_4^{3-}/AsO_2^-	$AsO_4^{3-} + 2H_2O + 2e^- \rightleftharpoons AsO_2^- + 4OH^-$	-0.71
Ag_2S/Ag	$Ag_2S + 2e^- \rightleftharpoons 2Ag + S^{2-}$	-0.691
AsO_2^-/As	$AsO_2^- + 2H_2O + 3e^- \rightleftharpoons As + 4OH^-$	-0.68
Se/Se^{2-}	$Se + 2e^- \rightleftharpoons Se^{2-}$	-0.670
SbO_2^-/Sb	$SbO_2^- + 2H_2O + 3e^- \rightleftharpoons Sb + 4OH^-$	-0.66
$[Cd(OH)_4]^{2-}/Cd$	$[Cd(OH)_4]^{2-} + 2e^- \rightleftharpoons Cd + 4OH^-$	-0.658
SbO_3^-/SbO_2^-	$SbO_3^- + H_2O + 2e^- \rightleftharpoons SbO_2^- + 2OH^-$	-0.59
SO_3^{2-}/S	$SO_3^{2-} + 3H_2O + 4e^- \rightleftharpoons S + 6OH^-$	-0.59^*
PbO/Pb	$PbO + H_2O + 2e^- \rightleftharpoons Pb + 2OH^-$	-0.580
$SO_3^{2-}/S_2O_3^{2-}$	$2SO_3^{2-} + 3H_2O + 4e^- \rightleftharpoons S_2O_3^{2-} + 6OH^-$	-0.571
TeO_3^{2-}/Te	$TeO_3^{2-} + 3H_2O + 4e^- \rightleftharpoons Te + 6OH^-$	-0.57
$Fe(OH)_3/Fe(OH)_2$	$Fe(OH)_3 + e^- \rightleftharpoons Fe(OH)_2 + OH^-$	-0.56
$HPbO_2^-/Pb$	$HPbO_2^- + H_2O + 2e^- \rightleftharpoons Pb + 3OH^-$	-0.537
$NiO_2/Ni(OH)_2$	$NiO_2 + 2H_2O + 2e^- \rightleftharpoons Ni(OH)_2 + 2OH^-$	-0.490
S/HS^-	$S + H_2O + 2e^- \rightleftharpoons HS^- + OH^-$	-0.478
S/S^{2-}	$S + 2e^- \rightleftharpoons S^{2-}$	$-0.476\ 27$
Bi_2O_3/Bi	$Bi_2O_3 + 3H_2O + 6e^- \rightleftharpoons 2Bi + 6OH^-$	-0.46
NO_2^-/NO	$NO_2^- + H_2O + e^- \rightleftharpoons NO + 2OH^-$	-0.46
S/S_2^{2-}	$2S + 2e^- \rightleftharpoons S_2^{2-}$	$-0.428\ 36$
SeO_3^{2-}/Se	$SeO_3^{2-} + 3H_2O + 4e^- \rightleftharpoons Se + 6OH^-$	-0.366
Cu_2O/Cu	$Cu_2O + H_2O + 2e^- \rightleftharpoons 2Cu + 2OH^-$	-0.360
$TlOH/Tl$	$TlOH + e^- \rightleftharpoons Tl + OH^-$	-0.34
$Cu(OH)_2/Cu$	$Cu(OH)_2 + 2e^- \rightleftharpoons Cu + 2OH^-$	-0.222
O_2/H_2O_2	$O_2 + 2H_2O + 2e^- \rightleftharpoons H_2O_2 + 2OH^-$	-0.146
$CrO_4^{2-}/Cr(OH)_3$	$CrO_4^{2-} + 4H_2O + 3e^- \rightleftharpoons Cr(OH)_3 + 5OH^-$	-0.13

续表

电对	半反应	$\varphi^{\ominus}/\text{V}$
$Cu(OH)_2/Cu_2O$	$2Cu(OH)_2 + 2e^- \Longrightarrow Cu_2O + 2OH^- + H_2O$	−0.080
O_2/HO_2^-	$O_2 + H_2O + 2e^- \Longrightarrow HO_2^- + OH^-$	−0.076
$Tl(OH)_3/TlOH$	$Tl(OH)_3 + 2e^- \Longrightarrow TlOH + 2OH^-$	−0.05
$AgCN/Ag$	$AgCN + e^- \Longrightarrow Ag + CN^-$	−0.017
NO_3^-/NO_2^-	$NO_3^- + H_2O + 2e^- \Longrightarrow NO_2^- + 2OH^-$	0.01
Tl_2O_3/Tl^+	$Tl_2O_3 + 3H_2O + 4e^- \Longrightarrow 2Tl^+ + 6OH^-$	0.02
SeO_4^{2-}/SeO_3^{2-}	$SeO_4^{2-} + H_2O + 2e^- \Longrightarrow SeO_3^{2-} + 2OH^-$	0.05
$Pd(OH)_2/Pd$	$Pd(OH)_2 + 2e^- \Longrightarrow Pd + 2OH^-$	0.07
$S_4O_6^{2-}/S_2O_3^{2-}$	$S_4O_6^{2-} + 2e^- \Longrightarrow 2S_2O_3^{2-}$	0.08
HgO/Hg	$HgO + H_2O + 2e^- \Longrightarrow Hg + 2OH^-$	0.097 7
Ir_2O_3/Ir	$Ir_2O_3 + 3H_2O + 6e^- \Longrightarrow 2Ir + 6OH^-$	0.098
$[Co(NH_3)_6]^{3+}/$ $[Co(NH_3)_6]^{2+}$	$[Co(NH_3)_6]^{3+} + e^- \Longrightarrow [Co(NH_3)_6]^{2+}$	0.108
Hg_2O/Hg	$Hg_2O + H_2O + 2e^- \Longrightarrow 2Hg + 2OH^-$	0.123
$Pt(OH)_2/Pt$	$Pt(OH)_2 + 2e^- \Longrightarrow Pt + 2OH^-$	0.14
$2NO_2^-/N_2O$	$2NO_2^- + 3H_2O + 4e^- \Longrightarrow N_2O + 6OH^-$	0.15
IO_3^-/IO^-	$IO_3^- + 2H_2O + 4e^- \Longrightarrow IO^- + 4OH^-$	0.15
$Mn(OH)_3/Mn(OH)_2$	$Mn(OH)_3 + e^- \Longrightarrow Mn(OH)_2 + OH^-$	0.15
$Co(OH)_3/Co(OH)_2$	$Co(OH)_3 + e^- \Longrightarrow Co(OH)_2 + OH^-$	0.17
PbO_2/PbO	$PbO_2 + H_2O + 2e^- \Longrightarrow PbO + 2OH^-$	0.247
IO_3^-/I^-	$IO_3^- + 3H_2O + 6e^- \Longrightarrow I^- + 6OH^-$	0.26
ClO_3^-/ClO_2^-	$ClO_3^- + H_2O + 2e^- \Longrightarrow ClO_2^- + 2OH^-$	0.33
Ag_2O/Ag	$Ag_2O + H_2O + 2e^- \Longrightarrow 2Ag + 2OH^-$	0.342
$[Fe(CN)_6]^{3-}/[Fe(CN)_6]^{4-}$	$[Fe(CN)_6]^{3-} + e^- \Longrightarrow [Fe(CN)_6]^{4-}$	0.358
ClO_4^-/ClO_3^-	$ClO_4^- + H_2O + 2e^- \Longrightarrow ClO_3^- + 2OH^-$	0.36
O_2/OH^-	$O_2 + 2H_2O + 4e^- \Longrightarrow 4OH^-$	0.401
$Ag_2C_2O_4/Ag$	$Ag_2C_2O_4 + 2e^- \Longrightarrow 2Ag + C_2O_4^{2-}$	0.464 7
Ag_2CO_3/Ag	$Ag_2CO_3 + 2e^- \Longrightarrow 2Ag + CO_3^{2-}$	0.47
IO^-/I^-	$IO^- + H_2O + 2e^- \Longrightarrow I^- + 2OH^-$	0.485

续表

电对	半反应	$\varphi^{\ominus}/V$
MnO_4^-/MnO_4^{2-}	$MnO_4^- + e^- \Longrightarrow MnO_4^{2-}$	0.558
MnO_4^-/MnO_2	$MnO_4^- + 2H_2O + 3e^- \Longrightarrow MnO_2 + 4OH^-$	0.595
MnO_4^{2-}/MnO_2	$MnO_4^{2-} + 2H_2O + 2e^- \Longrightarrow MnO_2 + 4OH^-$	0.60
BrO_3^-/Br^-	$BrO_3^- + 3H_2O + 6e^- \Longrightarrow Br^- + 6OH^-$	0.61
ClO_3^-/Cl^-	$ClO_3^- + 3H_2O + 6e^- \Longrightarrow Cl^- + 6OH^-$	0.62
ClO_2^-/ClO^-	$ClO_2^- + H_2O + 2e^- \Longrightarrow ClO^- + 2OH^-$	0.66
$H_3IO_6^{2-}/IO_3^-$	$H_3IO_6^{2-} + 2e^- \Longrightarrow IO_3^- + 3OH^-$	0.7
ClO_2^-/Cl^-	$ClO_2^- + 2H_2O + 4e^- \Longrightarrow Cl^- + 4OH^-$	0.76
NO/N_2O	$2NO + H_2O + 2e^- \Longrightarrow N_2O + 2OH^-$	0.76
BrO^-/Br^-	$BrO^- + H_2O + 2e^- \Longrightarrow Br^- + 2OH^-$	0.761
$(CNS)_2/CNS^-$	$(CNS)_2 + 2e^- \Longrightarrow 2CNS^-$	0.77
AgF/Ag	$AgF + e^- \Longrightarrow Ag + F^-$	0.779
ClO^-/Cl^-	$ClO^- + H_2O + 2e^- \Longrightarrow Cl^- + 2OH^-$	0.841
N_2O_4/NO_2^-	$N_2O_4 + 2e^- \Longrightarrow 2NO_2^-$	0.867
HO_2^-/OH^-	$HO_2^- + H_2O + 2e^- \Longrightarrow 3OH^-$	0.878
$ClO_2(aq)/ClO_2^-$	$ClO_2(aq) + e^- \Longrightarrow ClO_2^-$	0.954
RuO_4/RuO_4^-	$RuO_4 + e^- \Longrightarrow RuO_4^-$	1.00
$Cu^{2+}/[Cu(CN)_2]^-$	$Cu^{2+} + 2CN^- + e^- \Longrightarrow [Cu(CN)_2]^-$	1.103
$[Fe(phen)_3]^{3+}/$ $[Fe(phen)_3]^{2+}$	$[Fe(phen)_3]^{3+} + e^- \Longrightarrow [Fe(phen)_3]^{2+}$	1.147
O_3/O_2	$O_3 + H_2O + 2e^- \Longrightarrow O_2 + 2OH^-$	1.24
F_2/F^-	$F_2 + 2e^- \Longrightarrow 2F^-$	2.866
XeF/Xe	$XeF + e^- \Longrightarrow Xe + F^-$	3.4

注：本表摘自 W M Haynes. CRC Handbook of Chemistry and Physics. 97th ed. Boca Raton：CRC Press Inc，2016—2017：5-78~5-89.

＊数据摘自 James G Speight. Lange's Handbook of Chemistry. 16th ed. New York：McGraw-Hill Companies Inc，2005：Table 1.77.

附录 14　一些络离子的稳定常数

络离子	$K_稳$	$\lg K_稳$	络离子	$K_稳$	$\lg K_稳$
$[Ag(NH_3)_2]^+$	1.1×10^7	7.05	$[Fe(CN)_6]^{4-}$	1×10^{35}	35
$[Cd(NH_3)_6]^{2+}$	1.4×10^5	5.14	$[Fe(CN)_6]^{3-}$	1×10^{42}	42
$[Cd(NH_3)_4]^{2+}$	1.3×10^7	7.12	$[Ni(CN)_4]^{2-}$	2.0×10^{31}	31.3
$[Co(NH_3)_6]^{2+}$	1.3×10^5	5.11	$[Zn(CN)_4]^{2-}$	5.0×10^{16}	16.7
$[Co(NH_3)_6]^{3+}$	1.6×10^{35}	35.2	$[AlF_6]^{3-}$	6.9×10^{19}	19.84
$[Cu(NH_3)_2]^+$	7.2×10^{10}	10.86	$[FeF]^{2+}$	1.9×10^5	5.28
$[Cu(NH_3)_4]^{2+}$	2.1×10^{13}	13.32	$[ScF_6]^{3-}$	2.0×10^{17}	17.3
$[Fe(NH_3)_2]^{2+}$	1.6×10^2	2.2	$[Al(OH)_4]^-$	1.1×10^{33}	33.03
$[Hg(NH_3)_4]^{2+}$	1.9×10^{19}	19.28	$[Cd(OH)_4]^{2-}$	4.2×10^8	8.62
$[Mg(NH_3)_2]^{2+}$	2×10^1	1.3	$[Fe(OH)_4]^{2-}$	3.8×10^8	8.58
$[Ni(NH_3)_6]^{2+}$	5.5×10^8	8.74	$[AgI_3]^{2-}$	4.8×10^{13}	13.68
$[Ni(NH_3)_4]^{2+}$	9.1×10^7	7.96	$[AgI_2]^-$	5.5×10^{11}	11.74
$[Pt(NH_3)_6]^{2+}$	2×10^{35}	35.3	$[CdI_4]^{2-}$	2.6×10^5	5.41
$[Zn(NH_3)_4]^{2+}$	2.9×10^9	9.46	$[CuI_2]^-$	7.1×10^8	8.85
$[AgCl_2]^-$	1.1×10^5	5.04	$[PbI_4]^{2-}$	3.0×10^4	4.47
$[AuCl_2]^+$	6×10^9	9.8	$[HgI_4]^{2-}$	6.8×10^{29}	29.83
$[CdCl_4]^{2-}$	6.3×10^2	2.80	$[Ag(SCN)_2]^-$	3.7×10^7	7.57
$[CuCl_3]^{2-}$	5×10^5	5.7	$[Ag(SCN)_4]^{3-}$	1.2×10^{10}	10.08
$[HgCl_4]^{2-}$	1.2×10^{15}	15.07	$[Fe(SCN)]^{2+}$	8.9×10^2	2.95
$[PtCl_4]^{2-}$	1.0×10^{16}	16.0	$[Fe(SCN)_2]^+$	2.3×10^3	3.36
$[SnCl_4]^{2-}$	3.0×10^1	1.48	$[Cu(SCN)_2]^-$	1.5×10^5	5.18
$[Ag(CN)_2]^-$	1.3×10^{21}	21.11	$[Hg(SCN)_4]^{2-}$	1.7×10^{21}	21.23
$[Au(CN)_2]^-$	2×10^{38}	38.3	$[Ag(S_2O_3)_2]^{3-}$	2.9×10^{13}	13.46
$[Cd(CN)_4]^{2-}$	6.0×10^{18}	18.78	$[Cd(S_2O_3)_2]^{2-}$	2.8×10^6	6.44
$[Cu(CN)_2]^-$	1.0×10^{24}	24.0	$[Cu(S_2O_3)_2]^{3-}$	1.7×10^{12}	12.22
$[Cu(CN)_4]^{3-}$	2.0×10^{30}	30.3	$[Pb(S_2O_3)_2]^{2-}$	1.3×10^5	5.13

续表

络离子	$K_稳$	$\lg K_稳$	络离子	$K_稳$	$\lg K_稳$
$[Hg(S_2O_3)_4]^{6-}$	1.7×10^{33}	33.24	$[Ca(edta)]^{2-}$	1×10^{11}	11.0
$[Ag(en)]^+$	5.0×10^4	4.70	$[Co(edta)]^{2-}$	2.04×10^{16}	16.31
$[Ag(en)_2]^+$	5.0×10^7	7.70	$[Co(edta)]^-$	1×10^{36}	36
$[Cd(en)_3]^{2+}$	1.2×10^{12}	12.09	$[Cu(edta)]^{2-}$	5.0×10^{18}	18.7
$[Co(en)_3]^{2+}$	8.7×10^{13}	13.94	$[Fe(edta)]^{2-}$	2.1×10^{14}	14.33
$[Co(en)_3]^{3+}$	4.9×10^{48}	48.69	$[Fe(edta)]^-$	1.7×10^{24}	24.23
$[Cr(en)_2]^{2+}$	1.5×10^9	9.19	$[Hg(edta)]^{2-}$	6.3×10^{21}	21.80
$[Cu(en)_2]^+$	6×10^{10}	10.8	$[Mg(edta)]^{2-}$	4.4×10^8	8.64
$[Cu(en)_3]^{2+}$	1×10^{21}	21.0	$[Mn(edta)]^{2-}$	6.3×10^{13}	13.8
$[Fe(en)_3]^{2+}$	5.0×10^9	9.70	$[Ni(edta)]^{2-}$	3.6×10^{18}	18.56
$[Hg(en)_2]^{2+}$	2.0×10^{23}	23.3	$[Al(C_2O_4)_3]^{3-}$	2.0×10^{16}	16.3
$[Mn(en)_3]^{2+}$	4.7×10^5	5.67	$[Ce(C_2O_4)_3]^{3-}$	2.0×10^{11}	11.3
$[Ni(en)_3]^{2+}$	2.1×10^{18}	18.33	$[Co(C_2O_4)_3]^{4-}$	5.0×10^9	9.7
$[Zn(en)_3]^{2+}$	1.3×10^{14}	14.11	$[Co(C_2O_4)_3]^{3-}$	1×10^{20}	≈20
$[Ag(edta)]^{3-}$	2.1×10^7	7.32	$[Fe(C_2O_4)_3]^{4-}$	1.7×10^5	5.22
$[Al(edta)]^-$	1.3×10^{16}	16.11	$[Fe(C_2O_4)_3]^{3-}$	1.6×10^{20}	20.2

注:本表摘自 James G Speight. Lange's Handbook of Chemistry. 16th ed. New York: McGraw-Hill Companies Inc, 2005: Table 1.75, Table 1.76.

郑重声明

高等教育出版社依法对本书享有专有出版权。任何未经许可的复制、销售行为均违反《中华人民共和国著作权法》，其行为人将承担相应的民事责任和行政责任；构成犯罪的，将被依法追究刑事责任。为了维护市场秩序，保护读者的合法权益，避免读者误用盗版书造成不良后果，我社将配合行政执法部门和司法机关对违法犯罪的单位和个人进行严厉打击。社会各界人士如发现上述侵权行为，希望及时举报，我社将奖励举报有功人员。

反盗版举报电话　　（010）58581999　58582371

反盗版举报邮箱　dd@hep.com.cn

通信地址　　北京市西城区德外大街4号　高等教育出版社法律事务部

邮政编码　　100120

读者意见反馈

为收集对教材的意见建议，进一步完善教材编写并做好服务工作，读者可将对本教材的意见建议通过如下渠道反馈至我社。

咨询电话　　400-810-0598

反馈邮箱　hepsci@pub.hep.cn

通信地址　　北京市朝阳区惠新东街4号富盛大厦1座

　　　　　　高等教育出版社理科事业部

邮政编码　　100029